Ethernet

Jörg Rech, Jahrgang 1968, arbeitet heute als Technical Trainer bei der Axis Communications GmbH und ist dort für die technischen Schulungen im Bereich IP-Video verantwortlich.

Seinen Weg zur Ethernet- und WLAN-Technologie fand er 1993 nach dem Abschluss seiner Ausbildung zum staatlich geprüften Techniker der Informationstechnologie bei der Compu-Shack GmbH. Dort war er mehrere Jahre in der Entwicklungsabteilung und danach als Senior Consultant beschäftigt. Außerdem war Jörg Rech später als Projektleiter bei der DLoG GmbH für den WLAN-Bereich verantwortlich und plante dort für große Logistikzentren komplexe WLAN-Infrastrukturen.

Seit 1998 schreibt Jörg Rech nebenberuflich als freier Fachautor Artikel für namhafte Fachzeitschriften zu den Themen Ethernet-Netzwerke und WLAN. Darüber hinaus hält er regelmäßig Fachvorträge zu beiden Themen. Im Februar 2002 wurde sein erstes Buch mit dem Titel »Ethernet – Technologien und Protokolle für die Computervernetzung« und im März 2004 sein zweites Buch mit dem Titel »Wireless LANs – 802.11-WLAN-Technologie und praktische Umsetzung im Detail« im Heise-Verlag veröffentlicht.

Jörg Rech

Ethernet

Technologien und Protokolle für die Computervernetzung

2., aktualisierte und überarbeitete Auflage

Heise

Jörg Rech
E-Mail: joerg.rech@t-online.de

Copy-Editing: Susanne Rudi, René Wiegand
Lektorat: Dr. Michael Barabas
Satz und Herstellung: Petra Strauch, Just in Print
Umschlaggestaltung: WSP Design, Heidelberg
Druck und Bindung: Koninklijke Wöhrmann B.V., Zutphen, Niederlande

Bibliografische Information Der Deutschen Bibliothek
Die Deutsche Bibliothek verzeichnet diese Publikation in der Deutschen Nationalbibliografie; detaillierte bibliografische Daten sind im Internet über <http://dnb.ddb.de> abrufbar.

ISBN 978-3-936931-40-2

2., aktualisierte und überarbeitete Auflage 2008

Vorwort zur zweiten Auflage

Seit der Veröffentlichung der ersten Auflage im Februar 2002 hat sich im Bereich Ethernet einiges getan. Damals war gerade mal das Thema Gigabit-Ethernet aktuell und die 10Gigabit-Ethernet-Technologie noch reine Zukunftsmusik. Mittlerweile ist eine Datenrate von 10 GBit/s Realität geworden, denn das IEEE hat zwischenzeitlich drei 10Gigabit-Ethernet-Standarderweiterungen verabschiedet, die eine Datenübertragung auf Glasfasern und Kupferkabeln spezifizieren. Vergleicht man die anfängliche Ethernet-Datenrate von 10 MBit/s mit der heutigen Datenrate von 10 GBit/s (10.000 MBit/s), so handelt es sich hier um eine Steigerung um den Faktor 1000. Gerade die letzte Anhebung von 1 GBit/s auf 10 GBit/s hat technologisch betrachtet eine große Herausforderung dargestellt und ausreichend interessanten Stoff für die Erweiterung und Neuauflage dieses Werkes geboten.

In der vorliegenden zweiten Auflage des Buches „Ethernet – Technologien und Protokolle für die Computervernetzung" wurden gegenüber der vorherigen Auflage einige Aktualisierungen und Erweiterungen vorgenommen. Dem Thema WLAN habe ich zwischenzeitlich ein eigenes Werk gewidmet, sodass ich das WLAN-Kapitel aus diesem Werk herausgenommen habe. Aber keine Angst! Sie werden jetzt keine leeren Seiten in diesem Buch finden, sondern einen Großteil von dem, was Ethernet in den letzten Jahren als Neuerung zu bieten hat. Schwerpunkt dabei ist die ausführliche Darstellung der 10Gigabit-Ethernet-Technologie und der Power-over-Ethernet-Funktion. Somit wird dieses Werk hoffentlich seine Tradition weiterführen, als ein anerkannter und geschätzter Netzwerkleitfaden alle Fakten zu liefern, um die heutige Ethernet-Welt zu verstehen. Viel Spaß beim Lesen wünscht Ihnen

Jörg Rech

November 2007

Vorwort

Ethernet beziehungsweise Netzwerke auf Ethernet-Basis haben etwas Zeitloses, bei recht euphorischer Betrachtungsweise sogar etwas zeitlos Schönes – immerhin ist eine vor Jahren gekaufte Ethernet-Karte mit Twisted-Pair-Anschluss auch heute noch in jedem Ehternet-Netzwerk einsetzbar. Richtig zu schätzen weiß man dies möglicherweise aber nur, wenn man mit dem Begriff Twisted Pair überhaupt etwas anfangen kann – und dementsprechend Western-Stecker und -Buchse von einem BNC-Anschluss zu unterscheiden in der Lage ist.

Sie merken vielleicht schon: Dieses Buch wird keine leichte Bettlektüre, kein Krimi, der sich an einem Stück weglesen lässt. Das ist natürlich auch nie meine Absicht gewesen, als ich mit diesem Projekt begann. Eigentlich wünschte ich mir nur selbst endlich ein Arbeitsbuch, eines, das mir alle Informationen bot, die ich in meiner täglichen Arbeit benötigte; ein Arbeitsbuch, welches vielleicht nicht alles Wissen, aber das entscheidende versammelt, das man bei der Beschäftigung mit Netzwerken benötigt. Und da ich auf dem deutschen Buchmarkt nicht fündig wurde, musste ich es wohl oder übel selbst schreiben.

So weiß ich auch nicht, ob ich Sie zum Kauf des Buchs beglückwünschen oder mein herzliches Beileid aussprechen soll: Denn einfach mache ich es Ihnen nicht. Sie finden auf den folgenden Seiten keine 1111 Tipps und Tricks für das perfekte Netzwerk; Sie finden keine Schritt-für-Schritt-Anleitungen nach dem Motto „Klicken Sie hier, dann wird alles gut“. Ich habe mich bewusst gegen ein solches Anleitungsbuch entschieden, das in manchen Fällen sogar unter der Rubrik „Dies oder das – für Dumme“ auf den Markt kommen würde. Nicht, dass solche Schwarten etwa keine Berechtigung hätten – diese Herangehensweise erschien mir allerdings nicht angebracht.

Denn gerade bei Netzwerken stellt man immer wieder fest, dass der Versuch, alle möglichen Hürden durch vorauseilende Anleitungen zu ihrer Überwindung aus dem Weg zu räumen, zum Scheitern verurteilt ist. Daher zieht sich eines wie ein roter Faden durch dieses Buch: Ich möchte Ihnen alle notwendigen Informationen an die Hand geben, so dass Sie selbst entscheiden können, was zu tun ist. Auch wenn es schwere Lektüre sein mag: Dies soll ein Arbeitsbuch sein, das Sie in die Lage versetzt zu verstehen, was ein Netzwerk ist, wie es funktioniert und womit Sie konfrontiert werden, wenn Sie eines aufbauen oder warten sollen.

Dafür macht es übrigens keinen Unterschied, ob Sie zu Hause Ihren PC mit dem Ihres Sohnes vernetzen (oder dem Alten endlich einmal Internetzugang über das heimische LAN verschaffen) wollen – oder ob Sie das Netz eines Großunternehmens warten. Eine Sache, die die eingangs erwähnte zeitlose Schönheit eines Ethernet ausmacht, ist genau dies: Die benötigten Basis-Informationen sind dieselben; wie tief man in die Details der Technik einsteigen muss, entscheidet sich eigentlich nur am eigenen Wissensdurst – und an eventuell doch auftretenden Problemen oder Vorhaben. Der Entwickler eines Ethernet-Chips braucht natürlich andere Informationen als der Kabelverleger im heimischen Arbeitszimmer.

Und trotzdem gibt es eigentlich kaum Voraussetzungen, um mit diesem Buch arbeiten zu können. Sicher sollte man sich nicht fragen müssen, wozu ein Netzwerk überhaupt gut ist. Dies beantworte ich nicht, sondern gehe eigentlich davon aus, dass das völlig einleuchtend ist: Selbst zu Hause in der Wohnung oder im Eigenheim ist es billiger, einen einzigen Internetanschluss von allen PCs aus zu nutzen, ist es praktischer, Daten übers Netz zu verschicken als per Diskette von Rechner zu Rechner zu tragen. Diese, manches Mal wegen der Sneakers, i.e. Turnschuhe, sogenannten Sneakernets sind schon lange aus der Mode.

Für den Netzneuling mag es schwieriger sein, den Einstieg zu finden: Aber auch er findet alles Wissenswerte, was er für „Mein erstes LAN“ braucht. Der Profi hingegen kann das Buch als Arbeits- und Nachschlagewerk benutzen, das er zu Rate zieht, wenn bestimmte Aufgaben oder Probleme auftauchen, die nicht ad hoc zu lösen sind. So zumindest war mein eigener Anspruch. Und ich selbst messe daran, ob das Netzwerk nach der Lektüre keine undurchschaubare Blackbox für den Leser mehr ist, ob das Buch gelungen ist. Für Feed-back, Anregungen und Kritik in dieser Hinsicht bin ich jederzeit dankbar; der Verlag (www.dpunkt.de/buch/ethernet.html) nimmt entsprechende Mitteilungen gerne für mich entgegen.

Für den Hausgebrauch ist es wohl keine Frage, dass es sinnvoll ist, sich bei einem solchen Arbeitsbuch auf Ethernet zu konzentrieren – andere Techniken kommen praktisch nicht mehr in Frage. Mini-Vernetzungen auf Basis von USB oder gar Parallel- und Seriell-Kabeln dagegen sind reine Behelfs- und Bastellösungen, die für ernsthaften Einsatz nicht in Frage kommen. Für den Profi dürfte sich die Frage nach der Beschränkung eines Netzwerkbuches auf Ethernet auch kaum noch stellen: Wer heute noch mit Arcnet arbeitet, hat schon Schwierigkeiten, Ersatzteile zu bekommen; Token Ring spielt bei Neuinstallationen und Netzerweiterungen schon lange keine Rolle mehr, FDDI konnte zwar seine Position im Bereich der In-House-Backbones halten, mehr aber auch nicht. Und ATM konnte sich trotz aller Hypes (und möglicherweise auch mancher Vorteile gegenüber Ethernet) in seinen Anfangszeiten nicht als LAN-Technik durchsetzen, da er für einen LAN-Einsatz verhältnismäßig kompliziert ist – für die Administratoren und Techniker bedeutete ATM völliges Neuland.

Dies gilt nicht für die neuesten Ethernet-Techniken wie Gigabit-Ethernet oder 10Gigabit-Ethernet. Trotz einiger gewichtiger Unterschiede zum Ur-Ethernet sind selbst Gigabit-Ethernet und 10Gigabit-Ethernet heutzutage recht einfach einzusetzen und fügen sich nahtlos in bestehende Ethernet-Infrastrukturen ein.

So hoffe ich, für die Leser ein relativ zeitloses Arbeitsbuch für eine recht zeitlose Netzwerktechnik erstellt zu haben – ein Buch also, dass auch dann noch von Nutzen ist, wenn Ethernet eines fernen Tages möglicherweise einmal die Schallmauer von Terabit-Bandbreiten durchbricht. Und schüttele nun niemand ungläubig den Kopf, denn nichts ist unmöglich: Wer hätte bei den ersten zaghaften Ethernet-Ansätzen jemals überhaupt nur an eine Bandbreite von 1000 MBit/s (1 GBit/s), geschweige denn 10.000 MBit/s (10 GBit/s) gedacht? In diesem Sinn wünsche ich Ihnen trotz des harten Stoffs viel Spaß.

Eines gilt es aber keinesfalls zu vergessen, bevor es endlich in medias res geht: Ich habe dem Verlag Heinz Heise für seine Unterstützung während der Arbeit an diesem Buch zu danken, besonders Frau Christine Weber, Frau Susanne Rudi, Herrn Josef Hegele, Herrn Dr. Michael Barabas und Herrn Steven P. Steinkraus. Ganz besonderer Dank gilt Jürgen Kuri, der mich zu diesem Projekt motiviert hat und mir bei vielen Formulierungen des Buchs mit Rat und Tat beiseite gestanden hat. Ebenfalls möchte ich mich für die Kommentare und Vorschläge von Herrn Prof. Roland Kiefer bedanken, der das Buch technisch Korrektur gelesen hat. Bedanken möchte ich mich auch bei Brigitta Zurheiden und Marko Kaufmann – sie sorgten dafür, dass viele Darstellungen überhaupt den Weg in dieses Buch fanden.

Im Januar 2002,

Jörg Rech

Inhalt

1 Eine Einführung in Netzwerke

Einleitung

Lokale Netzwerke (LAN) waren lange Zeit die Domäne von Großunternehmen, die Mitarbeiterarbeitsplätze, zentrale Einrichtungen und Abteilungen miteinander per Datenkommunikation verbanden. Netzwerkprofis waren Inhaber von Geheimwissen, deren Sprache Du nicht verstehst ...

Heutzutage ist kein modernes Unternehmen, vom Rechtsanwaltsbüro und der Arztpraxis über mittelständische Betriebe bis zum weltweiten Megakonzern mehr ohne Computernetzwerk denkbar. Was Unternehmen als über Weitverkehrsnetze miteinander verbundene Inseln zur Steuerung globaler Geschäfte nutzen, hilft dem Arzt bei der Betreuung der Patienten.

Mit der zunehmenden Popularität und Verbreitung von Computern, gerade auch angesichts des Booms des Internets, halten LANs aber auch zunehmend in Privathaushalte Einzug. Die Vorteile liegen auf der Hand: Sind Festplatten, Drucker, Modems und ISDN-Karten zwar wie die PCs selbst ständig im Preis gesunken, kann es doch recht teuer werden, die eventuell vorhandenen Rechner der ganzen Familie mit entsprechenden Ressourcen auszustatten. Da hilft ein LAN Kosten sparen – und vereinfacht den Austausch von Daten zwischen Vater und Tochter, Sohn und Mutter ganz entscheidend. Der Verbreitung von LANs unter Endverbrauchern ist natürlich eine Tatsache sehr förderlich: Selbst die Preise für Fast Ethernet, das eine Datenrate von 100 MBit/s bietet, sind nahezu ins Bodenlose gefallen; Fast-Ethernet-Netzwerkkarten gibt es heutzutage schon für 10–15 Euro auf dem Grabbeltisch beim Computerhändler um die Ecke.

Erst durch die Vernetzung der einzelnen Computer kommen deren Stärken richtig zur Geltung. Völlig neue Anwendungsmöglichkeiten halten durch den Einsatz der Netzwerke Einzug in Arbeitsalltag und Freizeit. Der Bedarf an IT-Fachkräften, die sich mit Netzwerken auskennen, wird daher immer größer – ebenso wie die Notwendigkeit für thematisch interessierte Privatleute, sich zumindest ein fundiertes Grundwissen über LANs und Netzwerktechniken anzueignen.

Ethernet stellt aus heutiger Sicht, mit mehr als 90% Marktanteil, den Marktführer im Bereich der lokalen Netzwerke dar und wird diese Position zweifellos noch lange halten können. Durch seine Einfachheit und mit seinem dennoch genialen Konzept haben immer neue Weiterentwicklungen zur Marktdominanz erfolgreich beigetragen. Wegen der Vielfalt der technischen Ausführungen wird von einem Netzwerkadministrator allerdings ein immer breiteres Detailwissen verlangt. Erst mit dem gezielten Einsatz der zur Aufgabenstellung passenden Technik kommt das Netzwerk richtig in Fahrt. Das vorliegende Buch soll eine detaillierte Einführung zum Thema

Ethernet liefern – Profis finden alle technischen Details bis hin zu Performance-Analyse und Troubleshooting, interessierte Laien Grundlagen, um ein Netzwerk aufbauen zu können und eventuell auch einfachere Probleme selbst zu lösen.

Dieses erste Kapitel schafft die notwendigen Grundlagen, um in den nachfolgenden Kapiteln das Thema Ethernet zu vertiefen. Neben den heute langsam aussterbenden Ethernet-Varianten mit einer Datenrate von 10 MBit/s werden auch die neuen Hochgeschwindigkeitsausführungen mit 100, 1000 und 10.000 MBit/s detailliert durchleuchtet. Der versierte Leser kann das Grundlagenkapitel übergehen oder zur Auffrischung seiner Kenntnisse verwenden.

1.1 Erforderliche Netzwerkelemente

Netzwerkelemente

Grundsätzlich sind für den Betrieb eines Netzwerks mindestens drei Elemente erforderlich. Erstens sind immer zumindest zwei Computer notwendig, die entweder untereinander Daten austauschen möchten oder gemeinsam eine vorhandene Ressource nutzen wollen. Dies ist erst möglich, wenn zweitens ein Weg vorhanden ist, um miteinander in Kontakt treten zu können. Weiterhin muss es Regeln geben, über die festgelegt wird, wie die Computer miteinander kommunizieren können. Betrachtet man nun diese drei grundlegenden Elemente eines Netzwerks, so lassen sich diese wie folgt einteilen:

- Ein Netzwerkdienst stellt einen Service bereit, über den die gemeinsame Nutzung einer Ressource ermöglicht wird.
- Das Übertragungsmedium stellt einen Kommunikationsweg zur Kontaktaufnahme oder zum Austausch von Daten bereit.
- Netzwerkprotokolle stellen Regeln dar, die eine Kommunikation zwischen Computern ermöglichen.

Bei der Betrachtung ist es wichtig, dass man den wesentlichen Unterschied zwischen dem Kontakt- und dem Kommunikationsweg und der eigentlichen Kommunikation versteht. Denn existiert über einen Kommunikationsweg die Möglichkeit, jemanden zu kontaktieren, so heißt das noch lange nicht, dass die beiden Kommunikationspartner sich auch tatsächlich verstehen. Erst wenn man mit jemandem kommuniziert, erreicht man ein gegenseitiges Verständnis. Dies wird deutlich, wenn man sich z. B. einen Telefonanruf nach China vorstellt. Wählt man die entsprechende Nummer und der gewünschte Teilnehmer hebt das Telefon ab, so ist der Weg zur Kommunikation vorhanden. Durch den Weg alleine ist allerdings noch keine Kommunikation sichergestellt. Erst wenn beide dieselbe Sprache sprechen, also die gleichen Regeln verwenden, kann eine Kommunikation erfolgreich zustande kommen.

1.1.1 Netzwerkdienste

Netzwerkdienste

Die wesentliche Aufgabe eines Computernetzwerks besteht darin, die gemeinsame Nutzung von vorhandenen Ressourcen zu ermöglichen. Werden Ressourcen anderen Netzwerkteilnehmern zu Verfügung gestellt, so spricht man von sogenannten Netzwerkdiensten oder Services. Beispielsweise können über Netzwerkdienste Ressourcen in Form von Speichermedien oder Druckern von mehreren Teilnehmern gemeinsam genutzt werden. Dabei stehen sich immer ein Server, der einen Dienst zur gemeinsamen Nutzung zur Verfügung stellt, und ein Client, der den Dienst als solches nutzt, gegenüber. Beim Anbieten und der Nutzung von Netzwerkdiensten wird prinzipiell nach folgenden Arten unterschieden:

- Server, die einen Netzwerkdienst zur Verfügung stellen.
- Clients, die den Netzwerkdienst anderer nutzen.
- Peers, die Netzwerkdienste einerseits zur Verfügung stellen und parallel andere Netzwerkdienste nutzen.

Diese drei Bezeichnungen werden in der Regel fälschlicherweise dazu genutzt, um die Funktion eines Computers innerhalb des Netzwerks zu beschreiben. Allerdings bezeichnet ein Netzwerkdienst primär eine Software, die auf dem Computer ausgeführt wird. So können z. B. auf einem Computer zeitgleich eine Server- und eine Client-Anwendung betrieben werden. Daher ist die Betitelung für einen Computer in Bezug auf einen Netzwerkdienst eigentlich falsch. Man stelle sich z. B. ein kleines Unternehmen vor, das drei Arbeitsplatzrechner besitzt, die gemeinsam einen Drucker verwenden, und der Drucker ist direkt an einen der drei Arbeitsplatzrechner angeschlossen. Dadurch dient dieser Arbeitsplatz den anderen Rechnern als Druckserver. Über eine Freigabe bestimmter Verzeichnisse können die Arbeitsplatzrechner auf die Datenträger der anderen Arbeitsplatzrechner zugreifen. Somit kann der Arbeitsplatzrechner mit dem angeschlossenen Drucker auch gleichzeitig einen Client darstellen. Diese Art der Aufgabenverteilung beschränkt sich in der Regel auf Netzwerke mit nur wenigen Teilnehmern. Bei größeren Netzwerken mit mehreren Teilnehmern oder höherem Ressourcenbedarf erweist sich jedoch eine klare Trennung als sinnvoll. Entsprechend der Art und Weise, wie sich die Dienste innerhalb eines Netzwerks verteilen, können Netzwerke wie folgt klassifiziert werden:

- Peer-to-Peer-Netzwerk, in dem jeder Computer Netzwerkdienste zur Verfügung stellen kann und Netzwerkdienste anderer Computer nutzen kann. Kleinere Netzwerke basieren oft auf einem Peer-to-Peer-Netzwerk, bei dem keine dedizierten Server zum Einsatz kommen.

- Client-Server-Umgebung, bei dem die Rolle der Server, also der Computer, die einen Netzwerkdienst zur Verfügung stellen, und der Clients, die diese Netzwerkdienste nutzen, klar getrennt sind. Größere Netzwerke basieren grundsätzlich auf einer Client-Server-Umgebung, da sich ausschließlich diese Konstellation ab einer bestimmten Größe noch sinnvoll administrieren lässt.

1.1.2 Übertragungsmedien

Übertragungsmedien

Damit Computer miteinander in Kontakt treten können, wird ein Kommunikationsweg zwischen ihnen benötigt. Die Bildung eines Kommunikationswegs wird über Übertragungsmedien bereitgestellt. Im Netzwerkbereich kommt der Einsatz von verschiedenen Übertragungsmedien in Frage. Welches letztendlich verwendet werden kann, ist von der Netzwerktechnologie abhängig. Grundsätzlich kommen in drahtgebundenen LANs Übertragungsmedien auf der Basis eines elektrischen Leiters, wobei man die Daten über elektrische Impulse überträgt, oder von Lichtwellenleitern, bei denen die Daten mit Lichtimpulsen übertragen werden, in Frage. Als elektrische Leiter werden entweder Koaxialkabel oder mehradrige Kabel, bei denen jeweils zwei Adern als Adernpaar ausgeführt und miteinander verdrillt sind, verwendet. Das verdrillte Kabel wird entweder in einer geschirmten Version (Shielded Twisted Pair, STP-Kabel) oder in einer ungeschirmten Version (Unshielded Twisted Pair, UTP-Kabel) eingesetzt. Bei der abgeschirmten Version des TP-Kabels unterscheidet man zudem zwischen Kabeln, die nur einen Gesamtschirm um alle Adernpaare gemeinsam aufweisen, und Kabeln, die zusätzlich eine Schirmung um die jeweiligen Adernpaare aufweisen. Erstere werden teilweise S/UTP (Shielded/Unshielded Twisted Pair) genannt, Letztere manchmal S/STP (Shielded/Screened Twisted Pair) oder auch PiMF (Paar in Metallfolie). Bei den Lichtwellenleitern kommen ebenfalls verschieden Varianten, sogenannte Multimode- oder Monomode-Lichtwellenleiter, zum Einsatz.

Verglichen werden die verschiedenen Übertragungsmedien anhand des Aufwands für die Installation, der Kosten, der erzielbaren Reichweiten, der Datenraten, die sich über die Übertragungsmedien übertragen lassen, und der Störsicherheit (elektromagnetische Verträglichkeit). Je nach vorhandener Anforderung wird ein Übertragungsmedium ausgewählt, wobei bei der Auswahl primär die erzielbare Datenrate und Reichweite berücksichtigt werden.

⇨ In Kapitel 6 werden wir ausführlich auf die Datenübertragung mit elektrischen und Lichtwellenleitern eingehen.

1.1.3 Netzwerkprotokolle

Netzwerkprotokolle

Über ein Netzwerkprotokoll werden Regeln festgelegt, die den Informationsaustausch zwischen Computern ermöglichen. Durch die Nutzung einheitlicher Protokolle wird sichergestellt, dass die Computer miteinander kommunizieren und sich untereinander verständigen können. Dabei kann ein Protokoll aus einer einzigen Regel oder einem Satz von Regeln oder Standards bestehen. Beispielsweise wäre zwischen Menschen keinerlei Kommunikation möglich, wenn sie über keine einheitliche Sprache und kulturelle Regeln verfügten.

⇨ Wir werden in Kapitel 10 und 11 detailliert auf die Netzwerkprotokolle eingehen.

1.2 Die Netzwerktopologien

Netzwerktopologien

In Abhängigkeit von den verwendeten Netzwerktechnologien werden Computer auf unterschiedlichste Art und Weise miteinander verbunden. Die verschiedenen Formen der Verbindungen werden im Fachjargon als Netzwerktopologie bezeichnet. Bei Netzwerktopologien muss man generell zwischen der physischen und der logischen Topologie unterscheiden, die durchaus voneinander abweichen können. Die physische Topologie beschreibt, wie die Computer miteinander verbunden sind. Die logische Topologie hingegen beschreibt, in welcher logischen Beziehung die Computer beim Austausch der Daten zueinander in Verbindung stehen. Wie Sie im nächsten Kapitel erfahren werden, ist beispielsweise das 10-MBit-Ethernet eine Netzwerktechnologie, die in der ursprünglichen Variante ein gemeinsames Übertragungsmedium verwendet, das in der Form einer Bus-Topologie zur Verfügung gestellt wird. Über ein spezielles Verfahren wird der Zugriff für den Datenaustausch auf dem gemeinsam genutzten Bus geregelt. Wird als Übertragungsmedium ein Koaxialkabel verwendet, so werden die Computer physisch über das Koaxialkabel, das den Bus darstellt, miteinander verbunden. Verwendet man als Übertragungsmedium ein verdrilltes Kupferkabel, so werden die Computer über einen Verteiler, der als Hub bezeichnet wird, sternförmig miteinander verbunden. Intern stellt der Hub ebenfalls einen Bus dar, bei dem über dasselbe Zugriffsverfahren die Daten auf das Netzwerk gebracht werden. Logisch betrachtet basiert das Ethernet in beiden Fällen immer auf einer Bus-Topologie, wogegen – physisch betrachtet – im ersten Fall eine Bus- und im zweiten Fall eine Stern-Topologie vorliegt.

Physische und logische Topologie

Verschiedene Netzwerktopologien

Man unterscheidet bei den Netzwerktopologien zwischen der Bus-Topologie, der Ring-Topologie, der Stern-Topologie, der Maschen-Topologie und gemischten Topologien. Je nach verwendeter Netzwerktechnologie kommen von den vier genannten Netzwerktopologien logische und physische Topologien zum Einsatz. Die logische Netzwerktopologie ist grundsätzlich von der Netzwerktechnologie abhängig und kann innerhalb dieser prinzipiell weder geändert noch ausgewählt werden. Bei der physischen Betrachtung der verschiedenen Netzwerktopologien werden in erster Linie der Aufwand bei der Installation, bei einer eventuellen Rekonfiguration, bei einer Fehlersuche und die Anzahl der Komponenten beziehungsweise beteiligten Station, die von einem möglichen Fehler betroffen sind, betrachtet. Hier können unter Umständen innerhalb einer Netzwerktechnologie zwischen verschieden Netzwerktopologien die Vor- und Nachteile ausgewogen und, je nach Bedarf, eine Topologie ausgewählt werden. Um die Vor- und Nachteile der verschiedenen Netzwerktopologien vergleichen zu können, möchten wir im Folgenden auf die verschiedenen Netzwerktopologien eingehen.

Bus-Topologie

Bei der physischen Bus-Topologie wird ein Übertragungsmedium durch mehrere Teilnehmer gemeinsam verwendet. Die Verbindungswege zwischen den einzelnen Komponenten beziehungsweise Stationen sind dabei relativ kurz, da das Übertragungsmedium direkt ohne Umwege von Komponente zu Komponente verlegt werden kann (siehe Abbildung 1-1).

Abb. 1–1
Die Bus-Topologie

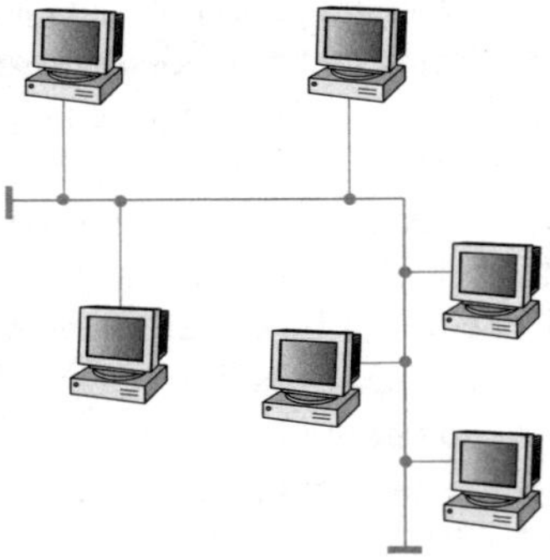

Die beiden Enden des Bus werden mit einem Widerstand abgeschlossen, damit keine Reflexionen der elektrischen Signale auftreten können. Reflexionen sind in diesem Fall ein Teil des elektrischen Signals, der bei einem offenen oder falsch abgeschlossenen Ende (fehlender oder falscher Abschlusswiderstand) zurückgeworfen beziehungsweise reflektiert wird. Durch die Reflexion findet eine Überlagerung der elektrischen Signale statt, die die Datenübertragung auf dem Bus nachhaltig stört. Werden Daten von einem Computer ausgesendet, so breiten sich diese Daten in beide Richtungen des Bus aus. Der Vorteil der Bus-Topologie liegt darin, dass der Bus auf einfachste Weise nach Bedarf erweitert werden kann – vorausgesetzt, die maximale Ausdehnung ist noch nicht erreicht. Problematisch ist jedoch, dass die Erweiterung des Bus in der Regel nicht während des Netzwerkbetriebs durchgeführt werden kann, da der Bus für eine Erweiterung an mindestens einer Stelle kurzzeitig aufgetrennt werden muss. Der größte Nachteil liegt jedoch darin, dass der Bus aufgrund der vielen Verbindungsstellen sehr fehleranfällig ist und sich die Fehlersuche in der Regel als aufwändig herausstellt. Typischerweise sind alle Komponenten oder Stationen von einem möglichen Fehler betroffen. Tritt ein Kabelbruch auf oder löst sich eine Verbindung, so zerlegt sich der Bus in zwei Teilnetzwerke, deren Kommunikation mehr oder weniger nur noch bedingt innerhalb des Teilnetzes stattfinden kann. Die Kommunikation ist innerhalb der Teilnetze gestört, da an den Bus-Enden die Abschlusswiderstände fehlen und es somit zwangsläufig zu Reflexionen kommen wird.

Ring-Topologie

Bei der Ring-Topologie werden die Computer quasi in Reihe geschaltet, und der letzte Computer wird wieder mit dem ersten Computer verbunden. Auf diese Weise entsteht eine ringförmige Verbindung zwischen den Computern (siehe Abbildung 1-2). Da der Ring vom letzten Computer wieder mit dem ersten Computer verbunden werden muss, benötigt man für die Bildung der Ring-Topologie zwangsläufig ein längeres Datenkabel als bei der Bus-Topologie. Durch die ringförmige Verbindung ergibt sich ein ununterbrochener Datenpfad, über den die Daten in eine Richtung übertragen werden und jeden Computer erreichen können. Nachteilig ist bei der Ring-Topologie, dass der Ring relativ fehleranfällig ist. Wird der Ring an einer Stelle unterbrochen, so ist die gesamte Kommunikation innerhalb des Netzwerks gestört. Vorteilhaft bei der Ring-Topologie ist die relativ einfache Fehlersuche: Man muss bei einem Fehler nur die Station ausfindig machen, die keine Daten mehr empfängt. Bedingt durch die Tatsache, dass die Daten immer nur aus einer Richtung kommen können, lässt sich der Fehler zwischen der Station, die keine Daten empfängt, und der benachbarten Station, die normalerweise die Daten senden müsste, festmachen. Möchte man den Ring erweitern, so ist dies nicht während des Netzwerkbetriebs möglich, da der Ring an mindestens einer Stelle aufgetrennt werden muss.

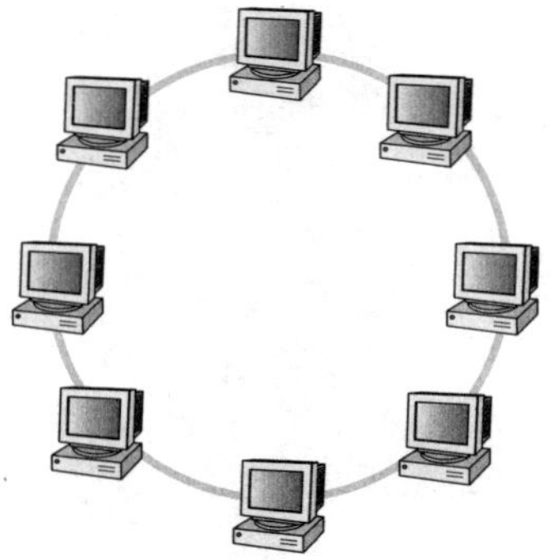

Abb. 1-2
Die Ring-Topologie

Es gibt Ring-Topologien, bei denen der Ring doppelt ausgeführt ist, wie es beispielsweise bei der Netzwerktechnologie FDDI (Fibre Distributed Data Interface) der Fall ist. Der doppelte Ring dient in diesem Fall als redundanter

Weg, der dazu dienen kann, dass sich der Ring in einem Fehlerfall über den redundanten Weg wieder schließt. Auf diese Weise wird verhindert, dass der Ring bereits bei einem Fehlerfall in Teilstücke zerfällt; dies geschieht so erst ab dem zweiten Fehlerfall oder wenn bei einem Fehler beide Ringe durchtrennt werden (siehe Abbildung 1-3).

Abb. 1–3
Der redundante Weg bei doppelter Ring-Ausführung

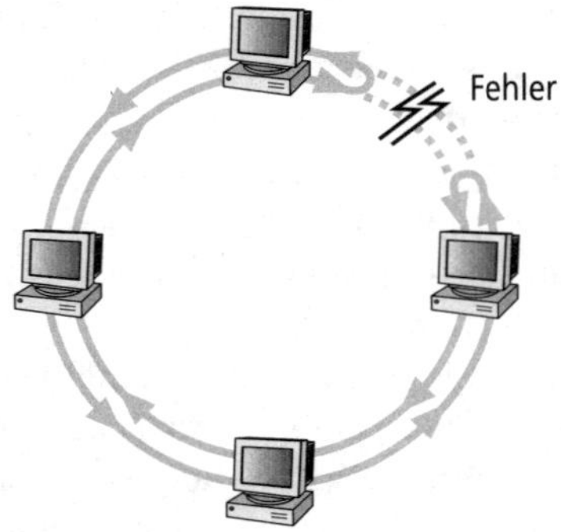

Stern-Topologie

Bei der Stern-Topologie werden die Computer sternförmig über einen zentralen Verteiler miteinander verbunden. Die Stern-Topologie kommt heutzutage bei Netzwerken vorwiegend zum Einsatz und bildet die Basis einer sogenannten Strukturierten Verkabelung (bestimmte Form einer modernen Verkabelung). Die Stern-Topologie erscheint zwar auf den ersten Blick von der Verkabelung her als sehr aufwändig, bietet jedoch den Vorteil, dass sich Störungen, beispielsweise in der Form eines Kabelbruchs, direkt nur auf einen Datenpfad und somit in der Regel auf einen Computer auswirken. Dadurch wird in der Gesamtbetrachtung ein relativ sicherer Datenaustausch innerhalb des Netzwerks gewährleistet und die Fehlersuche sehr einfach (siehe Abbildung 1-4).

Abb. 1–4
Die Stern-Topologie

Der Installationsaufwand bei der Stern-Topologie ist, bedingt durch den geringen Planungsaufwand, ebenfalls relativ gering. Jedoch wird bei der Stern-Topologie sehr viel Datenkabel benötigt, da vom zentralen Verteiler zu jedem Computer eine eigene Datenleitung verlegt werden muss. Eine Erweiterung des Netzwerks kann jedoch ohne Probleme während des Betriebs vorgenommen werden, da bei der Stern-Topologie kein Datenpfad des Netzwerks aufgetrennt werden muss. Man kann demnach bei der Stern-Topologie von einer Hot-Pluging-Funktion sprechen, da eine Erweiterung während des Netzwerkbetriebs problemlos möglich ist.

⇨ Die Stern-Topologie ist die heute am weitesten verbreitete Netzwerktopologie, die innerhalb moderner Netzwerktechnologien oder einer Strukturierten Verkabelung zum Einsatz kommt. Man spricht bei der Stern-Topologie auch oft von der Baum-Topologie, da sie der Struktur einer Strukturierten Verkabelung am meisten ähnelt.

Maschen-Topologie

Innerhalb einer Maschen-Topologie hat jeder Computer eine Punkt-zu-Punkt-Verbindung zu jedem anderen Computer des Netzwerks. Theoretisch benötigt demnach jeder Computer so viele Netzwerkanschlüsse wie er benachbarte Computer innerhalb des Netzwerks hat. Demnach ist die Maschen-Topologie als physische Netzwerk-Topologie nicht praktikabel und kommt nur als logische Topologie in Betracht. Die Maschen-Topologie ist allerdings eine sehr fehlertolerante Netzwerktopologie, wobei jedoch bedingt durch die große Anzahl von Punkt-zu-Punkt-Verbindungen und die Tatsache, dass die Daten nicht zu allen Computern übertragen werden, eine relativ hohe Bandbreitenverschwendung vorliegt. Der Aufwand für die Installation oder eine Erweiterung ist generell sehr hoch. Dasselbe gilt für eine Rekonfiguration, die sich durch die Vielzahl der Punkt-zu-Punkt-Verbindungen als schwierig erweist. Die Fehlersuche ist einfach, da jede Verbindung unabhängig von jeder anderen ist und sich Fehler demnach leicht einkreisen lassen. Durch die große Anzahl der Punkt-zu-Punkt-Verbindungen entstehen viele Verbindungen zwischen den einzelnen Computern innerhalb einer Maschen-Topologie. Demnach liegt bei einer Maschen-Topologie eine geringe Fehleranfälligkeit vor, die sich in der Form bemerkbar macht, dass bei einer Störung maximal ein Computer betroffen ist.

Abb. 1–5
Die Maschen-Topologie

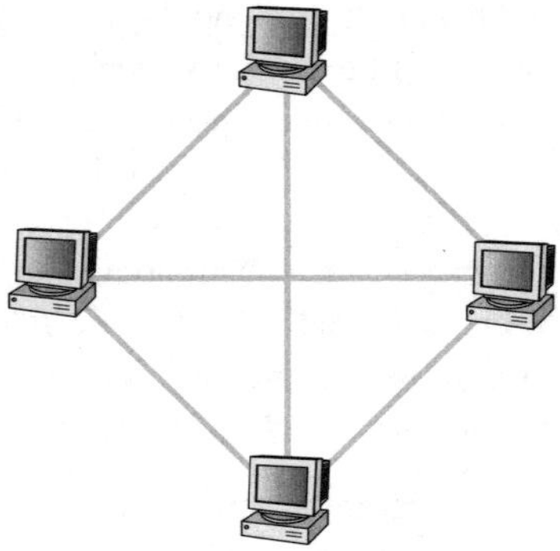

⇨ Die Maschen-Topologie findet, bedingt durch die Punkt-zu-Punkt-Verbindung, vorwiegend als logische Topologie zwischen Routern Einsatz.

1.3 Einteilung der Netzwerke

Sobald zwei Computer mit Netzwerkkarten und entsprechender Software ausgestattet sowie über ein geeignetes Verbindungskabel miteinander verbunden sind, spricht man bereits von einem Netzwerk. Diese Form stellt natürlich die einfachste Form eines Netzwerks dar und kommt heutzutage vorwiegend im privaten Bereich vor. Innerhalb eines Unternehmens werden in der Regel mehrere Computer, deren Anzahl schnell auf 100, 1000 oder mehr ansteigen kann, über ein Netzwerk miteinander verbunden. Unabhängig von der Anzahl der vernetzten Computer findet der Datenaustausch nach denselben Grundprinzipien statt, natürlich vorausgesetzt, dass man sich bei der Betrachtung auf eine Netzwerktechnologie beschränkt.

Grundsätzlich werden die Netzwerke per Definition in Abhängigkeit von ihrer Ausdehnung in vier Gruppen, das Local Area Network (LAN), das Metropolitan Area Network (MAN), das Wide Area Network (WAN) und das Global Area Network (GAN), unterteilt.

LAN

Die räumliche Ausdehnung eines LAN ist begrenzt, wobei sich seine zulässige Ausdehnung letztendlich durch die verwendete Netzwerktechnologie ergibt. Dabei können die Übertragungsgeschwindigkeit und die erzielbare Reichweite in einer Wechselbeziehung stehen. Je höher die Übertragungsgeschwindigkeit, umso niedriger ist die Reichweite, die bei den zur Verfügung stehenden Netzwerktechnologien erzielt werden kann. Ein LAN erstreckt sich in der Regel über ein Gebäude oder ein Firmengelände, wobei die Abgrenzung des LAN eher technisch geprägt ist und die genaue Abgrenzung per Definition letztendlich Sache des Betreibers ist. Bedingt durch die Tatsache, dass heute in der Regel mehrere Netzwerke beispielsweise über ISDN-Verbindungen oder das Internet miteinander verbunden werden, wird die Klassifizierung eines Netzwerks als ein LAN immer schwieriger. Bei einem LAN kommen, je nach Übertragungsdistanz, verschiedene Übertragungsmedien zum Einsatz. Heutzutage typische und weit verbreitete Netzwerktechnologien für den LAN-Bereich sind Ethernet, Token Ring und Wireless LAN (WLAN).

MAN

Bei dem MAN spricht man von Netzwerken, die sich von ihrer Ausdehnung her über den Bereich einer Stadt oder eines Ballungsgebiets erstrecken. Als Übertragungsmedium kommen bei einem MAN vorwiegend Lichtwellenleiter zum Einsatz, die die Datenübertragung über größere Distanzen erlauben.

WAN

Das WAN erstreckt sich im Vergleich zum LAN über eine größere Entfernung, wobei sich die Entfernung über mehrere Städte ausdehnen kann. Das WAN stellt ein Verbindungsnetzwerk dar, über das mehrere Netzwerke zwecks Datenaustausch verbunden werden können. Die Ausdehnung eines WANs liegt in etwa in der Größenordnung von bis zu 1000 km. Die WANs basieren auf verschiedenen Technologien, wobei beispielsweise ATM als klassische WAN-Technologie angesehen werden kann.

GAN

Das GAN unterliegt von der räumlichen Ausdehnung her praktisch keiner Begrenzung. Bei einem GAN kommen heutzutage als Übertragungsmedium Datenkanäle zum Einsatz, die über Satelliten oder beispielsweise Unterseekabel bereitgestellt werden, weshalb das GAN theoretisch keiner Begrenzung unterliegt und sich um den gesamten Erdball erstrecken kann.

1.4 Die Netzwerktechnologien

Netzwerktechnologien

Möchte man zwei oder mehrere Computer in der Form miteinander verbinden, dass ein Datenaustausch zwischen den Computern ermöglicht wird, so sind verschiedene Netzwerktechnologien dafür geeignet. Heutzutage bieten Netzwerktechnologien wie Ethernet, Token Ring, Fibre Distributed Data Interface (FDDI) oder Asynchronous Transfer Mode (ATM) mögliche Lösungen an, um Computer miteinander zu vernetzen. Ethernet stellt unter diesen verschiedenartigen Möglichkeiten die am weitesten verbreitete Netzwerktechnologie dar. Jede der genannten Netzwerktechnologien arbeitet in der Detailbetrachtung unterschiedlich; möchte man den Datenaustausch zwischen Netzwerken auf unterschiedlichen Netzwerktechnologien ermöglichen, so muss eine Anpassung zwischen den verschiedenen Netzwerken durchgeführt werden. Dazu kann man sich beispielsweise Geräten wie Bridges oder Routern bedienen, über die der Datenaustausch zwischen den verschiedenen Netzwerken ermöglicht wird.

Ethernet

Ethernet wurde 1983 vom Institute of Electrical and Electronics Engineers (IEEE) als Standard IEEE 802.3 definiert. Die erste Version des Ethernet arbeitete mit einer Datenrate von 10 MBit/s und nutzte als Übertragungsmedium ein Koaxialkabel. Das Koaxialkabel stellte dabei einen Daten-Bus dar, auf den alle angeschlossenen Computer für die Datenübertragung gleichberechtigt zugreifen konnten. Bis heute hat sich das Ethernet stark weiterentwickelt, wodurch Datenraten von 10, 100, 1000 oder 10.000 MBit/s möglich sind und eine Vielzahl von Übertragungsmedien unterstützt werden. Bei den Datenraten von 10, 100 und 1000 MBit/s wird im Halbduplexbetrieb als Zugriffsverfahren Carrier Sense Multiple Access with Collision Detection (CSMA/CD) verwendet (siehe Kapitel 2).

Token Ring

Token Ring wurde 1985 von IBM vorgestellt und später durch den Standard IEEE 802.5 definiert. Token Ring arbeitet mit einer Basisband-Übertragungstechnik und ist ein Ringnetzwerk, in dem die Computer logisch zu einem Ring vernetzt sind. Als Zugriffsverfahren wird ein Token-Passing-Verfahren verwendet. Das Token Ring arbeitet mit einer Datenrate von 4 oder 16 MBit/s.

FDDI

Das Fibre Distributed Data Interface (FDDI) ist eine 100-MBit-Netzwerktechnologie, die speziell für Lichtwellenleiter konzipiert und deren Spezifikation 1989 verabschiedet wurde. Die Spezifikation basierte auf einem Vorschlag des American National Standard Institute (ANSI) und wurde von der International Organization for Standardization (ISO) normiert. Später wurde das FDDI auch für die Nutzung anderer Medien wie das STP- oder UTP-Kabel erweitert und dann auch als Copper Distributed Data Interface (CDDI) bezeichnet. FDDI nutzt wie Token Ring als Zugriffsverfahren Token Passing. Auch wenn viele Faktoren, wie beispielsweise die Fehlerredundanz, das integrierte Netzwerkmanagement, die zur damaligen Zeit verhältnismäßig hohe Bandbreite und die mögliche große Ausdehnung für FDDI sprachen, hat sich das FDDI wegen der relativ hohen Kosten und der Konkurrenz durch Ethernet nicht durchgesetzt.

ATM

Asynchronous Transfer Mode (ATM) ist für große Netze im LAN- oder WAN-Bereich konzipiert. ATM arbeitet mit relativ kleinen Datenpaketen, die eine einheitliche Länge von 53 Byte aufweisen und als Zellen bezeichnet werden. ATM unterstützt Datenraten von 25 MBit/s, 155MBit/s, 622 MBit/s oder 1,2 GBit/s. Die Technologie arbeitet als schnelle, vereinfachte Paketvermittlung, wobei die Übertragung der Pakete über virtuelle Kanäle erfolgt. Ein virtueller Kanal wird auf Pfade nach Bedarf zwischen den Netzknoten über Switches geschaltet. Beim Verbindungsaufbau werden eine Dienstklasse sowie die Bandbreite zwischen dem Endgerät und dem Dienstanbieter vereinbart, die zusammen die Breite des virtuellen Kanals ergeben. Die Bandbreite eines virtuellen Kanals kann, je nach Bedarf, vergrößert oder verkleinert werden. ATM ist vom Ursprung her eine Technologie für Telekommunikationsnetze. Im Netzwerkbereich wird ATM mit einer sogenannten LAN-Emulation betrieben, damit sich ATM für die Anwendungen wie ein Ethernet- oder Token-Ring-Netzwerk verhält. ATM hat sich, bedingt durch seine Komplexität und die hohen Kosten, im Bereich der lokalen Netzwerke nicht durchgesetzt. Im Bereich der Weitverkehrsnetzwerke sieht die Situation etwas anders aus. Hier setzten alle großen Carrier häufig ATM ein, um beispielsweise Firmenverbindungen über größere Distanzen zu realisieren. Jedoch setzen heute immer weniger Carrier ATM ein und planen stattdessen, ATM durch 10Gigabit-Ethernet zu ersetzen.

1.5 Die Sprache der Computer

Informationsaustausch

Die Sprache der Computer basiert im Grunde auf dem Austausch von zwei logischen Zuständen, nämlich einer Eins und einer Null. Die kleinste Informationseinheit wird dabei als Bit bezeichnet, die entweder den Wert Eins oder den Wert Null annehmen kann. Eine Gruppe von acht Bits bezeichnet man heutzutage als Byte. Ein Byte kann, basierend auf der Tatsache, dass jedes Bit eines Bytes zwei Zustände annehmen kann, $2^8 = 256$ verschiedene Zustände repräsentieren. In der Regel wird die Eins durch einen vorhandenen Spannungspegel mit einem bestimmten Wert und eine Null durch einen Spannungspegel von 0 V signalisiert. Unabhängig davon, ob man direkt im Computer oder auf einer Leitung im Netzwerk den fließenden Datenstrom beobachten würde, so würde sich dieser durch den Wechsel zwischen logischen Einsen und logischen Nullen darstellen.

Dezimales Zahlensystem

Normale Menschen sind es allerdings gewohnt, mit dem dezimalen Zahlensystem zu arbeiten. Darin gibt es 10 verschiedene Ziffern von 0 bis 9, über die sich 10 verschiedene Zustände darstellen lassen. Im dezimale Zahlensystem setzt sich aus Zahlen mit der Basis 10 zusammen: Die erste Ziffer einer Zahl wird mit dem Wert $10^0 = 1$, die zweite Ziffer mit dem Wert $10^1 = 10$ und die dritte Ziffer mit dem Wert $10^2 = 100$ usw. multipliziert. Der Unterschied zwischen dem Stellenwert der einzelnen Ziffern beläuft sich demnach immer auf den Faktor 10. Die erste Ziffer gibt den Wertebereich von 0 bis 9 an, die zweite Ziffer ergänzt den Wertebereich von 10 bis 99 usw. Die Zahl 387 ergibt sich beispielsweise aus $3 \times 10^2 + 8 \times 10^1 + 7 \times 10^0 = 3 \times 100 + 8 \times 10 + 7 \times 1 = 387$.

Binäres Zahlensystem

Betrachtet man hingegen das Zahlensystem eines Computers, so basiert dieses auf nur zwei möglichen Zuständen, wonach man hierbei also mit einer Basis von 2 arbeitet. Dieses Zahlensystem bezeichnet man als binäres Zahlensystem, da jede Informationseinheit (Bit) zwei Zustände annehmen kann. Innerhalb eines Bytes, also acht Bits, hat das erste Bit die Wertigkeit von $2^0 = 1$, das zweite Bit die Wertigkeit von $2^1 = 2$, das dritte Bit die Wertigkeit von $2^2 = 4$ – bis zum achten Bit, das die Wertigkeit von $2^7 = 128$ hat. Bedingt durch diese Zuordnung spricht man vorzugsweise von Bit 0 bis Bit 7. Je nach Kombination der logischen Zustände von Bit 0 bis Bit 7 eines Bytes kann so ein Byte 256 verschiedene Zustände von 0 bis 255 annehmen. Die Bitfolge von 10101010 entspricht zum Beispiel $1 \times 2^7 + 0 \times 2^6 + 1 \times 2^5 + 0 \times 2^4 + 1 \times 2^3 + 0 \times 2^2 + 1 \times 2^1 + 0 \times 2^0 = 170$ (siehe Abbildung 1-6).

Abb. 1–6
Die Zuordnung und Wertigkeit der Bits innerhalb eines Bytes

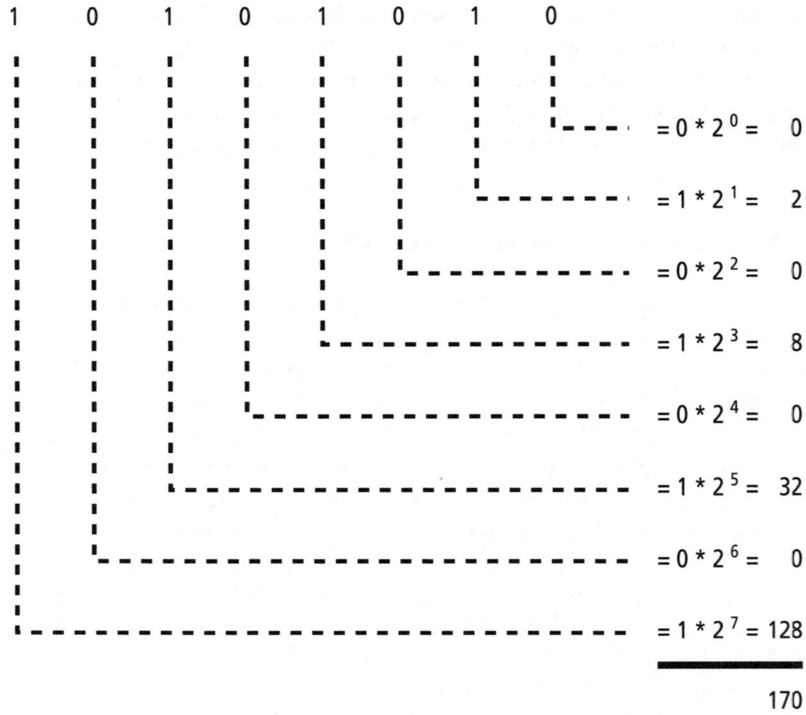

Durch jedes weitere Bit wird der mögliche Wertebereich des binären Zahlensystems verdoppelt (im dezimalen Zahlensystem bewirkt jede Stelle eine Verzehnfachung des Wertebereichs).

Tab. 1–1
Jedes Bit führt zu einer Verdoppelung des Wertebereichs.

Bit	7	6	5	4	3	2	1	0
	⇩	⇩	⇩	⇩	⇩	⇩	⇩	⇩
	2^7	2^6	2^5	2^4	2^3	2^2	2^1	2^0
	⇩	⇩	⇩	⇩	⇩	⇩	⇩	⇩
Wertebereich	128	64	32	16	8	4	2	1

Hexadezimales Zahlensystem

Vorzugsweise arbeiten jedoch die EDV-Fachleute anstelle des binären mit dem hexadezimalen Zahlensystem. Das hexadezimale Zahlensystem arbeitet mit eines Basis von 16, wobei man für die 16 Ziffern die 0 bis 9 und die Buchstaben A bis F (0, 1, 2, 3, 4, 5, 6, 7, 8, 9, A, B, C, D, E, F) verwendet. Im EDV-Bereich wurde das hexadezimale Zahlensystem eingeführt, um die Darstellung der Bits innerhalb eines Bytes zu vereinfachen. Dabei wird ein Byte in zwei Teile von jeweils vier Bit aufgeteilt, die als Nibble bezeichnet werden (to nibble = anknabbern). Die 256 möglichen Zustände eines Bytes lassen sich somit durch zwei hexadezimale Zahlen (16 × 16 = 256) darstellen, wobei die ersten vier Bits durch die erste hexadezimale Zahl und die weiteren vier Bits durch die zweite hexadezimale Zahl repräsentiert werden. Betrachtet man die folgende Tabelle, so kann man die Zuordnung der binären Zahlen und der hexadezimalen Zahlen von 0 bis F entnehmen.

Tab. 1–2
Die Zuordnung zwischen hexadezimalen Zahlen und binären Zahlen

Hex-Zahl	binäre Zahl	Hex-Zahl	binäre Zahl
0	0000	8	1000
1	0001	9	1001
2	0010	A	1010
3	0011	B	1011
4	0100	C	1100
5	0101	D	1101
6	0110	E	1110
7	0111	F	1111

Merkt man sich diese Zuordnung, so kann man relativ einfach die hexadezimale Zahl in die binäre Zahl und somit in das tatsächliche Bitmuster umwandeln. So entspricht beispielsweise der Hex-Wert von 0xAA der binären Zahl oder dem Bitmuster von 1010 1010. Würde man vergleichsweise versuchen, die entsprechende Dezimalzahl von 170 (0xAA) in das Bitmuster umzuwandeln, so ist dies erkennbar schwieriger.

⇨ In diesem Buch werden wir oft die hexadezimale Darstellung verwenden, die durch das vorgesetzte 0x erkennbar ist.

Betrachtet man nun typische Informationen wie beispielsweise einen Text, die in einem Computer verarbeitet werden, so muss eine logische Beziehung zwischen den möglichen Zuständen des in Computern verwendeten Zahlensystems und den uns bekannten Zeichen existieren. Dies wird durch den sogenannten American Standard Code for Information Interchange (ASCII-Code) realisiert. Der ASCII-Code weist jedem großen und kleinen Buchstaben des Alphabets, jedem Satzzeichen, jeder Ziffer und bestimmten Steuerzeichen einen bestimmten Wert zu. So entspricht zum Beispiel der Wert 65 (0100 0001) dem Großbuchstaben A und der Wert 97 (0110 0001) dem Kleinbuchstaben a. Auf diese Weise lassen sich alle uns bekannten Zeichen innerhalb eines Computers verarbeiten und über ein Netzwerk übertragen, indem die Informationen letztendlich ausschließlich in den zwei logischen Zuständen Null oder Eins codiert werden.

1.5.1 Die Datenübertragung

Parallele Datenübertragung

Grundsätzlich kommt für die Kommunikation eine parallele oder eine serielle Datenübertragung in Frage. Bei der parallelen Datenübertragung ist, neben ein paar Leitungen für bestimmte Steuersignale, für jedes Datenbit eine eigene Datenleitung vorhanden. Der Drucker, der direkt über die parallele Schnittstelle an einen Computer angeschlossen wird, ist ein klassisches Beispiel für eine parallele Datenübertragung. Bei dieser Methode kann so pro Zeiteinheit ein gesamtes Datenbyte übertragen werden. Nachteilig bei der parallelen Datenübertragung ist es, dass man für den Datenaustausch relativ viele Leitungen benötigt, was sich bei großen Distanzen als sehr kostspielig und aufwändig erweist (siehe Abbildung 1-7).

Abb. 1-7
Die parallele Datenübertragung

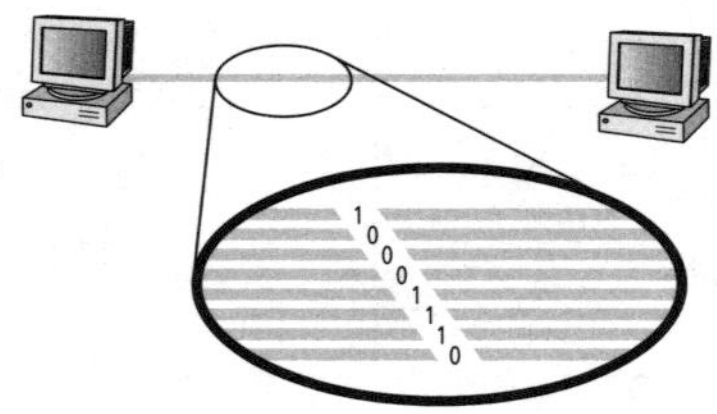

Serielle Datenübertragung

Eine Alternative zu der parallelen stellt die serielle Datenübertragung dar, bei der auf einer Datenleitung die Bits nacheinander übertragen werden. Für den Transfer eines Bytes werden demnach acht Zeiteinheiten benötigt. Die serielle Datenübertragung arbeitet deshalb mit niedrigen Zeiteinheiten, um die Dauer für die Übertragung eines Bytes zu verringern. Geht es darum, Daten über eine größere Distanz zu übertragen, so wird bevorzugt die serielle Datenübertragung angewendet, da diese im Minimalfall mit einer einzigen Datenleitung auskommt. In einem Netzwerk arbeitet man demnach grundsätzlich über eine serielle Verbindung, da es hierbei um die Datenübertragung über größere Distanzen geht (siehe Abbildung 1-8).

Abb. 1-8
Die serielle Datenübertragung

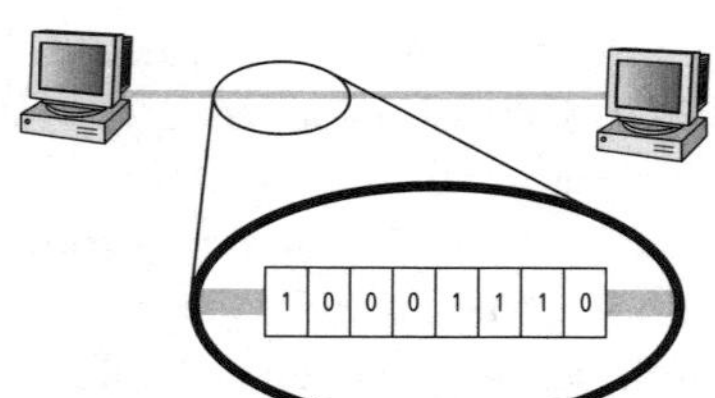

1.5.2 Asynchrone und synchrone Datenübertragung

Asynchrone Datenübertragung

Um Daten aus einem Bitstrom gewinnen zu können, muss der eingehende Datenstrom über ein gewisses Zeitfenster abgetastet werden. Das dafür notwendige Zeitfenster wird über eine Taktquelle gewonnen. Man unterscheidet in der Nachrichtentechnik zwischen einer asynchronen und einer synchronen Datenübertragung. Bei der asynchronen Datenübertragung verwenden die Kommunikationspartner voneinander unabhängige Taktquellen. Werden Daten übertragen, so wird vor die Daten ein Startbit gesetzt, wodurch die Taktquelle auf der Seite des Empfängers gestartet wird. Nach dem Aussenden der Daten folgt ein Stopbit, mit dem die Datenübertragung beendet ist. Der Vorteil der asynchronen Datenübertragung liegt darin, dass keine Synchronisierung der Taktquellen benötigt wird und die Implementierung relativ einfach ist. Der Nachteil liegt darin, dass die Taktquellen voneinander abweichen können, weshalb die Größe der zu übertragenden Dateneinheiten nur relativ klein sein kann. Außerdem muss zu den Daten ein Start- und Stopbit gesendet werden, wodurch ein gewisser Overhead entsteht. Das asynchrone Verfahren kann nur bei geringen Datenraten angewendet werden.

Synchrone Datenübertragung

Eine Alternative zu der asynchronen Datenübertragung stellt die synchrone Datenübertragung dar. Dabei wird das Taktsignal über die Datenleitung mit übertragen. Über das mitgesendete Taktsignal kann eine exakte Abstimmung der Bitimpulse erfolgen, weshalb man von einer synchronen Datenübertragung spricht. Die Kommunikationspartner laufen über den gesamten Zeitraum einer Verbindung synchron zueinander. Der Vorteil ist deutlich: Die Daten müssen nicht jedes Mal neu synchronisiert werden; das synchrone Verfahren ist auch bei höheren Datenraten anwendbar. Nachteilig bei diesem Verfahren ist natürlich die aufwändigere Implementierung.

Im Netzwerkbereich kann man prinzipiell laut allgemeiner Definition aus der Nachrichtentechnik von einer synchronen Datenübertragung sprechen, da der Takt immer vom Sender mit dem Datenstrom geliefert wird, also mit nur einer Taktquelle gearbeitet wird. Jedoch lässt sich für den Netzwerkbereich trotzdem asynchronen von synchron differenzieren: Beim asynchronen Verfahren besteht zwischen der Aussendung zweier Datenpakete zwischen dem Sender und dem Empfänger keine Verbindung, weshalb sich die Kommunikationspartner bei jedem neuen Datenpaket neu synchronisieren müssen; beim synchronen Verfahren hingegen bleibt die Verbindung zwischen den Kommunikationspartnern bestehen, weshalb die Verbindung dauerhaft synchronisiert bleibt.

1.5.3 Die Frequenz

Frequenz

In der Elektrotechnik werden zwei verschiedene Spannungsarten unterschieden, die Gleichspannung und die Wechselspannung. Bei der Gleichspannung ist die Höhe und die Polarität der Spannung unabhängig von der Zeit stets gleich. Betrachtet man hingegen eine Wechselspannung, so ändert sich die Höhe und die Polarität der Spannung periodisch. Die Wechselspannung aus unserem Spannungsversorgungsnetz verändert sich beispielsweise in der Polarität und in der Höhe periodisch nach einer Sinusfunktion. Für den periodischen Spannungsverlauf wird eine bestimmte Zeit beansprucht, die als Periodendauer bezeichnet wird. In der Elektrotechnik gibt man über die Frequenz die Anzahl von Schwingungen pro Sekunde an, wobei die Frequenz und die Periodendauer in einem reziproken Zusammenhang stehen: Je niedriger die Periodendauer, desto höher ist die Frequenz. Man errechnet demnach die Frequenz nach der Formel Frequenz = 1/Periodendauer und gibt sie in der Einheit Hertz (Hz) an. Dabei entspricht 1 Hertz einer Schwingung pro Sekunde. Unser Wechselspannungsversorgungsnetz arbeitet beispielsweise mit einer Frequenz von 50 Hz.

Abb. 1–9
Verlauf einer 50-Hz-Wechselspannung

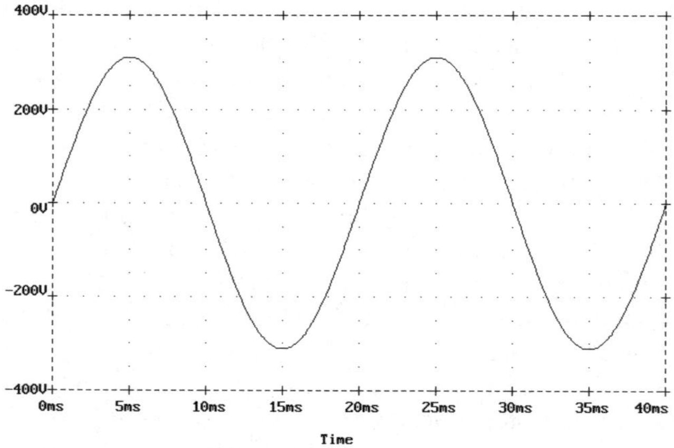

1.5.4 Das Datensignal

Datensignale

Die Übertragung der Informationen erfolgt durch den Austausch von binären Daten, die den Wert Null oder Eins annehmen können. Die elektrischen Signale, die dazu innerhalb eines Computers oder über ein Netzwerkkabel übertragen werden, können entweder in einer rein digitalen oder in einer analogen Form genutzt werden. Innerhalb eines Computers und im Netzwerkbereich wird in der Regel die digitale Form verwendet. Obwohl auf einem Netzwerkkabel ein digitales Datensignal eingespeist wird, muss man berücksichtigen, dass es sich hierbei ebenfalls um ein Analogsignal handelt (Fourier).

Die Signale, die über eine Datenleitung übertragen werden, unterliegen gewissen physikalischen Gesetzmäßigkeiten der Nachrichtentechnik, wie beispielsweise der Dämpfung, die das Datensignal entlang der Datenleitung in der Höhe des Signals abschwächt. Die Dämpfung ist allgemein umso höher, je höher die Frequenz des Datensignals ist. Bedingt durch diese Tatsache ist die maximal zu überbrückende Distanz begrenzt. Denn hat das Datensignal in der Höhe einen bestimmten Wert unterschritten, kann die Dateninformation nicht mehr eindeutig erkannt werden.

Fourier-Reihe

Ein Rechtecksignal besteht aus einer gewissen Grundfrequenz und aus Oberwellen der 3., 5. usw. Ordnung. Diese ganzzahligen Vielfachen der Grundfrequenz bezeichnet man auch als Harmonische. Laut der Fourier-

Reihe lässt sich jede periodische Schwingung aus der Summe von Sinusschwingungen mit dem Vielfachen der Grundfrequenz zusammensetzen. Ein Rechtecksignal besteht demnach aus einer Überlagerung von harmonischen sinusförmigen Schwingungen (siehe Abbildung 1-10).

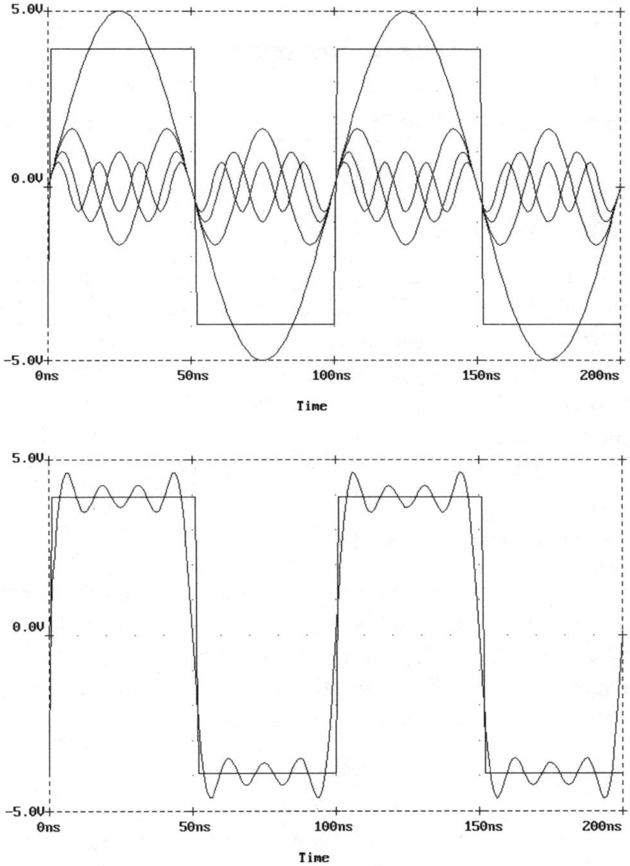

Abb. 1–10
Laut der Fourier-Reihe setzt sich ein Rechtecksignal aus der Überlagerung von harmonischen Schwingungen zusammen.

Oberwellen eines Rechtecksignals

Die Fourier-Reihe gibt demnach auch indirekt Auskunft über die Verformung eines Datensignals und die Bandbreitenanforderung des Übertragungsmediums. Um ein Rechtecksignal einwandfrei übertragen zu können, ist es erforderlich, mindestens die 3. und 5. Oberwelle mitzuübertragen. Die 3. und 5. Oberwelle ist notwendig, damit das Rechtecksignal noch seine rechteckige Form beibehält und nicht wie ein abgerundetes Signal aussieht. Bedingt durch diese Tatsache muss bei der digitalen Datenübertragung nicht nur die Grundfrequenz, sondern auch noch die 3. und 5. Oberwelle mitübertragen werden. Bezogen auf das Übertragungsmedium ist demnach allgemein eine höhere Anforderung gestellt. Das Übertragungsmedium muss nicht nur die Grundfrequenz sauber übertragen können, sondern auch noch ihr 3- und 5faches. In der Praxis werden auf jeden Fall die Oberwellen immer stärker gedämpft, und die Ecken eines Rechtecksignals, das auf der einen Seite des Mediums eingespeist wird, weisen am Ende abgerundete Ecken auf (siehe Abbildung 1-11).

Abb. 1–11 *Verformung eines Rechtecksignals, das über ein Medium übertragen wird*

1.5.5 Die Bandbreite

Bandbreite

Unter der Bandbreite eines Übertragungssystems versteht man allgemein in der Nachrichtentechnik den Bereich von Frequenzen, der über ein Übertragungssystem problemlos, also ohne wesentliche Beeinflussung, übertragen werden kann. Die Dämpfung, die das Datensignal in seiner Höhe beeinflusst, ist umso größer, je höher seine Frequenz ist. Ist die Bandbreite des Datensignals kleiner als die Bandbreite des Übertragungsmediums, so kann man von einem geeigneten Übertragungsmedium ausgehen.

1.5.6 Bitrate oder Datenrate

Die Bitrate oder Datenrate gibt die Anzahl der Bits an, die während einer Zeiteinheit von einer Sekunde übertragen werden. In der Netzwerktechnik ist es allgemein üblich, die Übertragungsgeschwindigkeit in Bit pro Sekunde anzugeben, wobei man als Präfix die entsprechenden Zehnerpotenzen kBit/s (kilo), MBit/s (Mega) und GBit/s (Giga) verwendet.

1.5.7 Baudrate

Baudrate

Die Baudrate gibt die Anzahl der übertragenen Symbole pro Sekunde an. Ursprünglich wurde die Baudrate für die Signalisierungsgeschwindigkeit der Telegrafen verwendet, bei denen mit der Baudrate die Anzahl der übertragenen Morsezeichen pro Sekunde angegeben wurden. Die Einheit Baud wurde nach dem französischen Ingenieur Baudot benannt, der Fernschreiber konstruiert hatte. Heute verwendet man die Einheit Baud, um die Anzahl der Signalwechsel pro Sekunde anzugeben. Gerne wird die Bitrate mit der Baudrate gleichgesetzt, was von der Definition her falsch ist. Bei der binären Datenübertragung kann man, je nach verwendetem codierungsverfahren, die Anzahl der Signalwechsel pro Sekunde mit der Anzahl der Bits gleichsetzen. Da dies jedoch oft zu Verwirrungen führt, sollte man im Netzwerkbereich für die Angabe der Übertragungsgeschwindigkeit vorzugsweise mit der Bitrate arbeiten.

1.5.8 Übertragungsfrequenz versus Übertragungsrate

Datenrate versus Übertragungsfrequenz

Die Datenrate darf grundsätzlich nicht mit der Übertragungsfrequenz gleichgesetzt werden. Die Datenrate gibt an, wie viele Daten, also Informationen ausgedrückt in Bit, innerhalb einer Zeiteinheit von einer Sekunde übertragen werden können. Die Übertragungsfrequenz ergibt sich aus der Übertragung der Daten und ist letztendlich davon abhängig, welches Codierungsverfahren bei der Datenübertragung verwendet wird. Das Codierungsverfahren beschreibt die Art und Weise, wie die Informationen dargestellt werden. Betrachtet man im Netzwerkbereich die heutigen Hochgeschwindigkeitslösungen, so wird in der Regel über spezielle Codierungsverfahren dafür gesorgt, dass die Übertragungsfrequenz, die bei der Datenübertragung auftritt, möglichst klein ist. Dies ist notwendig, da die Höhe der Übertragungsfrequenz letztendlich die Dämpfung bestimmt, die das Datensignal während der Übertragung über das Übertragungsmedium erfährt. Je höher die Dämpfung ist, desto niedriger ist die Reichweite, die erzielt werden kann.

1.5.9 Kanalkapazität

Kanalkapazität

Wie viele Daten über einen Übertragungskanal übertragen werden können, wird mithilfe der Kanalkapazität beschrieben. Die Kanalkapazität gibt an, welche maximale Bitrate in einem frequenzbeschränkten, rauschbelasteten Übertragungskanal erzielt werden kann. Laut der Shannon'schen Informationstheorie (Claude Shannon, amerikanischer Informatiker, geb. 1916) wird die Kanalkapazität C nach der folgenden Formel beschrieben: $C = B \times \log_2(1 + S/N)$. C wird hierbei in Bit/s angegeben; B steht hier für die Bandbreite des Übertragungskanals in Hz, S für die Leistung des Nutzsignals und N für die Leistung des Störsignals. Das Verhältnis S/N beschreibt dabei das sogenannte Signal-Rauschverhältnis, also das Verhältnis zwischen dem übertragenen Signal und dem zufälligen Rauschen. Laut Informationstheorie begrenzt das Signal-Rauschverhältnis die Anzahl der Bits, die pro Symbol übertragen werden können. Oder anderes formuliert: Je besser das Signal-Rauschverhältnis ist, desto höher ist die erzielbare Datenrate.

1.5.10 Paketvermittlung

Paketvermittlung

Bei den Computernetzwerken wird für die Datenübertragung die gesamte Bandbreite des Übertragungsmediums jeweils für eine relativ kurze Zeit in Anspruch genommen. Das Übertragungsmedium verfügt in der Regel über eine hohe Bandbreite. Betrachtet man hingegen den Datenaustausch über eine ISDN-Leitung, so wird hier bei einer geringen Bandbreite die gesamte Bandbreite für einen gewissen Zeitraum dauerhaft in Anspruch genommen. Praktisch sieht dies in der Form so aus, dass man eine dedizierte Punkt-zu-

Punkt-Verbindung zwischen den Verbindungspartnern für die gewünschte Dauer des Datenaustauschs schaltet; man spricht in diesem Fall von einer verbindungsorientierten Verbindung. Nachteilig ist natürlich bei diesem Verfahren, dass für die Dauer der geschalteten Verbindung die Leitung beziehungsweise der Kanal für andere Verbindungen nicht genutzt werden kann.

In einem lokalen Netzwerk wird ein vorhandenes Medium gemeinsam verwendet (Shared Media), dies verhält sich ähnlich wie beim Funk oder einer Unterhaltung von mehreren Personen in einem Raum. Um die Daten zielgerichtet zum gewünschten Empfänger übertragen zu können, werden die Daten, die als Datenpakete zusammengefasst sind, mit Adressinformationen versehen. Die Datenpakete werden demnach ähnlich wie Briefe oder Pakete beim Versand über die Post verschickt. Diese Art der Kommunikation bezeichnet man als Paketvermittlung. Dafür muss keine dedizierte Verbindung zwischen den Kommunikationspartnern aufgebaut werden; deshalb spricht man hier von einem verbindungslosen Dienst.

1.5.11 Grundlegende Zugriffsverfahren

Zugriffsverfahren

Bedingt durch die Tatsache, dass im Netzwerk ein Übertragungsmedium von allen Teilnehmern gemeinsam für die Datenübertragung verwendet wird (Shared Media), muss über ein geeignetes Zugriffsverfahren sichergestellt werden, dass innerhalb eines Zeitraums immer nur ein Teilnehmer Daten sendet. Denn ausschließlich dann, wenn diese Anforderung erfüllt ist, können die Daten fehlerfrei übertragen werden. Bei den Zugriffsverfahren für ein Shared Media wird allgemein zwischen zwei Zugriffsverfahren, dem deterministischen und dem nicht-determinstischen, unterschieden.

Deterministisches Zugriffsverfahren

Beim deterministischen Verfahren wird der Zugriff auf das gemeinsam genutzte Medium über Konventionen geregelt. Der Zugriff auf das Medium erfolgt also zu einem bestimmten Zeitpunkt in Übereinstimmung mit den anderen Teilnehmern im Netzwerk. Bei Token-Ring- und FDDI-Netzwerken wird beispielsweise ein Token-Passing-Verfahren verwendet, das ein deterministisches Zugriffsverfahren darstellt. Dabei gibt ein Teilnehmer, der mit der Aussendung seiner Daten fertig ist, das Senderecht an einen anderen Teilnehmer im Netz weiter. Dieser Teilnehmer darf durch den Erhalt des Senderechts ebenfalls über einen bestimmten Zeitraum Daten versenden. Macht der Teilnehmer von seinem Senderecht jedoch keinen Gebrauch, so gibt er das Senderecht direkt an einen anderen Teilnehmer weiter, ohne Daten zu versenden. Das Senderecht wird bei dem Token-Passing-Verfahren über ein Token realisiert: Derjenige Teilnehmer, der das Token hat, ist berechtigt, Daten zu versenden. Da die Sendezeit für jeden Teilnehmer nach dem Erhalt des Token beschränkt ist und jeder Teilnehmer den Token erhält, d. h. kein Teilnehmer bei der Weitergabe des Token übergangen wird, stellt das Token-Passing-Verfahren ein faires Zugriffsverfahren dar. Denn das Zugriffsverfahren stellt sicher, dass nach einer bestimmten Wartezeit, deren maximale Dauer vorhersehbar ist, eine bestimmte Datenmenge von jedem Teilnehmer übertragen werden darf. In der Regel sind auf Token Passing basierende Netzwerke physisch als Ring-Topologie aufgebaut, bei denen sich der Nachfolger für die Weitergabe des Token aus der physischen Anordnung innerhalb des Rings ergibt.

Nicht-deterministisches Zugriffsverfahren

Als weitere Zugriffsverfahren für ein Shared Media werden in den Netzwerken die nicht-deterministischen Verfahren verwendet, bei denen der Zugriff ebenfalls über bestimmte Konventionen geregelt wird, jedoch alle Teilnehmer in Bezug auf den Medienzugriff in direktem Wettbewerb zueinander stehen. Bedingt durch diese Tatsache kann die Wartezeit und die Datenmenge, die zu einem bestimmten Zeitpunkt übertragen werden kann, nicht eindeutig vorhergesehen werden. Die Dauer der Wartezeit und die Datenmenge, die von jedem Teilnehmer übertragen werden kann, hängt beim nicht-deterministischen Verfahren stark von der Anzahl der Teilnehmer und der Datenmenge ab, die von den einzelnen Teilnehmer versendet wird. Beispielsweise ist das Zugriffsverfahren Carrier Sense Multiple Access Collision Detection (CSMA/CD), das beim Ethernet verwendet wird, ein klassisches nicht-deterministisches Zugriffsverfahren. Bei CSMA/CD prüft ein Teilnehmer, der Daten versenden möchte, vor der Aussendung der Daten zuerst, ob das Übertragungsmedium frei ist. Wenn dies der Fall ist, sendet der Teilnehmer seine Daten aus. Kommt es dazu, dass zwei oder mehrere Teilnehmer zur selben Zeit versuchen, ihre Daten auszusenden, so gehen die Teilnehmer von einem freien Medium aus. In diesem Fall kommt es jedoch dazu, dass sich die Daten der sendenden Teilnehmer überlagern, wodurch die Daten unbrauchbar werden. In diesem Fall spricht man von einer Kollision. Durch ein Kollisionserkennungsverfahren wird dies erkannt, worauf die sendenden Teilnehmer die Aussendung ihrer Daten abbrechen. Tritt eine Kollision auf, so werden die Teilnehmer, deren Daten durch die Kollision unbrauchbar wurden, nach einer Wartezeit erneut versuchen, ihre Daten auszusenden. Die Wartezeit wird dabei von jedem Teilnehmer über einen bestimmten Algorithmus nach dem Zufallsprinzip ermittelt, so dass die Teilnehmer zu unterschiedlichen Zeitpunkten versuchen werden, ihre Daten erneut zu versenden, wodurch eine erneute Kollision vermieden werden soll. Die Wahrscheinlichkeit, dass mehrere Teilnehmer zur selben Zeit versuchen, ihre Daten zu versenden, und damit zwangsläufig gehäufte Kollisionen auftreten, steigt mit der Anzahl der Teilnehmer, die gemeinsam das Übertragungsmedium nutzen, und mit dem Datenvolumen, das von jedem Teilnehmer übertragen werden soll. Bedingt durch diese Tatsache kann der Zugriff auf das Übertragungsmedium, also die Wartezeit und die Datenmenge, die nach einem bestimmten Zeitpunkt übertragen werden kann, nicht vorhergesehen werden, weshalb man hierbei von einem nicht-deterministischen Zugriffsverfahren spricht.

⇨ Wir werden im Kapitel Ethernet detailliert auf das Zugriffsverfahren CSMA/CD eingehen.

1.6 Netzwerkarchitekturen

OSI-Referenzmodell

Die Kommunikation innerhalb eines Netzwerks wird anhand eines Netzwerkmodells beschrieben, wobei man sich das sogenannte Open-Systems-Interconnection-Referenz-Modell (OSI Reference Model) stützt. Das OSI-Referenzmodell wurde zwischen 1977 und 1984 (1984 in der ISO-Norm 7498 festgeschrieben) entworfen und ist in sieben Teilschichten unterteilt, die auch als Layer bezeichnet werden. Jede Schicht des OSI-Referenzmodells stellt eine bestimmte Funktion zur Verfügung, die als Dienst bezeichnet wird und einen funktionellen Beitrag für den Ablauf der Kommunikation zwischen zwei Computern leistet.

In den Anfängen der Netzwerktechnologien gab es viele firmenspezifische Standards. Zu dieser Zeit war es undenkbar, dass ein Datenaustausch zwischen Einrichtungen unterschiedlicher Hersteller möglich war. Man erkannte rechtzeitig diese Problematik und entwarf deshalb eine entsprechende Netzwerkarchitektur, die als Basis für die heutzutage offenen Plattformen dient. Aus dieser Intention heraus entstand das OSI-Referenzmodell, das heutzutage allgemein als Grundlage für die Definition von Standards für offene Systeme im Kommunikationsbereich dient. Bei dem OSI-Referenzmodell handelt es sich allerdings ausschließlich um ein Modell, das eine Standard-Netzwerkarchitektur beschreibt und wesentlich zum Verständnis der funktionellen Zusammenhänge im Netzwerk beiträgt.

Abb. 1–12
Das siebenschichtige OSI-Referenzmodell

Sieben Schichten

Jede Schicht im OSI-Referenzmodell, mit Ausnahme der untersten Schicht, hat eine darunter liegende Nachbarschicht und jede Schicht, außer der obersten Schicht, hat eine darüberliegende Nachbarschicht. Die Schichten stellen jeweils ihre Dienste der darüber liegenden Schicht zur Verfügung und nutzen ihrerseits die Dienste der darunter liegenden Schicht. Die Kommunikation zwischen den Schichten erfolgt über definierte Schnittstellen.

Dienste

Durch die Funktion beziehungsweise den Dienst einer Schicht wird in der Gesamtbetrachtung die Funktion einer darunter liegenden Schicht erweitert. Jede Schicht folgt beim Ausführen ihrer Funktion gewissen definierten Regeln, die als Protokolle bezeichnet werden. Die Kommunikation zwischen zwei Computern findet immer nur zwischen den Schichten der gleichen Ebene statt und wird als virtuelle Kommunikation bezeichnet. Damit die virtuelle Kommunikation zwischen zwei Computern stattfinden kann, müssen auf den gegenüberliegenden Schichten der gleichen Ebene jeweils dieselben Protokolle implementiert sein. Die Schichten derselben Ebene werden als Peers und die korrespondierenden Protokolle derselben Ebene als Peer Protocol bezeichnet. Die Peers tauschen während der Kommunikation ihre Informationen in einem Format aus, das auf beiden Seiten verstanden wird und als Protokoll-Dateneinheit (PDU = Protocol Data Unit) bezeichnet wird. Eine PDU ist in zwei Teile aufgeteilt, den Header für Protokollinformationen (Protocol Control Information, PCI) und die Dateneinheit (Service Data Unit). Der Dienst, der von einer Schicht zur Verfügung gestellt wird, wird durch eine oder mehrere Arbeitseinheiten (Entities) umgesetzt. Der Zugriff auf die Arbeitseinheiten erfolgt über sogenannte Service Access Points (SAP); sie stellen quasi eine Adresse dar, über die auf die verschiedenen Funktionen zugegriffen werden kann.

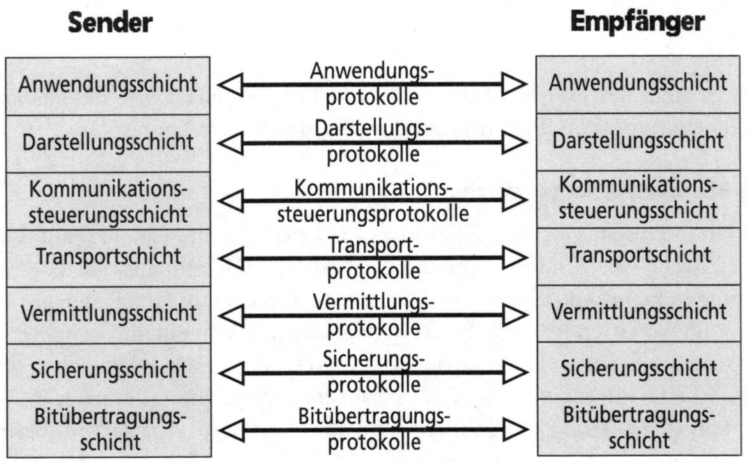

Abb. 1–13
Die virtuelle Kommunikation findet immer auf derselben Ebene statt.

Virtuelle Kommunikation

Wie bereits erwähnt, findet bei der Kommunikation zwischen zwei Computern die virtuelle Kommunikation jeweils auf derselben Ebene statt. Die Daten bewegen sich dabei von dem einen Computer vertikal nach unten bis zur untersten Schicht im Referenzmodell, der Bitübertragungsschicht. Auf der Bitübertragungsschicht bewegen sich die Daten horizontal zum Computer, mit dem kommuniziert werden soll. Auf diesem Computer laufen die Daten dann wieder vertikal nach oben in die einzelnen Schichten. Die Daten erreichen auf diese Weise die jeweils gleichen Schichten (Peers) auf dem gegenüberliegenden Computer, zwischen denen auch die Kommunikation jeweils stattfindet (siehe Abbildung 1-14).

Abb. 1–14 Darstellung der Kommunikationswege innerhalb des OSI-Referenzmodells

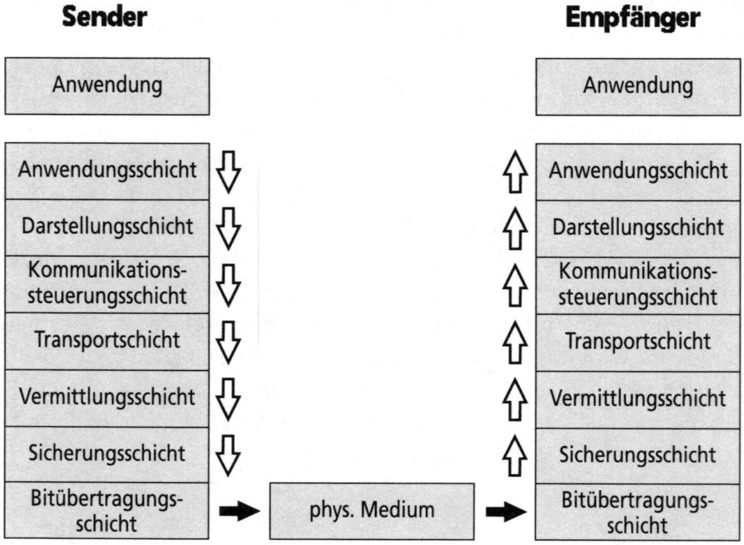

Jede Schicht des OSI-Referenzmodells stellt unabhängig von den anderen Schichten bestimmte Funktionen oder Dienste zur Verfügung.

Die Bitübertragungsschicht

Bitübertragungsschicht

Die Bitübertragungsschicht, auch physikalische Schicht genannt (engl. Physical Layer), ist die unterste Schicht des OSI-Referenzmodells. Die Bitübertragungsschicht stellt einen Dienst bereit, mit dessen Hilfe die Daten als Bitstrom physikalisch über ein Übertragungsmedium von einem Computer zu einem anderen Computer übertragen werden können. Es handelt sich in dem Fall um eine ungesicherte und physikalische Verbindung, die nach Bedarf auf dem Übertragungsmedium auf- und abgebaut wird. Auf der Bitübertragungsschicht ist beispielsweise das Übertragungsmedium und damit verbunden die physikalischen Eigenschaften der Datensignale definiert, über die der Datenstrom auf dem jeweiligen Medium übertragen wird. Dazu gehören die Art und Größe des Datensignals, die Bit- oder Bytesynchronisation, die Codierungs- und Modulationsverfahren. Des Weiteren ist auf der Bitübertragungsschicht das Interface definiert, d. h. der physikalische Anschluss und die Art der verwendeten Verbindungselemente. Man kann zusammenfassend sagen, dass auf der Bitübertragungsschicht die elektrische und mechanische Definition des Interface und das Übertragungsmedium definiert werden.

Die Sicherungsschicht

Sicherungsschicht

Die Sicherungsschicht (engl. Data Link Layer) ist die zweite Schicht des OSI-Referenzmodells. Aufgabe der Sicherungsschicht ist es, einen fehlerfreien Datenaustausch zu gewährleisten. Dazu werden die Daten zu Einheiten zusammengefasst, die als Datenpakete oder Frames bezeichnet werden. Die Datenpakete haben ein bestimmtes Format und werden in der Regel durch eine Prüfsumme ergänzt, über die eine Fehlererkennung möglich ist. Des Weiteren wird auf der Sicherungsschicht der Zugriff auf das Übertragungsmedium durch ein entsprechendes Zugriffsverfahren durchgeführt.

Die Sicherungsschicht wird in der Praxis in zwei Teilbereiche unterteilt, wobei der untere Teilbereich durch die verschiedenen standardisierten Netzwerktechnologien wie Ethernet oder Token Ring abgedeckt wird. Der obere Bereich umfasst Logical Link Control laut Standard IEEE 802.2. Der obere Teilbereich wird von allen IEEE-Netzwerktechnologien gleichermaßen verwendet, wodurch der Datenaustausch zwischen verschiedenen Netzwerktechnologien vereinfacht wird.

Die Vermittlungsschicht

Vermittlungsschicht

Die nächste Ebene im OSI-Referenzmodell ist die Vermittlungsschicht, auch Netzwerkschicht genannt (engl. Network Layer). Sie sorgt für den eigentlichen Datentransfer zwischen den Computern, indem sie die Wegfindung (Routing) zwischen den Computern übernimmt. Stellen die unteren beiden Schichten nur eine Kommunikation zwischen zwei angrenzenden Computern innerhalb eines Netzwerks zur Verfügung, so bietet die Vermittlungsschicht eine Möglichkeit zur Kommunikation über die Grenzen eines Netzwerks hinaus. Die Daten werden dazu mit entsprechenden Ziel- und Quelladressen versehen, über die das zielgerichtete Routing durchgeführt werden kann. Die Adressierung auf der dritten Ebene ist von den darunter liegenden Schichten unabhängig; das Routing kann sich auf diese Weise über mehrere logisch strukturierte Netzwerke erstrecken. Erst durch die Adressierungsmöglichkeiten auf der dritten Ebene ist eine Bildung von hierarchisch untergliederten Teilnetzwerken möglich, zwischen denen ein Datenaustausch ermöglicht wird.

Die Transportschicht

Transportschicht

Die Transportschicht (engl. Transport Layer) ist auf der vierten Ebene platziert und vermittelt zwischen den drei obersten Schichten des OSI-Referenzmodells und den unteren vier Schichten, die das Transportsystem darstellen. Im Grunde tauschen zwei Programme untereinander Daten aus, wenn zwei Computer miteinander kommunizieren. Die Transportschicht sorgt dafür, dass die Daten der Vermittlungsschicht an die richtigen Programme auf dem Computer ausgeliefert werden. Diese Schicht sorgt so für die Zuverlässigkeit des Datentransfers und den gleichzeitigen Zugriff mehrerer Dienste oder Anwendungen auf dieselben Transportmechanismen. Die Transportschicht stellt damit für die übergeordneten Instanzen einen transparenten Datenkanal zur Verfügung.

Auf der Transportschicht werden die Daten in kleine Teileinheiten aufgeteilt, wie sie von der Vermittlungsschicht weitergeleitet werden können (Fragmentierung). Auf der anderen Seite, der Empfängerseite, werden die Daten von den Diensten der Transportschicht wieder zu einem gesamten Datenblock zusammengesetzt. Dabei wird von den Diensten der Transportschicht dafür gesorgt, dass die Daten empfangsseitig in der richtigen Reihenfolge ankommen, damit sie wieder eine logische Dateneinheit bilden.

Die Kommunikationssteuerungsschicht

Kommunikationssteuerungsschicht

Die Kommunikationssteuerungsschicht, auch Sitzungsschicht genannt (engl. Session Layer), ist die fünfte Schicht im OSI-Referenzmodell. Sie stellt einen anwendungsorientierten Dienst zur Verfügung und sorgt für einen Verbindungsauf- und -abbau sowie die Darstellung der Übertragungsdaten in einer von der darüber liegenden Ebene unabhängigen Form. Der Anmeldevorgang wird im Fachjargon als Aufbau einer Sitzung (Session) bezeichnet. Eine Sitzung stellt die Grundlage für eine virtuelle Verbindung zwischen zwei Prozessen dar, die auf räumlich getrennten Computern ausgeführt werden. Die Sitzungsschicht ist für den Aufbau, die Überwachung und das Beenden einer Sitzung verantwortlich. Dabei kommen unterstützende Funktionen zum Tragen, wie zum Beispiel die Echtheitsbestätigung und die Sicherheitsmechanismen für den Zugriff auf Ressourcen.

Die Darstellungsschicht

Darstellungsschicht

Die Darstellungsschicht (engl. Presentation Layer) ist die sechste Schicht innerhalb des OSI-Referenzmodells. Sie ist für die Kommunikation und das Weiterreichen von Daten zwischen der Sitzungsschicht und den Anwendungen verantwortlich und beinhaltet bestimmte Funktionen, die für die Kommunikation innerhalb eines Netzwerks benötigt werden. Dazu gehören Schnittstellen zu Netzwerkressourcen wie beispielsweise Drucker oder Speichermedien. Auf der Darstellungsschicht wird festgelegt, in welcher Form die Daten dem Anwender präsentiert werden. Hierzu gehören beispielsweise die Art und die Länge des Datentyps. Ebenfalls kann auf der Darstellungsschicht eine Komprimierung oder Verschlüsselung von Daten eine Rolle spielen.

Die Anwendungsschicht

Anwendungsschicht

Die Anwendungsschicht (engl. Application Layer) ist die oberste und siebte Schicht des OSI-Referenzmodells; sie bildet das Bindeglied zwischen dem Anwender und den Anwendungsprozessen über das Netzwerk. Auf der Anwendungsschicht sind die anwendungsspezifischen Protokolle angesiedelt, wobei Details zu Programmen oder Anwendungen, die von den Netzwerkbenutzern während ihrer Arbeit im Netzwerk genutzt werden, auf der Anwendungsschicht enthalten sind. Zu den Protokollen gehören beispielsweise das File Transfer Protocol (FTP), mit dem Dateien über ein Netzwerk übertragen werden können, oder TELNET, mit dem remote auf einen Computer zugegriffen werden kann und Befehle ausgeführt werden können.

Die Unterteilung des OSI-Referenzmodells

Unterteilung des OSI-Referenzmodells

Betrachtet man die Dienste, die von den sieben Schichten bereitgestellt werden, so fällt auf, dass man das OSI-Referenzmodell in zwei Bereiche aufteilen kann. Die eigentlichen Transportmechanismen, die für die Datenübertragung über ein Netzwerk sorgen, sind auf den untersten vier Schichten angesiedelt. Die unteren beiden Schichten entsprechen dabei der Netzwerktechnologie, wie beispielsweise Ethernet. Die dritte und vierte Schicht beinhaltet die Protokolle wie TCP/IP oder IPX/SPX.

⇨ Die folgenden Kapitel dieses Buchs werden sich im Wesentlichen mit den unteren vier Schichten beschäftigen.

Die oberen drei Schichten des OSI-Referenzmodells sind anwendungsorientiert, sie bilden die Schnittstelle zu den Netzwerkanwendungen und den Netzwerkanwendern.

1.7 Ein Überblick über den Inhalt dieses Buchs

Inhalt dieses Buchs

Der Autor hat das Buch mit dem Ziel geschrieben, praxisnahes Wissen für Ethernet-Netzwerke zu vermitteln. Dabei werden primär die unteren vier Schichten des OSI-Referenzmodells abgehandelt. Die ersten beiden Schichten beziehen sich in diesem Fall ausschließlich auf Ethernet und die dritte und vierte Schicht auf die heute gängigen Protokolle im Netzwerkbereich. Abgerundet werden diese Informationen durch die Beschreibung der gängigen Netzwerkdienste. Ziel ist es, die Funktionen eines Netzwerks zu verstehen, um diese in der Praxis bei der Fehlersuche oder Performance-Optimierung anwenden zu können.

Kapitel 2

Kapitel 2 beinhaltet eine nahezu vollständige Darstellung der Ethernet-Technologie. Dabei werden Grundlagen zur Funktion des 10-MBit/s-Ethernet vermittelt.

Kapitel 3

Kapitel 3 beschreibt die Funktionsweise der Fast-Ethernet-Techniken für 100 MBit/s-Netze und geht aus ausführlich auf die Auto-Negotiation-Funktion ein.

Kapitel 4

Kapitel 4 widmet sich dem Gigabit-Ethernet, das heutzutage einen Informationsaustausch mit einer Datenrate von 1000 MBit/s über Glasfaser oder TP-Kabel ermöglicht.

Kapitel 5 Kapitel 5 behandelt die 10Gigabit-Ethernet-Technologie, die eine Datenübertragung von 10.000 MBit/s über Glasfaser oder TP-Kabel ermöglicht.

Kapitel 6 Kapitel 6 beschreibt ausführlich die Berechnung der Längenrestriktionen für die maximal zulässige Ausdehnung einer Ethernet-Kollisionsdomäne. Des Weiteren beschreibt dieses Kapitel, wie die Stromversorgung von Endgeräten über TP-Kabel mit Power over Ethernet (PoE) realisiert werden kann.

Kapitel 7 Kapitel 7 ergänzt die Grundlagen von Ethernet durch die bei Ethernet verwendeten Übertragungsmedien und die Betrachtung der physikalischen Parameter und Messgrößen.

Kapitel 8 Kapitel 8 behandelt detailliert die verschiedenen Ethernet-Komponenten, die heutzutage in einem Ethernet-Netzwerk eingesetzt werden.

Kapitel 9 Kapitel 9 zeichnet Konzepte für den Aufbau eines Ethernet-Netzwerks auf und liefert Grundlagen für die Performance-Analyse und -Optimierung.

Kapitel 10 Kapitel 10 beschäftigt sich mit den Netzwerkprotokollen der TCP/IP-Protokollfamilie, die in heutigen LANs vorwiegend eingesetzt werden. Es werden Aufbau und Funktion der Protokolle im Einzelnen beschrieben. Abgerundet wird das Kapitel durch Grundlagen zur Berechnung von IP-Adressen und Subnetzen.

Kapitel 11 In Kapitel 11 wird auf die Protokolle der Novell-Protokollfamilie eingegangen.

Kapitel 12 Kapitel 12 widmet sich den Protokollen der Ebenen 5 bis 7 des OSI-Referenzmodells.

Kapitel 13 Kapitel 13 schließlich behandelt die Fehleranalyse innerhalb eines Netzwerks. Hier liegt der Schwerpunkt auf der Protokollanalyse sowie auf der richtigen Platzierung der Protokollanalysatoren innerhalb des Netzwerks.

2 Ethernet

Ethernet hat sich im Lauf der Jahre als die bestimmende Netzwerktechnologie für den LAN-Bereich durchgesetzt. Durch die ständige Erweiterung des ursprünglichen Ethernet-Standards mit 10 MBit/s konnte sich Ethernet unter den technologischen Mitstreitern wie Token Ring, FDDI oder ATM als Netzwerktechnologie für den Beginn des neuen Jahrtausends durchsetzen. Prozentual betrachtet hat Ethernet heutzutage mit mehr als 90% den größten Anteil an allen installierten lokalen Netzwerken und wird diese Position wohl noch lange halten können. Mittlerweile hat sich Gigabit-Ethernet mit einer Datenrate von 1 GBit/s etabliert. Neueste Entwicklungen ermöglichen sogar eine Datenübertragung mit Datenraten von 10 GBit/s und haben der klassischen Netzwerktechnik noch einmal zu einem neuen Schwung und zu einem erstaunlichen Performance-Schub verholfen.

Geht es heutzutage um lokale Netzwerke, so handelt es sich in den meisten Fällen um Ethernet in einer seiner vielen Ausprägungen. Daher haben wir den Schwerpunkt dieses Buchs auf Ethernet gelegt – wobei wir die notwendige Theorie praxisnah vermitteln wollen und die Themenbereiche abdecken, die sowohl für Netzwerkadministratoren und Verantwortliche in Unternehmensnetzen als auch für den Laien mit Interesse am Aufbau eines Netzwerks wichtig sind, um die Technik des Ethernet zu verstehen und ein solides Basiswissen aufzubauen.

2.1 Die Geschichte des Ethernet

Geschichte des Ethernet

Die Geburtsstunde der Ethernet-Ära liegt schon lange zurück – und die Geschichten, die sich darum ranken, hören sich eigentlich recht banal an; niemand konnte damals voraussehen, dass sich die ersten Entwürfe zu einer Technologie mausern würden, auf der heutzutage praktisch alle LANs (ein Begriff, den damals übrigens noch niemand kannte) beruhen. Robert Metcalfe, der eigentliche Vater des Ethernet, hätte es wohl nicht für möglich gehalten, dass sich seine Entwicklung einmal in der Form durchsetzen und stetig weiterentwickeln würden, dass Ethernet sich sogar als die Highspeed-Netzwerktechnologie zum Beginn des neuen Jahrtausends behaupten kann.

Robert Metcalfe

Xerox Corporation

Ursprünglich wurde Anfang der siebziger Jahre Ethernet für die Anbindung eines Druckers im Hause der Firma Xerox Corporation entwickelt. Die Datengeschwindigkeit betrug dabei lediglich 2,94 MBit/s; als Übertragungsmedium wurde ein Koaxialkabel verwendet. Die Entwicklung von

Metcalfe basierte dabei auf einem experimentellen Funknetzwerk namens Aloha, das an der Universität von Hawaii entwickelt wurde und einen Datenaustausch zwischen den Hawaii-Inseln ermöglichen sollte. Beim Aloha-System konnten die Stationen, wann immer sie wollten, Daten senden. Hatte der Sender vom Empfänger nach einer kurzen Zeit eine Empfangsbestätigung erhalten, so ging er von einer erfolgreichen Datenübertragung aus. Blieb hingegen eine Empfangsbestätigung aus, so nahmen die beteiligten Stationen an, dass eine andere Station ebenfalls zur selben Zeit Daten gesendet hatte und somit eine Kollision aufgetreten sein musste, die die Daten unbrauchbar machte. Sie wurden in diesem Fall nach einer gewissen Wartezeit erneut versendet. Das Aloha-System hatte den gravierenden Nachteil, dass es nur bei einer minimalen Belastung des Netzwerks sinnvoll funktionierte. Sobald die Belastung anstieg, häuften sich zwangsläufig auch die Kollisionen.

Aloha-System

Das CSMA/CD

Robert Metcalfe erkannte diese Problematik und erweiterte das Verfahren durch einen Mechanismus zum vorherigen Abhören des Übertragungsmediums, um vor einer Aussendung der Daten zu prüfen, ob das Medium frei ist (engl.: Carrier Sense), und durch eine Kollisionserkennung (engl.: Collision Detection). Durch diese wesentlichen Erweiterungen veränderte sich das Zugriffsverfahren in der Form, dass wenn eine Station ein Datenpaket versenden möchte, sie erst über Carrier Sense horcht, ob das Medium nicht bereits von einer anderen Station benutzt wird. Ist das Medium frei, werden also zurzeit keine Daten übertragen, sendet die Station ihre Daten. Allerdings kann es vorkommen, dass zwei Stationen zeitgleich versuchen, ihre Daten zu senden (engl.: Multiple Access). Sollte, wenn der Zufall es will, durch Multiple Access eine weitere Station ebenfalls ihre Daten zur selben Zeit auf das Netz senden, so kommt es zwangsläufig zu einer Kollision der Daten, was dazu führt, dass die Daten unbrauchbar werden. Während des Aussendens der Daten prüft die sendende Station deshalb mit einem ausgeklügelten Kollisionserkennungs-Verfahren (Collision Detection), ob ihre Daten ohne Kollision versendet wurden. Kommt es zu einer Kollision, so wird mit einem Zufallsgenerator eine Wartezeit generiert, nach der die Station versucht, ihre Daten erneut zu senden. Mit der Bestimmung der Wartezeit nach dem Zufallsprinzip wird vermieden, dass mehrere Stationen zur selben Zeit wieder versuchen, ihre Daten zu senden; dies würde nämlich dazu führen, dass sich die Kollisionen aufschaukeln und sich keine Daten mehr übertragen ließen. Alles in allem führten die Erweiterungen dazu, dass das neue Zugriffsverfahren auch bei maximaler Auslastung des Übertragungsmediums eine akzeptable Datenübertragung zuließ. Am 13. Dezember 1979 wurde dann Ethernet von Robert Metcalfe als Multipoint Data Communication System with Collision Detection unter der US-Patentnummer 4 063 220 für die Xerox Corporation patentiert.

Patent

DIX-Gruppe

Im Jahr 1979 begann dann die DIX-Gruppe, ein Konsortium aus den Firmen DEC, Intel und Xerox, mit der Weiterentwicklung des Ethernet für eine Datenrate von 10 MBit/s. Die DIX-Gruppe hatte das Ziel, die Ethernet-Technologie als LAN-Standard durchzusetzen. Sie veröffentlichte im September 1980 ihre firmenspezifische Spezifikation des Ethernet-LANs, die heute als die Ethernet-Version 1 bezeichnet wird.

IEEE 802.3

Das amerikanische Normungsinstitut IEEE (Institute of Electrical and Electronical Engineers) gründete später eine Arbeitsgruppe mit der Bezeichnung 802.3, die auf der Grundlage der DIX-Veröffentlichung einen international anerkannten Ethernet-Standard entwickeln sollte. Der erste Entwurf der 802.3-Gruppe wurde im Dezember 1982 als Carrier Sense Multiple Access with Collision Detection (CSMA/CD) als Unapproved Standard vorgelegt. Am 23. Juni 1983 wurde erstmalig Ethernet als Standard IEEE 802.3 verabschiedet. Die erste Variante des Ethernet stützte sich auf ein dickes Koaxialkabel, wobei diese Lösung als 10BASE5 spezifiziert wurde. Im November 1985 wurde der Ethernet-Standard durch die 802.3a-Spezifikation des IEEE erweitert. IEEE 802.3a definierte als Übertragungsmedium eine dünnere Variante eines Koaxialkabels. Diese Lösung wurde als 10BASE2 bezeichnet.

IEEE 802.3i

Im Jahr 1990 wurde der 10BASE-T-Standard (IEEE 802.3i) verabschiedet, IEEE 802.3 der als Übertragungsmedium anstelle eines Koaxialkabels ein Unshielded-Twisted-Pair-Kabel (UTP-Kabel) verwendet. Der 10BASE-T-Standard stellte somit die erste wesentliche und neue Erweiterung des bestehenden Ethernet-Standards dar.

Fast Ethernet

Später, im Juni 1995, folgte dann eine zusätzliche Erweiterung durch den Fast-Ethernet-Standard 100BASE-T, der Ethernet zu einer Übertragungsrate von 100 MBit/s verhalf. Die Erweiterung wurde von der Gruppe 802.3u, einer Interessengemeinschaft von Unternehmen aus der Industrie, veröffentlicht und bis zur Standardisierung vorangetrieben. Im 802.3u-Standard ist eine Variante für TP-Kabel (100BASE-TX) sowie für Glasfaser (100BASE-FX) beschrieben.

Gigabit-Ethernet

Die nächste Erweiterung des Standards erfolgte durch Gigabit-Ethernet. Dies geschah für Glasfaser im Juni 1998 durch die 802.3z-Gruppe und für UTP-Kabel im Juni 1999 durch die 802.3ab-Gruppe. Durch diese Erweiterungen erlaubt es Ethernet heute sogar, mit einer Übertragungsgeschwindigkeit von 1000 MBit/s zu arbeiten.

10Gigabit-Ethernet

Die neueste Erweiterung des Ethernet-Standards stellt die 10Gigabit-Ethernet-Technologie dar, die als Variante für die optische Datenübertragung im Juni 2002 mit dem IEEE-802.3ae-Standard verabschiedet wurde. Hierbei handelt es sich um eine Lösung für den LAN- und WAN-Bereich die über Glasfaser eine Datenrate von bis zu 10.000 MBit/s ermöglicht. Im Juni 2006 folgte die Erweiterung IEEE-802.3an, welche die 10Gigabit-Ethernet-Lösung auf Kupferkabel spezifiziert, womit im LAN-Bereich eine

Datenrate von bis zu 10.000 MBit/s über eine Distanz von bis zu 100 m über TP-Kabel erzielt werden kann.

2.1.1 Das IEEE-Konsortium

IEEE-Konsortium

IEEE steht für Institute of Electrical and Electronical Engineers, auch ausgesprochen als „I-triple-E". Das IEEE ist eine Vereinigung von Ingenieuren mit Sitz in USA, deren Mitgliederzahl auf zirka 350.000 Personen angewachsen ist, die aus etwa 150 verschiedenen Ländern kommen. Die Hauptaufgabe des IEEE liegt in der Ausarbeitung, Verabschiedung und Veröffentlichung von Standards im Netzwerkbereich. Für die Standardisierung des Ethernet griff das IEEE die Ausarbeitungen der DIX-Gruppe auf, erweiterte diese und verhalf Ethernet zu einem weltweit anerkannten Standard, der als IEEE 802.3 veröffentlicht wurde. Das IEEE hat mittlerweile neben dem Ethernet-Standard eine Vielzahl von anderen Netzwerkstandards, wie zum Beispiel Token Ring als IEEE 802.5, veröffentlicht. Zudem hat das IEEE immer wieder den Ethernet-Standard erweitert und dessen Entwicklung vorangetrieben.

⇨ Weitere Informationen zu den aktuellen Aktivitäten des IEEE finden Sie unter http://www.ieee.org.

2.1.2 Der Ethernet-Standard

Ethernet-Standard

Ethernet lehnt sich, wie alle Standards im Netzwerkbereich, an das OSI-Schichtenmodell an. Mit dessen Hilfe wird die prinzipielle Funktion des Netzwerks beschrieben. Dabei beschreiben sieben Teilbereiche die gesamte Funktion, die als Schichten oder Layer bezeichnet werden. Jede Schicht, mit Ausnahme der obersten Schicht, stellt ihre Funktion den darüber liegenden Schichten zur Verfügung (siehe Kapitel 1).

Physical Layer

Auf der untersten Schicht, der Bitübertragungsschicht beziehungsweise dem Physical Layer, ist die elektrische, optische und mechanische Anbindung an das verwendete Übertragungsmedium definiert. Auf der zweiten Schicht, der Sicherungsschicht beziehungsweise Data Link Layer, ist die Übertragung, die Gruppierung der einzelnen Bits in übertragbare Einheiten und das Zugriffsverfahren auf das Netzwerk festgelegt. Man bezeichnet die Funktion der zweiten Schicht auch als Media Access Control (MAC), weshalb man auch von der MAC-Ebene oder MAC-Schicht spricht.

MAC-Layer

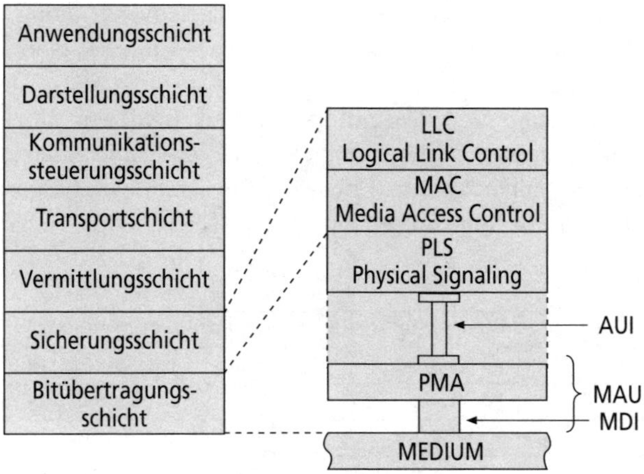

Abb. 2–1
Anlehnung des Ethernet-Standards an das OSI-Schichtenmodell

Erweiterungen

Die eigentlich verblüffende Tatsache bei all diesen Erweiterungen liegt darin, dass, trotz der oberflächlich betrachtet teilweise einschneidenden Anpassungen auf die verschiedenen Übertragungsmedien und an die steigenden Übertragungsraten von 10 MBit/s über 100 MBit/s bis zu 1000 MBit/s und 10.000 MBit/s, in allen Teilbereichen des Ethernet-Standards die Daten im Wesentlichen auf die gleiche Art und Weise auf das Netz gebracht werden. Dies bezieht sich zum einen auf ein einheitliches Format der Daten, also auf den Aufbau eines Ethernet-Datenpakets, und zum andern auf das Zugriffsverfahren.

Damit ist gewährleistet, dass die Komponenten der unterschiedlichen Ethernet-Varianten gemeinsam problemlos in einem Netzwerk betrieben werden können, ohne dass aufwändige Verfahren zur Anpassung zwischen den verschiedenen Datenraten und Übertragungsmedien eingesetzt werden müssen.

Erst bei der Einführung von Gigabit-Ethernet mussten leichte Änderungen vorgenommen werden, die sich ausschließlich auf die auszusendende Mindestdatenlänge bezogen, damit die gleiche Methode für das Zugriffsverfahren auf das Netz verwendet werden konnte.

2.2 Der Physical Layer

Physical Layer

Den meisten PC-Anwendern ist Ethernet bereits in den verschiedensten Formen bekannt, die sehr oft an erster Stelle anhand der verschiedenen Übertragungsmedien festgemacht werden. Dabei wird Ethernet häufig noch als diejenige Netzwerktechnologie dargestellt, bei der die Rechner über ein Koaxialkabel miteinander verbunden sind. Grundsätzlich ist die Aussage, dass Ethernet mit einem Koaxialkabel arbeitet, zwar richtig, doch heutzutage bietet sich die Nutzung anderer Übertragungsmedien, etwa Twisted-

Pair-Kabel oder Lichtwellenleiter, an, die je nach Ausdehnung des Netzwerks und Übertragungsrate für den Aufbau eines Ethernet-Netzwerks verwendet werden können.

Die Beschreibung und Definition der verschiedenen Übertragungsmedien und der daraus resultierenden notwendigen Datencodierungen werden im Ethernet-Standard auf der Ebene des Physical Layer beschrieben, der für jedes Medium im Standard einen eigenen Teilbereich beinhaltet (siehe Tabelle 2-1).

Tab. 2–1
Die verschiedenen Teilbereiche des Ethernet-Standards

Teilbereich	Übertragungsrate	Übertragungsmedium
10BASE5	10 MBit/s	RG-8-Koaxialkabel 50 Ohm
10BASE2	10 MBit/s	RG-58-Koaxialkabel 50 Ohm
10BROAD36	10 MBit/s	Koaxialkabel 75 Ohm
10BASE-T	10 MBit/s	Twisted-Pair-Kabel (TP)
10BASE-FL	10 MBit/s	Lichtwellenleiter
10BASE-FB	10 MBit/s	Lichtwellenleiter
10BASE-FP	10 MBit/s	Lichtwellenleiter
100BASE-TX	100 MBit/s	Twisted-Pair-Kabel (TP)
100BASE-T2	100 MBit/s	Twisted-Pair-Kabel (TP)
100BASE-T4	100 MBit/s	Twisted-Pair-Kabel (TP)
100BASE-FX	100 MBit/s	Lichtwellenleiter
1000BASE-SX	1000 MBit/s	Lichtwellenleiter
1000BASE-LX	1000 MBit/s	Lichtwellenleiter
1000BASE-CX	1000 MBit/s	Twinax-Kabel
1000BASE-T	1000 MBit/s	Twisted-Pair-Kabel (TP)
10GBASE-LX4	10.000 MBit/s	Lichtwellenleiter
10GBASE-ER	10.000 MBit/s	Lichtwellenleiter
10GBASE-LR	10.000 MBit/s	Lichtwellenleiter
10GBASE-SR	10.000 MBit/s	Lichtwellenleiter
10GBASE-EW	10.000 MBit/s	Lichtwellenleiter
10GBASE-LW	10.000 MBit/s	Lichtwellenleiter
10GBASE-SW	10.000 MBit/s	Lichtwellenleiter
10GBASE-CX4	10.000 MBit/s	IB4X-Kabel
10GBASE-T	10.000 MBit/s	Twisted-Pair-Kabel (TP)

Wie die Tabelle zeigt, gibt es Ethernet in sehr vielen verschiedenen Formen, bei denen jeweils das genutzte Übertragungsmedium und die Übertragungsrate variiert. Im Grunde stellen alle diese verschiedenen Ausführungen Erweiterungen des Ethernet-Standards dar, die auf der ersten standardisierten Version (10BASE5) aufbauen.

Bezeichnungen

Betrachtet man die verschiedenen Teilbereiche des Ethernet und seine Bezeichnungen, so lässt sich ein Schlüssel erkennen, der sich aus drei Teilen zusammensetzt. Der erste Teil entspricht der Übertragungsrate, der zweite Teil dem Übertragungsverfahren (Basisband oder Breitband) und der dritte und letzte Teil dem in etwa 100fachen Faktor der maximalen Segmentlänge oder dem verwendeten Medium. 10BASE2 sagt zum Beispiel aus, dass es sich um eine Übertragungsrate von 10 MBit/s, um ein Basisband-Übertragungsverfahren und um eine Segmentlänge von etwa 2 × 100 m = 200 m handelt. 100BASE-TX sagt aus, dass der Standard mit einer Übertragungsrate von 100 MBit/s arbeitet, ein Basisband-Übertragungsverfahren einsetzt und auf ein Twisted-Pair-Medium aufsetzt.

Basisband und Breitband

Grundsätzlich spricht der Ethernet-Standard von zwei verschiedenen Übertragungsverfahren, dem Basisband- (BASE) und dem Breitbandverfahren (BROAD), wobei das Basisbandverfahren primär bei den verschiedenen Varianten des Ethernet zum Einsatz kommt. Das Basisbandverfahren überträgt die Daten direkt auf dem Kabel, ohne sie vorher auf eine Trägerfrequenz aufzumodulieren. Mit einer Ausnahme arbeiten alle Varianten des Ethernet mit dem Basisbandverfahren. Beim Breitbandverfahren werden hingegen die Daten auf eine Trägerfrequenz aufmoduliert, wodurch bei der Nutzung unterschiedlicher Trägerfrequenzen verschiedene Kanäle, die unterschiedlich genutzt werden können, auf dem Übertragungsmedium entstehen. Das Breitbandverfahren kam nur einmal, bei 10BROAD36-Ethernet, zum Einsatz, da der technische Aufwand gegenüber dem Basisbandverfahren relativ hoch ist und sich damit negativ auf die Kosten auswirkt.

2.2.1 Teilbereiche des Physical Layer

Der Physical Layer ist in der Grundform des Ethernet-Standards logisch in vier Teilbereiche, das Physical Line Signaling (PLS), das Attachment Unit Interface (AUI), das Physical Medium Attachment (PMA) und das Medium Dependent Interface (MDI), aufgeteilt. Alle diese vier Teilbereiche sorgen dafür, dass die Daten in Abhängigkeit vom verwendeten Übertragungsmedium in der Form so aufbereitet werden, dass sie über das jeweils genutzte Medium übertragen werden können. Diese Aufbereitung bezieht sich zum einen auf eine geeignete Datencodierung, zum anderen auf die elektrische beziehungsweise physikalische Anpassung des Datensignals.

Abb. 2–2
Der Physical Layer ist in der ersten Variante des Ethernet in vier Teilbereiche aufgeteilt.

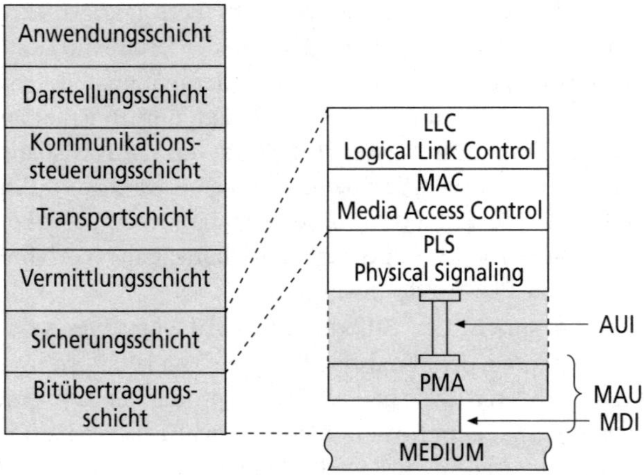

2.2.2 Physical Line Signaling (PLS)

Physical Line Signaling

Über Physical Line Signaling (PLS) werden die Daten zwischen der MAC-Ebene und den unteren Teilschichten des Physical Layer ausgetauscht und bestimmte Zustände des vorhandenen Übertragungsmediums an die MAC-Ebene signalisiert. Bei den Zuständen, die der MAC-Ebene über das Physical Line Signaling mitgeteilt werden, handelt es sich um Statusmeldungen wie „Medium ist belegt“, „Medium ist frei“ oder „eine Kollision ist auf dem Medium aufgetreten“. Diese Statusmeldungen fließen in das Zugriffsverfahren CSMA/CD der MAC-Ebene ein, anhand derer sich beispielsweise entscheiden lässt, ob das Übertragungsmedium frei ist und Daten gesendet werden können, oder ob die Daten nach einer möglicherweise aufgetretenen Kollision erneut verschickt werden müssen.

2.2.3 Attachment Unit Interface (AUI)

Attachment Unit Interface

Bei der ersten Version des Ethernet, der 10BASE5-Variante, die als Übertragungsmedium ein starres Koaxialkabel verwendete, wurden die Endgeräte über ein flexibles Verbindungskabel an das Übertragungsmedium angeschlossen. Dies war wohl auch der Hauptgrund dafür, dass der Physical Layer physikalisch in zwei Teilbereiche unterteilt wurde, die über das Attachment Unit Interface (AUI) miteinander verbunden sind. Die Verbindung zwischen dem Endgerät und dem eigentlichen Transceiver wird dabei über ein sogenanntes Drop Cable oder AUI-Kabel realisiert. Die maximale Länge des Drop Cable ist im Standard auf 50 m festgelegt; die minimale Länge ist dagegen nicht festgelegt, der Transceiver kann also auch direkt am Endgerät angeschlossen sein. Als Stecker für dieses Drop Cable wurde ein 15-poliger Subminiatur-D-Steckverbinder mit Schiebeverriegelung definiert, wobei auf der Seite des Endgeräts die Buchse, auf der Seite des Transceivers ein Stecker vorgeschrieben ist.

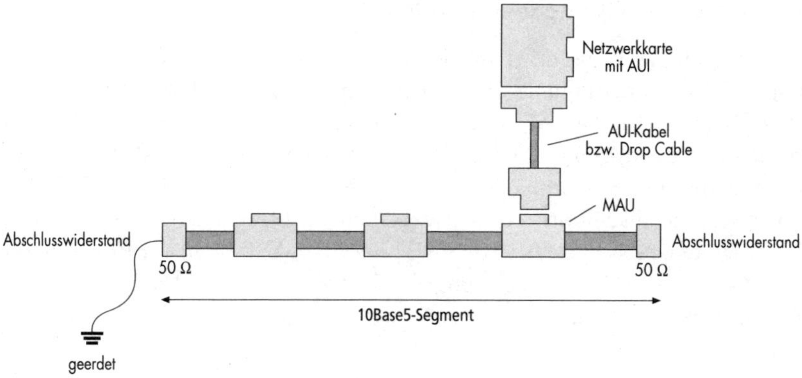

Abb. 2–3
Bei 10BASE5 werden die Endgeräte über ein Drop Cable an die Transceiver angeschlossen, die direkt auf dem Koaxialkabel aufgesetzt sind.

Das AUI stellt somit eine definierte Schnittstelle dar, an der verschiedene, vom Medium abhängige Transceiver angeschlossen werden können, die im Ethernet-Standard als Media Access Unit (MAU) bezeichnet werden. Wurde das AUI ursprünglich primär im 10BASE5-Bereich eingesetzt, so findet man heute noch eine Vielzahl von aktiven Ethernet-Komponenten für 10 MBit/s vor, die über einen AUI-Anschluss verfügen. Damit lässt sich beispielsweise ein Transceiver anschließen, der auf der einen Seite per AUI Kontakt findet, auf der anderen Seite aber über einen Fiberoptic-Anschluss verfügt. Man kann also letztendlich über den AUI-Anschluss die aktive Komponente mit unterschiedlichen Transceivern erweitern, wodurch man relativ flexibel in der Medienanbindung ist.

Die folgende Tabelle gibt die PIN-Belegung des 15-poligen AUI wieder.

Tab. 2–2
PIN-Belegung des AUI

PIN	Bezeichnung	Funktion
1	Control In S	Schirmung für Statusinformationsleitungen
2	Control In A	Statusinformation von der MAU zum Endgerät
3	Data Out A	Kanal A für Datenausgang
4	Data In S	Schirmung für Dateneingang
5	Data In A	Kanal A für Dateneingang
6	Voltage Common	Spannungsversorgung GND
7	Control Out A	Kanal A Signalisierung der Betriebszustände
8	Control Out S	Schirmung für Signalleitungen
9	Control In B	Statusinformation von der MAU zum Endgerät
10	Data Out B	Kanal B für Datenausgang
11	Data Out S	Schirmung für Datenausgang
12	Data In B	Kanal B für Dateneingang
13	Voltage Plus	Spannungsversorgung + 12V
14	Voltage Shield	Schirmung für die Spannungsversorgung
15	Control Out B	Kanal B Signalisierung der Betriebszustände

2.2.4 Die Media Access Unit (MAU)

Media Access Unit

Der eigentliche Transceiver für den Zugriff auf das Übertragungsmedium und die Datenübertragung wird bei Ethernet über die Media Access Unit (MAU) realisiert. Die MAU beinhaltet wiederum das Physical Medium Attachment (PMA) und das Medium Dependent Interface (MDI). War in der ersten Implementierung des Ethernet, der 10BASE5-Variante, die MAU noch separat ausgeführt, so ist sie in den nachfolgenden Versionen des Ethernet, beispielsweise bei 10BASE2 oder 10BASE-T, in der Regel direkt auf der Netzwerkkarte beziehungsweise auf sonstigen aktiven Ethernet-Komponenten integriert.

2.2.5 Das Physical Medium Attachment (PMA)

Physical Medium Attachment

Das Physical Medium Attachment (PMA) stellt letztendlich die funktionelle Schnittstelle zwischen den oberen und den unteren Schichten dar und beinhaltet die logische Schaltung der MAU. Eine wesentliche Funktion des PMA ist zum Beispiel, die Daten in ein geeignetes Format für die Übertragung auf dem Medium, sprich in ein serielles Format, umzuwandeln. Außerdem wird durch die PMA aus dem empfangenen Signal der Takt zurückgewonnen, der für die Synchronisation zwischen Sender und Empfänger notwendig ist.

2.2.6 Das Medium Dependent Interface (MDI)

Medium Dependent Interface

Das Medium Dependent Interface (MDI) bildet, wie es der Name schon verrät, die medienabhängige Schnittstelle zwischen dem Endgerät und dem vorhandenen Übertragungsmedium und ist Bestandteil der MAU.

Technisch betrachtet ist das MDI zwischen den verschiedenen Varianten des Ethernet sehr unterschiedlich ausgeführt, um den jeweiligen Anforderungen des verwendeten Übertragungsmediums gerecht zu werden. Durch das MDI wird zum einen die physikalische Anpassung des Datensignals, wie beispielsweise die elektrischen Signalpegel, und zum anderen die mechanische Anbindung, wie etwa der Aufbau eines Steckers, definiert. Bezogen auf die verschiedenen Varianten des Ethernet ist im Ethernet-Standard jeweils ein eigener Abschnitt vorgesehen, der das medienabhängige MDI beschreibt.

2.2.7 Die Kommunikation zwischen AUI und MAU

Die eigentliche Datenübertragung findet beim AUI über die Daten-IN- und Daten-OUT-Leitung statt. Für den Austausch von Statusinformationen sind die Control-IN- und Control-OUT-Leitungen zuständig, wobei erstere für den Datenaustausch von der MAU zum Endgerät sorgt und letztere für den Datenaustausch in entgegengesetzter Richtung, also vom Endgerät zur MAU.

Control-Signale

Der Austausch von Control-Signalen nutzt ein relativ einfaches Verfahren, bei dem es nur drei Zustände gibt: Control Signal 0 (CS0), Control Signal 1 (CS1) und IDL. CS0 wird durch ein periodisches Rechtecksignal mit der Bitrate von 10-MBit-Ethernet dargestellt, CS1 entspricht einem periodischen Rechtecksignal mit der halben Bitrate von 10-MBit-Ethernet. Bei IDL handelt es sich um den Ruhezustand, in dem keine Daten ausgesendet werden. Den IDL-Zustand stellt ein High-Signal dar; er muss mindestens eine Länge von 2 Bitzeiten haben. Der Empfänger muss den IDL-Zustand innerhalb von 1,6 Bitzeiten erkennen.

Bemerkt die MAU eine Kollision oder sonstige Fehler während der Datenaussendung, gibt sie dies dem Endgerät durch das CS0-Signal bekannt. Durch das CS1-Signal signalisiert die MAU dem Endgerät, dass sie noch nicht bereit ist, Daten auszusenden. Das IDL-Signal bedeutet, dass die MAU bereit ist, Daten auszusenden.

In umgekehrter Richtung werden die Signale CS0, CS1 und IDL genutzt, um Anweisungen an die MAU zu übertragen. Das IDL-Signal weist die MAU an, in den normalen Betriebszustand überzugehen. Das CS0-Signal bedeutet der MAU, in den Monitor-Mode überzugehen. Dabei handelt es sich um einen Betriebszustand der MAU, in dem sie in den sogenannten Isolate-Modus geschaltet wird: Die MAU sendet keine Daten mehr auf das Netzwerk, die Empfangsfunktion und die Kollisionserkennung bleiben jedoch weiterhin aktiv, wodurch sich z. B. Netzwerkstatistiken erfassen lassen. Das CS1-Signal fordert die MAU auf, in den Betriebszustand überzugehen.

2.2.8 Das SQE-Testsignal

SQE-Testsignal

Der Standard für ein Ethernet mit 10 MBit/s sieht für die AUI-Transceiver beziehungsweise MAUs ein sogenanntes Signal-Quality-Error-Testsignal (SQE) vor. Damit lässt sich die Funktion der Kollisionserkennung innerhalb der AUI-Transceiver und der Signalpfad für das Kollisionssignal überprüfen. In der Regel sind die AUI-Transceiver mit einer SQE-Testfunktion ausgestattet, die je nach Einsatzgebiet des AUI-Transceivers über einen Schalter ein- oder ausgeschaltet werden kann (siehe Abbildung 2-4).

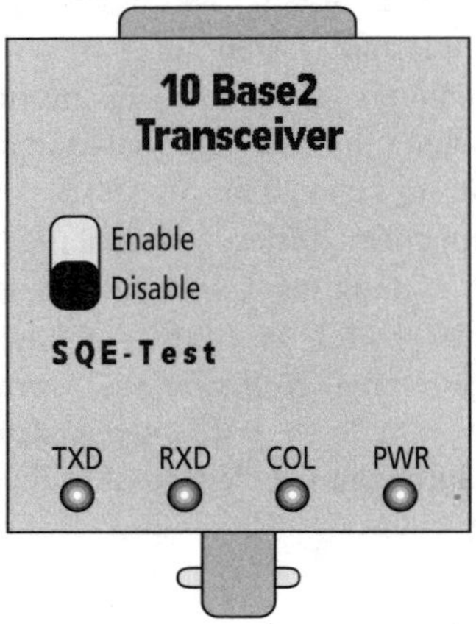

Abb. 2–4
Auf dem externen AUI-Transceiver kann die SQE-Testfunktion wahlweise ein- oder abgeschaltet werden.

Der AUI-Transceiver verschickt für die SQE-Testfunktion nach Beendigung einer Frame-Aussendung ein Testsignal auf dem CI-Signalpfad des AUI mit einer Länge von 10 ± 5 Bitzeiten, wobei die Wartezeit nach einer Frame-Aussendung zwischen 0 und 1,6 µs beträgt. Dieses Signal entspricht dem gleichen Signal, das für eine erkannte Kollision steht. Eine Vielzahl der Ethernet-Adapter für 10 MBit/s, die für den Betrieb eines externen AUI-Transceivers ausgelegt sind, erwarten nach dem Aussenden des Frames den Empfang eines SQE-Testsignals beziehungsweise lassen die Konfiguration für die Auswertung der SQE-Testsignale zu. Oft wird die SQE-Testfunktion in der Dokumentation der Ethernet-Adapter auch als Heartbeat (Herzschlag) bezeichnet.

Der Vorteil der SQE-Testfunktion besteht darin, dass sich über diese Funktion die Kollisionserkennung sowie zu einem Teil der angeschlossene AUI-Transceiver und das AUI-Kabel überprüfen lassen. Da die SQE-Testfunktion während der Sendepausen zwischen den Frames durchgeführt wird, die Interframe Gap heißen, entstehen durch die SQE-Testfunktion keinerlei Performance-Einbußen. Bei eingeschalteter SQE-Testfunktion muss man allerdings berücksichtigen, dass möglicherweise die Kollisions-LED des Ethernet-Adapters aufleuchtet, angeregt durch das SQE-Testsignal – dies wird in diesem Fall irrtümlicherweise oft als Kollision gewertet, obwohl jedoch tatsächlich keine Kollision aufgetreten ist.

Die SQE-Testfunktion muss auf jeden Fall abgeschaltet werden, wenn der AUI-Transceiver mit einem Repeater verbunden ist. Denn im Gegensatz zu einem Netzwerkadapter, der nach der Aussendung eines Frames auf jeden Fall kurzzeitig eine Ruhephase hat, muss ein Repeater zu jeder Zeit mögliche Kollisionen auswerten können. Denn ein Repeater stellt intern ein Segment dar, auf dem zu jeder Zeit über einen oder mehrere seiner Ports eine Kollision auftreten kann. Ein Repeater würde demnach das SQE-Testsignal als richtige Kollision auswerten, was demnach zwangsläufig zu einer Performance-Einbuße führen würde.

2.2.9 Die Jabber-Schutzfunktion

Jabber-Schutzfunktion

Die sogenannte Jabber-Schutzfunktion verhindert, dass eine defekte Ethernet-Komponente kontinuierlich Daten aussenden kann und damit das gesamte Netzwerk beziehungsweise die Kollisionsdomäne dauerhaft blockiert. Für die Jabber-Schutzfunktion geht man davon aus, dass jede Komponente nach einem Zeitraum von 20 ms bis 150 ms ihre Daten ausgesendet hat. Wird dieser Zeitraum überschritten, so bricht die MAU über die Jabber-Schutzfunktion die Aussendung der Daten ab und sendet ein SQE-Signal über den CI-Pfad des AUI. Durch das SQE-Signal geht die Ethernet-Komponente von einer aufgetretenen Kollision aus, woraufhin sie den Sendevorgang abbrechen sollte. Die MAU wird entweder durch den Abbruch der Datenaussendung oder durch ein kurzzeitiges Abschalten der Versorgungsspannung zurückgesetzt.

2.3 10BASE5

10BASE5

Bei der Ethernet-Variante 10BASE5 wird als Übertragungsmedium ein Koaxialkabel vom Typ RG 8 verwendet, das häufig als Yellow Cable oder Thick Ethernet bezeichnet wird. Vorweg sei erwähnt, dass man diese Variante des Ethernet heute nicht mehr neu installiert und, wenn überhaupt, auch nur noch sehr selten in schon installierten Netzwerken vorfindet. Da jedoch die 10BASE5-Variante die erste Version des standardisierten Ethernet darstellt und als Basis für alle Erweiterungen gilt, gehört sie aus Gründen der Vollständigkeit erwähnt und beschrieben.

Yellow Cable

Das Medium besteht aus einem Koaxialkabel mit einer Impedanz von 50 Ohm, das von Rechner zu Rechner gezogen wird, wobei beide Enden des Koaxialkabels mit Abschlusswiderständen versehen sein müssen, die für eine Terminierung des Koaxialkabels sorgen, um Reflexionen des elektrischen Signals zu verhindern. Das RG-8-Koaxialkabel, das grundsätzlich ein dickes, starres und unflexibles Koaxialkabel ist, führte allgemein zu der Bezeichnung Thick Ethernet. Der Ethernet-Standard schreibt für das Koaxialkabel eine gelbe Farbe vor, weshalb dieses Kabel häufig Yellow Cable genannt wird.

Das Koaxialkabel vom Typ RG 8 darf laut Standard bei der maximalen Länge von 500 m und bei einer Frequenz von 10 MHz eine maximale Dämpfung von 8,5 dB aufweisen.

10BASE5-Anbindung

Die Rechner oder Stationen eines 10BASE5-Netzwerks sind über sogenannte N-Konnektoren oder Taps, auch Vampire Tap genannt, an das vorhandene Koaxialkabel angeschlossen. Die Vorbereitung für die Montage der Taps erfolgt durch ein spezielles Werkzeug, das im Grunde einen Bohrer darstellt, mit dem man das Koaxialkabel anbohrt und die Isolierung sowie den Außenschirm entfernt, so dass die Seele des Koxialkabels freiliegt. Durch die so erstellte Öffnung am Koaxialkabel wird ein Kontaktstift des Taps an die Seele des Koxialkabels herangeführt, um eine elektrische Verbindung der MAU zum Innenleiter des Koaxialkabels zu realisieren. Die notwendige Masseverbindung für die MAU liefern kleine Klemmkrallen, die bei der Montage des Taps auf die äußere Schirmung des Koaxialkabels greifen. Stellt das Tap bei einem 10BASE5-Netzwerk die eigentliche Anbindung an das Übertragungsmedium dar, sind die Rechner oder Stationen dagegen über ein Drop Cable angeschlossen, die eine Verbindung zwischen dem AUI der Netzwerkkarte und der MAU herstellen (siehe Abbildung 2-5).

Mindestabstand

Der Standard schreibt für ein 10BASE5-Netzwerk vor, dass der Mindestabstand zwischen zwei Stationen beziehungsweise MAUs mindestens 2,5 m betragen muss, als Montagehilfe ist deshalb alle 2,5 m eine Markierung auf dem gelben Mantel des Koaxialkabels aufgebracht, die die richtige Platzierung der Taps vereinfachen soll. Der Mindestabstand von 2,5 m

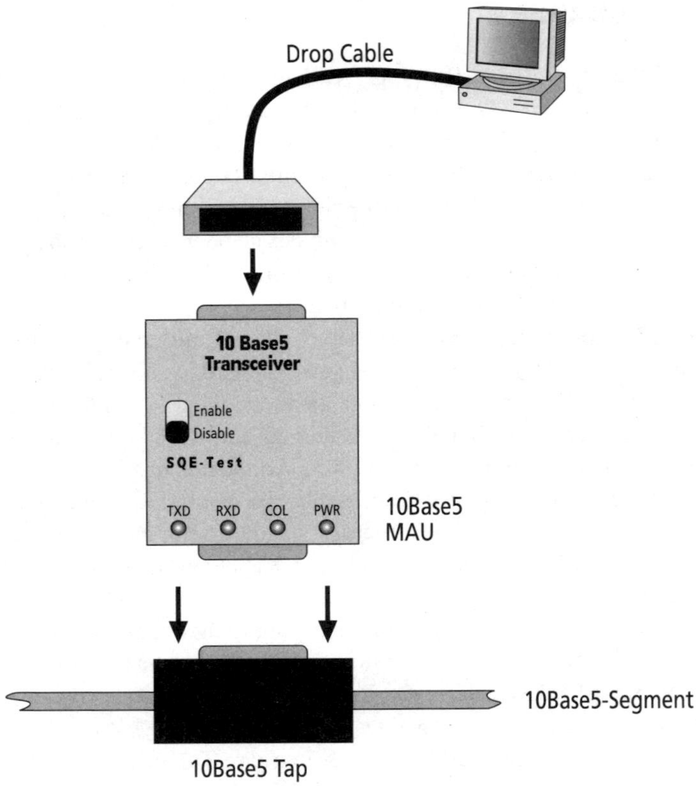

Abb. 2–5
Die Anbindung an ein 10BASE5-Netz wird über Taps und ein Drop Cable hergestellt.

soll Beeinflussungen vermeiden, die durch die geringe Reflexion an den Anschlussstellen entstehen. Die maximale Länge eines 10BASE5-Segments beträgt 500 m, wobei pro Segment maximal 100 Stationen angeschlossen sein dürfen. Die maximale Gesamtausdehnung eines 10BASE5-Netzwerks stellen 5 Segmente dar, die jeweils über Drop Cable mit einer maximalen Länge von jeweils 50 m mittels Repeater miteinander verbunden werden können. Berücksichtigt man, dass die zwei entferntesten Stationen jeweils über ein 50 m langes Drop Cable an die 5 Segmente eines 10BASE5-Netzwerks angeschlossen werden, so kann ein 10BASE5-Netzwerk eine Gesamtausdehnung von 2800 m besitzen. Die 2800 m ergeben sich dabei aus den zwei Drop Cables für die Stationen und weitere 200 m Drop Cable, die sich aus acht 25 m langen Drop Cables ergeben, mit denen die einzelnen Segmente verbunden werden (siehe Abbildung 2-6).

⇨ Die Begrenzung auf 2800 m steht mit der maximal zulässigen Ausdehnung einer Kollisionsdomäne in Verbindung, auf die wir in späteren Abschnitten detailliert eingehen.

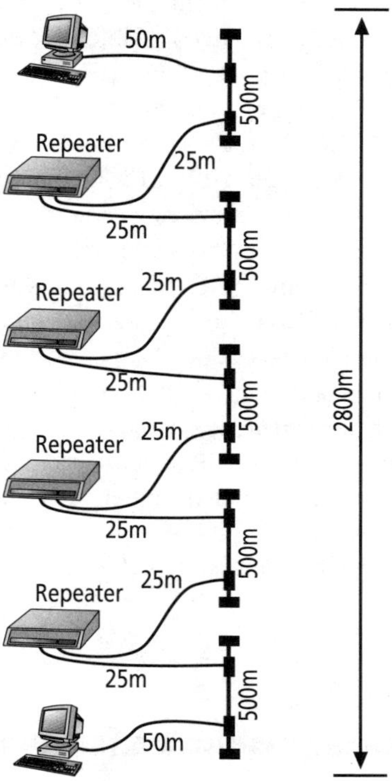

Abb. 2–6
Ein Netzwerk auf der Basis von 10BASE5 kann sich bis auf 2800 m ausdehnen und maximal 5 Segmente beinhalten.

⇨ Weitere Informationen zur 10BASE5-Verkabelung finden Sie im Abschnitt Verkabelung und Kabeltypen.

Bietet die 10BASE5-Variante des Ethernet den Vorteil, dass eine verhältnismäßig große Ausdehnung des Netzwerks möglich ist, so liegt der Nachteil darin, dass sich das Thick-Ethernet-Kabel schlecht verlegen lässt und zudem relativ teuer ist. Außerdem treiben die Taps und die dazugehörigen Drop Cable die Kosten des Netzwerks schnell in die Höhe. Dementsprechend war man schon bald bestrebt, eine preisgünstigere Alternative zu 10BASE5 zu entwickeln. Diese Überlegungen waren die Geburtsstunde der 10BASE2-Variante des Ethernet, auch Cheapernet genannt.

2.4 10BASE2

10BASE2-Ethernet

Das Übertragungsmedium der 10BASE2-Ethernet-Variante (entspricht der im November 1985 verabschiedeten IEEE-802.3a-Erweiterung) besteht aus einem Koaxialkabel des Typs RG 58 A/U oder RG 58 C/U. Ähnlich wie

10BASE5 ist auch 10BASE2 eine Ethernet-Variante, die heutzutage für Neuinstallationen keine Bedeutung mehr hat. Bei dem RG-58-Kabel handelt es sich um einen gegenüber dem Yellow Cable weitaus dünneren Koaxialkabeltyp mit einer Impedanz von 50 Ohm. Aufgrund seiner mechanischen Charakteristiken ist die Verlegung des Kabels wesentlich einfacher und die Kosten liegen deutlich niedriger als beim Yellow Cable. Die einzelnen Rechner oder Stationen sind bei 10BASE2 nicht mehr über Taps angeschlossen, sondern das Koaxialkabel zieht sich direkt von Rechner zu Rechner und ist über ein T-Stück an die Netzwerkkarte angeschlossen. Bei den T-Stücken handelt es sich um einen T-förmigen Abzweiger, bei dem auf der einen Seite des Querbalkens das ankommende und auf der anderen Seite des Querbalkens das abgehende Koaxialkabel angeschlossen wird. Die Fußseite des T-Stücks kommt dann auf den Anschluss der Netzwerkkarte oder sonstige aktive 10BASE2-Komponenten. Auf diese Weise sind die Rechner oder Komponenten an dem vorhandenen Bus, der durch das Koaxialkabel gebildet wird, angeschlossen. Die beiden Enden des Bus müssen, wie bei 10BASE5, jeweils mit einem Abschlusswiderstand beziehungsweise Terminator von 50 Ohm versehen sein, um Reflexionen auf dem Kabel zu vermeiden.

Abb. 2–7
In einem 10BASE2-Netzwerk werden die Rechner über T-Stücke direkt an das Koaxialkabel angeschlossen, die Enden des Koaxialkabels werden jeweils mit einem 50-Ohm-Terminator versehen.

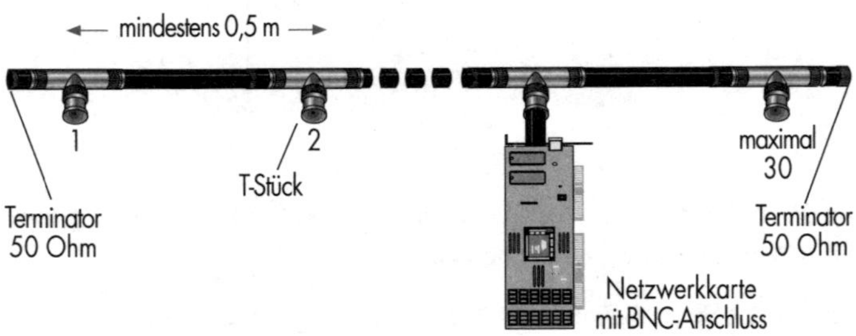

BNC-Kabel

Das Koaxialkabel besteht bei 10BASE2 also nicht aus einem durchgehenden Stück, sondern aus Teilstücken, die jeweils an ihren Enden über einen BNC-Anschluss verfügen. Diese Verbinder (die manches Mal auch zur Bezeichnung BNC-Kabel führen) setzt man einfach auf die T-Stücke oder einen Durchverbinder mittels ihres Bajonettverschlusses auf und verschraubt sie durch eine leichte Drehung.

Die einfachste Methode, um eine Verkabelung für ein 10BASE2-Netzwerk aufzubauen, besteht in der Verwendung fertig konfektionierter Koaxialkabel in der gewünschten Länge und ihrer Verlegung von Rechner zu Rechner. Es ist jedoch ebenfalls möglich, die Kabel mit einer speziellen Crimpzange selbst zu konfektionieren, indem man das Koaxialkabel auf die gewünschte Länge zuschneidet, die Enden absetzt und die BNC-Anschlüsse mit der Crimpzange auf die beiden Enden aufsetzt.

Maximale Ausdehnung

Der Standard sieht beim 10BASE2-Ethernet ebenfalls vor, dass die maximale Ausdehnung eines Netzwerks sich über 5 Segmente erstrecken kann. Jedoch hat das dünnere RG-58-Koaxialkabel gegenüber dem Yellow Cable eine bedeutend höhere Dämpfung, wodurch sich die maximale Länge eines Segments stark reduziert. Das Koaxialkabel vom Typ RG 58 darf laut Standard bei der maximalen Länge von 185 m und einer Frequenz von 10 MHz eine maximale Dämpfung von 8,5 dB aufweisen.

Die maximale Segmentlänge ist also auf 185 m festgelegt, wodurch sich eine maximale Ausdehnung von 925 m zwischen den am weitesten entfernten Stationen ergibt. Außerdem schränkt der Standard die Anzahl der maximalen Stationen auf 30 pro Segment ein, wobei von den 5 Segmenten allerdings nur 3 Segmente mit Stationen belegt sein dürfen.

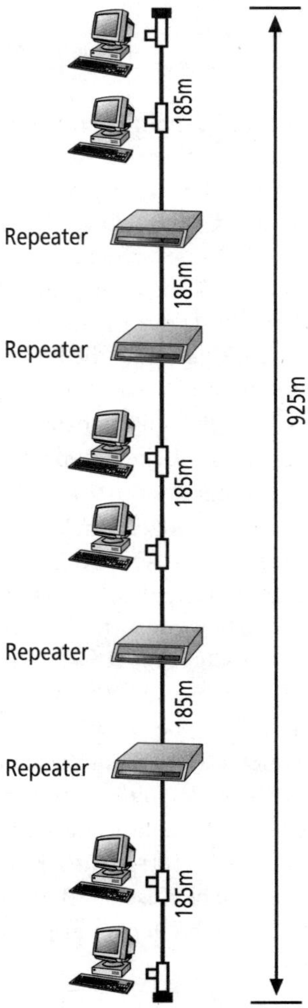

Abb. 2–8
Bei einem 10BASE2-Netzwerk beträgt die maximale Ausdehnung 925 m und darf 5 Segmente haben.

Die Kenngrößen für 10BASE5 und 10BASE2, die sich aus den wichtigsten Eckdaten ergeben, sind in der folgenden Tabelle zusammengefasst.

Tab. 2–3
Kenngrößen für 10BASE5 und 10BASE2

Kenngröße	**10BASE5**	**10BASE2**
Topologie	Bus	Bus
Signalisierungstechnik	Basisband	Basisband
Codierungsverfahren (siehe Abschnitt 2.8)	Manchester	Manchester
Kabeltyp	RG 8 Koaxkabel	RG 58 Koaxkabel
Impedanz	50 Ohm	50 Ohm
Maximale Segmentlänge	500 m	185 m
Maximale Ausdehnung	2800 m	925 m
Maximale Anzahl der Stationen pro Segment	100	30
Mindestabstand zwischen Stationen	2,5 m	0,5 m
Anschluss	Über Drop Cable	Direkt über T-Stück

10BASE2 wurde bis vor einigen Jahren noch gerne verwendet, hauptsächlich im privaten Umfeld, um zwei oder drei Rechner miteinander zu verbinden, da es (auf den ersten Blick) die billigste Möglichkeit für das Vernetzen weniger Rechner darstellte. Grundsätzlich gilt allerdings, dass die 10BASE2-Variante veraltet ist, da sie die maximale Datenrate auf 10 MBit/s einschränkt und allgemein eine Verkabelung auf der Basis von Koaxialkabel sehr fehleranfällig ist. Entsteht an einer Stelle des Koaxial-Bus ein Kabelbruch, so hat dies Auswirkungen auf die Funktion des gesamten Netzwerks und führt dazu, dass sich das Netzwerk in zwei Teile aufteilt und dass die Kommunikation durch die fehlende Signalanpassung beziehungsweise fehlenden Abschlusswiderstände in beiden Teilnetzen gestört wird.

Vorteile 10BASE2

Auch für die Heimverkabelung ist 10BASE2 heutzutage nicht mehr empfehlenswert. Selbst die auf den ersten Blick günstigeren Preise sprechen nicht mehr für das Cheapernet bei LANs im Eigenheim, in der Mietwohnung und der Wohngemeinschaft. Schließlich ist die einzige Komponente, die für TP-Verkabelung zusätzlich angeschafft werden muss, ein Hub oder Switch (siehe dazu die entsprechenden Abschnitte dieses Buchs) – diese sind aber inzwischen im Preis selbst für 100 MBit/s so stark gefallen, dass sie kaum noch ins Gewicht fallen, ebenso wie die Kosten für eventuell notwendige zusätzliche Kabelmeter. Der Preisunterschied zwischen Koax- und TP-Verkabelung für zwei Rechner beträgt alles in allem vielleicht noch 25 Euro, die man für eine TP-Verkabelung zusätzlich bezahlen muss – und dabei sind schon die Kosten für 10/100-MBit/s-Karten eingerechnet. Dafür bekommt man dann aber auch im heimischen Bereich eine einfach zu erweiternde, auch für zukünftige bandbreitenhungrige Anwendungen gerüstete Netzwerkinfrastruktur.

⇨ Weitere Informationen zur 10BASE2-Verkabelung finden Sie im Abschnitt 7.2.2 Koaxialkabel.

2.5 10BROAD36

10BROAD36

Eine weitere Variante des Ethernet, die als Übertragungsmedium ein Koaxialkabel verwendet, stellt 10BROAD36-Ethernet (entspricht der im Februar 1986 verabschiedeten Erweiterung IEEE-802.3b) dar. Der entscheidende Unterschied zu den restlichen Ethernet-Varianten ist die Tatsache, dass diese Version als Übertragungstechnik ein Breitbandverfahren einsetzt. Die Bandbreite des vorhandenen Übertragungsmediums wird hierbei in verschiedene Kanäle aufgeteilt, indem die jeweiligen Daten auf unterschiedliche Trägerfrequenzen aufmoduliert werden. Dieses Verfahren setzt beispielsweise das Kabelfernsehen ein, bei dem für jeden Sendekanal ein eigener Datenkanal durch die Nutzung unterschiedlicher Trägerfrequenzen geschaffen wird. Bei 10BROAD36 kommt als Übertragungsmedium ein Koaxialkabel mit einer Impedanz von 75 Ohm zum Einsatz, wobei das Kabel als Bus von Station zu Station verlegt ist. Wie es die Bezeichnung schon ahnen lässt, können die am weitesten entfernten Stationen beim 10BROAD36-Ethernet 3600 m auseinander liegen. Die Variante war demnach, vor der Einführung der Lichtwellenleiter, der Ethernet-Standard, der die größte Ausdehnung eines Ethernet-Netzwerks zuließ.

Da die 10BROAD36-Komponenten relativ teuer sind, fand die 10BROAD36-Technik nur sehr wenig Verbreitung und hat sich nie richtig durchgesetzt. Für ein 10BROAD36-Netzwerk ergeben sich die Kenngrößen aus der folgenden Tabelle.

Tab. 2–4
Kenngrößen eines 10BROAD36-Netzwerks

Kenngröße	10BROAD36
Topologie	Baum
Signalisierungstechnik	Breitband
Codierungsverfahren	Modulierte Radiofrequenz
Kabeltyp	Koaxialkabel
Impedanz	75 Ohm
Maximale Segmentlänge	1800 m
Maximale Ausdehnung	3600 m
Maximale Anzahl der Stationen pro Segment	2
Anschluss	Direkt über F-Stecker

2.6 10BASE-T

10BASE-T

Um den Nachteilen einer Koaxialverkabelung, insbesondere der Fehleranfälligkeit, ein Ende zu setzen, hat man Ethernet durch die Variante 10BASE-T (entspricht der IEEE-802.3i-Erweiterung vom September 1990) erweitert. Hierbei wird als Übertragungsmedium anstelle eines Koaxialkabels ein verdrilltes Kupferkabel verwendet, das man als Twisted-Pair-Kabel bezeichnet.

Allerdings verändert sich dadurch die physische Struktur des Ethernet-Netzwerks grundlegend, sobald mehr als zwei Stationen im Netzwerk vorhanden sind. Denn bei einer 10BASE-T-Verkabelung handelt es sich um eine sternförmige Verkabelungsstruktur, bei der jede Station eine eigene Punkt-zu-Punkt-Verbindung zu einem zentralen Verteilerpunkt hat.

⇨ Als zentraler Verteilerpunkt kamen anfänglich sogenannte Hubs oder Dualspeed-Hubs zum Einsatz, heute werden vornehmlich nur noch Switches eingesetzt. Auf alle drei Gerätetypen werden wir später noch detailliert eingehen.

Die sternförmige Verkabelung erhöht zwar auf den ersten Blick den Aufwand. Auf der anderen Seite jedoch besteht ein wesentlicher Vorteil darin, dass bei einer Störung – beispielsweise in der Form eines Kabelbruchs – sich diese auf nur eine Verbindung und somit direkt nur auf eine Station auswirkt, alle anderen Stationen im Netzwerk können weiterhin Daten austauschen.

Abb. 2–9
Bei einer TP-Verkabelung werden die Stationen im Netzwerk sternförmig über einen zentralen Verteiler miteinander verbunden.

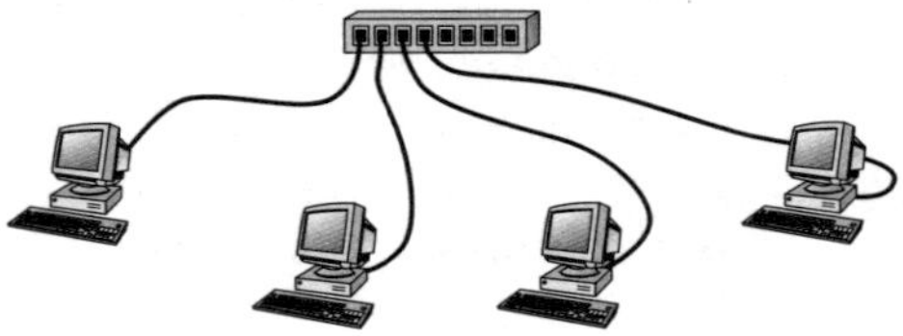

10BASE-T setzt als Übertragungsmedium auf ein ungeschirmtes TP-Kabel mit einer Impedanz von 100 Ohm, das der Kategorie 3 (Cat 3) oder höher entspricht.

⇨ Die TP-Kabel sind in verschiedene Kategorien oder Level eingeteilt, wobei man heute sieben verschiedene Kategorien verwendet. Über die Kategorien werden die elektrischen Mindestanforderungen an das Kabel und die maximal zulässige Übertragungsfrequenz spezifiziert. Bei den Angaben zu den Kabeln für eine Ethernet-Variante, die TP-Kabel einsetzt, handelt es sich natürlich immer nur um die Mindestanforderungen. So kann 10BASE-T auch mit Kabeln der Kategorie 5 betrieben werden, während 100BASE-TX nicht mit Kabeln der Kategorie 3 zurechtkommt.

Beim TP-Kabel der Kategorie 3 handelt es sich letztendlich um eine verbesserte Version eines Telefonkabels, das acht Adern hat, wobei jeweils zwei Adern als Adernpaar ausgeführt sind, die jeweils miteinander verdrillt sind. 10BASE-T benutzt von den vier Adernpaaren zwei Paare, eines für das Aussenden und eines für das Empfangen der Daten.

Komplementärsignal

Über das Adernpaar wird jeweils ein Komplementärsignal gesendet (auf einer Ader 0 V bis +2,8 V und auf der anderen Ader –2,8 V bis 0 V), von dem der Empfänger die über die Länge der Leitung eingestreuten Störungen weitestgehend ausfiltern kann. Zusätzlich erreicht man durch die Übertragung eines Komplementärsignals, dass die elektromagnetische Abstrahlung deutlich reduziert ist, wodurch die Restriktionen der EMV (Elektromagnetische Verträglichkeit) mit einem ungeschirmten TP-Kabel überhaupt erst eingehalten werden können. Voraussetzung für die positiven Übertragungscharakteristika ist, dass die einzelnen Adern eines Adernpaars gleich lang und möglichst homogen miteinander verdrillt sind.

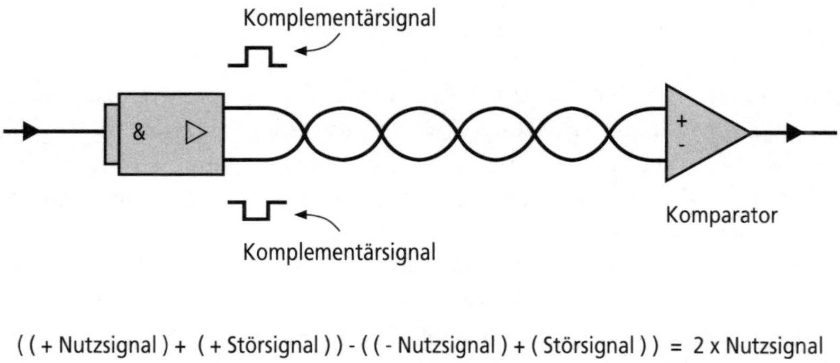

Abb. 2-10
Über die Adernpaare wird jeweils ein Komplementärsignal übertragen, wodurch empfangsseitig Störungen ausgefiltert werden können.

Der Standard lässt für ein TP-Kabel eine Dämpfung von 11,5 dB über den Frequenzbereich von 5 MHz bis 10 MHz und eine Länge von 100 m zu. Die Maximaldämpfung von 11,5 dB beinhaltet dabei alle Faktoren, wie beispielsweise die Dämpfung auf der Leitung und die Dämpfung durch die Steckverbinder. Die maximale Segmentlänge ist bei 10BASE-T mit 100 m definiert. Als Steckverbinder sind für 10BASE-T RJ-45-Buchsen und -Stecker, oft auch als Western-Stecker bezeichnet, festgeschrieben (siehe Abbildung 2-11).

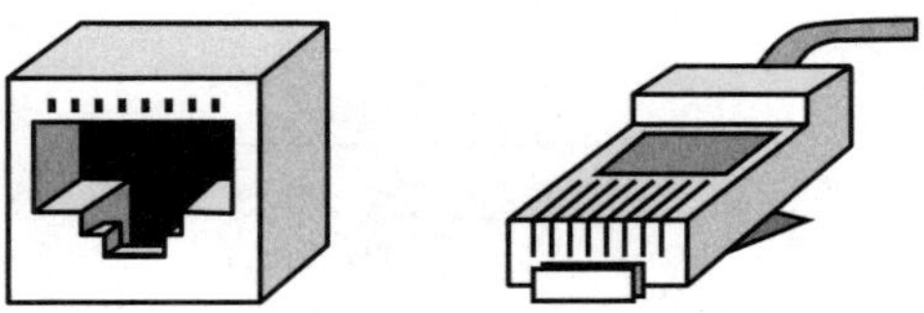

Abb. 2-11
RJ-45-Buchse und -Stecker

⇨ Die RJ-45-Steckertechnologie hat sich mittlerweile als Standard im Bereich der kupferbasierten IT-Verkabelung durchgesetzt.

In einer RJ-45-Buchse, die das MDI einer 10BASE-T-Komponente darstellt, sind vier PINs belegt, wobei die Signale TD+ und TD– ein Signalpaar für den Datenausgang darstellen und die Signale RD+ und RD– einem Signalpaar für den Dateneingang entsprechen (siehe folgende Tabelle).

Tab. 2–5
PIN-Belegung des MDI bei 10BASE-T

PIN-Nummer	Signal
1	TD+ (Datenausgang)
2	TD– (Datenausgang)
3	RD+ (Dateneingang)
4	Wird bei 10BASE-T nicht verwendet
5	Wird bei 10BASE-T nicht verwendet
6	RD– (Dateneingang)
7	Wird bei 10BASE-T nicht verwendet
8	Wird bei 10BASE-T nicht verwendet

Anhand der PIN-Belegung wird nochmals deutlich, dass nur vier der acht Adern eines TP-Kabels bei 10BASE-T verwendet werden. Allgemein ist es jedoch auf jeden Fall empfehlenswert, grundsätzlich alle acht Adern eines TP-Kabels auf die Buchsen und Stecker aufzulegen, damit die verbleibenden vier Adern bei eventuellen späteren Erweiterungen oder Umstellungen zum Einsatz kommen können.

Crossover-Kabel

Möchte man nun zwei Stationen, in denen eine 10BASE-T-Netzwerkkarte eingebaut ist, miteinander verbinden, dann benötigt man ein sogenanntes Crossover-Kabel, das jeweils den Datenausgang einer Station mit dem Dateneingang der gegenüberliegenden Station verbindet und umgekehrt. Die verwendeten PINs müssen also über das Crossover-Kabel kreuzweise miteinander verbunden werden (siehe Abbildung 2-12).

Abb. 2–12
Über ein Crossover-Kabel werden zwei 10BASE-T-Stationen miteinander verbunden.

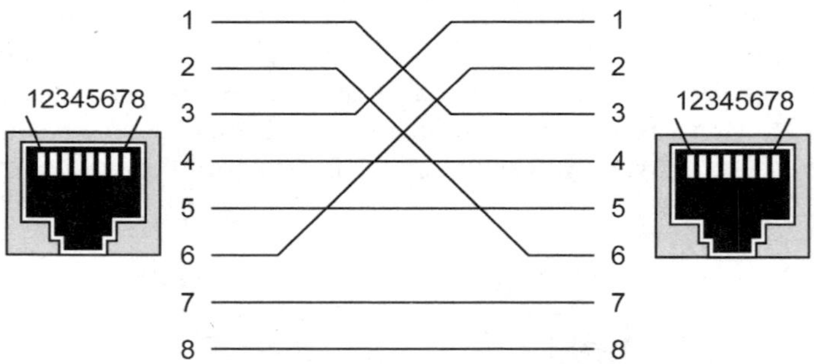

MDI-X-Port

Geht es darum, mehrere 10BASE-T-Stationen miteinander zu vernetzen, so benötigt man, wie bereits erwähnt, einen zentralen Verteiler in Form eines Hubs, Dualspeed-Hubs oder Switches. Bei diesen aktiven Verteilern ist laut Standard die Crossover-Funktion bereits innerhalb der MAU ausgeführt, in diesem Fall spricht man im Ethernet-Standard von einem sogenannten MDI-X. Der Vorteil liegt darin, dass man an den MDI-X-Ports die Stationen direkt mit einem 1:1-TP-Kabel anschließen kann, was dazu führt, dass man in einem größeren Netzwerk, an dem sowieso alle Stationen an zentrale aktive Verteiler angeschlossen werden, immer nur 1:1-TP-Kabel einzusetzen braucht.

Abb. 2–13
Anschluss einer Station an einen aktiven Verteiler über ein 1:1-TP-Kabel

Uplink-Port

Gewöhnlich findet man auf einem Verteiler, wie einem Hub oder Switch, einen einzelnen Port vor, der entweder als MDI-Port (ungekreuzt) oder als MDI-X-Port (gekreuzt) genutzt werden kann. Viele Hersteller bezeichnen diesen Port als Uplink-Port. Für einen Anschluss mit dieser Doppelfunktion gibt es verschiedene Ausführungen. Entweder verfügen sie über einen Umschalter, mit dem der Port wahlweise als MDI- oder MDI-X-Port geschaltet werden kann, oder das Interface geht zu zwei verschiedenen Buchsen, wobei bei einer Buchse die PIN-Belegung der MDI- und bei der anderen der MDI-X-Festlegung entspricht. In diesem Fall kann aber zur gleichen Zeit immer nur eine der beiden Buchsen belegt sein, um die benötigte Variante (MDI oder MDI-X) zu erhalten.

Für ein 10BASE-T-Netzwerk ergeben sich die in der folgenden Tabelle festgehaltenen Kenngrößen.

Tab. 2–6
Kenngrößen eines 10BASE-T-Netzwerks

Kenngröße	10BASE-T
Topologie	Stern
Signalisierungstechnik	Basisband
Codierungsverfahren	Manchester
Kabeltyp	Twisted-Pair-Kabel
Impedanz	100 Ohm
Maximale Segmentlänge	100 m
Maximale Ausdehnung	500 m
Maximale Anzahl der Stationen pro Segment	2
Anschluss	Direkt über RJ-45-Stecker

⇨ Weitere Informationen zur 10BASE-T-Verkabelung finden Sie im Abschnitt Kabeltypen.

Link Integrity Test

Um festzustellen, ob die Verbindung zur gegenüberliegenden Ethernet-Komponente vorhanden ist und korrekt arbeitet, führt 10BASE-T einen Leitungsverbindungstest (Link Integrity Test) durch. Dazu wird ein Link-Test-Signal mit einer Frequenz von 1 MHz an die gegenüberliegende MAU ausgesendet. Dieses Signal kommt allerdings nur in den Zeiten vor, in denen keine Datenkommunikation stattfindet, wobei durch die Link-Test-Signale keinerlei Einbußen in der Performance entstehen. Spätestens 16 ± 8 ms nach dem letzten Datenpaket geht ein Link-Test-Signal auf die Leitung; die Aussendung wiederholt sich periodisch, solange keine Datenpakete anliegen. Wird in dem Zeitraum, in dem keine Daten übertragen werden, empfangsseitig nach 50 bis 150 ms kein Link-Test-Signal empfangen, so gilt die Verbindung als unterbrochen. Erst nachdem wieder 2 bis 10 Link-Test-Signale korrekt angekommen sind, gilt die Verbindung wieder als funktionsfähig.

In der Regel verfügen die 10BASE-T-Ethernet-Komponenten über eine Link-LED, die eine vorhandene und funktionsfähige Verbindung anzeigt, wobei das Leuchten der Link-LED vom Link-Integrity-Test abgeleitet wird. Dadurch kann man unter anderem erkennen, ob das richtige Verbindungskabel, also Crossover- oder 1:1-Kabel, zwischen den Komponenten verlegt ist.

Probleme beim Link-Test

Problematisch ist allerdings, dass das Link-Test-Signal nur mit einer Frequenz von 1 MHz arbeitet; so ist zwar ein allgemeiner Test der Verbindung möglich, der Link-Integrity-Test sagt jedoch nicht aus, ob die Verbindung bei der Übertragungsfrequenz des Ethernet, die zehnmal höher ist als die des Link-Test-Signals, auch noch zuverlässig arbeitet. So können durch schlechte Kabelqualitäten die Datenübertragungen gestört werden, obwohl der Link-Integrity-Test eine vorhandene und funktionsfähige Verbindung anzeigt.

2.7 10BASE-F

10BASE-F

Eine Alternative zur Datenübertragung über ein kupferbasiertes Medium bietet der Einsatz von Lichtwellenleitern (LWL) an, über die die Datenübertragung statt mittels elektrischer Signale durch Lichtimpulse erfolgt. 10BASE-F beschreibt verschiedene 10-MBit/s-Ethernet-Lösungen, welche im September 1993 durch die Erweiterung IEEE-802.3j eingeführt wurden. Durch Lichtwellenleiter ergibt sich eine Reihe von technischen Vorteilen, etwa größere Reichweiten, geringere Dämpfung, höhere Bandbreiten, galvanische Trennung und die Sicherheit gegenüber elektromagnetischen Störungen. Bedingt durch diese positiven physikalischen Eigenschaften lassen sich mit LWL-Kabeln Distanzen von bis zu 2000 m problemlos überbrücken. Auch ist ein einmal verlegtes LWL-Kabel bei einer Umrüstung auf 100 MBit/s oder 1000 MBit/s ebenfalls problemlos weiterzubenutzen.

FOIRL

Grundsätzlich gibt es zwei glasfaserbasierte Varianten im 10-MBit-Ethernet-Standard, der Fiber Optic Inter-Repeater Link (FOIRL) für die

Verbindung zwischen Hubs und die neuere 10BASE-FL-Variante. FOIRL entspricht der ursprünglichen Glasfaserlösung im Bereich des 10-MBit-Ethernet, die den Aufbau von Verbindungen über eine Distanz von bis zu 1000 m zwischen Hubs ermöglichte. Dadurch waren Mischlösungen möglich, die dazu beigetragen haben, dass die erzielbaren Längenausdehnungen des Netzwerks wesentlich vergrößert wurden, ohne dass zusätzliche Repeater zur Erhöhung der Längenausdehnung zwischengeschaltet werden mussten (siehe Abbildung 2-14).

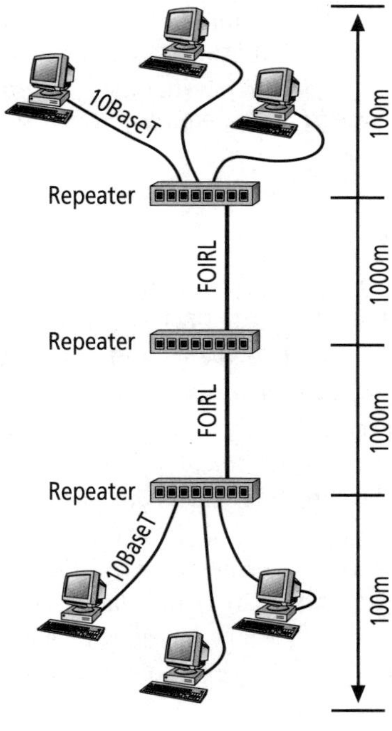

Abb. 2-14
Durch die FOIRL wurde die erzielbare Längenausdehnung wesentlich größer.

Glasfasertyp

Für die Anregung der Glasfaser verwendete man eine Lichtquelle mit einer Wellenlänge von 850 nm; als Übertragungsmedium kam eine Multimode-Gradienten-Glasfaser, auch als Multimode-Fiber (MMF) bezeichnet, mit einem Kerndurchmesser von 62,5/125 µm zum Einsatz. Bei der Nutzung von Glasfaser als Übertragungsmedium wird im Netzwerkbereich immer ein Fasernpaar benötigt, wobei eine Faser für den Sende- und eine für den Empfangskanal zuständig ist. Im Ethernet-Standard wurden als Verbindungselemente sogenannte ST-Stecker festgeschrieben, weshalb man in Verbindung mit dem benötigten Fasernpaar von Duplex-ST-Steckverbindern spricht.

⇨ Detaillierte Informationen zum Thema Datenübertragung über Lichtwellenleiter erhalten Sie im Abschnitt 7.2.3 Lichtwellenleiter.

2.7.1 10BASE-FL

10BASE-F / 10BASE-FL

Die heutzutage erhältlichen 10BASE-F-Komponenten entsprechen in der Regel dem Standard 10BASE-FL. Es gibt eine Vielzahl von Komponenten, zum Beispiel Netzwerkkarten, Hubs und Medienwandler, die über einen 10BASE-F- beziehungsweise 10BASE-FL-Anschluss verfügen. Die 10BASE-FL-Variante des Ethernet-Standards ersetzt letztendlich den FOIRL und ist so spezifiziert, dass 10BASE-FL-Komponenten an herkömmliche FOIRL-Ports angeschlossen werden können. Die Segmentlänge darf bei 10BASE-FL maximal 2000 m betragen, die Anregung der Glasfaser erfolgt mittels einer Lichtquelle mit einer Wellenlänge von 850 nm, als Übertragungsmedium ist eine Multimode-Gradienten-Glasfaser mit einem Kerndurchmesser von 62,5/125 µm definiert. Wird eine 10BASE-FL-Komponente an einen FOIRL angeschlossen, so reduziert sich die maximale Segmentlänge auf 1000 m.

2.7.2 10BASE-FB

10BASE-FB

Eine weitere Variante des glasfaserbasierten 10-MBit-Ethernet ist im Standard durch den Abschnitt 10BASE-FB beschrieben. Dabei handelt es sich um eine Lösung, die speziell für den Bereich der Backbones konzipiert wurde, bei denen es auf eine große Ausdehnung ankommt. Die 10BASE-FB setzt eine synchrone Übertragungstechnik ein, wodurch die eigentliche Funktion eines Hubs verzichtbar ist und eine reine Signalverstärkung an den Verteilern geschieht. Dadurch ergab sich die Möglichkeit, sehr große Längenausdehnungen für einen Backbone zu realisieren, in denen viele Verteiler über größere Distanzen kaskadiert werden. Die maximale Länge eines 10BASE-FB-Segments beträgt 2000 m. Nach der Veröffentlichung der 10BASE-FP-Spezifikation haben allerdings nur wenige Hersteller 10BASE-FB-Komponenten produziert; die Technik kam nur selten zum Einsatz.

2.7.3 10BASE-FP

10BASE-FP

Ein gänzlich anderer Weg wird im 10BASE-FP-Standard beschrieben, wobei bei der Bezeichnung 10BASE-FP das FP für Fiber Passive steht. Die Spezifikation behandelt die technische Realisierung eines passiven glasfaserbasierten Sternverteilers, um mehrere Segmente miteinander zu verbinden. Der passive Verteiler benötigt keine Stromversorgung und kann bis zu 33 Stationen über eine Segmentlänge von jeweils 500 m miteinander koppeln. Von der Funktion her stellt dieser Verteiler keinen Repeater oder Hub dar, da er ausschließlich eine passive Sternverteilung vornimmt; der Standard empfiehlt, diese passiven Sternverteiler als 10BASE-FB-Star zu bezeichnen. Obwohl im Standard ganze 64 von 516 Seiten 10BASE-FP gewidmet sind, hat kein Hersteller von Netzwerkkomponenten die beschriebene Lösung in die

Praxis umgesetzt; es gibt also keinerlei 10BASE-FP-Produkte auf dem Markt.

Die Kenngrößen von 10BASE-FL-, 10BASE-FB- und 10BASE-FP-Ethernet zeigt die folgende Tabelle.

Kenngröße	10BASE-FL	10BASE-FB	10BASE-FP
Topologie	Stern	Stern	Stern
Signalisierungstechnik	Basisband	Basisband	Basisband
Codierungsverfahren	Manchester	Manchester	Manchester
Kabeltyp	LWL MMF 62,5/125 µm	LWL MMF 62,5/125 µm	LWL MMF 62,5/125 µm
Wellenlänge	850 nm	850 nm	850 nm
Maximale Segmentlänge	2000/1000 m	2000 m	500 m
Maximale Anzahl der Stationen pro Segment	2	2	33
Anschluss	ST-Stecker	ST-Stecker	ST-Stecker

Tab. 2–7
Vergleich der Kenngrößen von 10BASE-FL, 10BASE-FB und 10BASE-FP

2.8 Das Manchester-Codierungsverfahren

Manchester-Codierung

Ein wesentlicher Bestandteil der Beschreibung des Physical Layer innerhalb des Ethernet-Standards ist die Festlegung des Codierungsverfahrens für die Daten. Es legt fest, in welcher Form die Daten über die seriellen Übertragungsmedien transportiert werden.

Innerhalb der Digitaltechnik stellt in der Regel ein niedriger Spannungspegel (0 V) eine logische Null, ein hoher Spannungspegel (+ 5 V) eine logische Eins dar. Für die serielle Datenübertragung ist diese Darstellung jedoch nicht geeignet, da sich aus dieser einfachen Darstellung keine Taktinformationen gewinnen lassen. Die Taktinformationen sind aber notwendig, damit sich die empfangende mit der sendenden Station innerhalb eines Netzwerks synchronisieren kann. Um zu vermeiden, dass für die Gewinnung eines Taktsignals neben den Datenleitungen eine zusätzliche Leitung verlegt werden muss, muss man für den seriellen Datenaustausch ein Übertragungsverfahren nutzen, das ausreichende Taktinformationen im eigentlichen Datenstrom bereits mitliefert. Beispielsweise überträgt der sogenannte Manchester-Code die Taktinformation mit den Dateninformationen kombiniert, wobei sich die Taktinformation in der Mitte einer Bitperiode befindet.

Alle Varianten des 10-MBit/s-Ethernet-Standards verwenden für Datenübertragungen den Manchester-Code. Die Nutzung der Manchester-Codierung stellt sicher, dass genug Taktinformationen im Datenstrom vorhanden sind, damit sich die empfangende Station mit dem eingehenden Signal synchronisieren und die eigentlichen Dateninformationen herausfiltern kann.

Informationsdarstellung

Dazu muss man sicherstellen, dass auch bei einer Folge von gleichen Bits innerhalb der Nutzdaten kein gleichförmiges Signal auf dem Übertragungsmedium entstehen kann. Darum wird in der ersten Hälfte der Bitperiode der komplementäre und in der zweiten Hälfte der eigentlich zu übertragende Wert dargestellt. Dies gewährleistet, dass innerhalb jeder Bitperiode ein Pegelwechsel vorhanden ist, mit dem sich zum einen ein Clock-Signal zur Synchronisierung zwischen dem Sender und dem Empfänger gewinnen lässt. Außerdem erreicht man dadurch eine Gleichspannungsfreiheit. Sie wiederum ist notwendig, da ein Gleichspannungsanteil im Datenstrom den Empfänger negativ beeinflussen würde. Denn ein Empfänger kann nur innerhalb eines gewissen Spannungsbereichs die Signalpegel eindeutig zuordnen. Steigt der Gleichspannungsanteil, so verschiebt sich der Arbeitspunkt, was so weit führen kann, dass kein Datenempfang mehr möglich ist. Die Verschiebung des Arbeitspunkts wird auch als Baselinewander bezeichnet. Aus sicherheitstechnischen Gründen verfügen die TP-Transceiver, die für die Datenübertragung auf einem Twisted-Pair-Kabel ausgelegt sind, über einen Übertrager, der für eine galvanische Trennung zwischen der Ethernet-Komponente und dem TP-Kabel sorgt. Der Übertrager ähnelt funktionell einem Transformator, der nur den Wechselspannungsanteil des Datensignals übertragen kann. Deshalb ist es notwendig, dass das eigentliche Datensignal möglichst viele Pegelwechsel beinhaltet, was durch die Nutzung der Manchester-Codierung gewährleistet ist. Beim Manchester-Code beträgt eine Bit-Periode 100 ns und die maximale auftretende Frequenz 10 MHz.

Abb. 2–15
Manchester-Codierung

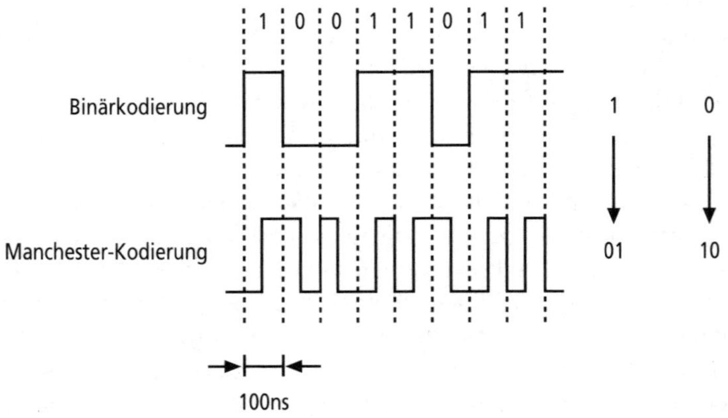

2.9 Media Access Control (MAC)

Media Access Control

Die Definitionen innerhalb des Ethernet-Standards auf der Ebene des Physical Layer stellen zwar einen wesentlichen Teil des Ethernet-Standards dar, jedoch entspricht allein die funktionelle Beschreibung auf dem Physical Layer noch keiner Netzwerktechnologie, mit der Daten zielgerichtet übertragen werden können. Erst die Definitionen und Beschreibungen auf der MAC-Ebene, die den funktionell entscheidenden Teil gerade im Hinblick auf andere Netzwerktechnologien ausmacht, ermöglichen das Übertragen von Daten und das zielgerichtete Versenden der Daten innerhalb eines Netzwerks.

Zugriffsverfahren

Der Ethernet-Standard beschreibt das Zugriffsverfahren mit Kollisionserkennung und die Vorgehensweise nach dem Auftreten einer Kollision (Backoff-Algorithmus) auf der Ebene des MAC-Layer. Darüber hinaus ist definiert, in welches Format (Frame-Format) die einzelnen Datenbytes für die Datenübertragung gebracht werden müssen, um eine zielgerichtete Datenübertragung über das Netzwerk zu gewährleisten. Ein entscheidender Bestandteil ist weiterhin die Definition des Adressierungsschemas, also des Formats der Ethernet-Adressen für die zielgerichtete Adressierung innerhalb eines Ethernet-Netzwerks.

Funktion des MAC-Layer

Die Funktion des MAC-Layer ist völlig unabhängig von dem darunter liegenden Übertragungsmedium und dem darauf ausgerichteten Physical Layer. Hinter dieser Tatsache verbirgt sich auch ein entscheidender Vorteil des Ethernet, denn das Zugriffsverfahren und das Datenformat ist über die gesamte Evolution des Ethernet gleich geblieben. Dadurch lässt sich ein Zusammenspiel zwischen den verschiedenen Übertragungsmedien sehr einfach ohne komplizierte Anpassungsverfahren realisieren.

Data Terminal Equipment

Laut Definition spricht man innerhalb der Netzwerkwelt von einem Data Terminal Equipment (DTE), wenn es sich um eine unabhängige und adressierbare Einheit handelt. Eine DTE stellt somit einen adressierbaren und unabhängigen Endpunkt für die Versendung von Daten dar. Innerhalb des Ethernet ist für die Erfüllung der Rolle einer DTE das Vorhandensein des MAC-Layer erforderlich, d. h., alle Ethernet-Komponenten, die technisch betrachtet über die MAC-Funktion verfügen, werden als DTE bezeichnet und stellen einen adressierbaren Endpunkt für Daten dar. Weiterhin zieht man bei vielen technischen Betrachtungen, etwa über die Ausdehnung einer Kollisionsdomäne, die DTE, also den MAC-Layer, als Endpunkt heran. Zu beachten ist dabei allerdings, dass der Endpunkt nicht der Übergang vom Netzwerkkabel zum Interface einer Ethernet-Komponente darstellt, sondern erst die obere Ebene des MAC-Layer, sprich innerhalb der Ethernet-Komponente über den Physical Layer und einen Teil des MAC-Layers hinweg: der Punkt also, an dem die Daten letztendlich an die höheren Schichten übergeben werden.

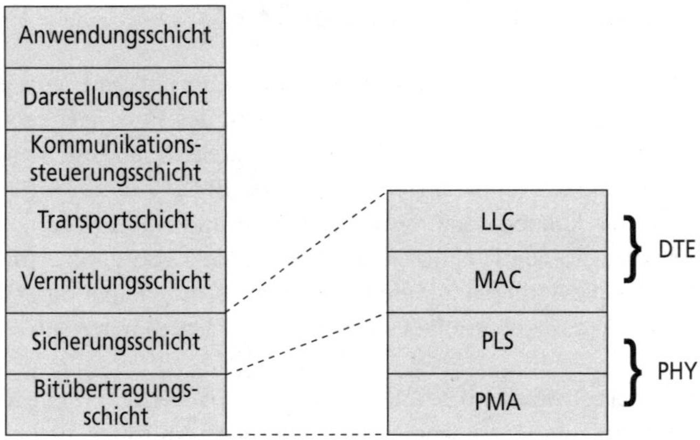

Abb. 2–16 Die Position der DTE innerhalb des Ethernet in Bezug zum OSI-Schichtenmodell

2.9.1 Das Zugriffsverfahren (CSMA/CD)

Zugriffsverfahren

Betrachtet man die Entstehungsgeschichte des Ethernet, die Übertragungsmedien und die verwendete Topologie, wird klar, dass die ersten Varianten des Ethernet ein geteiltes oder „Shared" Medium auf der Basis eines Koax-Kabels nutzten. Das Koax-Kabel stellte dabei einen Daten-Bus dar, an den alle Stationen direkt über T-Stücke (10BASE2) oder über das AUI mit einem Drop Cable (10BASE5) angeschlossen sind. Bei einem Datenbus auf Basis eines Koaxialkabels handelt es sich letztendlich um eine Multipunktverbindung, d. h., das Übertragungsmedium und die zur Verfügung stehende Bandbreite teilen sich auf mehrere Teilnehmer auf. Die Multipunktverbindung auf Basis eines gemeinsam genutzten Übertragungsmediums macht es demnach erforderlich, dass über ein geeignetes Zugriffsverfahren sichergestellt wird, dass nur eine Station zeitgleich Daten sendet.

Kollision

Würden dagegen bei einem Daten-Bus mehrere Stationen zeitgleich auf das Übertragungsmedium zugreifen, würden zwangsläufig die elektrischen Signale von den unterschiedlichen Stationen aufeinander treffen und sich überlagern, wodurch die eigentlichen Dateninformationen innerhalb der Nutzsignale verloren gingen. Tritt dies ein, spricht man im Ethernet-Standard von einer Kollision.

Als bildlicher Vergleich mag die Vorstellung dienen, man stehe in einem Raum mit einer großen Anzahl an Leuten, die gemeinsam über etwas diskutieren möchten. Kommt es zu der Situation, dass mehrere Leute zur selben Zeit reden, steigt der Geräuschpegel unnötig an und es wäre keiner mehr in der Lage, etwas Sinnvolles zu verstehen. Sorgt man jedoch für Verhältnisse, bei denen immer nur eine Person zu einer bestimmten Zeit redet und alle anderen in dieser Zeit zuhören, sieht die Welt schon viel freundlicher aus. Man ist in der Lage, der sprechenden Person zuzuhören, letztendlich: zu kommunizieren und Informationen auszutauschen.

CSMA/CD

Um geordnete Verhältnisse für den Zugriff auf das gemeinsame Übertragungsmedium zu realisieren, wurde für Ethernet als Zugriffsverfahren das sogenannte Carrier Sense Multiple Access/Collision Detection (CSMA/CD) entwickelt und im Ethernet-Standard auf der MAC-Ebene definiert. Unterteilt man den Begriff CSMA/CD in drei Teile (CS, MA und CD), erschließt sich schnell die Funktion, die sich hinter der Bezeichnung verbirgt.

Carrier Sense

Hinter Carrier Sense (Abhören des Trägers) verbirgt sich die Funktion, dass eine Station, die Daten senden möchte, zuerst das Medium abhören muss, um festzustellen, ob das Medium frei ist. Nur wenn dies tatsächlich der Fall ist, darf die Station Daten senden. Stellt die Station fest, dass das Medium bereits belegt ist, versucht sie zu einem späteren Zeitpunkt erneut, auf das Medium zuzugreifen.

Allerdings kann es vorkommen, dass zeitgleich zwei oder mehrere Stationen prüfen, ob das Medium frei ist und beide beziehungsweise mehrere Stationen zu der Entscheidung gelangen, das Medium sei nicht belegt. Dann beginnen natürlich auch zeitgleich zwei oder mehrere Stationen, ihre Daten auf das Medium zu senden – im guten Glauben, das Medium sei unbelegt und einer Aussendung der Daten stünde nichts im Wege. Carrier Sense kann also nicht verhindern, dass es in bestimmten Situationen doch zu Kollisionen kommt. Die Wahrscheinlichkeit, dass Kollisionen trotz Carrier Sense auftreten, nimmt mit zunehmender Anzahl an aktiven Stationen deutlich zu.

Multiple Access

Der zweite Teil von CSMA/CD, Multiple Access (MA), beschreibt die Tatsache, dass es trotz des im Ethernet verwendeten Zugriffsverfahrens zu zeitgleichen Zugriffen auf das Übertragungsmedium kommen kann – also den möglichen mehrfachen Zugriff durch verschiedene Stationen im Netzwerk. Tritt dieser Fall ein, muss die letzte Komponente von CSMA/CD ansprechen, die sogenannte Collision Detection (CD): Eine Station prüft während der Aussendung von Daten, ob es zu einer Kollision gekommen ist oder ob die Daten ohne Kollision erfolgreich verschickt wurden. Stellt die Station über das Kollisionserkennungsverfahren fest, dass eine Kollision aufgetreten ist, bricht sie die Aussendung der Daten ab. Anschließend ermittelt die Station über einen Zufallsgenerator eine Wartezeit, nach der sie erneut versucht, ihre Daten zu versenden. Die Generierung der Wartezeit über einen Zufallsgenerator soll letztendlich vermeiden, dass mehrere Stationen zu exakt derselben Zeit erneut versuchen, ihre Daten loszuwerden, was zwangsläufig zu einer wiederholten Kollision führen würde. Daraus resultierte eine Aufschaukelung von Kollisionen, was langfristig eine Datenübertragung verunmöglichte. Die wiederholte Aussendung der Daten nach der Generierung der Wartezeit über den Zufallsgenerator bezeichnet der Ethernet-Standard als Backoff-Prozess.

Collision Detection

Eines kann angesichts der Missverständnisse und Mythen, die sich um CSMA/CD ranken, gar nicht oft genug betont werden: Eine Kollision stellt bei CSMA/CD kein unvorhergesehenes Ereignis dar und ist keineswegs mit einer Art Unfall vergleichbar. Kollisionen sind bewusst tolerierte und akzeptierte Ereignisse des gewählten Zugriffsverfahrens. Außerdem kommt es durch eine Kollision zu keinem wirklichen Datenverlust, da die betroffenen Stationen die Daten erneut aussenden und diese somit die gewünschte Zielstation letztendlich auch erreichen.

Netto-Bandbreite

Allerdings ist natürlich auch richtig, dass die Wahrscheinlichkeit für Kollisionen umso höher ist, je mehr Stationen sich das gemeinsame Übertragungsmedium, also den Daten-Bus teilen. Dies bedeutet wiederum, dass mit steigender Teilnehmerzahl die verfügbare Netto-Bandbreite sinkt. In der Praxis geht man netto von etwa 40 Prozent der Bandbreite aus, wenn sich mehr als 30 Stationen den Bus teilen. So verbleiben von der theoretischen Brutto-Bandbreite von 10 MBit/s bei einem voll ausgebauten Ethernet auf Basis eines Bus nur noch rund 4 MBit/s als Netto-Bandbreite.

Dadurch wurden Anfang der neunziger Jahre Kritiker immer wieder dazu verleitet, das Ende der Ethernet-Ära zu prognostizieren. Sie gaben zu dieser Zeit Highspeed-Technologien wie FDDI oder ATM mehr Zukunftschancen, da sie für jeden Teilnehmer im Netz eine stabile und vorher kalkulierbare Bandbreite bieten. Doch Prophezeiungen über eine Ablösung des Ethernet haben sich nicht bewahrheitet – und beruhten wohl teilweise auf einem verbreiteten Missverständnis. Denn diese ominöse Zahl von 40 Prozent verleitete allzu schnell dazu, bei Ethernet von einer Art Wirkungsgrad für die Performance der Datenübertragung zu sprechen. Wir werden im Abschnitt zu Planungs- und Performance-Überlegungen noch sehen, dass die erzielbare Netto-Datenrate auch in ausgelasteten Ethernet-Netzen weit über diesen ominösen 40 Prozent liegen kann, der Wert beschreibt nur den schlechtest möglichen Fall. Switching-Techniken sowie die Steigerungen der Datenrate auf 100, 1000 und 10.000 MBit/s haben es den Ethernet-Standards ermöglicht, den Konkurrenten den Rang abzulaufen.

2.9.2 Halb- oder Vollduplex

Halb- oder Vollduplex

Vom sogenannten Halbduplexmodus spricht man in der Nachrichtentechnik dann, wenn die Kommunikation immer nur abwechselnd in eine Richtung möglich ist – dies war auch in den Anfängen des Ethernet die einzig mögliche Vorgehensweise. Über das Koaxialkabel stand schließlich auch nur ein Übertragungskanal zu Verfügung, über den sich in einer Zeiteinheit nur in eine Richtung Daten übertragen ließen. Durch CSMA/CD stellte man demnach auch sicher, dass immer nur in eine Richtung Daten ausgetauscht wurden.

Diese Restriktion existiert bei den modernen Ethernet-Techniken nicht mehr. Komponenten, die als Übertragungsmedium ein TP-Kabel oder Lichtwellenleiter verwenden, können auch im sogenannten Vollduplex-Modus arbeiten. Als Vollduplex bezeichnet man in der Nachrichtentechnik die Fähigkeit, zeitgleich in beide Richtungen unabhängig zu kommunizieren beziehungsweise Daten austauschen zu können.

⇨ Der Halbduplexbetrieb lässt sich bildlich mit einer einspurigen Brücke vergleichen, die die entgegenkommenden Autos nur abwechselnd überqueren können. Der Vollduplexbetrieb dagegen entspricht einer Brücke, die über zwei Fahrspuren verfügt und die die Autos zu jedem Zeitpunkt in beide Richtungen überqueren können (siehe Abbildung 2-17).

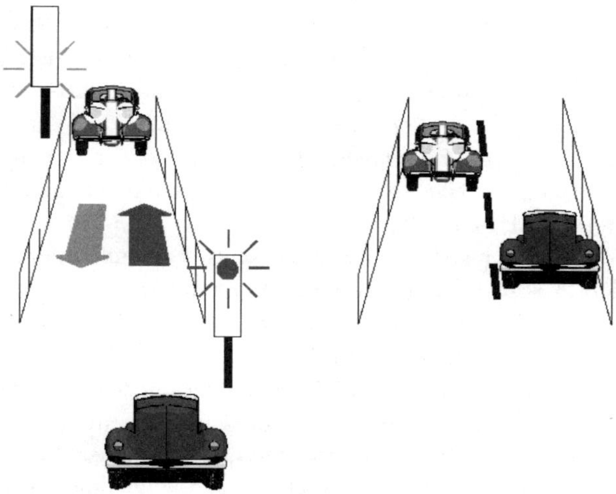

Abb. 2–17
Der Unterschied zwischen Halb- und Vollduplexbetrieb

Voraussetzung für den Vollduplexbetrieb ist also, dass jeweils ein unabhängiger Kanal für das Aussenden und das Empfangen von Daten vorhanden ist – und genau dies ist bei Übertragungsmedien wie TP- oder LWL-Kabel auch der Fall. Vollduplexbetrieb bedeutet darüber hinaus, dass man auf die Kollisionserkennung nach dem CSMA/CD-Verfahren getrost verzichten kann. Ethernet-Komponenten, die im Vollduplex-Modus arbeiten, benötigen also kein Zugriffsverfahren wie CSMA/CD – es wird deshalb nur bei Komponenten verwendet, die im Halbduplexmodus arbeiten. Wir werden in einem späteren Abschnitt dieses Buchs nochmals detailliert auf Halb- und Vollduplexmodus eingehen.

2.9.3 Der Zugriff auf das Medium

Carrier Sense

Ein maßgeblicher Bestandteil des im Ethernet-Standard definierten Zugriffsverfahrens ist die Erkennung, ob ein Signal übertragen wird und das Medium somit als belegt gilt. Dabei spricht man von der Erkennung eines Trägers (engl.: Carrier), weshalb es zu dem Begriff Carrier Sense kam. Bei 10BASE-X-Ethernet handelt es sich jedoch nicht um eine richtige Trägererkennung im herkömmlichen Sinn, denn dafür müsste tatsächlich auch ein Träger vorhanden sein, auf dem das eigentliche Datensignal aufmoduliert wird. Da dies beim Basisband-Verfahren aber nicht der Fall ist, nimmt 10BASE-X-Ethernet die Erkennung des Trägers in Wirklichkeit über die Datensignale selbst vor, die dann als Quasi-Träger gewertet werden: Die Daten selbst stellen letztendlich den Träger dar.

Carrier Sense mit darauf folgendem Zugriff auf das Medium wird als Gesamtprozedur in der Form durchgeführt, dass, sobald eine Station Daten übertragen möchte, sie so lange mit der Aussendung der Daten wartet, bis das Medium frei ist, sich also kein Carrier mehr auf dem Medium befindet. Zu dem Zeitpunkt, an dem das Medium frei wird, wartet die Station nochmals einen kurzen Zeitraum ab, der im Ethernet-Standard als Interframe Gap (IFG) definiert ist, bevor sie ihre Daten verschickt. Die Wartezeit soll sicherstellen, dass sich die Empfänger vor dem eingehenden Datenstrom regelrecht erholen können. Nach Ablauf der IFG beginnt die Station dann mit der Aussendung der Daten.

Möchte die Station mehr als ein Datenpaket (Frame) übermitteln, wartet sie nach jedem Aussenden eines Frames den Zeitraum des Interframe Gap ab, bevor sie ein weiteres Frame auf das Medium gibt. Über die Mindestgröße des Zeitabstands, die durch den IFG definiert ist, erzwingt man eine Erholungszeit für den Empfänger der Daten auf der Ebene des Physical und des MAC Layer. Innerhalb des 10-MBit-Ethernet-Standards ist der IFG auf 96 Bitzeiten festgelegt, was bei einer Bitzeit von 100 ns einer Erholungszeit von 9,6 µs entspricht. Die folgende Tabelle zeigt alle wichtigen Parameter, die auf das zeitliche Verhalten und den Ablauf von CSMA/CD Einfluss nehmen.

Tab. 2–8
Die für das Zugriffsverfahren relevanten Parameter von Ethernet mit 10 MBit/s

Parameter	Wert
Slot Time	512 Bitzeiten
Inter Frame Gap	96 Bitzeiten entspricht 9,6 µs
Attempt Limit	16
Backoff Limit	10
Jam Size	32 bis 48 Bit
Minimale Paketgröße	64 Byte
Maximale Paketgröße	1518 Byte
Frame Header	14 Byte

2.9.4 Die Kollisionserkennung

Erkannte Kollision

Erkennt eine sendende Station eine Kollision, sendet sie noch weitere 32 Datenbits, was im Ethernet-Standard Collision Enforcement Jam Signal heißt, zu deutsch etwa: ein Störsignal zum Geltendmachen der Kollision ausgeben. Tritt hingegen eine Kollision unmittelbar nach dem Beginn der

Datenaussendung auf, wird erst die Präambel (siehe folgenden Abschnitt Sperrzeit der Kollisionserkennung) eines Frames vollständig ausgesendet und danach das sogenannte JAM-Signal, eine Folge von vier Byte mit dem hexadezimalen Inhalt AA-AA-AA-AA. Beide Verfahren sollen sicherstellen, dass alle Stationen innerhalb einer Kollisionsdomäne die Kollision sicher erkennen können. Eine Kollisionsdomäne ist der Bereich eines Ethernet-Netzwerks, in dem sich eine Kollision ausbreiten kann, das heißt also der Bereich des Netzwerks, der von der auftretenden Kollision betroffen ist und der bei der Betrachtung über die Ausdehnung der Kollisionsdomäne berücksichtigt werden muss (siehe dazu auch nächsten Abschnitt).

Backoff-Algorithmus

Nach dem Auftreten einer Kollision führen die Stationen, bei denen das Aussenden eines Frames durch die Kollision abgebrochen wurde, die Aussendung des Frames erneut durch. Dabei ermittelt jede betroffene Station über einen Prozess, der bei Ethernet Backoff-Algorithmus heißt, eine Wartezeit über die Generierung einer Zufallszahl. Die Wartezeiten schwanken bei 10-MBit-Ethernet zwischen 0,0512 und 52,40 ms. Durch die so entstehenden unterschiedlichen Wartezeiten der einzelnen Stationen vermeidet man, dass die betroffenen Stationen wieder zur selben Zeit versuchen, ihre Frames auszusenden, was zwangsläufig zu einem Aufschaukeln der Kollisionen führen würde.

Verfahren zur Kollisionserkennung

Das Verfahren zur Kollisionserkennung auf dem Koaxialkabel beruht darauf, eine Gleichspannungsverschiebung zu erkennen, die durch die Überlagerung zweier oder mehrerer Signale entstehen. Bei einer normalen Datenübertragung hat das übertragene Signal eine Spannung von bis zu –1293 mV. Die Kollisionserkennung spricht bei einen Spannungspegel von –1448 mV bis –1590 mV an. Da bei den TP-Kabeln und den Lichtwellenleitern eine vollständige Trennung zwischen Empfangs- und Sendekanal vorhanden ist, setzt man bei diesen Übertragungsmedien eine andere Technik für die Kollisionserkennung ein. Registriert bei diesen Ethernet-Varianten der Empfänger der Komponenten während des Sendeprozesses Daten, wird dies als Kollision gewertet, denn eigentlich erwartet eine Komponente während der Aussendung der Daten auf der Seite des Empfängers keine Daten.

2.9.5 Die Ausbreitung einer Kollision

Ausbreitung einer Kollision

Belegt eine Station durch das Aussenden eines Frames das gemeinsame Übertragungsmedium, beispielsweise den Bus eines 10BASE2-Netzwerks, oder tritt eine Kollision auf, bedeutet das für alle anderen Teilnehmer, die sich auf demselben Bus befinden, dass ihnen während dieses Zeitraums das Medium nicht zur Verfügung steht. Sie müssen mit der Aussendung ihrer Daten so lange warten, bis das Medium wieder frei ist. Den Bereich des Netzwerks, der auf einem gemeinsam genutzten Übertragungsmedium beruht, bezeichnet man als Kollisionsdomäne. Sie grenzt also den Bereich eines Netzwerks ein, in dem sich eine Kollision zwangsläufig ausbreiten kann, beziehungsweise den Bereich, der von dem Auftreten einer Kollision direkt betroffen ist.

Wie schon dargestellt, kann eine Station nur während der Aussendung des Frames die Kollision erkennen, beziehungsweise die Station kann nur zu diesem Zeitpunkt auf die Kollision reagieren und die Neuaussendung des Frames initiieren. Es müssen also zwei grundsätzliche Gegebenheiten erfüllt sein, damit die rechtzeitige Kollisionserkennung gewährleistet ist.

Eindeutige Belegung

Zu dem Zeitpunkt, zu dem das letzte Bit eines Frames die sendende Station verlässt, muss das gemeinsam genutzte Medium eindeutig belegt sein. Dies ist der Fall, wenn das erste Bit des ausgesendeten Datenpakets die am weitesten entfernte Station innerhalb der Kollisionsdomäne erreicht hat. Nur dann ist gewährleistet, dass keine Kollision mehr auftreten kann, da zu diesem Zeitpunkt für alle Stationen das Medium als eindeutig belegt gilt, wodurch im Normalfall keine Station mehr versucht, ein Frame loszuwerden. Diese Anforderung muss auch bei der Verwendung der kleinsten zulässigen Framegröße erfüllt sein, die im Ethernet-Standard mit 64 Byte festgelegt ist.

Laufzeiten des Kollisionssignals

Zusätzlich muss im Falle einer Kollision das Signal der Kollision noch während des Sendeprozesses wieder bei der sendenden Station eintreffen – nur so kann die sendende Station die Kollision auch erkennen. Dies bedeutet im schlimmsten Fall, dass das kollisionsrelevante Signal in der Lage sein muss, den gesamten Weg wieder zurückzulaufen. Erst dadurch ist sichergestellt, dass eine mögliche Kollision innerhalb des Zeitraums bei der sendenden Station auftritt, in der diese noch mit dem Verschicken des Frames beschäftigt ist und die Kollision von ihr als solche erkannt werden kann.

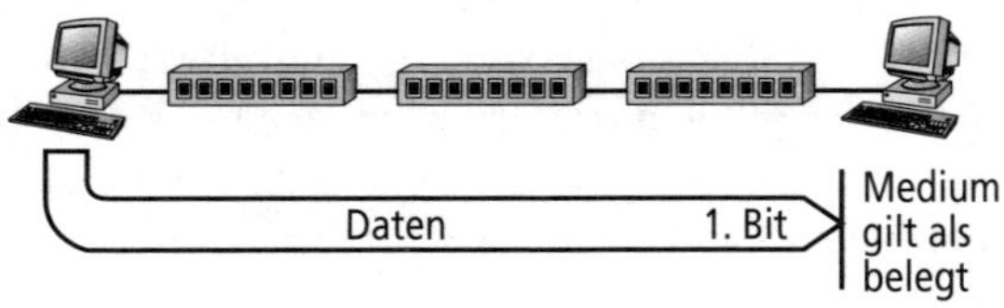

Abb. 2–18
Hat das erste Bit die entfernteste Station erreicht, so gilt das Medium als eindeutig belegt.

Der Zeitraum, gemessen in Bitzeiten, nach dem das Medium als eindeutig belegt gilt und bei dem eine mögliche Kollision bei der sendenden Station eintrifft, wird im Ethernet-Standard als Slot Time bezeichnet. Die Slot Time korrespondiert dabei mit der minimalen Framegröße von 64 Byte, also 512 Bit. Innerhalb dieser 512 Bitzeiten muss gewährleistet sein, dass das Signal den gesamten Weg zu der entferntesten Station hin- und wieder zurücklaufen kann. Wäre zum Beispiel eine Strecke zu einer entfernten Station so groß, dass ein Frame kleinster Größe vollständig untergebracht werden kann, ohne dass der Anfang des Pakets schon bei der entferntesten Station eingetroffen ist, würde es zwangsläufig zu unerkannten Kollisionen kommen: Würde zu dem Zeitpunkt, an dem das letzte Bit die sendende Station bereits verlassen hat, die entfernteste Station beginnen, ein Frame auszusenden, käme es zu einer Kollision; dies könnte die zuerst sendende Station jedoch nicht mehr erkennen, da sie ihren Sendeprozess ja bereits beendet hat. Eine Kollision muss sich also, unabhängig vom Zeitpunkt ihres Auftretens, noch in beide Richtungen ausbreiten können, während sich beide Stationen noch beim Aussenden eines Frames kleinster zulässiger Größe befinden. Deshalb dürfen die entferntesten Stationen einer Kollisionsdomäne nur so weit voneinander entfernt sein, dass ein Signal während der Sendezeit zwischen diesen beiden Stationen hin- und zurücklaufen kann. Nur so ist sichergestellt, dass eine Kollision auch vom entferntesten möglichen Auftrittspunkt noch während des Sendeprozesses erkannt werden kann. Die Slot Time mit ihren 512 Bitzeiten gilt auch als der Zeitraum, in dem eine potenzielle Kollision, auftreten kann und in dem eine sendende Station in der Lage sein muss, sie im Normalfall eindeutig zu erkennen.

2.9.6 Die Ausbreitung einer Kollisionsdomäne

Round Trip Delay

Über die Berechnung des Round Trip Delay (RTD) lässt sich bestimmen, wie groß eine Kollisionsdomäne sein darf, damit die geforderten Restriktionen eingehalten werden. Innerhalb des RTD muss sich eine mögliche Kollision nach beiden Seiten ausbreiten können, so dass alle Stationen sie sicher erkennen können. Der Wert des RTD ist bei Ethernet mit 10 MBit/s und 100 MBit/s auf 512 Bitzeiten festgelegt. Diese 512 Bit spiegeln sich auch in der Definition der Slot Time und in der kleinsten zulässigen Framegröße von 64 Byte (512 Bit) wieder.

Die Zeit, die ein Signal benötigt, um von einer Station zu der am entferntesten Punkt des Netzwerks zu gelangen und wieder zurückzulaufen, bezeichnet der Ethernet-Standard als Round Trip Propagation Time. Wird ein RTD von weniger als 512 Bitzeiten eingehalten, kann man davon ausgehen, dass das vorhandene Netzwerk in Bezug auf die maximal zulässige Ausdehnung einer Kollisionsdomäne den Anforderungen entspricht und dass das Zugriffsverfahren zuverlässig arbeitet.

Path Delay Value

Berechnen lässt sich die maximale Ausdehnung einer Kollisionsdomäne, indem man den Path Delay Value (PDV) ermittelt, der die Summe der Bitverzögerungen aller aktiven und passiven Komponenten zwischen zwei Endpunkten darstellt. Der PDV entspricht wiederum der Summe aller Segment Delay Values (SDV). Er spiegelt die Bitverzögerung aller Komponenten eines Segments wieder.

⇨ Wir werden in dem Abschnitt 5.2 Längenbeschränkung im Ethernet noch detailliert auf die Berechnung der maximalen Längenausdehnung einer Kollisionsdomäne eingehen.

2.9.7 Sperrzeit der Kollisionserkennung

Sperrzeit der Kollisionserkennung

Dem ersten Datenbit eines Frames geht eine 7 Byte lange Präambel und ein 1 Byte langer Start-of-Frame Delimiter voraus. Die Präambel dient sowohl der Taktsynchronisation des Empfängers als auch dem Einschwingen des Signals auf der Leitung, das einen eventuellen Bitverlust des eigentlichen Datenpakets vermeiden soll.

Start-of-Frame Delimiter und Präambel

Der Start-of-Frame Delimiter kennzeichnet durch sein unverwechselbares Bitmuster den Anfang eines Frames. Der Zeitraum dieser 8 Byte, beziehungsweise der 64 Bitzeiten für die Präambel und den Start Frame Delimiter, gilt für die Kollisionserkennung als Sperrzeit. Innerhalb dieser Sperrzeit findet sendeseitig keine Kollisionserkennung statt. Diese Festlegung hat ihren Ursprung in den physikalischen Eigenschaften des Übertragungsmediums in den Anfängen der Ethernet-Ära: Schickt ein Sender nach einer Übertragungspause wieder Datenbit auf das Koaxialkabel, kann es zu Überschwingungen des Signals kommen. Diese können zu einem Überschreiten des Spannungspegels führen, wodurch es bei der Kollisionserkennung zu einer Fehlinterpretation käme. Denn schließlich beruht die eigentliche Kollisionserkennung auf einem Übertragungsmedium, das Koaxialkabel einsetzt, um Überspannungen zu erkennen, die durch die Überlagerung zweier oder mehrerer Signale entstehen.

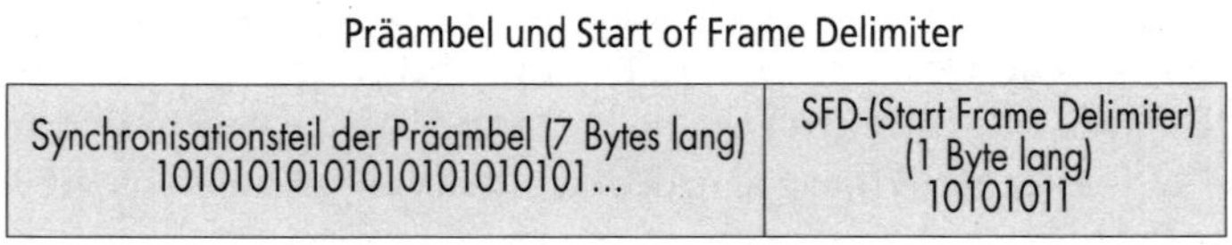

Abb. 2–19
Durch die Präambel und den Start-of-Frame Delimiter wird jedes Frame gekennzeichnet und eingeleitet.

2.9.8 Die späten Kollisionen, Late Collisions

Tritt nach den ersten 576 Bitzeiten (64 Bit Sperrzeit für die Präambel + 512 Bit Slot Time) eine Kollision auf, spricht man im Ethernet-Standard von einer sogenannten Late Collision. Sie wird erst außerhalb der Slot Time erkannt; somit kann nicht sichergestellt werden, dass auch alle sendenden Stationen während des Sendeprozesses eine Late Collision erkennen. Dieser Fall tritt beispielsweise dann auf, wenn eine Station ein Frame kleinster Größe und eine andere ein größeres Frame auf ein Netzwerk ausgesendet hat, dessen Ausdehnung größer als erlaubt ist. Die Station, die das größere Frame ausgesendet hat, würde in diesem Fall über den Backoff-Prozess ihr verloren gegangenes Frame nach Ablauf einer Wartezeit erneut verschicken. Die Station indessen, die das kleinere Frame verschickt hat, kann den Verlust des Frames über CSMA/CD nicht erkennen. Hier müssen die Protokolle der höheren Layer, etwa TCP oder IPX/SPX, den Verlust des Frames abfangen. Dies führt zwar ebenfalls zu einer Neuanforderung der verlorenen Daten, führt jedoch wegen der späteren Verlusterkennung und des zusätzlichen Protokoll-Overheads gegenüber CSMA/CD unweigerlich zu einer deutlicheren Performance-Einbuße.

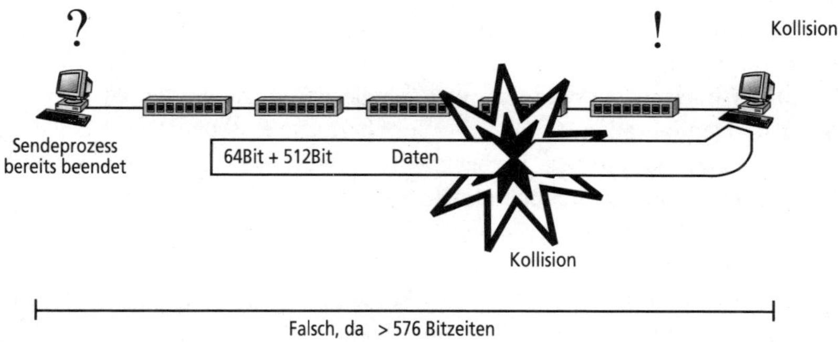

Abb. 2–20
Wird die maximale Ausdehnung einer Kollisionsdomäne überschritten, so kann es zu Late Collisions kommen.

Late Collisions

Das Netzwerk wird bei häufig auftretenden Late Collisions spürbar langsamer. Sollte dieser Fall auftreten, ist es die Aufgabe des Netzwerkadministrators, die Ursache für die Late Collisions ausfindig zu machen. Allerdings liefern die wenigsten Rechner detaillierte Netzwerkstatistiken, mit denen sich Late Collisions problemlos erkennen ließen. Glücklich, wer hier einen NetWare-Server betreibt: Die Statistik, die ein Novell-Server über den Netzwerkmonitor abliefert, enthält genaue Informationen über alle Ethernet-relevanten Statistiken.

2.9.9 Der Backoff-Prozess

Backoff-Prozess

Die Generierung einer Wartezeit nach dem Zufallsprinzip soll vermeiden, dass nach einer aufgetretenen Kollision die Stationen wieder gleichzeitig versuchen, ihre Frames auszusenden – dies würde zwangsläufig zum Aufschaukeln der Kollision führen. Für die Ermittlung der Wartezeit ist im Ethernet-Standard der Backoff-Algorithmus definiert. Darüber ermittelt jede beteiligte Station eine Integer-Zahl, die sie mit der Slot Time multipliziert. Dies ergibt die Wartezeit, nach der eine Station erneut versucht, ihr Frame auszusenden.

Die Integer-Zahl r wird dafür laut Ethernet-Standard nach folgender Formel ermittelt:

$$0 \leq r < 2^k$$

wobei $k = \min(n, 10)$ ist.

Die Integer-Zahl r liegt also zwischen dem Wert 0 und maximal 2, potenziert mit der Variablen k. Diese ergibt sich aus dem Bereich zwischen 1 und 10 und spiegelt die Anzahl der Wiederholungsversuche wider.

Wartezeiten

Für den ersten Wiederholungsversuch hat k den Wert 1; damit ergibt sich für r ein Wert von 0 oder 1 ($1 < 2^1 = 2$). Die Wartezeit für den ersten Wiederholungsversuch für ein 10-MBit-Ethernet beträgt also 0 s oder 1 × 0,0512 ms. Beim zweiten Wiederholungsversuch hat r den Wert 0, 1, 2 oder 3. Die Wartezeiten für den zweiten Versuch betragen also 0 s, 0,0512 ms, 0,1024 ms oder 0,1536 ms.

Nach dem zehnten gescheiterten Versuch, den Frame auszusenden, bleibt Variable k, die für die Ermittlung des maximalen Integer-Werts und somit der maximalen Wartezeit maßgebend ist, konstant; sie hat also den Wert 10. Damit ergibt sich für r ein Wertebereich von 0 bis 1023. Nach dem sechzehnten gescheiterten Versuch wird der Frame verworfen und seine Wiederaussendung abgebrochen. Die höheren Schichten erhalten eine Fehlermeldung. Dadurch wird die Station angehalten, den Frame neu zu bilden und auszusenden.

Die Anzahl der wiederholten Kollisionen steigt mit der Anzahl der sendewilligen Stationen. Versuchen viele Stationen, ihr Frame erneut auszusenden, steigt auch die Wahrscheinlichkeit, dass es erneut zu einer Kollision kommt; bei einer geringen Anzahl an sendewilligen Stationen ist dagegen die Wahrscheinlichkeit einer erneuten Kollision natürlich weitaus geringer. Aus der Anzahl der wiederholten Kollisionen lässt sich somit in etwa die Anzahl der sendewilligen Stationen ermitteln, die sich innerhalb der Kollisionsdomäne befinden (siehe folgende Tabelle). Der Ethernet-Standard lässt maximal bis zu 1024 Stationen innerhalb einer Kollisionsdomäne zu.

Bei genauer Betrachtungsweise beruht der Backoff-Algorithmus also auf der Annahme, dass bei einer geringen Anzahl sendewilliger Stationen die Wartezeit gering, der Wertebereich für diese Wartezeit bei einer größeren Anzahl dagegen groß sein soll. Dadurch reduziert sich die Wahrscheinlichkeit einer wiederholt auftretenden Kollision.

Tabelle 2-9 gibt den Bereich der Integer-Zahl r und die daraus resultierenden Werte für die Wartezeit in Abhängigkeit von den aufgetretenen Kollisionen an.

Die Generierung der Zufallswartezeit über den Backoff-Algorithmus vermeidet, dass Kollisionen das Medium über einen längeren Zeitraum blockieren und dass sich die gleichzeitigen Sendeversuche verschiedener Stationen wiederholen. Die Blockierung löst sich über einen gewissen Zeitraum hinweg selbst auf. Es ist also gewährleistet, dass es zu einem gerechten Zugriffsverfahren kommt, in dem alle Stationen die Möglichkeit haben, irgendwann einmal auf das gemeinsam genutzte Medium zuzugreifen und ihre Daten zu übertragen.

Kollision	Geschätzte Zahl sendewilliger Stationen	Bereich der Zufallszahl	Bereich der Wartezeit (512 Bitzeiten × Zufallszahl)
1.	1	0 bis 1	0 bis 0,0512 ms
2.	3	0 bis 3	0 bis 0,1536 ms
3.	7	0 bis 7	0 bis 0,3584 ms
4.	15	0 bis 15	0 bis 0,768 ms
5.	31	0 bis 31	0 bis 1,59 ms
6.	63	0 bis 63	0 bis 3,23 ms
7.	127	0 bis 127	0 bis 6,50 ms
8.	255	0 bis 255	0 bis 13,10 ms
9.	511	0 bis 511	0 bis 26,20 ms
10.	1023	0 bis 1023	0 bis 52,40 ms
11.	1023	0 bis 1023	0 bis 52,40 ms
12.	1023	0 bis 1023	0 bis 52,40 ms
13.	1023	0 bis 1023	0 bis 52,40 ms
14.	1023	0 bis 1023	0 bis 52,40 ms
15.	1023	0 bis 1023	0 bis 52,40 ms
16.	Frame wird verworfen		

Tab. 2–9
Wartezeiten, die über den Backoff-Algorithmus ermittelt werden

2.10 Frameformate bei Ethernet

Frameformate

Ein weiterer maßgeblicher Bestandteil der Definitionen im MAC-Layer des Ethernet-Standards ist die Festlegung über das Format, in das man die einzelnen Bits und Bytes bringen muss, um sie zielgerichtet übertragen zu können. Die Gruppierung der Bits und Bytes zu einer zusammenhängenden Einheit in der Form eines Datenpakets bezeichnet man als Frame. Zusätzlich erkennen die Dienste der MAC-Ebene Übertragungsfehler, die auf den Physical Layer zurückzuführen sind, und verwerfen fehlerhafte Frames, um die Datenintegrität zu gewährleisten.

Sollen Daten über das Ethernet transportiert werden, erhalten sie vor der Übergabe von der MAC- auf die PHY-Ebene ein für die Datenübertragung geeignetes Format. Dabei kommen, neben einer sogenannten Präambel, die unter anderem zur Synchronisation der Empfängerstationen dient, zusätzliche Informationen vor die Nutzdaten, etwa eine Hardware-Zieladresse, die Quelladresse und ein Längen- oder Typenfeld. Zusätzlich wird hinter die Nutzdaten eine Check-Summe gehängt. Man packt die Daten also für den seriellen Transport auf dem Übertragungsmedium buchstäblich in einen Rahmen (Frame) von Zusatzinformationen, die den eigentlichen Transport regeln.

Die erste Festlegung des Frameformats für Ethernet erfolgte durch die DIX-Gruppe. Später änderte die IEEE diese Festlegung mit der Veröffentlichung des Ethernet-Standards geringfügig ab. Diese Korrektur bezog sich auf den Aufbau der Präambel und auf ein einziges Feld, das dritte Feld im Frame, das entweder als Typ- oder Längenfeld genutzt wird.

2.10.1 Adressenformate

Adressenformate

Jede Ethernet-Komponente, auf der die Funktionen der MAC-Ebene implementiert sind und die als adressierbares Endziel für Daten fungiert (etwa eine Netzwerkkarte), verfügt über eine weltweit eindeutige und nur ein Mal vergebene physische Adresse: die Hardwareadresse, oft auch als MAC-Adresse bezeichnet. Sie hat eine Länge von 6 Byte und dient der Adressierung der Frames auf der MAC-Ebene.

MSB oder LSB

In der Nachrichtentechnik unterscheidet man grundsätzlich zwischen zwei Verfahren für die Interpretierung der einzelnen Bits eines Bytes, die man zum einen als Most Significant Bit (MSB) und zum anderen als Least Significant Bit (LSB) bezeichnet. Alle Komponenten, die zusammenarbeiten sollen, müssen auf jeden Fall dasselbe Verfahren für die Darstellung beziehungsweise Reihenfolge der Bits verwenden. MSB wertet das Bit mit der höchsten Ordnung als Erstes aus, während LSB das Bit der niedrigsten Ordnung zuerst berücksichtigt.

nonkanonische oder kanonische Darstellung

Bei Netzwerken unterscheidet man für die Adressenformate zwischen der kanonischen und der nonkanonischen Darstellung. Ethernet verwendet beispielsweise die kanonische, FDDI dagegen die nonkanonische Darstellung. Diese beiden verschiedenen Darstellungsmethoden beziehen sich auf die Reihenfolge, in der die Bits eines einzelnen Bytes der Hardwareadresse in Bezug auf die Reihenfolge im Datenstrom betrachtet werden. Die kanonische Adressendarstellung stellt das MSB, die nonkanonische Adressendarstellung dagegen das LSB jedes Bytes zuerst dar. Die nonkanonische Darstellung entspricht also den eigentlichen Gegebenheiten, da sie einem 1:1-Abbild des Datenstroms entspricht (siehe Abbildung 2-21).

Abb. 2-21 *Die unterschiedlichen Darstellungsmethoden: nonkanonisch und kanonisch*

Bitstrom der MAC-Adresse:

0000 0000-0000 0000-1101 0011-0000 0001-0000 0001-0010 0101

Kanonische Darstellung (z. B. Ethernet): 00-00-CB-80-80-A4

Nonkanonische Darstellung (z. B. FDDI): 00-00-D3-01-01-25

Individual/Group Bit

Innerhalb der 6 Byte langen Hardwareadresse haben die beiden niederwertigen Bits innerhalb des ersten Bytes eine bestimmte Funktion. Das LSB zeigt dabei an, ob es sich um eine individuelle Adresse oder um eine Adresse für eine Gruppe handelt, man bezeichnet das LSB deshalb auch als I/G-Bit (Individual/Group Bit). Bei der individuellen Adresse handelt es sich um die weltweit eindeutig vergebene Hardwareadresse, die auch Unicast-Adresse heißt. Dabei ist das I/G-Bit auf 0 gesetzt. Eine Gruppenadresse stellt entweder eine Broadcast- oder Multicast-Adresse dar; diese wird durch ein gesetztes I/G-Bit angezeigt. Die Multicast-Adresse spricht dabei eine bestimmte Gruppe von Stationen an, die Broadcast-Adresse dagegen alle Stationen eines Netzwerks.

G/L-Bit

Das zweite niederwertige Bit, das sogenannte G/L-Bit, zeigt an, ob es sich um eine global oder lokal verwaltete MAC-Adresse handelt (Globally Administered Address, GAA, oder Locally Administered Address, LAA). Die GAAs stellen die Adressen dar, die der Hersteller in die Ethernet-Komponente einprogrammiert hat und auch nur weltweit einmal vorhanden sein dürften. Bei den LAAs handelt es sich um MAC-Adressen, die ein Netzwerkadministrator durch Überschreiben der vom Hersteller vergebenen MAC-Adresse individuell für die Nutzung innerhalb seines Netzwerks vergeben hat. Bei der GAA ist das G/L-Bit auf 0, bei der LAA auf 1 gesetzt.

⇨ Man sollte die GAAs nur dann mit LAAs überschreiben, wenn man auch wirklich genau weiß, was man tut und einen genauen Plan für das gesamte Netzwerk hat. Für eine reibungslose Funktion des Netzwerks muss gewährleistet sein, dass die MAC-Adresse innerhalb des Netzwerks eindeutig und nur ein Mal vergeben ist. In der Regel ist die Vergabe der LAA bei Netzwerkkarten beispielsweise über die Softwaretreiber geregelt; manche Betriebssysteme bieten das allerdings nicht standardmäßig an, sondern überlassen es den Herstellern von Netzwerkkarten, ob sie die Möglichkeit vorsehen, eine LAA zu vergeben. LAAs können sich allerdings in großen Netzwerken als hilfreich erweisen, wenn in Managementsystemen schon über die MAC-Adresse eine einfache Identifizierung von Stationen möglich sein soll. Dann müssen die Netzwerkadministratoren aber auch eine bestimmte Politik entwickeln, welche Form die LAAs haben sollen und mehrfach vergebene Adressen verhindern.

Darstellung Ethernet-Adressen

Betrachtet man eine Ethernet-MAC-Adresse in der hexadezimalen Schreibweise, muss man natürlich für die Bestimmung des I/G- und G/L-Bits die kanonische Darstellung der Ethernet-Adressen berücksichtigen. Die MAC-Adresse 01-80-C2-00-00-01 erscheint auf den ersten Blick weder als eine Gruppenadresse noch als GAA. Nach der Umwandlung in die binäre Schreibweise erhält man jedoch 1000 0000-0000 0001-0100 0011-0000 0000-0000 0000-1000 0000. Daran lässt sich erkennen, dass das LSB auf 1 gesetzt ist – es handelt sich also um eine Multicast-Adresse. Das zweitniederwertigste Bit ist 0 und zeigt damit an, dass eine GAA vorliegt. Im Gegensatz zum ersten Eindruck handelt es sich bei 01-80-C2-00-00-01 also doch um eine global administrierte Multicast-MAC-Adresse. Bei der Festlegung des MAC-Adressen-Typs in einem Ethernet-Netzwerk ist wegen der kanonischen Darstellung Vorsicht geboten; unter Umständen ist eine Umwandlung in die binäre Schreibweise hilfreich.

Jede Ethernet-Komponente, die ein DTE darstellt, an das Frames adressiert werden können, muss über eine MAC-Adresse verfügen. Ähnlich wie bei den sogenannten privaten IP-Adressen können natürlich MAC-Adressen in zwei getrennten, abgeschlossenen Ethernet-Netzwerken jeweils erneut vergeben werden. Bei der Herstellung der entsprechenden Komponenten ist aber natürlich nicht bekannt, ob sie auch wirklich in unterschiedlichen Netzwerken eingesetzt werden. Nur die weltweit eindeutige Vergabe von MAC-Adressen für die Ethernet-Komponenten gewährleistet, dass sie unterschiedslos in beliebigen Netzwerken einsetzbar sind. Allerdings sind mir in den Anfängen meiner beruflichen Tätigkeit im Netzwerkbereich auch schon Netzwerkkarten von Herstellern untergekommen, die tatsächlich die gleiche MAC-Adresse aufwiesen. Dies ist als Produktfehler anzusehen, da die eindeutige MAC-Adresse ein entscheidendes Kriterium für das einwandfreie Funktionieren einer Ethernet-Komponente ist.

MAC-Adresse

Die Hersteller von Ethernet-Komponenten programmieren die einmalige MAC-Adresse fest in jede produzierte Komponente. Dafür ist in der Regel ein EPROM oder EEPROM vorhanden, in dem die MAC-Adresse und andere komponentenspezifische Informationen festgehalten sind. Der Hersteller selbst ist verpflichtet, für die Produktion seiner Komponenten einen Pool von MAC-Adressen beim IEEE zu beantragen und für seine Produkte zu registrieren. Das IEEE hat die Aufgabe übernommen, die Vergabe der MAC-Adressen zu verwalten und sicherzustellen, dass jede MAC-Adressen weltweit nur ein Mal vergeben ist. Diese Aufgabe kann das IEEE natürlich nur bedingt wahrnehmen – die Festlegung der individuellen Hardwareadresse für jede einzelne Netzwerkkarte oder andere Geräte würde einen Verwaltungsaufwand erfordern, der kaum zu bewältigen wäre und wohl eine ausreichende Versorgung des Markts mit Ethernet-Komponenten gefährden könnte. Daher vergibt das IEEE nur einen Teil der MAC-Adresse an die Hersteller. Diese sind dann angehalten, daraus und aus dem verbleibenden Bereich eine jeweils eindeutige MAC-Adresse für die von ihnen produzierten Ethernet-Komponeten zu bilden.

Dadurch lässt sich anhand der MAC-Adresse auch der Hersteller einer Ethernet-Komponente ausfindig machen (siehe folgende Tabelle).

Tab. 2–10 *Ausschnitt der herstellerbezogenen MAC-Adressenbereiche*

MAC-Adresse	Hersteller
00-00-0C-xx-xx-xx	Cisco
00-00-C6-xx-xx-xx	HP
00-00-CB-xx-xx-xx	Compu-Shack
00-02-2D-xx-xx-xx	Lucent
00-20-1A-xx-xx-xx	N-BASE
00-20-7B-xx-xx-xx	Level One
00-AA-00-xx-xx-xx	Intel
02-60-8C-xx-xx-xx	3COM
08-00-2B-xx-xx-xx	DEC beziehungsweise Intel
08-00-5A-xx-xx-xx	IBM

Wie sich aus den Angaben der vorangegangenen Tabelle ergibt, entsprechen die ersten 3 Bytes der MAC-Adresse dem herstellerbezogenen Teil der 6 Byte langen MAC-Adresse. Diese 3 Bytes heißen im Jargon der IEEE Organizationally Unique Identifier (OUI). Die OUI stellt die Adressgruppe dar, die ein Hersteller bei der IEEE beantragen kann. Über jede OUI (einige Hersteller haben von der IEEE inzwischen mehrere OUIs erhalten) lassen sich 2^{24} = 16.777.216 Komponenten adressieren beziehungsweise MAC-Adressen für einzelne Komponenten vergeben.

⇨ Eine aktuelle und vollständige Auflistung der an die Hersteller vergebenen Adressbereiche finden Sie unter:
http://standards.ieee.org/regauth/oui/index.html

2.10.2 Die Präambel laut DIX und IEEE 802.3

Präambel

Die Präambel, die für die Synchronisation des Empfängers zuständig ist und einen Verlust der Datenbit am Anfang des Frames verhindern soll, steht vor jedem ausgesendeten Frame. Hat die Präambel in den beiden Frame-Versionen der DIX-Gruppe und des IEEE letztendlich die gleiche Funktion, so weicht jedoch der Aufbau der Präambel bei den beiden Varianten etwas voneinander ab. Der DIX-Frame stellt die Präambel durch eine Folge von acht Bytes, deren Bits jeweils zwischen 1 und 0 wechseln, dar. Im achten und letzten Byte sind die letzten beiden Bits auf 1 gesetzt, wodurch der Empfänger eindeutig den Anfang des Frames erkennen kann.

Bei dem im Ethernet-Standard des IEEE festgelegten Frametyp besteht die Präambel aus zwei Teilen, der sieben Byte langen Präambel und einem ein Byte langen Start-of-Frame Delimiter (SFD). Die Folge der Bits ist allerdings identisch zur DIX-Version. Die IEEE hat also im Standard nur die acht Bytes in zwei Teile aufgeteilt, um eine klare Trennung zwischen der eigentlichen Präambel, die für die Synchronisation sorgt, und dem SFD, der den Anfang des Frames anzeigt, zu erzielen.

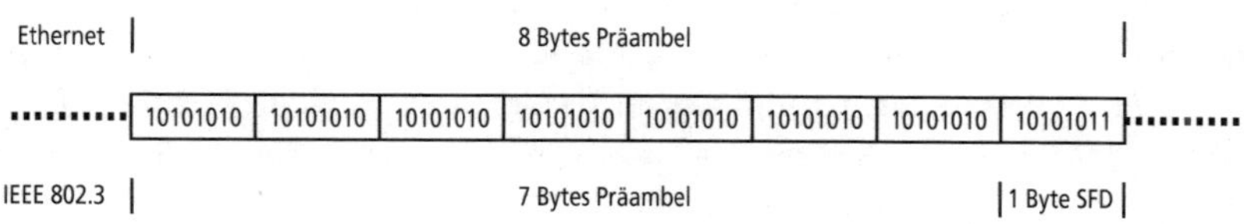

Abb. 2–22
Der Aufbau der Präambel laut Ethernet- und IEEE-802.3-Spezifizierung

2.10.3 Die Frameformate im Ethernet

Frameformate

Die Frameformate im Ethernet-Bereich haben schon oft für einige Verwirrung gesorgt, denn bedingt durch die Entstehungsgeschichte des Ethernet sind verschiedene Frameformate entstanden. Den ursprünglichen Frametyp Ethernet, der sehr häufig als Ethernet_II bezeichnet wird, veröffentlichte die DIX-Gruppe vor der eigentlichen Standardisierung. Das neuere Frameformat, das sich später im Ethernet-Standard manifestierte, bezeichnet man allgemein als IEEE-802.3-Frame.

Der entscheidende Unterschied zwischen dem durch die DIX-Gruppe festgelegten und dem durch das IEEE-Komitee definierten Frameformat besteht im dritten Feld, dem Längen- oder Typenfeld. Der DIX-Frame verwendet es als Typenfeld. Dagegen nutzt es der IEEE-802.3-Frame, heutzutage eigentlich das Standard-Frameformat, als Längenfeld.

Abb. 2–23
Das Ethernet-Frame und das IEEE-802.3-Frameformat

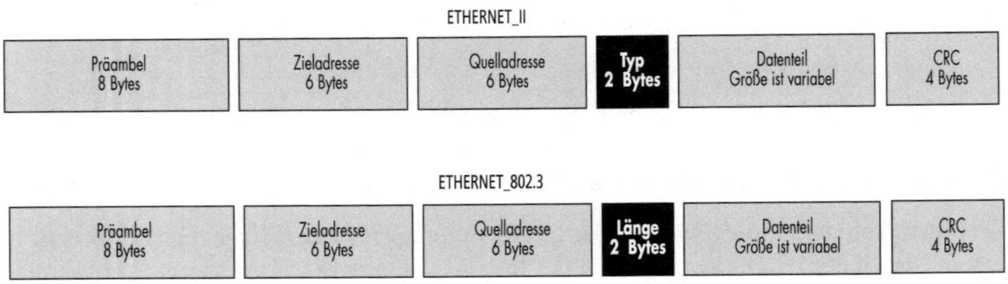

2.10.4 Ziel- und Quelladresse eines Frames

Ziel- und Quelladresse

Vom Aufbau unterschieden sich das DIX- und das IEEE-Frameformate kaum voneinander. Beide fangen im Anschluss an die Präambel mit dem 6 Byte langen Destination Address Field an, das die Zieladresse des Frames enthält. Darauf folgt das 6 Byte lange Source Address Field, das die Quelladresse des Frames angibt.

Das Destination Address Field enthält mit der Zieladresse des Frames in der Regel die Hardwareadresse der Netzwerkkarte, an die der Frame adressiert ist. Darüber hinaus kann darin eine Multicast- oder Broadcast-Adresse stehen, um den Frame gleichzeitig an mehrere oder alle Stationen eines Netzwerks zu senden.

Jede Station wertet den Inhalt des Destination Address Field aus. Handelt es sich bei dem Inhalt des Destination Address Field um die eigene Hardwareadresse, eine Broadcast-Adresse oder eine Multicast-Adresse, in deren Gruppe sich die Station aufhält, reicht sie den Datenteil des Frames nach dem vollständigen Empfang an die höheren Schichten weiter. Entspricht der Inhalt des Destination Address Field dagegen keinem dieser Kriterien, verwirft die Station den Frame.

Das Source Address Field gibt die Quelladresse des Frames an, also die Adresse der Station, die der Frame auf das lokale Segment ausgesendet hat. Diese Quelladresse hat primär Bedeutung für die höheren Protokolle, über die beispielsweise eine Auflösung der physischen Adresse geschieht oder festgelegt werden kann, an welche Adresse eine Antwort zu schicken ist.

Bei der Quelladresse handelt es sich allerdings nur dann um die physische Adresse der Station, die ursprünglich der Frame ausgesendet hat, wenn sich diese Station auch im selben Segment wie der Empfänger befindet.

Sollte sich die ursprüngliche Quellstation in einem anderen Segment befinden, das über einen Router angebunden ist, gibt diese Adresse die MAC-Adresse des nächstgelegenen Routers an (siehe dazu auch die nächsten Kapitel). Das Gleiche gilt für die Zieladresse, falls die Daten über einen Router weitergeleitet werden müssen. Dazu muss die sendende Station ihr Frame zunächst an den Router schicken, d. h. die Zieladresse entspricht der MAC-Adresse der Netzwerkkarte, über die der Router an dasselbe Segment wie die sendende Station angeschlossen ist. Der Router leitet die Nutzdaten des Frames weiter, indem er sie in ein anderes Frame verpackt. Sollte sich die Zielstation an dem angrenzenden Segment befinden, entspricht in diesem Fall die Zieladresse der MAC-Adresse der Zielstation. Muss das Frame hingegen über einen weiteren Router weitergeleitet werden, so entspricht die Zieladresse der MAC-Adresse des nächsten Routers.

2.10.5 Ethernet oder IEEE 802.3

Da sich das dritte Feld beim DIX- und IEEE-Format inhaltlich unterscheidet, lassen sich die beiden Frameformate daran leicht erkennen. Das Ethernet-Format ist unverwechselbar, da direkt hinter der Quelladresse die Typenangabe des höheren Protokolls folgt. Eine Hilfe für die Erkennung des Frametyps ist der Hex-Wert hinter der Quelladresse. Ist dieser Wert größer als 0x05DC (maximale Datenlänge innerhalb eines Frames 1500 Byte), muss es sich um eine Typenangabe handeln – eine Längenangabe kann dieser Wert nicht darstellen.

IEEE 802.3-Frame

Die Festlegung der höheren Protokolle beginnt sogar erst ab dezimal 1536, hexadezimal 0x0600, wodurch die Trennung zwischen einer Typenangabe und einer Längenangabe noch deutlicher ist.

⇨ Den Ethernet-Frame, der das Typenfeld beinhaltet und von der DIX-Gruppe spezifiziert wurde, bezeichnet man allgemein als Ethernet_II-Frame.

Die folgende Tabelle zeigt die wichtigsten Ethernet-Typennummern, die im Typfeld das höhere Protokoll beschreiben.

Tab. 2–11
Die wichtigsten Ethernet-Typangaben

Ethernet-Typ	Dezimal	Protokoll
0-05DC	0-1500	Ethernet-Längenangabe
0600	1536	XEROX IDP
0800	2048	IP
0805	2053	X.25
0806	2054	ARP
8035	32821	RARP
809B	32923	AppleTalk
8137	33079	Novell
8138	33080	Novell

Bei einem IEEE-802.3-Frame ist das dritte, 2 Byte lange Feld das Length Field. Es gibt die Größe des Datenteils eines Frames an und kann Werte zwischen 46 und 1500 Byte (0x002E 0x05DC) annehmen.

⇨ Man bezeichnet den IEEE-802.3-Frame auch als Ethernet_802.3.

Im Anschluss an das Typen- oder Längenfeld folgt der Datenteil des Ethernet-Frames. Er hat eine Länge von 46 bis 1500 Byte. Die Mindestlänge von 46 Byte ist durch die minimal zulässige Framelänge bestimmt, die für das Zugriffsverfahren CSMA/CD 64 Byte (46 Byte Datenteil + 14 Byte Frame-Header + 4 Byte CRC) beträgt. Ist die Länge der zu übertragenden Daten geringer als 46 Byte, werden die fehlenden Bytes mit einem Füllzeichen bis auf 46 Byte aufgefüllt. Diese Füllzeichen bezeichnet der Ethernet-Standard als Pads, sie haben den Wert 00.

CRC-Algorithmus

Um festzustellen, ob die Daten fehlerfrei übertragen wurden, schließt der Frame mit einem 4 Byte langen Frame Check Sequence Field (FCS) ab. Sein Inhalt wird durch einen CRC-Algorithmus (Cyclic Redundancy Check) gebildet. Er ist sowohl auf Sender- als auch auf Empfängerseite implementiert, wodurch sich Übertragungsfehler auf der Ebene des Physical Layer feststellen lassen. Die Berechnung des CRC erstreckt sich dabei über Zieladresse und Quelladresse, Typen- oder Längenfeld sowie den Datenteil des Frames.

Die Bildung der CRC beruht auf folgendem Polynom:

$$G(x) = x^{32}+x^{26}+x^{23}+x^{22}+x^{16}+x^{12}+x^{11}+x^{10}+x^{8}+x^{7}+x^{5}+x^{4}+x^{2}+1$$

Ein Frame gilt als fehlerhaft, wenn eine der folgenden Bedingungen eingetroffen ist:

- Die Framelänge stimmt nicht mit der Angabe im Length Field überein (nur beim IEEE-802.3-Frame).
- Die Länge eines Frames entspricht nicht dem Vielfachen eines Bytes.
- Der errechnete CRC des eingehenden Frames entspricht nicht dem Inhalt des im Frame mitgelieferten Werts des FCS-Feld.

Trifft eine der zuvor genannten Bedingungen ein, gilt das empfangene Frame als fehlerhaft und wird verworfen. In diesem Fall nimmt die MAC-Ebene keinerlei Fehlerkorrektur in Form einer Neuanforderung des verworfenen Frames vor. Es bleibt den Protokollen der höheren Schichten überlassen, die verlorenen Daten erneut anzufordern.

2.10.6 Logical Link Control (LLC)

Logical Link Control

Über eine Netzwerkkarte, die beispielsweise in einem Server eingebaut ist, kommunizieren mehrere Clients parallel über das gleiche oder verschiedene Protokolle der höheren Schichten. Um dies zu ermöglichen, muss ein Multiplex-Mechanismus dafür sorgen, dass über eine Netzwerkkarte mehrere Clients unabhängig voneinander kommunizieren können. In der ersten

Ethernet-Frameversion der DIX-Gruppe kommt dafür das Typfeld zum Einsatz. Es zeigt an, für welches höhere Protokoll der Dateninhalt des Frames gedacht ist.

Im IEEE-802.3-Frame verfügt jedoch nicht über ein Typenfeld, über das sich die höheren Protokolle innerhalb des Frame-Headers adressieren lassen. Um einen Multiplex-Mechanismus zu ermöglichen, hat das IEEE ein neues Protokoll entwickelt: IEEE 802.2. Die verschiedenen Netzwerktechnologien, die das IEEE standardisiert hat, verwenden es heutzutage fast ausschließlich.

IEEE 802.2

In der Regel wird die Kommunikation in einem Netzwerk über das LLC-Protokoll von IEEE 802.2 durchgeführt, das durch den Logical Link Control Layer realisiert ist. Im OSI-Schichtenmodell ist LLC auf dem oberen Teil des MAC-Layer angesiedelt.

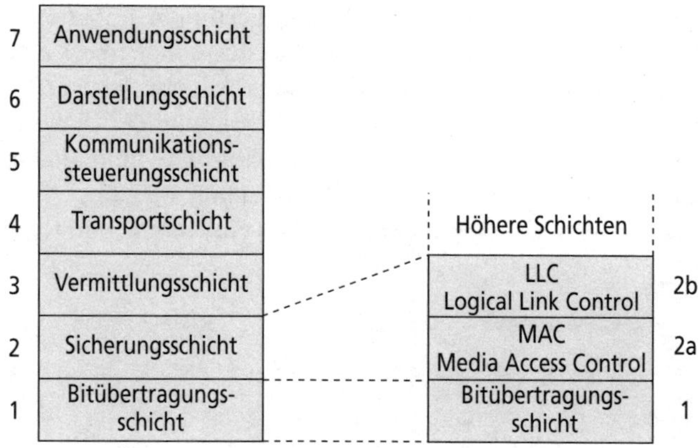

Abb. 2–24
Die Anordnung von LLC innerhalb des OSI-Schichtenmodells

Durch die Verwendung des 802.2-Protokolls, das zwischen dem MAC-Protokoll und den Protokollen der dritten Ebene liegt, können sich mehrere höhere Protokolle eine physische Verbindung teilen. Darüber hinaus vereinfacht dies den Übergang zwischen verschiedenen Netzwerktechnologien, etwa von Ethernet auf FDDI, da diese Technologien, bedingt durch das 802.2-Protokoll, eine einheitliche Schnittstelle verwenden. Dies erreicht man durch die zusätzlichen Adressierungsmöglichkeiten im IEEE-802.2-Protokoll.

Vom 802.2-Protokoll existieren drei verschiedene Typen, die unterschiedliche Services beschreiben:

- Typ 1: unbestätigter und verbindungsloser Service,
- Typ 2: bestätigter und verbindungsorientierter Service,
- Typ 3: bestätigter, jedoch verbindungsloser Service.

⇨ Innerhalb der lokalen Netzwerke kommt in der Regel der Typ 1 des 802.2-Protokolls zum Einsatz.

Service Access Points

Die Prozesse der höheren Schichten verwenden den Service über sogenannte Link Service Access Points (LSAP), die zwischen den Schichten die eigentliche Schnittstelle darstellen und die Adressierungsmöglichkeit bereitstellen. Eine Ethernet-MAC-Adresse kann so mehrere logische LSAPs besitzen, die jeweils eine eigenständige Punkt-zu-Punkt-Verbindung für ein höheres Protokoll darstellen. Der 802.2-Frame-Header setzt die drei zusätzlichen Felder vor die eigentlichen Daten. Dabei handelt es sich um die jeweils ein Byte langen Felder Destination Service Access Point (DSAP) und Source Service Access Point (SSAP), sowie um das ein bis zwei Byte lange Control Field. Die gesamten Daten, also 802.2-Header und die Daten der höheren Schichten, bezeichnet man als Protocol Data Units (PDU).

Die DSAP- und die SSAP-Adresse haben jeweils eine Länge von einem Byte, wobei jeweils dem ersten Bit (LSB) eine bestimmte Funktion zugeteilt ist. DSAP verwendet das erste Bit als I/G-Bit, das durch eine 1 eine Gruppenadresse und durch eine 0 eine individuelle Adresse anzeigt. Die restlichen sieben Bits stehen dann für die Zieladressierung der PDUs zur Verfügung. Bei SSAP handelt es sich grundsätzlich um individuelle PDU-Adressen; das erste Bit ist das C/R-Bit, das mit einer 1 anzeigt, dass es sich um eine Antwort handelt, und mit einer 0, dass ein Kommando folgt.

Abb. 2–25
Der Aufbau von DSAP und SSAP

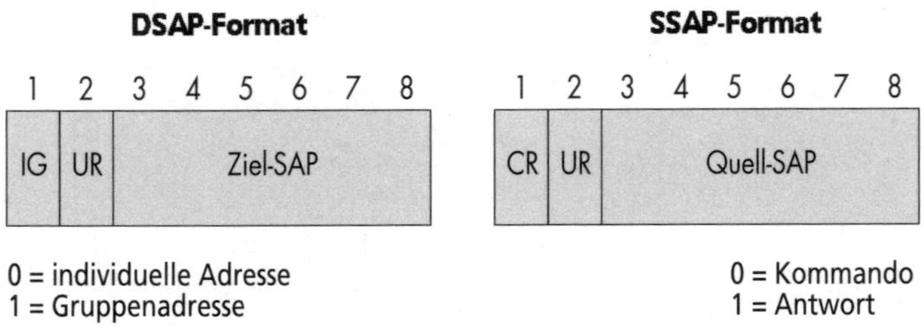

Über das anschließende Control-Feld, den letzten Teil des 802.2-Headers, werden die Informationen von LLC codiert. Es hat eine Länge von ein oder zwei Byte, beim Typ 1 ein Byte. Bei diesem Typ handelt es sich um einen verbindungslosen Service, der nicht bestätigt wird. Deshalb sind die Informationen, die über den LLC Typ 1 verschickt werden, auch nicht durchnummeriert; es handelt sich hierbei um ein sogenanntes Unnumbered Format (U-Format). Die ersten zwei Bits des Control-Felds sind grundsätzlich auf 1 gesetzt. Das dritte, vierte, sechste, siebte und achte Bit sind für die Codierung des U-Formats zuständig. Das fünfte Bit nutzt man als Poll/Final-Bit (P/F), jedoch nur bei Kommandos und deren Antworten. Eine 1 im P/F-Bit fordert den Empfänger auf, umgehend eine Antwort zurückzuschicken.

Innerhalb dieser Antwort hat das P/F-Bit den Wert 0. Es darf immer nur ein PDU mit gesetztem P/F-Bit gesendet werden; anschließend ist die entsprechende Antwort abzuwarten. Trifft keine Antwort ein und läuft ein gewisser Zeitwert ab, gilt dies als Fehlersituation, auf die eine Prozedur zur Fehlerbehebung folgt.

⇨ Das IEEE-802.3-Ethernet-Frame, das im Datenteil das IEEE-802.2-Protokoll eingebettet hat, bezeichnet man als Ethernet_802.2-Frame.

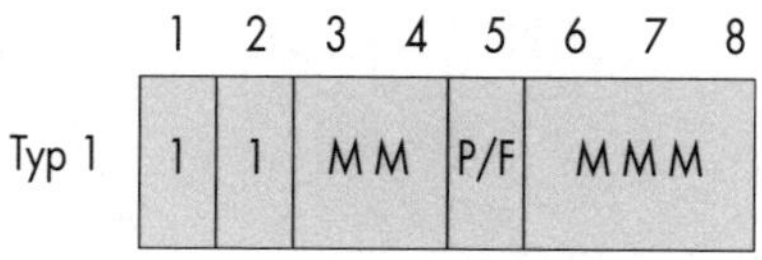

Abb. 2–26
Das Control-Feld eines U-Kommandos, das beim LLC Typ 1 verwendet wird

Verwendet man auf den höheren Schichten kein IEEE-spezifisches Protokoll, zeigt dies der Inhalt AA im DSAP- und SSAP-Feld an. Dies ist bei einem Sub Net Access Protocol (SNAP) der Fall, in dem ein SNAP-Header in den Datenteil des LLC-Headers, also direkt hinter dem Control-Feld, eingebettet ist. Der SNAP-Header beginnt mit einem 3 Byte langen Organizational Unit Identifier (OUI) und einem 2 Byte langen Ethernet-Type-Feld. Die drei Bytes des OUI-Felds geben an, welche Codierung die folgenden Bytes verwenden. In einem TCP/IP-Netzwerk hat das OUI-Feld den Inhalt 00-00-00 – dies signalisiert, dass noch 2 Bytes für die Angabe des Ethernet-Typs (0x800 für IP) folgen.

⇨ Der Ethernet-Frame, in dem der Datenteil mit dem SNAP-Header beginnt, heißt Ethernet_SNAP-Frame.

Abb. 2–27
Der Aufbau eines Ethernet_SNAP-Frames

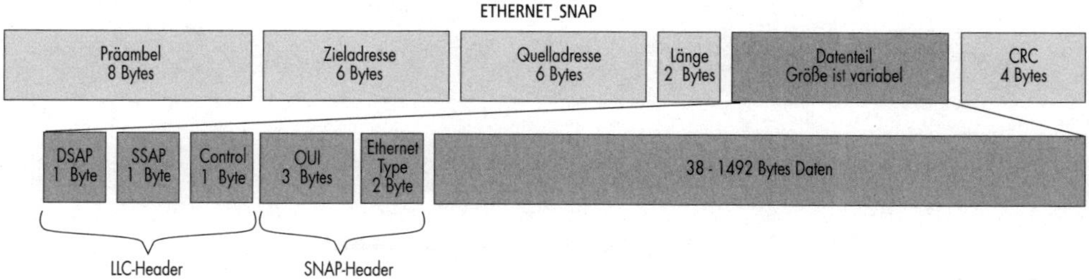

2.10.7 Die verschiedenen Frametypen

Überblick der Frametypen

Nach dieser Darstellung des Aufbaus der Frames fehlt noch ein Überblick über die verschiedenen Frametypen. Grundsätzlich gibt es vier verschiedene Frametypen:

- Ethernet_II
- Ethernet_802.3
- Ethernet_802.2
- Ethernet_SNAP

Die folgende Abbildung stellt die verschiedenen Frametypen dar. Die Unterschiede sind im Aufbau erkennbar.

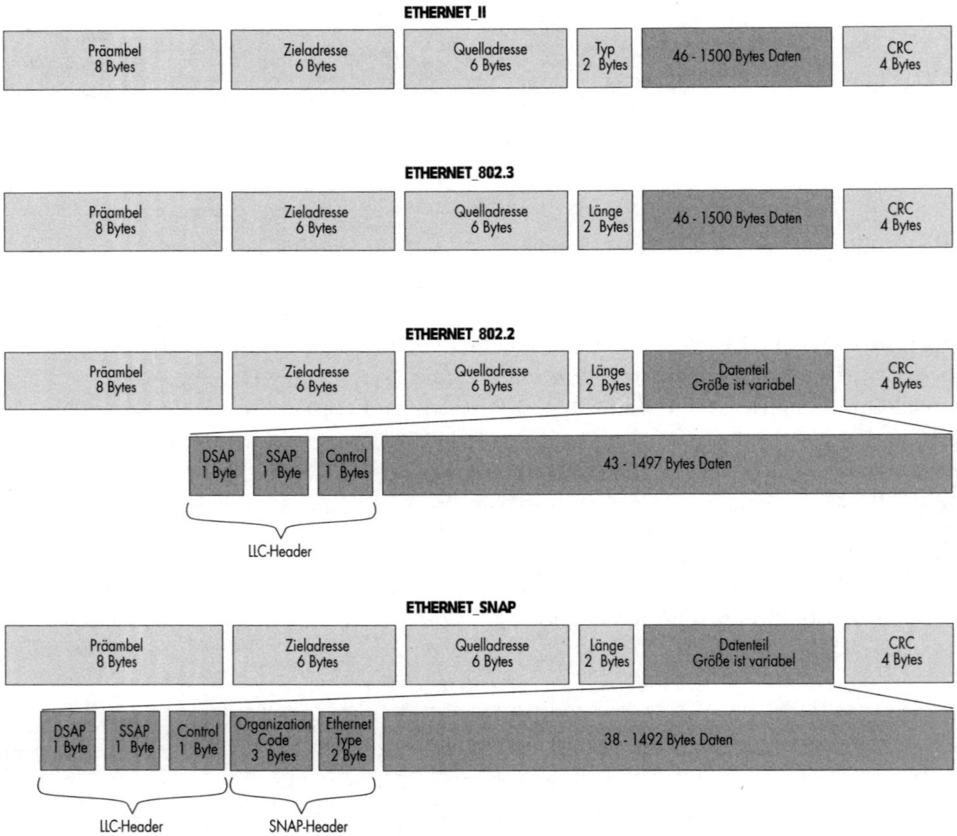

Abb. 2–28
Der Aufbau von Frames der Typen Ethernet_II, Ethernet_802.3, Ethernet_802.2 und Ethernet_SNAP

2.10.8 Plug&Play bei der Frameauswahl

Normalerweise erfolgt die Auswahl der verschiedenen Frametypen innerhalb eines Netzwerks automatisch; die Qual der Wahl des geeigneten Frametyps belästigt den Netzwerkadministrator normalerweise nicht.

Die automatische Frameauswahl führt beispielsweise ein Novell-Client so durch, dass er eine SAP-Anforderung (Service Advertisement Protocol, siehe Kapitel 12) auf allen möglichen Frametypen aussendet. Die gleiche SAP-Anforderung erfolgt also über Frames im Ethernet_II-, Ethernet_

802.3-, Ethernet_802.2- und Ethernet_SNAP-Format. Den Frametyp, auf den der Client die meisten Antworten erhält, legt er für die weitere Kommunikation als Standard-Frametyp fest.

Falls es allerdings mit der Erkennung und der automatischen Konfiguration der Frames Probleme gibt und man gezwungen ist, hier einzugreifen, dann sollte man die verschiedenen Frametypen kennen und wissen, welcher Frametyp mit welchem Protokoll arbeitet beziehungsweise sich binden lässt. So waren beispielsweise die Windows-9x-Betriebssysteme und die bei diesen Systemen mitgelieferte Client-Software bekannt dafür, beim Einsatz mehrerer Clients für unterschiedliche Netzwerk-Betriebssysteme mit der automatischen Erkennung des Frametyps durcheinanderzukommen. Die folgende Tabelle zeigt dazu eine Übersicht der verschiedenen Frametypen und die wichtigsten Protokolle der dritten Schicht.

Protokolle	Ethernet	Ethernet_802.3	Ethernet_802.2	Ethernet_SNAP
IP	x	x	x	x
ARP	x	/	x	x
RARP	x	/	x	x
IPX	x	x	x	x
AppleTalk	x	/	x	X

Tab. 2–12 *Verschiedenen Frametypen und die Protokolle, die darauf gebunden werden können*

⇨ Eine ausführliche Beschreibung der Protokolle finden Sie im Kapitel 10 und 11.

3 Fast Ethernet

Im Juni 1995 erblickte 100BASE-T das Licht der Welt und verhalf dem altbewährten Ethernet durch eine um den Faktor 10 gesteigerte Datenrate bei der Performance zu neuem Glanz. Wegen der 10fach gesteigerten Datenrate hat sich für 100BASE-T im Fachjargon der Begriff Fast Ethernet etabliert. Fast Ethernet konnte sich mit seiner Datenrate von 100 MBit/s den damaligen Highspeed-Technologien wie FDDI stellen und die dominierende Marktposition im Bereich der lokalen Netzwerke erzielen. Einzig ATM wies eine noch höhere Datenrate auf, konnte sich aber aufgrund seiner hohen Kosten und der im Vergleich zu gewohnten Netzwerktechnologien ungewohnten Arbeitsweise, die ATM für viele Administratoren als unnötig komplex erscheinen ließ, gegenüber Ethernet im LAN nicht durchsetzen.

Fast Ethernet

Fast Ethernet wurde von der IEEE-802.3u-Gruppe erarbeitet und in Form einer Erweiterung des bestehenden Ethernet-Standards verabschiedet. Auf der MAC-Ebene gibt es bei Fast Ethernet keine Änderungen, als Zugriffsverfahren kommt demnach ebenfalls CSMA/CD zum Einsatz. Dies sorgt für die Rückwärtskompatibilität und gewährleistet, dass unterschiedliche Ethernet-Komponenten sich in einem gemeinsamen Netzwerk problemlos vertragen, ohne dass aufwändige Verfahren zur Anpassung notwendig wären.

IEEE-802.3u-Gruppe

Die Erweiterungen des Standards beziehen sich bei 100BASE-T im Wesentlichen auf den Physical Layer. Auf der PHY-Ebene definierte IEEE 802.3u zwei Interfacevarianten, die 100BASE-TX und 100BASE-FX heißen und auf unterschiedlichen Übertragungsmedien aufsetzen. 100BASE-TX basiert auf einem TP-Kabel der Kategorie 5; 100BASE-FX verwendet als Übertragungsmedium ein Glasfaserkabel. Zwei weitere 100-MBit/s-Varianten sind zwar ebenfalls im Ethernet-Standard definiert, erlangten jedoch auf dem Markt keine große Bedeutung: 100BASE-T2 und 100BASE-T4, die beide als Übertragungsmedium ein TP-Kabel der Kategorie 3 zuließen.

Erweiterungen des Standards

Durch die gesteigerte Datenrate war für Fast Ethernet ein anderes Codierungsverfahren notwendig, um die Datenübertragung auf Medien wie dem TP-Kabel zu ermöglichen.

Betrachtet man die einzelnen Teilschichten des Physical Layer im Ethernet-Standard, fällt auf, dass mit der Einführung von Fast Ethernet zwischen dem Physical Layer und dem MAC (Media Access Control) ein Reconciliation Layer als erweiterte Schnittstelle eingeschoben wurde. Zudem ist an die Stelle des PLS (Physical Signaling Service) der PCS (Physical Coding Sublayer) getreten (siehe Abbildung 3-1).

Teilschichten des Physical Layer

Abb. 3–1
Die unterschiedlichen Physical-Layer-Architekturen Ethernet mit 10 und mit 100 MBit/s

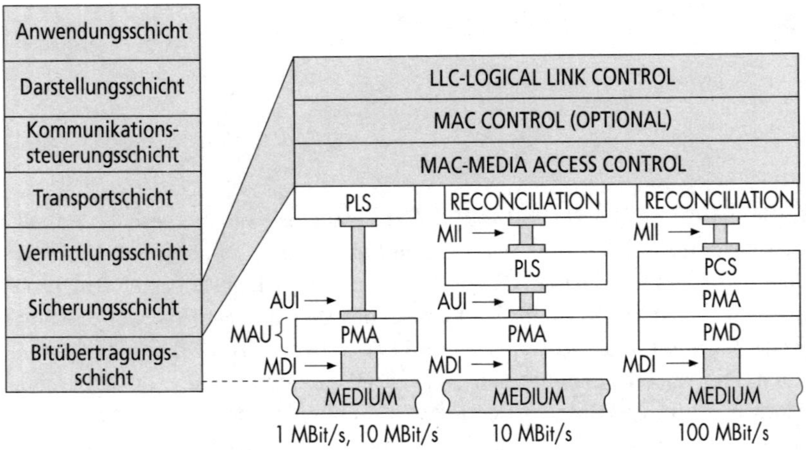

3.1 Der Reconciliation Layer und das MII

Reconciliation Layer und MII

Bei Fast Ethernet hat die IEEE die Funktion des PLS durch den Reconciliation Layer ersetzt. Den Übergang zwischen der PHY- und der MAC-Schicht repräsentiert mit der Einführung von Fast Ethernet der Reconciliation Layer und das Media Independent Interface (MII). Wie die englische Bezeichnung Reconciliation bereits andeutet, sorgt der Reconciliation Layer dafür, dass die Daten von der MAC-Schicht angepasst werden beziehungsweise von unten betrachtet für die MAC-Schicht immer gleich aussehen.

Für Fast Ethernet entwickelte man ein neues Medium-Interface, das das AUI des 10-MBit-Ethernet ersetzt. Das MII stellt eine erweiterte Version der Schnittstelle zum Medium dar und erlaubt die Adaptierung verschiedener medienabhängiger Transceiver aus dem 10-MBit- und dem 100-MBit-Ethernet. Wie beim AUI kann das MII entweder intern auf der Komponente platziert sein und als Interface für die unteren Teilschichten des Physical Layer fungieren; oder das MII ist auf der Komponente nach außen geführt, um den Anschluss eines Transceivers zu ermöglichen. Das MII für den externen Transceiver-Anschluss wird dafür über eine 40polige MII-Buchse herausgeführt. An das MII lässt sich der Transceiver entweder direkt oder über ein 50 cm langes MII-Verbindungskabel anschließen. Dieses besteht aus einem 20-paarigen Kabel vom Typ AWG #26, das eine Impedanz von 68 Ohm hat. Dabei wird jeweils über eine Ader eines Adernpaars ein Signal und über die andere Masse geführt.

MII-Anschluss

Die 40-polige MII-Buchse beziehungsweise der MII-Stecker sind in ihren Abmessungen von 50 mm × 15 mm laut IEC 1076-3-101:1995 spezifiziert. Als Signal werden normale TTL-Signale verwendet, was den Vorteil mit sich bringt, dass das MII aus Standard-CMOS-Bauteilen bestehen kann und sich daher relativ günstig herstellen lässt. Nach den Spezifikationen im

Ethernet-Standard ist das MII so aufgebaut, dass Transceiver während des Betriebs eingesteckt beziehungsweise wieder getrennt werden können, ohne dass Zerstörungen an den Komponenten auftreten dürfen. Die 40-polige MII-Buchse und der MII-Stecker entsprechen einer Subminiatur-D-Steckverbindung.

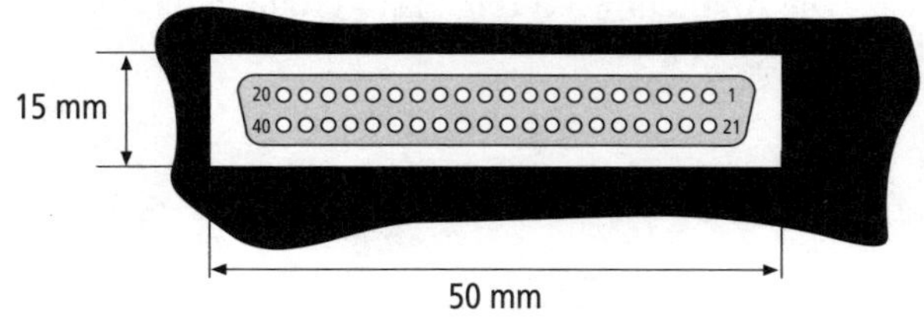

Abb. 3-2
Der MII-D-Subminiatur-Steckverbinder

Tab. 3-1
Die PIN-Belegung des MII

PIN	Signal	PIN	Signal
1	+ 5 V	21	+ 5 V
2	Management Data I/O (MDIO)	22	Masse
3	Management Data Clock (MDC)	23	Masse
4	RX Data 3 (RXD<3>)	24	Masse
5	RX Data 2 (RXD<2>)	25	Masse
6	RX Data 1 (RXD<1>)	26	Masse
7	RX Data 0 (RXD<0>)	27	Masse
8	RX Data Valid (RX_DV)	28	Masse
9	RX Clock (RX_CLK)	29	Masse
10	RX Error (RX_ER)	30	Masse
11	TX Error (TX_ER)	31	Masse
12	TX Clock (TX_CLK)	32	Masse
13	TX Enable (TX_EN)	33	Masse
14	TX Data 0 (TXD<0>)	34	Masse
15	TX Data 1 (TXD<1>)	35	Masse
16	TX Data 2 (TXD<2>)	36	Masse
17	TX Data 3 (TXD<3>)	37	Masse
18	Collision (COL)	38	Masse
19	Carrier Sense (CRS)	39	Masse
20	+ 5 V	40	+ 5 V

Vergleicht man die Signale des AUI mit denen des MII, fällt auf, dass das MII die Sende- und Empfangsdaten mit einer Breite von jeweils vier Bit überträgt, wobei die Sende- und Empfangsdaten für die Übertragungsrate von 100 MBit/s eine Frequenz von 25 MHz und für 10 MBit/s von 2,5 MHz haben. Zusätzlich überträgt das MII-Management Daten, die sich beispielsweise für die Auswahl oder die Anzeige des Übertragungsmodus verwenden lassen.

Dateneinheit

Die Dateneinheit von vier Bit, die zu einer Gruppe zusammengeschlossen sind, bezeichnet man als Nibble. Ein Datenbyte mit seiner Länge von acht Bit teilt man für die Übertragung über das MII in zwei Daten-Nibble auf. Die Datenbits D0 bis D3 bilden das erste Nibble, die Datenbits D4 bis D7 das zweite. Die Abbildung 3-3 zeigt das Verfahren für die Aufteilung eines Datenbytes in zwei Nibbles.

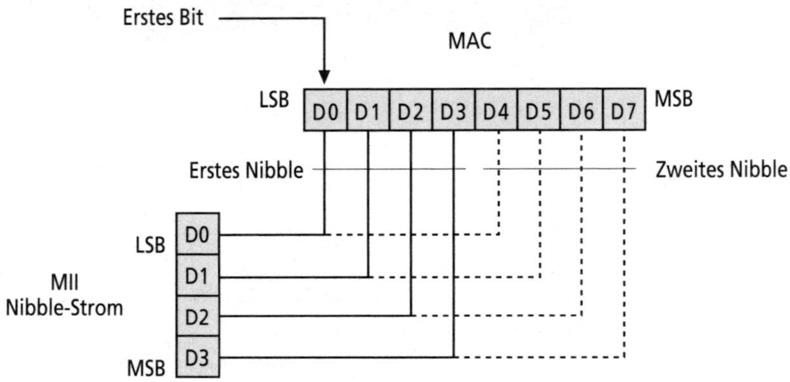

Abb. 3-3 *Umwandlung eines Datenbytes in zwei Nibbles*

Die Nibbles wandelt eine 4B/5B-Codierung später in einem der Physical Sublayer in fünf Bit um.

3.1.1 Die Kommunikation über das MII

Kommunikation über MII

Der eigentliche Datenaustausch über das MII erfolgt über die 4 Bit breiten Datenleitungen TX Data 0 bis 3 und RX Data 0 bis 3, wobei pro Taktsequenz jeweils ein Nibble in jede Richtung übertragen werden kann. Für die Statusübertragung stehen beim MII verschiedene zusätzliche Datensignale zur Verfügung. So wartet das MII mit einem eigenen Kollisionssignal (COL) auf, das der PHY auf 1 setzt, wenn er eine Kollision erkannt hat. Das Carrier Sense Signal (CRS) zeigt durch eine 1 an, dass ein Link vorhanden ist und Daten ausgetauscht werden können.

Der Sendeseite stehen zudem zwei Statussignale, Transmit Enable (TX_EN) und Transmit Error (TX_ER) zur Verfügung, über die der Reconciliation Layer verschiedene Statusinformationen anzeigen kann (siehe folgende Tabelle).

TX_EN	TX_ER	TXD<3:0>	Funktion/Bedeutung
0	0	0000 bis 1111	Interframe Gap (Zwischenraum zwischen den Frames)
0	1	0000 bis 1111	Reserviert
1	0	0000 bis 1111	Normales Aussenden von Daten
1	1	0000 bis 1111	Initiieren eines Sendefehlers

Tab. 3–2
Informationen über den Sendestatus, die über das MII ausgetauscht werden können

Auf der Empfängerseite gibt es ebenfalls zwei Statussignale, über das der PHY an das Endgerät Statusinformationen übermittelt: Receive Data Valid (RX_DV) und Receive Error (RX_ER). Über diese beiden Signale lassen sich die Statusinformationen aus der folgenden Tabelle übermitteln.

RX_DV	RX_ER	RXD<3:0>	Funktion/Bedeutung
0	0	0000 bis 1111	Interframe Gap (Zwischenraum zwischen den Frames)
0	1	0000	Interframe Gap (Zwischenraum zwischen den Frames)
0	1	0001 bis 1101	Reserviert
0	1	1110	Fehler bei der Träger-Erkennung
0	1	1111	Reserviert
1	0	0000 bis 1111	Normaler Datenempfang
1	1	0000 bis 1111	Fehlerhafter Datenempfang

Tab. 3–3
Informationen über den Empgangsstatus, die über das MII ausgetauscht werden können

3.2 100BASE-X-Erweiterungen im Ethernet-Standard

Bei Fast Ethernet ist der Physical Layer, neben dem Reconciliation Layer und dessen erweiterter MII-Schnittstelle, in drei weitere Teilbereiche unterteilt: PMD (Physical Medium Dependent), PMA (Physical Medium Attachment) und PCS (Physical Coding Sublayer).

3.2.1 Der Physical Coding Sublayer (PCS)

Physical Coding Sublayer

Der PCS hat im Wesentlichen vier Aufgaben. Beispielsweise wandelt er über die 4B/5B-Codierung auf Senderseite die 4 Bit langen in 5 Bit lange Codegruppen um; empfangsseitig erledigt er dies in umgekehrter Richtung. Außerdem generiert der PCS für die MAC-Schicht den Carrier Sense und das Signal zur Kollisionserkennung, auf dessen Basis die MAC-Ebene das Zugriffsverfahren realisiert. Der PCS führt darüber hinaus die Umwandlung der Daten in ein für die serielle Übertragung geeignetes Format und die Signalanpassung zwischen PMA und MII durch.

3.2.2 Das Physical Medium Attachment (PMA)

Physical Medium Attachment

Das PMA stellt, von oben betrachtet, die letzte medienunabhängige Teilschicht des Physical Layer dar und bildet die Schnittstelle zwischen dem PCS und dem PMD. Das PMA generiert Kontrollsignale, die die Verfügbarkeit des PMD anzeigen und eine Synchronisation für die Auto-Negotiation-Funktion durchführen (siehe Abschnitt 3.8). Darüber hinaus ist das PMA beim Empfangen für die Rückgewinnung des Takts aus den eingehenden NRZI-codierten Datenströmen zuständig. Da dieser Sublayer vom verwendeten Medium unabhängig ist, kann er mit allen seriellen, bitorientierten Medien umgehen.

3.2.3 Der Physical Medium Dependent Sublayer (PMD)

Physical Medium Dependent

Der PMD-Sublayer stellt die unterste und medienabhängige Teilschicht im Physical Layer dar. Als Ausführung des PMDs kommen eine Glasfaser- oder eine Kupferlösung in Frage. Die mit Glasfaser arbeitende Version des Ethernet-Standards, 100BASE-FX, basiert im Wesentlichen auf der in ISO 9314-3:1990 veröffentlichten Norm. Ähnlich sieht es bei der Kupferversion 100BASE-TX aus, die auf dem ANSI-Standard X3.263:199x basiert. Im Ethernet-Standard sind für beide Varianten lediglich die Änderungen zu den jeweiligen Spezifikationen veröffentlicht. Er ist abhängig vom verwendeten Medium, also für Glasfaser- oder Twisted-Pair-Kabel unterschiedlich ausgeführt.

3.3 Das 4B/5B-Codierungsverfahren

4B/5B-Codierungsverfahren

Um die Datenübertragung für Fast Ethernet mit einer Datenrate von 100 MBit/s auf den verschiedenen Übertragungsmedien zu ermöglichen, war für 100BASE-X ein anderes Codierungsverfahren als die im 10-MBit/s-Ethernet verwendete Manchester-Codierung notwendig. Hätte man diese beibehalten, wären Übertragungsfrequenzen von bis zu 100 MHz zu bewältigen gewesen. Dies hätte bei der Nutzung eines TP-Kabels als Übertragungsmedium zu massiven Problemen geführt. Bei Glasfasern wäre dies zwar technisch gesehen unproblematisch, jedoch konnte man damals noch nicht davon ausgehen, dass sich Glasfaserkabel flächendeckend und kostengünstig für die Verkabelung bis zum Arbeitsplatz einsetzen lassen. Die Standardisierungsgremien mussten also sicherstellen, dass auch TP-Kabel aus Kupfer problemlos mit Fast Ethernet zurechtkommen.

NRZI-Codierung

Da es zum Zeitpunkt der 100BASE-X-Standardisierung bereits andere Hochgeschwindigkeits-Technologien mit einer Datenrate von 100 MBit/s gab (beispielsweise FDDI), lag es nahe, für Fast Ethernet bestehende Codierungsverfahren zu übernehmen: 100BASE-X setzt wie FDDI eine NRZI-Codierung (No Return to Zero/Inverted) ein. NRZI stellt eine logische Eins durch einen Pegelwechsel innerhalb der Bitperiode dar, eine logische Null ist durch einen fehlenden Wechsel gekennzeichnet.

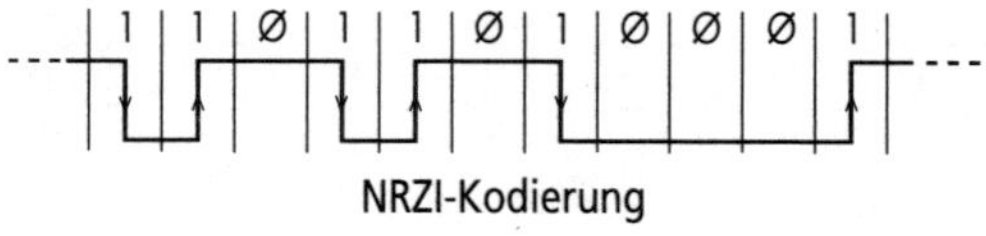

Abb. 3–4
Die NRZI-Codierung

Da bei einer NRZI-Codierung nicht in jeder Bitperiode automatisch ein Pegelwechsel stattfindet, reduziert sich die Übertragungsfrequenz deutlich. Wo Licht ist, ist aber auch Schatten: Die Reduzierung der Pegelwechsel bei der NRZI-Codierung ist bei der Übertragung einer Folge von Nullen problematisch. Aufgrund der fehlenden Pegelwechsel wären keine ausreichenden Taktinformationen im Datenstrom enthalten und der Gleichstromanteil zu groß. Deshalb bedient man sich bei Fast Ethernet zusätzlich eines Codierungsverfahrens, der sogenannten 4B/5B-Codierung. Sie ist in der ISO 9314-1:1989 spezifiziert und kam bereits ebenfalls bei FDDI zum Einsatz.

4B/5B-Codierung

Die 4B/5B-Codierung wandelt Nibble, also jeweils 4 Bits der Benutzerdaten, in 5 Bit lange Codegruppen um. Diese sind so gewählt, dass die Länge einer Null-Sequenz limitiert ist – woher die manchmal anzutreffende Bezeichnung Run Length Limited (RLL) stammt, die ältere Zeitgenossen unter uns möglicherweise noch von ersten Generationen der Festplatten für PCs kennen. Dieses Verfahren stellt sicher, dass ausreichende Taktinformationen im Datenstrom enthalten sind. Außerdem minimiert es den Baselinewander, es ist also eine gewisse Gleichspannungsfreiheit vorhanden (siehe folgende Tabelle).

Tab. 3–4
Die 4B/5B-Codierung

Codetyp	4B Code	Name	5B Symbole
Daten	0000	0	11110
Daten	0001	1	01001
Daten	0010	2	10100
Daten	0011	3	10101
Daten	0100	4	01010
Daten	0101	5	01011
Daten	0110	6	01110
Daten	0111	7	01111
Daten	1000	8	10010
Daten	1001	9	10011
Daten	1010	A	10110
Daten	1011	B	10111
Daten	1100	C	11010
Daten	1101	D	11011

Tab. 3–4 (Fortsetzung) Die 4B/5B-Codierung

Codetyp	4B Code	Name	5B Symbole
Daten	1110	E	11100
Daten	1111	F	11101
Idle	Undefiniert	I	11111
Start of Stream	0101	J	11000
Start of Stream	0101	K	10001
End of Stream	Undefiniert	T	01101
End of Stream	Undefiniert	R	00111
Transmit Error	Undefiniert	H	00111
Invalid Code	Undefiniert	V	00000
Invalid Code	Undefiniert	V	00001
Invalid Code	Undefiniert	V	00010
Invalid Code	Undefiniert	V	00011
Invalid Code	Undefiniert	V	00100
Invalid Code	Undefiniert	V	00101
Invalid Code	Undefiniert	V	00110
Invalid Code	Undefiniert	V	01000
Invalid Code	Undefiniert	V	10000
Invalid Code	Undefiniert	V	11001

Durch das Umwandeln eines 4 Bit langen Nibble auf 5 Bit entstehen zusätzliche Bitkombinationen, da es nun im Unterschied zu den 16 Kombinationen beim Nibble nach der Umwandlung in 5 Bit 32 Möglichkeiten für Bitkombinationen gibt. Die neben den 16 Codegruppen, die für die Datenübertragung der eigentlichen Nutzdaten von hex 0 bis F notwendig sind, zusätzlich gewonnenen weiteren 16 Codegruppen sind einem bestimmten Zweck zugeordnet. Ein Teil dient der Signalisierung eines bestimmten Status, die restlichen Codegruppen sind als verbotene Symbole (Violation-Symbole) definiert. Treten empfangsseitig solche verbotenen Codegruppen im Datenstrom auf, ist dies ein eindeutiges Zeichen für Übertragungsprobleme. Man gewinnt also durch die 4B/5B-Codierung neben der Sicherstellung der Taktinformationen und der Reduzierung des Gleichspannungsanteils zusätzlich eine Fehlererkennung, durch die sich die Qualität einer Verbindungsstrecke beurteilen lässt.

3.3.1 Der Start-of-Stream und End-of-Stream Delimiter

Start-of-Stream und End-of-Stream Delimiter

Bei Ethernet mit 10 MBit/s gibt es nach dem Aussenden der Frames und bis zur nächsten Frameaussendung kein Datensignal. Der Empfang des Datensignals dient hier der Erkennung eines Trägers (Carrier Detect). Den Anfang eines Frames signalisiert ausschließlich der Start-of-Frame-Delimiter.

Etwas anders sieht es bei Ethernet mit 100 MBit/s aus. Hier werden während der Pausen, also zwischen der Frameaussendung, ständig Idle-Symbole verschickt. Sie ermöglichen zum einen eine Link-Erkennung, bieten zum anderen den gegenüberliegenden Stationen aber auch die Möglichkeit, sich anhand der Idle-Symbole ständig zu synchronisieren. Bei 100BASE-X ist das Idle-Symbol beispielsweise durch eine Folge von fünf Einsen repräsentiert. Man gewinnt es als zusätzliches Symbol aus dem 4B/5B-Codierungsverfahren.

Um den Anfang und das Ende eines Frames deutlicher erkennbar zu machen, benutzt 100BASE-X vor dem Frame und dem Start-of-Frame Delimiter eine spezielle Symbolgruppe, die Start-of-Stream Delimiter (SSD) heißt. Nach dem Frame folgt ebenfalls eine Symbolgruppe, der sogenannte End-of-Stream Delimiter (ESD). Der Frame wird also regelrecht durch diese beiden Symbole zusätzlich eingekapselt (siehe Abbildung 3-5).

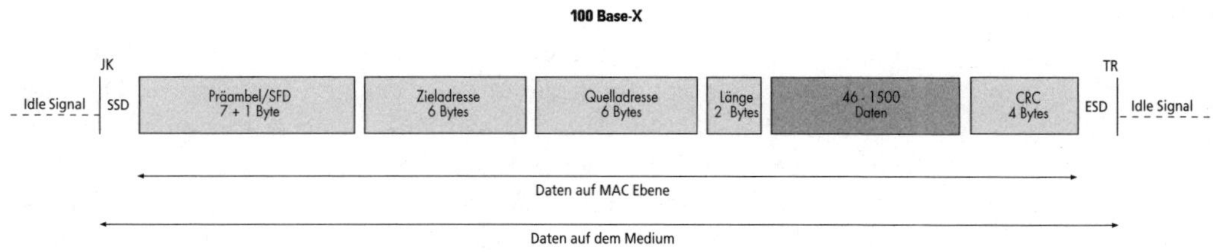

Abb. 3–5
Bei 100BASE-X werden die Frames durch einen Start-of-Stream und End-of-Stream Delimiter zusätzlich eingekapselt.

Eine Kombination aus einem J- und einem K-Symbol leitet den Start-of-Stream Delimiter ein. Der End-of-Stream Delimiter besteht aus der Kombination eines T- und eines R-Symbols.

Damit man für die Datenübertragung der Nutzdaten eine Rate von 100 MBit/s erreicht, muss durch das zusätzlich zu übertragende Bit die Datenrate über das Übertragungsmedium auf 5/4 gebracht werden. Um das fünfte Bit auszugleichen, überträgt man die Daten mit einer Rate von 125 MBit/s auf dem Medium. Im ungünstigsten Fall (einer Folge von Einsen, dem Idle-Signal) tritt pro Bitzeit ein Wechsel in der NRZI-Codierung auf. Die maximale Frequenz beträgt also 62,5 MHz. Vergleicht man dies mit der Manchester-Codierung, die bei einer Datenrate von 100 MBit/s eine Frequenz von 100 MHz ergäbe, bietet die NRZI-Codierung samt den zusätzlichen Bit-Kombinationen eine deutliche Reduzierung in der Übertragungsfrequenz. Die NRZI-Codierung ermöglicht so in Verbindung mit einem weiteren Codierungsverfahren die Übertragung auf TP-Kabel mit einer Datenrate von 100 MBit/s.

3.4 100BASE-TX

100BASE-TX

Die 100BASE-TX-Variante von Fast Ethernet verwendet als Übertragungsmedium das TP-Kabel, wobei ein Adernpaar für den Sende- und eines für den Empfangskanal zuständig ist. Zur Vernetzung von mehr als zwei Stationen sind diese sternförmig an einen Verteiler in der Form eines Hub oder eines Switch geführt. Auf der PHY-Ebene setzt 100BASE-TX prinzipiell die gleiche Technologie wie FDDI ein, das Twisted Pair Physical Medium Dependend (TP-PMD). Optional ist laut Standard auch ein spezielles STP-Kabel als Übertragungsmedium möglich. Dabei handelt es sich um ein geschirmtes Kabel mit einer Impedanz von 150 Ohm, wie es Token Ring und FDDI verwenden. Dieses Kabel setzt zudem eine aufwändige Steckertechnik mit DB-9-Buchsen und -Steckern ein, die in der Montage und Konfektionierung relativ aufwändig sind. Dieses spezielle STP-Kabel hat sich allerdings im Ethernet-Bereich für die Büroverkabelung nicht durchgesetzt, da es gegenüber dem normalen TP-Kabel (das es ebenfalls in geschirmten Versionen gibt) weitaus teurer und durch die komplexen Stecker recht schwierig zu installieren ist. Dieses Kabel entspricht im IBM-Verkabelungssystem dem Typ 1.

Das TP-Kabel für Fast Ethernet hat, wie bei 10 MBit/s, eine Impedanz von 100 Ohm. Bedingt durch die um den Faktor 10 gesteigerte Datenrate muss das UTP-Kabel, mit dem 100-MBit/s-Ethernet betrieben werden soll, höheren Anforderungen genügen. Reicht bei einer Datenrate von 10 MBit/s TP-Kabel der Kategorie 3 aus, ist für Fast Ethernet UTP- oder S-UTP-Kabel der Kategorie 5 notwendig. TP-Kabel der Kategorie 5 zeichnet sich gegenüber dem Kategorie-3-Kabel durch bessere elektrische Eigenschaften aus, beispielsweise hat es mit 10,7 dB bei 10 MHz eine geringere Dämpfung als das Kategorie-3-Kabel. Trotz der höheren Übertragungsfrequenzen sind somit bei Fast Ethernet ebenfalls Segmentlängen von 100 m möglich, wobei pro Segment maximal zwei Stationen vorhanden sein können.

Interface

Wie 10-MBit-Ethernet nutzt Fast Ethernet als Interface RJ-45-Buchsen und -Stecker. Auf der RJ-45-Buchse, die das MDI einer 100BASE-TX-Komponente darstellt, sind vier PINs belegt, wobei wie beim 10BASE-T die Signale TD+ und TD– ein Signalpaar für den Datenausgang darstellen. Die Signale RD+ und RD– entsprechen demgemäß einem Signalpaar für den Dateneingang (siehe folgende Tabelle).

Tab. 3–5
Die PIN-Belegung des MDI bei 100BASE-TX

PIN-Nummer	Signal
1	TD+ (Datenausgang)
2	TD– (Datenausgang)
3	RD+ (Dateneingang)
4	Wird bei 100BASE-TX nicht verwendet
5	Wird bei 100BASE-TX nicht verwendet
6	RD– (Dateneingang)
7	Wird bei 100BASE-TX nicht verwendet
8	Wird bei 100BASE-TX nicht verwendet

3.4.1 MLT-3 und Scrambling

MLT-3 und Scrambling

Zur weiteren Reduzierung der maximalen Übertragungsfrequenz überträgt 100BASE-TX die Daten zusätzlich noch mit einem als Multilevel Thershold-3 (MLT-3) bezeichneten Signalisierungsverfahren auf dem Medium. Bei MLT-3 stehen drei Werte (+1, 0 und –1) für die Codierung der Daten zur Verfügung. Dadurch lässt sich die maximal auftretende Übertragungsfrequenz der NRZI-Codierung von 62,5 MHz auf 31,25 MHz reduzieren.

Neben dem MLT-3-Signalisierungsverfahren wird noch ein Scrambling durchgeführt. Dieses glättet über das gesamte Frequenzspektrum die Spitzen in den Energie- und Frequenzkurven, was sich positiv auf die elektromagnetische Abstrahlung auswirkt. Durch das Scrambling erreicht man zudem eine Verwürfelung der Datensignale, so dass die sich ständig wiederholenden Symbole, wie sie beispielsweise durch die längere Aussendung eines Idle-Signals auftreten, in der Dauer reduzieren. Das Scrambling verwendet einen Verschlüsselungsalgorithmus, der Sender und Empfänger bekannt ist und nach folgender rekursiver Funktion erzeugt wird:

$$X[n] = X[n-1] + X[n-9]$$

Verschlüsselungsalgorithmus

Der Verschlüsselungsalgorithmus wird auf Bitebene angewendet, die Datensequenz wird in den seriellen Datenstrom (Modulo 2) addiert. Das Srambling erreicht man durch eine logische Oder-Verknüpfung zwischen dem seriellen Datenstrom und einem 11 Bits langen Code, wobei dieser aus einem linearen zurückgekoppelten Schieberegister gewonnen wird, der sicherstellt, dass über eine Folge von 2047 Bit keine Wiederholungen auftreten.

Die 100BASE-TX-Komponenten haben heute den größten Marktanteil: Waren sie zu Zeiten der Einführung von Fast Ethernet noch sehr teuer, sind die Preise für einfache Hubs, Switches und vor allem Netzwerkkarten, die 100 MBit/s unterstützen, nahezu ins Bodenlose gefallen. Vor allem einfache Standardkomponenten bekommt man inzwischen praktisch bei jedem Computer- oder Versandhändler, ja, selbst die großen Unterhaltungselektronikmärkte beliefern einige Hersteller inzwischen. Neben dem inzwischen niedrigen Preis spielt bei 100BASE-TX natürlich auch die einfache Migration von 10- auf 100-MBit/s-Komponenten eine Rolle: Die aktiven Geräte beider Technologien lassen sich problemlos in einem gemeinsamen Netz einsetzen. Moderne Fast-Ethernet-Komponenten integrieren auf der PHY-Ebene zwei komplette Transceiver, einen für 10BASE-T und einen für 100BASE-TX, mit dem die Kompatibilität zu 10BASE-T-Geräten gewährleistet ist. Je nach Einsatzfall können diese Geräte Daten über den 100BASE-TX- oder den 10BASE-T-PHY empfangen beziehungsweise senden.

3.4.2 Link Integrity Test bei 100BASE-TX

Link Integrity Test

Um festzustellen, ob die Verbindung zur gegenüberliegenden Ethernet-Komponente noch vorhanden ist und korrekt arbeitet, führt 100BASE-TX einen Leitungsverbindungstest (Link Integrity Test) durch. Er basiert darauf, dass die aktiven Komponenten immer Daten austauschen. Wenn keine Datenframes unterwegs sind, werden deshalb Idle-Signale ausgesendet. Der Empfänger kann somit den Empfang des Idle-Signals und eines Frames für den Link Integrity Test auswerten.

In der Regel verfügen 100BASE-TX-Komponenten über eine Link-LED, die durch Leuchten eine vorhandene und funktionsfähige Verbindung anzeigt, was sie vom Link Integrity Test ableiten.

Für ein 100BASE-TX-Netzwerk gelten die in der folgenden Tabelle aufgeführten Kenngrößen.

Tab. 3–6
Kenngrößen eines 100BASE-TX-Netzwerks

Kenngröße	100BASE-TX
Topologie	Stern
Signalisierungstechnik	Basisband
Codierungsverfahren	NRZI, 4B/5B über MLT-3
Kabeltyp	Kat. 5 Twisted-Pair-Kabel
Impedanz	100 Ohm
Maximale Segmentlänge	100 m
Maximale Anzahl der Stationen pro Segment	2
Anschluss	Direkt über RJ-45-Stecker

⇨ Weitere Informationen zur 100BASE-TX-Verkabelung finden Sie im Abschnitt 7.2.1 Twisted-Pair-Kabel.

3.5 100BASE-T2

100BASE-T2

Weitgehend unbeachtet von der Öffentlichkeit fristet eine Variante von Ethernet mit 100 MBit/s ihr Dasein, die seit 1997 als 100BASE-T2 in IEEE 802.3y standardisiert ist. Bis heute hat 100BASE-T2 praktisch keine Verbreitung gefunden, weswegen wir nur kurz auf die wichtigsten Fakten des 100BASE-T2 eingehen.

100BASE-T2 ist die einzige 100-MBit/s-Variante, die eine Datenrate von 100 MBit/s auf zwei Adernpaaren eines TP-Kabels der Kategorie 3 zulässt. Dies erreicht man durch eine auf fünf Levels basierende Puls-Amplituden-Modulation (PAM5). Dadurch reduziert sich die zu übertragende Datenrate auf 25 MBit/s pro Adernpaar. Die Daten werden anstelle der drei Levels von 100BASE-TX über fünf Levels (–2V, -1V, 0V, +1V und +2V) übertragen. Dies führt unter anderem zu der drastischen Reduzierung der zu übertragenden Datenrate und zu einer Bildung von redundanten Bitkombinationen, über die zum einen eine Fehlererkennung und zum anderen eine Fehlerkorrektur implementiert werden konnte.

Simultane Datenübertragung

Die Daten überträgt 100BASE-T2 über die beiden Adernpaare simultan in beide Richtungen. Dadurch überlagert sich auf jedem Adernpaar das Datensignal aus beiden Richtungen. Somit muss 100BASE-T2 eine Funktion besitzen, um das Datensignal des gegenüberliegenden Verbindungspartners wieder aus dem gesamten Datenstrom herauszufiltern. Dazu subtrahiert das 100BASE-T2-PMA das ausgesendete Datensignal aus dem vollständigen Datensignal, das sich auf dem Kabel befindet, heraus – auf Empfängerseite bleibt so nur noch das Datensignal des gegenüberliegenden Verbindungspartners übrig. Dieses Verfahren bezeichnet man als Echo Cancellation. Damit ist über ein Adernpaar die simultane Datenübertragung in beide Richtungen möglich.

⇨ Ausführliche Informationen zu PAM5 und Echo Cancellation finden Sie im Abschnitt 1000BASE-T: Gigabit-Ethernet über Kupferkabel setzt diese Verfahren ebenfalls ein.

Master und Slave

100BASE-T2 unterscheidet auf der PHY-Ebene bei den gegenüberliegenden Verbindungspartnern auf einem Segment zwischen einem Master und einem Slave. Der wesentliche Unterschied zwischen diesen beiden Stationstypen besteht darin, dass der Master seine interne Clock verwendet, der Slave hingegen den Takt aus dem eingehenden Datenstrom gewinnt. Damit erreicht man, dass Master und Slave synchron miteinander arbeiten und beispielsweise die Echo-Cancellation-Funktion exakt arbeiten kann.

Als MDI setzt 100BASE-T2 ebenfalls eine RJ-45-Buchse ein und kann auf einem TP-Kabel der Kategorie 3 eine Distanz von 100 m überbrücken. Die RJ-45-Buchse hat eine PIN-Belegung wie in der folgenden Tabelle.

Tab. 3–7 *PIN-Belegung der 100BASE-T2-MDI*

PIN	PHY ohne interne Kreuzungsfunktion	PHY mit interner Kreuzungsfunktion	MDI
1	BI_DA+	BI_DB+	BI_DA+
2	BI_DA-	BI_DB-	BI_DA-
3	BI_DB+	BI_DA+	BI_DB+
4	nicht benutzt	nicht benutzt	nicht benutzt
5	nicht benutzt	nicht benutzt	nicht benutzt
6	BI_DB-	BI_DA-	BI_DB-
7	nicht benutzt	nicht benutzt	nicht benutzt
8	nicht benutzt	nicht benutzt	nicht benutzt

Für ein 100BASE-T2-Netzwerk ergeben sich die Kenngrößen aus der folgenden Tabelle.

Tab. 3–8
Kenngrößen eines 100BASE-T2-Netzwerks

Kenngröße	100BASE-T2
Topologie	Stern
Signalisierungstechnik	Basisband
Codierungsverfahren	2PAM5 (5x5 Möglichkeiten)
Kabeltyp	Kat. 3 Unshielded Twisted-Pair-Kabel oder höher
Impedanz	100 Ohm
Maximale Segmentlänge	100 m
Maximale Anzahl der Stationen pro Segment	2
Anschluss	Direkt über RJ-45-Stecker

3.6 100BASE-T4

100BASE-T4

Eine weitere 100-MBit/s-Variante von Ethernet für TP-Kabel der Kategorie 3 stellt 100BASE-T4 dar und ist als Teilbereich IEEE 802.3u definiert ist. 100BASE-T4 verwendet im Unterschied zu 100BASE-TX und 100BASE-T2 vier Adernpaare, wobei jeweils drei Adernpaare für die Datenübertragung und ein Paar für den Austausch von Kollisionsmeldungen zuständig sind. 100BASE-T4 nutzt eine Codierung mit drei Levels, die sogenannte 4T+-Codierung. Die Daten selbst werden über eine 8B6T-Codierung umgesetzt, die jeweils acht Bits zu einem sechsstelligen Code umwandelt. Von den vier Adernpaaren arbeitet ein Adernpaar als reiner Sende- und eines als reiner Empfangskanal. Zwei Adernpaare dienen als bidirektionale Datenkanäle. Durch diese Aufteilung ist gewährleistet, dass immer ein Kanal für die Erkennung einer Kollision zur Verfügung steht, während die anderen drei Kanäle Daten austauschen. Es gibt allerdings einen wesentlichen Nachteil: Bei diesem Verfahren ist kein Vollduplexbetrieb möglich, ein Austausch von Daten kann also immer nur in eine Richtung erfolgen. Auf diese Weise erreicht man eine Reduzierung der Datenrate auf 33,333 MBit/s.

Als MDI kommt ebenfalls eine RJ-45-Buchse zum Einsatz. Die Segmentlänge ist, wie bei allen TP-Varianten, bedingt durch die Dämpfung auf 100 m begrenzt. Die RJ-45-Buchse hat eine PIN-Belegung entsprechend der folgenden Tabelle.

Tab. 3–9
PIN-Belegung der 100BASE-T4-MDI

PIN	PHY ohne interne Kreuzungsfunktion	PHY mit interner Kreuzungsfunktion	MDI
1	TX_D1+	RX_D2+	TX_D1+
2	TX_D1-	RX_D2-	TX_D1-
3	RX_D2+	TX_D1+	RX_D2+
4	RX_D2-	TX_D1-	RX_D2-
5	BI_D3+	BI_D4+	BI_D3+
6	BI_D3-	BI_D4-	BI_D3-
7	BI_D4+	BI_D3+	BI_D4+
8	BI_D4-	BI_D3-	BI_D4-

Als Verbindungskabel kann auch ein Cross-Connect-TP-Kabel eingesetzt werden, bei dem das Paar 1,2 mit dem Paar 3,6 und das Paar 4,5 mit Paar 7,8 gekreuzt ist. Diesen Typ muss man dann verwenden, wenn man zum Beispiel zwei 100BASE-T4-Netzwerkkarten direkt miteinander verbinden will, die über die gleiche MDI verfügen.

Für ein 100BASE-T4-Netzwerk ergeben sich die Kenngrößen aus der folgenden Tabelle.

Kenngröße	100BASE-T4
Topologie	Stern
Signalisierungstechnik	Basisband
Codierungsverfahren	8B6T-Codierung
Kabeltyp	Kat. 3 Unshielded Twisted-Pair-Kabel oder höher
Impedanz	100 Ohm
Maximale Segmentlänge	100 m
Maximale Anzahl der Stationen pro Segment	2
Anschluss	Direkt über RJ-45-Stecker

Tab. 3–10 *Kenngrößen eines 100BASE-T4-Netzwerks*

3.7 100BASE-FX

100BASE-FX

Als Alternative zu der Datenübertragung über ein TP-Kabel bietet Fast Ethernet ebenfalls die Möglichkeit, als Übertragungsmedium einen Lichtwellenleiter (LWL) einzusetzen. Mittels LWL realisiert man die Datenübertragung statt mit elektrischen Signalen mittels Lichtimpulsen. Lichtwellenleiter besitzen eine ganze Reihe von technischen Vorteilen, etwa größere Reichweiten, geringere Dämpfung, höhere Bandbreiten und galvanische Trennung. Prinzipbedingt kann eine Datenübertragung mittels Licht natürlich auch nicht durch elektrische Verbraucher und elektromagnetische Felder gestört werden. Dank der positiven physikalischen Eigenschaften lassen sich bei Nutzung eines LWL-Kabels Distanzen bis zu 2000 m im Vollduplex- und 412 m im Halbduplexmodus problemlos überbrücken.

Übertragungsmedien

Die Übertragungsmedien bestehen entweder aus einer 62,5/125 µm oder einer 50/125 µm Gradienten-Multimode-Glasfaser. Laut Standard kommen für 100BASE-FX als Steckertechnik Duplex-SC, Duplex-ST oder Media Interface Connector (MIC) in Frage. Der MIC konnte sich aber nicht durchsetzen, man findet ihn heutzutage eigentlich nur in FDDI-Netzen. Fast-Ethernet-LANs auf Glasfaserbasis nutzen in der Regel Duplex-SC oder Duplex-ST. Sie zeichnen sich gegenüber dem MIC durch eine kompaktere Bauweise und durch geringere Kosten aus.

Abb. 3–6
Die verschiedenen Stecker 100BASE-FX

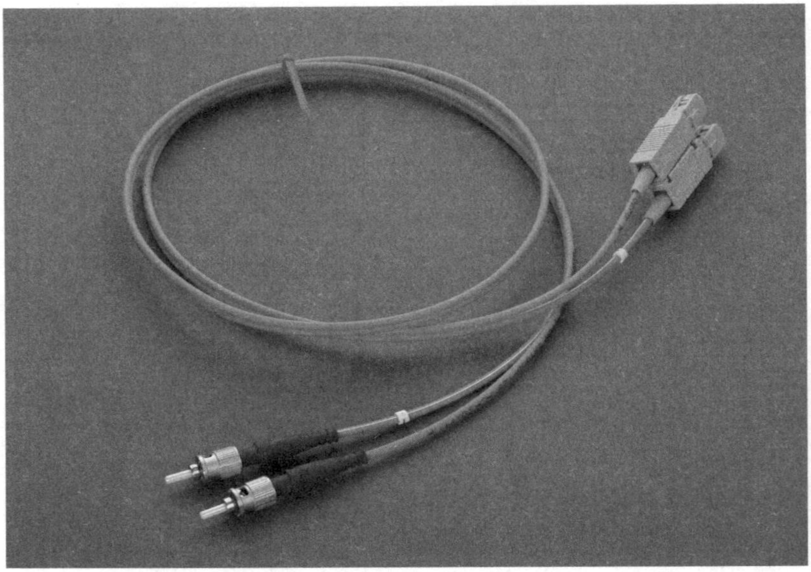

Bei Fast Ethernet werden die Fasern im LWL-Kabel durch eine LED angeregt, die mit einer Wellenlänge von 1300 nm arbeitet. Im Gegensatz zu der Datenübertragung über TP-Kabel überträgt 100BASE-FX auf dem LWL-Kabel direkt den NRZI-Code: Eine Nutzung der MLT-3-Signalisierung ist bei LWL-Kabeln nicht notwendig, da bei einer Datenrate von 100 MBit/s die Übertragungsfrequenz unkritisch ist.

Für ein 100BASE-FX-Netzwerk ergeben sich die Kenngrößen aus der folgenden Tabelle.

Tab. 3–11
Kenngrößen von 100BASE-FX

Kenngröße	100BASE-FX
Topologie	Stern
Signalisierungstechnik	Basisband
Codierungsverfahren	NRZI 4B/5B
Kabeltyp	LWL MMF 62,5/125 µm oder 50/125 µm
Wellenlänge	1300 nm
Maximale Segmentlänge	2000 m (Vollduplex), 412 m (Halbduplex)
Maximale Anzahl der Stationen pro Segment	2
Anschluss	Duplex-ST oder Duplex-SC

3.7.1 100BASE-FX für große Distanzen

Singlemode-Glasfaser

Neben dem Einsatz einer Gradienten-Multimode-Glasfaser ist es bei Fast Ethernet ebenfalls möglich, eine Stufenindex-Singlemode-Glasfaser (SMF) einzusetzen. Die SMF entspricht einer Faser mit 9/125 µm, auf der nur eine

Mode übertragen wird, wodurch sie sehr große Reichweiten von 15 km und mehr erreicht. Bei der SMF erfolgt die Anregung der Faser durch eine Laserdiode, die mit einer Wellenlänge von 1300 nm arbeitet. Gegenüber den Standardlösungen, die mit MMF arbeiten, kommen die SMF-Techniken mit einem gehörigen Aufpreis daher. Man setzt sie deshalb vor allem dann ein, wenn es um die Überbrückung großer Distanzen geht, etwa bei der Verbindung mehrere Gebäude im Campus-Bereich.

Der Link Integrity Test erfolgt wie bei 100BASE-TX, indem der Empfänger immer ein Signal in der Form von Frames, Control- oder Idle-Signalen erwartet.

Feste Datenrate

Ein entscheidender Unterschied zwischen 100BASE-TX und 100BASE-FX besteht darin, dass die 100BASE-FX-Komponenten nur mit Datenraten von 100 MBit/s arbeiten können. Eine Umschaltung zwischen 10 und 100 MBit/s ist nicht möglich – oder besser, sie ist im Standard nicht definiert. Primär dürfte dies darin begründet sein, dass die auf Glasfaser aufsetzenden 10-MBit-Lösungen mit 850 nm arbeiten, während die 100-MBit-Standards eine Wellenlänge von 1300 nm einsetzen. Und bislang gibt es keine Transceiver auf dem Markt, die zwischen den beiden Wellenlängen hin- und herschalten können.

⇨ Eine detaillierte Ausführung über die optische Datenübertragung finden Sie im Abschnitt 7.2.3 Lichtwellenleiter.

3.8 Die Auto-Negotiation-Funktion

Auto-Negotiation-Funktion

Ethernet arbeitet heute mit Übertragungsraten von 10, 100, 1000 oder 10.000 MBit/s. Bei einer Datenrate von 10 bis zu 1000 MBit/s kann entweder im Halb- oder im Vollduplexmodus gearbeitet werden; bei einer Datenrate von 10.000 MBit/s wird jedoch grundsätzlich nur der Vollduplexmodus unterstützt. Baut man sich sein Netzwerk auf oder steht eine Erweiterung des Netzwerks mit zusätzlichen Komponenten an, ist es für den Anwender nicht unbedingt einfach, die maximal mögliche Übertragungsrate und den idealen Übertragungsmodus auszuwählen. Besonders in einem Netzwerk, das mit TP-Kabeln und Fast Ethernet arbeitet, die entweder mit 10 oder 100 MBit/s im Halb- oder Vollduplexmodus arbeiten können, sind falsche Konfigurationen, die entweder zu Performance-Einbußen oder Linkfehlern führen, fast schon an der Tagesordnung.

Mit der Einführung von Fast Ethernet wollten die Entwickler es dem Anwender bei der Auswahl der maximalen Übertragungsrate und des höchsten Übertragungsmodus leicht machen und ihn im Idealfall mit solchen Fragen gar nicht erst konfrontieren. Dafür nahmen die Gremien in den Standard die sogenannte Auto-Negotiation-Funktion auf. Ziel ist es, dass die eingesetzten Komponenten selbst erkennen, mit welcher Datenrate und in welchem

Übertragungsmodus die Gegenstation arbeiten kann, um sich dann automatisch auf die höchste Übertragungsrate und den gemeinsamen Übertragungsmodus einzustellen.

Nway

Auto-Negotiation stellte die amerikanische Firma National Semiconductor 1994 der 100BASE-TX-Arbeitsgruppe von als Nway Auto-Negotiation vor. Deshalb sprach man lange Zeit auch oft einfach von Nway.

Die als Nway eingeführte Auto-Negotiation-Funktion fand dann im Kapitel 28 Aufnahme in den IEEE-802.3u-Standard, der Fast Ethernet definiert. Dieser Teil des Standards beschreibt die Funktion der Auto-Negotiation, mit der die Gegenstation über die verfügbaren Übertragungsmodi und Übertragungsraten informiert werden kann. Für die optischen Fast-Ethernet-Komponenten (100BASE-FX) ist Auto-Negotiation laut Standard jedoch nicht vorgesehen, da die Umschaltung zwischen den verschiedenen Übertragungsraten aufgrund der Nutzung von unterschiedlichen Wellenlängen (10 MBit/s: 850 nm; 100 MBit/s: 1300nm) als nicht praktikabel erschien. Das führt immer wieder zu Missverständnissen: Viele Anwender gehen einfach davon aus, dass ab Fast Ethernet alle Ethernet-Varianten Auto-Negotiation unterstützen. Dies entspricht allerdings nicht der Realität. Bei Ethernet über Glasfaserstrecken gibt es Auto-Negotiation erst bei Gigabit-Ethernet hier handelt diese Funktion allerdings nicht die Übertragungsrate aus (siehe Abschnitt 4.5.1).

3.8.1 Der Normal Link Pulse

Normal Link Pulse

Bei der Auto-Negotiation-Funktion findet der eigentliche Austausch von Informationen über den sogenannten Normal Link Pulse (NLP) statt. Diesen setzt 10BASE-T ein, um einen Link-Integritätstest durchzuführen, also um die Verbindung während des Verbindungsaufbaus oder während des Betriebs zwischen zwei Endgeräten zu überprüfen. Der Normal Link Pulse wird dazu von den 10BASE-T-Komponenten alle 8 bis 24 ms (16 ± 8 ms) nach der Aussendung eines Frames oder während einer Ruhephase alle 16 ± 8 ms verschickt. Empfängt der gegenüberliegende Port während einer Dauer von 50 bis 150 ms keinen NLP, gilt die Verbindung als unterbrochen. Erhält der Empfänger wieder 2 bis 10 aufeinander folgende NLPs, wird die Verbindung wieder aktiviert.

Fast Link Pulse

Auto-Negotiation auf TP-Kabel verwendet eine erweiterte Form des im 10BASE-T-Standard spezifizierten Normal Link Pulse. Der Mechanismus für den Informationsaustausch basiert auf einem Burst von eng aufeinander folgenden Link-Integrity-Test-Pulsen, wobei die NLPs den Pulsformen der 10BASE-T-Link-Test-Pulse entsprechen. Die Gruppe von NLPs, die als Burst ausgetauscht werden, bezeichnet man als Fast Link Pulse (FLP). Jede Komponente, die Auto-Negotiation unterstützt, sendet während des Initialisierungsvorgangs einer Managementfunktion oder nach einem PHY-Fehler, der beispielsweise beim Umstecken eines Patchkabels entsteht, einen FLP-

Burst aus. Dieser besteht aus einer Serie von Link-Integrity-Test-Pulsen, die eine abwechselnde Clock/Data-Sequenz darstellen. Extrahiert man aus dem FLP-Burst die Daten, erhält man ein sogenanntes Link-Codewort, das Informationen über die unterstützte Übertragungsrate und den -modus der Gegenstelle sowie einige Informationen zum Auto-Negotiation-Handshake anzeigt.

Abwärtskompatibilität

Damit die Kompatibilität zu existierenden 10BASE-T-Komponenten bestehen bleibt, die Auto-Negotiation nicht unterstützen, wertet man auch die normalen 10BASE-T-Link-Test-Pulse aus. Eine Komponente, die nicht auf einen FLP-Burst reagiert, also letztendlich nur die normalen NLPs aussendet, betrachtet man als 10BASE-T-kompatible Komponente. Auf der anderen Seite sorgt das zeitliche Raster der FLP-Sequenz dafür, dass ein herkömmliches 10BASE-T-Gerät die FLPs einer Fast-Ethernet-Komponente als reine Link-Integrity-Pulse erkennt und sich auf den Link-Test-Pass-Modus einstellen kann, worauf die Verbindung mit 10 MBit/s aufgebaut wird.

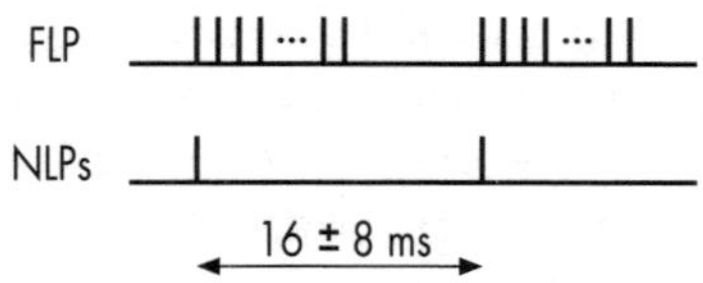

Abb. 3-7
Eine Gegenüberstellung des FLP-Burst und des NLP

Parallel-Detection-Funktion

Eine 100BASE-TX-Komponente, die keine Auto-Negotiation unterstützt, sendet nach dem Start und in der Zeit, in der sie keine Frames verschickt, Idle-Signale aus. Diese nutzt man im Gegensatz zu den Link-Pulsen als Erkennungszeichen für eine 100BASE-TX-Komponente, wodurch demnach die Übertragungsrate auf 100 MBit/s eingestellt wird. Diesen Mechanismus zur Einstellung der Übertragungsrate anhand der Link-Pulse eines 10BASE-T-Geräts oder der Idle-Signale einer 100BASE-TX-Komponente heißt im Standard Parallel-Detection-Funktion. Sie sorgt also für eine Abwärtskompatibilität: Befindet sich auf einer Seite des Segments eine Komponente mit Auto-Negotiation, auf der anderen Seite aber ein Gerät ohne diese Funktion, können sich die Verbindungspartner trotzdem auf die maximale Übertragungsrate einstellen. Empfängt sie Idle-Signale, stellt sich eine Komponente auf 100 MBit/s ein, entdeckt sie dagegen nur NLPs, nutzt sie 10 MBit/s. In diesem Fall, wenn also die Übertragungsrate einer Auto-Negotiation-fähigen Komponente über die Parallel-Detection-Funktion eingestellt wird, sieht der Standard als Übertragungsmodus grundsätzlich Halbduplex vor.

Abb. 3–8
Die Festlegung des gemeinsamen Übertragungsverfahrens über die Auto-Negotiation- oder die Parallel-Detection-Funktion

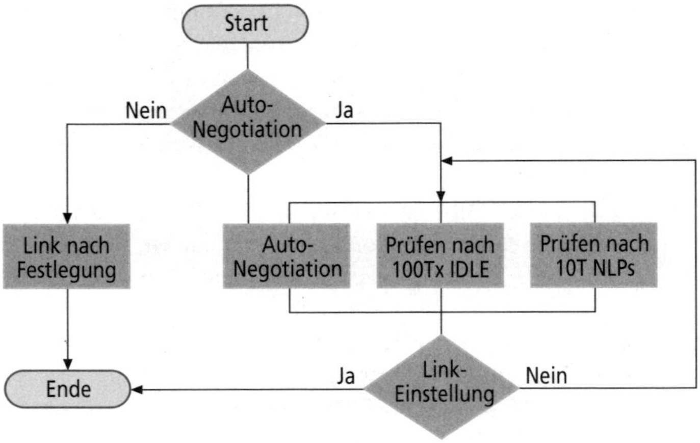

3.8.2 Der Auto-Negotiation-Informationsaustausch

Informationsaustausch

Unterstützen beide Komponenten am jeweiligem Ende eines Segments Auto-Negotiation, gilt es, die höchste gemeinsame Übertragungsrate und den höchstmöglichen Übertragungsmodus ausfindig zu machen. Dazu tauschen die beiden Geräte Link-Codewörter aus. Über sie erfahren Auto-Negotiation-fähige Komponenten von ihrem Gegenüber dessen Möglichkeiten und teilen ihre eigenen mit. Darüber können sich die gegenüberliegenden Geräte eines Segments mit den in den Link-Codewörtern enthaltenen Informationen aufeinander einstellen.

Link-Codewort

Ein Link-Codewort hat eine Länge von 16 Bit und ergibt sich aus einer Serie von maximal 33 Link-Pulsen des FLP-Burst. Davon stellen jeweils die 17 ungeraden Puls-Positionen Clock-Informationen dar, die 16 möglichen geradzahligen Puls-Positionen ergeben das 16 Bits lange Codewort.

FLP-Bursts

Der Abstand zwischen den einzelnen FLP-Bursts liegt zwischen 8 und 24 ms und ist so gewählt, dass eine 10BASE-T-Komponente jeweils den ersten Clock-Puls als Normal-Link-Puls interpretieren kann. Gemessen vom ersten Clock-Puls an folgt alle 125 ± 14 µs ein Clock-Puls und alle 62,5 ± 7 µs die Position eines Datenpulses. Dort wird eine logische 1 durch ein Link-Puls dargestellt, folgt hingegen nach einem Clock-Puls während der Dauer von 111 µs kein Link-Puls, entspricht dies einer logischen 0.

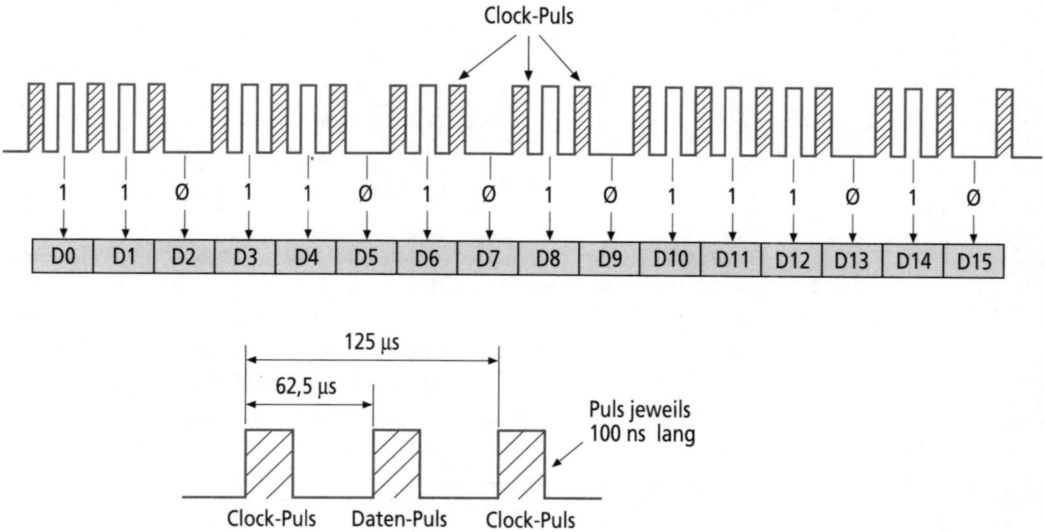

Abb. 3–9
Die Daten werden von den Link-Pulsen nach einem festgelegten Zeitraster extrahiert.

Für den Informationsaustausch der Auto-Negotiation-Funktion kommt ein sogenanntes Basis-Link-Codewort zum Einsatz. Es setzt sich aus den 16 Datenbit D0 bis D15 zusammen. Das Basis-Link-Codewort enthält ein fünf Bit langes Selector-Feld (D0 bis D4), ein sieben Bit langes Technologie-Ability-Feld (D5 bis D11), ein Extended-Next-Page-Feld (D12), ein Remote-Fault-Bit (D13), ein Acknowledge-Bit (D14) sowie ein Next-Page-Bit (D15) (siehe Abbildung 5-4).

D0	D1	D2	D3	D4	D5	D6	D7	D8	D9	D10	D11	D12	D13	D14	D15
S0	S1	S2	S3	S4	A0	A1	A2	A3	A4	A5	A6	XNP	RF	Ack.	NP

Basis-Link-Codewort

Abb. 3–10
Das Basis-Link-Codewort beinhaltet 16 Datenbit, mit denen die notwendigen Informationen für die automatische Einstellung erfolgen können.

Das 5 Bits lange Selector-Feld ermöglicht die Übertragung einer von 32 Meldungen. Derzeit unterscheidet man allerdings lediglich zwischen zwei Meldungen: der Netzwerktechnologie Ethernet (IEEE 802.3) und dem Standard für Local and Metropolitan Area Networks (IEEE 802.9). Der Standard hält hierbei eine mögliche Implementierung der Auto-Negotiation-Funktion für weitere Netzwerktechnologien offen, die Aufnahme von Token Ring (IEEE 802.5) ist bereits vorgesehen (siehe folgende Tabelle).

Tab. 3–12
Die Festlegung des Selector-Felds

S4	S3	S2	S1	S0	Selector-Beschreibung
0	0	0	0	0	Reserviert für zukünftige Entwicklungen
0	0	0	0	1	IEEE-802.3-Standard
0	0	0	1	0	IEEE-802.9-Standard
0	0	0	1	1	IEEE 802.5 (seit 1.9.1998 vorgesehen)
0	0	0	0	0	Reserviert für zukünftige Entwicklungen

In Abhängigkeit von der verwendeten und durch das Selector-Feld angezeigten Netzwerktechnologie ist die nachfolgende Information des acht Bits langen Technologie-Ability-Felds (A0 bis A7) zu interpretieren. Bei Ethernet sind zurzeit sieben Möglichkeiten (10BASE-T, 10BASE-T Vollduplex, 100BASE-TX, 100BASE-TX Vollduplex, 100BASE-T4 und zwei Operationen für Flow Control) definiert (siehe folgende Tabelle).

Tab. 3–13
Zeigt die Zuordnung der Ability-Felder

Bit	Technologie
A0	10BASE-T
A1	10BASE-T Vollduplex
A2	100BASE-TX
A3	100BASE-TX Vollduplex
A4	100BASE-T4
A5	Pause Operation für Flow Control
A6	asymmetrische Pause Operation für Flow Control

Nach dem Extended-Next-Page-Feld (XNP) folgt im Basis-Link-Codewort das Remote-Fault-Bit. Es dient zur Signalisierung an die Gegenstelle, dass ein Fehler bei der Übertragung eines Basis-Link-Codeworts entdeckt wurde. In diesem Fall hat das Remote-Fault-Bit den Wert 1.

3.8.3 Auto-Negotiation-Handshake

Auto-Negotiation-Handshake

Entscheidend ist natürlich für den Informationsaustausch bei der Auto-Negotiation-Funktion der korrekte Empfang des Inhalts im gesendeten Link-Codewort. Dies müssen beide gegenüberliegenden Komponenten gewährleisten. Um dies sicherzustellen, benutzt Auto-Negotiation ein schiedsrichterliches Verfahren, bei dem das Acknowledge-Bit eine entscheidende Rolle spielt.

Eine Komponente beginnt mit der Aussendung eines Link-Codeworts ohne gesetztes Acknowledge-Bit. Nachdem von dem gegenüberliegenden Gerät dessen Link-Codewort dreimal mit demselben Inhalt (ohne Berücksichtigung des Acknowledge-Bits) empfangen wurde, setzt die Komponente das eigene Link-Codewort mit gesetztem Acknowledge-Bit erneut ab. Damit erfährt die gegenüberliegende Komponente, dass deren Link-Codewort korrekt erhalten wurde. Danach wiederholt die gegenüberliegende Komponente dieses Prozedere, indem sie ebenfalls dreimal das eigene Link-Codewort mit gesetztem Acknowledge-Bit schickt. Ist dasselbe Link-Codewort mit gesetztem Acknowledge Bit dreimal angekommen, ist der einwandfreie Empfang des Link-Codeworts von der gegenüberliegenden Komponente bestätigt. Zum Abschluss signalisiert das sechs- bis achtmalige Aussenden des Link-Codeworts mit gesetztem Acknowledge-Bit den erfolgreichen Handshake.

Diesen Austausch der Link-Codewörter führen wiederum beide Kommunikationspartner durch. Nach dem beiderseitigen Austausch haben beide Komponenten die notwendigen Informationen erfolgreich ausgetauscht, um die Festlegung des höchsten gemeinsamen Übertragungsmodus und der höchsten gemeinsamen Übertragungsrate durchführen zu können. Den gemeinsamen Nenner stellen sie mithilfe einer Prioritätenauflösung ein. Dabei gilt: Bei mehreren Übertragungsraten hat die höchste den Vorrang; bei mehreren gemeinsam angezeigten Übertragungsmodi hat Vollduplex Vorrang vor Halbduplex.

Tab. 3–14
Die Prioritätenauflösung bei Fast Ethernet, wenn mehrere gemeinsame Nenner gefunden werden

Priorität	Modus
1.	10GBASE-T Vollduplex
2.	1000BASE-T Vollduplex
3.	1000BASE-T
4.	100BASE-T2 Vollduplex
5.	100BASE-TX Vollduplex
6.	100BASE-T2
7.	100BASE-T4
8.	100BASE-TX
9.	10BASE-T Vollduplex
10.	10BASE-T

Nachdem die Festlegung über die Prioritätenauflösung des gemeinsamen Nenners erfolgt ist, bauen die beteiligten Komponenten die Verbindung entweder über den integrierten 10BASE-T- oder 100BASE-TX-Pfad innerhalb des PHY-Controllers auf.

3.8.4 Die Next-Page-Funktion

Next-Page-Funktion

Neben dem Austausch des Basis-Link-Codeworts hält der Standard noch die Möglichkeit offen, nach dem Austausch des Basis-Link-Codeworts zusätzliche Informationen zwischen den Linkpartnern zu übertragen. Damit lassen sich beispielsweise herstellerspezifische Parameter austauschen. Stehen nach dem Austausch des Basis-Link-Codeworts zusätzliche Informationen an, zeigt dies das Next-Page-Bit (D15) des Basis-Link-Codeworts an. Ist das Next-Page-Bit in beiden Basis-Link-Codewörter der Kommunikationspartner gesetzt, tauschen sie vor der Festlegung der Übertragungsrate und des -modus erst alle Next Pages aus. Signalisiert hingegen nur einer der beiden Kommunikationspartner eine Next-Page-Funktion, wird sie nicht durchgeführt. Für die Sicherstellung der Datenintegrität ist ein dualer Bestätigungsmechanismus zuständig. Der Informationsaustausch und die Bestätigung läuft dabei nach demselben Verfahren ab wie beim Austausch der Basis-Link-Codewörter.

Der Aufbau der Next-Page-Codewörter weicht von dem der Basis-Link-Codewörter ab. Die Next-Page-Codewörter enthalten einen Message-Block mit einer Länge von 11 Bit (D0 bis D10), ein Toggle-Bit (D11), ein Acknowledgement-2-Bit (D12), ein Message-Bit (D13), ein weiteres Acknowledgement-Bit (D14) und ein Next-Page-Bit (D15).

Basis-Link-Codewort

D0	D1	D2	D3	D4	D5	D6	D7	D8	D9	D10	D11	D12	D13	D14	D15
M0	M1	M2	M3	M4	M5	M6	M7	M8	M9	M10	T	Ack2	MP	Ack.	NP

Message Code Format

D0	D1	D2	D3	D4	D5	D6	D7	D8	D9	D10	D11	D12	D13	D14	D15
U0	U1	U2	U3	U4	U5	U6	U7	U8	U9	U10	T	Ack2	MP	Ack.	NP

Unformatted Code Format

Abb. 3–11
Die Next-Page- Wörter im Message-Code- und Unformatted-Code-Format

Der Informationsaustausch über die Next-Page-Wörter ist in zwei Bereiche unterteilt, den Message-Code und den Unformatted Code. Ersterer stellt dabei den im Ethernet-Standard beschriebenen Informationsaustausch dar. Das gesetzte Message-Page-Bit zeigt an, dass es sich um einen Message-Code (M0 bis M10) handelt. Zurzeit sind hier vom IEEE-Komitee allerdings nur 8 von 2048 möglichen Messages definiert (siehe folgende Tabelle).

Code	M10	M9	M8	M7	M6	M5	M4	M3	M2	M1	M0	Beschreibung
0	0	0	0	0	0	0	0	0	0	0	0	Reserviert
1	0	0	0	0	0	0	0	0	0	0	1	Null Message, Station hat keine weiteren Informationen zu senden.
2	0	0	0	0	0	0	0	0	0	1	0	Eine unformatierte Seite mit Technologie-Ability-Informationen folgt.
3	0	0	0	0	0	0	0	0	0	1	1	Zwei unformatierte Seiten mit Technologie-Ability-Informationen folgen.
4	0	0	0	0	0	0	0	0	1	0	0	Eine unformatierte Seite mit einem binär codiertem Remote-Fehler folgt.
5	0	0	0	0	0	0	0	0	1	0	1	Die nächsten vier Seiten enthalten einen Organization Unique Identifier.
6	0	0	0	0	0	0	0	0	1	1	0	PHY-Identifier-Codes folgen.
7	0	0	0	0	0	0	0	0	1	1	1	100BASE-T2 Technologie Message Code folgt über Unformatted Next Pages.
8	0	0	0	0	0	0	0	1	0	0	0	1000BASE-T Technologie Message Code folgt über Unformatted Next Pages.
9	0	0	0	0	0	0	0	1	0	0	1	10GBASE-T Technologie Message Code folgt über Extended Next Pages.
10...	0	0	0	0	0	0	0	1	0	1	0	Reserviert für Erweiterungen.
...2047	1	1	1	1	1	1	1	1	1	1	1	Reserviert für Erweiterungen.

Tab. 3–15 *Die im IEEE-802.3-Standard festgeschriebenen Informationen innerhalb der Message Page*

Ist das Message-Bit (D13) auf logisch 0 gesetzt, kennzeichnet dies einen Unformatted Code, mit dem die Verbindungspartner proprietäre Informationen austauschen können. Dadurch sind Hersteller beispielsweise in der Lage, über das unformatierte Feld (U0 bis U10) die Vermittlung von technischen Daten, etwa Hersteller- und Geräteinformationen, zu implementieren.

Das Toggle-Bit unterscheidet die nachfolgenden Seiten, wobei es immer den entgegengesetzten Wert des vorangegangenen Link-Codeworts annimmt. Unterstützt der Verbindungspartner die im Message-Block enthaltenen Informationen, zeigt er dies der Gegenseite durch das gesetzte Acknowledgement-2-Bit an. Das zusätzliche Acknowledgement-Bit nutzt man während des Informationsaustauschs für den Bestätigungsmechanismus, der wie bei dem Austausch der Basis-Link-Codewörter erfolgt. Das Next-Page-Bit zeigt dem Verbindungspartner an, dass noch weitere Next Pages mit zusätzlichen Informationen folgen. Dies ist der Fall, solange das Next-Page-Bit gesetzt ist. Andernfalls hat das Next-Page-Bit den Wert 0.

3.8.5 Extended-Next-Page-Funktion

Extended Next Page

Mit der 10-GBit/s-Ethernet-Lösung auf TP-Kabel wurde die Extended-Next-Page-Funktion in den Standard aufgenommen. Die Extended-Next-Page-Funktion wird verwendet, wenn beide Verbindungspartner dies im

Basis-Link-Codewort über das XNP-Feld (D12) anzeigen. Diese neue Anzeigeoption wird für die Auto-Negoation-Funktion bei 10GBASE-T benutzt (siehe Abschnitt 5.4.5).

3.8.6 Probleme mit der Auto-Negotiation

Probleme bei Auto-Negotiation

Grundsätzlich bietet die Auto-Negotiation-Funktion dem Anwender eine Entlastung beim Einsatz von 100BASE-TX-Komponenten: Schließt er ein neues 100-MBit/s-Gerät an sein Ethernet-Netzwerk an, braucht er sich praktisch keine Gedanken über die notwendigen Einstellungen machen, da die 100BASE-TX-Komponenten in der Regel die Übertragungsrate und den Übertragungsmodus automatisch über die Auto-Negotiation einstellen.

Wie immer ist aber leider auch hier nicht alles Gold, was glänzt. In der Praxis sind Anwender und Administratoren trotz Auto-Negotiation teilweise mit eigenartigen Phänomenen konfrontiert, in denen eine Verbindung in einem anderen Modus als erwartet oder erst gar nicht aufgebaut wird. Geht man der Ursache auf den Grund, stellt sich oft heraus, dass diese Probleme dann auftreten, wenn eine Komponente im Segment manuell konfiguriert, also auf eine Übertragungsrate und einen Übertragungsmodus fest eingestellt wurde.

Der Ethernet-Standard unterscheidet grundsätzlich nur zwischen zwei Fällen. Im ersten Fall befindet sich die Komponente im Auto-Negotiation-Modus und teilt dem gegenüberliegenden Gerät die von ihr unterstützten Möglichkeiten mit. Im zweiten Fall sind die Übertragungsrate und der Übertragungsmodus fest eingestellt und Auto-Negotiation abgeschaltet – die gegenüberliegende Komponente erhält keinerlei Informationen über mögliche Übertragungsraten oder -modi. In diesem Fall kann die gegenüberliegende Komponente nur noch über die Parallel-Detection-Funktion die Übertragungsrate erkennen und die Verbindung mit der vorhandenen Übertragungsrate im Halbduplexmodus aufbauen. Arbeitet jedoch die gegenüberliegende Komponente mit Vollduplex, bekommt man schon ein massives Problem: Die eine Seite der Verbindungsstrecke arbeitet im Halbduplex-, die andere im Vollduplexmodus. Es kommt daher zu einem Versagen des Zugriffsverfahrens, was zu einer deutlichen Performance-Einbuße führt.

Manuelle Einstellung

Führt man also eine manuelle Einstellung durch, sollte man die Einstellung auf beiden Seiten des Segments vornehmen, damit sichergestellt ist, dass auch beide Komponenten mit demselben Übertragungsmodus arbeiten. Auf den ersten Blick mag dieses Verhalten zu der Annahme führen, dass dies eine Schwachstelle in der Auto-Negotiation-Funktion darstellt. Berücksichtigt man jedoch, dass eine manuelle Einstellung nur sinnvoll ist, wenn man eine Auto-Negotiation-fähige Station fest von Voll- auf Halbduplex umstellen möchte und man dann eigentlich eine manuelle Festlegung auf beiden Seiten des Segments vornehmen muss, kann man diese Einschränkung eigentlich vernachlässigen.

Können bei Schwierigkeiten mit der Auto-Negotiation unterschiedliche Einstellungen und die Qualität des Kabelsegments als Ursache ausgeschlossen werden, ist sie unter Umständen darin zu suchen, dass man Komponenten von verschiedenen Herstellern einsetzt. Die Tatsache, dass die verschiedenen Hersteller die Möglichkeit der manuellen Festlegung in ihren Komponenten teilweise unterschiedlich implementiert haben, kann bei manueller Einstellung zu Fehlern führen beziehungsweise die bereits beschriebene Problematik verstärken.

Bei der Auto-Negotiation-Funktion entsprechen die über das Ability-Feld bekannt gegebenen Möglichkeiten den Modi und Übertragungsraten, die ein Hersteller durch eine Programmierung je nach Typ der Komponente fest vorgegeben hat. Wenn der Anwender die Übertragungsrate und den Modus fest einstellt, führt dies normalerweise dazu, dass das entsprechende Gerät die Auto-Negotiation-Funktion abschaltet und sich auf die gewählte Konfiguration einstellt. Einige Hersteller haben die manuelle Einstellung allerdings in der Form implementiert, dass der Anwender durch seinen Eingriff in die Konfiguration den Inhalt des Ability-Felds verändert; die Auto-Negotiation-Funktion bleibt weiterhin aktiv. Dies führt jedoch eigentlich dazu, dass man eine Auto-Negotiation-fähige Komponente zum „Lügen" verführt, denn sie gibt nicht mehr alle möglichen Übertragungsmodi und -raten bekannt.

Vorteilhaft kann diese Vorgehensweise allerdings sein, wenn der Anwender die Einstellung nur auf einer Seite des Segments vornimmt. Denn dann stellen sich die Kommunikationspartner trotz der einseitigen Festlegung auf die gewünschte Konfiguration ein. Andererseits führt das dazu, dass bei unterschiedlichen Implementierungen die eine Seite noch die Auto-Negotiation-Funktion ausführt, die andere aber nicht. Demnach wird die Auto-Negotiation-Station ihre Übertragungsrate über die Parallel-Detection-Funktion auflösen, während die andere Station tatsächlich ihre feste Einstellung verwendet. Die Verwirrung ist dann schnell komplett: Denn man geht beispielsweise irrtümlich davon aus, dass beide Stationen fest auf Vollduplex eingestellt sind; durch die Parallel-Detection-Funktion stellt sich die Station, die noch mit Auto-Negotiation arbeitet, auf Halbduplex ein. Mit dieser Methode mancher Hersteller, dem Anwender eine vermeintlich feste Einstellung durch manuellen Eingriff in die Konfiguration zu bieten, ist also eigentlich eine direkte, händische Einstellung gar nicht möglich.

3.9 Flow Control nach IEEE 802.3x

Betrachtet man das TP-Kabel oder Glasfaserkabel, so stellt man fest, dass diese Übertragungsmedien einen separaten Kanal zum Datenempfang und zur Datenaussendung bereitstellen. Somit ergibt sich bei der Nutzung dieser Übertragungsmedien die Möglichkeit, im Vollduplexmodus zu arbeiten.

Der Vollduplexbetrieb wurde im Ethernet-Standard im März 1997 mit der 802.3x-Erweiterung aufgenommen.

Flow Control

Eine Ethernet-Netzwerkverbindung im Vollduplex-Betrieb ist nicht mehr auf das Zugriffsverfahren CSMA/CD angewiesen. Daher wird im Vollduplex-Betrieb auf das Zugriffsverfahren verzichtet, die Daten lassen sich in diesem Fall theoretisch mit voller Bandbreite simultan in beide Richtungen übertragen. Mit den immer weiter steigenden Datenraten ist allerdings auch die Wahrscheinlichkeit gestiegen, dass verschiedene Komponenten die anfallende Datenflut in bestimmten Situationen nicht mehr ausreichend schnell verarbeiten können.

Solche Engpässe können beispielsweise auftreten, wenn ein Server nicht mehr in der Lage ist, die an ihn geschickten Frames direkt zu verarbeiten und es deshalb zu einem Überlauf des Empfangs-Buffer kommt. Dies hätte dann zwangsläufig die Konsequenz, dass Frames verworfen werden und deren Nutzdaten später über die höheren Protokollebenen neu angefordert werden müssten. Bedingt durch die verzögerte Erkennung des Datenverlusts und den damit verbundenen Protokoll-Overhead bedeutete dies eine drastische Performance-Einbuße.

Ähnlich sieht es bei einem Switch aus. Kann er wegen auftretender Engpässe die eingehenden Frames nicht weiterleiten, kommt es zu einem Überlauf der Empfangs-Buffer, der dann ebenfalls zu einem Frame-Verlust führen würde.

IEEE 802.3x

Um solche Vorfälle zu vermeiden, ist das Flow-Control-Verfahren entstanden und im Standard IEEE 802.3x spezifiziert. Mittels Flow Control kann eine empfangende Station oder sonstige Komponente durch Aussenden eines Pause-Frames die gegenüberliegende sendende Station anweisen, das Verschicken von Frames vorübergehend zu unterbrechen. Nach dem Ablauf der Pause-Zeit, die das Pause-Frame festlegte, beginnt die gegenüberliegende Station wieder mit der Aussendung der Frames. Sollte es erneut zu Engpässen kommen, schickt der Empfänger ein weiterer Pause-Frame an die gegenüberliegende Station.

Pause-Frames

Bei den Pause-Frames handelt es sich um einen speziellen MAC-Control-Frame, der eine Flusskontrolle für die ein- und ausgehenden Frames bietet. Dieser Frame ist durch den Inhalt 88-08 im Length/Typen-Feld gekennzeichnet und grundsätzlich an die Multicast-Adresse 01-80-C2-00-00-01 adressiert. Da nur Vollduplex-Peer-to-Peer-Verbindungen Flow Control einsetzen, erreicht der MAC-Control-Frame auch immer nur den gegenüberliegenden Verbindungspartner. Bridges oder Switches leiten Frames, die an die Multicast-Adresse 01-08-C2-00-00-01 gerichtet sind, grundsätzlich nicht weiter. Daher bleibt dieser Frame auf der Verbindung zwischen zwei gegenüberliegenden Verbindungspartnern.

MAC-Control-Frame

Der MAC-Control-Frame beinhaltet zwei Felder, das zwei Byte lange MAC-Control-Opcode- und das ebenfalls zwei Byte lange Parameter-Feld. Zurzeit ist in IEEE 802.3x nur der Pause-Frame spezifiziert; es ist durch den

Inhalt 0x0001 im Opcode-Feld gekennzeichnet ist. Dieser Frame nutzt das Parameter-Feld für die Angabe der Pause-Zeit, wobei der Wertebereich zwischen 0 und 65.535 liegen kann und das Vielfache der Slot Time als gewünschte Pause-Zeit angibt.

Präambel 7 Bytes	SFD 1 Byte	Zieladresse 6 Bytes 01-08-C2-00-00-01	Quelladresse 6 Bytes	Type 0x8808	MAC Control Opcode 2 Bytes 0x0001	Pause Time 2 Bytes 0x0002	44 Bytes Füllzeichen	CRC 4 Bytes

Abb. 3–12
Das Format des Pause-Frames

Beim Flow-Control unterscheidet man zwischen dem Symmetrischen und dem Asymmetrischen Verfahren. Kommt auf beiden Seiten sowohl sendeals auch empfangsseitig Flow Control zum Einsatz, spricht man von Symmetrischem Flow Control. Alternativ ist Asymmetrisches Flow Control möglich. In diesem Fall verschickt nur eine Station sendeseitig Pause-Frames; die gegenüberliegende Station nimmt empfangsseitig Pause-Frames entgegen und wertet sie aus. Die eventuell angeforderten Pausen berücksichtigt sie dann beim Aussenden der eigenen Frames.

Fast Ethernet und Gigabit-Ethernet setzen das Flow-Control-Verfahren primär in einem geswitchten LAN ein, um bei eventuell auftretenden Engpässen im Switch oder in den am Switch angeschlossenen Komponenten Frame-Verluste zu vermeiden. Ob Komponenten Flow Control unterstützen, handeln sie über die Auto-Negotiation-Funktion miteinander aus.

4 Gigabit-Ethernet

Gigabit-Ethernet

Nach der Einführung einer Datenrate von 100 MBit/s schien für viele endgültig das Ende der Fahnenstange erreicht: Die Auguren prophezeiten, dass nach Fast Ethernet eigentlich nur noch ATM für das LAN kommen könne, der Datenraten von 155 und 622 MBit/s, in neueren Versionen sogar von 1,2 GBit/s und mehr bietet. Was eigentlich gar nicht möglich erschien, erblickte aber rund 25 Jahre nach der ersten Realisierung des Ethernet das Licht der Welt: Gigabit-Ethernet steigerte die Brutto-Datenrate gegenüber Fast Ethernet noch einmal um den Faktor 10 auf 1000 MBit/s.

Gigabit-Ethernet-Bereiche

Für die technische Realisierung waren jedoch einige Klimmzüge erforderlich, bevor die Gremien den Gigabit-Ethernet-Standard verabschieden konnten. Besonders deutlich wird dies daran, dass die Standardisierung von Gigabit-Ethernet in mehrere Teilbereiche aufgeteilt ist, die sukzessive und nicht in einem Rutsch verabschiedet wurden. Die Gremien mussten diverse Probleme lösen, bevor Gigabit-Ethernet auf Basis der bestehenden Ethernet-Technik und Übertragungsmedien realisierbar war. So beinhaltet der Gigabit-Ethernet-Standard vier Bereiche:

- 1000BASE-SX
- 1000BASE-LX
- 1000BASE-CX
- 1000BASE-T

Die Teilbereiche 1000BASE-SX, 1000BASE-LX und 1000BASE-CX wurden von der Gigabit-Ethernet-Allianz, die aus 120 Mitgliedern besteht, erarbeitet Die IEEE verabschiedete sie im Juni 1998 als IEEE 802.3z. Im Juni 1999 folgte dann 1000BASE-T als IEEE 802.3ab.

Auf den ersten Blick können die verschiedenen Teilbereiche von Gigabit-Ethernet einige Verwirrung auslösen. Nichts wird jedoch so heiß gegessen, wie es gekocht wird: Die verschiedenen Varianten bieten nahezu optimale und relativ kostengünstige Lösungen, um ein Netzwerk mit Gigabit-Ethernet zu betreiben, das entweder auf eine bestehende Verkabelung aufsetzt oder für das man eine ganz neue Kabel-Infrastruktur aufbaut.

Die verschiedenen Varianten von Gigabit-Ethernet und deren technische Eckdaten sollte man aber schon recht genau kennen, um die optimale Lösung für die jeweilige Anforderung zu finden. In der folgenden Tabelle führen wir die verschiedenen Gigabit-Ethernet-Teilbereiche und die unterstützten Übertragungsmedien in einer groben Übersicht auf.

Tab. 4–1 Verschiedene Varianten von Gigabit-Ethernet

Teilbereich	Unterstütztes Übertragungsmedium	Maximale Länge
1000BASE-SX	Multimode-Glasfaser 50/125 µm oder 62,5/125 µm	550 m
1000BASE-LX	Multimode-Glasfaser 50/125 µm oder 62,5/125 µm	5000 m
1000BASE-CX	150-Ohm-Twinax-Kabel	25 m
1000BASE-T	Kategorie-5-UTP-Kabel	100 m

Wir beschreiben die verschiedenen Teilbereiche und ihre Neuerungen im Folgenden detailliert.

4.1 1000BASE-X-Erweiterungen im Ethernet-Standard

1000BASE-X-Erweiterungen

Ziel der Entwicklung von Gigabit-Ethernet war, die Kompatibilität zu den bestehenden Ethernet-Komponenten, die mit Datenraten von 10 und 100 MBit/s arbeiten, zu wahren. Die Gremien wollten sicherstellen, dass eine Migration bestehender Ethernet-Netzwerke relativ einfach und problemlos zu realisieren ist. Daher war eine Voraussetzung bei der Entwicklung von Ethernet, dass das eigentliche Zugriffsverfahren und die Frameformate möglichst unverändert bleiben sollten.

Das Vorhaben, CSMA/CD als Zugriffsverfahren beizubehalten, brachte allerdings auch die meisten Probleme mit sich. Schließlich ist die maximale Ausdehnung einer Kollisionsdomäne, bei Beibehaltung der Frameformate, umso geringer, je höher die eingesetzte Datenrate ist (siehe dazu auch den Abschnitt über CSMA/CD). Da sich die elektrischen Signale, trotz der höheren Datenrate, mit der gleichen Geschwindigkeit ausbreiten, die Bitzeiten jedoch um den Faktor 10 beziehungsweise 100 kleiner werden, kann man, bezogen auf die Framelänge, nur eine weitaus geringere Distanz überbrücken – denn für die Kollisionserkennung muss ja gewährleistet sein, dass bei der kleinsten zulässigen Framelänge das erste Bit den gesamten Weg zu der entferntesten Station hin- und zurücklegen kann.

Maximale Ausdehnung

Die Folge: Normalerweise wäre die maximale Ausdehnung einer Gigabit-Ethernet-Kollisionsdomäne auf 20 m beschränkt. Für die meisten Anwender wäre dies aber nicht viel mehr als ein schlechter Witz gewesen. Für ein heimisches Netzwerk mögen ja 20 m noch ausreichen – aber welche Familie oder Wohngemeinschaft braucht heutzutage schon ein Netzwerk mit 1000 MBit/s; bis dies der Fall ist, dürften dann doch noch ein paar Jahre ins Land gehen. In manchen Unternehmensnetzen könnte man mit einer Maximaldistanz von 20 m nicht einmal verschiedene Server miteinander verbinden.

Die Standardisierungsgremien mussten also eine Lösung finden, um die Längenausdehnung einer Kollisionsdomäne auf die etwa bei Fast Ethernet üblichen Größen von 205 m zu bringen (siehe Abschnitt 6.1). In der folgenden Tabelle sind als Vergleich die maximale Ausdehnung der Kollisionsdomänen in Bezug auf die Datenraten und deren Bitzeiten aufgeführt, wobei eine hypothetische Gigabit-Ethernet-Version ohne jede Änderung aufgelistet ist.

Datenrate	Bitzeiten	Maximale Ausdehnung
10 MBit/s	100 ns	zirka 2000 m
100 MBit/s	10 ns	zirka 200 m
1000 MBit/s	1 ns	*zirka 20 m (ohne Änderung)*

Tab. 4–2
Die Ausdehnung der Kollisionsdomäne bei einer theoretischen Gigabit-Ethernet-Variante ohne Änderung zu vorherigen Standards

Die Slot Time bestimmt die maximale Ausdehnung einer Kollisionsdomäne; es muss gewährleistet sein, dass der Round Trip Delay kleiner ist als die Slot Time, damit die Kollisionserkennung zuverlässig arbeiten kann (siehe auch den Abschnitt: Die Ausbreitung einer Kollision). Die Slot Time und der Round Trip Delay liegen bei 10- und 100-MBit-Ethernet auf 512 Bitzeiten fest. Dabei stehen beide Parameter mit der minimal zulässigen Framelänge von 64 Byte (512 Bit) im Einklang.

Minimale Datenlänge

Die einfachste Lösung, die Kompatibilität zu den Ethernet-Varianten mit 10 und 100 MBit/s herzustellen, bestand darin, die minimale Länge der ausgesendeten Daten so zu erhöhen, dass die gewünschte Ausdehnung einer Kollisionsdomäne von 200 m erreicht war. Dies bedeutet, dass man dafür sorgen muss, dass die Mindest-Framelänge bei Gigabit-Ethernet 512 Byte beträgt. Parallel dazu muss natürlich in diesem Fall auch die Slot Time angepasst werden, die nun 4096 Bitzeiten beträgt. Die folgende Tabelle zeigt im Vergleich die verschiedenen Parameter in Abhängigkeit von der Datenrate.

Parameter	10 MBit/s	100 MBit/s	1000 MBit/s
Bit Time	100 ns	10 ns	1 ns
Slot Time [Bitzeiten]	512	512	4096
Interframe Gap	9,6 µs	0,96 µs	0,096 µs
MaxFrameSize [Byte]	1518	1518	1518
MinFrameSize [Byte]	64	64	durch Symbole auf 512 verlängert
Extended Size [Bit]	0	0	(Slot Time – Min Frame Size)
Burst Limit	Nein	Nein	65.536 Bit

Tab. 4–3
Framegrößen und Bitzeiten

Die eigentliche minimale Framelänge, also der Frame mit den Nutzdaten, hat sich jedoch nicht verlängert. Gigabit-Ethernet erreicht die Mindestdatenlänge, indem es Frames mit einer Länge von 64 bis 511 Byte mit speziellen

Symbolen auf eine Mindestlänge von 512 Byte künstlich verlängert. Bei diesen sogenannten Extensions handelt es sich um spezielle Symbole, die mit den eigentlichen Nutzdaten nicht verwechselt werden können. Auf diese Weise erreicht man eine Länge der Gigabit-Ethernet-Frames, die grundsätzlich mindestens 512 Byte beträgt. Dadurch kann beim Auftreten einer Kollision in einer Kollisionsdomäne mit einer Ausdehnung von 200 m das Kollisionssignal noch in der Zeit wieder bei der Sendestation eintreffen, in der sich diese Station im Sendeprozess befindet.

Abb. 4–1
Das durch Extensions-Symbole verlängerte Gigabit-Ethernet-Frame

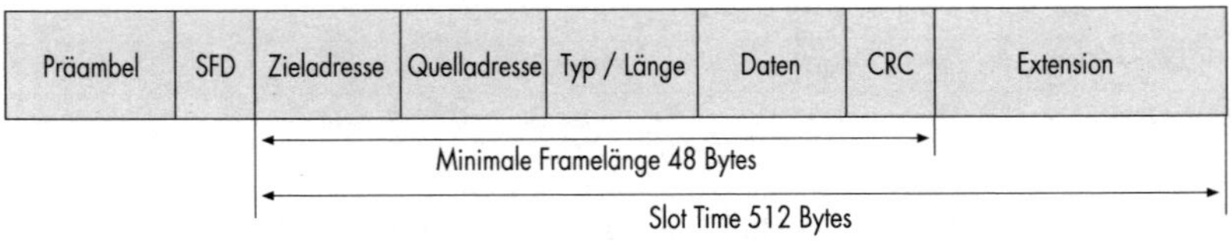

Bei einem kleinen Ursprungsframe besteht der größte Anteil des ausgesendeten Frames aus Extension-Symbolen. Bei sehr vielen kleinen Frames würde dies unweigerlich zu einer gehörigen Verschwendung von Bandbreite führen. Daher sieht der Gigabit-Ethernet-Standard eine Frame-Gruppierung vor (Frame Bursting). Es sendet mehrere kleinere Frames zusammen aus, so dass quasi ein einziges Frame mit einer Länge von über 512 Byte entsteht. Das erste Frame wird mit den Extensions-Symbolen auf 512 Byte verlängert, daran angehängt folgen die weiteren kleinen Frames ohne Erweiterung durch Extension-Symbole hintereinander weg, mit jeweils einem Abstand, der über den IFG (Inter Frame Gap) spezifiziert ist. Dadurch reduziert sich die durch die Extensions-Symbole hervorgerufene Bandbreitenverschwendung bei vielen kleinen Frames drastisch.

Um zu vermeiden, dass eine Station mit ihrem Frame Bursting das Netzwerk eine unendliche Zeit belegen kann, ist die Sendezeit jeder Station auf einen maximalen Zeitraum begrenzt. Er ist durch das Burst Limit bestimmt und mit 65.536 Bit (8182 Byte) festgelegt. Ist der Zeitraum von 66.636 Bit überschritten, darf die Station das angefangene Frame noch verschicken, danach muss sie den Sendevorgang beenden.

Abb. 4–2
Das Frame Bursting

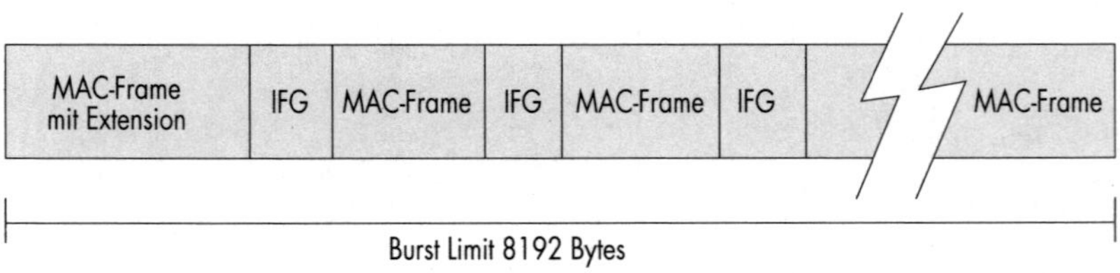

Der durch den IFG festgelegte Frameabstand beträgt 96 ns, was einer Länge von 12 Byte entspricht. Das Burst Limit entspricht also der Länge von sechs Ethernet-Frames maximaler Größe.

Die künstliche Verlängerung des Ethernet-Frames bei Gigabit-Ethernet führt dazu, dass ohne Änderungen am Zugriffsverfahren und dem Aufbau der Frames die gewünschte Längenausdehnung von 200 m erreicht wird. Die Kompatibilität zu den 10- und 100-MBit-Ethernet-Varianten bleibt erhalten, eine Migration bestehender Ethernet-Netzwerke ist recht problemlos möglich.

⇨ Die Verlängerung des Frames durch Extension-Symbole und das damit verbundene Frame Bursting ist natürlich nur im Halbduplexmodus notwendig, da nur dann das Zugriffsverfahren CSMA/CD verwendet wird, für dessen Kollisionserkennung man diese Methode bei Gigabit-Ethernet eingeführt hat. Im Vollduplexmodus kommt CSMA/CD nicht zum Einsatz; daher muss man auch die Frames nicht verlängern. Wir gehen davon aus, dass Gigabit-Ethernet in den meisten Netzwerken im Vollduplexmodus betrieben wird, daher dürfte dieses Verfahren in der Praxis in den meisten Netzwerken keine Relevanz haben.

4.2 Der Physical Layer von 1000BASE-X

Das GMII

Fast Ethernet führte als erweiterte Schnittstelle das MII (Medium Independent Interface) ein. Bei Gigabit-Ethernet ist die erweiterte Schnittstelle durch das GMII (Gigabit Media Independent Interface) ausgeführt. Das GMII entspricht also dem zusätzlichen Interface und ist im Funktionsumfang ähnlich wie das MII aufgebaut, wobei es allerdings zusätzliche Symbolkombinationen für die Gigabit-Ethernet-relevanten Statusinformationen übertragen kann. Der wesentliche Unterschied aber zwischen GMII und MII ist: Das GMII stellt kein externes Interface dar, an dem sich beliebige externe Transceiver anschließen lassen. Beim GMII handelt es sich um ein Interface, das auf der Platine der aktiven Komponente das Interface zwischen dem MAC- und dem PHY-Chip darstellt. Der Standard bezeichnet deshalb das GMII auch als Chip-to-Chip-Interface.

Das GMII ist nur für 1000 MBit/s ausgelegt; für die Unterstützung der Datenraten von 10 und 100 MBit/s ist das MII zuständig. Deshalb ist auf den Chipsätzen, die mit verschiedenen Datenraten arbeiten können, neben dem GMII noch ein MII implementiert. Das GMII sorgt also ausschließlich für den Austausch von Statusinformationen über die Eigenschaften und den Zustand der aktuellen Verbindung zwischen dem MAC- und dem PHY-Layer von Gigabit-Ethernet.

Das GMII verwendet eine Datenbreite von acht Bit; dies entspricht der doppelten Datenbreite des MII. Die Daten werden mit einer Frequenz von

125 MHz über das GMII ausgetauscht – der fünffachen Datenrate des MII. Im Ergebnis resultiert aus der doppelten Datenbreite und der fünffache Datenrate die zehnfache Performance-Steigerung, die für die um den Faktor zehn erhöhte Datenrate bei Gigabit-Ethernet im Vergleich zu Fast Ethernet notwendig ist.

Abb. 4–3 Das GMII und der Aufbau des Physical Layer von 1000BASE-X

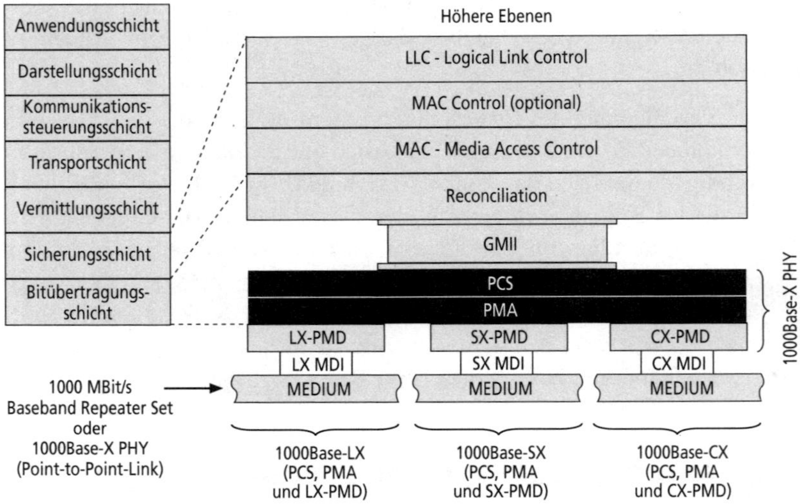

4.2.1 Die Kommunikation über das GMII

Datenaustausch

Der Datenaustausch über das GMII erfolgt über die jeweils 8 Bit breiten Datenleitungen TX Data 0 bis 7 und RX Data 0 bis 7, wobei pro Clock-Periode von 8 ns jeweils acht Bit in beide Richtungen übertragen werden können. Für die Statusübertragung des GMII stehen, wie beim MII, verschiedene zusätzliche Datensignale zur Verfügung. So wartet das GMII mit einem eigenen Kollisionssignal (COL) auf, das der PHY auf 1 setzt, wenn er eine Kollision erkannt hat. Das Carrier Sense Signal (CRS) zeigt durch den Wert 1 an, dass ein Link vorhanden ist und Daten ausgetauscht werden können.

Des Weiteren stehen für die Sendeseite zwei Statussignale, Transmit Enable (TX_EN) und Transmit Error (TX_ER), zur Verfügung, über die der Reconciliation Layer verschiedene Statusinformationen anzeigen kann (siehe folgende Tabelle).

TX_EN	TX_ER	TXD<7:0>	Funktion/Beschreibung
0	0	00 bis FF	Interframe Gap
0	1	00 bis 0E	Reserviert
0	1	0F	Carrier Extend EXTEND
0	1	10 bis 1E	Reserviert
0	1	1F	Carrier Extend Fehler
0	1	20 bis FF	Reserviert
1	0	00 bis FF	Normale Datenaussendung
1	1	00 bis FF	Fehlerhafte Datenaussendung

Tab. 4–4 *Sendestatus-Informationen, die über das GMII ausgetauscht werden können*

Auf Empfängerseite gibt es ebenfalls zwei Statussignale, mit denen der PHY über das GMII an das Endgerät Statusinformationen übermitteln kann. Dabei handelt es sich um Receive Data Vailid (RX_DV) und Receive Error (RX_ER), mit denen die in der folgenden Tabelle zusammengefassten Statusinformationen möglich sind.

RX_DV	RX_ER	RXD<7:0>	Funktion/Beschreibung
0	0	00 bis FF	Interframe Gap
0	1	00	Interframe Gap
0	1	01 bis 0D	Reserviert
0	1	0E	Fehlerhafte Trägererkennung
0	1	0F	Carrier Extend EXTEND
0	1	10 bis 1E	Reserviert
0	1	1F	Carrier Extend Fehler
0	1	20 bis FF	Reserviert
1	0	00 bis FF	Normaler Datenempfang
1	1	00 bis FF	Fehlerhafter Datenempfang

Tab. 4–5 *Empfangsstatus-Informationen, die über das GMII ausgetauscht werden können*

4.2.2 Der Physical Coding Sublayer (PCS)

Physical Coding Sublayer

Im grundsätzlichen Funktionsumfang unterscheiden sich die unteren Teilschichten des Physical Layer zwischen Gigabit-Ethernet und Fast Ethernet kaum. Wie bei Fast Ethernet ist für die Umwandlung der Daten in ein für die serielle Datenübertragung geeignetes Format der Physical Coding Sublayer (PCS) zuständig. Er wandelt die acht Bits breiten Datenblöcke über ein 8B/10B-Codierungsverfahren in zehn Bits lange Datenblöcke um. Der PCS sorgt mit seinem sogenannten Encapsulation-Prozess unter anderem dafür, dass die Daten für die GMII-Schnittstelle, unabhängig von der Datenrate, immer gleich aussehen. Weiterhin übernimmt der PCS das Management für die Auto-Negotiation-Funktion.

4.2.3 Das Physical Medium Attachment (PMA)

Physical Medium Attachment

Das PMA (Physical Medium Attachment) wandelt die vom PCS übergebenen Codegruppen in ein serielles Datenformat um und leitet sie an den PMD-Sublayer weiter – und ebenso in umgekehrter Richtung. Der PMA-Sublayer gewinnt zudem auf Empfängerseite den Takt aus dem eingehenden 8B/10B-codierten Datenstrom zurück, mit dem der Empfänger auf den eingehenden Datenstrom synchronisiert werden kann. Dieser Bereich entspricht dem letzten vom verwendeten Medium unabhängigen Sublayer und kann somit mit allen seriellen, bit-orientierten Gigabit-Ethernet-Medien umgehen.

4.2.4 Der Physical Medium Dependent Sublayer (PMD)

Physical Medium Dependent Sublayer

Der PMD-Sublayer (Physical Medium Dependent) entspricht der untersten Teilschicht des Physical Layer und ist, wie der Name schon sagt, medienabhängig. Er ist demnach vom verwendeten Übertragungsmedium abhängig und jeweils unterschiedlich ausgeführt. Im Standard 802.3z gibt es verschiedene Versionen des PMD:

- SX-PMD: Übertragung auf Multimode-Glasfaser mit kurzer Wellenlänge (830 nm),
- LX-PMD: Übertragung auf Multimode- oder Monomode-Glasfaser mit einer langen Wellenlänge (1300 nm),
- CX-PMD: Übertragung auf geschirmten Twinax-Kupferkabeln.

Alle drei definierten Medien übertragen die Daten mit dem gleichen Codierungsverfahren und der gleichen Bandbreite. Der Unterschied liegt primär in den Parametern, mit denen die PMDs die Datensignale auf das Medium bringen. Dabei ergeben sich in Abhängigkeit vom verwendeten Medium unterschiedliche physikalische Faktoren, die auf das eingespeiste Signal und die daraus resultierenden maximal erzielbaren Übertragungslängen einwirken. Wir werden innerhalb der nächsten Abschnitte detailliert auf die verschiedenen Ausführungen des PMD eingehen.

4.2.5 Die 8B/10B-Codierung

8B/10B-Codierung

Gigabit-Ethernet codiert die Daten mit einem 8B/10B-Verfahren, das bereits im Kapitel 11 des Standards ANSI X3.230:1994 für die Spezifizierung von Fibre Channel verwendet wurde. Dieses von IBM patentierte Codierungsverfahren ähnelt dem 4B/5B-Verfahren, setzt aber die doppelte Datenbreite und ein komplexeres Codierungsverfahren ein. Grundsätzlich verbirgt sich hinter der Bezeichnung 8B/10B allerdings nichts anderes, als dass 8 Bit binäre Benutzerinformationen für die serielle Übertragung in 10 Bits lange Codegruppen umgewandelt werden. Der Codierungsalgorithmus stellt dabei sicher, dass die zehn Bits langen Symbole weitestgehend gleichspannungsfrei und dass genug Taktinformationen im Datenstrom vorhanden sind. Dies erreicht man dadurch, dass eine Codegruppe mindestens vier und nicht mehr als sieben Pegelwechsel aufweist. Auf diese Weise beschränkt das Verfahren die Lauflängen der Nullen und der Einsen (Run Length Limited), wodurch die notwendige Gleichspannungsfreiheit gegeben ist. Außerdem lassen sich so ausreichende Taktinformationen aus dem Datenstrom gewinnen, mit denen sich die empfangenden Stationen auf den eingehenden Datenstrom synchronisieren können.

Die 10 Bits langen Codegruppen, die aus den 8 Bits langen Benutzerinformationen gebildet werden, sind wiederum aus zwei Unterblöcken eines 5B/6B-NRZ-Codes und aus einem 3B/4B-NRZ-Code zusammengesetzt.

Tab. 4–6 *Ein Ausschnitt der 8B/10B-Codetabelle*

Code Group Name	Octet Value	Octet Bits HGF EDCBA	Current RD - abcdei fghj	Current RD + abcdei fghj
D0.0	00	0 0 0 00000	100111 0100	011000 1011
D1.0	01	0 0 0 00001	011101 0100	100010 1011
D2.0	02	0 0 0 00010	101101 0100	010010 1011
D3.0	03	0 0 0 00011	110001 1011	110001 0100
D4.0	04	0 0 0 00100	110101 0100	001010 1011
D5.0	05	0 0 0 00101	101001 1011	101001 0100
D6.0	06	0 0 0 00110	011001 1011	011001 0100
D7.0	07	0 0 0 00111	111000 1011	000111 0100
D8.0	08	0 0 0 01000	111001 0100	000110 1011
D9.0	09	0 0 0 01001	100101 1011	100101 0100
D10.0	0A	0 0 0 01010	010101 1011	010101 0100
D11.0	0B	0 0 0 01011	110100 1011	110100 0100
D12.0	0C	0 0 0 01100	001101 1011	001101 0100
D13.0	0D	0 0 0 01101	101100 1011	101100 0100
D14.0	0E	0 0 0 01110	011100 1011	011100 0100
D15.0	0F	0 0 0 01111	010111 0100	101000 1011

4.2.6 Die Unterdrückung des Gleichspannungsanteils

Gleichspannungsanteil

Der Gleichspannungsanteil eines seriellen Bitstroms ergibt sich aus der Differenz zwischen den hohen Signalpegeln, die die logischen Einsen repräsentieren, und den niedrigen Spannungspegeln, die der Darstellung der logischen Nullen entsprechen. Die Ungleichheit zwischen den gesendeten Nullen und Einsen innerhalb einer Codegruppe, die im Fachjargon Disparity heißt, lässt sich nach folgender Formel bestimmen:

- Anzahl der Einsen – Anzahl der Nullen = Disparity

Die Disparity darf ausschließlich die Werte +2, 0 oder -2 annehmen. Außerdem wird die laufende Ungleichheit, im Englischen Running Disparity (RD), also die Summe aller Disparity-Werte der vorhergehenden Codegruppen, ermittelt. Damit lässt sich bestimmen, welche Codegruppe als Nächstes gesendet werden darf. Der Wert von RD eines 8B/10B-Codes darf entweder bei -1 oder +1 liegen. Mit einem vorangestellten RD-Wert von -1 und folgenden Regeln lässt sich die maximale Schwankung von -1 bis +1 einhalten:

- Eine Codegruppe mit Disparity = 0 kann unabhängig vom aktuellen RD-Wert gesendet werden.
- Eine Codegruppe mit Disparity = +2 kann nur bei einem aktuellen RD-Wert von -1 gesendet werden.
- Eine Codegruppe mit Disparity = -2 kann nur bei einem aktuellen RD-Wert von +1 gesendet werden.

Bei genauer Betrachtung der 8B/10B-Codetabelle stellt man fest, dass für jede mögliche Bytekombination von 00 bis FF jeweils zwei korrespondierende Codegruppen zugeordnet sind. Diese Codegruppen entsprechen jeweils einer bestimmten Bitfolge – und deren negierter Bitfolge. Eine Bitgruppe ist dabei einem negativen RD-Werts, die andere dem positiven RD-Wert zugeordnet. Die nächste zur Bytekombination gehörende und zu sendende Codegruppe wird dann in Abhängigkeit vom aktuell ermittelten RD-Wert ausgewählt, der entweder einen positiven (+1) oder negativen (-1) Wert hat. Somit erreicht man, dass über einen Bereich von zwei Codegruppen, also 20 Bit, die Anzahl der Nullen und Einsen annähernd gleich ist, womit die geforderte Gleichspannungsfreiheit und die Anzahl der Pegelwechsel für die Taktrückgewinnung ausreichend sind.

Abb. 4–4
Ein Ausschnitt aus der 8B/10B-Codetabelle und die Auswahl der Folgecodegruppe

Code Group Name	Octet Value	Octet Bits	Current RD- (5B/6B) (3B/4B)	Current RD+ (5B/6B) (3B/4B)
D0.0	00	00000000	100111 0100	011000 1011
D1.0	01	00000001	011101 0100	100010 1011
D2.0	02	00000010	101101 0100	010010 1011
D3.0	03	00000011	110001 1011	110001 0100
D4.0	04	00000100	110101 0100	001010 1011
D5.0	05	00000101	101001 1011	101001 0100
D6.0	06	00000110	011001 1011	011001 0100
D7.0	07	00000111	111000 1011	000111 0100
D8.0	08	00001000	111001 0100	000110 1011
D9.0	09	00001001	100101 1011	100101 0100

Datenstrom: 1001110100 - 1100011011 - 0001110100 - 1001011011

Auswahl der Codegruppen bei einen Anfangswert für RD von -1

1.	00	→	1001110100	Disparity von 0	→	neuer RD -1
2.	03	→	1100011011	Disparity von +2	→	neuer RD +1
3.	07	→	0001110100	Disparity von -2	→	neuer RD -1
4.	09	→	1001011011	Disparity von +2	→	neuer RD +1

4.2.7 Symbole

Baudrate

Beim 8B/10B-Codierungsverfahren beträgt die maximal auftretende Baudrate (Pegelwechsel/Sekunde) 1250 Mbaud. Wie bei Fast Ethernet ergibt sich eine Reihe von zusätzlichen Symbolen, die die Umwandlung der 8 Bits langen Informationsdaten zu den 10 Bits langen Übertragungseinheiten erzeugt. Diese stellen spezielle Symbole dar, die sich entweder alleine oder aus bis zu vier Codegruppen zusammensetzen. Sie dienen beispielsweise als Idle-Signal, Carrier Extend, Start of Packet, End of Packet und weitere Symbole. Start of Packet hat dabei die gleiche Funktion wie der Start-of-Stream Delimiter, das End of Packet diejenige des End-of-Stream Delimiter bei 100BASE-X, mit denen die Frames zusätzlich eingekapselt werden.

Alle nicht definierten Bitkombinationen dürfen im normalen und fehlerfreien Betrieb nicht auftreten und werden, falls sie dann doch einmal vorkommen, als Violation (Fehler) erkannt und registriert. Treten die Violation-Symbole beim Empfänger gehäuft auf, kann er eine Aussage über die schlechte Qualität einer Verbindung treffen.

4.3 1000BASE-SX

IEEE 802.3z

Die erste Version des Gigabit-Ethernet-Standards, von der IEEE 1998 als 802.3z verabschiedet, spezifizierte als Übertragungsmedium Lichtwellenleiter für Reichweiten bis 550 oder 5000 m. Außerdem war noch ein Kupferkabel vorgesehen, mit dem man 25 m überbrücken konnte. Das Kupferkabel stellte aufgrund der geringen Reichweite natürlich nur eine Art Übergangslösung dar, der die Beteiligten am Netzwerkmarkt keine große Bedeutung zumaßen. Die Nutzung eines TP-Kabels ist bei Gigabit-Ethernet erst seit der Verabschiedung des zweiten Teilstandards, IEEE 802.3ab, vorgesehen, der 1999 folgte. In seinen Anfängen stellte Gigabit-Ethernet praktisch eine rein auf Lichtwellenleiter basierende Lösung dar. Zwar gab es einige wenige Hersteller, die auch die erste Kupferkabelspezifikation für Gigabit-Ethernet mit einer Distanz von 25 m anboten, dass dies aber jemals wirklich ernsthaft im größeren Rahmen eingesetzt wurde, wagen wir zu bezweifeln.

Verwundern muss die späte Verabschiedung des Gigabit-Ethernet-Standards für TP-Kabel allerdings niemanden: Wie sich in den folgenden Kapiteln noch zeigen wird, war Gigabit-Ethernet über Lichtwellenleiter technisch betrachtet wesentlich einfacher umzusetzen.

Lichtwellenleiter

Lichtwellenleiter spielten bereits in anderen Netzwerktechnologien eine entscheidende Rolle, beispielsweise bei FDDI (Fibre Distribute Data Interface), das mit einer Datenrate von 100 MBit/s arbeitet. Im Ethernet-Bereich setzte sich der Einsatz von Lichtwellenleitern jedoch nur schleppend durch. Zwar berücksichtigte bereits der 10-MBit/s-Ethernet-Standard Lichtwellenleiter, jedoch setzte man sie nur selten ein: Nicht nur waren sie relativ teuer, sondern auch recht komplex bei Verlegung und Konfektionierung. Glasfaserkabel hatten demnach nur ihre Berechtigung, wenn größere Distanzen zu überbrücken waren oder eine Verkabelung gebäudeübergreifend ausgelegt war. Darüber hinaus setzten Firmen und Institutionen, denen es auf besondere Abhör- und Störsicherheit ankam, auf Lichtwellenleiter: Es erscheint beispielsweise als recht schlechte Idee, etwa in einem Krankenhaus ein UTP-Kabel unter einem Computertomographen hindurchzuziehen.

Die Vorbehalte gegenüber Lichtwellenleitern nahmen allerdings schon zu Zeiten von Fast Ethernet langsam ab, da die Kosten für die Glasfaserkabel drastisch sanken und auch die Konfektionierung durch neue Techniken erleichtert wurde. Außerdem kamen bei Segmentlängen von mehr als 100 m sowieso nur Lichtwellenleiter in Betracht.

Für Gigabit-Ethernet waren die Lichtwellenleiter das Medium, das bei der hohen Übertragungsrate von 1000 MBit/s die technisch einfachste Realisierung bot. Zudem galt Gigabit-Ethernet lange Zeit ausschließlich als hochperformante Backbone-Lösung. In diesem Bereich ist die Akzeptanz der Lichtwellenleiter seit jeher weit größer als im normalen Netzwerkbereich. Erst langsam, seit der Verabschiedung des Gigabit-Ethernet-Standards für TP-Kabel, ziehen einige Firmen auch die Verlegung von Gigabit-Ethernet bis zum Desktop-Rechner in Betracht oder beginnen mit ersten entsprechenden Pilotprojekten.

Die mit Lichtwellenleitern maximal erreichbaren Entfernungen waren bei den 100-MBit-Technologien wie Fast Ethernet oder FDDI noch hauptsächlich durch die Dämpfung bestimmt. Beim Ethernet mit 1000 MBit/s ist dagegen die Verzerrung des Lichtstrahls durch die Dispersionseigenschaften innerhalb des Mediums für die Bestimmung der maximalen Übertragungsstrecke maßgebend. Die Dispersionseffekte führen zu einer Verbreiterung des Ausgangssignals. Dies kann so weit gehen, dass die Nullen und Einsen des Ausgangssignals ineinander laufen, wodurch die Nutzinformationen verfälscht werden. Die Dispersionseffekte sind dabei von der Länge des Lichtwellenleiters abhängig. Sie wirken sich zudem aufgrund des geringeren Pulspausenabstands mit zunehmender Übertragungsfrequenz immer drastischer aus – damit verbunden nimmt die erzielbare Reichweite ab.

Die Hersteller von Lichtwellenleitern drücken dieses Phänomen in einem Bandbreiten-Längen-Produkt aus, mit dem eine Aussage möglich ist, wie lange eine Lichtwellenleiterstrecke bei einer bestimmten Übertragungsrate sein darf, damit das Nutzsignal nicht verfälscht werden.

⇨ Wir werden in dem Abschnitt Lichtwellenleiter detailliert auf die physikalischen Grundlagen der optischen Datenübertragung eingehen.

1000BASE-SX

Bei 1000BASE-SX steht das S für Short Wavelength und gibt an, dass für die Anregung des Lichtwellenleiters eine Laserdiode zum Einsatz kommt, die mit einer Wellenlänge von 830 nm arbeitet. Die 1000BASE-SX-Variante ist als Glasfaserlösung bislang am weitesten verbreitet. Durch die kurze

Wellenlänge sind die Transceiver relativ preiswert, was zu vergleichsweise niedrigen Preisen für die entsprechenden Gigabit-Ethernet-Komponenten führt.

1000BASE-SX sieht als Übertragungsmedium einen Gradienten-Multimode-Lichtwellenleiter in der 50/125-µm- oder der 62,5/125-µm-Ausführung vor. Je nach Querschnitt hat ein Multimode-Lichtwellenleiter ein Bandbreiten-Längen-Produkt von 160 bis 500 MHz × km. Daraus ergeben sich je nach eingesetztem Lichtwellenleiter maximale Reichweiten von 220 bis 550 m.

Als Steckverbindung für die Gigabit-Ethernet-Glasfaserkomponenten kommt laut Standard grundsätzlich der Duplex-SC-Stecker nach IEC 61754-4 Part 4.2 zum Einsatz.

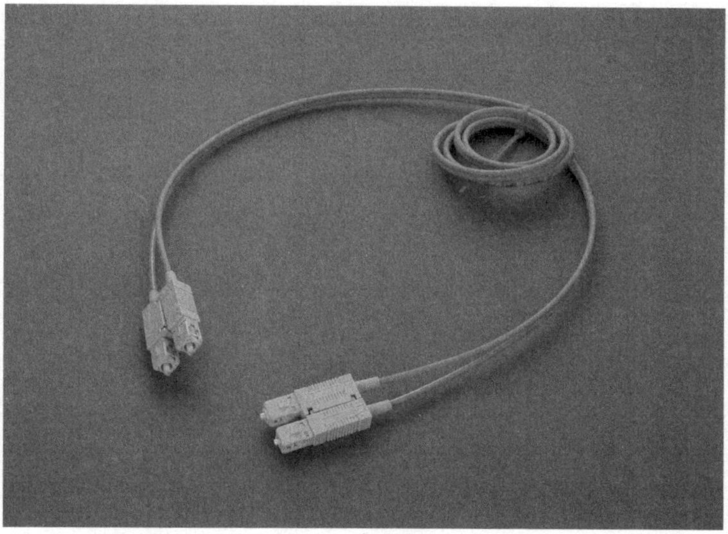

Abb. 4–5 Der Duplex-SC-Stecker

Für ein 1000BASE-SX-Netzwerk ergeben sich die Kenngrößen in der folgenden Tabelle.

Tab. 4–7 Kenngrößen der 1000BASE-SX-Ethernet-Variante

Kenngröße	1000BASE-SX
Topologie	Stern
Signalisierungstechnik	Basisband
Codierungsverfahren	8B/10B
Kabeltyp	LWL MMF 62,5/125 µm oder 50/125 µm
Wellenlänge	830 nm
Leistungsbudget	7,0 dBm
Maximale Segmentlänge	Bis 550 m im Vollduplex
Maximale Anzahl der Stationen pro Segment	2
Anschluss	Duplex-SC

4.4 1000BASE-LX

1000BASE-LX

Als Alternative zu der Wellenlänge von 830 nm kommt bei Gigabit-Ethernet noch die Wellenlänge von 1270 nm zum Einsatz. Dies ist als 1000BASE-LX spezifiziert, wobei das L für Long Wavelength steht. 1000BASE-LX nutzt entweder einen Multimode- oder einen Monomode-Lichtwellenleiter als Übertragungsmedium. Damit kommt man unter Verwendung des Multimode-Lichtwellenleiters auf Reichweiten von bis zu 550 m; der Monomode-Lichtwellenleiter bietet dagegen Reichweiten von bis zu 5000 m. Die Transceiver für 1000BASE-LX sind allerdings bedeutend teurer als die für 1000BASE-SX. So kommt 1000BASE-LX denn auch seltener zum Einsatz – es sei denn, man muss große Distanzen oder mit einem bereits verlegten 62,5/125-µm-Lichtwellenleiter eine Strecke überbrücken, die zwischen 275 m und 550 m liegt (siehe folgende Tabelle).

Tab. 4–8
Die verschiedenen Segmentlängen bei Gigabit-Ethernet

Typ/Faser	Wellenlänge	Bandbreitenlängenprodukt (MHz × km)	Segmentlänge	Kabeltyp
1000BASE-SX, 62,5 µm	830 nm	160	2-220 m	MMF
1000BASE-SX, 62,5 µm	830 nm	200	2-275 m	MMF
1000BASE-SX, 50 µm	830 nm	400	2-500 m	MMF
1000BASE-SX, 50 µm	830 nm	500	2-550 m	MMF
1000BASE-LX, 62,5 µm	1270 nm	500	2-550 m*	MMF
1000BASE-LX, 50 µm	1270 nm	400	2-550 m*	MMF
1000BASE-LX, 50 µm	1270 nm	500	2-550 m*	MMF
1000BASE-LX, 10 µm	1270 nm	NA	2-5000 m	SMF

* Die maximale Segmentlänge wird in Verbindung mit dem Einsatz eines Offset-Mode-Conditioning-Patchkabels erreicht.

Offset-Mode-Conditioning-Patchkabel

Eine Besonderheit ist bei 1000BASE-LX und Multimode-Lichtwellenleitern allerdings noch zu berücksichtigen: Die maximalen Distanzen erreicht man nur durch den Einsatz eines sogenannten Offset-Mode-Conditioning-Patchkabels. Dieses spezielle Verbindungskabel unterdrückt den normalerweise auftretenden Differential Mode Delay, indem es für einen definierten Versatz von einer Monomode- zu einer Multimode-Glasfaser sorgt. Laut Standard hat das Offset-Mode-Conditioning-Patchkabel eine farbige Markierung auf der Monomode-Seite, die anzeigt, welche Seite an den Sendeteil des 1000BASE-LX-Transceivers anzuschließen ist (siehe Abbildung 4-6).

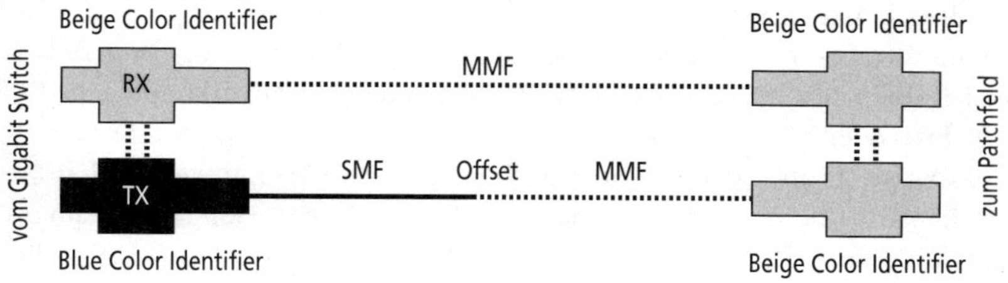

Abb. 4–6
Das Offset-Mode-Conditioning-Patchkabel

Als Steckverbindung nutzt 1000BASE-LX ebenfalls den Duplex-SC-Stecker nach IEC 61754-4 Part 4.2. Eine sichtbare Unterscheidung zwischen 1000BASE-SX und 1000BASE-LX gibt es daher leider nicht. Für ein 1000BASE-LX-Netzwerk ergeben sich die Kenngrößen aus der folgenden Tabelle.

Tab. 4–9
Kenngrößen der 1000BASE-LX-Ethernet-Variante

Kenngröße	1000BASE-LX
Topologie	Stern
Signalisierungstechnik	Basisband
Codierungsverfahren	8B/10B
Kabeltyp	LWL MMF 62,5/125 µm oder 50/125 µm und SMF 9/125 µm
Wellenlänge	1270 nm
Leistungsbudget	7,5 dBm
Maximale Segmentlänge	MMF bis 550 m und SMF bis 5000 m im Vollduplex
Maximale Anzahl der Stationen pro Segment	2
Anschluss	Duplex-SC

4.5 1000BASE-CX

1000BASE-CX

Im Standard 802.3z existiert mit 1000BASE-CX bereits eine Gigabit-Ethernet-Lösung auf Basis eines Kupferkabels unter der Bezeichnung 1000BASE-CX. Auf große Gegenliebe stieß sie aber nicht, obwohl sie speziell als Übergangslösung und preisliche Alternative zu Gigabit-Ethernet über Lichtwellenleiter gedacht war. Da durch diese Lösung die teuren Frontends der optischen Transceiver entfallen, ergaben sich in der Anfangszeit von Gigabit-Ethernet mit 1000BASE-CX für den Endkunden Preisvorteile von bis zu 300 Euro pro Port, also 600 Euro pro Verbindung. Angesichts einer maximal überbrückbaren Distanz von 25 m hat sich 1000BASE-CX allerdings auf dem Markt nicht durchgesetzt. Als der Standard veröffentlicht wurde, reichten die Kommentare in der Öffentlichkeit sogar bis hin zu Sprüchen, das sei ja wohl ein schlechter Witz. 1000BASE-CX-Komponenten dürfte man heute in installierten Ethernet-Netzwerken jedenfalls wie die allseits bekannte Nadel im Heuhaufen suchen müssen.

Twinax-Kabel

1000BASE-CX verwendet als Übertragungsmedium ein sogenanntes Twinax-Kabel. Dabei handelt es sich um ein geschirmtes 150-Ohm-Balanced-Kabel nach ISO/IEC 11801:1995, mit einer Schirmwirkung nach IEC 61196-1 oder höher. Damit lassen sich unter Gigabit-Ethernet Distanzen von bis zu 25 m überbrücken. Die Standardisierungsgremien dachten bei 1000BASE-CX vor allem an eine preisgünstige Verkabelung innerhalb einer Serverfarm. Eine Alternative zum TP-Kabel stellt 1000BASE-CX natürlich nicht dar – mit TP-Kabeln lassen sich schließlich in einer strukturierten Verkabelung nach EN 50173 Distanzen von bis zu 100 m für den Anschluss bis zum Arbeitsplatz überbrücken.

Zur Datenübertragung benötigt die 1000BASE-CX-Lösung für jede Datenrichtung ein speziell ausbalanciertes Adernpaar, auf dem ein Komplementärsignal gesendet wird – es müssen also zwei Leitungen verlegt werden. Da in der Praxis die Konfektionierung und Verlegung zweier Twinax-Kabel nur schwer durchführbar gewesen wäre, hat die Kabelindustrie ein neues, sogenanntes Quad-Kabel entwickelt. Dabei handelt es sich aber um nicht viel mehr als um die Kombination zweier Twinax-Kabel in einem Mantel (siehe Abbildung 4-7).

Abb. 4–7
Aufbau des Twinax-Kabels

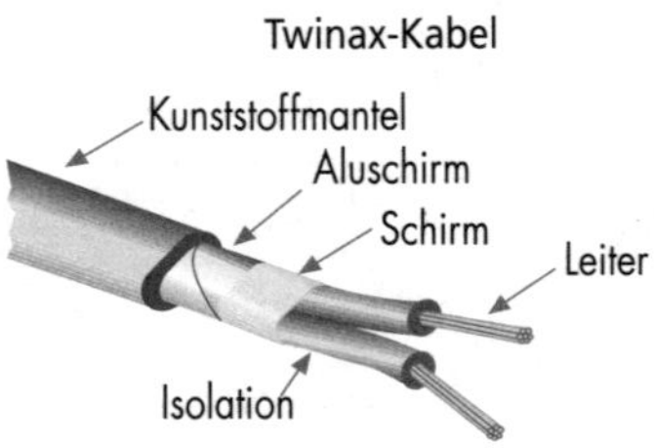

Quad-Kabel

Im Quad-Kabel sind vier Kupferadern in Kunststoff eingebettet, so dass die einzelnen Adern einen exakten Abstand zueinander haben und die Adernpaare untereinander eine Impedanz von 150 Ohm aufweisen.

1000BASE-CX überträgt die Daten ohne zusätzliche Codierungsverfahren, die sonst üblicherweise bei Kupferkabeln (z. B. MLT-3-Codierungsverfahren) für die Reduzierung der Übertragungsfrequenz sorgen, mit einer Amplitude von +/- 1 V auf dem Medium. Dabei gelangen die Daten über einen hochfrequenztauglichen Transformator, der für die aus sicherheitstechnischen Gründen notwendige galvanische Trennung zuständig ist, auf das Twinax-Kabel. Dafür darf das Twinax-Kabel laut Gigabit-Ethernet-Standard eine Dämpfung von maximal 8,8 dB aufweisen.

Laut Standard ist für 1000BASE-CX als Stecker der altbekannte D-Sub-9-Stecker oder der neue HSSDC-Stecker nach IEC 61076-3-103 vorgesehen. Da der HSSDC-Stecker in seiner Bauform niedriger ist, bietet er sich für die Bestückung der PC-Adapter an – die wenigen am Markt erhältlichen 1000BASE-CX-Komponenten verwenden ihn daher auch.

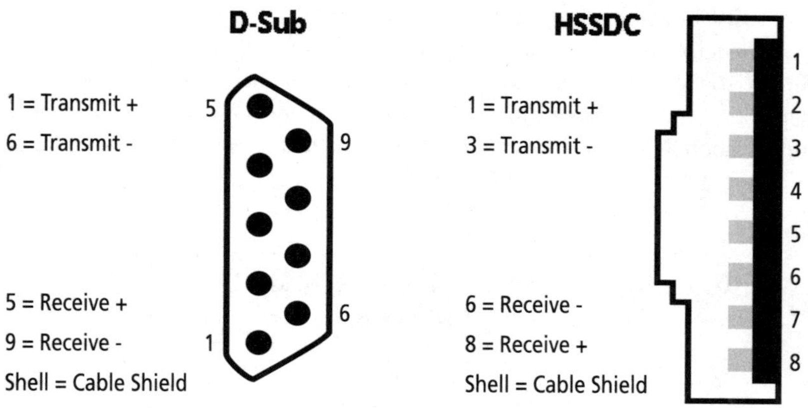

Abb. 4–8
Steckerbauform und PIN-Belegung des D-Sub-9- und des HSSDC-Steckers nach IEC 61076-3-103

Für ein 1000BASE-CX-Netzwerk ergeben sich die Kenngrößen aus der folgenden Tabelle.

Tab. 4–10
Kenngrößen eines 1000BASE-CX-Netzwerks

Kenngröße	1000BASE-CX
Topologie	Stern
Signalisierungstechnik	Basisband
Codierungsverfahren	8B/10B
Kabeltyp	Doppeltes Twinax-Kabel
Impedanz	150 Ohm
Maximale Segmentlänge	25 m
Maximale Anzahl der Stationen pro Segment	2
Anschluss	STP-Stecker DB9 (Style 1) oder IEC-61076-Stecker (Style 2)

4.5.1 Auto-Negotiation bei 1000BASE-SX, 1000BASE-LX und 1000BASE-CX

Auto-Negotiation bei Gigabit-Ethernet

Die Auto-Negotiation-Funktion bei Gigabit-Ethernet ist in den Standards IEEE 802.3z und IEEE 802.3ab unterschiedlich festgelegt.

Bei IEEE 802.3z, das sich in 1000BASE-SX, 1000BASE-LX und 1000BASE-CX gliedert, ist die Datenrate fest auf 1000 MBit/s eingestellt. Die Auto-Negotiation führt also nur die Aushandlung des Übertragungsmodus und des Flow Control durch. Die Auto-Negotiation wird, wie bei der 100-MBit/s-Variante, bei der Initialisierung während einer Management-Funktion oder durch einen PHY-Fehler ausgelöst. Dazu ist im 802.3z-Standard ein neues Auto-Negotiation-Protokoll enthalten, das für die Aushandlung des Übertragungsmodus und des Flow Control anstelle der Fast-Link-Pulse spezielle Codegruppen verwendet. Diese Methode nutzt speziell für die Auto-Negotiation-Funktion reservierte Ordered Sets (bestimmte

8B/10B-Codesequenzen). Für den Austausch der notwendigen Informationen senden die beiden Verbindungspartner ihrem jeweiligen Gegenüber den Inhalt sogenannter Base-Page-Register und/oder Next-Page-Register aus. Die Page-Register haben eine Länge von 16 Bit und sind vom Informationsinhalt ähnlich wie das Basis-Link-Code- oder das Next-Page-Wort beim Verfahren mit 100 MBit/s aufgebaut.

Abb. 4–9
Die Bits des Base-Page-Registers für die Auto-Negotiation-Funktion bei Gigabit-Ethernet

D0	D1	D2	D3	D4	D5	D6	D7	D8	D9	D10	D11	D12	D13	D14	D15
rsvd	rsvd	rsvd	rsvd	rsvd	Fd	HD	PS1	PS2	rsvd	rsvd	rsvd	RF1	RF2	Ack.	NP

Base-Page-Register

Base-Page-Register

Das Base-Page-Register enthält 8 reservierte Bits, Bit D5 für Vollduplex und Bit D6 für Halbduplex, Bit D7 für Pause und Bit D8 für die asymmetrische Pause. Diese vier Bits sind die entscheidenden Informationseinheiten für Auto-Negotiation-Funktion bei Gigabit-Ethernets, über die der Übertragungsmodus und der Pause-Modus für Flow Control ausgehandelt werden.

Für die Festlegung des Übertragungsmodus gilt wieder die schon bekannte Prioritätenauflösung, wobei der Vollduplex- vor dem Halbduplexmodus steht. Für die Aushandlung des Flow-Control-Verfahrens nutzt Gigabit-Ethernet ebenfalls eine Prioritätenauflösung – dafür ergibt sich allerdings eine Vielzahl an Kombinationsmöglichkeiten (siehe folgende Tabelle).

Tab. 4–11
Die Prioritätenauflösung des Flow Control

Lokale Station	Verbindungspartner			Lokale Einstellung	Einstellung am Verbindungspartner
Pause	ASM_DIR	Pause	ASM_DIR		
0	0	-	-	Keine Pause Sende & Empfang	Keine Pause Sende & Empfang
0	1	0	-	Keine Pause Sende & Empfang	Keine Pause Sende & Empfang
0	1	1	0	Keine Pause Sende & Empfang	Keine Pause Sende & Empfang
0	1	1	1	Pause Sende, keine Pause Empfang	Pause Empfang keine Pause Sende
1	0	0	-	Keine Pause Sende & Empfang	Keine Pause Sende & Empfang
1	0	1	-	Pause Sende & Empfang	Pause Sende & Empfang
1	1	0	1	Keine Pause Sende & Empfang	Keine Pause Sende & Empfang
1	1	0	1	Pause Empfang, keine Pause Sende	Pause Sende, keine Pause Empfang
1	1	1	-	Pause Sende & Empfang	Pause Sende & Empfang

Aus der vorangegangenen Tabelle ergibt sich, dass zum einen auf beiden Seiten sowohl sende- als auch empfangsseitig Flow Control zum Einsatz kommen kann – in diesem Fall spricht man von Symmetrischem Flow Control. Alternativ ist Asymmetrisches Flow Control möglich. Dann verschickt eine Station sendeseitig Pause-Frames; die gegenüberliegende Station nimmt empfangsseitig Pause-Frames entgegen und wertet sie aus: Die eventuell angeforderten Pausen berücksichtigt sie dann beim Aussenden der eigenen Frames.

Durch die Bits D12 und D13 kann eine Station der gegenüberliegenden erkannte Probleme signalisieren. Setzt eine Station die Bits D12 und D13 ungleich 0,0, gibt sie damit einen bemerkten Fehler zu erkennen und startet sogleich die Auto-Negotiation-Funktion (siehe Remote-Fault-Tabelle). Über die Next-Page-Funktion lassen sich in diesem Fall zusätzliche Informationen über die Fehlerursache an den Linkpartner senden.

RF1 (D12)	RF2 (D13)	Beschreibung
0	0	Kein Fehler, Verbindung in Ordnung
0	1	Offline (z. B. Abschalten eines Ports)
1	0	Verbindungsfehler (Link hat Synchronisation verloren)
1	1	Auto-Negotiation-Fehler

Tab. 4–12
Remote-Fault-Tabelle

Das gesetzte Acknowlegment-Bit D14 signalisiert dem Kommunikationspartner, dass die Informationen fehlerfrei empfangen wurden. Dies ist der Fall, wenn das Base-Page-Register oder die Next Pages dreimal hintereinander mit dem gleichen Inhalt angekommen sind.

Das Next-Page-Bit D15 gibt wie bei der Auto-Negotiation-Funktion auf 100 MBit/s an, dass weitere Next Pages folgen, mit denen die Linkpartner zusätzliche Informationen austauschen können. Die Next Pages haben dabei die gleiche Struktur und den gleichen Informationsinhalt wie bei 100BASE-TX-Auto-Negotiation. Auch die Unterscheidung zwischen der Message-Page- und einer unformatierten Page-Codierung ist vorhanden.

Befindet sich eine Gigabit-Ethernet-Komponente in der Auto-Negotiation-Funktion, so muss der Prozess vollständig durchgeführt werden, bevor eine Verbindung zur gegenüberliegenden Komponente möglich ist. Man kann jedoch heutzutage davon ausgehen, dass der größte Teil der am Markt befindlichen Gigabit-Ethernet-Komponenten die Auto-Negotiation-Funktion unterstützen, so dass dies kein Problem darstellen sollte. Trotzdem sollte man aufpassen: Versucht man, ein Gerät ohne Auto-Negotiation an eine Komponente ohne diese Funktion anzuschließen, kommt unter Umständen keine Verbindung zustande. Einige Hersteller haben für diesen Fall ein Fall Back integriert, über das nach einer fehlgeschlagenen Auto-Negotiation-Funktion versucht wird, eine Verbindung im Vollduplexmodus aufzubauen. Dies ist zwar eine proprietäre, im Standard nicht vorgesehene Lösung – sie hat sich in der Praxis jedoch bereits als sehr hilfreich erwiesen. Sollte ein Problem mit dem Verbindungsaufbau zwischen zwei Gigabit-

Ethernet-Komponenten auftreten, sollte man als Erstes prüfen, ob beide Komponenten mit Auto-Negotiation arbeiten können.

4.6 1000BASE-T

1000BASE-T

100-Meter-Sprinter werden eigentlich immer langsamer, wenn sie einmal ein bestimmtes Alter erreicht haben. Und auch wenn der Bau von Ethernet-Netzwerken keine olympische Disziplin darstellt, ist es schon eine medaillenverdächtige Leistung, auf gewohnten Twisted-Pair-Kabeln aus Kupfer über eine maximale Distanz von 100 Metern eine Datenrate von 1000 MBit/s hinzubekommen. 1000BASE-T stellte eine große Herausforderung für die Entwicklungsingenieure und die Standardisierungsgremien dar. Für die Akzeptanz von Gigabit-Ethernet war es aber dringend notwendig, diese Aufgabe zu meistern. Immerhin nutzen die meisten heute installierten Netzwerke TP-Kabel der Kategorie 5 – Gigabit-Ethernet auf 1000BASE-LX, 1000BASE-SX und 1000BASE-CX zu beschränken, hätte die Technologie möglicherweise auf ein Nischendasein wie FDDI reduziert, auch wenn Gigabit-Ethernet damit wohl noch nicht das Schicksal des glücklosen VG-Anylan von Hewlett-Packard gedroht hätte, das einmal als bessere Alternative zu Fast Ethernet gedacht war.

IEEE 802.3ab

Das IEEE verabschiedete im Juni 1999 1000BASE-T als Standard 802.3ab. Das Ziel, eine Datenrate von 1000 MBit/s auf einem gewöhnlichen achtadrigen TP-Kabel über eine Distanz von 100 m zu realisieren, konnte mit 802.3ab erreicht werden. Laut Standard ist 1000BASE-T eine Klasse-D-Anwendung nach ISO/IEC 11801. Die 100 m eines Segments setzen sich wie bei den anderen Standards dabei aus 90 m fest verlegtem massivem TP-Kabel und zweimal 5 m flexiblem TP-Kabel zusammen, die als Patchkabel beziehungsweise Anschlusskabel fungieren.

Eigentlich ist es schon erstaunlich, dass ein TP-Kabel der Kategorie 5, das normalerweise für die maximale Datenrate von 100 MBit/s ausgelegt ist, für zehnfache Datenraten geeignet ist. Die Begrenzung der Datenraten und die daraus resultierende Übertragungsfrequenz sind schließlich durch die physikalischen Eigenschaften des Übertragungsmediums, beispielsweise die Dämpfung und das Übersprechen, festgelegt. Außerdem sind heute strenge EMV-Richtlinien einzuhalten, was mit steigender Übertragungsfrequenz technisch immer schwieriger wird. Es waren daher für die Umsetzung von Gigabit-Ethernets auf dem TP-Kabel der Kategorie 5 Verfahren notwendig, die trotz der hohen Datenrate von 1000 MBit/s dafür sorgen, dass die eigentlichen Übertragungsraten auf dem Kabel drastisch reduziert werden.

Dies erreichte man in mehreren Schritten. Als Erstes arbeitet 1000BASE-T anstelle der bei Gigabit-Ethernet normalerweise eingesetzten Bitrate von 1250 MBit/s nur mit einer Bitrate von 1000 MBit/s. Dies wurde erreicht durch Verzicht auf die sonst übliche 8B/10B-Codierung. Eine wesentliche Reduzierung der Übertragungsrate ergibt sich bei 1000BASE-T jedoch durch die Nutzung aller vier Adernpaare des TP-Kabels. Im Gegensatz zu den bisherigen Ethernet-Standards auf Basis von TP-Kabeln (10BASE-T und 100BASE-TX), die nur zwei Adernpaare (üblicherweise Paar 1,2 und 3,6) einsetzen, verwendet 1000BASE-T ähnlich wie VG-Anylan alle vier Adernpaare. Dadurch reduziert sich die Datenrate pro Adernpaar auf ein Viertel, also 250 MBit/s (siehe Abbildung 4-10).

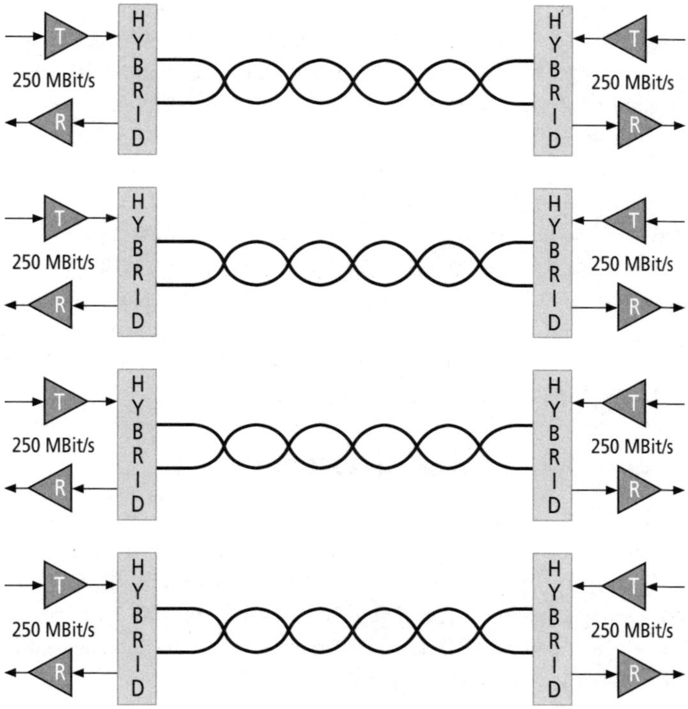

Abb. 4-10
Durch die Nutzung aller vier Adernpaare reduziert sich die Datenrate für jedes Adernpaar auf 250 MBit/s.

Damit steht für das Senden und Empfangen der Daten nicht mehr jeweils ein separater Datenkanal zur Verfügung. Man musste also eine Lösung finden, mit der die Daten zur gleichen Zeit in beide Richtungen übertragen werden können. Die technische Realisierung dieses Ansatzes setzt auf Hybriden und das Echo-Cancellation-Verfahren, bei dem am Empfänger jeder Station das eigene bekannte, gesendete Signal vom gesamten anstehenden Signal einfach subtrahiert wird. Dadurch bleibt aus dem gemischten Gesamtsignal beider Richtungen, das über die Adernpaare des UTP-Kabels übertragen wird, nur das Signal der Gegenstelle übrig. Dadurch ist eine simultane Übertragung in beide Richtungen möglich (siehe Abbildung 4-11).

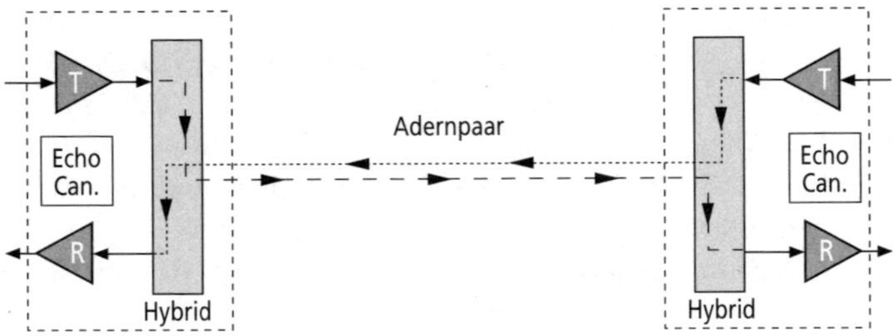

Abb. 4–11
Durch Hybriden und das Echo-Cancellation-Verfahren wird eine simultane Übertragung in beide Richtungen möglich.

Für eine weitere Reduzierung der Übertragungsfrequenzen verwendet 1000BASE-T anstelle des dreiwertigen einen Übertragungscode mit fünf Levels (-1 V , -0,5 V, 0 V, + 0,5 V, +1 V). Dafür verwendet 1000BASE-T das sogenannte PAM5-Verfahren. Mittels der sogenannten Trellis-Codierung erreicht man darüber hinaus, dass innerhalb der fünf Signal-Level die 8 Datenbit des GMII so auf die vier Adernpaare verteilt werden, dass sich die elektrischen Eigenschaften des Datensignals für die Übertragung über das TP-Kabel verbessern und eine geringere Bitfehlerrate gewährleistet ist. Zusätzlich ist der Trellis-Code so aufgebaut, dass genug redundante Codeinformationen im übertragenen Signal zur Fehlerbeseitigung vorhanden sind. Ein gezieltes Scrambling sorgt zusätzlich dafür, dass die Folge der Signalzustände über das Übertragungsmedium gleichmäßig verteilt ist, so dass die EMV-Eigenschaften deutlich besser sind.

4.6.1 Der Physical Layer von 1000BASE-T

1000BASE-T stellt im Ethernet-Standard eine Erweiterung der PHY-Ebene dar. Der Physical Layer von 1000BASE-T ist in die drei Bereiche Physical Coding Sublayer (PCS), Physical Medium Attachment (PMA) und das Medium Dependent Interface (MDI) unterteilt. Für die Kommunikation zwischen Physical und MAC-Layer ist das Gigabit Media Independent Interface (GMII) zuständig (siehe Abbildung 4-12).

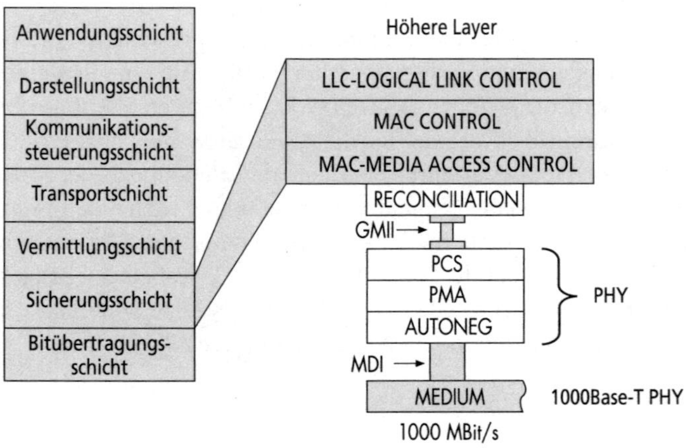

Abb. 4–12
Der Aufbau des Physical Layer von 1000BASE-T

4D-PAM5-Codierung

Die wesentliche Aufgabe des PCS besteht darin, die acht Datenbit des GMII für die Aussendung über das TP-Kabel zu scrambeln und durch die Verwendung der 4D-PAM5-Codierung (vierdimensionale, auf fünf Levels basierende Puls-Amplituden-Modulation) in Codegruppen umzuwandeln. Der Empfänger wandelt die empfangenen Codegruppen mittels des 8B1Q4-Codierungsverfahrens des PCS wieder in die acht Datenbit zurück. Das 8B1Q4-Codierungsverfahren hat seinen Namen daher, dass es während einer Clock-Periode aus den vier fünfwertigen (im engl.: quinary) Symbolen 1Q4 acht Bit gewinnt (8B).

Das PMA verhindert beispielsweise, dass eine Übereinstimmung der gesendeten und empfangenen Symbole auf dem Adernpaar auftritt. Außerdem sorgt es dafür, dass auf den vier Adernpaaren unterschiedliche Symbole übertragen werden, um die elektrischen Eigenschaften des in der Summe betrachteten Datensignals auf dem TP-Kabel zu verbessern. Das PMA ist ebenfalls für die Wiederherstellung des Taktsignals, das man aus dem eingehenden Datenstrom gewinnt, verantwortlich. Und schließlich führt das PMA eine Korrektur für die Zuordnung zwischen den PIN-Paaren und den vier Datenpfaden (BI_DA, BI_DB, BI_DC sowie BI_DD) aus und ermöglicht eine automatische Crossover-Funktion.

Das MDI stellt die unterste Ebene des PHY-Layer dar und beschreibt die Anbindung an das Übertragungsmedium, bei 1000BASE-T also an ein TP-Kabel der Kategorie 5.

4.6.2 Digital Signal Processing

Digital Signal Processing

Herzstück des 1000BASE-T-PHY ist eine Technologie, die bereits seit mehreren Jahren in V.90/56k-Modems verwendet und auch in modernen Kommunikationsgeräten wie Handys und Ähnlichem eingesetzt wird: Digital Signal Processing (DSP). V.90/56k-Modems wenden die Codierungsverfahren an, die man sich heute bei 1000BASE-T für eine wesentlich gesteigerte Geschwindigkeit zunutze macht. Die DSP-Technologie bei 1000BASE-T beinhaltet mehrere adaptive Filterfunktionen: Echo Cancellation, NEXT Cancellation und FEXT Cancellation. Diese drei entscheidenden Elemente ermöglichen letztendlich die Übertragung von 1000 MBit/s über ein herkömmliches TP-Kabel der Kategorie 5.

Die Ausfilterung der Nutzdaten aus dem eingehenden Datenstrom bei einer Datenrate von 1000 MBit/s erfordert eine sehr hohe Rechenleistung der 1000BASE-T-DSP – so hoch, dass der PHY-Chip einer 1000BASE-T-Komponente anfänglich mit einem Kühlkörper und einen Lüfter gekühlt werden musste. Weiterentwicklungen haben dazu geführt, dass heutzutage ein Kühlkörper ausreicht, um die Verlustwärme abzuführen. Der 1000BASE-T-PHY enthält neben dem DSP eine Vielzahl von Equalizern, beispielsweise den Feed-Forward-Equalizer (FFE) und den Decision-Feedback-Equalizer (DFE). Die FFEs und DFEs haben die Aufgabe, aus dem komplexen Datenstrom, der durch Verzerrungs- und Rauschanteile geprägt ist, beim Empfänger ein brauchbares Signal zu erzeugen, das den Decodern zugeführt werden kann (siehe Abbildung 4-13)

Abb. 4-13
Blockschaltbild eines 1000BASE-T-PHY-Chips

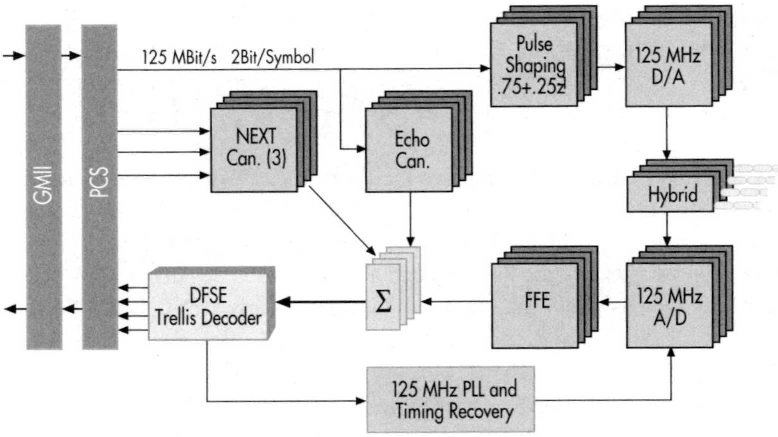

Die Daten werden für die Übertragung über TP-Kabel in ein analoges Signal umgewandelt. Die dafür notwendigen Digital-Analog- (Sender) und Analog-Digital-Wandler (Empfänger) müssen bei einer Frequenz von 125 MHz präzise arbeiten, um eine geringe Bitfehlerrate zu erzielen.

4.6.3 Die Master-Slave-Rolle

Master-Slave-Rolle

Ein wesentlicher Unterschied zu den bisherigen PHY-Implementierungen beim Ethernet besteht in der Klassifizierung der auf einem Segment gegenüberliegenden PHYs. 1000BASE-T unterscheidet zwischen Master- und Slave-PHY. Der wesentliche Unterschied liegt in der Taktbildung und -rückgewinnung. Der Master-PHY nutzt eine lokale Taktquelle bei der Aussendung der Daten, während der Slave-PHY den Takt aus dem eingehenden Datenstrom gewinnt und sich für den Empfang und das Senden von Daten auf den Takt des Masters synchronisiert. Verbindet man eine Komponente, die nur über einen einzigen Anschluss verfügt, mit einer Komponente, die mehrere Anschlüsse hat (beispielsweise ein Switch), übernimmt das Mehr-Port-Gerät die Master-Funktion. Für die Aushandlung der Master-Slave-Rolle ist ein entsprechender Informationsaustausch während der Auto-Negotiation-Funktion zuständig; die Festlegung geschieht über eine Prioritätenvergabe.

⇨ Weitere Informationen finden Sie im Abschnitt Auto-Negotiation bei 1000BASE-T.

4.6.4 Scrambling bei 1000BASE-T

Scrambling

Der Datentransfer mit einer Rate von 1000 MBit/s über ein TP-Kabel erfordert eine Reihe von Codierungsverfahren, die auf den 1000BASE-T-PHY-Transceivern implementiert sind. Die Daten, die der MAC-Controller über das GMII liefert, durchlaufen im 1000BASE-T-Transceiver zuerst einen Scrambler; in einem zweiten Schritt wandelt die 4D-PAM5- verbunden mit einer Trellis-Codierung die Daten in Symbole um. Diese sind so verteilt, dass sie für die Übertragung auf den vier Adernpaaren eines TP-Kabels geeignet sind.

Das Scrambling reduziert die elektromagnetische Abstrahlung. Außerdem stellt es sicher, dass keine übereinstimmenden Symbole auf den vier Adernpaaren vorkommen und dass keine Übereinstimmung zwischen dem eingehenden und ausgehenden Datenstrom existiert. Die Reduzierung der elektromagnetischen Abstrahlung erreicht man dadurch, dass man die Signalenergie über das gesamte Frequenzspektrum durch ein Zufallsprinzip gleichmäßig verteilt und Spitzen auf den verschiedenen Signalfrequenzen verhindert.

Das Scrambling arbeitet mit einer Exklusiv-Oder-Funktion, über die es die 8 Datenbit des GMII mit einem 8 Bits langen Chiffre-Textwort verknüpft. Die 8 Bit langen Chiffre-Textwörter entstehen dabei für jede Symbolperiode aus einer Datensequenz, die ein 33 Bit langes lineares, rückgekoppeltes Schieberegister erzeugt. Diese Datensequenz wiederholt sich über acht Perioden hin nicht. Die so verwürfelten Daten durchlaufen danach nochmals einen Scrambler, der den Datenstrom mit einem vier Bit langen Chiffre-Textwort verwürfelt; dieses wird wie das erste acht Bit lange Chiffre-Textwort erzeugt. Grundsätzlich verwenden die Master und die Slaves für das Scrambling unterschiedliche Chiffre-Textwörter; so ist sichergestellt, dass Sende- und Empfangsdatenstrom unterschiedlich verwürfelt werden. Switches oder Repeater, die über mehrere Ports Daten zur gleichen Zeit aussenden können, führen die Initialisierung der Scrambler zu verschiedenen Zeitpunkten durch, damit die Signalenergie aller Ports gleichmäßiger verteilt ist. Die elektromagnetische Abstrahlung wird dadurch deutlich gesenkt.

Der Empfänger descrambelt den eingehenden Datenstrom mit dem gleichen Schema und den gleichen Chiffre-Textwörtern, die der Sender benutzt hat. Damit der Empfänger überhaupt die gleichen Chiffre-Textwörter generieren und verwenden kann, startet er deren Bildung zu einem bestimmten Zeitpunkt – und zwar mit dem Empfang des Idle-Signals des Inter-Frame Gap (Zwischenraum zwischen zwei Frames). Kann sich der Empfänger über den eingehenden Datenstrom nicht synchronisieren, so signalisiert er dies durch einen Linkfehler.

4.6.5 Das 4D-PAM5-Codierungsverfahren von 1000BASE-T

4D-PAM5-Codierungsverfahren

Gigabit-Ethernet übergibt alle 8 ns (125 MHz) ein acht Bit breites Datenwort vom GMII an den PHY, das dieser in Symbole umwandelt. Dieses Wort kann 256 verschiedene Bitkombinationen repräsentieren. Dementsprechend müssen die acht Bit mit einem Codierungsverfahren codiert werden, das für die Datenübertragung ebenfalls mindestens 256 Symbolkombinationen bietet. Eine auf drei Levels basierende Codierung wie MLT-3 bei 100BASE-TX lieferte aber auf den vier Adernpaaren nur $3^4 = 81$ übertragbare Symbolkombinationen und erfüllt demnach nicht die Anforderung. Untauglich ist aber auch ein Codierungsverfahren mit vier Levels, da es nur $4^4 = 256$ Symbolkombinationen bietet: Zwar wären die 256 Symbolkombinationen für die eigentliche Datenübertragung ausreichend, jedoch behielte man keinerlei Symbolkombinationen für den Austausch von Kontrollinformationen übrig. Demnach war man gezwungen, für 1000BASE-T ein fünfwertiges Codierungsverfahren einzusetzen – die Standardisierungsgremien entschieden sich für 4D-PAM5.

Symbolkombinationen

Die 4D-PAM5-Codierung bildet Symbol- oder Codegruppen, die für die Übertragung über die vier Kanäle des TP-Kabels geeignet sind. Dazu wandelt sie die acht Datenbit des GMII, die den Scrambler durchlaufen haben, in vier fünfwertige Symbole um. Jedes dieser fünfwertigen Symbole läuft dann über ein Adernpaar. So stehen insgesamt $5^4 = 625$ mögliche Symbolkombinationen zur Verfügung. Da jedoch nur 256 verschiedene Symbolkombinationen notwendig sind (das GMII übergibt 8 Bit) bleiben 256 redundante Symbolkombinationen sowie 113 Symbolkombinationen für Kontrollfunktion und Fehlererkennung. Während der Übertragung über das Medium repräsentieren ein gerader und ein ungerader Symbolsatz die 256 verschiedenen Möglichkeiten der Symbolkombinationen (siehe Tabelle 4-13).

Innerhalb jeder Clock-Periode übergibt das GMII also 8 Bit, die aus einer von 256 möglichen Kombinationen zusammengesetzt sind. Für die Übertragung werden diese 8 Bit in ein Symbol umgewandelt und über die vier Adernpaare geschickt. Demnach überträgt 1000BASE-T während einer Clock-Periode über jede Ader den Informationsgehalt von zwei Bit. Dies führt dazu, dass die Baudrate pro Ader nur noch 125 MBit/s beträgt – dies entspricht der Datenrate von 100BASE-TX und einer mittleren Frequenz von 62,25 MHz. Insgesamt kommt man also für die Datenrate von 1000 MBit/s, die über das gesamte TP-Kabel übertragen werden muss, auf einen Teilungsfaktor von 8, wodurch jede Ader tatsächlich nur noch 125 MBit/s verkraften muss.

SD[5:0] SD[6:8]	Ungerade TA,TB,TC,TD	Gerade TA,TB,TC,TD
00000 001	0, 0, 0, +1	0, 0, 0, 0
00001 001	-2, 0, 0, +1	-2, 0, 0, 0
00010 001	0, -2, 0, +1	0, -2, 0, 0
00011 001	-2, -2, 0, +1	-2, -2, 0, 0
00100 001	0, 0, -2, +1	0, 0, -2, 0
00101 001	-2, 0, -2, +1	-2, 0, -2, 0

Tab. 4-13
Ein Ausschnitt aus der 4D-PAM5-Codetabelle

Wie sich in der vorhergehenden Tabelle zeigt, ergibt die Summe der ungeraden Symbole immer ein ungerades (z. B. -2 + 0 + 0 + -1 = -3), die Summe der geraden Symbole immer ein gerades Ergebnis (z. B. -2 + 0 + 0 + 0 = -2). Dies sind jedoch nur logische Werte; auf dem TP-Kabel finden sich anstelle von -2, -1, 0, +1, +2 Spannungen von –1 V, -0,5 V, 0 V, +0,5 V und +1 V. Dies ergibt in der Realität nur einen Abstand von 0,5 V zwischen den benachbarten Signalpegeln. Betrachtet man PAM5 als zweidimensionales Codierungsverfahren, ergibt sich eine Konstellation der Signale wie in Abbildung 4-14.

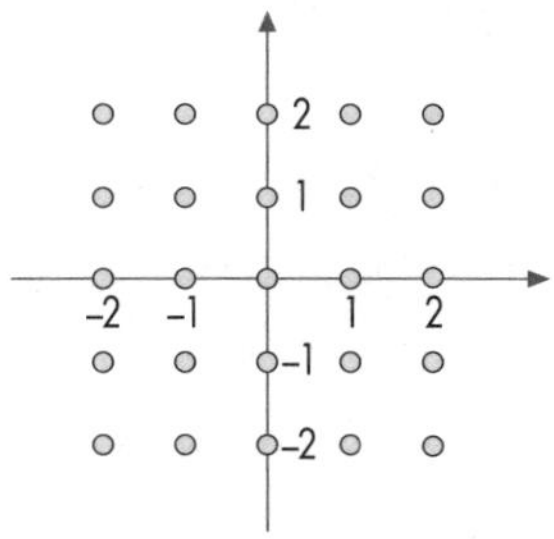

Abb. 4-14
Die Konstellation der Signalpegel einer 2D-PAM5-Codierung

Dies ist allerdings nicht unproblematisch: Bei dieser Konstellation können sich Störungen wegen des geringen Signalabstands recht drastisch auswirken – Das kann so weit gehen, dass der Empfänger nicht mehr in der Lage ist, die unterschiedlichen Signale zu trennen. Verschärfend kommt hinzu, dass durch die Dämpfung der Signale während der Übertragung die Signalabstände empfangsseitig noch geringer ausfallen (siehe Abbildung 4-15).

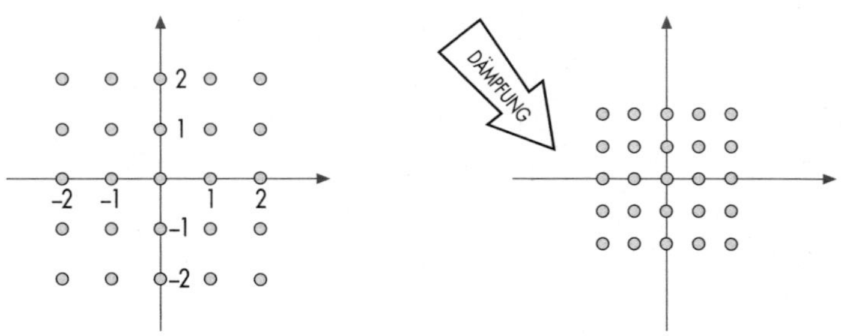

Abb. 4-15
Die Beeinflussung bei der 2D-PAM5-Codierung

Daher griffen die Entwickler von 1000BASE-T zu einem Trick und unterteilten die möglichen Symbolkombinationen in einen geraden und einen ungeraden Bereich. Dadurch vergrößert sich der Abstand zwischen den Signalen – dies bewirkt eine bessere Signalschärfe und demnach zwangsläufig eine geringere Anfälligkeit gegen Störungen (siehe Abbildung 4-16).

Abb. 4-16
Durch die Trennung zwischen geraden und ungeraden Symbolen wird der Signalabstand deutlich größer.

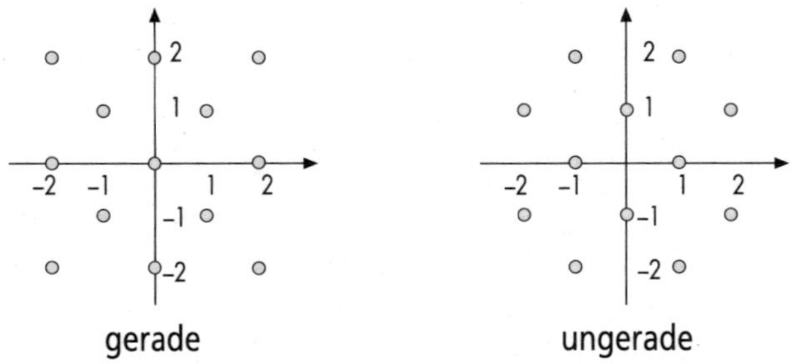

Verwendet man nun für die Darstellung der geraden Signalpegel (-2, 0, +2) ein Y und für die ungeraden (-1, 1) ein X, ergeben sich für die 2D-PAM5-Codierung die Darstellungen wie in Abbildung 4-17.

Abb. 4-17
Die ungeraden und geraden Konstellationen der PAM5-Codierung

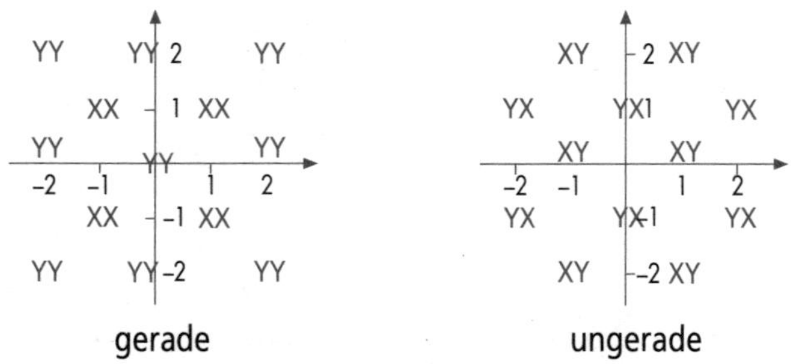

Anhand der geraden Darstellung lässt sich erkennen, dass XX letztendlich das Invers von YY darstellt. Diese Konstellation kann man daher nochmals in zwei Teile unterteilen. Dies führt wiederum zu einem zusätzlichen Abstand zwischen den Signalen, der ebenfalls zur Steigerung der Störsicherheit beiträgt (siehe Abbildung 4-18).

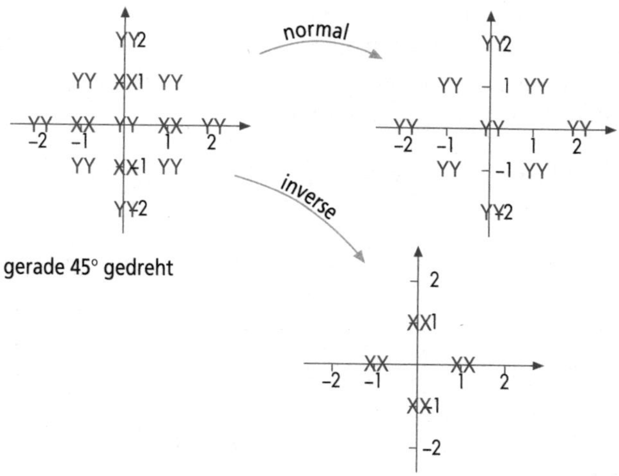

Abb. 4–18
Die zusätzliche Unterteilung in die normale und die inverse Darstellung der möglichen Zustände erhöht den Abstand nochmals.

Bei der zweidimensionalen Darstellung (2D-PAM5-Codierung) ergeben sich acht verschiedene Möglichkeiten. Die vierdimensionale 4D-PAM5-Codierung bietet demnach doppelt so viele Möglichkeiten, also sechzehn verschiedene Kombinationen, die ebenfalls wieder in eine normale und eine inverse Darstellung unterteilt sind. Die einzelnen möglichen Symbolkombinationen, die sich aus der 4D-PAM5-Codierung ergeben, werden in acht Subsets aufgeteilt, den vier geraden Subsets D0, D2, D4 und D6 sowie den vier ungeraden Subsets D1, D3, D5 und D7. Den einzelnen Subsets sind dabei mögliche Werte und deren inverse Werte zugeordnet, die bei der Datenübertragung auf den einzelnen Adernpaaren letztendlich verwendet werden dürfen (siehe folgende Tabelle).

Tab. 4–14
Die Wertezuordnung der einzelnen Subsets

Subset	Mögliche Werte
D0	XXXX oder YYYY
D1	XXXY oder YYYX
D2	XXYY oder YYXX
D3	XXYX oder YYXY
D4	XYYX oder YXXY
D5	XYYY oder YXXX
D6	XYXY oder YXYX
D7	XYXX oder YXYY

Aus der vorangegangenen Tabelle wird deutlich, dass jedes Subset zwei Wertezuordnungen hat: die zweite entspricht der inversen ersten Wertezuordnung. X erlaubt die möglichen Werte –1 und 1, Y entspricht den Werten –2, 0 und +2. Das Subset D0 kann demnach entweder nur aus den Werten –1 und 1 zusammengesetzt sein oder nur aus den Werten –2, 0 oder +2 bestehen. Im ersten Fall (-1 oder 1) entstehen somit $2 \times 2 \times 2 \times 2 = 16$ verschiedene, im zweiten Fall (-2, 0 oder +2) $3 \times 3 \times 3 \times 3 = 81$ verschiedene Möglichkeiten. Insgesamt kann das Subset D0 also 97 mögliche Symbolkombinationen annehmen (siehe folgende Tabelle).

Tab. 4–15 *Die Anzahl der auf die Subsets bezogenen Symbolkombinationen*

Subset	TA,TB,TC,TD	Anzahl	TA,TB,TC,TD	Anzahl	Summe
D0	XXXX	16	YYYY	81	97
D2	XXYY	36	YYXX	36	72
D4	XYYX	36	YXXY	36	72
D6	XYXY	36	YXYX	36	72
D1	XXXY	24	YYYX	54	78
D3	XXYX	24	YYXY	54	78
D5	XYYY	54	YXXX	24	78
D7	XYXX	54	YXYY	54	78

Für die eigentliche Datenübertragung verwendet 1000BASE-T aus jedem Subset 64 Symbolkonstellationen; die übrigen dienen den Kontrollfunktionen. Durch die Art der Symbolzusammenstellung beträgt der quadratische Mindestabstand zwischen den einzelnen Elementen der Symbolkonstellationen mindestens 4. Das Subset D1 XXXY und YYYX kann beispielsweise die Symbole 1, -1, 1, 2 und 2, 0, 2, 1 ergeben, die zueinander einen quadratischen Abstand von $4 = (+1 - +2)^2 + (-1 - 0)^2 + (+1 - +2)^2 + (+2 - +1)^2$ haben. Aus dem Subset D4 XYYX und YXXY ergeben sich die Symbole +1, -2, +2, -1 und 0, -1, +1, 0, die den quadratischen Mindestabstand von $(+1 - 0)^2 + (-2 - -1)^2 + (+2 - +1)^2 + (-1 - 0)^2 = 4$ aufweisen.

Für die Datenübertragung bei 1000BASE-T erhält man aus dem geraden Symbolbereich die Symbolkonstellation aus der folgende Tabelle.

Tab. 4–16 *Ausschnitt aus der geraden Symboltabelle*

Condition	Sdn[5:0]	Sdn[6:8] = [000]	Sdn[6:8] = [010]	Sdn[6:8] = [100]	Sdn[6:8] = [110]
Normal	000000	0, 0, 0, 0	0, 0,+1,+1	0,+1,+1, 0	0,+1, 0,+1
Normal	000001	-2, 0, 0, 0	-2, 0,+1,+1	-2,+1,+1, 0	-2,+1, 0,+1
Normal	000010	0,-2, 0, 0	0,-2,+1,+1	0,-1,+1, 0	0,-1, 0,+1
Normal	000011	-2,-2, 0, 0	-2,-2,+1,+1	-2,-1,+1, 0	-2,-1, 0,+1
Normal	000100	0, 0,-2, 0	0, 0,-1,+1	0,+1,-1, 0	0,+1,-2,+1
Normal	000101	-2, 0,-2, 0	-2, 0,-1,+1	-2,+1,-1, 0	-2,+1,-2,+1
Normal	000110	0,-2,-2, 0	0,-2,-1,+1	0,-1,-1, 0	0,-1,-2,+1
Normal	000111	-2,-2,-2, 0	-2,-2,-1,+1	-2,-1,-1, 0	-2,-1,-2,+1
Normal	001000	0, 0, 0,-2	0, 0,+1,-1	0,+1,+1,-2	0,+1, 0,-1
Normal	001001	-2, 0, 0,-2	-2, 0,+1,-1	-2,+1,+1,-2	-2,+1, 0,-1
Normal	001010	0,-2, 0,-2	0,-2,+1,-1	0,-1,+1,-2	0,-1, 0,-1
Normal	001011	-2,-2, 0,-2	-2,-2,+1,-1	-2,-1,+1,-2	-2,-1, 0,-1
Normal	001100	0, 0,-2,-2	0, 0,-1,-1	0,+1,-1,-2	0,+1,-2,-1

Condition	Sdn[5:0]	Sdn[6:8] = [000]	Sdn[6:8] = [010]	Sdn[6:8] = [100]	Sdn[6:8] = [110]
Normal	001101	-2, 0,-2,-2	-2, 0,-1,-1	-2,+1,-1,-2	-2,+1,-2,-1
Normal	001110	0,-2,-2,-2	0,-2,-1,-1	0,-1,-1,-2	0,-1,-2,-1
Normal	001111	-2,-2,-2,-2	-2,-2,-1,-1	-2,-1,-1,-2	-2,-1,-2,-1

4.6.6 Die Trellis-Codierung

Trellis-Codierung

Die Auswahl der Subsets aus der geraden oder ungeraden Symboltabelle erfolgt über die Trellis-Codierung. Sie wandelt die acht Datenbit des GMII, die zuvor durch den Scrambler liefen, in neun Datenbit um. Für die Gewinnung des neunten Bits verwendet die Trellis-Codierung das oberste Datenbit der acht soeben gesendeten sowie das oberste der drei davor gesendeten Bits. Das so gewonnene neunte Datenbit und die zwei Bits, die für die Erzeugung des neunten zum Einsatz kamen, bestimmen die Auswahl des geraden oder ungeraden Symbols, legen also das Subset der PAM5-Codierung fest, das zur Datenaussendung dient.

Die Trellis-Codierung ist eigentlich eine alte Bekannte aus der Nachrichtentechnik; man setzt sie bevorzugt dann ein, wenn es um die Codierung von langen Nachrichtenfolgen geht, beispielsweise bei der Satellitenübertragung. Der Ablauf der Trellis-Codierung ist recht einfach und folgt einem festgelegten Diagramm (siehe Abbildung 4-19).

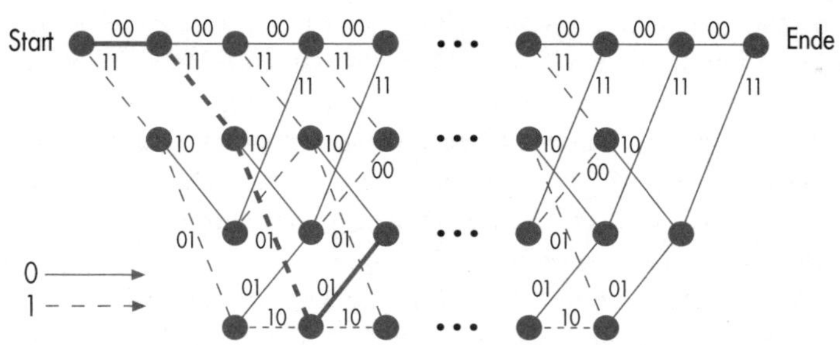

Abb. 4–19
Ein Trellis-Diagramm

Ein Trellis-Diagramm entspricht einem Codebaum mit Knotenpunkten, von denen Verzweigungen ausgehen, die die Zustände der Codegruppen festlegen. Das Bit 0 bestimmt, dass der durchgezogenen Linie, das Bit 1 dagegen, dass der gestrichelten Linie gefolgt wird. So ergeben sich beispielsweise aus der Bitfolge 0110 die Codegruppen 00,11,01,01. Dadurch ist sichergestellt, dass nach der Codegruppe 11 nur die Codegruppen 10 oder 01 folgen können. Nach diesem Schema wählt 1000BASE-T die einzelnen Subsets aus (siehe Abbildung 4-20).

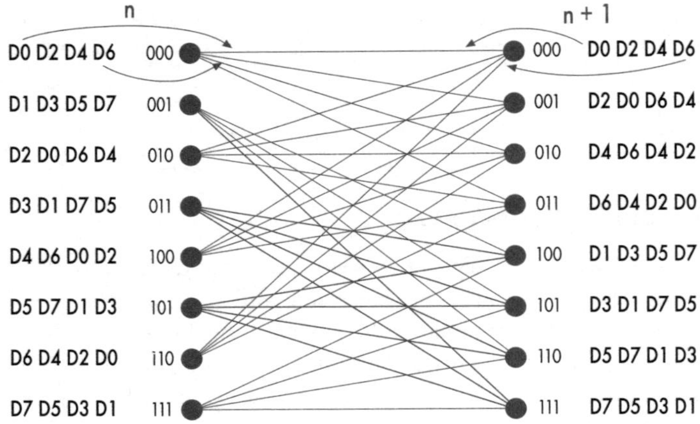

Abb. 4–20
Das Trellis-Diagramm von 1000BASE-T

4.6.7 Der Viterbi-Decoder

Viterbi-Decoder

Durch die fünf Levels der PAM-5-Codierung ist nun allerdings der Signalabstand im Vergleich zur MLT-3-Codierung geringer. 1000BASE-T arbeitet nur noch mit einem Signalabstand von 0,5 V; daher ist die Gefahr deutlich höher, dass die Signale im Rauschen untergehen. Die Trellis-Codierung wirkt diesem Problem entgegen, indem sie die Folge der Symbole so anordnet, dass der Abstand größer wird. Die Trellis-Codierung verbessert das Signal-Rausch-Verhältnis um 3 dB und liegt damit bei ungefähr 6 dB, was in etwa dem Signal-Rausch-Verhältnis der MLT-3-Codierung entspricht. Außerdem kann durch den Viterbi-Decoder eine Bitfehlerrate von weniger als 10^{-10} Bitfehler eingehalten werden; ein ausgezeichneter Wert bei 1000BASE-T im Vergleich zu den anderen Ethernet-Technologien. Der Viterbi-Decoder bei 1000BASE-T erreicht dies dadurch, dass er den Empfänger in die Lage versetzt, Abweichungen in der zulässigen Symbolfolge zu erkennen und zu korrigieren.

Der Viterbi-Decoder stellt das Komplement zur Trellis-Codierung dar und dient der Decodierung des eingehenden Datenstroms beim Empfänger. Die Viterbi-Decodierung hat den Vorteil, dass sie gegenüber anderen Verfahren nicht nur eine Fehlererkennung, sondern auch eine Fehlerkorrektur bietet. Dies ist möglich, da die Trellis-Codierung gewissen Gesetzmäßigkeiten unterliegt, mit deren Hilfe der Empfänger fehlerhafte Symbolfolgen ausfiltern und korrigieren kann. Dem Viterbi-Decoder liegt dabei die mögliche Entscheidung zugrunde, ob das folgende Symbol im Datenstrom einer geraden oder ungeraden Symbolkonstellation entsprechen muss. Fallen zwei Verzweigungspfade innerhalb des Code-Baums zusammen, verwendet er die Verzweigung, deren Abstand vom empfangenen Symbol geringer ist.

4.6.8 Die Partial-Response-Filter

Partial-Response-Filter

Da 1000BASE-T-Komponenten wahlweise mit 1000, 100 oder 10 MBit/s arbeiten sollen, müssen die Frontends für alle Datenraten ausgelegt sein. Dafür ist es vorteilhaft, wenn das übertragene Frequenzspektrum unabhängig von der jeweiligen Datenrate und in etwa gleich ausgeprägt ist. Auf diese Weise vereinfacht sich zum einen die Konstruktion der Übertrager, und zum anderen verbessert sich das Signalverhalten während der Übertragung auf dem TP-Kabel. Dieses Signalverhalten ist durch die Charakteristik des TP-Kabels geprägt und somit von der Übertragungsrate abhängig. Sorgt man dafür, dass bei einer Datenrate von 1000 MBit/s in etwa das gleiche Frequenzspektrum wie bei 100 MBit/s verwendet wird, wirkt sich dies auf beide Punkte positiv aus. Um ein gleichmäßiges Frequenzverhalten unabhängig von der Datenrate zu erzielen, lässt man die Daten durch einen sogenannten Partial-Response-Filter laufen. Diese addieren drei Viertel des aktuellen Symbols und ein Viertel des vorherigen Symbols (0,75 + 0,25 z –1) und übertragen es anstelle eines vollständigen Symbols gemeinsam. Normalerweise würden die Daten über fünf Levels auf dem TP-Kabel übertragen; durch die Kombination aus zwei Symbolen ergeben sich theoretisch 25 verschiedene Signalpegel. Diese 25 Signalpegel reduzieren sich, da acht Signalpegel gleich sind, auf 17 unterschiedliche Signalpegel.

Durch den Einsatz der Partial-Response-Filter überträgt man die Daten auf dem TP-Kabel anstelle über fünf tatsächlich über 17 verschiedene Signalpegel. Dies führt zu einer Glättung der Pulsformen, die sich durch den Sprung von Signalpegel zu Signalpegel ergeben (Puls-Shaping-Verfahren). Damit entspricht das in der Form gewonnene Frequenzspektrum in etwa dem von 100BASE-TX. Durch das Puls-Shaping-Verfahren verbessert sich also auch die EMV-Charakteristik, die elektromagnetische Abstrahlung sinkt. Bedingt durch die geringere elektromagnetische Abstrahlung vergrößert sich zudem der Signal-Rausch-Abstand, was wiederum der Zuverlässigkeit für eine fehlerfreie Datenübertragung zugute kommt.

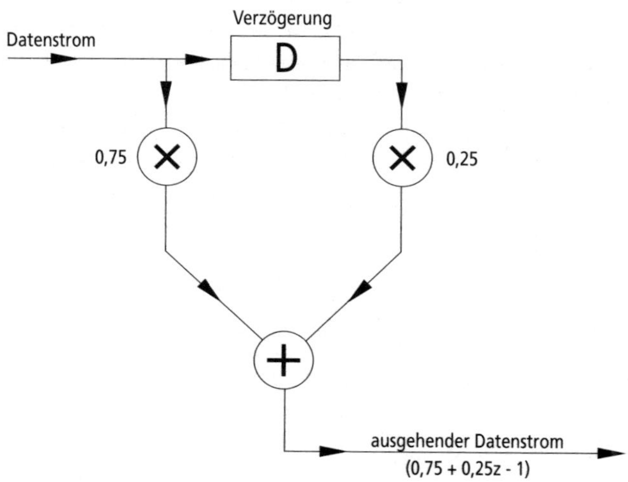

Abb. 4–21
Die Funktion des Partial-Response-Filters

4.6.9 Die Hybridfunktion

Hybridschaltung

1000BASE-T nutzt alle Adernpaare des TP-Kabels als Vollduplexmedium: Auf allen Adernpaaren überträgt Gigabit-Ethernet die Datensignale simultan in beide Richtungen. Für den Empfang der Daten ist es demnach notwendig, dass der Empfänger die von der Gegenseite gesendeten Signale aus dem gesamten Datensignal subtrahieren kann. In den ersten 1000BASE-T-Implementierungen hat man dazu sogenannte Hybridschaltungen verwendet, die das Empfangssignal aus dem Datensignal wieder extrahieren, indem sie das bekannte eigene Sendesignal vom Datensignal abziehen. Integriert waren diese Hybridschaltungen in den Übertragern, die bei den mit Kupferkabeln arbeitenden Netzwerktechnologien für die notwendige galvanische Trennung im Netzwerk sorgen. Hinter einer Hybridschaltung verbirgt sich eine Brückenschaltung (siehe Abbildung 4-22).

Abb. 4-22
Brückenschaltung, die dem prinzipiellen Aufbau einer Hybridschaltung entspricht

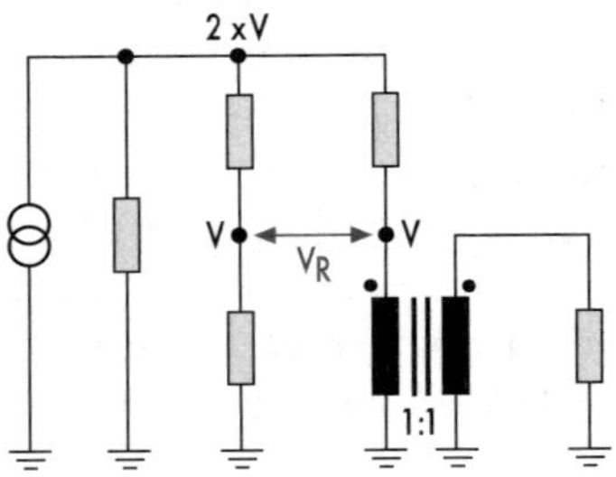

In der Praxis ist es jedoch nur schwer realisierbar, eine Hybridschaltung in einen 1000BASE-T-Transceiver so zu implementieren, dass diese Hybridschaltung hundertprozentig abgeglichen ist. Dies liegt zum einen an den Fertigungstoleranzen der Hybride selbst, zum anderen aber an der Implementierung innerhalb der 1000BASE-T-Komponente. Demnach kann in der Praxis die Hybridschaltung nur den größten Teil der Echos am nahen Ende eliminieren; es bleibt immer ein gewisser Anteil an Restecho übrig. Um sicherzustellen, dass der Empfänger nur das Datensignal der Gegenstelle erhält und ein störungsfreier Datenaustausch gewährleistet ist, muss 1000BASE-T das verbleibende Restecho durch zusätzliche Maßnahmen beseitigen. Heute überlässt man deshalb die Beseitigung des Echos ausschließlich den DSPs, die zu jedem Zeitpunkt das Sendesignal kennen und so das Empfangssignal vom vorhandenen Gesamtsignal einwandfrei trennen können.

4.6.10 Echo Cancellation

Echo Cancellationer

Die Beseitigung des Echos führt 1000BASE-T durch die sogenannten Echo Cancellationer durch, die Bestandteil der DSPs sind. Die Echo-Cancellation-Funktionen der DSPs legen das eigene gesendete Signal zugrunde und führen es adaptiven digitalen Filtern zu, die das Restecho minimieren.

Um Echo Cancellation zufriedenstellend durchführen zu können, muss 1000BASE-T sicherstellen, dass die Signallaufzeiten zwischen den einzelnen Adernpaaren annähernd gleich sind. Nur so kann gewährleistet werden, dass der Cancellation-Mechanismus richtig arbeitet und das empfangene Datensignal vom gesamten Datenstrom ausreichend subtrahiert. Der 1000BASE-T-Standard lässt deshalb eine Abweichung in den Signallaufzeiten von maximal 50 ns zu. Um unterschiedliche Signallaufzeiten ausgleichen zu können, verfügen die 1000BASE-T-PHY-Chips über eine sogenannte Pair-Skew-Correction-Funktion. Sie kompensiert die durch die verschiedenen Laufzeiten unterschiedlich eintreffenden Signale auf der Empfängerseite.

4.6.11 Minimierung des Crosstalk

Crosstalk

Bei der Datenübertragung über ein TP-Kabel bestehen Beeinflussungen zwischen den Adernpaaren, die durch die Abstrahlung von elektromagnetischen Wellen entstehen, die jede Leitung, auf der Daten übertragen werden, hervorruft. Das so entstehende Übersprechen bezeichnet man auch als Crosstalk. Als Gütemerkmal bei TP-Kabeln drückt man dies über die dem Crosstalk entgegenwirkenden Dämpfungsparameter Nahnebensprechdämpfung (NEXT, Near End Crosstalk) und Fernnebensprechdämpfung (FEXT, Far End Crosstalk) aus. Ein TP-Kabel ist umso besser, je höher Nah- und Fernnebensprechdämpfung sind; das Übersprechen ist dann umso geringer. Zudem bewertet man die Güte mit dem Verhältnis von NEXT zur Dämpfung, der Attenuation to Crosstalk Ratio (ACR, siehe Abschnitt 7.2.1)

Da 1000BASE-T alle vier Adernpaare für die Datenübertragung verwendet, entsteht untereinander eine erhöhte Beeinflussung auf den Adernpaaren. Das Power Sum Far-End Crosstalk (PSFEXT) bezeichnet die Summe aller Störleistungen, die das Fernnebensprechen (FEXT) aller benachbarten Adernpaare erzeugt; es wird am fernen empfängerseitigen Ende des TP-Kabels gemessen (siehe Abbildung 4-23).

Abb. 4–23
Das Übersprechen zwischen den vier Adernpaaren

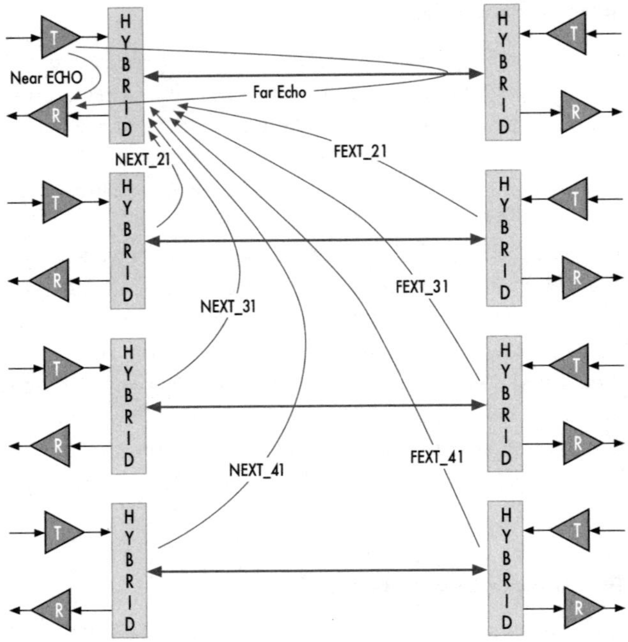

Um diese Beeinflussungen zu kompensieren, enthält der 1000BASE-T-DSP FEXT-Cancellation-Funktionen, die beim Empfänger die Störungen ausfiltern. Da jedes Adernpaar drei benachbarte Adernpaare hat, die das eigene Signal beeinflussen können, muss der DSP für jedes Adernpaar drei FEXT-Cancellationer aufweisen – im DSP sind also insgesamt 12 FEXT-Cancellationer vorhanden.

4.6.12 Das Startup-Protokoll von 1000BASE-T

Startup-Protokoll

Nachdem eine 1000BASE-T-Komponente zurückgesetzt wurde, führt sie ein Startup-Protokoll durch. Nach dem Empfang des Fast-Link-Pulses gibt es im Wesentlichen fünf Schritte für diese Start-Prozedur von 1000BASE-T-Geräten:

- Automatische MDI/MDI-X-Einstellung
- Auto-Negotiation
- Festlegung der Übertragungsrate 10, 100 oder 1000 MBit/s
- Festlegung der Master-Slave-Rolle
- Einstellung der DSP-Filter

Als Erstes erfolgt eine automatische MDI/MDI-X-Einstellung zwischen den einander gegenüberliegenden 1000BASE-T-Komponenten. Bei 1000BASE-T entfällt also die Notwendigkeit, ein Crossover-Kabel einzusetzen – man muss sich keine Gedanken mehr über den Einsatz des richtigen TP-Kabels machen, also darüber, ob das TP-Kabel gekreuzt oder ungekreuzt ist. Die darauf folgenden drei Schritte stehen primär mit der Auto-Negotiation-Funktion in Verbindung, die grundsätzlich der bei 100BASE-TX entspricht. Auf die Auto-Negotiation gehen wir in den folgenden Abschnitten noch detailliert ein.

Trainingsphase

Durch eine Art Trainingsphase werden im letzten Schritt die adaptiven Filterfunktionen der DSPs, wie zum Beispiel die NEXT- und FEXT-Cancellationer eingestellt. Dies ist stark von der Qualität der vorhandenen TP-Kabel abhängig – die Filter bedürfen einer genauen Anpassung an die vorhandene Situation, damit eine optimale Funktion gewährleistet ist. Für die Einstellung und den Abgleich der Filter tauschen die 1000BASE-T-Komponenten so lange Idle-Symbole auf allen vier Adernpaaren aus, bis die Verbindungspartner auf der Empfängerseite die Idle-Signale richtig erkennen können. Dadurch können die Geräte Unterschiede in den Signallaufzeiten und den verschiedenen Dämpfungsfaktoren erkennen und während der eigentlichen Datenübertragung kompensieren. Die Trainingsphasen der Filter werden in drei Sequenzen durchgeführt, wobei der zeitliche Ablauf zwischen dem Master und dem Slave unterschiedlich ist (siehe Abbildung 4-24).

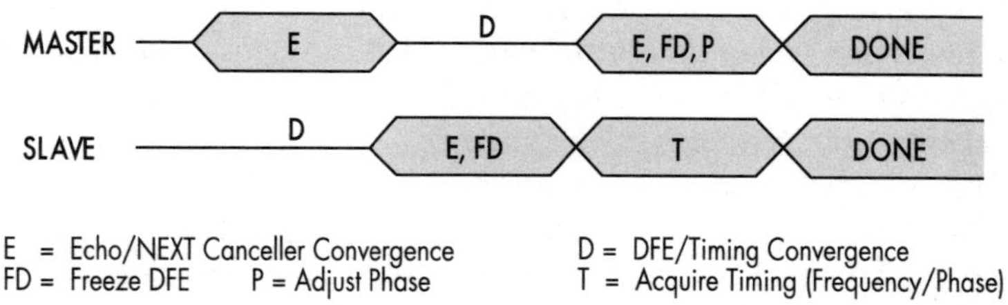

Abb. 4-24
Sequenz der Filter-Trainings- und Einstellungsphase

Der Abgleich der Echo- und NEXT-Filter seitens des Masters initiiert die Trainingsphase. Der Slave folgt darauf in der nächsten Sequenz ebenfalls mit dem Abgleich dieser Filter, worauf die weiteren Filter innerhalb derselben und der folgenden Sequenz eingestellt werden. Nachdem alle Filter abgeglichen sind, können die Verbindungspartner mit dem eigentlichen Austausch der Daten beginnen.

4.6.13 Auto-Negotiation- und MDI/MDI-X-Funktion bei 1000BASE-T

Auto-Negotiation-Funktion

Die Auto-Negotiation-Funktion führt 1000BASE-T wie 100BASE-TX über den Austausch von Fast-Link-Pulsen durch, wobei jedoch vor dem eigentlichen Informationsaustausch erst eine automatische MDI/MDI-X-Einstellung erfolgt. Bei 1000BASE-T müssen die gegenüberliegenden PINs BI_DA und BI_DB sowie BI_DC und BI_DD für einen Datenaustausch miteinander verbunden sein. Die automatische Einstellung während der Auto-Negotiation-Funktion erledigt 1000BASE-T, indem es auf dem Signalpfad BI_DA die Informationen aussendet und auf dem Signalpfad BI_DB empfängt (MDI). Sollten keine Informationen ankommen, schaltet der Sender auf BI_DB und der Empfänger auf BI_DA um – dadurch entsteht eine Kreuzung (MDI-X). Das gleiche Verfahren kommt auf den Signalpfaden BI_DC und BI_DD zum Einsatz, wodurch hier ebenfalls eine Umschaltung möglich ist.

Tab. 4–17
Signalbelegung an der 1000BASE-T-Buchse

PIN	PHY	MDI	MDI-X
1	BI_DA+ (TP0+)	BI_DA+	BI_DB+
2	BI_DA- (TP0-)	BI_DA-	BI_DB-
3	BI_DB+ (TP1+)	BI_DB+	BI_DA+
4	BI_DC+ (TP2+)	BI_DC+	BI_DD+
5	BI_DC- (TP2-)	BI_DC-	BI_DD-
6	BI_DB- (TP1-)	BI_DB-	BI_DA-
7	BI_DD+ (TP3+)	BI_DD+	BI_DC+
8	BI_DD- (TP3-)	BI_DD-	BI_DC-

Der Informationsaustausch für Auto-Negotiation erfolgt über PIN 1,2 und PIN 3,6. Diese beiden PIN-Paare entsprechen den Sende- und Empfangs-PINs auf der RJ-45-Buchse von 10BASE-T und 100BASE-TX; die Abwärtskompatibilität ist also gewährleistet.

Die Auto-Negotiation-Funktion von 1000BASE-T ist zudem für die Aushandlung der Übertragungsrate, des Übertragungsmodus, des Flow Control und für die Festlegung der Master/Slave-Rolle zuständig.

Für ein 1000BASE-T-Netzwerk ergeben sich die Kenngrößen aus der folgenden Tabelle.

Tab. 4–18
Kenngrößen eines 1000BASE-T-Netzwerks

Kenngröße	1000BASE-T
Topologie	Stern
Signalisierungstechnik	Basisband
Codierungsverfahren	4D-PAM5
Kabeltyp	UTP-Kabel der Kat. 5 oder höher
Impedanz	100 Ohm
Maximale Segmentlänge	100 m
Maximale Anzahl der Stationen pro Segment	2
Anschluss	RJ-45-Buchse

4.6.14 Auto-Negotiation bei 1000BASE-T

Auto-Negotiation bei 1000BASE-T

Die Auto-Negotiation-Funktion für 1000BASE-T ist laut IEEE 802.3ab für die Aushandlung der Übertragungsrate, des Flow Control und der Festlegung der Master-Slave-Rolle notwendig. Die 1000BASE-T-Komponenten, die 10, 100 und 1000 MBit/s unterstützen, verfügen auf der PHY-Ebene über drei unabhängige Transceiver, die jeweils für eine Datenrate ausgelegt sind. Die verschiedenen Transceiver-Pfade führen dabei auf einen gemeinsamen RJ-45-Netzwerkanschluss. Eine 1000BASE-T-Komponente versucht erst einmal, den Auto-Negotiation-Prozess laut IEEE 802.3ab durchzuführen, wobei sie die Informationen über einen FLP-Burst austauscht. Schlägt dies fehl, kommt die Auto-Negotiation-Funktion von Fast Ethernet zum Einsatz, indem über FLP-Bursts die Übertragungsrate, der -modus und Flow Control ausgehandelt werden. Ist dies erfolgreich, schaltet das Gerät je nach Ergebnis auf den 100-MBit/s- oder 10MBit/s-Transceiver im Voll- oder Halbduplexmodus. Sollte dies aber ebenfalls fehlschlagen, entscheidet sich die Komponente über die Parallel-Detection-Funktion zwischen 10 MBit/s und 100 MBit/s; sie betreibt dann den jeweiligen Transceiver für die erkannte Übertragungsrate im Halbduplexmodus.

Auto-Negotiation-Sequenz

Die Auto-Negotiation-Sequenz bei 1000BASE-T tauscht eine Base Page, eine Message Next Page und zwei Unformatted Next Pages aus. Die Base Page und die Message Next Page dient für die 1000BASE-T-spezifischen Informationen nur der Anzeige, dass eine Message Page und weitere Unformatted Pages folgen. Der eigentliche Informationsinhalt wird also über zwei Unformatted Next Pages übermittelt. Die Base Page ist bei 1000BASE-T ausschließlich für die Aushandlung des Flow Control zuständig.

Die erste Unformatted Page enthält Informationen über den Übertragungsmodus, ob es sich um eine Einport- oder Multiport-Komponente handelt und die eventuelle manuelle Einstellung der Master-Slave-Rolle. Die automatische Aushandlung der Master-Slave-Rolle erledigt die zweite Unformatted Next Page (siehe folgende Tabellen).

Tab. 4–19
Der Inhalt der ersten 1000BASE-T-Next-Page

Bit	Bedeutung
U4	1000BASE-T Halbduplex
U5	1000BASE-T Vollduplex
U2	1000BASE-T-Muliport-Komponente
U1	1000BASE-T Master-Slave manuelle Konfiguration
U0	1000BASE-T manuelle Master-Slave soll verwendet werden

Die automatische Festlegung der Master-Slave-Rolle entscheidet sich nach folgenden Kriterien:

- Eine Multiport-Komponente hat gegenüber einer Einzelport-Komponente die höhere Priorität für die Master-Rolle.
- Sind beide Komponenten Multiport- oder Einzelport-Komponenten, entscheidet die höhere Seed.
- Die Komponente mit der höheren Seed übernimmt die Master-Rolle.

- Die Komponente mit der niedrigeren Seed übernimmt die Slave-Rolle.
- Sind beide Seeds gleich, wird durch einen Link_Status_1GigT-Fehler eine neue Auto-Negotiation-Sequenz initiiert, über die auf beiden Seiten eine neue Seed ermittelt wird.
- Schlagen 7 Versuche fehl, die Master-Slave Rolle über eine unterschiedliche Seed auszuhandeln, gilt dies als Master-Slave-Fehler.

Festlegung Master-Slave-Rolle

Die Aushandlung der 1000BASE-T-Master-Slave-Rolle erfolgt also in erster Linie über die Prioritäten-Rolle, wobei eine Multiport-Komponente vor einer Einzelport-Komponente den Vorrang für die Master-Rolle hat. Sind die Komponenten vom Typ her gleich, geschieht die Wahl über eine Seed, wobei die Komponente mit der höheren Seed die Master- und die mit der niedrigeren die Slave-Rolle übernimmt.

Die Seed ist eine 11 Bit lange Integerzahl, die den Wertebereich von 0 bis $2^{11} - 2$ einnehmen kann und als Zufallszahl ermittelt wird. Es ist dem Hersteller einer 1000BASE-T-Komponente überlassen, nach welchen Kriterien er die Seed ermittelt. Zumindest in der Theorie sollte es äußerst selten vorkommen, dass die Seeds zweier gegenüberliegender Komponenten gleich sind und die Master-Slave-Rolle deshalb nicht ausgehandelt werden kann. Die folgende Tabelle zeigt den Inhalt der zweiten Unformatted Next Page, über die die 11 Bit der Seed ausgetauscht werden.

Tab. 4–20 *Der Inhalt der zweiten 1000BASE-T-Next-Page*

Bit	Bedeutung
U10	1000BASE-T Master-Slave Seed Bit 10 (MSB)
U9	1000BASE-T Master-Slave Seed Bit 9
U8	1000BASE-T Master-Slave Seed Bit 8
U7	1000BASE-T Master-Slave Seed Bit 7
U6	1000BASE-T Master-Slave Seed Bit 6
U5	1000BASE-T Master-Slave Seed Bit 5
U4	1000BASE-T Master-Slave Seed Bit 4
U3	1000BASE-T Master-Slave Seed Bit 3
U2	1000BASE-T Master-Slave Seed Bit 2
U1	1000BASE-T Master-Slave Seed Bit 1
U0	1000BASE-T Master-Slave Seed Bit 0 (LSB)

Ist die Master-Slave-Rolle auf beiden Seiten manuell eingestellt, kann es vorkommen, dass auf beiden Seiten eines Segments die Komponenten die gleiche Einstellung haben – damit ist eine korrekte Vergabe der Rolle für die einzelnen Geräte natürlich nicht möglich. Dies wertet man als Master-Slave-Konfigurationsfehler. Darüber hinaus greift die einseitige manuelle Einstellung der Master-Slave-Rolle in den Prozess für die Vergabe der Master-Slave-Rolle ein (siehe folgende Tabelle). Der Austausch der Master-Slave-relevanten Informationen erfolgt in diesem Fall über die Bits U1 und U0 der ersten Unformatted Page.

Lokale Komponente	Entfernte Komponente	Lokal	Entfernt
Einzelport-Komponente	Multiport-Komponente	Slave	Master
Einzelport-Komponente	Manuell Master	Slave	Master
Manuell Slave	Manuell Master	Slave	Master
Manuell Slave	Manuell Master	Slave	Master
Multiport-Komponente	Manuell Master	Slave	Master
Manuell Slave	Einzelport-Komponente	Slave	Master
Multiport-Komponente	Einzelport-Komponente	Master	Slave
Multiport-Komponente	Manuell Slave	Master	Slave
Manuell Master	Manuell Slave	Master	Slave
Manuell Master	Einzelport-Komponente	Master	Slave
Einzelport-Komponente	Manuell Slave	Master	Slave
Manuell Master	Multiport-Komponente	Master	Slave
Muliport-Komponente	Muliport-Komponente	Seed	Seed
Einzelport-Komponente	Einzelport-Komponente	Seed	Seed
Manuell Slave	Manuell Slave	Fehler	Fehler
Manuell Master	Manuell Master	Fehler	Fehler

Tab. 4–21
Die Wahl der 1000BASE-T-Master-Slave-Rolle in Abhängigkeit von der Komponente bzw. der manuellen Konfiguration

4.6.15 Neue Anforderungen an das TP-Kabel

Anforderungen an das TP-Kabel

Das TP-Kabel der Kategorie 5 muss für eine Datenrate von 1000 MBit/s zusätzlichen Anforderungen entsprechen, die in der Vergangenheit nicht berücksichtigt worden sind. Diese zusätzlichen Anforderungen beschreibt die Spezifikation ANSI/TIA/EIA-TSB-6; dabei handelt es sich primär um Messungen für Return Loss und Equal Level Far-End Crosstalk. Möchte man 1000BASE-T über eine bereits installierte Kategorie-5-Netzwerkinfrastruktur betreiben, sollte man das vorhandene LAN durch eine Nachmessung laut ANSI/TIA/EIA-TSB-67 überprüfen. Erst wenn sichergestellt ist, dass die Installation auch die zusätzlichen Grenzwerte einhält, steht dem Betrieb mit 1000BASE-T nichts mehr im Wege.

⇨ Weitere Informationen über die verschiedenen Parameter der Verkabelung finden Sie im Kapitel Ethernet-Verkabelung.

5 10Gigabit-Ethernet

10Gigabit-Ethernet

Mit Gigabit-Ethernet ist noch lange nicht Schluss – 1000 MBit/s scheinen für viele Anwendungen immer noch nicht ausreichend zu sein. Deshalb begann das IEEE bereits 1999, also nur ein Jahr, nachdem der erste Standard für Gigabit-Ethernet verabschiedet war, an einer erneuten 10fachen Steigerung der Datenrate für Ethernet zu arbeiten. Hierzu waren technologisch gesehen einige beachtliche Klimmzüge notwendig. Betrachtet man die Datenrate von 10 GBit/s und die damit verbundenen Frequenzen, so mag es auch nicht verwundern, dass man eine Lösung für Kupferkabel erst einmal außen vor gelassen und als Übertragungsmedium ausschließlich Glasfaser im 10Gigabit-Ethernet-Standard definiert hat. Mit der Einführung von 10Gigabit-Ethernet ergeben sich jedoch auch für den Einsatz der Glasfaser beachtliche Neuerungen, die unbedingt bei der Implementierung einer zukunftsorientierten Verkabelungsinfrastruktur im Primär- und Sekundärbereich berücksichtigt werden sollten.

Eine wesentliche Neuerung bei 10Gigabit-Ethernet ist: Es handelt sich nicht mehr um eine reine LAN-Lösung, sondern LAN und WAN werden unter einem (technischen) Dach zusammengebracht. Außerdem wirft 10Gigabit-Ethernet erstmalig in der Geschichte des Ethernet den Halbduplexmodus und das Zugriffsverfahren CSMA/CD über Bord. Es wird nur noch der Vollduplexmodus unterstützt. Das IEEE-802.3-Frame-Format wird allerdings beibehalten. Zuerst werden wir auf die 10Gigabit-Ethernet-Glasfaser-Lösungen eingehen und abschließend auf die kupferbasierten Lösungen.

5.1 10Gigabit-Ethernet für Glasfaser

Der erste 10Gigabit-Ethernet-Standard wurde im Juni 2002 als IEEE-802.3ae-Standard verabschiedet. Der Standard 802.3ae definiert verschiedene Glasfaserlösungen und stellt im Wesentlichen eine Erweiterung auf der PHY-Ebene dar, auf der sieben PHY-Typen definiert worden sind. Auf diese Weise ergeben sich unterschiedliche Lösungen, die je nach Anforderung unter der Berücksichtigung eines guten Preis/-Leistungsverhältnisses zum Einsatz kommen können.

SDH/SONET

Um die Anbindung an die WAN-Domäne per Ethernet zu ermöglichen, wurde zudem auf der PHY-Ebene eine Lösung implementiert, die zum Synchronous Digital Hierarchy/Synchronous Optical Network (SDH/SONET) kompatibel ist. SDH/SONET bietet eine Nutzdatenrate von 9,58464 GBit/s und ist im WAN-Bereich weit verbreitet. Die Kompatibilität zu existierenden WAN-Lösungen auf der Basis der SDH/SONET-Technologie soll zu einer hohen Marktakzeptanz von 10Gigabit-Ethernet im WAN-Bereich beitragen.

Auf der MAC-Ebene bezieht sich die Erweiterung auf die Verzehnfachung der Datenrate, die durch eine Erhöhung der Taktrate erzielt wurde. Der MAC-Layer liefert eine Datenrate von 10 GBit/s, indem er die Daten mit einer Breite von je 32 Bit bei einer Clockrate von 156,25 MHz mit steigender und fallender Flanke an den PHY-Layer übergibt (32 Bit × 2 × 156,25 MHz = 10 GBit/s). Im Vergleich dazu werden bei Gigabit Ethernet die Daten lediglich zu je 8 Bit mit einer Clockfrequenz von 125 MHz bei steigender Flanke an den PHY übergeben.

XAUI

Für die Kommunikation zwischen dem MAC- und PHY-Layer wurden eine neue Schnittstelle mit der Bezeichnung XAUI (10 Gigabit Attachment Unit) und ein neuer Sublayer XGXS (XGMII Extend Sublayer) definiert. Bei beiden Bezeichnungen repräsentiert das X die römische Ziffer für die Zahl Zehn und soll somit die Datenrate von 10 GBit/s implizieren.

XGMII

Das bisherige GMII (Gigabit Medium Independent Interface) wird durch XGMII ersetzt werden, das gegenüber dem GMII einen erhöhten Funktionsumfang bietet, wodurch sich eine größere Flexibilität für die Anbindung der verschiedenen PHY-Typen ergibt. Für die praktische Umsetzung des XGMII wurde eine Standard-CMOS/TTL-Technik angewendet. Daher ist zwischen den ICs (MAC- und PHY-Chip) nur ein geringer Abstand von 7 cm erlaubt. Alternativ dazu kann die Anbindung des PHY über das XAUI erfolgen, wobei die Daten über vier serielle Leitungspaare mit der 2,5fachen Datenrate von 1000 MBit/s übertragen werden. Hierdurch kann die Anbindung des PHY über Leiterbahnen mit bis zu 50 cm Länge erfolgen, was sich besonders positiv bei der Implementierung von Multiport-Devices, wie z. B. Switches, auswirkt.

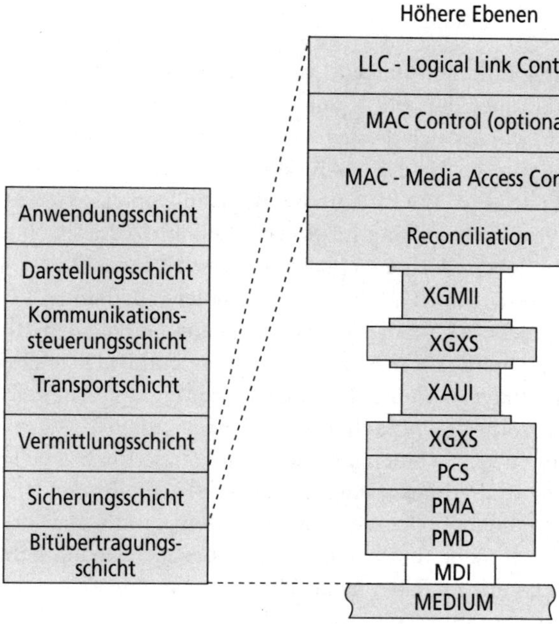

Abb. 5–1
Schichten-Modell bei 10Gigabit-Ethernet

5.2 PHY-Details

Der PHY-Layer ist bei 10Gigabit-Ethernet wie auch bei Gigabit-Ethernet in drei Bereiche unterteilt: den PCS (Physical Coding Sublayer), den PMA (Physical Medium Attachment) und den PMD (Physical Medium Dependent). Jeder dieser drei Teilbereiche stellt bestimmte Funktionen bereit, die bei der Datenrate von 10 GBit/s für die Anbindung an das Übertragungsmedium sorgen und letztendlich die hochperformante Datenübertragung ermöglichen.

PCS

Aufgabe des PCS ist es dabei, für die Umwandlung der Daten zu sorgen, wobei diese bei der Aussendung über ein bestimmtes Codierungsverfahren in Codegruppen und in ein für die serielle Übertragung geeignetes Format gewandelt werden.

PMA

Der PMA wandelt die vom PCS übergebenen Codegruppen in serielle Daten um bzw. deseriellisiert die Daten im Empfangsfall. Zudem ist der PMA beim Datenempfang für die Rückgewinnung des Taktes zuständig, die er in diesem Fall aus dem eingehenden Datenstrom gewinnt, über den die Synchronisation zwischen Sender und Empfänger erfolgt.

PMD

Der PMD stellt die unterste Ebene des PHY-Layers dar. Er stellt die physikalische und mechanische Anbindung an das Übertragungsmedium bereit.

Der PMD ist je nach verwendetem Übertragungsmedium unterschiedlich ausgeführt.

10Gigabit-Ethernet-Nomenklatur

Im 10Gigabit-Ethernet-Standard sind insgesamt drei verschiedene PCSs beschrieben, die über den PMA mit unterschiedlichen PMDs kombiniert werden können, woraus sich die sieben unterschiedlichen PHY-Typen ergeben. Die PCSs werden als 10GBASE-W, 10GBASE-R und 10GBASE-X bezeichnet. Bei den PMDs wird grundsätzlich ein Duplex-SC- oder Duplex-LC-Frontend verwendet, wobei Laser-Transceiver der Laserschutzklasse 1 mit unterschiedlichen Wellenlängen und verschiedenen Lasertypen zum Einsatz kommen. Bei der Bezeichnung der unterschiedlichen PHY-Typen wurde die gebräuchliche Ethernet-Nomenklatur beibehalten. In der Namensgebung beschreibt 10GBASE die Datenrate von 10 GBit/s bei der Nutzung des Basisbandverfahrens, also eines Übertragungsverfahrens, bei dem die Daten ohne vorherige Modulierung mit einer Trägerfrequenz direkt auf das Medium übertragen werden. Der darauf folgende Buchstabe spezifiziert das verwendete Codierungsverfahren. Dabei beschreibt der Buchstabe X eine LAN-Codierung, bei der die seriellen Daten parallel über mehrere Kanäle übertragen werden, um die Übertragungsfrequenzen auf dem Medium zu reduzieren. Es erfolgt dabei keine WAN-Anpassung. Mit dem Buchstaben R wird eine serielle Codierung beschrieben, bei der ebenfalls keine WAN-Anpassung erfolgt. Der Buchstabe W beschreibt eine WAN-Codierung, bei der die Daten in ein serielles Format gebracht werden und eine WAN-Anpassung erfolgt, sodass das Datenformat zu SDH und SONET kompatibel ist.

Bei den PMDs wird zwischen der Nutzung einer kurzen Wellenlänge von 850 nm (S = Short), einer langen Wellenlänge von 1310 nm (L = Long) und einer extrem langen Wellenlänge von 1550 nm (E = Extra Long) unterschieden. Die sieben PHY-Typen ergeben sich durch die Kombination von PCS-Typen und PMDs (siehe folgende Tabelle).

Tab. 5–1 *Verschiedene PHY-Varianten des 10Gigbit-Standards*

Bezeichnung	Beschreibung des PHY-Typs
10GBASE-SR	Serielle 850-nm-Variante ohne WAN-Anpassung
10GBASE-SW	Serielle 850-nm-Variante mit WAN-Anpassung
10GBASE-LR	Serielle 1310-nm-Variante ohne WAN-Anpassung
10GBASE-LW	Serielle 1310-nm-Variante mit WAN-Anpassung
10GBASE-ER	Serielle 1550-nm-Variante ohne WAN-Anpassung
10GBASE-EW	Serielle 1550-nm-Variante mit WAN-Anpassung
10GBASE-LX4	1310-nm-WWDM-Variante für den LAN-Bereich

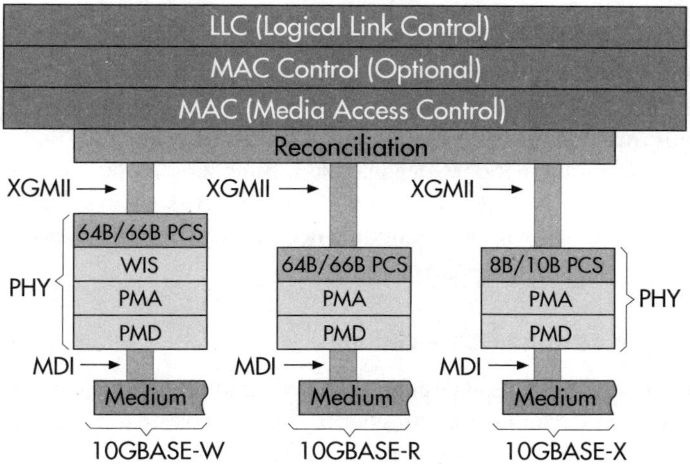

Abb. 5–2
Zeigt die verschiedenen PHY-Implementierungen von 10Gigabit-Ethernet

Die bei 10Gigabit-Ethernet genutzten Wellenlängen liegen in den drei optischen Fenstern der Glasfasern, bei denen diese jeweils typische Dämpfungsminima aufweisen (siehe Abschnitt 7.2.4). Je nach verwendeter Wellenlänge (850 nm, 1310 nm und 1550 nm) ergeben sich unterschiedliche Investitionskosten, die im Wesentlichen durch die Preise der Transceiver bestimmt sind (siehe Abschnitt 8.3.3). Auch wenn die verwendeten Wellenlängen einen maßgeblichen Faktor darstellen, so muss man klar festhalten, dass die Dämpfung bei 10Gigabit-Ethernet nicht mehr den entscheidende Parameter für die erzielbare Distanz darstellt. Denn bei den heutigen hohen Übertragungsfrequenzen ist vorwiegend das Bandbreiten-Längen-Produkt hierfür verantwortlich (siehe Abschnitt 7.2.4).

Betrachtet man die bereits installierten Netzwerkinfrastrukturen, so findet man im LAN-Bereich vorwiegend die Multimode-Glasfaser (MMF) mit einem Kerndurchmesser von 50/125 µm oder 62,5/125 µm, da diese gegenüber der Monomode-Glasfaser (SMF) mit einem Kerndurchmesser von 9/125 µm bedeutend preisgünstiger ist. Mithilfe des Bandbreiten-Längen-Produkts lässt sich einfach überschlagen, welche Distanz bei vorgegebener Datenrate erzielt werden kann. Hierbei gilt, dass die 50/125-µm-Multimode-Glasfaser ein größeres Bandbreiten-Längen-Produkt aufweist als die 62,5/125-µm-Multimode-Glasfaser. Gängige Werte für das Bandbreiten-Längen-Produkt einer 50/125-µm-Multimode-Glasfaser liegen bei 500 MHz × km. Schon bei Gigabit Ethernet hatte man mit den Effekten der Dispersion zu kämpfen. Dies wird deutlich, wenn man die erzielbare Distanz von 2000 m bei Fast Ethernet mit den 550 m bei Gigabit-Ethernet vergleicht, wobei man allerdings berücksichtigen muss, dass bei Fast Ethernet die limitierende Größe allein die Dämpfung und nicht die Dispersion ist. Grob überschlagen führt demnach die nochmalige Verzehnfachung der Datenrate zu einer maximalen Distanz von 55 m, die mit einer herkömmlichen

Multimode-Glasfaser mittels 10Gigabit-Ethernet überbrückt werden kann. Natürlich hätte diese geringe Distanz nicht zu einer großen Marktakzeptanz von 10Gigabit-Ethernet beigetragen, da man generell bei der Einführung einer neuen LAN-Technologie dafür sorgen muss, auf bestehende Verkabelungsinfrastrukturen aufsetzen zu können. Demnach waren die Entwickler von 10Gigabit-Ethernet gezwungen, eine Lösung zu schaffen, die die Verwendung bereits verlegter Glasfaser-Leitungen ermöglicht. Dies wurde letztendlich durch die Implementierung der 10GBASE-LX4-Lösung umgesetzt.

5.2.1 Die 10GBASE-LX-4-Lösung

10GBASE-LX-4

10GBASE-LX4 basiert im Grunde auf einem ähnlichen Lösungsansatz wie 1000BASE-T, indem man die zu übertragende Datenrate reduziert und damit verbunden die Datenübertragung ermöglicht bzw. wieder in brauchbare Distanzen rückt.

WWDM

Der Lösungsansatz beruht auf dem Wide-Wavelength-Division-Multiplexing-Verfahren (WWDM), das auch im WAN-Bereich verbreitet Anwendung findet, um Glasfaserleitungen effektiv auszunutzen. Durch das WWDM-Verfahren werden hierbei auf einer Glasfaser vier unabhängige Übertragungskanäle gebildet. Überträgt man die Daten auf vier Kanäle anstelle eines Kanals, so muss pro Kanal nur ein Viertel der tatsächlich zu übertragenden Datenrate übertragen werden. Die einzelnen Kanäle bildet man hierbei, indem man die Daten über Lichtquellen mit unterschiedlichen Wellenlängen auf die Glasfaser einspeist. Der Empfänger fasst die Daten der einzelnen Kanäle wieder zusammen, wodurch sich wieder die sendeseitigen Daten mit einer Datenrate von 10 GBit/s ergeben (siehe folgende Abbildung).

Abb. 5–3 *Durch das WWDM-Verfahren wird die Datenrate auf vier Kanäle aufgeteilt und reduziert.*

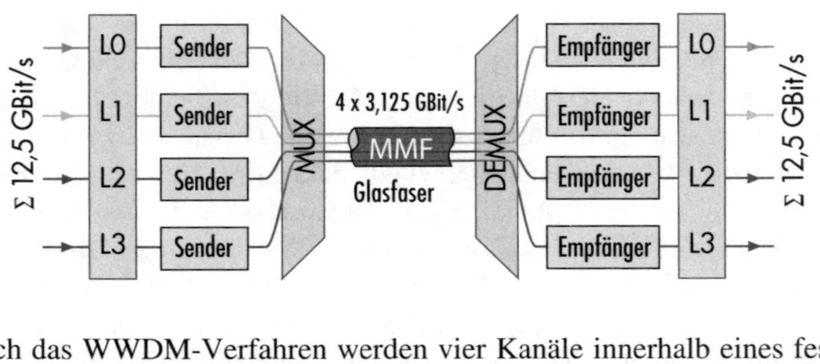

Durch das WWDM-Verfahren werden vier Kanäle innerhalb eines festgelegten Frequenzbandes über standardisierte Wellenlängen bzw. Frequenzen gebildet. Die Nutzdaten werden dann auf den unterschiedlichen Frequenzbändern diskret übertragen. Das WWDM-Verfahren ist allerdings keine neue Erfindung der 10Gigabit-Ethernet-Technologie, sondern wird bereits seit Jahren im WAN-Bereich eingesetzt, um die Faserkapazität verlegter

Übertragungsstrecken zu erhöhen. In der einfachsten Form wird WWDM umgesetzt, indem man in unterschiedlichen optischen Fenstern von beispielsweise 1300 nm oder 1550 nm arbeitet. Heutige moderne Lasertechnologien erlauben es jedoch, in einem optischen Fenster mehrere unabhängige Kanäle zu bilden. Bei dem WWDM-Verfahren von 10Gigabit-Ethernet bildet man die vier Kanäle (L0, L1, L2, L3) im zweiten optischen Fenster und arbeitet im Bereich von 1269,0 nm bis 1355,9 nm, wobei die einzelnen Kanäle untereinander einen Abstand von etwa 20 nm haben (siehe folgende Tabelle).

Tab. 5–2
Wellenlängenbereich der vier diskreten Kanäle bei 10GBASE-LX4

Kanal	Wellenlängenbereich
L0	1269,0 nm bis 1282,4 nm
L1	1293,5 nm bis 1306,9 nm
L2	1318,0 nm bis 1331,4 nm
L3	1342,5 nm bis 1355,9 nm

8B/10B-Codierung

Bei der 10GBASE-LX4-Lösung werden die Nutzdaten nicht direkt übertragen, sondern wie bei den optischen Varianten von Gigabit-Ethernet (1000BASE-SX und 1000BASE-LX) über eine sogenannte 8B/10B-Codierung gewandelt. Damit der aus der 8B/10B-Codierung entstehende Overhead wieder ausgeglichen wird, werden die Daten auf jeden Kanal mit einer Datenrate von 3,125 GBit/s übertragen. Auf allen vier Kanälen ergibt sich somit eine Datenrate von insgesamt 12,5 GBit/s (12,5 GBit/s = 4 × 3,125 GBit/s). Multipliziert man die 12,5 GBit/s mit 8/10, so kommt man auf die geforderte Datenrate von 10 GBit/s (10 GBit/s = 8/10 × 12,5 GBit/s).

Da man durch die Übertragung auf vier Kanäle die Datenrate pro Kanal merklich reduziert, wird man dem Bandbreiten-Längen-Produkt bereits verlegter Multimode-Glasfasern gerecht. Auf diese Weise ermöglicht man, 10Gigabit-Ethernet über eine Distanz von 2 bis 300 m auf einer herkömmlichen Multimode-Glasfaser zu übertragen, was im LAN-Bereich bereits eine akzeptable Größe für die Primär- und Sekundärverkabelung darstellt. Über eine Monomode-Glasfaser lassen sich über die 10GBASE-LX4-Lösung sogar Distanzen von bis zu 10.000 m überbrücken (siehe folgende Tabelle).

Tab. 5–3
Erzielbare Distanzen bei 10GBASE-LX4

Glasfaser	Bandbreiten-Längen-Produkt	Erzielbare Distanz
MMF 62.5/125 µm	500 MHz × km	2 bis 300 m *
MMF 50/125 µm	400 MHz × km	2 bis 240 m *
MMF 50/125 µm	500 MHz × km	2 bis 300 m *
SMF 9/125 µm	–	2 bis 10.000 m

* Die angegebene maximale Segmentlänge wird nur in Verbindung mit einem Offset-Mode-Conditioning-Patchkabel erreicht.

Differential-Mode-Delay

Neben der Betrachtung des Bandbreiten-Längen-Produktes muss natürlich auch sichergestellt sein, dass bei den eingesetzten Glasfasern der Brechzahlenverlauf optimal verläuft, was die Voraussetzung für die WWDM-Tauglichkeit ist. Denn nur auf diese Weise kann sichergestellt werden, dass keine Jitter-Effekte die Datenübertragung nachhaltig beeinflussen, und die erzielbaren Distanzen auch tatsächlich erreicht werden können. Bereits mit der Einführung von Gigabit-Ethernet wurde man mit dem Problem konfrontiert, dass der Brechzahlenverlauf bei bereits verlegten Glasfasern nicht immer den idealen Brechzahlenverlauf aufweist. Dieses als Differential-Mode-Delay bekannte Problem spielt bei 10GBASE-LX4 ebenfalls eine Rolle, denn hier ist es besonders wichtig, dass die Glasfaser optimal angeregt werden kann. Die gestörten Brechzahlenverläufe lassen sich jedoch durch den Einsatz eines sogenannten Offset-Mode-Conditioning-Patchkabels ausgleichen, das bereits mit Gigabit-Ethernet eingeführt worden ist. Durch dieses spezielle Patchkabel wird die Faser nicht mehr im Kern, sondern um ca. 20° versetzt angeregt, also in einem Bereich, bei dem der Brechzahlenverlauf der Glasfasern auf jeden Fall gleichmäßig und ohne Störung verläuft. Der 10Gigabit-Ethernet-Standard sieht somit für den Einsatz der 10GBASE-LX4-Lösung auf Multimode-Glasfaser vor, dass Offset-Mode-Conditioning-Patchkabel eingesetzt werden, um eine Distanz von 300 m zu erzielen (siehe Tabelle 5-3).

5.2.2 Die 10GBASE-SR-Lösung

10GBASE-SR

Die klassischen 10Gigabit-Lösungen für den LAN-Bereich stellen die rein seriellen Verfahren dar, bei denen die Daten über eine Wellenlänge mit voller Datenrate übertragen werden. Der Standard sieht insgesamt drei Varianten vor, die jeweils in unterschiedlichen Fenstern arbeiten. 10GBASE-SR arbeitet mit 850 nm, 10GBASE-LR mit 1310 nm und 10GBASE-ER mit 1550 nm. Die Lösung mit 850 nm ist hierbei die preisgünstigste Variante, wobei allerdings gegenüber den beiden anderen Lösungen die geringste Distanz erzielt wird. So können auf herkömmlichen Multimode-Fasern ausschließlich Distanzen von 82 m überbrückt werden. Hierbei werden preisgünstige Vertical Cavity Surface Emitting Laser (VCSEL) eingesetzt. Bei diesem Lasertyp handelt es sich um einen Halbleiterlaser, der einen definierten CPR-Wert (Coupled Power Ratio) hat und seine Strahlung senkrecht zum p-n-Übergang emittiert. Die Stärke liegt hierbei in der Fähigkeit, ohne Hilfsmittel kreisförmige Strahlprofile mit geringer Strahldivergenz zu liefern. Die daraus resultierende Monomodigkeit dieses Lasertyps macht sich besonders positiv bei der Datenübertragung mit hohen Datenraten bemerkbar. Denn die Dispersionseffekte werden gering gehalten, was beim Einsatz von Multimode-Glasfasern der maximal erzielbaren Reichweite zu Gute kommt.

New Fiber Cable

Bei den Multimode-Glasfasern können zukünftig unter 10GBASE-SR als Alternative auch sogenannte New Fiber Cable zum Einsatz kommen. Bei dieser neuen Variante der Multimode-Glasfaser handelt es sich um eine hochreine Gradientenfaser, deren Bandbreiten-Längen-Produkt mit 2000 MHz × km die bekannten Werte von 500 MHz × km (siehe Abschnitt 7.2.4) deutlich überschreitet. Dies erreicht man durch spezielle Fertigungstechniken, die als PCVD-Verfahren (Plasma Chemical Vapor Desposition) bezeichnet werden. Hierbei werden die verschiedenen Brechungsindizes über eine Beschichtung erzeugt, die über ein Plasma auf ein Glasrohr aufgedampft wird. Dieses Herstellungsverfahren ermöglicht einen nahezu idealen Brechzahlenverlauf in Parabelform. Letztendlich entspricht die New Fiber demnach einer Multimode-Glasfaser, die für Laseranregung optimiert ist. Mit diesem neuen Glasfasertyp können somit mit der 10GBASE-SR-Lösung Distanzen von bis zu 300 m leicht überbrückt werden (siehe folgende Tabelle).

Tab. 5–4
Erzielbare Distanzen bei der 10GBASE-SR-Lösung

Glasfasertyp	Bandbreiten-Längen-Produkt	Erzielbare Distanz
MMF 62.5/125 µm	160 MHz × km	2 m bis 26 m
MMF 62.5/125 µm	200 MHz × km	2 m bis 33 m
MMF 50/125 µm	400 MHz × km	2 m bis 66 m
MMF 50/125 µm	500 MHz × km	2 m bis 82 m
MMF 50/125 µm	2000 MHz × km	2 m bis 300 m
SMF 9/125 µm	-	2 m bis 10.000 m

5.2.3 Die 10GBASE-LR-Lösung

10GBASE-LR

Eine weitere Variante von 10Gigabit-Ethernet stellt 10GBASE-LR dar. Bei dieser Lösung auf der Basis von 1310 nm kommen sogenannte Fabry-Perot-Laser zum Einsatz. Dieser Lasertyp ist zwar etwas kostspieliger, bietet jedoch höhere Reichweiten. Diese Lösung ist für den Einsatz über eine 9/125-µm-Monomode-Glasfaser vorgesehen, wobei Distanzen von 2 m bis zu 10 km problemlos überbrückt werden können. Die teuerste Variante stellt die 1550-nm-Lösung dar, hierbei kommt ein sogenannter DFB-Laser (Distributed Feedback Laser) zum Einsatz. Durch den Einsatz von DFB-Lasern ist es möglich, Distanzen von bis 40 km zu überbrücken. Dies wird möglich, da bei diesen optischen Bauelementen bei einer Wellenlänge von 1550 nm eine minimierte Spektralbreite von 0,02 bis 0,2 nm eingehalten werden kann. Aufgrund der schmalen Linienbreite des DFB-Lasers wird der Dispersionseffekt erheblich reduziert. Im Vergleich dazu weisen die anderen Lasertypen eine höhere chromatische Dispersion (siehe Abschnitt 7.2.4) auf, die ebenfalls zu einer wenn auch geringen Dispersion führen können. Die erzielbaren Distanzen werden bei dem DFB-Laser neben der Dämpfung durch die Lichtleistungen des Senders beziehungsweise der Empfindlichkeit des Empfängers begrenzt und nicht oder kaum noch durch die chromatische Dispersion. Auf diese Weise kann man mit der 10GBASE-ER-Lösung auf einer 9/125-µm-Monomode-Glasfaser Distanzen von 2 m bis 40 km problemlos überbrücken.

5.2.4 64B/66B-Codierung

64B/66B-Codierung

Für die seriellen 10Gigabit-Ethernet-Varianten ohne WAN-Anpassung wird anstelle der 8B/10B-Codierung eine sogenannte 64B/66B-Codierung verwendet. Bei dieser Codierung werden 64 Bits zu einer Codegruppe zusammengefasst und jeweils mit einer 2 Bit langen Präambel ergänzt, woraus sich eine Länge von 66 Bit ergibt. Die Präambel soll eine fortlaufende Synchronisation zwischen Sender und Empfänger über den eingehenden Datenstrom sicherstellen, die mit jeder Codegruppe erfolgt. Auf diese Weise lassen sich trotz der hohen Datenrate Distanzen von bis zu 40 km überbrücken. Bei den durch die 64B/66B-Codierung erzeugten Codegruppen unterscheidet man zwischen Datenblöcken und Kontrollblöcken. Innerhalb der Datenblöcke werden jeweils 8 Byte des Ethernet-Frames übertragen, die zuvor einen Scrambler durchlaufen und verwürfelt werden. Innerhalb der Kontrollblöcke können bis zu 7 Byte lange Kontrollinformationen übertragen werden, die durch einen 1 Byte langen Block Type Field vom Typ her spezifiziert werden. Die Präambel ist bei den Datenblöcken und Kontrollblöcken unterschiedlich ausgeführt, damit diese differenziert werden können. Bei den Datenblöcken ist der Inhalt des 2 Bit langen SYNC-Feldes auf 01 gesetzt und bei den Kontrollblöcken auf 10. Codegruppen, die durch ein SYNC-Feld mit Inhalt 00 oder 11 eingeleitet werden, sind ungültig. Generell wird über die 64B/66B-Codierung eine zuverlässige Fehlererkennung realisiert, da wie bei der 8B/10B-Codierung nur bestimmte Codegruppen als gültige Symbole definiert sind. Alle nicht definierten Symbole werden als Bitfehler gewertet.

5.2.5 10Gigabit-WAN-Lösungen (10GBASE-EW und -LW)

SDH/SONET

Im WAN-Bereich kommt heutzutage vorwiegend die Synchronous-Digital-Hierarchy-System/Synchronous-Optical-Network-Technologie (SDH/SONET) zum Einsatz. SDH ist der Nachfolger der seit Beginn der 1960er-Jahre in öffentlichen Netzen vorherrschenden Plesiochronous Digital Hierarchy (PDH). Das SDH-System bietet gegenüber dem PDH-System weitaus höhere Übertragungsraten und eine vereinfachte Möglichkeit, Dienste mit geringerer Datenrate in Datenströme mit höherer Datenrate aufzunehmen bzw. zu extrahieren, da hierbei unabhängig von der Hierarchie einheitliche Rahmenstrukturen verwendet werden. SDH und SONET sind in etwa kompatible Systeme. SONET ist vorwiegend in Nordamerika verbreitet.

WAN Interface Sublayer

Damit 10Gigabit-Ethernet auf die bestehenden WAN-Netze aufsetzen kann, wurde im 10Gigabit-Ethernet-Standard ein entsprechendes Interface definiert, das als WAN Interface Sublayer (WIS) bezeichnet wird. WIS kann zusätzlich auf der PHY-Ebene implementiert werden und somit die Anbindung an ein SDH/SONET ermöglichen (siehe Abbildung 5-2). Problematisch hierbei ist allerdings, dass SDH/SONET jedoch nicht genau mit einer Datenrate von 10 GBit/s arbeitet, sondern mit einer STM-64/STS-192 Datenrate von 9,95328 GBit/s. Aus dieser Datenrate ergibt sich eine Nutzdatenrate (Payload-Datenrate) von 9,58464 GBit/s. Möchte man nun den Datenstrom von 10Giagbit-Ethernet über SDH/SONET-WAN-Lösungen übertragen, so ist eine Anpassung der Datenrate an die von 10Gigabit-Ethernet notwendig. Diese notwendige Anpassung wird technisch über eine sogenannte Stretch-Funktion realisiert. Durch die Stretch-Funktion wird auf der MAC-Ebene der Abstand zwischen den Ethernet-Frames erhöht, indem man 104 zusätzlicher Idle-Symbole zwischen den Frames einfügt und so den Frameabstand anstelle der sonst üblichen 96 Bit auf 200 Bit erhöht. Auf diese Weise wird für den PHY ein ausreichend zeitlicher Abstand zwischen den aufeinanderfolgenden Frames geschaffen, der eine Anpassung zwischen den unterschiedlichen Datenraten ermöglicht. Dazu werden von dem WAN-PHY die Idle-Symbole beim Aussenden der Frames wieder entfernt, um die Anpassung zu der Datenrate von 9,58464 GBit/s zu erzielen. Auf der Seite des Empfängers werden die Idle-Symbole wieder hinzugefügt, damit der ursprüngliche Frameabstand wiederhergestellt wird. Die Anpassung zu SDH/SONET erfolgt dann in der Form, dass man die 64B/66B-codierten Ethernet-Frames einfach über den WIS in ein Übertragungsformat packt, das zu SDH und SONET kompatibel ist. *WIS*

Aufbau des Transportmoduls

Bei SDH werden die Daten in Rahmen gepackt, die als Synchronous Transport Module (STM) bezeichnet werden. STM entspricht in der einfachen Darstellung einer Byte-weisen Strukturierung in Spalten und Zeilen. Die STM-1-Grundstruktur ist dabei in 270 Spalten und 9 Zeilen unterteilt. Die Übertragung der Rahmen erfolgt zeilenweise, wobei die Übertragung mit dem oberen linken Byte begonnen und mit dem rechten unteren Byte abgeschlossen wird. Jede Zeile wird durch einen 9 Byte langen Header eingeleitet, dessen Bytes als Overhead-Bytes bezeichnet werden. Dieser Header enthält zusätzliche Informationen, die während der Datenübertragung für die Steuerung, Kontrolle und Synchronisation genutzt werden. So können beispielsweise Übertragungsfehler abschnittsweise erkannt werden. Der komplette Header innerhalb eines Rahmens hat somit eine Länge von 9 × 9 Byte und ist in Regenerator Section Overhead (RSOH), dem Multiplex Section Overhead (MSOH) und einen sogenannten AU-Pointer unterteilt. RSOH *STM* dient dabei der Steuerung zwischen den Regeneratoren und MSOH zur Steuerung zwischen den Multiplexern, die hinter den Regeneratoren im SDH-Netz platziert sind. Die Regeneratoren werden dazu genutzt, um gedämpfte und durch Dispersion verzerrte Signale hinsichtlich Takt und Amplitude „aufzufrischen", damit große Distanzen überbrückt werden können. Über die SDH-Multiplexer werden die Daten der unterschiedlichen Dienste herangeführt. Sie stellen die Endpunkte innerhalb eines SDH-Netzes dar. Die AU-Pointer korrigieren innerhalb der Rahmen die Position der Nutzdaten, die von unterschiedlichen Diensten stammen können. Die Nutzdaten selbst werden in sogenannte Container verpackt, die wiederum innerhalb der STM in den Bereich hinter dem Header gepackt werden, der als Synchronous Payload Envelope (SPE) bezeichnet wird. Die Übertragungsdauer eines Rahmens beträgt jeweils 125 µs. Betrachtet man die Struktur des STM-1 Rahmens, so verfügen diese über einen SPE mit einer Länge von 2349 Byte. Die 2349 Bytes werden aus 9 Subframes mit je 270 Byte Länge gebildet, wobei sich die 270 Bytes aus 9 Bytes Header und 261 Bytes für SPE zusammensetzen (siehe folgende Abbildung).

Abb. 5–4 SDH-Rahmen in der STM-1-Struktur

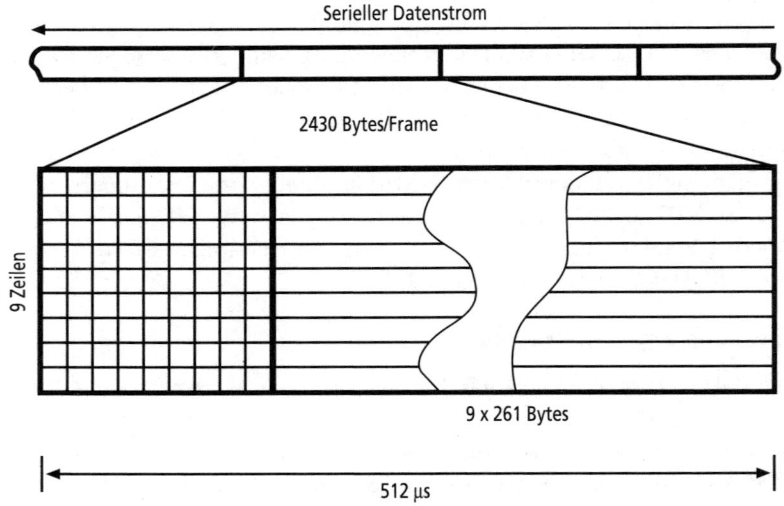

SDH-Hierarchien

SDH-Hierarchien

Bei SDH sind unterschiedliche Strukturen der Rahmen für die Datenübertragung vorgesehen, über die die unterschiedlichen Hierarchien gebildet werden. Um eine höhere Datenrate zu erzielen, ist dabei lediglich eine Vervielfachung der SMT-1-Struktur notwendig (siehe folgende Tabelle).

SDH	SONET	Faktor	Datenrate
–	STS-1	1/3	51,84 MBit/s
STM-1	STS-3	1	155,52 MBit/s
STM-3	STS-9	3	466,56 MBit/s
STM-4	STS-12	4	622,08 MBit/s
STM-6	STS-18	6	933,12 MBit/s
STM-8	STS-24	8	1244,16 MBit/s
STM-16	STS-48	16	2488,37 MBit/s
STM-64	STS-192	64	9953,28 MBit/s

Tab. 5–5 *Gegenüberstellung der verschiedenen SDH/SONET-Rahmenstrukturen*

Da die Übertragung der Rahmen unabhängig von der Datenrate grundsätzlich 125 µs dauert, können problemlos unterschiedliche Dienste mit verschiedenen Datenraten unterstützt werden. Dadurch erreicht man eine hohe Flexibilität in der Umsetzung unterschiedlicher Dienste bzw. Hierarchien über eine gemeinsame WAN-Verbindung auf Basis der SDH-Technologie. Über die AU-Pointer ist sogar eine Anpassung leicht abweichender Datenraten zwischen den verschiedenen Diensten möglich. Diese Schwankungen werden dabei über das sogenannte Stopfen ausgeglichen. Sollte die Datenrate der zugeführten Daten geringer sein, so wird ein positives Stopfen angewendet, bei dem Füll-Bytes eingefügt werden und der geänderte Container-Anfang über einen entsprechenden Pointer korrigiert wird. Ist die Bitrate der zugeführten Daten etwas höher, so wird das negative Stopfen angewendet, bei dem im Bereich des AU-Pointers Nutzdaten aufgenommen werden.

STM-64/STS-192 Rahmen

STM-64/STS-192-Rahmen

Bei 10Gigabit-Ethernet kommt die STM-64/STS-192-Rahmenstruktur zum Einsatz, bei der man auf eine Datenrate von 9953,28 MBit/s kommt und in der die 64B/66B-codierten Ethernet-Frames des MAC-Layers gepackt werden. Bei der STM-64/STS-192-Rahmenstruktur sind der Header und der Bereich für die Nutzdaten hinsichtlich der Anzahl der Spalten gegenüber der STM-1-Rahmenstruktur 64-mal so groß. Somit hat der Header eine Länge von 576 Byte und der Bereich für die SPE eine Länge von 16.704 Byte. Jede Zeile innerhalb der SPE beginnt mit einem 1 Byte langen Path Overhead (POH), einem 63 Byte langen Bereich mit festem Inhalt und schließt mit einem Bereich von 16.640 Byte für die Nutzdaten ab, in dem die Container mit den Nutzdaten aufgenommen werden können. Innerhalb des Bereichs für die Nutzdaten werden die eigentlichen Ethernet-Frames eingebettet (siehe Abbildung 5-5). Die Ethernet-Frames werden dabei von der Präambel bis zum Ende des CRC-Felds vollständig übernommen und in die Container gepackt. Durch die POH-Ergänzung werden die Container zu sogenannten virtuellen Containern (VC), wobei 10Gigabit-Ethernet die sogenannten VC-4-64 Container verwendet. Die Anfangsposition der VCs innerhalb der SPE wird über sogenannte H-Pointer angegeben. Die H-Pointer sind neben anderen Kontrollinformationen im 63 Byte langen Bereich der POH eingebettet.

Abb. 5–5 *10Gigabit Synchronous Payload Envelope mit Path Overhead innerhalb eines STM*

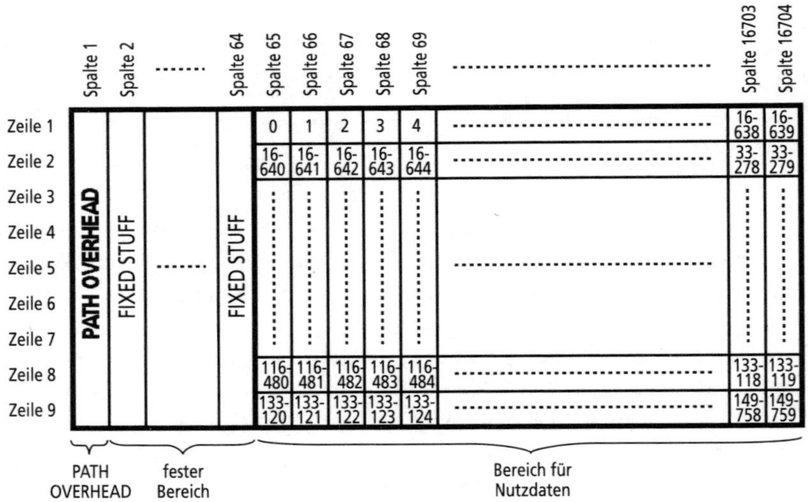

10GBASE-EW und 10GBASE-LW

Um im WAN-Bereich der Übertragung über große Distanzen gerecht zu werden, kommen vorwiegend die 10GBASE-LW- und die 10GBASE-EW-Variante zur Anwendung. Mit der 10GBASE-EW-Lösung können bei einer Wellenlänge von 1310 nm auf einer 9/125-µm-Monomode-Glasfaser Distanzen von bis zu 10 km überbrückt werden. Die kostspieligere 10GBASE-EW-Variante ermöglicht es, durch den Einsatz der 1550-nm-Monomode-Lösung Distanzen von bis zu 40 km zu überbrücken. Damit ist Kompatibilität zu den bestehenden WAN-Systemen gewährleistet, was der breiten Migration und Akzeptanz von 10Gigabit-Ethernet im WAN-Bereich letztendlich zugute kommen wird.

5.3 10GBASE-CX-4

10GBASE-CX-4

Betrachtet man die technologisch aufwendige Umsetzung der 1000BASE-T-Lösung, so ist klar, dass einige Klimmzüge vollbracht werden mussten, um die Datenübertragung mit 10 GBit/s über das TP-Kabel zu ermöglichen. Deshalb wurde vom IEEE vorab eine alternative Kupferlösung mit der Bezeichnung 10GBASE-CX-4 ins Leben gerufen. 10GBASE-CX-4 wurde im Februar 2004 als IEEE-802.3ak-Standarderweiterung verabschiedet. Hierbei handelt es sich um die 10-GBit/s-Variante, die auf einem speziellen mehradrigen Kupferkabel aufsetzt. Dieses Kupferkabel stellt vier Adernpaare für die Datenaussendung und vier Adernpaare für den Datenempfang zur Verfügung. Pro Adernpaar müssen demnach nur noch 2,5 GBit/s übertragen werden. Da man hierbei ebenfalls eine 8B/10B-Codierung verwendet, ergibt sich pro Kanal eine Baudrate von 3.125 GHz. Als Übertragungsmedium kommt ein sogenanntes IB4X-Kabel zum Einsatz. Das IB4X-Kabel besteht aus acht geschirmten Leiterpaaren mit Adern entsprechend dem Durchmesser AWG 24 oder AWG 28 (American Wire Gauge). Der Aufbau der Leiterpaare besteht jeweils aus zwei geschirmten Adernpaaren, die zusätzlich von einem Folienschirm umgeben sind. Um diese herum sind die restlichen sechs geschirmten Leiterpaare angeordnet, bevor nochmals ein Gesamtschirm um alle Adernpaare folgt. Als Steckgesicht sieht 802.3ak einen 4X-Connector mit 16 Signal-PINs vor, wie er bereits bei InfiniBand-Lösungen verwendet wird (siehe folgende Abbildung). Mit 10GBASE-CX4 lässt sich eine Distanz von 15 m erzielen. 10GBASE-CX4 setzt, wie die Glasfaserlösungen, auf XAUI auf.

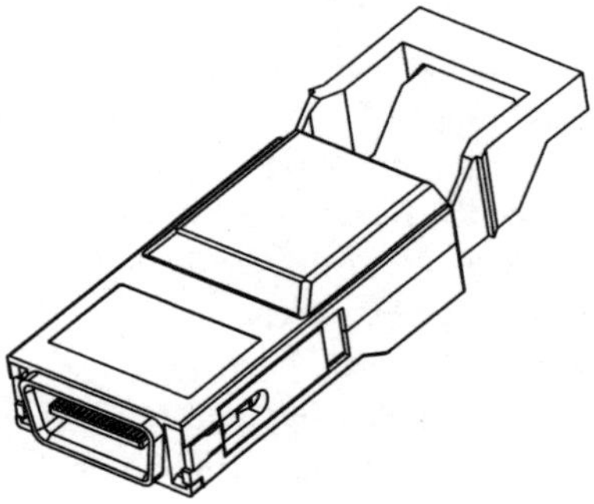

Abb. 5–6
4X-Connector für 10GBASE-CX4-Lösungen

Für ein 10GBASE-CX4-Netzwerk ergeben sich die in der folgenden Tabelle genannten Kenngrößen.

Tab. 5–6
Kenngrößen eines 10GBASE-CX4-Netzwerks

Kenngröße	10GBASE-CX4
Topologie	Stern
Signalisierungstechnik	Basisband
Codierungsverfahren	8B/10B
Kabeltyp	IB4X-Kabel
Impedanz	150 Ohm
Maximale Segmentlänge	15 m
Maximale Anzahl der Stationen pro Segment	2
Anschluss	4X-Connector

10GBASE-CX-4 ist als 10Gigabit-Einstiegsvariante auf Kupferbasis zu betrachten, die gegenüber den Glaserlösungen einen Kostenvorteil hat. Ein Wermutstropfen ist allerdings die erzielbare Distanz, welche mit gerade mal 15 m sehr gering ausfällt. Jedoch reichen 15 m aus, um beispielsweise innerhalb eines Serverraums Verbindungen zwischen Switches oder einem Switch und einem Server herzustellen. Es ist allerdings davon auszugehen, dass sich 10GBASE-CX4 ebenfalls nicht am Markt durchsetzten wird wie auch das 1-GBit/s-Pendant 1000BASE-CX4.

5.4 10GBASE-T

802.3an

Experten hatten mit der Verabschiedung der 802.3ab-Erweiterung prognostiziert, dass mit 1000 MBit/s bereits das maximal Mögliche in Hinblick auf die für TP-Kabel erzielbare Datenrate erreicht wurde. Im Juni 2006 zeigte jedoch das IEEE mit der Verabschiedung der 802.3an-Erweiterung, dass noch mehr im TP-Kabel steckt und eine Datenübertragung mit 10 GBit/s durchaus möglich ist. Mit 802.3an wird die Auswahl der 10Gigabit-Ethernet-PHYs durch die 10GBASE-T-Variante erweitert. Damit ergibt sich für den 10Gigabit-Ethernet-Bereich eine Alternative, denn wie bei den vergangenen Ethernet-Entwicklungen üblich, ist eine kupferbasierte TP-Lösung weitaus günstiger als Glasfaserlösungen. Der Preisvorteil war schließlich auch der Grund für das IEEE, im November 2002 die 802.3an-Arbeitsgruppe zu bilden, welche die Aufgabe hatte, eine 10Gigabit-Ethernet-Lösung über TP-Kabel zu spezifizieren.

Eckanforderung

Die Messlatte wurde natürlich hoch gesteckt, damit die angestrebte 10GBASE-T-Lösung eine Marktakzeptanz erzielen konnte. Als Eckanforderung wurde festgelegt, dass mit einer 10GBASE-T-Verbindung eine Distanz von 100 m bei vier Steckverbindungen überbrückt werden kann. Dies entspricht der allgemein üblichen Konstellation einer TP-Verbindung, die sich aus 90 m fest verlegten und massiven Kabel sowie zwei Patchkabeln mit jeweils 5 m Länge zusammensetzt. Anfänglich war das IEEE-Gremium sogar bestrebt, 10GBASE-T für die Nutzung von TP-Kabeln der Kategorie 5e zu definieren. Für 10GBASE-T wurde derselbe Lösungsansatz zugrunde gelegt wie bei 1000BASE-T, indem man die Daten auf die vier Adernpaare aufteilt und simultan in beide Richtungen überträgt. Grundsätzlich war dies natürlich der richtige Lösungsansatz, der in der endgültigen standardisierten Lösung auch angewendet wird. Jedoch muss man bei der Datenrate von 10 GBit/s berücksichtigen, dass man gegenüber 1 GBit/s eine zehnfache Datenrate hat, also pro Adernpaar auf 2,5 GBit/s kommt. Dieser Wert stellt ohne Frage hinsichtlich der Grenze der Shannon'schen Kanalkapazität eine große Herausforderung dar.

5.4.1 10GBASE-T-Herausforderung

Leitungscodes

Entscheidend für die Realisierbarkeit von 10GBASE-T war letztendlich, wie viel Bandbreite pro zu übertragendem Bit notwendig ist. Hinter dieser Frage verbarg sich auch die technische Herausforderung für die 802.3an-Arbeitsgruppe. Generell verwendet man in der Nachrichtentechnik bestimmte Codierungsverfahren, um die Kanalkapazität zu optimieren. Man nutzt heutzutage anstelle einfacher binärer Codierungsverfahren Leitungscodes mit mehreren Signalniveaus, um die Bandbreitenausnutzung eines Übertragungskanals zu optimieren. Denn mit der Hilfe von Multilevel-Leitungscodes lassen sich pro Übertragungsschritt Informationen von mehreren Bits übertragen und somit die Kanalkapazität erhöhen.

Störanfälligkeit

Die Verwendung mehrerer Signalniveaus hat jedoch auch technische Grenzen, da mit einer zunehmenden Anzahl von logischen Signalniveaus der Abstand zwischen den Signalpegeln zwangsläufig kleiner wird. Bedingt durch den geringeren Abstand wird das übertragene Signal anfälliger gegen Störungen. Außerdem gestalten sich die Implementierung der Empfänger und die Decodierung der Daten aus dem empfangenen Signal aufwendiger.

Der entscheidender Faktor für die fehlerfreie Decodierbarkeit eines Signals ist das Signal-Rauschverhältnis (SNR). Hierbei gilt, dass man für zwei zusätzliche logische Signalniveaus jeweils ein um 6 dB besseres Signal-Rauschverhältnis benötigt. Nach langen Beratungen und mühseligen Diskussionen hat sich die 802.3an-Arbeitsgruppe letztendlich entschieden, für 10GBASE-T eine PAM16-Modulation zu verwenden. Bei PAM16 handelt es sich um eine Pulse Amplitude Modulation mit 16 Signalniveaus. Über dem Spannungsbereich von –1 V bis +1 V ergibt sich somit ein Abstand von nur 130 mV (2 Vss/(16–1) zwischen den einzelnen Signalniveaus. Vergleicht man diesen Wert mit von 0,5 V bei 1000BASE-T oder 1 V bei 100BASE-TX, so wird deutlich, dass das übertragende 10GBASE-T-Signal wegen des geringen Signalabstands weitaus empfindlicher gegenüber Störungen sein muss als bei den Vorgängerversionen. Somit kommt bei 10GBASE-T das generelle Problem einer jeden Datenübertragung besonders zum tragen, nämlich dass der Datentransfer aufgrund äußerer Störeinflüsse fehlerbehaftet sein kann. Deshalb sind bei 10GBASE-T Fehler korrigierende Codes zwingend erforderlich, um einen fehlerfreien Datenaustausch zu ermöglichen. In diesem Zusammenhang gilt, je besser die Fehler-korrigierenden Codes sind, desto weniger Redundanz muss übertragen werden, um bei denselben Kanaleigenschaften eine gleich gute Übertragung zu erlangen, und desto höher wird die erzielbare Nutzdatenrate. Wie in den späteren Abschnitten dargestellt, stützt sich 10GBASE-T auf mehrere Codierungsverfahren, um eine fehlerfreie Datenübertragung zu ermöglichen.

Filterfunktion

Trotz Codierungsverfahren sind die Störeinflüsse für die effiziente Realisierbarkeit einer Datenübertragung natürlich entscheidend. Denn es ist immer besser, Störungen von vornherein zu vermeiden, als im Nachhinein bei den übertragenen Daten Fehler zu korrigieren, zumal eine Fehlerkorrektur nur bis zu einem gewissen Grad möglich ist. Potentielle Störungen treten zum Beispiel aus demselben TP-Kabel auf, d.h. durch Übersprechen, das durch die übertragenen Signale auf den anderen Adernpaaren hervorgerufen wird. Diese Störeinflüsse werden über NEXT und FEXT charakterisiert (siehe Abschnitt 7.2.1). Zudem können Reflexionen auftreten, wodurch ein

Teil des eingespeisten Signals rückgekoppelt wird. Diese Störungen haben gemeinsam, dass sie über digitale Filterfunktionen der PHYs kompensiert werden können, da die eingespeisten Signale und somit deren resultierenden Störungen auf den benachbarten Adernpaaren bekannt sind. Diese Störungen hatten bereits bei 1000BASE-T eine große Bedeutung und wurden über digitale Filterfunktionen beseitigt (siehe Abschnitt 4.6.11). Dasselbe gilt für 10GBASE-T. Als kritisch hingegen sind nun Störungen zu betrachten, die in Form von Fremdnebensprechen von außen auf das TP-Kabel einwirken. Als Störquelle kommen beispielsweise benachbarte TP-Kabel, sonstige Signalleitungen, Stromversorgungsleitungen oder die elektromagnetische Abstrahlung von Handys in Frage. Problematisch bei diesen Störungen ist, dass sie sich nicht über die digitalen Filterfunktionen kompensieren lassen, da sie nicht vorhersehbar sind. Diese Störungen beschreibt man als Alien Crosstalk, kurz = AXTLK (siehe folgende Abbildung).

Abb. 5–7
Alien Crosstalk beschreibt die Beeinflussung eines TP-Kabels von außen.

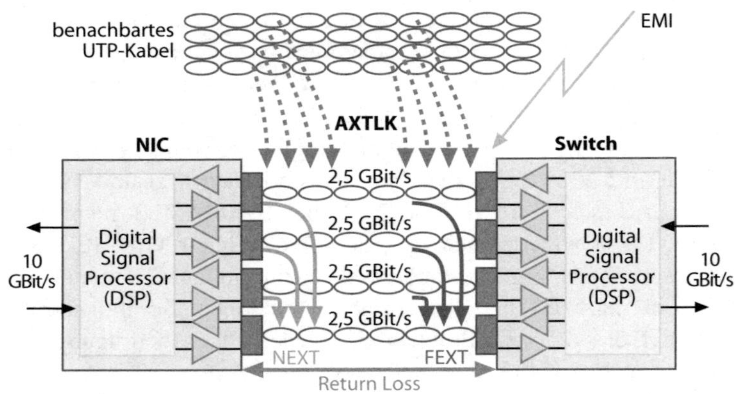

Alien Crosstalk ist zwar vom Grundsatz her kein neues Phänomen, kommt jedoch erst bei 10GBASE-T zum Tragen, da der Abstand zwischen den Signalniveaus relativ gering und das übertragene Signal deshalb empfindlicher gegenüber Störungen ist.

Da sich die Einflüsse durch Alien Crosstalk nicht ausfiltern lassen, muss die Verkabelungsinfrastruktur entsprechend entgegenwirken. Es gibt zwei Möglichkeiten, um eine Verkabelungsinfrastruktur zu optimieren und Alien Crosstalk zu verringern: Die erste Möglichkeit ist eine Schirmung der Verkabelung, wobei durch die Schirmdämpfung das Einkoppeln der Störsignale reduziert wird, indem deren Leistung größtenteils vom Schirm abgeleitet wird. Die zweite Möglichkeit ist eine Vergrößerung des Abstands zwischen den einzelnen TP-Kabeln, damit die gegenseitige Beeinflussung geringer wird. Grob betrachtet gilt ein TP-Kabel als 10GBASE-T tauglich, falls es für das zu übertragende Datensignal eine geringe Dämpfung aufweist und es das Fremdnebensprechen durch andere Kabel und aus der Umgebung möglichst stark abschwächt. Die Entwicklung von 10GBASE-T stellte somit nicht nur eine Herausforderung für die 802.3an-Arbeitsgruppe dar, sondern auch für die Verkabelungsindustrie. In den folgenden Abschnitten gehen wir zunächst auf die Implementierung der PHYs und anschließend auf die notwendigen Anforderungen der Verkabelungsinfrastruktur ein.

5.4.2 10GBASE-T-PHY

Mit der 802.3an-Erweiterung wurde ein zusätzlicher PHY-Layer definiert, der einen neuen PCS und PMA spezifiziert, die das Bindeglied zwischen dem bereits verabschiedeten XGMII und TP-Kabeln bilden. In Senderichtung betrachtet wandelt der PCS die Daten in ein für die serielle Datenübertragung geeignetes Format um. Der PMA setzt auf das MDI auf und ist für die Signalanpassung zuständig, damit der serielle Datenstrom über das TP-Kabel übertragen werden kann.

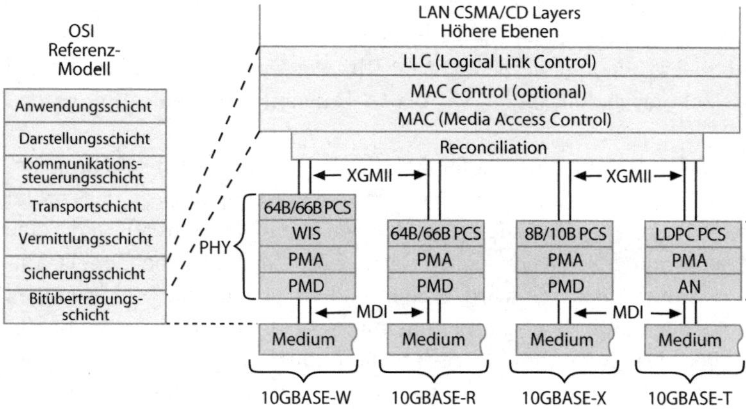

Abb. 5–8
Die IEEE 802.3an-Erweiterung für 10GBASE-T ergänzt den 10Gigabit-Standard um einen neuen PHY-Layer.

Datenaussendung

Die Daten durchlaufen auf der PCS-Ebene in Senderichtung im Wesentlichen drei Stufen: einen selbst synchronisierenden Scrambler, einen LDPC-Block-Codierer (Low Density Parity Check) und eine mit einer 128-DSQ-Codierung (Double Square) gekoppelten PAM16-Modulation. Auf der PMA-Ebene passieren die Daten weitere vier Stufen: Hierbei handelt es sich um ein Tomlinson-Harashima Precoding (THP), eine digitale Signalfilterung (Driver), eine Digitalanalogwandlung (engl. Digital Analog Converter, DAC) und ein Hybrid. Ergebnis ist ein analoges Signal, das auf die vier Adernpaare des TP-Kabels eingespeist wird, sodass mit einer Symbolrate von 800 MSymbole/s gearbeitet werden kann, wobei pro Symbol Informationen von 3,125 Bits übertragen werden. In Empfangsrichtung durchlaufen die Daten die Stufen in umgekehrter Reihenfolge, wobei natürlich auf den einzelnen Stufen keine Codierung, sondern eine Decodierung stattfindet. Die folgende Abbildung zeigt ein schematisches Blockschaltbild eines 10GBASE-T-PHYs.

Abb. 5–9
Schematisches Blockschaltbild eines 10GBASE-T-PHYs

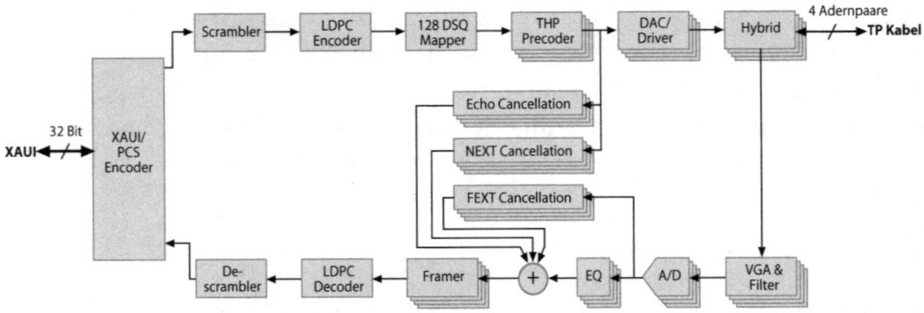

DSP Wesentlicher Bestandteil des 10GBASE-T-PHY ist ein DSP, der einen Großteil der notwendigen Signalcodierung und Funktionen über mathematische Algorithmen umsetzt. Betrachtet man die Datenübertragung in Senderichtung, so werden die einzelnen Stufen in folgender Reihenfolge durchlaufen, wobei die Daten wie folgt auf die Eigenschaften des Übertragungsmediums angepasst werden.

Bildung 65-Bit-Blöcke Für die Datenübertragung nimmt der PCS vom XGMII über das 32-Bit-Interface 8 Daten-Bytes (64 Bits) entgegen, wozu zwei aufeinanderfolgende Datentransfers benötigt werden. Die 64 Bits werden zu einem 65 Bit langen Code-Block gewandelt, indem vor die 64 Datenbits ein Kontrollbit gesetzt wird.

Scrambling Die 65-Bit-Blöcke durchlaufen anschließend einen selbst synchronisierenden Scrambler. Mithilfe des Scramblings wird dafür gesorgt, dass später auf den vier Adernpaaren nicht die gleichen Symbole auftreten und keine Übereinstimmung zwischen dem eingehenden und ausgehenden Datenstrom existiert. Letzteres wird erzielt, indem jeweils die sendeseitigen Scrambler der Verbindungspartner mit unterschiedlichen Polynomen betrieben werden. Das Scrambling sorgt für die Reduzierung der elektromagnetischen Abstrahlung, indem die Signalenergie über das gesamte Frequenzspektrum gleichmäßiger verteilt wird und Signalspitzen verhindert werden.

PHY-Frame-Bildung Nach dem Scrambling werden jeweils fünfzig 65-Bit-Code-Blöcke zusammengefasst, deren Inhalt den Nutzdatenteil eines 10GBASE-T-Frames bilden. Vor diese fünfzig Code-Blöcke wird ein Auxillary Channel Bit gesetzt und hinter die Code-Blöcke ein 8 Bit langes CRC-Feld. Durch diese Gruppierung ergibt sich für ein PHY-Frame eine gesamte Länge von 3259 Bit (1 + (50 × 65) + 8) Bit. Der Inhalt des CRC-Felds entspricht der im Ethernet-Standard allgemein definierten Prüfsummenberechnung (siehe Abschnitt 2.10.5), die vom Sender über die Nutzdaten erfolgt. Der Empfänger führt ebenfalls über die empfangenen Nutzdaten eine CRC-Berechnung durch. Über einen Vergleich zwischen empfangener CRC und der selbst errechneten CRC kann der Empfänger Übertragungsfehler erkennen.

⇨ Das zuvor beschriebene PHY-Frame ist nicht mit einem Ethernet-Frame zu verwechseln. Das PHY-Frame dient als Transporteinheit für Nutzdaten, die in Form eines Datenstroms auftreten und ein Ethernet-Frame oder Kontrollinformationen beinhalten können.

LDPC-Codierung

Ein Teil des PHY-Frame-Inhalts durchläuft anschließend eine LDPC-Codierung. Hierbei handelt es sich um eine lineare Block-Codierung, bei der die Daten durch die Codierung nicht verändert, sondern lediglich Paritätsinformationen hinzugefügt werden. Die 3259 Bits des PHY-Frames werden erst einmal in zwei Bereiche unterteilt: 1536 Bits (3 × 512 Bits) als uncodierter und 1723 Bits als codierter Teil. Letzterer wird einem LDPC(1723, 2048)-Codierer zugeführt. Der LDPC wandelt die 1723 eingehenden Bits in 2048 ausgehende Bits (4 × 512 Bits) um, indem er 325 LDPC-Paritätsbits hinzufügt. Die 325 Paritätsbits werden bei der LDPC-Codierung über die eingehenden Bits aus einer vordefinierten Paritäts-Prüf-Matrix ausgewählt. LDPC liefert eine Codierung mit sehr hoher Effizienz, da mit einem relativ geringen Overhead redundante Informationen hinzugefügt werden, über die eine Vorwärtsfehlerkorrektur (engl. Forward Error Correction, FEC) umgesetzt wird. Über die redundanten Informationen können vom Empfänger bei der Decodierung Fehler erkannt und bis zu einen gewissen Grad korrigiert werden. Auf diese Weise lässt sich mithilfe des LDPC die Leistungsfähigkeit des Übertragungsmediums deutlich steigern, da sich die Signalpfade des TP-Kabels nahe der Shannon'schen Kanalkapazität nutzen lassen. Die 1536 uncodierten Bits und die 2048 Bits aus dem LDPC-Codierer ergeben ein LDPC-Frame mit einer Länge von 3584 Bit. Diese 3584 Bits werden schließlich zu einem Frame mit 512 7-Bit-Symbolen zusammengefasst.

PAM16/DSQ128-Symbolbildung

DSQ128 entspricht einer zweidimensionalen Konstellation, deren mögliche Signalraumpunkte über zwei aufeinander folgende PAM16-Symbole gebildet werden, die gegeneinander versetzt sind. Zwei PAM16-Symbole ergeben normalerweise 256 (16 × 16) mögliche Signalraumpunkte, von denen jedoch in diesem Fall nur die Hälfte erlaubt sind. DSQ128 entspricht somit einem Subset von PAM16, mit dem sich über die zwei DSQ128-Dimensionen (2D-DSQ128) die Information von 2^7 Bits darstellen lassen.

Jedes 2D-DSQ128-Symbol beinhaltet also zwei PAM16-Komponenten ($PAM16_A$ und $PAM16_B$). Der DSQ128-Signalraum kann konstruiert werden, indem man von den 256 möglichen Signalraumpunkten die jeweils anderen Signalraumpunkte in der zweiten PAM16-Konstellation streicht. Bildlich betrachtet ist dies vergleichbar mit den schwarzen und weißen quadratischen Feldern eines Damebrettspiels, bei dem eine Farbe gestrichen wird. Da auf diese Weise die Hälfte der Signalraumpunkte weggelassen werden, erhöht sich der Abstand zwischen den verbleibenden Signalraumpunkten. Die beiden PAM16-Komponenten ($PAM16_A$ und $PAM16_B$) können jeden Wert aus dem Wertebereich {–15, –13, –11, –9, –7, –5, –3, –1, 1, 3, 5, 7, 9, 11, 13, 15} annehmen, sodass sich ein bestimmter Signalraum ergibt (siehe folgende Abbildung).

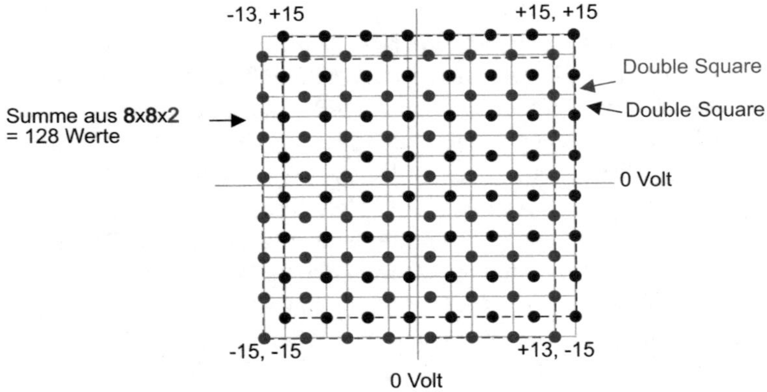

Abb. 5-10
Bildung eines 2D-DSQ128-Symbols

Die Signalpunkte innerhalb des DSQ128-Signalraums lassen sich quasi in acht gleichseitige Parallelogramme (vier vollständige und acht halbe) gruppieren (siehe folgende Abbildung). Die vier Parallelogramme der mittleren Region beinhalten 16 Signalraumpunkte. In der äußeren Region werden jeweils zwei Parallelogramme zusammengefasst, indem diese an den Kanten umgeschlagen werden, sodass zwei halbe Parallelogramme verbunden werden und ebenfalls 16 Signalraumpunkte beinhalten. Die drei uncodierten Bits wählen jeweils das Parallelogramm im Signalraum aus und die vier codierten Bits den jeweiligen Signalraumpunkt innerhalb des ausgewählten Parallelogramms. Hieraus ergibt sich der Vorteil, dass die einzelnen Parallelogramme innerhalb des Signalraums untereinander einen ausreichenden Abstand haben und deshalb die drei Bits, die zur Auswahl der Parallelogramme verwendet werden, nicht durch eine LDPC-Codierung geschützt werden müssen. Es reicht also aus, die Bits via LDPC zu schützen, welche die Signalraumpunkte innerhalb der Parallelogramme bestimmen. Dies verringert den Overhead und trägt somit zur Kanaleffizienz bei.

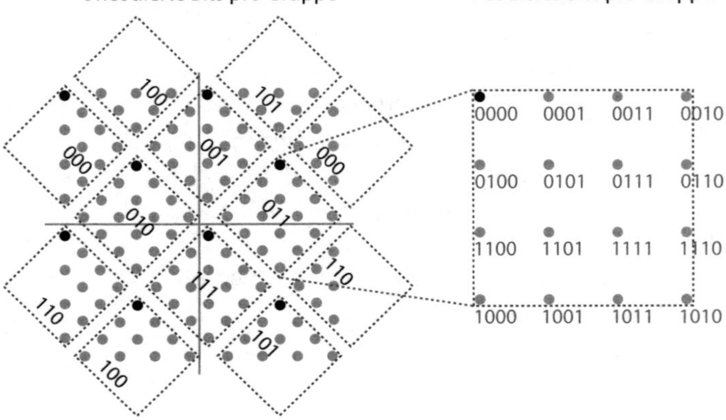

Abb. 5-11
Bei der DSQ128-Codierung wählen uncodierte und codierte Bits einen Signalraumpunkt aus.

Symbolgenerierung

Der Inhalt des LDPC-Frames wird in 7 Bit lange Einheiten gruppiert, wobei jede Einheit aus drei uncodierten Bits und vier codierten Bits besteht. Die Einheitengruppierung erfolgt in drei Schritten. Im ersten Schritt werden die ersten 1290 (3 × 430) uncodierten Bits mit den ersten 1720 (4 × 430) codierten Bits jeweils zu Einheiten zusammengefasst. Anschließend werden drei uncodierte Bits mit drei codierten Bits und das überbleibende LDPC-Paritätsbit (325 mod 4 = 1) gruppiert, abschließend die verbleibenden 243 (3 × 81) uncodierten Bits und 324 (4 × 81) codierte Bits. Die folgende Abbildung zeigt die Bildung der LPDC-Frames.

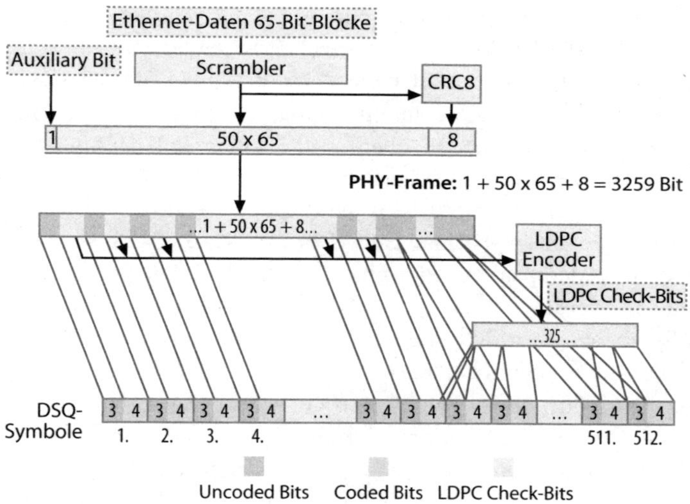

Abb. 5-12
Bildung der LPDC-Frames

Der DSQ generiert per LDPC-Frame 512 2D-DSQ128-Symbole, welche wiederum auf 256 4D-PAM16-Symbole abgebildet werden. Hierbei werden jeweils die beiden PAM16-Komponenten eines DSQ128-Symbols über zwei aufeinander folgende Taktperioden auf demselben Kanal übertragen.

Tomlinson-Harashima Precoding

Die vom PCS generierten Symbole werden anschließend an das PMA übergeben. Hier durchlaufen die 4D-PAM16-Symbole ein sogenanntes Tomlinson-Harashima Precoding (THP). Bei THP handelt es sich um ein Vorcodierungsverfahren, das in einfachster Art und Weise mit einer codierten Modulation kombiniert werden kann. Über diese Vorcodierung (Vorverzerrung) wird der Pegel des übertragenen Signals kontrolliert und gegebenenfalls angepasst, um die Verzerrungen der Kanalstrecke auszugleichen. THP verwendet im Sender einen Modulo-Operator, der für eine effektive Erweiterung des Signalraums der Sendesymbole sorgt und sicherstellt, dass die Sendesignale beschränkt bleiben. Ergebnis ist ein vierdimensionaler Symbolstrom, der aus kontinuierlichen und diskreten Zeitwerten besteht. THP sorgt somit für die Beseitigung von Intersymbol-Interferenzen, welche durch die Dämpfung auf den Kabeln und durch Signalverzerrungen verursacht werden. Im Empfänger wird die Signalraumerweiterung durch eine weitere Modulo-Operation wieder rückgängig gemacht. Beim Verbindungsaufbau wird dafür ein entscheidungsrückgekoppelter Entzerrer (engl. Decision Feedback Equalizer, DFE) am Empfänger adaptiert, dessen Koeffizienten an den Sender übermittelt werden. Die Koeffizienten werden während des Verbindungsaufbaus über eine Trainingssequenz ermittelt. Dazu werden vom Sender PAM2-Symbole ausgesendet, mithilfe derer der Empfänger die geeigneten Koeffizienten ermitteln kann. Insgesamt werden 64 Koeffizienten (16 pro Adernpaar) während des Verbindungsaufbaus zwischen den Endpunkten ausgetauscht, über die eine Anpassung auf die Umgebungsbedingungen und die Qualität des TP-Kabels erfolgen kann. Mittels der Koeffizienten wird dann sendeseitige die Vorcodierung (THP) durchgeführt.

Signalgenerierung

Die 4D-PAM16-Symbole durchlaufen abschließend digitale Transmit-Filter, über die unnötig hohe Frequenzspektren innerhalb der Signale ausgefiltert werden. Die gefilterten Signale werden anschließend vier Digitalanalogwandlern zugeführt, die das zu übertragende analoge Ausgangssignal generieren. Das Ausgangssignal entspricht 512 2D-DSQ128-Symbolen, die über die vier Adernpaare mit jeweils 256 PAM16-Symbole kontinuierlich übertragen werden, was pro Adernpaar einer Symbolrate von 800 MSymbole/s entspricht. Innerhalb der PHY-Frames werden nach Bedarf Kontrolldaten oder Nutzdaten transportiert.

Echo-Cancellation

Wie bei 1000BASE-T wird bei 10GBASE-T das Echo-Cancellation-Verfahren verwendet. Über dieses Verfahren wird am Empfänger das eigene bekannte gesendete Datensignal vom gesamt anstehenden Signal subtrahiert (siehe Abschnitt 4.6.10). Durch die Subtraktion verbleibt am Empfänger lediglich das empfangene Datensignal des gegenüberliegenden Verbindungspartners. Auf diese Weise lässt sich über die vier Adernpaare eine simultane Datenübertragung in beide Richtungen realisieren.

Hybride

Das Echo-Cancellation-Verfahren basiert auf zwei Stufen: In der ersten Stufe subtrahieren Hybride jeweils pro Adernpaar das Sendesignal aus dem gesamten Signal. Hybride sind von Prinzip her eine Brückenschaltung, über die die Subtraktion realisiert wird (siehe Abbildung 4-22). Die Hybride sind Bestandteil der Übertrager, die sich im Frontend einer 10GBASE-T-Komponente befinden und unter anderem für eine galvanische Trennung zwischen der Komponente und dem TP-Kabel sorgen. Die Hybride können das Sendesignal jedoch nicht vollständig ausfiltern. Deshalb ist eine zweite Stufe notwendig, die über DSPs umgesetzt wird. Diese ermöglichen eine zusätzliche adaptive Ausfilterung, über die der Restanteil des Sendesignals ausgefiltert wird.

5.4.3 Powermanagement

Ein nicht zu unterschätzendes Problem stellt die Leistungsaufnahme der 10GBASE-T-PHY-Chips dar, da die komplexen Codierungsmechanismen und Filterfunktionen eine hohe Rechenleistung erfordern, welche sich in einer großen Wärmeentwicklung äußert. Dies kann besonders kritisch werden, falls Komponenten mit einer hohen Portdichte vorliegen, wie es beispielsweise in einem Switch der Fall sein kann. Des Weiteren ist die elektromagnetische Abstrahlung, die über das TP-Kabel abgegeben wird, ebenfalls von der Leistung abhängig, mit der das Sendesignal auf das TP-Kabel eingespeist wird. Um dem entgegenzuwirken, sieht der 802.3an-Standard ein Powermanagement vor. Über das Powermanagement kann die Sendeleistung in Abhängigkeit von der Kabellänge beziehungsweise Dämpfung angepasst werden. Hierzu stehen acht Power-Backoff-Levels zur Verfügung, die von den Verbindungspartnern ausgewählt werden können. Mithilfe der acht Level lässt sich die Sendeleistung in 2-dB-Schritte im Bereich von 0 bis –14 dB reduzieren, mit der Zielsetzung, dass am Empfänger ein Signalpegel zwischen –1,1 bis –5 dBm anliegt. Der Informationsaustausch für Powermanagement findet über Trainingssequenzen (siehe Abschnitt 5.4.6) statt, wobei Informationen über aktuelle Reserven des Signalrauschabstands und die Power-Backoff-Levels ausgetauscht werden. Auf diese Weise wird eine Anpassung der Sendeleistung in Abhängigkeit von der Dämpfung auf dem Kabel beziehungsweise von der Kabellänge umgesetzt.

Powermanagement

5.4.4 Master-Slave-Rolle

Zwischen den korrespondierenden PHYs einer 10GBASE-T-Verbindung wird wie bei 1000BASE-T eine Klassifizierung zwischen der Rolle als Master und Slave vorgenommen (siehe Abschnitt 4.6.3). Auf einer Verbindung stehen sich jeweils ein Master und ein Slave gegenüber. Die Rollenverteilung kann entweder über eine Konfiguration erfolgen oder über eine Gewichtung zwischen den Verbindungspartnern. Die Rollenverteilung wird während des Verbindungsaufbaus über die Auto-Negotiation-Funktion ausgehandelt, wobei entweder die Voreinstellung oder die Gewichtung zugrunde gelegt wird.

Master und Slave

Ein wesentlicher Unterschied zwischen Master und Slave besteht in der Taktgewinnung und im Scrambling. Ein Master-PHY nutzt eine lokale Taktquelle, von der das Timing für die Datenübertragung abgeleitet wird. Ein Slave hingegen nutzt eine sogenannte Loop-Timing-Option, um die Takt-Information aus dem eingehenden Datenstrom zu rekonstruieren und für seine Datenaussendung zu verwenden. Außerdem nutzen Master und Slave unterschiedliche Scrambler-Polynome (Master: $G(x) = 1 + x^{39} + x^{58}$, Slave: $G(x) = 1 + x^{19} + x^{58}$) damit sichergestellt ist, dass der jeweils eingehende und ausgehende Datenstrom unterschiedlich sind. Somit wird eine

Taktgewinnung

gleichmäßigere Signalverteilung auf dem TP-Kabel sichergestellt, und Signalspitzen innerhalb des Frequenzspektrums werden vermieden.

5.4.5 Auto-Negotiation bei 10GBASE-T

Auto-Negotiation

Der wesentliche Informationsaustausch für 10GBASE-T basiert auf einer Unformatted Extended Next Page, die unmittelbar nach einer Base Page ausgetauscht wird. Die Unformatted Extended Next Page hat eine Länge von 32 Bit und beinhaltet folgenden Informationsinhalt.

Tab. 5–7 *Unformatted Extended Next Page für 10GBASE-T*

Bit	Bedeutung
U31 - U21	Reserviert und auf 0 gesetzt.
U20	PMA Training Reset Anforderung Lokale Komponente fordert vom Verbindungspartner, dass die PMA-Training-Sequenz (PRBS) bei jedem Frame (= 1) reinitialisiert oder fortlaufend (= 0) reinitialisiert werden soll.
U19	Reserviert und auf 0 gesetzt.
U18	PHY Short Reach Mode Modus, der bei 10GBASE-T bei einer Verbindungsstrecke von bis zu 30 m genutzt wird.
U17	Loop-Timing-Unterstützung Die Takt-Information kann im Fall der Slave-Rolle aus dem eingehenden Datenstrom rekonstruiert werden.
U16	10GBASE-T Vollduplex
U15	1000BASE-T Halbduplex
U14	1000BASE-T Vollduplex
U13	Anschlusstyp (1 = Mehr-Port, 0 = Ein-Port)
U12	10GBASE-T, Master-Slave-Konfiguration (1 = Master, 0 = Slave)
U11	10GBASE-T, Master-Slave-Rolle nach manueller Konfiguration
U10	Master-Slave Seed Bit 10 (MSB)
U9	Master-Slave Seed Bit 9
U8	Master-Slave Seed Bit 8
U7	Master-Slave Seed Bit 7
U6	Master-Slave Seed Bit 6
U5	Master-Slave Seed Bit 5
U4	Master-Slave Seed Bit 4
U3	Master-Slave Seed Bit 3
U2	Master-Slave Seed Bit 2
U1	Master-Slave Seed Bit 1
U0	Master-Slave Seed Bit 0

Festlegung der Master-Slave-Rolle

Die Verteilung der Master-Slave-Rolle zwischen den Verbindungspartnern wird von den Informationen der Auto-Negotiation-Funktion abgeleitet, wobei die Inhalte von Bit U17 (Loop-Timing-Unterstützung), U13 (Anschlusstyp), U12 (Master-Slave-Konfiguration) und U10 bis U0 (Master-Slave Seed) entscheidend sind.

Für die Rollenverteilung gilt die Priorisierung, wie sie in der folgenden Tabelle dargestellt ist, falls beide Verbindungspartner die Loop-Timming-Option unterstützen oder nicht unterstützen. Sollte nur ein Verbindungspartner die Loop-Timming-Option unterstützen, so wird der Verbindungspartner mit Loop-Timming-Option die Slave-Rolle übernehmen, da er die Takt-Information aus dem eingehenden Datenstrom des gegenüberliegenden Verbindungspartners gewinnen kann.

Tab. 5–8 *Master-Slave-Priorisierung bei 10GBASE-T*

Lokaler Gerätetyp	**Gegenüberliegender Gerätetyp**	**Lokale Rolle**	**Gegenüberliegende Rolle**
Ein-Port	Mehrfach-Port	Slave	Master
Ein-Port	Master-Einstellung	Slave	Master
Slave-Einstellung	Master-Einstellung	Slave	Master
Slave-Einstellung	Mehrfach-Port	Slave	Master
Mehrfach-Port	Master-Einstellung	Slave	Master
Slave-Einstellung	Ein-Port	Slave	Master
Mehrfach-Port	Ein-Port	Master	Slave
Mehrfach-Port	Slave-Einstellung	Master	Slave
Master-Einstellung	Slave-Einstellung	Master	Slave
Master-Einstellung	Ein-Port	Master	Slave
Ein-Port	Slave-Einstellung	Master	Slave
Master-Einstellung	Mehrfach-Port	Master	Slave
Mehrfach-Port	Mehrfach-Port	Gerät mit größerem Seed wird Master, ansonsten Slave	Gerät mit größerem Seed wird Master, ansonsten Slave
Ein-Port	Ein-Port	Gerät mit größerem Seed wird Master, ansonsten Slave	Gerät mit größerem Seed wird Master, ansonsten Slave

Wie aus der Tabelle ersichtlich ist, ist bei der Gewichtung entscheidend, ob eine Komponente lediglich über einen 10GBASE-T-Anschluss (Port) verfügt oder über mehrere, wie es zum Beispiel bei einem Switch der Fall sein kann. Bei der Zuteilung der Master-Rolle wird diejenige Komponente bevorzugt, die über mehrere Anschlüsse verfügt. Sollten die gegenüberliegenden Komponenten in der Anschlussanzahl gleich sein, so wird in die Gewichtung das Ergebnis einer Zufallszahl mit einbezogen, die jeweils von den Link-Partnern gebildet wird und über die elf Seed-Bits angezeigt werden. In diesem Fall nimmt die Komponente mit dem größeren Ergebnis der Zufallszahlberechnung die Rolle des Masters ein. Sollten beide Verbindungspartner über die Seed-Bits dieselbe Zufallszahl anzeigen, so wird dies von den Verbindungspartnern als Fehler gewertet. In diesem Fall wird eine Neuberechnung der Zufallszahl und ein erneuter Auto-Negotiation-Informationsaustausch eingeleitet. Dies wird gegebenenfalls bis zu siebenmal wiederholt, bevor der Verbindungsaufbau abgebrochen wird, was natürlich nicht vorkommen sollte.

Wird an beiden Verbindungspartnern dieselbe manuelle Einstellung vorgenommen, also jeweils Master oder Slave, so tritt ein Master-Slave-Konfigurationsfehler auf, der letztendlich keinen Verbindungsaufbau zulässt und in der Regel an den betroffenen Komponenten angezeigt wird.

5.4.6 Trainingssequenz

Trainingssequenz

Bei einer 10GBASE-T-Verbindung wird zwischen einer normalen Betriebssequenz und einer Trainingssequenz unterschieden. Die Trainingssequenz erfolgt unmittelbar nach dem erfolgreichen Informationsaustausch der Auto-Negotiation-Funktion und der Master-Slave-Rollenfestlegung. Die Trainingssequenz wird genutzt, um die notwendige Ausgangsleistung des Senders für das Powermanagement zu ermitteln und die Feinjustierung der Empfänger-Kompensationsparameter durchzuführen, wie sie beispielsweise als Koeffizienten in THP einfließen. Unter anderem werden dazu zwischen den Verbindungspartnern Parameter ausgetauscht und die Transmitter-Einstellungen vom gegenüberliegenden Verbindungspartner abgefragt. Der Informationsaustausch erfolgt über ein 16 Byte langes Info-Field, das in der Trainingssequenz ausgetauscht wird. Der Inhalt des Info-Fields ist unterschiedlich und richtet sich nach dem jeweiligen Informationsaustausch.

PRBS

Während der Trainingssequenz generiert der PCS über einen Scrambler kontinuierlich 16.384 Bit lange PAM2-modulierte Trainings-Frames, deren Symbole über die vier Adernpaare ausgesendet werden. Die Symbole der Trainingssequenz entsprechen einer reproduzierbaren und periodischen Signalfolge, die von einem rückgekoppelten Schieberegister erzeugt wird, wobei dieses mit einer pseudozufälligen Bitfolge initialisiert wird. Die generierte Signalfolge wird als Pseudo Random Binary Sequence (PRBS) bezeichnet. Bei 10GBASE-T erfolgt die Initialisierung mit einem 33 Bit langen Wert, wobei sich dieser Wert aus dem Inhalt 0x39A422 für die oberen 22 Bits und einem zufälligen Wert für die unteren 11 Bits zusammensetzt. Deshalb bezeichnet man die verwendete Signalfolge auch als PRBS 33. Jeder Verbindungspartner kann über die Auto-Negotiation-Funktion seinen Verbindungspartner dazu auffordern, den Scrambler nach jeder 16.384 Bit langen Symbolperiode neu zu initialisieren, damit sich eine periodisch wiederholende Symbolfolge ergibt.

Über die eingehenden Symbole kann sich der Empfänger auf der gegenüberliegenden Seite synchronisieren, bevor dieser in den normalen Betriebsmodus übergeht. Das Info-Field wird auf dem ersten Kanal übertragen und dazu jeweils mit den letzten 128 Bits der PAM2-modulierten Trainings-Frames XOR verknüpft.

Info-Filed

Über die Symbolsequenz der Trainings-Frames wird zudem geprüft, ob die einzelnen Adernpaare an den vorgesehenen PINs anliegen und ob die Polarität richtig ist. Gegebenenfalls werden die PIN-Belegungen innerhalb des PMA angepasst, falls hier Abweichungen vorliegen, was einer automatischen MDI/MDI-X-Funktion entspricht. Auf diese Weise entfällt bei 10GBASE-T die Notwendigkeit für den Einsatz eines Crossover-Kabels, falls eine Verbindung zwischen demselben Gerätetyp, beispielsweise zwei Switches oder zwei Netzwerkadapter, hergestellt werden soll. Die Adernpaare tragen die Bezeichnungen BI_DA, BI_DB, BI_DC und BI_DD und die PIN-Belegung ist mit der von der 1000BASE-T-Lösung identisch (siehe folgende Tabelle).

MDI/MDI-X-Funktion

PIN	MDI	MDI-X
1	BI_DA+	BI_DB+
2	BI_DA-	BI_DB-
3	BI_DB+	BI_DA+
4	BI_DC+	BI_DD+
5	BI_DC-	BI_DD-
6	BI_DB-	BI_DA-
7	BI_DD+	BI_DC+
8	BI_DD-	BI_DC-

Tab. 5–9 *PIN-Belegung der 10GBASE-T-MDI/ MDI-X-Buchsen*

Nach Abschluss des Verbindungsaufbaus werden kontinuierlich PHY-Frames übertragen. Falls Daten- und Kontrollsymbole zur Übertragung anstehen, werden diese einfach in den kontinuierlich ausgesendeten Datenstrom von PHY-Frames eingebettet. 10GBASE-T arbeitet mit einer Symbolperiode von 1,25 ns und einer Symbolrate von 800 MSymbole/s, woraus sich eine Nyquist-Frequenz von etwa 400 MHz ergibt. Deshalb wurde die notwendige Frequenzanforderung für ein TP-Kabel, das für eine Datenrate von 10 GBit/s geeignet sein soll, auf 500 MHz festgelegt.

Frequenzanforderung

5.4.7 Anforderungen an die Netzwerkinfrastruktur

TP-Kabel sind in sieben verschiedene Kategorien unterteilt, in denen die elektrischen Mindestanforderungen an das Kabel festgelegt werden (siehe Kapitel 7). Jede Kategorie spezifiziert eine maximale Übertragungsfrequenz. Zum Beispiel spezifiziert die Kategorie 5(e) ein Kabel mit einer maximalen Frequenz von 100 MHz, Kategorie 6 ein Kabel mit 250 MHz und

Kabelkategorien

Kategorie 7 eines mit 600 MHz. Somit ist eine Datenübertragung mit 10 GBit/s auf einer TP-Verkabelung nach Kategorie 7 sofort umsetzbar.

Kategorie 6a und 6e

Stellt man die Frequenzanforderung des 10GBASE-T-Standards den Kabelkategorien gegenüber, so wird klar, dass das ursprüngliche Ziel, 10GBASE-T auf TP-Kabel der Kategorie 5e zu spezifizieren, technisch unmöglich war. Die nächsthöhere Zielsetzung, nämlich 10 GBit/s über ein TP-Kabel der Kategorie 6 zu realisieren, konnte ebenfalls nicht erreicht werden. Somit entschieden sich die beteiligten Gremien, die Kategorie 6 in drei Unterkategorien zu unterteilen: Die originale Kategorie 6 mit einer maximalen Übertragungsfrequenz von 250 MHz, Kategorie 6e als erweiterte Kategorie mit einer maximalen Übertragungsfrequenz von 500 MHz sowie Kategorie 6a mit bis zu 625 MHz. Als erzielbare Distanz hat man die angestrebten 100 m bei der Nutzung von TP-Kabel der Kategorie 6a festgelegt und lediglich 55 m bei Verwendung eines TP-Kabels der Kategorie 6e. Laut 802.3an kommt als RJ-45-Buchse entweder die ungeschirmte Version nach IEC 60603-7-4 oder die geschirmte Variante nach IEC 60603-7-5 zum Einsatz.

Für ein 10GBASE-T-Netzwerk ergeben sich die in der folgenden Tabelle aufgeführten Kenngrößen.

Tab. 5–10
Kenngrößen eines 10GBASE-T-Netzwerks

Kenngröße	**10GBASE-T**
Topologie	Stern
Signalisierungstechnik	Basisband
Codierungsverfahren	DSQ128
Kabeltyp	TP-Kabel
Impedanz	100 Ohm
Maximale Segmentlänge	100 m bei Kategorie 6a oder 7; 55 m bei Kategorie 6e
Maximale Anzahl der Stationen pro Segment	2
Anschluss	RJ-45

Aufbau eines TP-Kabels

Betrachtet man den Aufbau eines TP-Kabels, so basiert dieses auf vier Adernpaaren, die paarweise miteinander verdrillt sind. Durch die Verdrillung und die Übertragung eines komplementären Signals wird eine Verringerung des Übersprechens zwischen den Aderpaaren erzielt, da auf diese Weise die Abstrahlung verringert wird und sich die induzierten Störspannungen in den Aderpaaren weitestgehend auslöschen (siehe Abschnitt 2.6). Die Reduzierung des Übersprechens ist von der Homogenität der Verdrillung abhängig. Bedingt durch die Verlegung der TP-Kabel, kann man jedoch nicht davon ausgehen, dass die Verdrillung entlang der Kabelstrecke hundertprozentig homogen verläuft. Zwangsläufig tritt deshalb in der Praxis stets ein Übersprechen auf. Um das Übersprechen zu reduzieren, hat die Kabelindustrie neue Kabelkonstruktionen entwickelt, bei denen die einzelnen

Adernpaare eines TP-Kabels mit unterschiedlichen Verdrillungsanzahlen (Twist) ausgeführt sind und die Kopplung zwischen den Adernpaaren kontrollierbar ist. Diese TP-Kabel verfügen meistens zusätzlich über einen Separater, sodass die Positionen der einzelnen Adernpaare definiert sind. Zudem sorgen vergrößerte Kabeldurchmesser (von 0,22 Zoll auf 0,31 Zoll) für einen größeren Abstand zwischen den Adernpaaren.

Buchsen und Stecker

Für die Umsetzung einer 10GBASE-T geeigneten Verkabelungsinfrastruktur bieten heute eine Vielzahl von Herstellern spezielle Kupferverkabelungssysteme an, die den erhöhten Anforderungen gerecht werden. Hierbei spielt das TP-Kabel selbst eine entscheidende Rolle, jedoch sind auch die verwendeten Buchsen und Stecker nicht zu vernachlässigen. Daher sind geschirmte RJ-45-Buchsen und Spezialwerkzeug für deren Konfektionierung ein zentrales Element dieser Kupferverkabelungssysteme. Die Schirmung der RJ-45-Buchsen wirkt wie ein Faraday'scher Käfig und sorgt für eine Resistenz gegen Alien Crosstalk, also das Übersprechen zwischen benachbarten Kabeln. Als TP-Kabel für 10GBASE-T kommen werden vornehmlich PiMF-Kabel (Pair in Metal Foil) eingesetzt (siehe Abschnitt 7.2.1), bei denen die Adern paarweise in Metallfolie geschirmt sind.

Messspezifikationen

Installationen sollten auf jeden Fall vor der Inbetriebnahme von 10GBASE-T durch Abnahmemessungen auf ihre Nutzbarkeit hin geprüft werden. Hierzu gibt es entsprechende Mess-Spezifikationen nach den Normen EIA/TIA 568-B und ISO/IEC TR-24750. Problematisch ist allerdings die Tatsache, dass die Messung von Alien Crosstalk im Feld schwer durchführbar und aufwendig ist, da theoretisch eine Messung zu allen unmittelbar benachbarten Leitungen durchgeführt werden muss. Auch können sich die gemessenen Werte wesentlich verändern, wenn beispielsweise die Patch-Kabel ausgetauscht werden. Es gibt spezielle 10-GBit-Ethernet-Kabeltestlösungen für TP-Kabel, die eine TP-Verkabelung im Hinblick auf die Anforderungen der EIA/TIA-568-B-Zertifizierung und ISO/IEC TR-24750 auf 10GBASE-Tauglichkeit hin überprüfen können.

Zertifizierte Produkte

Möchte man eine Verkabelungsinfrastruktur erstellen, die den Anforderungen für 10 GBit/s genügt, so sollte man auf Produkte von namhaften Herstellern zurückgreifen. Bei Billigprodukten aus Fernost, die bei kleineren Preisen angeblich dieselbe Qualität bieten, ist Vorsicht geboten. Denn es besteht die Gefahr enormer Folgekosten, die durch aufwendige Fehlersuche und Nachbesserungen entstehen können. Für Sicherheit beim Komponentenkauf greift man am besten auf zertifizierte Produkte zurück. So bietet beispielsweise die Gesellschaft für Hochfrequenz-Messtechnik (GHMT) entsprechende Produktzertifizierungen an, die die Einhaltung der Grenzwerte bescheinigen.

5.5 Die Ethernet-Zukunft

Eine 802.3-HSSG (High Speed Study Group) macht sich bereits Gedanken über die nächste Ethernet-Generation mit einer Datenrate von 100 GBit/s. Eine 802.3ba-Arbeitsgruppe soll die Highspeed-Standarderweiterung ausarbeiten, welche bereits im Mai 2010 verabschiedet werden soll. Wie es heute aussieht, wird 100 GBit/s aller Wahrscheinlichkeit nach nur auf Basis von Glasfaser spezifiziert werden. Man spekuliert allerdings auch schon über eine TP-Lösung, wobei man in diesem Zusammenhang von einer Datenrate von 40 GBit/s spricht. Aber wer kann es heute schon genau voraussagen? Vielleicht wird das eigentlich Unmögliche doch ermöglicht, indem 100 GBit/s ebenfalls auf TP-Kabel realisiert wird. Vielleicht ist alles nur eine Frage der Kategorie und Segmentlänge. Es bleibt also spannend …

6 Ethernet Internals

Nachdem wir uns in den letzten vier Kapiteln mit den grundlegenden Ethernet-Technologien beschäftigt haben, möchten wir im folgenden Kapitel die gewonnenen Kenntnisse abrunden. Dazu werden wir die Berechnung der Längenrestriktionen einer Kollisionsdomäne detailliert besprechen. Des Weiteren werden wir in diesem Kapitel auf Power over Ethernet (PoE) eingehen. PoE ist ein optionales Feature, um Endgeräte über das Ethernet-Netzwerk mit Strom zu versorgen. Beide Themengebiete bewahrheiten sich in der Praxis sehr häufig als nützliche Hilfe und runden das Fachwissen eines echten „Ethernetters" ab.

6.1 Längenbeschränkung im Ethernet

Längenbeschränkung

Einige Verwirrung gibt es selbst unter gestandenen Netzwerkprofis immer wieder, wenn es um die maximale überbrückbare Distanz in einem Ethernet-Netzwerk beziehungsweise um die größtmögliche Ausdehnung eines LANs geht. Denn grundsätzlich muss man zwei unterschiedliche Faktoren berücksichtigen, die zudem mit verschiedenen physikalischen Gesetzmäßigkeiten und Techniken im Ethernet zu tun haben. So gilt es, zwischen der Längenbeschränkung der einzelnen Segmente und der Gesamtausdehnung einer Kollisionsdomäne zu unterscheiden. Zusätzlich ist zu beachten, dass die Längenbeschränkung der Kollisionsdomäne nur in einem Shared LAN eine Rolle spielt, in dem alle Komponenten im Halbduplexmodus arbeiten – nur dann nämlich kommt das Zugriffsverfahren CSMA/CD zum Einsatz, das wiederum Auswirkungen auf die maximale Ausdehnung der Kollisionsdomäne hat.

Längenbeschränkung eines Kabelsegments

Für die Längenbeschränkung eines Kabelsegments sind die elektrischen oder optischen Dämpfungseigenschaften des verwendeten Übertragungsmediums verantwortlich: Es muss sichergestellt sein, dass das eingespeiste Signal an dem gegenüberliegenden Kabelende noch eindeutig erkennbar ist, die Informationen also weder verloren noch verfälscht werden. Maßgebende Faktoren dafür sind die Qualität des verwendeten Kabels und die Übertragungsfrequenz: Je höher die Übertragungsfrequenz, umso höher sind die Qualitätsanforderungen an das Kabel. Auf diese Sachverhalte gehen wir bei der Beschreibung der einzelnen Kabeltypen in späteren Abschnitten noch näher ein.

Längenbeschränkung einer Kollisionsdomäne

Die Längenbeschränkung einer Kollisionsdomäne hängt hingegen mit dem bei Ethernet eingesetzten Zugriffsverfahren CSMA/CD zusammen.

Nur die im Halbduplexmodus betriebenen Komponenten verwenden CSMA/CD – im Vollduplexmodus gibt es dieses Zugriffsverfahren nicht und es können keine Kollisionen auftreten. Daher unterliegen Ethernet-Netzwerke, bei denen alle Komponenten im Vollduplexmodus betrieben werden, diesen Einschränkungen nicht; im Prinzip gibt es in diesem Fall keine Kollisionsdomäne. Dann aber gilt es, die maximalen Segmentlängen zu berücksichtigen, die durch die physikalischen Eigenschaften der Kabel vorgegeben werden – darauf gehen wir näher in den Abschnitten über die verschiedenen Kabeltypen ein.

Kollisionserkennung

CSMA/CD arbeitet auch bei Versendung der kleinsten Framegröße von 64 Byte (512 Bit) noch zuverlässig und soll die Anzahl der Kollisionen möglichst begrenzen. Da sich jedoch Kollisionen bei CSMA/CD nicht wirklich verhindern lassen, muss wenigstens sichergestellt sein, dass sie der Sender immer erkennen kann. Dies ist jedoch nur dann gewährleistet, wenn das erste Bit des Frames beim entferntesten Empfänger eintrifft, bevor das letzte Datenbit die sendende Station verlassen hat. Zudem muss sich die Kollision innerhalb dieser Zeit in beiden Richtungen ausbreiten können.

Abb. 6–1
Das erste Datenbit und die eventuelle Kollision muss den gesamten Weg während 512 Bitzeiten hin- und zurücklaufen können.

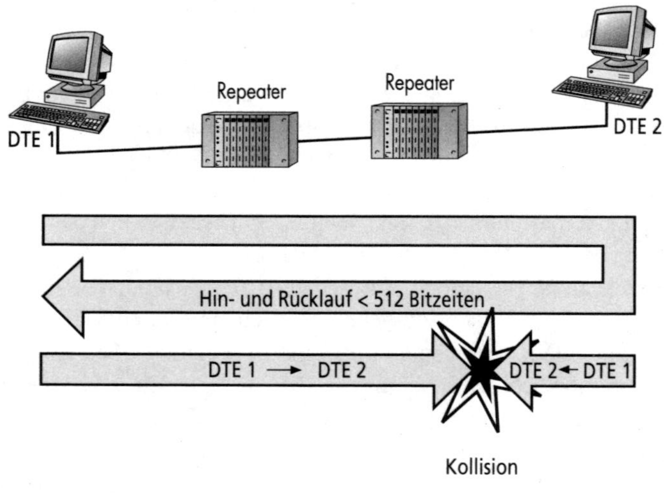

Für die Ermittlung der maximalen Entfernung zwischen zwei Stationen innerhalb einer Kollisionsdomäne spielen sowohl die Signallaufzeit vom Sender zum Empfänger als auch die Bitzeiten eine entscheidende Rolle, um die geforderte Restriktion für das Zugriffsverfahren, also die Erkennung einer Kollision bei der kleinsten Framegröße von 512 Bits, einhalten zu können. Die größte Distanz zwischen zwei Endpunkten darf also maximal nur die Länge annehmen, die der halben Signallaufzeit von 512 Bitzeiten entspricht. Die Bitzeiten wiederum sind von der verwendeten Übertragungsrate abhängig, also ob das Ethernet-LAN mit 10 MBit/s, 100 MBit/s oder 1000 MBit/s arbeitet. Bei 10-MBit-Ethernet beträgt eine Bitzeit 100 ns, bei 100 MBit/s

10 ns und bei 1000 MBit/s sogar nur noch 1 ns. Demnach entspricht die Dauer für die kleinste Framegröße von 512 Bits bei 10 MBit/s 51,200 µs, bei 100 MBit/s 5,12 µs und bei 1000 MBit/s 512 ns. Da die Ausbreitungsgeschwindigkeit des Signals auf dem Kabel immer gleich ist und nicht von der Übertragungsrate abhängt, wird also mit steigender Datenrate die maximale Ausdehnung einer Kollisionsdomäne um den Faktor 10 kleiner. So ergeben sich maximale Ausdehnungen der Kollisionsdomäne, grob überschlagen, von 2000 m bei Ethernet mit 10 MBit/s, 200 m bei Ethernet mit 100 MBit/s und auf 20 m bei Gigabit-Ethernet. Da man für die Datenrate von 1000 MBit/s die kleinste zulässige Framegröße vergrößert hat, erzielt man hier ebenfalls wieder 200 m.

Ausbreitungsgeschwindigkeit der Datensignale

Da die Ausbreitungsgeschwindigkeit der Signale rein physikalischen Gesetzen unterliegt, hängt die maximal zulässige Ausdehnung einer Kollisionsdomäne allein mit der Festlegung der kleinsten zulässigen Framegröße von 512 Bits zusammen. Wer sich mit Ethernet beschäftigt, sollte sich diese Tatsache immer wieder vor Augen halten: Der Grund für die Längenbeschränkung liegt nur in der Definition des Ethernet-Standards, die auch anders hätte aussehen können. Bei der Festlegung war ein Kompromiss zwischen minimal zulässiger Framegröße und Bandbreitenverschwendung notwendig: Sind die Nutzdaten kleiner als die zulässige minimale Framegröße, bringt das Anhängen von Fülldaten die Frames auf die kleinste zulässige Länge. Würde man die minimale Framegröße einfach erhöhen, um eine größere zulässige Ausdehnung der Kollisionsdomäne zu erhalten, ergäbe sich bei der Übermittlung kleiner Nutzdatenpakete eine erhöhte Verschwendung von Bandbreite durch übermäßig notwendige Fülldaten: Die Katze bisse sich in den Schwanz.

Signalverzögerung

Oft versucht man, die Längenausdehnung einer Kollisionsdomäne in Einklang mit der Ausbreitungsgeschwindigkeit des elektrischen oder des optischen Signals auf dem Kabel im Verhältnis zur Lichtgeschwindigkeit zu bringen. Dabei könnte man mit dem Faktor 0,66 c rechnen, da dies in etwa der Ausbreitungsgeschwindigkeit des Signals im Verhältnis zur Lichtgeschwindigkeit auf dem Kabel entspricht. Diese Vorgehensweise ist aber eigentlich falsch und führt zu Fehlinterpretationen: Man darf die Verzögerung innerhalb der aktiven Komponenten nicht vernachlässigen, deren Größenanteil gegenüber der Signalverzögerung auf dem Kabel nicht unerheblich ist. Außerdem vergisst man bei diesem Vergleich zwischen Längenausdehnung und Ausbreitungsgeschwindigkeit immer wieder, dass der Weg doppelt berücksichtigt werden muss.

Verzögerungen in Bitzeiten

Um die Berechnung oder Abschätzung der maximal zulässigen Ausdehnung einer Kollisionsdomäne zu vereinfachen, rechnet man grundsätzlich mit den Verzögerungen in Bitzeiten. Die Frames, die über das Netzwerk übertragen werden, erfahren eine Verzögerung zum einen durch die Signallaufzeit auf dem Kabel und zum anderen innerhalb der aktiven Komponenten (Repeater und Netzwerkadapter), die zwischen den beiden Endgeräten (DTE) liegen. Dazu kommen ebenfalls die Verzögerungen, die innerhalb der DTEs selbst entstehen, etwa durch das Einschwingverhalten beim Senden beziehungsweise Empfangen der Frames oder durch Verzögerungen auf den internen Signalpfaden. Diese sind ebenfalls in Bitzeiten angegeben und als maximal zulässige Werte für die verschiedenen Komponenten im Ethernet-Standard festgelegt.

Berechnung der Verzögerungen

Die Verzögerungen, die das Signal bei der Übertragung über das Kabel erfährt, sind vom verwendeten Übertragungsmedium abhängig, wobei die im Standard vorgesehenen Medien nur geringfügig voneinander abweichen. Für die unterschiedlichen Medientypen und Übertragungsgeschwindigkeiten schreibt die Ethernet-Definition die Signalverzögerungen in Bitzeiten pro Meter fest – die Gesamtverzögerung durch das Kabel lässt sich also durch

(Bitzeiten pro Meter) × Kabellänge

errechnen. Als Ergebnis erhält man die Gesamtverzögerung auf dem Kabelsegment in Bitzeiten.

Für die Berechnung, ob ein LAN die maximal mögliche Ausdehnung der Kollisionsdomäne einhält, sind die Bitzeitenverzögerungen aller aktiven Komponenten und der Kabelsegmente innerhalb der Kollisionsdomäne zu addieren. Dabei muss man die am weitesten auseinander liegenden Endgeräte berücksichtigen und kontrollieren, ob die Summe der Bitverzögerungen für beide Richtungen unterhalb von 512 Bitzeiten liegt. Es muss sichergestellt sein, dass von jedem Endgerät zu jedem anderen beliebigen Endgerät innerhalb der Kollisionsdomäne die maximale Bitzeitenverzögerung 512 Bit beträgt. Ist diese Anforderung erfüllt, kann man davon ausgehen, dass das Ethernet-Zugriffsverfahren sicher und einwandfrei funktioniert und dass keine Performance-Einbußen durch eine fehlerhafte Kollisionserkennung auftreten.

Es reicht für die Kontrollrechnung also vollständig aus, die jeweils am weitesten auseinander liegenden Endgeräte zu betrachten. Man muss sich daher vor der eigentlichen Berechnung erst einmal ein Bild über die bestehende Netzwerktopologie verschaffen.

6.1.1 Die Einhaltung der Bitzeiten

Kontrollberechnung

Eine Kontrollberechnung für die Ausdehnung der Kollisionsdomäne ist in der Praxis allerdings oft problematischer, als es sich in der Theorie anhört. Nur die wenigsten Hersteller von Ethernet-Komponenten machen tatsächlich genaue Angaben zu der Bitzeitenverzögerung in der Dokumentation der Geräte. Demnach bleibt einem Anwender in der Regel nichts anderes übrig, als davon auszugehen, dass die gekaufte Komponente den Anforderungen des Standards entspricht, und die festgeschriebenen maximalen Bitzeitenverzögerungen der einzelnen Geräte für die Kontrollrechnung zu verwenden.

Der Ethernet-Standard bietet als Berechnungsgrundlage verschiedene Rechenmodelle, an denen die maximal zulässige Ausdehnung dargestellt ist. Diese Modelle können in der Praxis als Grundlage für die Kontrollrechnung herangezogen werden. Für die verschiedenen Übertragungsraten existieren jeweils verschiedene Entwürfe und Tabellen, in denen die maximal zulässige Bitverzögerung einer Komponente und der Kabeltypen pro laufendem Meter angegeben sind.

Rechenmodelle
Path Delay Value

Die Summe der Bitverzögerung zwischen zwei Endgeräten (DTE) errechnet sich aus der Summe der einzelnen Bitverzögerungen und heißt Path Delay Value (PDV). Sie setzt sich wiederum aus der Summe aller Segment Delay Values zusammen. Ist die PDV unter der Berücksichtigung einer kleinen Sicherheitsreserve kleiner als der Round Trip Delay (RTD) von 512 Bitzeiten, kann man davon ausgehen, dass das Netzwerk die zulässige Ausdehnung einer Kollisionsdomäne einhält.

6.1.2 Die Eingrenzung der Kollisionsdomäne

Eingrenzung der Kollisionsdomäne

Die Berechnung der PDV erfordert erst einmal die Bestimmung der am weitesten entfernten Endgeräte einer Kollisionsdomäne. Was sich einfach anhört, ist allerdings nicht ganz trivial: Als Erstes ist überhaupt der Bereich einer Kollisionsdomäne einzugrenzen. Man muss also denjenigen Bereich des gesamten Netzwerks herausfinden, in dem sich eine aufgetretene Kollision ausbreiten kann, und die Endgeräte einbeziehen, die von einer Kollision betroffen sind. Dies entspricht dem Bereich des Netzwerks, das als Shared Media gilt, in dem also immer nur ein Endgerät zur gleichen Zeit Frames aussenden darf.

Am einfachsten ist zunächst die Begutachtung eines Standard-Ethernet mit 10 MBit/s, das mit Koaxialkabel arbeitet: Das Segment auf der Basis des Koaxialkabels stellt die Kollisionsdomäne dar. Darüber hinaus erstreckt sich die Kollisionsdomäne unter Umständen über mehrere Segmente, wenn diese über einen Repeater oder Hub miteinander verbunden sind. Ein Repeater ist auf der untersten Ebene des OSI-Modells, der PHY-Ebene, angesiedelt und führt nur eine Aufbereitung der eingehenden Daten durch. Er leitet alle Frames ungehindert an alle anderen Ausgänge weiter.

Etwas komplizierter ist die Eingrenzung der Kollisionsdomäne beim Einsatz von TP- oder LWL-Kabeln. In diesem Fall kommt eine sternförmige Verkabelung mit zentralem Verteiler zum Einsatz. Hier ist entscheidend, welchen Typ von Sternverteiler – Repeater, beziehungsweise Hubs, Dualspeed Hubs oder Switches – das LAN benutzt. Ein Repeater stellt keine Grenze für die Ausdehnung einer Kollisionsdomäne dar, denn er leitet alle Frames ungehindert weiter, auch wenn sich hierbei die Erkennung der Kollision etwas verändert. Für einen Repeater mit mehreren Anschlüssen, wie er bei Netzwerken auf der Basis von UTP- oder LWL-Kabeln zum Einsatz kommt, liegt eine Kollision vor, wenn er an mehr als einem Port Daten empfängt.

Diese Art der Kollisionserkennung führen übrigens alle Komponenten durch, die an ein vollduplexfähiges Medium angeschlossen sind, das sich durch einen separaten Datenkanal für die Sende- und Empfangsseite auszeichnet. Arbeiten diese Komponenten im Halbduplexmodus, nutzen sie als Zugriffsverfahren CSMA/CD – eine Kollision liegt vor, wenn die Geräte während der Aussendung eines Frames auf der Empfangsseite ebenfalls ein Frame erkennen.

Begrenzung der Kollisionsdomäne

Bei einem Switch sieht die Ausdehnung einer Kollisionsdomäne dagegen wesentlich anders aus. Ein Switch begrenzt die Ausdehnung einer Kollisionsdomäne. Er stellt eine Multiport-Bridge dar, die, je nach Zieladressierung der eingehenden Frames, eine dedizierte Peer-to-Peer-Verbindung für die Weiterleitung des Frames von Port zu Port schaltet. Jeder Port eines Switch verfügt über eine eigene MAC-Instanz, die entweder im Halbduplex- oder Vollduplexbetrieb arbeiten kann. Unabhängig vom Betriebsmodus endet demnach bei einem Switch die Kollisionsdomäne an jedem Port beziehungsweise dessen MAC-Controller.

Der Sternverteiler kann aber auch aus einem sogenannten Dualspeed Hub bestehen. Er besteht intern aus zwei Hubs, wobei einer mit 10 und der andere mit 100 MBit/s arbeitet.

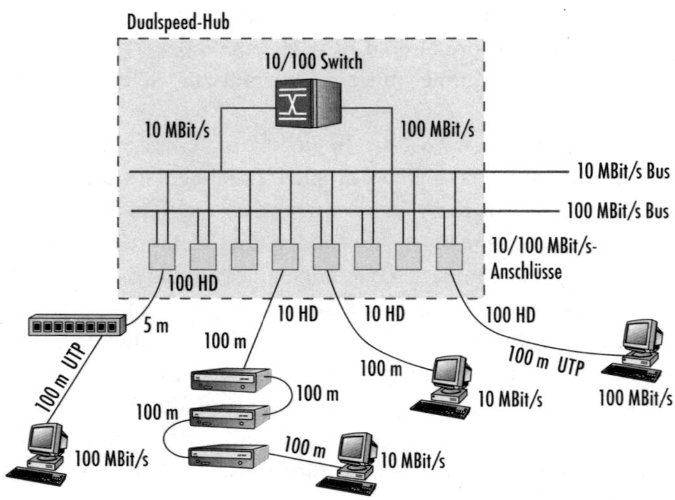

Abb. 6-2
Die 10-MBit/s- und die 100-MBit/s-Seite eines Dualspeed Hubs grenzen jeweils an eine separate Kollisionsdomäne an, da ihre Verbindung über einen internen Switch erfolgt

Je nach angeschlossener Komponente werden die Ports des Dualspeed Hubs entweder auf den 10- oder 100-MBit-Hub geschaltet. Alle angeschlossenen Komponenten können, wie bei anderen Hubs auch, grundsätzlich nur im Halbduplexmodus arbeiten. Die beiden Hubs, die jeweils eine eigene Kollisionsdomäne darstellen, sind durch einen internen Switch miteinander verbunden. Die Frames, die für die Kollisionsdomäne auf der anderen Seite des Dualspeed Hubs bestimmt sind, gelangen über den internen Switch auf die andere Seite. Der interne Switch begrenzt also die Kollisionsdomäne; der Dualspeed Hub grenzt für jede Übertragungsrate an eine separate Kollisionsdomäne.

6.1.3 Die 5-4-3-Regel

5-4-3-Regel

Das wohl unter Netzwerkern berühmteste Modell für die (ungefähre) Überprüfung der Ausdehnung einer Kollisionsdomäne eines Ethernet mit 10 MBit/s ist die sogenannte 5-4-3-Regel. Sie ist zwar nicht in den eingangs dieses Kapitels erwähnten Modellen des Ethernet-Standards enthalten, hat sich jedoch bei Praktikern durchgesetzt. Die 5-4-3-Regel wurde letztendlich vom Modell 1 des Ethernet-Standards abgeleitet und besagt, dass zwischen den am weitesten entfernten Endgeräten maximal fünf Segmente und vier Repeater liegen, allerdings nur an drei Segmenten Endgeräte angeschlossen sein dürfen.

Kritisiert wird die 5-4-3-Regel oft deswegen, weil sie sehr allgemein gehalten ist und nicht auf alle Netzwerkkonstellationen angewendet werden kann, da das Modell 1 im Standard einer gemischten Netzwerkumgebung entspricht. Für die erste grobe Kalkulation heutiger 10BASE-X-Netzwerke ist die Regel aber in vielen Fällen ausreichend. Denn die 5-4-3-Regel geht von drei 10BASE5- und zwei 10BASE-FL-Segmenten aus; außerdem entsprechen bei Ethernet mit 10 MBit/s die 512 Bitzeiten einer verhältnismäßig langen Zeit, in der das elektrische Signal einen langen Weg zurücklegen kann. Bei 10BASE5- und 10BASE-FL-Segmenten kann jedes Segment eine Länge von 500 m annehmen – bei Segmentlängen von 185 m (10BASE2) oder 100 m (10BASE-T) enthält die 5-4-3-Regel also genug Reserve. Für 10BASE-T, das mit TP-Kabel arbeitet, verkürzt sich die 5-4-3- zu einer Art 5-4-Regel, da nur die Festlegung auf fünf Segmente und vier Repeater eine Rolle spielt.

Abb. 6–3 Anhand des Modells 1 wird im Ethernet-Standard die Worst-Case-Betrachtung für die Ausdehnung einer Kollisionsdomäne durchgeführt

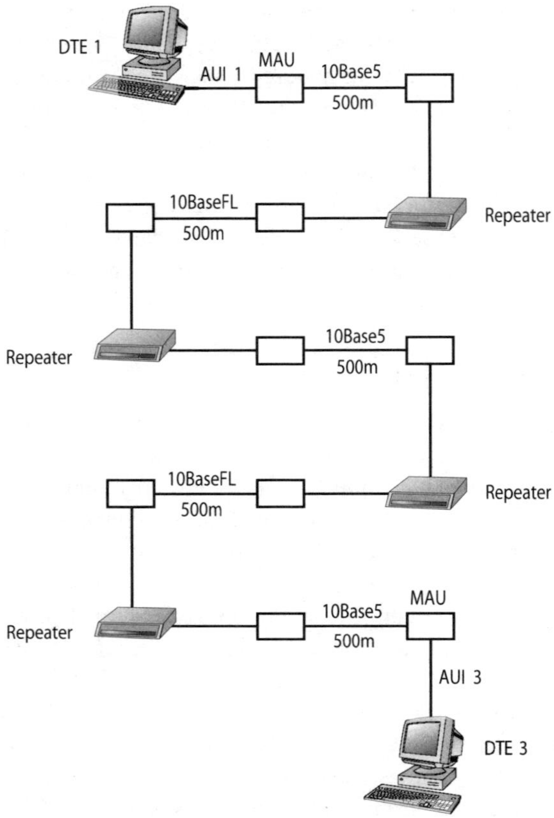

6.1.4 Berechnung des Path Delay Value (PDV)

Berechnung des Path Delay Value

Das Modell 1 des Standards für Ethernet mit 10 MBit/s stellt die Betrachtung für den ungünstigsten Fall der Ausdehnung einer Kollisionsdomäne dar. Sie geht davon aus, dass, wie in der vorangegangenen Abbildung dargestellt, DTE 1 mit der Aussendung eines Frames beginnt. Dieses bewegt sich dann mit den für die Komponenten und Kabel typischen Bitverzögerungen in Richtung DTE 3 fort. Kurz bevor das erste Bit des Frames AUI 3 vollständig passiert hat, beginnt DTE 3 ebenfalls damit, ein Frame auszusenden, da für DTE 3 das Medium als noch nicht belegt galt. Demnach entsteht innerhalb von AUI 3 zwangsläufig eine Kollision. Das kollisionsrelevante Signal muss nun den gesamten Weg zu DTE 1 wieder zurücklaufen und erfährt auf diesem Weg ebenfalls wieder Verzögerungen, die in Bitzeiten ausgedrückt werden. Insgesamt entsteht in dieser Betrachtung ein Path Delay Value (PDV) von 498,9 Bitzeiten. Diese PDV liegt unterhalb des Round Trip Delay von 512 Bitzeiten: Die Restriktionen für die Kollisionserkennung werden also eingehalten; man kann deshalb davon ausgehen, dass die Kollisionserkennung einwandfrei arbeitet und den Backoff-Prozess für die Neuaussendung der Frames auf beiden Seiten einleiten kann (siehe folgende Kalkulation).

Komponente oder Kabel	**Richtung**	**Bitzeitenverzögerung**
DTE 1 sendet das erste Bit eines Frames aus		0 BT
DTE 1	Vorwärts	+ 3 BT
AUI M1	Vorwärts	+ 2,57 BT
MAU1	Vorwärts	+ 3 BT
Koax 1	Vorwärts	+ 21,65 BT
MAU 1A	Vorwärts	+ 6 BT
AUI R1A	Vorwärts	+ 2,57 BT
REP 1	Vorwärts	+ 7,5 BT
AUI R1B	Vorwärts	+ 2,57 BT
MAU 1B	Vorwärts	+ 3 BT
IRL 1	Vorwärts	+ 25,64 BT
Repeater Set 2	Vorwärts	+ 21,6 BT
Koax 2	Vorwärts	+ 21,65 BT
Repeater Set 3	Vorwärts	+ 21,6 BT
IRL 2	Vorwärts	+ 25,64 BT
Repeater Set 4	Vorwärts	+ 21,6 BT
Koax 3	Vorwärts	+ 21,65 BT
MAU 3	Vorwärts	+ 6 BT
AUI 3	Vorwärts	+ 2,57 BT
DTE 3 sendet ein Bit aus	Zurück	+ 8 BT
AUI 3	Zurück	+ 2,57 BT
MAU 3	Zurück	+ 3 BT
Koax 3	Zurück	+ 21,65 BT
MAU 4B	Zurück	+ 17 BT
AUI 4B	Zurück	+ 2,57 BT
REP 4	Zurück	+ 6,5 BT
AUI 4	Zurück	+ 2,57 BT
MAU 4A	Zurück	+ 3 BT
IRL 2	Zurück	+ 25,64 BT
Repeater Set 3	Zurück	+ 31,64 BT
Koax 2	Zurück	+ 21,65 BT
Repeater Set 2	Zurück	+ 31,64 BT
IRL 1	Zurück	+ 25,64 BT
Repeater Set 1	Zurück	+ 31,64 BT
Koax 1	Zurück	+ 21,65 BT
MAU 1	Zurück	+ 17 BT
AUI M1	Zurück	+ 2,57 BT
DTE 1	Zurück	+ 3 BT
Summe der Bitzeitenverzögerungen		= 498,9 BT

Tab. 6–1
Die Kalkulation des PDV für den Worst Case (Modell 1)

Diese Art der PDV-Berechnung für 10-MBit-Ethernet ist, wie man sieht, sehr aufwändig. Im Ethernet-Standard ist ein weiteres allgemeines Modell und eine dazugehörige Tabelle aufgeführt, das die Berechnung der PDV wesentlich vereinfacht. Es basiert auf zwei DTEs, drei Segmenten und zwei Repeatern und wird im Standard als Modell 2 bezeichnet.

Abb. 6-4 Das vereinfachte Modell für die Berechnung der PDV

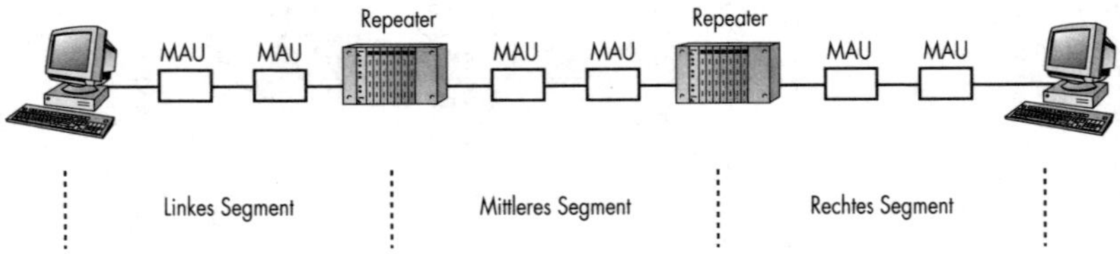

Segment Delay Values

Die Tabelle dieses Modells gibt die Bitverzögerungen der Komponenten und des Kabels an, wobei diese Werte die Wege in beide Richtungen bereits berücksichtigen. Dies vereinfacht die Berechnung natürlich deutlich. Die Segment Delay Values (SDV) ergeben sich dabei aus einer Basisangabe, die die Bitverzögerung der Komponenten beinhaltet, und einen Wert, der sich aus der jeweiligen Kabellänge des Segments errechnet. In der Tabelle ist jeweils die Basisangabe der Komponente und ein Maximum, das die größtmögliche Kabellänge beinhaltet, aufgeführt (siehe folgende Tabelle).

			Linkes S.		Mittleres S.		Rechtes S.	
Segment	**Max. Länge**	**Basis**	**Max.**	**Basis**	**Max.**	**Basis**	**Max.**	**RTD/m**
10BASE5	500 m	11,75	55,05	46,5	89,8	169,5	212,8	0,0866
10BASE2	185 m	11,75	30,731	46,5	65,48	169,5	188,48	0,1026
10BASE-T	100 m	15,25	26,55	42	53,3	165	176,3	0,113
FOIRL	1000 m	7,75	107,75	29	129	152	252	0,1
10BASE-FL	2000 m	12,25	212,25	33,5	233,5	156,5	356,5	0,1
Erw. AUI	48 m	0	4,88	0	4,88	0	4,88	0,1026

Tab. 6-2 Ausschnitt der Bitzeitenverzögerung der verschiedenen Segmenttypen

Das allgemeine Path-Delay-Modell ergibt eine Angabe für alle Segmenttypen und möglichen Übertragungsmedien eines Ethernet mit 10 MBit/s. Die Berechnung der Segment Delay Values erfolgt bei dieser Betrachtung nach folgender Formel:

SDV = Basis + (Länge × (Round Trip Delay/Meter))

Möchte man nun eine Kalkulation der Bitzeitenverzögerungen vornehmen, muss man die SDVs der einzelnen Segmente addieren. Dabei addiert man die einzelnen Segmente vom linken zum rechten Ende. Basieren die beiden Endsegmente auf unterschiedlichen Übertragungsmedien, ist zuerst eine Kalkulation in einer und dann in der anderen Richtung, also aus der umgekehrten Betrachtungsweise, durchzuführen. Das höchste Ergebnis der beiden Kalkulationen entspricht dann der Bitzeitenverzögerung der Kollisionsdomäne. Der ermittelte Wert muss gleich oder unterhalb 575 Bitzeiten (512 BT + 64 BT Präambel und Start of Frame Delimiter – 1 BT) liegen. Der Standard empfiehlt jedoch eine Sicherheitsreserve von 5 Bitzeiten.

Um die Rechenmethode anhand des allgemeinen Modells zu verdeutlichen, ist eine Kalkulation anhand eines Beispielnetzwerks hilfreich. Wir gehen dafür davon aus, dass sich der Worst-Case-Pfad, also die am weitesten entfernte Strecke zwischen zwei Endgeräten, über ein 185 m langes 10BASE2-Segment, drei 500 m lange 10BASE5-Segmente und ein 100 m langes 10BASE-T-Segment erstreckt. Die drei 10BASE5-Segmente sind dabei jeweils über ein 50 m langes AUI-Kabel angeschlossen (siehe Abbildung 6-5).

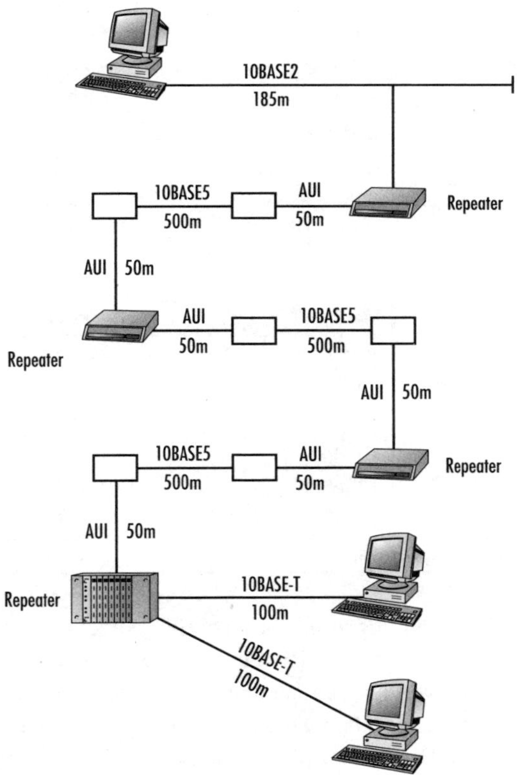

Abb. 6–5
Ein Beispielnetzwerk für die Ermittlung der Bitverzögerungen

Die drei 10BASE5-Segmente gelten in dieser Konstellation als mittleres Segment, das eine Bitzeitenverzögerung von jeweils 89,8 Bitzeiten hat. Die 89,8 Bitzeiten kann man direkt aus der Tabelle entnehmen, da 500 m die maximale Länge eines 10BASE5-Segments darstellen. Wären die Segmente hingegen kürzer, müsste man die SDV nach der zuvor genannten Formel berechnen. Da diese drei 10BASE5-Segmente jeweils auf beiden Seiten über ein AUI-Kabel von 50 m angeschlossen sind, muss zu jedem Segment zweimal die Ergänzung für 48 m AUI-Kabel dazugerechnet werden. Dies ergibt für jedes 10BASE5-Segment zusätzlich noch einmal 9,76 Bitzeiten. Die beiden Endsegmente sind jeweils einmal als linkes und als rechtes Segment zu betrachten. Demnach ergibt sich für das 10BASE2-Segment eine Bitzeitenverzögerung von 30,731 oder 188,48 Bitzeiten. Für das 10BASE-T-Segment besteht die Bitzeitenverzögerung in 176,3 oder 26,55 Bitzeiten. In der Addition ergeben die beiden Betrachtungsweisen folgende Bitzeitenverzögerungen:

1. Berechnung:

Segment	Medium	Bitzeitenverzögerung
Linkes Segment	10BASE2	30,731
Mittleres Segment	10BASE5	+ 89,8
Mittleres Segment	10BASE5	+ 89,8
Mittleres Segment	10BASE5	+ 89,8
Rechtes Segment	10BASE-T	+ 176,3
Ergänzung für AUI	6 Mal	+ 29,28
Summe der Bitzeitenverzögerung		= 505,711

2. Berechnung:

Segment	Medium	Bitzeitenverzögerung
Linkes Segment	10BASE-T	26,55
Mittleres Segment	10BASE5	+ 89,8
Mittleres Segment	10BASE5	+ 89,8
Mittleres Segment	10BASE5	+ 89,8
Rechtes Segment	10BASE2	+ 188,48
Ergänzung für AUI	6 Mal	+ 29,28
Summe der Bitzeitenverzögerung		= 513,71

Aus den beiden Berechnungen ergibt sich eine Bitzeitenverzögerung von 505,711 beziehungsweise 513,71 Bitzeiten. Die 513,71 Bitzeiten sind dabei der höhere Wert und werden demnach als Gesamtbitzeitenverzögerung für das Beispielnetzwerk angesehen. Dieser Wert liegt deutlich unter den geforderten 575 Bitzeiten. Dieses Beispielnetzwerk hält also den maximal zulässigen RTD-Wert ein.

6.1.5 Berechnung der Interframe-Gap-Verluste

Berechnung der Interframe-Gap-Verluste

Für eine vollständige und detaillierte Betrachtung der Einhaltung der maximal zulässigen Ausdehnung einer 10-MBit-Kollisionsdomäne muss schließlich noch überprüft werden, ob sich das Interframe Gap (IFG) innerhalb des zulässigen Bereichs bewegt. Das IFG ist der Mindestabstand zwischen den einzelnen Frames und dient dazu, dass sich der Empfänger und andere Komponenten von dem eingehenden Datenstrom erholen können. Es ist im Ethernet-Standard auf 96 Bitzeiten festgelegt; der Mindestwert beträgt 47 Bitzeiten.

Während des Transfers über einen Repeater erfahren die Frames verschiedene zeitliche Verzögerungen, die dazu führen können, dass der Interframe Gap sinkt. Dies kann so weit gehen, dass der IFG so klein wird, dass der Abstand zwischen den Frames nicht mehr für den Erholungsprozess der Empfänger ausreicht und es somit zu einem Frameverlust kommt. Demnach muss bei 10-MBit-Ethernet sichergestellt werden, dass die maximale Anzahl der Repeater so gewählt ist, dass der Interframe Gap den Mindestwert von 47 Bitzeiten noch einhält.

Verkleinerung des Interframe Gap

Die Verkleinerung des Interframe Gap wird durch den Verlust der ersten Bits der Frame-Präambel auf den Segmenten und innerhalb der Repeater verursacht. Bei jedem Frame, das den Repeater durchläuft, wird die Präambel deshalb neu generiert. So ist sichergestellt, dass die vom Repeater ausgesendeten Frames wieder über eine vollständige Präambel verfügen. Je nachdem, wie viele Bits der Präambel verloren gingen, treten bei der Regenerierung der Präambel unterschiedliche Verzögerungen auf. Je mehr Bits verloren gingen, desto höher ist der Verlust beim Interframe Gap, der durch das Segment und den daran angeschlossenen Repeater verursacht wurde.

Für die Berechnung des Interframe-Gap-Verlusts legt der Standard ebenfalls ein Modell zugrunde, das die Kontrollrechnung wesentlich vereinfacht (siehe Abbildung 6-6).

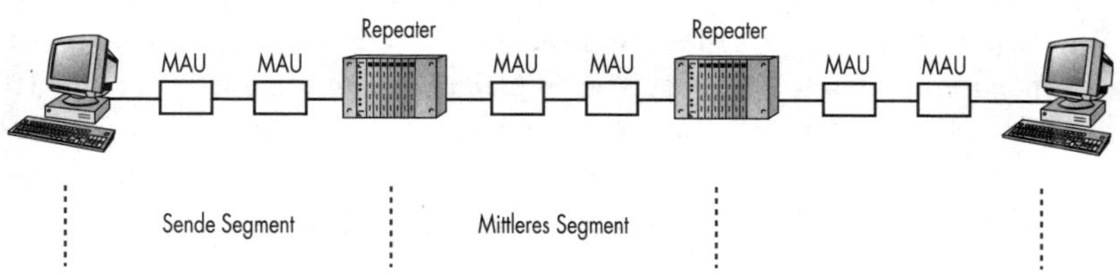

Abb. 6–6
Modell für die Bestimmung der Interframe-Gap-Verluste

Dieses Modell entspricht im Wesentlichen dem Modell für die Ermittlung des Round Trip Delay. In diesem Fall betrachtet man allerdings nur die mittleren und das sogenannte Sendesegment, da diese zu einem Repeater führen, um das entfernteste Endgerät zu erreichen. Das Sendesegment entspricht dem äußeren Segment, das die höchsten Verluste für Interframe Gaps verursacht. Die folgende Tabelle bildet die Grundlage für die Betrachtung der Interframe-Gap-Verluste:

Tab. 6–3
Die Verlustwerte des 10BASE-X-Interframe-Gap

Segmenttyp	Sendesegment	Mittleres Segment
Koaxialkabel	16	11
Links außer 10BASE-FB	10,5	8
10BASE-FB	Entspricht kein Endsegment	2
10BASE-FP	11	8

Der Interframe-Gap-Verlust ergibt sich aus der Addition der einzelnen Verluste des Interframe Gap, wobei die Summe maximal 49 Bitzeiten entsprechen darf. Dann beträgt der verbleibende Interframe Gap noch 47 Bitzeiten.

In unserem Beispielnetzwerk ergeben sich demnach die in der folgenden Tabelle aufgeführten Verluste für den Interframe Gap:

Tab. 6–4
IFG-Verluste für unterschiedliche Segmenttypen

Segmenttyp	Verluste des IFG
Sendesegment	16
Mittleres Koaxialsegment	+ 11
Mittleres Koaxialsegment	+ 11
Mittleres Koaxialsegment	+ 11
Summe der Verluste in Bitzeiten	= 47

Die Verluste von 47 Bitzeiten liegen unterhalb der geforderten 49 Bitzeiten. Demnach entspricht das Netzwerkmodell beim Interframe Gap ebenfalls den Mindestanforderungen.

6.1.6 Die Berechnung der PDV im Netzwerk mit 100 MBit/s

PDV im Netzwerk mit 100 MBit/s

Mit der Einführung des Ethernet-Standards für 100 MBit/s hat sich die maximal zulässige Ausdehnung einer Kollisionsdomäne drastisch reduziert. Wie bereits erwähnt liegt dies hauptsächlich an der Tatsache, dass bei der gleichen minimalen Framelänge von 512 Bit die Bitzeiten um den Faktor 10 kleiner sind. Im 100-MBit-Standard geht man im Wesentlichen von zwei Modellen aus. Eines davon enthält zwei Class-II-Repeater, eines nur einen Class-I-Repeater (siehe dazu auch die folgenden Kapitel).

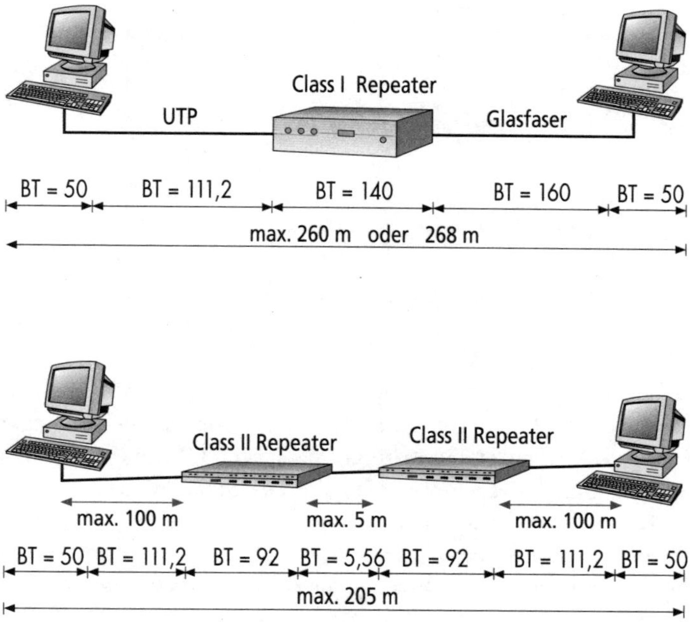

Abb. 6–7
Die zwei Modelle des Ethernet-Standards mit 100-MBit/s

Class-II-Repeater

Ein sogenannter Class-II-Repeater unterstützt auf allen Ports das gleiche Übertragungsmedium und darf nur eine Bitverzögerung von 92 Bitzeiten haben. Innerhalb einer Kollisionsdomäne dürfen bei Verwendung der maximalen Kabellängen bis zu zwei Class-II-Repeater platziert sein. Der Class-I-Repeater kann dagegen mit zwei verschiedenen Übertragungsmedien arbeiten; demnach ist für ihn eine höhere Bitzeitenverzögerung zulässig, die im Ethernet-Standard auf maximal 140 Bitzeiten festgelegt ist. Höchstens ein Class-I-Repeater darf bei Verwendung der maximalen Kabellängen in einer Kollisionsdomäne vorhanden sein. Eine 100-MBit-DTE hat eine Bitzeitenverzögerung von 50 Bitzeiten

Betrachtet man das erste Modell auf der Basis von 100BASE-TX mit zwei Class-II-Repeatern, ergibt sich eine maximal zulässige Ausdehnung der Kollisionsdomäne von 205 m. Die gesamte Kabellänge folgt aus jeweils 100 m TP-Kabel von den DTEs zu den Repeatern und einer Verbindung von 5 m zwischen den Repeatern. Dies ergibt rechnerisch eine Verzögerung von 511,96 Bitzeiten (= 50 BT + 1,112 BT/m × 100 m + 92 BT + 1,112 BT/m × 5 m+ 92 BT + 1,112 BT/m × 100m + 50 BT). Die einzelnen zulässigen Bitzeitenverzögerungen sind im Standard entsprechend der folgenden Tabelle festgelegt.

Tab. 6–5
Die RTD-Werte bei Ethernet mit 100 MBit/s

Komponenten bzw. Kabel	RTD
Class-I-Repeater	140
Class-II-Repeater	92
DTE (Endgerät)	50
Cat 3 TP/m	1,14
Cat 5 TP/m	1,112
Glasfaser/m	1,0

Wie sich zeigt, müssen die Bitzeitenverzögerungen nur in eine Richtung addiert werden, da die einzelnen Werte im 100-MBit-Standard den Weg in beide Richtungen bereits berücksichtigt haben.

Class-I-Repeater

In einer gemischten Umgebung, die mit LWL- und TP-Kabel arbeitet, verändern sich die Längenverhältnisse und die Anzahl der zulässigen Repeater hingegen grundsätzlich. Um Glasfaser mit TP-Kabeln verbinden zu können, sind Class-I-Repeater notwendig. Der Standard schreibt für einen solchen Repeater eine maximale Bitzeitenverzögerung von 140 Bitzeiten vor, die mit der physischen Umsetzung des Übertragungsmediums zusammenhängt. Durch diese hohe Bitzeitenverzögerung ist bei einer maximal angestrebten Netzwerkausdehnung nur ein Repeater erlaubt. Man erhält auf diese Weise eine Kollisionsdomäne, deren maximale Ausdehnung 260 m beträgt, wobei der Anteil des TP-Segments 100 und der des Glasfasersegments 160 m beträgt. Es ergibt sich bei diesem Aufbau eine Gesamtverzögerung von 511,2 Bitzeiten (= 50 BT + 1,112 BT/m × 100 m+ 140 BT + 1,0 BT/m × 160 m + 50 BT).

Bei einem 100-MBit-Netzwerk ergibt sich die maximal mögliche Ausdehnung einer Kollisionsdomäne durch die Verbindung von zwei Endgeräten direkt über ein LWL-Kabel ohne Zwischenschaltung eines Repeaters.

Abb. 6–8
Die maximal mögliche Ausdehnung einer Kollisionsdomäne bei Ethernet mit 100 MBit/s

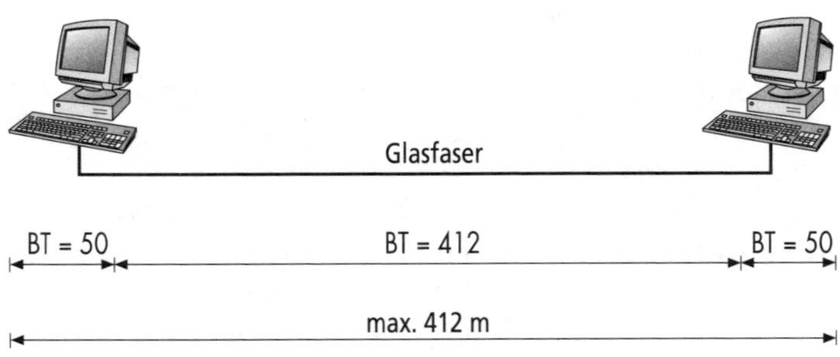

Rechnerisch ergibt sich eine maximal zulässige Ausdehnung der Kollisionsdomäne von 412 m, deren Bitverzögerung genau 512 Bitzeiten entspricht (= 50 BT + 1,0 BT/m × 412m + 50 BT). Eines sollte man aber nicht vergessen: Es ergibt natürlich überhaupt keinen Sinn, zwei Komponenten, die über eine LWL-Strecke miteinander verbunden sind, im Halbduplexmodus zu betreiben, der in diesem Fall die maximale Länge auf 412 m einschränken würde. Schließlich können per LWL-Kabel die entsprechenden Komponenten wegen des getrennten Sende- und Empfangskanals grundsätzlich im Vollduplexmodus arbeiten.

Natürlich ist es in der Praxis jederzeit freigestellt, Kollisionsdomänen mit anderen Strukturen aufzubauen, die von den vorgeschlagenen Modellen abweichen. Für eine Kollisionsdomäne mit 100 MBit/s lassen sich zum Beispiel auch drei Class-II-Repeater auf der Basis von TP-Kabel miteinander verbinden, was dann eine maximale Gesamtausdehnung der Kollisionsdomäne von 120 m ergibt. Sollte man jedoch von den klassischen Modellen abweichen, ist es auf jeden Fall ratsam, eine Kalkulation unter Einbeziehung einer Sicherheitsreserve von 4 Bitzeiten vorzunehmen.

Die maximal zulässige Ausdehnung der Kollisionsdomäne bei Ethernet mit 100 MBit/s ist im Vergleich zum 10-MBit-Ethernet also zirka um das Zehnfache kleiner geworden. Dies ist auf die Dauer einer Bitzeit zurückzuführen, die beim 100-MBit-Ethernet genau um das Zehnfache kleiner geworden ist, während die kleinste zulässige Framelänge bei 512 Bits belassen wurde. Die Reduzierung der maximal erlaubten Ausdehnung der Kollisionsdomäne auf 205 m ergab sich daher zwangsläufig.

Kalkulation bei Dualspeed Hubs

Oft machen Netzwerkplaner Fehler bei der Kalkulation der Kollisionsdomäne, wenn sie sogenannte Dualspeed Hubs einsetzen wollen. Diese Geräte unterstützen zwei Datenraten: Ein Dualspeed Hub enthält zwei Datenpfade, einen für 10 und einen für 100 MBit/s. Bei Anschluss einer 100-MBit-Komponente erkennt der Hub dies über die Auto-Negotiation-Funktion und schaltet sie intern auf den 100-MBit-Datenpfad, ein 10-MBit-Gerät dagegen natürlich auf den 10 MBit-Datenpfad. Jeder der beiden Pfade stellt dabei für sich einen eigenständigen Hub mit der jeweiligen Datenrate dar. Die beiden Hubs sind wiederum in der Regel (siehe dazu das Kapitel 7 über die Ethernet-Komponenten) über einen internen Switch miteinander verschaltet, der nach Bedarf die Frames von dem einen auf den anderen Hub weiterleitet. Alle angeschlossenen Komponenten arbeiten, wie für einen Hub erforderlich, im Halbduplexmodus. Die Kollisionsdomäne dehnt sich nun aber nicht von einer Seite auf die andere aus; diese müssen unabhängig voneinander betrachtet werden: Der interne Switch sorgt für eine klare Trennung zwischen der 10- und der 100-MBit-Seite eines Dualspeed Hubs. Für die Kalkulation der Kollisionsdomäne muss jeder der internen Hubs für sich mit den Standard-Bitzeiten bei der Kalkulation mit eingerechnet werden.

Rechnerisch also ist der Dualspeed Hub beispielsweise auf der 100-MBit-Seite ein Endgerät mit direkt angrenzendem Class-II-Repeater (50 + 92 Bitzeiten). Gegebenenfalls muss dieser Dualspeed Hub als entferntester Endpunkt mit 142 Bitzeiten in die Ausbreitung der 100-MBit-Kollisionsdomäne mit einbezogen werden. Durch diese 142 Bitzeiten klassifizieren viele einen Dualspeed Hub oft fälschlicherweise als Class-I-Repeater, der normalerweise 140 Bitzeiten haben darf. Dies ist jedoch laut Definition im Standard falsch, da ein Class-I-Repeater zwei unterschiedliche Übertragungsmedien miteinander verbindet, was bei einem Dualspeed Hub, bei Betrachtung von einer Seite aus, nicht der Fall ist. Ein Dualspeed Hub lässt sich somit beispielsweise in ein Szenario wie in Abbildung 6-9 dargestellt einbinden.

Abb. 6–9
Die 10-MBit/s- sowie die 100-MBit/s-Seite eines Dualspeed Hubs bilden jeweils eine eigene Kollisionsdomäne und müssen separat betrachtet werden.

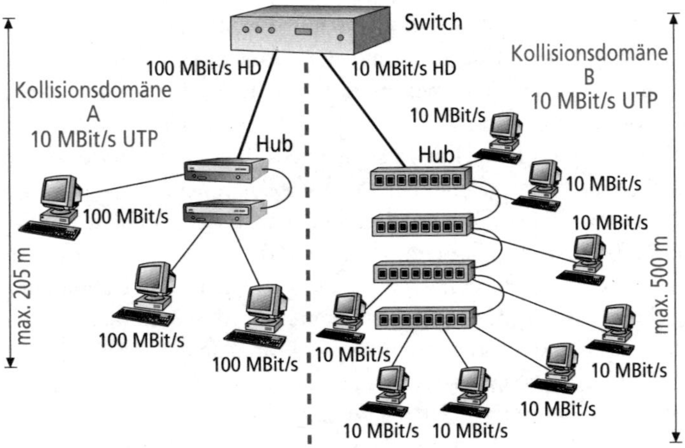

6.1.7 Die PDV bei 1000BASE-X

PDV bei 1000BASE-X

Mit dem normalen Verhältnis zwischen der Länge einer Bitzeit und der maximalen Ausdehnung einer Kollisionsdomäne hätte man nun aber bei Gigabit-Ethernet ein massives Problem. Bei Ethernet mit 1000 MBit/s käme man nämlich theoretisch auf eine maximale Ausdehnung von 20,5 m. Wäre es dabei geblieben, hätte man sich die Entwicklung von Gigabit-Ethernet wohl gleich sparen können: Mit dieser maximal überbrückbaren Distanz hätte sich praktisch kein vernünftiges LAN aufbauen lassen, Gigabit-Ethernet wäre schon vor seiner Einführung zu einem Treppenwitz der Netzwerkgeschichte verkommen. Die Standardisierungsgremien sannen daher auf Abhilfe: Wie bereits in den vorherigen Abschnitten dargestellt, vergrößerte man einfach die minimale Framegröße von 64 auf 512 Byte. Auf diese Weise ergibt sich für Ethernet mit 1000 MBit/s im Halbduplexbetrieb eine maximal zulässige Ausdehnung der Kollisionsdomäne von 200 m, die in etwa dem des Ethernet mit 100 MBit/s entspricht.

Anders als im 100-MBit-Standard sind für Gigabit-Ethernet nur zwei Modelle beschrieben: Das erste illustriert die einfache Verbindung zweier Endgeräte, das zweite die Verbindung zwischen zwei Stationen über einen Repeater. Eine Unterscheidung von Class-I- oder Class-II-Repeatern gibt es allerdings nicht mehr, auch wenn ein Repeater unterschiedliche Medien unterstützen kann.

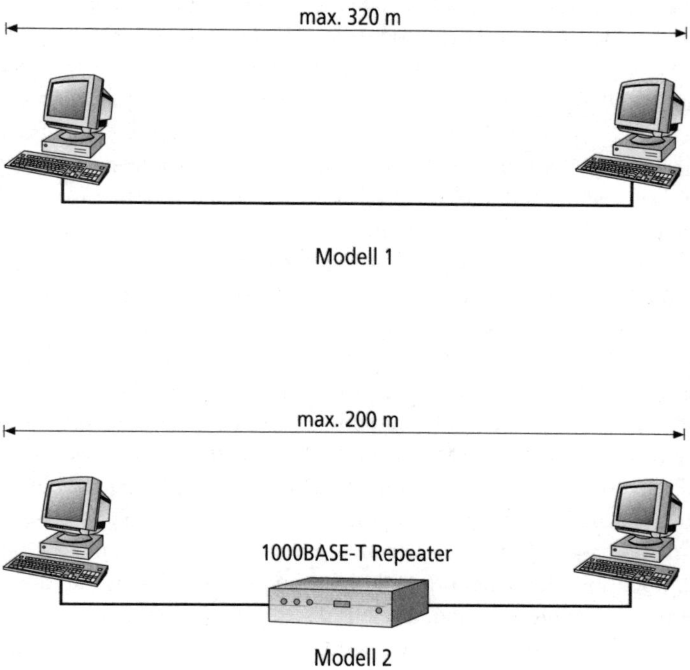

Abb. 6–10
Die beiden Berechnungsmodelle für die Ausdehnung einer 1000BASE-X-Kollisionsdomäne

Nach dem ersten Modell hat eine Kollisionsdomäne unter Verwendung eines LWL-Kabels eine maximale Ausdehnung von 320 m. Im zweiten Modell ergibt sich für TP-Kabel rechnerisch eine maximale Ausdehnung von 200, für LWL-Kabel von 220 m. Bei der Kalkulation der PDV soll laut Standard eine Reserve von etwa 40 Bitzeiten einkalkuliert werden. Die RTD-Werte aus der folgenden Tabelle sind für 1000BASE-X definiert.

Tab. 6–6
Die RTD-Werte von 1000BASE-X

Komponenten bzw. Kabel	RTD
Repeater	976
DTE (Endgerät)	432
Cat 5 UTP/m	11,12
Glasfaser/m	10,10
1000BASE-CX Kabel	10,10

6.2 Power over Ethernet

Eine mittlerweile etablierte Erweiterung des Ethernet-Standards stellt Power over Ethernet (PoE) dar. PoE bietet eine Stromversorgung von Endsystemen über das TP-Kabel an, sodass die Notwendigkeit einer herkömmlichen Stromversorgung am Betriebsort des Endgeräts entfällt. Die Idee von PoE kam letztendlich aus der Voice-over-IP-Welt, denn hier ergab sich die Notwendigkeit, dass die IP-Telefone mit Strom versorgt werden müssen und eine herkömmliche Versorgung über ein 230-V-Steckernetzteil als unpraktikabel betrachtet wurde. Man wollte schließlich den gleichen Komfort bieten wie die herkömmliche Telekommunikationstechnik, d. h., die Telefone sollten über dieselbe Leitung mit Strom versorgt werden, über die auch die Sprachdaten übertragen werden. Somit entstand die Idee, die Stromversorgung über ein Netzwerkkabel zu realisieren. Die PoE-Funktion wurde durch die IEEE-802.3af-Standarderweiterung spezifiziert, welche im Juni 2003 verabschiedet wurde. Diese Erweiterung definiert eine PoE-Funktion via MDI für die auf TP-Kabeln basierenden Ethernet-Lösungen mit einer Datenrate von 10 MBit/s, 100 MBit/s und 1000 MBit/s. Wichtig war natürlich, dass IEEE-802.3af sicherstellt, dass die Datenübertragung nicht beeinflusst und die maximal realisierbare Segmentlänge eines TP-Kabels (100 m) bei der Nutzung von PoE nicht reduziert werden. Des Weiteren musste die Abwärtskompatibilität zu nicht PoE-fähigen Endgeräten sichergestellt werden. Letzteres wird umgesetzt, indem die PoE-Spannungsversorgung an den betreffenden Anschluss erst aktiviert wird, sobald ein Endgerät erkannt wird, das 802.3af-konform ist und mithilfe von PoE mit Strom versorgt werden kann.

PSE und PD

Laut IEEE-802.3af stehen sich bei der Nutzung von PoE ein sogenanntes Power Sourcing Equipment (PSE) sowie ein Powered Device (PD) gegenüber. PSE entspricht der Stromquelle, also dem Gerät, das auf das TP-Kabel die Stromversorgung einspeist. Das PD hingegen ist das Endgerät, welches über PoE mit Strom versorgt wird. Als PSE kommt entweder ein Switch oder ein Hub in Frage, wobei man in diesem Fall von Endpunkt-PSE (engl. Endpoint PSE) spricht. Alternativ kann auch ein sogenannter Midspan, auch Injektor genannt, zum Einsatz kommen. Letzterer entspricht einem Gerät, das eine separate Stromversorgung bereitstellt und mit dem sich Anschlüsse eines aktiven Verteilers mit der PoE-Funktion erweitern lassen. Dazu wird ein Midspan in das Netzwerksegment zwischengeschaltet, wodurch auf das jeweilige Segment eine Stromversorgung realisiert werden kann. Auf diese Weise lassen sich bereits vorhandene Infrastrukturen, in denen beispielsweise Switches ohne PoE-Funktion installiert sind, auf das PoE-Feature erweitern.

PoE Varianten

Für die Stromversorgung über PoE sieht die 802.3af-Erweiterung verschiedene Möglichkeiten vor: Bei 10BASE-T und 100BASE-TX können entweder die beiden ungenutzten Adernpaare des TP-Kabels verwendet werden (Variante 1) oder es wird zusätzlich zum Datensignal ein Gleichstromanteil über die beiden für den Datenaustausch genutzten Adernpaare übertragen (Variante 2). Letztere wird auch oft als Phantomspeisung beziehungsweise Phantomschaltung bezeichnet. In der Regel speisen die Switches die Stromversorgung auf die beiden für die Datenübertragung genutzten Adernpaare ein, wohingegen ein Midspan die Stromversorgung auf die beiden ungenutzten Adernpaare einspeist. Die Stromeinspeisung über beide Varianten ist allerdings explizit untersagt. Ein PD muss hingegen beide Möglichkeiten unterstützen und zieht den Strom über die jeweiligen Adernpaare, an denen jeweils die PoE-Spannung anliegt. Bei 1000BASE-T erfolgt natürlich die Stromversorgung grundsätzlich über Adernpaare, die ebenfalls für die Datenübertragung genutzt werden, da im TP-Kabel keine ungenutzten Adernpaare zur Verfügung stehen.

PoE-Diodenschaltung

Hinsichtlich der beiden Möglichkeiten der Spannungsversorgung sorgt bei den PDs typischerweise eine entsprechende Diodenbrückenschaltung für die Umsetzung einer ODER-Funktion, die sicherstellt, dass die eingespeiste „Spannung von den PDs nicht auf die anderen Adernpaare rückgekoppelt wird, welche nicht für die Stromversorgung verwendet werden (siehe folgende Abbildung). Des Weiteren sorgt die Diodenbrückenschaltung dafür, dass die Stromversorgung unabhängig der Polarität genutzt werden kann. Auf diese Weise wird die Stromversorgung bei der Verwendung eines Cross-Over- oder 1:1-TP-Kabels sichergestellt.

Abb. 6–11
Diodenschaltung in PDs

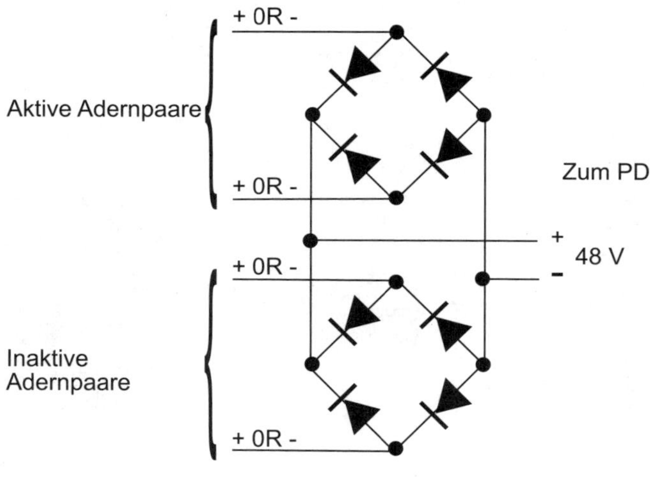

Die 802.3af-Erweiterung sieht vor, dass ein Endpunkt-PSE wie beispielsweise ein Hub oder ein Switch eine der beiden Möglichkeiten der Stromversorgung unterstützen kann, wohingegen ein Midspan lediglich die Stromversorgung über die ungenutzten Datenleitungen realisieren soll. Somit wird

im Standard der Midspan lediglich für 10BASE-T- und 100BASE-TX-Lösungen beschrieben. Die folgende Abbildung zeigt die verschiedenen PoE-Stromversorgungsvarianten.

Abb. 6–12
Stromversorgungs-varianten via PoE

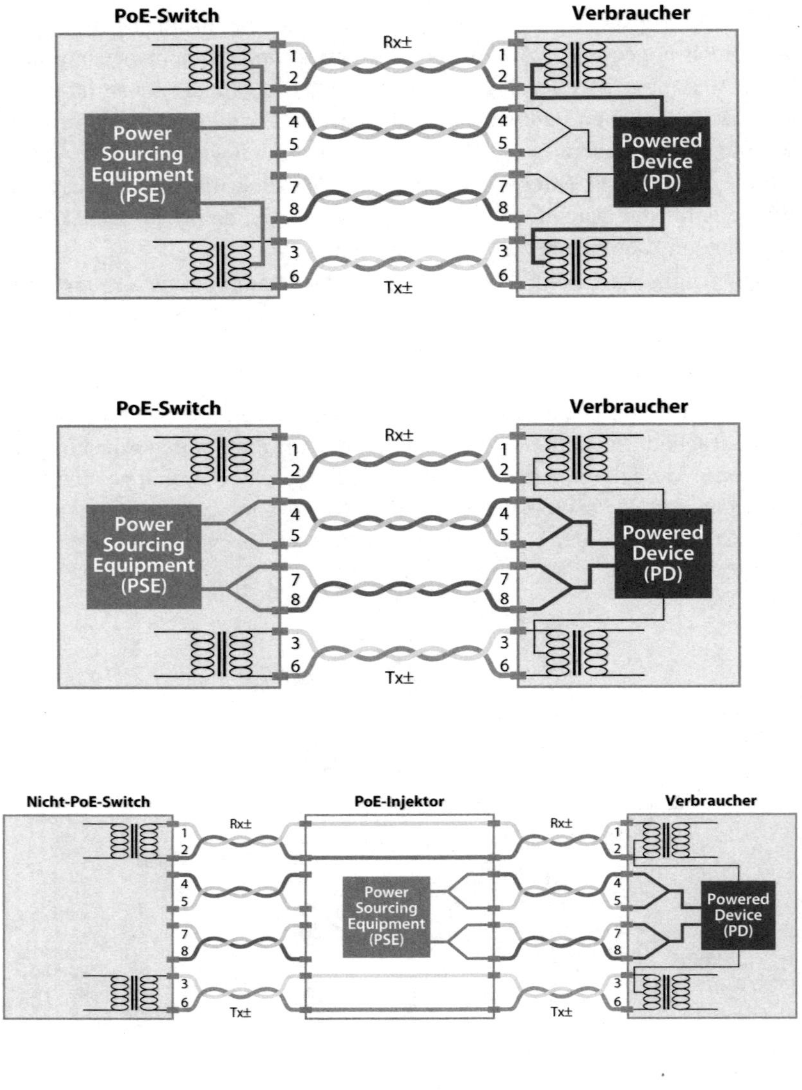

Die folgende Tabelle zeigt die jeweilige PIN-Belegung der beiden Varianten für die Stromversorgung.

Tab. 6–7
PIN-Belegung bei der Stromversorgung via PoE

PIN	1. Variante (MDI-X/MDI)	2. Variante/ Phantomspeisung (MDI-X)	2. Variante/ Phantomspeisung (MDI)
1		Negativer V-Anschluss	Positiver V-Anschluss
2		Negativer V-Anschluss	Positiver V-Anschluss
3		Positiver V-Anschluss	Negativer V-Anschluss
4	Positiver V-Anschluss		
5	Positiver V-Anschluss		
6		Positiver V-Anschluss	Negativer V-Anschluss
7	Negativer V-Anschluss		
8	Negativer V-Anschluss		

Laut 802.3af wird vom PSE an seinen Anschlüssen jeweils eine Spannung von 44 bis 57 V DC bereitgestellt. Diese Spannungshöhe entspricht den Anforderungen an eine Schutzkleinspannung (Safety Extra Low Voltage, SELV), d. h. schädigen auch einen Menschen bei Berührung von offenen Kontakten einer RJ-45-Buchse nicht, da die Körperströme ohne Folgen bleiben. Außerdem sorgt die (hohe) Spannung dafür, dass eine Leistung bei geringem Strom zur Verfügung gestellt werden kann und auf den relativ dünnen Adern eines TP-Kabels keine große Verlustleistung beziehungsweise Wärmeentwicklung entsteht. Der PSE soll pro Anschluss im Durchschnitt eine maximale Leistung von 15,4 W liefern können. Der maximale Strom ist mit 350 mA im Dauerbetrieb und mit kurzzeitigen Spitzen von 450 mA spezifiziert. Geht man nun von einer maximalen Leitungslänge aus, so ergibt sich in Serie auf den Hin- und Rückleiter ein ohmscher Widerstand von 20 Ω (2 × 10 Ω). Über diesen Widerstand kann also ein Spannungsabfall von 7 V im Dauerbetrieb und 9 V bei kurzzeitigen Spitzen auftreten. Geht man von 57 V Spannung aus, so wird am PD eine Spannung von 48 V bis 50 V anliegen. Ebenso wird der Leistungsverlust auf dem TP-Kabel in der Form berücksichtigt, dass für die PDs dauerhaft im Durchschnitt eine maximale Leistung von 12,95 W bereitgestellt wird. Allgemein hat sich somit die Aussage etabliert, dass PoE für die PDs eine Spannung von 48 V DC liefert und pro Endgerät eine Leistung von 12,95 W gezogen werden darf. Die Eingangsspannung eines PDs ist jedoch ebenfalls mit 44 V bis 57 V DC spezifiziert, damit auch bei kurzen Kabelstrecken eine ausreichende Spannungsfestigkeit gewährleistet ist. Intern soll ein PD seine Spannung zuschalten, sobald die Eingangsspannung den Wert von 42 V DC erreicht oder überschreitet. Außerdem soll der PD intern die Spannung ausschalten, sobald die anliegende Spannung auf 30 V DC zurückgeht. Ein PD muss kontinuierlich einen minimalen Strom von 10 mA ziehen, wobei kurzzeitige Unterschrei-

tungen für eine maximale Zeit von 300 ms toleriert werden. Der PSE muss hingegen nach 400 ms die Spannung abschalten, falls der PD den minimalen Strom nicht mehr zieht. Nach dem Beginn der Abschaltung muss die Spannung am Anschluss des PSE innerhalb von 500 ms unter 2,8 V DC liegen.

6.2.1 Leistungsklassen

Der 802.3af-Standard sieht für die PDs verschiedene Leistungsklassen vor, die jeweils unterschiedliche Leistungsbereiche festlegen (siehe folgende Tabelle).

Tab. 6–8
Leistungsklassen laut 802.3af

Klasse	Leistungsbereich	Beschreibung
Class 0	0,44 W bis 12,95 W	PDs ohne Leistungsklassenspezifizierung
Class 1	0,44 W bis 3,84 W	PDs mit geringer Leistungsaufnahme
Class 2	3,84 W bis 6,49 W	PDs mit mittlerer Leistungsaufnahme
Class 3	6,49 W bis 12,95 W	PDs mit hoher Leistungsaufnahme
Class 4	zukünftige Festlegung	PDs mit Leistungsaufnahme über Class 0

6.2.2 PD-Erkennungsprozess

Über einen PD-Erkennungsprozess kann ein PSE festzustellen, ob an einen Anschluss ein PoE-fähiges Gerät angeschlossen wurde. Maßgeblich für den Erkennungsprozess ist eine sogenannte PD-Signatur. Hierbei handelt es sich um einen Widerstandswert und eine Kapazität, wobei der Widerstand im Bereich von 19 bis 26,5 kΩ liegen muss und die Kapazität zwischen 10 und 150 nF. Im nicht aktiven Zustand liegt an den Anschlüssen eines PSE eine Spannung von 2,8 V DC an, die von einer hochohmigen Stromquelle getrieben wird. Schließt man an einen Anschluss des PSE ein PoE-fähiges Gerät an, so führt dies zu einem Stromfluss, von dem der PSE den Widerstandwert und die Kapazität ableiten kann. Die Werte werden durch eine zweite Messung verifiziert, indem die Spannung auf 10,1 V DC angehoben wird. Sollte die zweite Messung den geforderten Widerstandswert und die Kapazität bestätigen, so kann der PSE von einem angeschlossen PD ausgehen.

6.2.3 PD-Klassifizierungssignatur

Optional können die PDs eine Klassifizierungssignatur besitzen anhand der der PSE erkennen kann, welche Leistung der jeweils angeschlossene PD ziehen möchte. Diese Information kann vom PSE für ein Leistungsmanagement genutzt werden, um beispielsweise ein vorhandenes Leistungsbudget aufzuteilen beziehungsweise um sicherzustellen, dass die maximal zur Verfügung stehende Gesamtleistung nicht überschritten wird. Die Klassifizierungssignatur entspricht wiederum einem gezogenen Strom, der jeweils bei einer Testspannung von 14,5 V und 20,5 V fließen muss (siehe folgende Tabelle).

Klasse	Klassifizierungssignatur
Class 0	0 bis 4 mA
Class 1	9 bis 12 mA
Class 2	17 bis 20 mA
Class 3	26 bis 30 mA
Class 4	36 bis 44 mA

Tab. 6–9
Klassifizierungssignatur der verschieden PoE-Klassen

Wird beispielsweise ein Strom von 9 bis 12 mA gezogen, kann der PSE davon ableiten, dass das angeschlossene PD einem Class-1-Gerät entspricht, dessen Leistungsaufnahme im Bereich von 0,44 W bis 3,84 W liegt. Diese Information kann der PSE in sein Leistungsmanagement einfließen lassen, sofern er damit ausgestattet ist. Wird vom PD hingegen keine Klassifizierungssignatur geliefert, so geht ein PSE mit Leistungsmanagement davon aus, dass ein PD der Class 0 angeschlossen wurde und dass an dem betroffenen Anschluss die volle Leistung bereitgestellt werden muss.

6.2.4 PoE-Schaltzeiten

Die endgültige Spannung wird an dem jeweiligen Anschluss geschaltet, nachdem ein PD über die PD-Signatur erkannt und die optionale Klassifizierung durchlaufen wurde.

Für die Erkennung eines PD sind in der 802.3af-Erweiterung 500 ms vorgesehen und ein weiterer Zeitraum von 400 ms, in der die Spannung an den jeweiligen Anschluss zugeschaltet wird. Die Spannung muss in diesem Fall innerhalb von 15 µs von 10 % auf 90 % ansteigen. Die optionale PD-Klassifizierung läuft innerhalb der 400 ms ab und ist mit einer Dauer von 75 ms vorgesehen. Alles in allem kann man davon ausgehen, dass die Spannung innerhalb von einer Sekunde zugeschaltet wird, sobald ein PD an einen Anschluss eines PSE angeschlossen wurde.

6.2.5 PoE in der Praxis

Derzeit gibt es eine Vielzahl von Endgeräten, die via PoE mit Strom versorgt werden können. Hierzu gehören die VoIP-Telefone, Wireless LAN Access Points und Netzwerkkameras. Außerdem gibt es Endgeräte, die nicht direkt PoE-fähig sind, jedoch die maximale Leistung nicht überschreiten. In diesem Fall können unter Umständen sogenannte Splitter eingesetzt werden, über die die Endgeräte quasi mit der PoE-Funktion erweitert werden. Ein Splitter ist eine kleine Box, die den Strompfad vom Datenpfad wieder auftrennt und für das Endgerät einen separaten Datenanschluss und einen

Stromanschluss mit einer bestimmten Ausgangsspannung zur Verfügung stellt. In diesem Fall müssen natürlich die Spannungen am Ausgang des Splitters mit der Eingangsspannung des Endgeräts übereinstimmen.

Möchte man in einem Netzwerk die Stromversorgung via PoE umsetzen, so sollte man auf jeden Fall das Leistungsbudget der PSE mit denen der angeschlossenen PDs vergleichen und prüfen, ob die zur Verfügung gestellte Leistung ausreicht. Oft sind Switches nur in der Lage, an der Hälfte der Ethernet-Anschlüsse die volle Leistung zur Verfügung zu stellen und können erst mit einem zweiten, optionalen Netzteil die volle Leistung an allen Anschlüssen bereitstellen. Wichtig ist natürlich auch, dass man nur Produkte verwendet, die 802.3af konform sind.

Werden die Endgeräte mit PoE versorgt, so lassen sich diese relativ einfach gegen Störungen oder Sabotage des Stromversorgungsnetzes schützen. Denn sichert man den PSE über eine unterbrechungsfreie Stromversorgung (USV) ab, so sind gleichzeitig auch alle Geräte, die mithilfe von PoE versorgt werden, gegen einen kurzzeitigen Stromausfall mit abgesichert.

6.2.6 IEEE 802.3at

Die derzeitige PoE-Implementierung laut 802.3af und stellt für Endgeräte eine maximale Leistung von 12,95 W zur Verfügung. Die Anforderungen steigen jedoch stetig, denn man möchte zukünftig weitaus mehr Gerätetypen via PoE versorgen können, welche eine höhere Leistungsaufnahme als 12,95 W haben. Deshalb wurde beim IEEE im November 2004 eine neue PoE-Version ins Leben gerufen. Seit September 2005 arbeitet das IEEE offiziell an einer neuen Variante von PoE, die als PoE Plus bezeichnet wird und in der 802.3at-Erweiterung spezifiziert werden soll. 802.3at soll Lösungen bieten, die über zwei Adernpaare eine Leistung von 30 W und bei einer Nutzung aller vier Adernpaare eine Leistung von 60 W liefern. Der 802.3at-Standard sollte schon längst verabschiedet sein, jedoch haben viele technische und sicherheitsrelevante Probleme immer wieder zu Verzögerungen geführt. Mit einer Verabschiedung der 802.3at-Erweiterung ist deshalb voraussichtlich nicht vor Mitte 2008 bis Anfang 2009 zu rechnen.

7 Ethernet-Verkabelung

Verkabelung

Ein oft vernachlässigtes, aber entscheidendes Element eines Netzwerks stellt die Verkabelung dar. Cat5-Kabel eingekauft und zu den einzelnen Geräten verlegt, fertig – schließlich kann doch nichts schief gehen, wenn man sich auf definierte Kabeltypen verlässt, oder? Anschließend sucht sich der geplagte Netzwerkadministrator dann einen Wolf, weil unerklärliche Fehler oder schlechte Performance im Netzwerk sich nicht auf Probleme mit einzelnen Komponenten zurückführen lassen oder nur sporadisch und schon gar nicht reproduzierbar auftauchen. Eine oberflächlich geplante oder schlecht installierte Verkabelung beeinträchtigt die Funktion des Netzwerks immer wieder negativ und stellt sich schnell als potenzielle Fehlerquelle heraus. Etwas mehr Gedanken als die Kalkulation der Kabelmenge sollte man schon in die Verkabelung investieren: Planung und Installation sollte man die notwendige Aufmerksamkeit und Sorgfalt widmen. Es mag zwar übertrieben klingen, etwa bei einem heimischen Netzwerk größere Mengen von Gehirnschmalz an das LAN-Kabel zu verschwenden, denn nichts erscheint einfacher als zwei oder drei PCs miteinander zu vernetzen. Aber geht es darum, ein Netzwerk aufzubauen, das den Umfang von zwanzig und mehr PCs hat, hat der Administrator seinen Beruf verfehlt, wenn er nicht eine detaillierte Planung vor die eigentliche Installation setzt, die den notwendigen Anforderungen gerecht wird. Und auch LANs in Mietwohnungen und Eigenheimen weisen eine Tendenz auf, die allen Netzwerken inne zu wohnen scheint: Sie wachsen schneller und mehr, als man ursprünglich dachte. Da ist es auch in diesen Fällen sehr von Vorteil, wenn man sich Gedanken über richtige Kabel, korrekte Installation und eine LAN-Struktur gemacht hat, die sich einfach erweitern lässt, ohne die Restriktionen wie beispielsweise maximale Ausdehnung oder notwendige Kabeleigenschaften zu verletzen.

Kostenfaktor

Man sollte nie unterschätzen, dass die Netzwerkverkabelung einen wesentlichen Kostenfaktor für ein LAN darstellt – und dies nicht nur wegen der Kabel und ihrer Installation selbst, sondern gerade auch unter Berücksichtigung eventuell notwendiger bautechnischer Maßnahmen. Um unnötige Folgekosten durch nachträgliche Erweiterungen oder eine falsche Planung zu vermeiden, gilt es im Vorfeld, alle Anforderungen zu durchleuchten – und dazu gehört auch, eine eventuell notwendige Erhöhung der Bandbreite eines Netzwerks einzuplanen und für Reserven zur eventuellen Erweiterung des LANs mit zusätzlichen Stationen, Segmenten oder Verbindungen zu anderen LANs oder öffentlichen Netzen zu sorgen.

Investitionsschutz

Generell geht man in der Netzwerkbranche davon aus, dass eine Verkabelung in Unternehmen für die Anforderung der nächsten zwanzig Jahre geplant werden muss. In Installationen, die von vornherein für niedrigere Ansprüche als etwa in weltumspannenden Konzernen gedacht sind, mag sich dieser Zeitraum übertrieben anhören – aber auch hier sollte man davon ausgehen, dass eine Kabelinstallation eine Lebensdauer von mehreren Jahren erreichen sollte. Für solche Planungen ist ein grundlegendes Wissen über die verschiedenen Kabeltypen und die Struktur einer Verkabelung notwendig. Wir widmen uns daher in den nächsten Abschnitten ausgiebig dem Thema Verkabelung.

7.1 Standards und Spezifizierungen für die Verkabelung

Standards und Spezifizierungen

Wie allgemein im Netzwerkbereich üblich gibt es für die Netzwerkverkabelung eine Vielzahl von Standards und Spezifizierungen, die für eine einheitliche und allgemein gültige Verkabelungsstrategie sorgen sollen. Der Ethernet-Standard selbst beschreibt aber ausschließlich die minimalen Anforderungen an die jeweiligen Kabeltypen und gibt zum Beispiel an, wie lang ein Kabelsegment sein darf und welche zulässige Dämpfung das Kabel über die Länge und bei der verwendeten Übertragungsfrequenz maximal haben darf. Damit soll die generelle Funktion gewährleistet werden. Die genaue Spezifizierung für den Aufbau einer Verkabelung bleibt anderen Definitionen überlassen, auf die sich der Ethernet-Standard bezieht. So gibt es für den Bereich der Verkabelung eine Vielzahl von Festlegungen, die bei dem Aufbau eines professionellen Netzwerks berücksichtigt werden sollten. Für den Bereich der Europäischen Gemeinschaft spielen dabei die sogenannten EIA/TIA-Spezifizierungen, ISO/IEC- und europäische Normen eine entscheidende Rolle.

7.1.1 Die EIA/TIA-Normierung

EIA/TIA-Normierung

Maßgebend bei der herstellerunabhängigen Spezifizierung für die strukturierte Verkabelung ist die Telecommunication Industry Association (TIA) und die Electronics Industries Association (EIA). Beide Konsortien sind Mitglieder des American National Standard Institute (ANSI). In der Regel richten sich alle Kabelhersteller und Hersteller für Verkabelungszubehör nach dem Standard TIA/EIA-586, der als Commercial Building Telecommunications Cable Standard veröffentlicht worden ist. Er stellt den herstellerunabhängigen Standard dar, der sich der Verkabelung für die Sprach- und Datenübertragung widmet und weltweit anerkannt ist. Die EIA/TIA-Spezifikation unterteilt die verschiedenen Kabel in Kategorien, wobei jede Kategorie eine maximal zulässige Übertragungsfrequenz repräsentiert.

Oft wird kritisiert, dass die EIA/TIA-Spezifikationen allzu sehr für die technischen Bedürfnisse des US-amerikanischen Markts ausgelegt sind. Diese Kritik ist sicher teilweise gerechtfertigt. Man kommt aber als Netzwerkadministrator und Installateur nicht umhin, sich mit ihnen zu beschäftigen, da die US-amerikanischen Institute und Firmen eine dominierende Rolle bei der Festlegung von Normen und Spezifikationen im Netzwerkbereich haben. Es gehört bei Produkten, die für den internationalen Markt bestimmt sind, zum Pflichtenheft, der EIA/TIA-Normierung zu entsprechen.

7.1.2 Die ISO/IEC-11801-Normierung

ISO/IEC-11801-Normierung

Einen den EIA/TIA-Spezifikationen vergleichbaren Inhalt umfasst die Norm der International Organization for Standardization (ISO) und der International Electronic and Electrotechnical Commission (IEC), die unter der Bezeichnung ISO/IEC 11801:1995 als Generic Cabeling for Costumer Premises veröffentlicht worden ist. Während die EIA/TIA-Norm eher auf amerikanische Bedürfnisse Rücksicht nimmt, entspricht die ISO/IEC-Norm internationalen Anforderungen. So sind zum Beispiel in der ISO/IEC 11801 die verschiedenen Kabeltypen in Klassen eingeteilt.

7.1.3 Die Norm EN 50173

EN 50173

Die EN 50173 stellt die europäische Norm für die strukturierte Verkabelung dar und ist letztendlich eine Ableitung von ISO/IEC 11801. Für die Erstellung einer Netzwerkverkabelung innerhalb der EU sollte man auf jeden Fall die darin festgelegten Anforderungen berücksichtigen. Daher ist es in Unternehmen sinnvoll, die Einhaltung der Richtlinien nach EN 50173 bei der Ausschreibung für die Erstellung einer Netzwerkverkabelung als Pflichtmerkmal zu definieren.

7.1.4 Die Normen EN 50288-x-x

Die technischen Anforderungen an die Datenkabel werden mittlerweile für den europäischen Bereich in der Normreihe EN 50288-x-x spezifiziert. Diese Normreihe definiert jeweils die Eckdaten der Datenkabel, wobei eine Untergliederung in maximale Übertragungsfrequenz, Kabelaufbau und Einsatzgebiet besteht. So entspricht beispielsweise die EN 50288-2-1 der Rahmenspezifikation für geschirmte Kabel für den Horizontal- und Steigbereich (siehe Abschnitt 7.3.4) bis 100 MHz.

7.1.5 Die Normen EN 55022 und EN 50082

Elektromagnetische Verträglichkeit

Ein Thema, das auch bei Netzwerken keinesfalls vernachlässigt werden darf, ist die sogenannte elektromagnetische Verträglichkeit (EMV). Die Europäische Union hat sich dieser Problematik angenommen und eine entsprechende Richtlinie erlassen, die unter der Kennziffer 89/336/EWG veröffentlicht wurde.

Die EMV-Richtlinie besagt, dass ein elektrisches Gerät so beschaffen sein muss, dass die Erzeugung elektrischer Störungen so weit begrenzt ist, dass ein bestimmungsgemäßer Betrieb von Funk- und Telekommunikationseinrichtungen sowie sonstiger Geräte möglich ist. Außerdem muss ein Gerät eine angemessene Festigkeit gegen elektromagnetische Störungen aufweisen, so dass ein bestimmungsgemäßer Betrieb des Gerätes möglich ist. Festgeschrieben sind diese beiden grundsätzlichen Forderungen im EMV-Gesetz nach Paragraph 4 Absatz 1 Nr. 1 und Absatz 2 Nr. 2. Für den Bereich der informationstechnischen Geräte oder Einrichtungen (ITE) sind die europäischen Normen EN 55022 (Grenzwerte und Meßverfahren für Funkstörungen von informationstechnischen Einrichtungen) und EN 50082 (Fachgrundnorm Störfestigkeit) maßgebend.

CE-Zeichen

Seit dem 1. Januar 1996 sind die Hersteller von elektrischen oder elektronischen Produkten verpflichtet nachzuweisen, dass ihre Produkte diesen Bestimmungen entsprechen. Ist dies der Fall, können sie von den Herstellern durch das CE-Zeichen gekennzeichnet werden.

Zuallererst sollte man also immer darauf achten, dass innerhalb eines Netzwerks nur aktive Komponenten zum Einsatz kommen, die das CE-Zeichen tragen. Weiterhin sind einige Punkte im Bereich der Verkabelung zu beachten, damit die Grenzwerte des EMV-G eingehalten werden können, auf die wir im Folgenden ebenfalls näher eingehen.

7.2 Kabeltypen

Kabeltypen

Wie bereits in den vorigen Abschnitten deutlich wurde, lässt sich ein Ethernet-Netzwerk auf der Basis von verschiedenen Übertragungsmedien aufbauen. Die Auswahl des geeigneten Mediums richtet sich dabei primär nach den zu überbrückenden Distanzen, den erwünschten Datenraten – und nicht zuletzt den Kosten für die Medien.

Grundsätzlich kommen für Ethernet als leitungsgebundene Übertragungsmedien Koaxial- oder Twisted-Pair-Kabel und Lichtwellenleiter in Frage. Nun ist aber etwa Twisted-Pair-Kabel nicht gleich Twisted-Pair-Kabel; technisch gibt es sehr viele Unterschiede bei diesem Kabeltyp (und nicht nur bei diesem). Es gilt also, wie bei allen anderen Übertragungsmedien auch, die richtige Auswahl zu treffen, auch unter Berücksichtigung der finanziellen Anforderungen. Einen wesentlichen Kostenfaktor stellt zudem die Konfektionierung für eine Netzwerkverkabelung dar, wozu nicht nur die Kosten für die Verbinder und entsprechendes Werkzeug zu rechnen sind, sondern auch die Lohnkosten, die gerade bei Kabeln mit komplexen und schwierig zu handhabenden Konfektionierungstechniken einen erheblichen

Anteil an den Gesamtkosten darstellen können. Als Faustformel gilt: Je höher die Bandbreite, für die ein Übertragungsmedium ausgelegt ist, desto höher ist der zeitliche Aufwand für eine Konfektionierung und desto höher sind demnach auch die Arbeitskosten.

7.2.1 Twisted-Pair-Kabel

TP-Kabel

Das am häufigsten verwendete Übertragungsmedium ist das Twisted-Pair-Kabel (TP-Kabel). Es reduziert gegenüber dem Koaxialkabel die Fehleranfälligkeit des Netzwerks und ist je nach Ausführung für Datenraten von 10 MBit/s bis zu 10 GBit/s geeignet. Ein wesentlicher Unterschied bei der Verwendung von TP-Kabel ist die physische Verkabelung zwischen den einzelnen Arbeitsstationen. Bei Koxialverkabelung wird das Kabel von Arbeitsstation zu Arbeitsstation verlegt; ein Netzwerk, das mit TP-Kabel arbeitet, benutzt eine sternförmige Verkabelung. Dabei verfügt jede angeschlossene Station über eine eigene Peer-to-Peer-Verbindung, die zu einem zentralen aktiven Verteiler führt. Für diesen Verteiler kommt ein Repeater, ein Dualspeed Hub oder ein Switch in Frage. Diese Art der Verkabelung erscheint auf den ersten Blick weit aufwändiger als das einfache Ziehen einer Strippe von Rechner zu Rechner wie beim Koaxialkabel – sie bietet aber den wesentlichen Vorteil, dass sich Kabelstörungen in den meisten Fällen immer nur auf die Verbindung zwischen einem Rechner und dem Verteiler auswirken.

TP-Kabel-Segmentlänge

Im Ethernet-Standard sind elektrische Eigenschaften festgelegt, die ein TP-Kabel einhalten muss, damit es als geeignetes Medium für die Datenübertragung gilt. Je höher die Übertragungsrate ist, desto höher steigt der Anspruch an die Qualität des Kabels, um den Störeinflüssen entgegenzuwirken und eine fehlerfreie Datenübertragung zu gewährleisten. Allgemein hat man die elektrischen Anforderungen so festgelegt, dass man unabhängig von der Übertragungsrate mit dem Einsatz des geeigneten Kabels auf eine maximale Segmentlänge von jeweils 100 m kommt, wobei man von 90 m fest verlegtem und 10 m flexiblem Patchkabel ausgeht. Diese Längen gehen unter anderem auch aus der europäischen Normung EN 50173, die sich mit der strukturierten Verkabelung beschäftigt, hervor.

Kategorien für Twisted-Pair-Kabel

Kategorien für Twisted-Pair-Kabel

TP-Kabel sind laut EIA/TIA-568, ISO/IEC-11801, EN 50173 und EN 50288-x-x in verschiedene Kategorien oder Levels eingeteilt. Sie spezifizieren die elektrischen Mindestanforderungen an das Kabel und geben im Wesentlichen die maximal zulässige Übertragungsfrequenz an. Derzeit sind die Kategorien 1 bis 7 definiert. Die zulässige Übertragungsfrequenz steigt dabei mit der Kabelkategorie an. Ein TP-Kabel einer bestimmten Kategorie entspricht dabei den Anforderungen der jeweiligen und den darunter liegenden Kategorien. Folgende Kategorien sind vorgesehen:

Kategorie 1 (Cat1)

Kategorie 1

Kabel der Kategorie 1 sind für die Sprachübertragung im Telefoniebereich und für die Datenübertragung bei einer geringen Übertragungsfrequenz von weniger als 1 MHz ausgelegt. Solche Kabel werden heute in der Regel nicht mehr verlegt.

Kategorie 2 (Cat2)

Kategorie 2

Die Kabel der Kategorie 2 sind für die Datenübertragung mit einer Übertragungsfrequenz von bis zu 4 MHz ausgelegt. Die Kabel dieser Kategorie finden sich heute noch bei Token Ring und ISDN.

Kategorie 3 (Cat3)

Kategorie 3

Ein Kategorie-3-Kabel ist für eine Übertragungsfrequenz von bis zu 10 MHz vorgesehen. Cat3-Kabel sind demnach für den Einsatz mit Ethernet bei 10 MBit/s geeignet und lassen die Überbrückung von Distanzen bis zu 100 m zu. Für die Aufwärtskompatibilität zu Ethernet mit 100 MBit/s sollten jedoch Kabel der Kategorie 3 für Neuinstallationen nicht mehr eingesetzt werden: Auch wenn etwa 100BASE-T2 und 100BASE-T4 theoretisch den Einsatz von Cat3 für 100-MBit-Ethernet zulassen, hat sich Cat3-Kabel dafür nicht durchgesetzt, zumal diese beiden Standards heute im LAN-Bereich praktisch keine Rolle mehr spielen.

Kategorie 4 (Cat4)

Kategorie 4

Kabel der Kategorie 4 sind für eine Übertragungsfrequenz von bis zu 20 MHz ausgelegt. Man findet sie in Token-Ring-Netzwerken, die mit einer Datenrate von 16 MBit/s arbeiten.

Kategorie 5 (Cat5)

Kategorie 5

Die Kabel der Kategorie 5 sind für Übertragungsfrequenzen bis zu 100 MHz spezifiziert. Cat5-Kabel sind heute der dominierende Typ bei Neuverkabelungen; unter anderem kommen sie bei 100-MBit-Ethernet und FDDI (das in diesem Fall dann übrigens eigentlich CDDI für Copper Distributed Data Interface heißt) zum Einsatz. Durch ein Codierungsverfahren, das zu einer deutlichen Reduzierung der Übertragungsfrequenz führt, können Cat5-Kabel ebenfalls für Ethernet mit 1000 MBit/s eingesetzt werden.

Kategorie 5e (Cat5e)

Kategorie 5e

Eigentlich gibt es qualitativ keinen Unterschied zwischen Cat5- und Cat5e-Kabeln. Jedoch sind bei einer Verkabelung mit Kabeln der Kategorie 5e strengere Abnahmemessungen erforderlich, bei denen zusätzliche Messungen wie PSELFEXT (siehe nächste Abschnitte), die Laufzeitunterschiede zwischen den einzelnen Adern und Return Loss durchgeführt werden müssen. Die zusätzlichen Messungen sind durch die Norm ANSI/TIA/EIA-TSB-67 festgelegt. Das Kabel der Kategorie 5e ist ebenfalls für eine Übertragungsfrequenz von 100 MHz ausgelegt, wobei bei diesen Kabeln der Nachweis für die Einhaltung der für den Betrieb von 1000BASE-T wichtigen Parameter gegeben ist.

Kategorie 6 (Cat6)

Kategorie 6

Ein Kabel der Kategorie 6 ist für eine Übertragungsfrequenz von bis zu 250 MHz ausgelegt. Die Verabschiedung der Norm für Kategorie 6 hatte lange auf sich warten lassen. Ursprünglich sollte Kategorie 6 den Anforderungen für Netzwerklösungen mit Datenraten von mehr als 100 MBit/s entsprechen. Die 1000BASE-T-Lösung kam jedoch mit Kategorie 5e aus, sodass lange Zeit keine wirkliche Notwendigkeit für Kategorie 6 vorhanden war. Im Rahmen der 10GBASE-T-Entwicklung zeigte sich, dass Kategorie 6 nicht für die Anforderungen der nächsten Netzwerkgeneration ausreichte, weshalb man sich entschied, diese Kategorie durch die beiden Unterkategorien 6a und 6e zu erweitern.

Kategorie 6a (Cat6a)

Kategorie 6a

Kategorie 6a (a steht für „augmented", also verbessert) ist mit einer maximalen Übertragungsfrequenz von bis zu 625 MHz spezifiziert. Mit TP-Kabeln der Kategorie 6a lassen sich im Falle von 10GBASE-T Segmentlängen von 100 m realisieren.

Kategorie 6e (Cat6e)

Kategorie 6e

TP-Kabel der Kategorie 6e sind für eine maximale Übertragungsfrequenz von 500 MHz ausgelegt. Mit TP-Kabeln der Kategorie 6e lassen sich bei 10GBASE-T Distanzen von 55 m überbrücken.

Kategorie 7 (Cat7)

Kategorie 7

Kategorie 7 sieht Übertragungsfrequenzen von bis zu 600 MHz vor. Mit Einführung von 10GBASE-T wurde die Übertragungsfrequenz auf 1000 MHz erhöht. Bei Kategorie 7 ist der Schirmungsaufwand relativ hoch, was sich nicht nur auf das Kabel selbst auswirkt, sondern sich auch deutlich in der Steckertechnik und der dazugehörigen Konfektionierung äußert. Es gibt bei Kategorie 7 Steckgesichter, die zusätzliche Kontakte für die Anbindung der Schirmung haben und RJ-45 kompatibel sind. Für Kategorie 7 kommen entweder Stecker nach IEC 60603-7-7 (RJ-45-Format) oder nach IEC 61076-3-104, mit einem völlig neuen Konzept, in Frage.

Klassen für Twisted-Pair-Kabel nach europäischer Normierung

Klassen nach europäischer Normierung

Die europäische Normung enthält eine Klassifizierung der Verkabelungsstrecken nach den Klassen A bis F. Jede Klasse repräsentiert die zulässige Übertragungsfrequenz für die Datenübertragung und entspricht dem Mindest-Leistungsvermögen des Kabels. Folgende Klassen sind festgelegt:

Klasse A

Klasse A

Kabel der Klasse A sind für niederfrequente Anwendungen bis zu 100 kHz ausgelegt. Sie finden daher im Netzwerkbereich keine Anwendung; vorgesehen sind sie für Sprachübertragung.

Klasse B

Klasse B

Klasse-B-Kabel haben heute im Netzwerkbereich praktisch keine Daseinsberechtigung mehr: Sie sind für die Datenübertragung bei niedriger Übertragungsfrequenz von bis zu 1 MHz ausgelegt.

Klasse C

Klasse C

Kabel der Klasse C sind für Übertragungsfrequenzen von bis zu 16 MHz vorgesehen. Dies entspricht den Anforderung von Ethernet mit 10 MBit/s und Token Ring mit 16 MBit/s.

Klasse D

Klasse D

Die Kabel der Klasse D sind für Übertragungsfrequenzen bis 100 MHz ausgelegt. Sie entsprechen den Anforderungen für Ethernet mit 100 MBit/s und FDDI/CDDI-Netzwerken. Die Kabel der Klasse D entsprechen den heute üblichen TP-Kabeltypen, die man für eine Neuverkabelung einsetzen sollte.

Klasse D neu

Klasse D neu

Die Klasse D neu entspricht der EIA/TIA-Kategorie 5e. Für die neuen Anforderungen hat man für die Klasse D ebenfalls neue zusätzliche Messanforderungen definiert. Die Kabel selbst sind allerdings ebenfalls für Übertragungsfrequenzen bis 100 MHz ausgelegt. Wie bei Cat5e sind bei Klasse D neu Nachweise über Messungen wie PS ELFEXT, die Laufzeitunterschiede zwischen den einzelnen Adern und Return Loss notwendig.

Klasse E

Klasse E

Ein Kabel der Klasse E ist für eine Übertragungsfrequenz von 250 MHz ausgelegt und demnach für die Datenraten zukünftiger Netzwerktechnologien geeignet.

Klasse F

Klasse F

Ein Kabel der Klasse F ist für eine Übertragungsfrequenz von bis zu 600 MHz ausgelegt und kann demnach theoretisch den Bandbreitenbedarf noch gar nicht entwickelter Netzwerkgenerationen befriedigen. Die Klasse F entspricht der Kategorie 7 bei EIA/TIA – die Problematik mit komplexen Steckertechniken und hohem Schirmungsaufwand entsprechen auch Cat7, wie im Übrigen auch die Frage, ob, genau wie bei Cat7, der Einsatz dieser Klasse in absehbarer Zeit überhaupt sinnvoll ist. Der Termin für die Verabschiedung der Spezifikation für die Klasse F ist zurzeit noch nicht avisiert; die endgültige Definition dürfte noch eine Weile in Anspruch nehmen.

Klasse E_A und F_A

Analog zu den Erweiterungen der Kabelkategorien werden zurzeit die Kabelklassen erweitert. Hierbei handelt es sich um die Klasse E_A mit einer maximalen Frequenz von 500 MHz und um die Klasse F_A mit 1000 MHz.

Aufbau eines TP-Kabels

Aufbau eines TP-Kabels

Bei im Netzwerk verwendeten TP-Kabeln handelt es sich letztendlich um eine verbesserte Version des Telefonkabels. Es enthält 8 Adern, wobei jeweils zwei Adern als Paar ausgeführt und miteinander verdrillt sind. Jedes Adernpaar ist mit einer gewissen Anzahl von Umdrehungen pro Länge gleichmäßig verdrillt und stellt eine symmetrische Datenleitung dar. Der Vorteil dieser symmetrischen Datenleitungen besteht darin, dass sie sich gegen äußere Störeinflüsse allgemein unempfindlicher verhalten, denn über ein Adernpaar wird ein Komplementärsignal übertragen. Auf der Seite des Empfängers werden Komparatoren eingesetzt, wobei die Polarität der Differenzspannung und nicht die absoluten Werte der Pegel entscheidend sind. Die möglichen Störimpulse wirken sich als Gleichtaktstörung aus und sind demnach für die Komparatoren wirkungslos (siehe Abbildung 7-1).

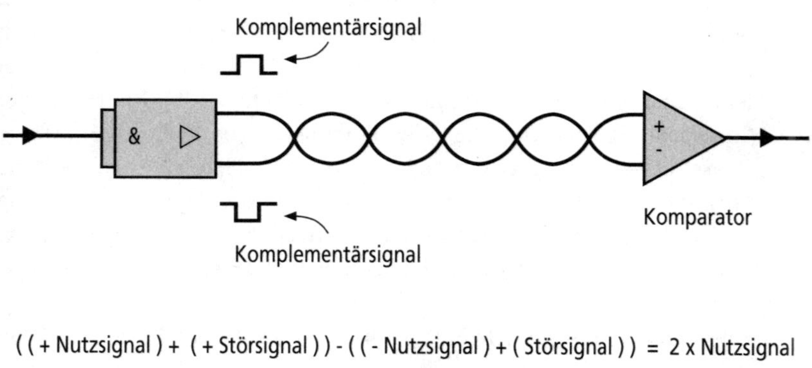

Abb. 7-1
Über die symmetrischen Datenleitungen wird ein Komplementärsignal übertragen, wobei Störungen empfangsseitig wirkungslos sind.

Varianten des TP-Kabels

Bei den achtadrigen TP-Kabeln für den Netzwerkbereich gibt es vom Grundsatz her vier Versionen, die sich vornehmlich durch die Schirmung unterscheiden. In der Vergangenheit gab es bei den TP-Kabeln Verwirrung, da die Hersteller keine einheitliche Nomenklatur bei ihrer Bezeichnung der TP-Kabel verwendet haben. Heute sieht dies zum Glück anders aus, da die verschiedenen TP-Kabel-Versionen mittlerweile durch eine standardisierte Kabelbezeichnung eindeutig unterschieden werden können. Wie in der folgenden Auflistung dargestellt, beschreibt die Bezeichnung der TP-Kabel jeweils die Schirmausführung, wobei die Angabe vor dem Schrägstrich sich auf die Gesamtschirmung und nach dem Schrägstrich auf die Schirmung der Adernpaare bezieht. Im Wesentlichen sind folgende TP-Kabel spezifiziert:

UTP-Kabel

- Unshielded Twisted Pair (UTP), ein TP-Kabel ohne jegliche Schirmung, in dem vier Adernpaare vorhanden sind, die einen Wellenwiderstand von 100 Ohm haben. Bei diesem Kabeltyp handelt es sich um die preisgünstigste TP-Variante, die wegen der fehlenden Schirmung heute vor allem Anwendung bei Übertragungsfrequenzen von bis zu 100 MHz (Kategorie 5 und Klasse D) findet.

FTP-Kabel

- Foiled Twisted Pair (FTP), ein TP-Kabel mit vier Adernpaaren, bei denen jedes Adernpaar zwecks Schirmung mit einer aluminiumkaschierten Kunststofffolie umgeben ist. Diesen Kabeltyp bezeichnet man auch als PiMF-Kabel (Paar in Metallfolie). Wegen der Schirmung hat das FTP-Kabel einen geringfügig größeren Außendurchmesser als das UTP-Kabel und benötigt daher beim Verlegen einen größeren Biegeradius. Das Übersprechen zwischen den einzelnen Adernpaaren kann jedoch durch die Schirmung verringert werden, wodurch die elektromagnetischen Eigenschaften besser sind als beim UTP-Kabel. FTP-Kabel finden bei Überfrequenzen bis zu 625 MHz (Kategorie 6a und Klasse E_A) Anwendung. Früher wurde dieser Kabeltyp auch als Unshielded/Shielded Twisted Pair (U/STP) bezeichnet.

S/UTP-Kabel

- Screened Unshielded Twisted Pair (S/UTP), ein TP-Kabel, bei dem zwecks Schirmung eine Folie (F/UTP) oder ein leichtes Kupfergeflecht (S/UTP) um die vier Adernpaare gelegt ist. Es gibt auch Varianten, bei denen eine Folie und ein leichtes Kupfergeflecht (SF/UTP) um die vier Adernpaare gelegt ist. Die S/UTP-Varianten besitzen eine bessere Schirmungseigenschaft, die sich positiv auf die elektromagnetische Abstrahlung auswirkt. Dieser Kabeltyp findet vorwiegend Anwendung bei Übertragungsfrequenzen bis zu 500 MHz (Kategorie 6e und Klasse E_A). In vielen Fällen wird dieses Kabel heute fälschlicherweise auch als STP-Kabel bezeichnet, da das eigentliche STP-Kabel aus dem Token-Ring- und FDDI-Bereich mit einen Wellenwiderstand von 150 Ohm inzwischen kaum noch zum Einsatz kommt.

- Screened Foiled Twisted Pair (S/FTP), ein TP-Kabel mit vergleichbarem Aufbau wie das FTP-Kabel, jedoch mit einer zusätzlichen metallischen Gesamtschirmung um die geschirmten Adernpaare. Der Gesamtschirm kann als Folie (F/FTP) oder als Drahtgeflecht (S/FTP) ausgeführt sein. Zusätzlich gibt es Varianten dieses Kabeltyps, bei dem eine Gesamtschirmung aus Folie und Drahtgeflecht (SF/FTP) vorhanden ist. Diese TP-Varianten können theoretisch für Übertragungsfrequenzen bis zu 1000 MHz eingesetzt werden. Auf jeden Fall entspricht das S/FTP-Kabel den Anforderungen der Kategorie 7 und der Klasse F. Früher wurde das S/FTP-Kabel als S/STP-Kabel bezeichnet.

S/FTP-Kabel

Die verschiedenen Varianten der TP-Kabel wirken sich primär auf die EMV-Eigenschaften aus, wobei dies auch in direkter Verbindung mit der maximalen Übertragungsfrequenz steht, die über das TP-Kabel übertragen werden darf. Allerdings sind die einzelnen Schirmungsvarianten in den Kabelstandards nicht festgelegt, sieht man von den Kategorien 6/7 und den Klassen D/F ab. Für Cat5-Kabel gehen die Standards im Grundsatz nicht auf eine Schirmung ein. Allerdings kann die Schirmung Auswirkungen auf den maximalen Biegeradius haben, der eingehalten werden muss, wenn die Leitungen um Ecken oder Kanten herumgelegt werden müssen. Die Kabelnorm EN 50173 spricht vom achtfachen Kabeldurchmesser für den Biegeradius – dies kann aber bei dem sehr steifen S-STP-Kabel unter Umständen schon zu einer Beeinträchtigung des Schirms führen, was zwar seine Eignung als Cat5-Kabel nicht in Frage stellt, aber möglicherweise die gewünschte Verbesserung der EMV-Verhältnisse durch Einsatz dieses Kabeltyps verhindert.

EMV-Eigenschaften

Die Kenngrößen eines TP-Kabels ergeben sich durch den Aufbau des Kabels, wobei bei einer homogen verdrillten Leitung die Kenngrößen über die gesamte Leitungslänge konstant sind. Die elektrischen Übertragungseigenschaften und die mögliche Beeinflussung des TP-Kabels werden durch Übertragungsparameter beschrieben. Die wichtigsten Übertragungsparameter sind

Kenngrößen eines TP-Kabels

- Dämpfung (engl. Attenuation)
- Übersprechen (engl. Crosstalk)
- Nahnebensprechen (NEXT = Near End Cross Talk)
- Verhältnis der Dämpfung zum Nebensprechen (engl. ACR = Attenuation to Crosstalk Ratio)
- Fernnebensprechen (FEXT = Far End Cross Talk)
- ELFEXT (Equal Level Far End Cross Talk)
- Alien Cross Talk
- Signallaufzeitunterschiede zwischen den Adern (engl. Delay Skew)
- Rückflussdämpfung (engl. Return Loss)
- Wellenwiderstand

Die Dämpfung (Attenuation)

Dämpfung

Die Dämpfung bewirkt eine Reduzierung der eingespeisten Signalamplitude in Abhängigkeit von der Leitungslänge. Dieser unerwünschte Effekt sorgt dafür, dass das Signal am Kabelende kleiner ist als das ursprünglich am Kabelanfang eingespeiste. Sie begrenzt demnach die maximal zulässige Leitungslänge. Gegenüber einem reinen Gleichstromwiderstand ist die Dämpfung stark von der Frequenz abhängig, was dazu führt, dass die Dämpfung mit steigender Frequenz größer und das Frequenzspektrum eines Signals unterschiedlich gedämpft wird. Dies führt wiederum zu einer unerwünschten Signalverformung. Dementsprechend hat ein auf der einen Seite des Kabels eingespeistes Rechtecksignal am Ausgang des Kabels keine rechteckige Form mehr, sondern eine Impulsform mit abgerundeten Ecken. Die Dämpfung sollte möglichst gering sein. Die Dämpfungswerte aus der folgenden Tabelle sind laut EN 50173 zulässig.

Tab. 7–1
Die maximal zulässigen Dämpfungswerte in dB laut EN 50173

Frequenz [MHz]	Dämpfungswerte in dB für Klassen					
	A	B	C	D	E	F
0,1	16	5,5	N/A	N/A	N/A	N/A
1,0	N/A	5,8	3,7	2,5	2,5	2,3
4,0	N/A	N/A	6,6	4,5	4,2	4,1
10,0	N/A	N/A	10,7	7,2	6,6	6,4
16,0	N/A	N/A	14,0	9,1	8,3	8,1
20,0	N/A	N/A	N/A	10,2	9,3	9,1
31,25	N/A	N/A	N/A	13,1	11,5	11,4
62,6	N/A	N/A	N/A	18,6	16,9	16,3
100,0	N/A	N/A	N/A	24,0	21,7	20,8
200,0	N/A	N/A	N/A	N/A	31,7	30
250,0	N/A	N/A	N/A	N/A	35,9	33,8
600,0	N/A	N/A	N/A	N/A	N/A	54,6

⇨ Die Werte dieser und der folgenden Tabellen sind mithilfe von Formeln errechnet worden. Die Formeln liefern jeweils einen Wert für jede Frequenz, die zum Frequenzbereich der jeweiligen Klasse gehört. Die Tabellen geben lediglich die wichtigsten Werte wieder. Die Formeln können dem EN-50173-Standard entnommen werden. Die einzelnen Werte sollten jeweils als minimale Anforderung betrachtet werden. In der Praxis sollte man nach Möglichkeit Margen fordern, d. h. etwas bessere Werte als die geforderten.

Die Dämpfung gibt man in dB an, das dem logarithmischen Leistungsverhältnis ($A = 10 \log_{10} [P1/P2]$) entspricht. Für die Praxis ist hilfreich, die logarithmischen Werte in prozentuale Werte umzurechnen, wobei 3 dB ungefähr 50 % Leistungsverlust, 2 dB ungefähr 37 %, 1 dB etwa 20 % und 0,5 dB ca. 11 % entsprechen.

Das Übersprechen (Crosstalk)

Übersprechen

Beim Übersprechen (Crosstalk) handelt es sich um Störungen, die sich auf das Signal eines Adernpaars auswirken. Sie werden durch das Signal eines benachbarten Adernpaars erzeugt. Diese Störungen werden durch die elektromagnetischen Beeinflussungen zwischen den verschiedenen Signalen der Adernpaare hervorgerufen. Das Übersprechen entsteht durch die induktive und kapazitive Kopplung zwischen den Adernpaaren und steigt mit zunehmender Signalfrequenz, da sich hochfrequente Signale schlechter abschirmen lassen. Idealerweise sollte das Übersprechen möglichst gegen Null gehen, was jedoch in der Praxis durch Unregelmäßigkeiten im Kabelaufbau nur tendenziell eingehalten werden kann.

Die Nahnebensprechdämpfung (NEXT)

Nahnebensprechdämpfung

Als Nahnebensprechdämpfung (NEXT = Near End Cross Talk) bezeichnet man das Verhältnis zwischen der Leistung des Eingangssignals und dem am nahen Ende gemessenen Übersprechsignal. Die Nahnebensprechdämpfung entsteht durch die induktive und kapazitive Kopplung zwischen den Adernpaaren und ist von der Frequenz abhängig – wobei sie um so geringer ist, je höher die Frequenz des Übertragungssignals wird, da sich kurzwellige elektromagnetische Wellen schlechter abschirmen lassen. Ein TP-Kabel ist umso hochwertiger, je höher die Nebensprechdämpfung ist.

Tab. 7–2
Die Grenzwerte der Nahnebensprechdämpfung in dB laut EN 50173

Frequenz [MHz]	Nahnebensprechdämpfung in dB für Klasse					
	A	B	C	D	E	F
0,1	27	48	N/A	N/A	N/A	N/A
1,0	N/A	11	39,0	60,0	65,0	65,0
4,0	N/A	N/A	29,0	53,5	63,0	65,0
10,0	N/A	N/A	23,0	47,0	56,6	65,0
16,0	N/A	N/A	19,0	43,6	53,2	65,0
20,0	N/A	N/A	N/A	42,0	51,6	65,0
31,25	N/A	N/A	N/A	38,7	48,4	65,0
62,5	N/A	N/A	N/A	33,6	43,4	65,0
100,0	N/A	N/A	N/A	30,0	39,9	62,9
200,0	N/A	N/A	N/A	N/A	34,8	58,3
250,0	N/A	N/A	N/A	N/A	33,1	56,9
600,0	N/A	N/A	N/A	N/A	N/A	54,6

ACR, das Verhältnis von NEXT und Dämpfung

ACR

Das Verhältnis von NEXT und Dämpfung (ACR = Attenuation to Crosstalk Ratio) stellt letztendlich eine Zusammenfassung der wichtigsten Leitungsparameter dar. Als entscheidendes Gütemaß für eine Datenleitung gilt das Verhältnis zwischen dem Datensignal und dem Rauschsignal, das durch das Übersprechen entsteht. Eine hohe Dämpfung führt zur Reduzierung des Datensignals, eine hohe Nahnebensprechdämpfung führt zu einem geringen Übersprechen. Die Qualität eines TP-Kabels ist umso höher, je höher die Nahnebensprechdämpfung und je geringer die Dämpfung ist, was sich durch einen positiven ACR-Wert ausdrückt. Ein ACR von 4 dB stellt einen akzeptablen Wert bei 100 MHz dar. Setzt man das Verhältnis in eine logarithmische Gleichung um, bildet sich das ACR aus der Differenz zwischen der Nahnebensprechdämpfung NEXT und der Dämpfung (Attenuation) a in dB, ACR (= NEXT[dB] – a[dB]). Die folgende Tabelle zeigt die Mindest-ACR-Werte in dB laut EN 50173.

Tab. 7–3
Mindest-ACR-Werte in dB laut EN 50173

Frequenz [MHz]	ACR-Wert in dB für Klasse					
	A	B	C	D	E	F
1,0	N/A	N/A	35,0	56,0	61,0	61,0
4,0	N/A	N/A	22,5	49,0	58,9	60,9
10,0	N/A	N/A	12,3	39,8	50,0	58,9
16,0	N/A	N/A	5,0	34,5	44,9	56,9
20,0	N/A	N/A	N/A	31,8	42,3	55,9
31,25	N/A	N/A	N/A	25,8	36,7	53,6
62,5	N/A	N/A	N/A	15,0	26,5	48,7
100,0	N/A	N/A	N/A	6,1	18,2	42,1
200,0	N/A	N/A	N/A	N/A	3,1	28,4
250,0	N/A	N/A	N/A	N/A	- 2,8	23,1
600,0	N/A	N/A	N/A	N/A	N/A	- 3,4

Die Fernnebensprechdämpfung (FEXT)

Fernnebensprechdämpfung

Neben der Nahnebensprechdämpfung gibt es als Beurteilungskriterium noch die Fernnebensprechdämpfung (FEXT = Far End Cross Talk). Die Beeinflussung des Übersprechens entsteht über die gesamte Länge des Kabels und lässt sich demnach nicht nur am nahen Punkt ermitteln, sondern auch an einem entfernten Punkt des Kabels. Gegenüber dem nahen Pegel ist der entfernte bedeutend geringer, da der Signalpegel über die Kabellänge allgemein eine Dämpfung erhält. Die Fernnebensprechdämpfung spielt aber bei der Qualitätsbestimmung des TP-Kabels eher eine untergeordnete Rolle. Die Qualität des TP-Kabels ist jedenfalls umso höher, je höher die Fernnebensprechdämpfung ist.

ELFEXT

ELFEXT

Einen neuen Bewertungsparameter für die Qualität eines TP-Kabels, der mit Gigabit-Ethernet eingeführt wurde, stellt Equal Level Far End Crosstalk (ELFEXT) dar. ELFEXT beschreibt das Verhältnis des ungewollten Fernnebensprechens zu dem gedämpften Nutzsignal am fernen Ende der Übertragungsstrecke. Stellt man das Verhältnis in eine logarithmische Gleichung um, so bildet sich das ELFEXT aus der Differenz zwischen der Fernnebensprechdämpfung (FEXT) und der Dämpfung. Man kann also demnach sagen, dass das ELFEXT quasi dem ACR am fernen Ende des Kabels entspricht. Das ELFEXT ist so beispielsweise bei einer TP-Verkabelung von Bedeutung, die für 1000BASE-T verwendet werden soll. Laut dem Standard IEEE 802.3ab soll ELFEXT über den Frequenzbereich von 1 bis 100 MHz mindestens $17 - 20 \log_{10}/(f/100)$ dB betragen, um der Störbeeinflussung durch die benachbarten Adern ausreichend entgegenwirken zu können. Ein TP-Kabel ist umso hochwertiger, je höher ELFEXT ist. Die folgende Tabelle zeigt die Mindest-ELFEXT-Werte in dB laut EN 50173.

Tab. 7–4 *Mindest-ELFEXT-Werte in dB laut EN 50173*

Frequenz [MHz]	ELFEXT-Wert in dB für Klasse					
	A	B	C	D	E	F
1,0	N/A	N/A	N/A	57,4	63,3	65,0
4,0	N/A	N/A	N/A	45,4	51,2	64,6
10,0	N/A	N/A	N/A	37,4	43,3	56,7
16,0	N/A	N/A	N/A	33,3	39,2	52,6
20,0	N/A	N/A	N/A	31,4	37,2	50,7
31,25	N/A	N/A	N/A	27,5	33,4	46,8
62,5	N/A	N/A	N/A	21,5	27,3	40,8
100,0	N/A	N/A	N/A	17,4	23,3	36,7
200,0	N/A	N/A	N/A	N/A	17,2	30,7
250,0	N/A	N/A	N/A	N/A	15,3	28,7
600,0	N/A	N/A	N/A	N/A	N/A	21,1

Power Sum ELFEXT (PSELFEXT)

Power Sum ELFEXT

ELFEXT ist von Adernpaar zu Adernpaar unterschiedlich spezifiziert, wobei ein Adernpaar ein höheres ELFEXT als das andere Adernpaar haben darf. Um die gesamten Einflüsse, die auf die einzelnen Adern einwirken, in Grenzen zu halten, hat man für ELFEXT in der Summe einen Mindestwert vorgeschrieben. Das PSELFEXT stellt dabei die logarithmierte Summe der einzelnen ELFEXT-Werte dar, die wegen der Nutzung aller vier Adernpaare eine zu berücksichtigende Größe ist, da mehr als ein benachbartes Adernpaar ein anderes Adernpaar beeinflusst. Das PSELFEXT gewinnt seit der Einführung von 1000BASE-T an Bedeutung, da hier alle Adernpaare genutzt werden. Die Summe der einzelnen ELFEXT-Werte soll laut dem

802.3ab-Standard einen Mindestwert von $14{,}4 - 20 \log_{10}(f/100)$ dB aufweisen, der als Power Sum ELFEXT (PSELFEXT) bezeichnet wird. Die folgende Tabelle zeigt die Mindest-PSELFEXT-Werte in dB laut EN 50173.

Tab. 7–5 Mindest-PSELFEXT-Werte in dB laut EN 50173

Frequenz [MHz]	PSELFEXT-Wert in dB für Klasse					
	A	B	C	D	E	F
1,0	N/A	N/A	N/A	54,4	60,3	62,0
4,0	N/A	N/A	N/A	42,4	48,2	61,6
10,0	N/A	N/A	N/A	34,4	40,3	53,7
16,0	N/A	N/A	N/A	30,3	36,2	49,6
20,0	N/A	N/A	N/A	28,4	34,2	47,7
31,25	N/A	N/A	N/A	24,5	30,4	43,8
62,5	N/A	N/A	N/A	18,5	24,3	37,8
100,0	N/A	N/A	N/A	14,4	20,3	33,7
200,0	N/A	N/A	N/A	N/A	14,2	27,7
250,0	N/A	N/A	N/A	N/A	12,3	25,7
600,0	N/A	N/A	N/A	N/A	N/A	18,1

Signallaufzeitunterschiede zwischen den Adern (Delay Skew)

Signallaufzeitunterschiede

Für das Datenübertragungsverfahren bei 1000BASE-T oder 10GBASE-T, das auf allen Adernpaaren Daten überträgt, muss zwischen den einzelnen Adernpaaren die Differenz in den Signallaufzeiten möglichst gering sein beziehungsweise in gewissen Grenzen gehalten werden. Dies ist notwendig, damit die einzelnen Filterfunktionen, die auf Seite des Empfängers für die Rückgewinnung des Datensignals sorgen, zufriedenstellend arbeiten und eine geringe Bitfehlerrate einhalten können. Deshalb hat man die Differenz in den Laufzeiten (Delay Skew) als ein weiteres, neues Gütemerkmal definiert. Die Delay Skew beschreibt also die Unterschiede in den Laufzeiten, die die Signale auf den einzelnen Adernpaaren erfahren dürfen. Beispielsweise darf bei 1000BASE-T der Laufzeitunterschied laut Standard zwischen zwei Adernpaaren maximal 10 ns und, bezogen auf alle Adernpaare, in der Summe maximal 50 ns betragen. Die Norm EN 50173 schreibt bei den Klassen D bis F für die maximale Summe der Laufzeitunterschiede ebenfalls 50 ns vor.

Alien Cross Talk

Mit der Einführung von 10GBASE-T hat sich eine neue und kritische Störgröße als zusätzliche Beeinflussung herausgestellt, die von außen auf die TP-Kabel einwirkt. Als potentielle Beeinflussungen kommen vornehmlich abgestrahlte Leistungen von benachbarten TP-Kabeln in Frage, aber auch elektromagnetische Einstrahlungen, wie sie beispielsweise von Handys hervorgerufen werden können. Problematisch bei dieser Form der Störbeeinflussung ist, dass sich diese Beeinflussungen, anders als bei NEXT und FEXT nicht vorausberechnen und sich deshalb nicht durch die Filterfunktionen der PHYs bzw. DSPs reduzieren lassen. Dies muss somit allein durch das Verkabelungsdesign und die Qualität der Verkabelungsinfrastruktur geschehen. Mit Einzug von 10GBASE-T kommt deshalb das Fremdnebensprechen als neue Bewertungsgröße zum Tragen. Das Fremdnebensprechen beschreibt das Rauschen, das durch Störungen erzeugt wird, die von außen auf das TP-Kabel einwirken. Die Problematik des Fremdnebensprechens wird über einen neuen Parameter beschrieben, der als Alien Cross Talk (AXTLK) bezeichnet wird. Außerdem werden durch 10GBASE-T neben dem normalen NEXT und FEXT auch Alien NEXT (ANEXT) und Alien FEXT (AFEXT) eingeführt, die das Übersprechen am nahen und fernen Kabelende beschreiben, welches durch benachbarte TP-Kabel hervorgerufen wird.

Die Rückflussdämpfung (Return Loss)

Rückflussdämpfung

Unregelmäßigkeiten im Kabel verursachen zwangsläufig Reflexionen, wodurch ein Teil des eingespeisten Sendesignals wieder zurückgeworfen wird. Die Überlagerungen des zurückfließenden Teils stören das ausgesendete Signal. Dieser Effekt tritt durch Unregelmäßigkeiten im Wellenwiderstand des Kabels oder durch Übergänge wie Steckverbindungen auf. Die Eigenschaften eines Datenkabels sind umso besser, je höher die Rückflussdämpfung (RL für Return Loss) ist. Die minimalen Werte aus der folgenden Tabelle sind für die Rückflussdämpfung laut EN 50173 zulässig.

Tab. 7–6 *Minimal zulässige Rückflussdämpfung in dB laut EN 50173*

Frequenz [MHz]	Rückflussdämpfung in dB für Klasse					
	A	B	C	D	E	F
1,0	N/A	N/A	18	15,0	19,0	19,0
4,0	N/A	N/A	18	15,0	19,0	19,0
10,0	N/A	N/A	18	15,0	19,0	19,0
16,0	N/A	N/A	15	15,0	18,0	18,0
20,0	N/A	N/A	N/A	15,0	17,5	17,5
31,25	N/A	N/A	N/A	12,0	16,5	16,5
62,5	N/A	N/A	N/A	12,0	14,0	14,0
100,0	N/A	N/A	N/A	10,0	12,0	12,0
200,0	N/A	N/A	N/A	N/A	9,0	9,0
250,0	N/A	N/A	N/A	N/A	8,0	8,0
600,0	N/A	N/A	N/A	N/A	N/A	8,0

Der Wellenwiderstand

Wellenwiderstand

Der Wellenwiderstand einer Leitung ergibt sich durch den Aufbau der Leitung und die daraus resultierenden ohmschen, induktiven und kapazitiven

Parameter. Dadurch ist der Wellenwiderstand von der Frequenz abhängig. Der Wellenwiderstand von TP-Kabeln, wie sie in der Netzwerktechnik eingesetzt werden, beträgt 100 oder 150 Ohm. Der Nennwert des Wellenwiderstands darf über dem Frequenzbereich von 1 MHz bis zur maximal festgelegten Frequenz eine Toleranz von nicht mehr als ± 15 Ohm haben.

Um die maximalen Grenzwerte der zuvor dargestellten Parameter einhalten zu können, ist ein sorgfältiger Umgang mit den Netzwerkkabeln und deren Verbindungskomponenten erforderlich. Ein unsachgemäßer Umgang mit den Netzwerkkabeln und den Steckverbindern kann die elektrischen Eigenschaften der Verkabelungsinfrastruktur negativ beeinflussen, so dass sich die elektrischen Eigenschaften wie die Dämpfung oder die Nahnebensprechdämpfung verschlechtern. Dabei ist ein TP-Kabel primär für mechanische Beeinflussung wie Druck, Biegung und Zug anfällig. Dies kann so weit führen, dass kein ordnungsgemäßer Netzwerkbetrieb mehr möglich ist.

Paar- und Farbzuordnung eines TP-Kabels

Farbzuordnung

Um die einzelnen Paare eines TP-Kabels unterscheiden zu können und eine Vereinheitlichung der Paar-Verwendung zu erreichen, sind in den verschiedenen Verkabelungsstandards Farbzuordnungen definiert. Über die Farbcodes lassen sich zum einen die Paare selbst und zum anderen die einzelnen Adern innerhalb der Paare unterscheiden. Die am weitesten verbreitete Farbcodierung ist die nach EIA/TIA 568 Version 1, bei der die einzelnen Paare mit den Farben blau, orange, grün und braun codiert sind. Eine Ader ist immer unifarben; die korrespondierende Ader wechselt zwischen weiß und der jeweiligen Farbe.

Tab. 7-7
Die verschiedenen Farbcodierungen für die TP-Kabel

Paare	EIA/TIA 568 Version 1		EIA/TIA 568 Version 2		DIN 47100		IEC 189.2	
Paar 1	ws/bl	bl	gn	rt	ws	br	ws	bl
Paar 2	ws/or	or	sw	gb	gn	gb	ws	or
Paar 3	ws/gn	gn	bl	or	gr	rs	ws	gn
Paar 4	ws/br	br	br	sf	bl	rt	ws	br

ws = weiß, bl = blau, or = orange, gn = grün, br = braun, gr = grau, gb = gelb, vi = violett, rs = rosa, sf = schiefer, tk = türkis

Bei der Paarzuordnung zu den PINs der RJ-45-Buchsen oder -Stecker gibt es grundsätzlich zwei Varianten, die sich entweder nach EIA/TIA 568 Version A oder nach EIA/TIA 568 Version B richten. Die Paarzuordnung laut EIA/TIA 568 Version A sieht vor, dass Paar 3 auf PIN 1 und 2, Paar 2 auf PIN 3 und 6, Paar 1 auf PIN 4 und 5 und das Paar 4 auf PIN 7 und 8 aufgelegt sind. Bei der Paarzuordnung nach EIA/TIA 568 Version B sind die Paare 2 und 3 vertauscht, wobei Paar 2 auf PIN 1 und 2 und das Paar 3 auf PIN 3 und 6 aufgelegt sind. Die Paarzuordnung nach EIA/TIA 568 Version B ist die am weitesten verbreitete Version (siehe Abbildung 7-2).

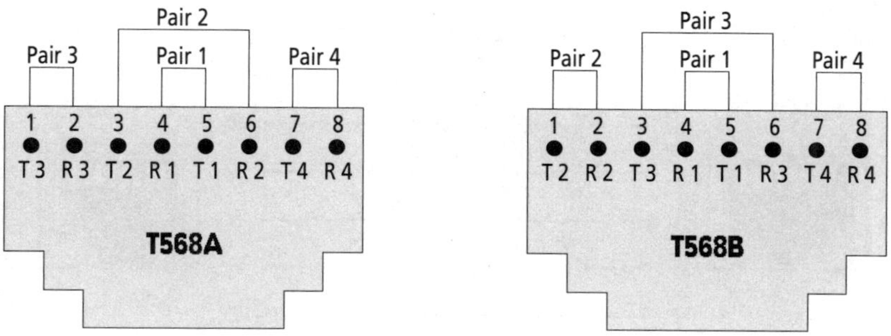

Abb. 7-2
Paarzuordnung nach EIA/TIA 568 Version A und EIA/TIA 568 Version B

Bei den heutigen Systemen für die Wandanschlussdosen und die Patchpanels sind die Farbcodierungen an den Kontakten angebracht, die mit den Farben der jeweiligen Adern korrespondieren, damit das Auflegen der Adern vereinfacht wird und Fehler bei der Zuordnung der Adern vermieden werden.

Die einzelnen Adern werden immer so aufgelegt, dass sich von einer Wandanschlussdose zu der Dose eines Patchpanels immer eine 1:1-Verbindung ergibt. Sollte eine Kreuzung notwendig sein, so wird die Kreuzung grundsätzlich durch ein Patchkabel realisiert, das in diesem Fall dann als sogenanntes Crossover-Kabel ausgeführt ist. Dadurch bleibt die Verkabelung flexibel und kann durch den gezielten Einsatz verschiedener Patchkabel auf die jeweiligen Bedürfnisse angepasst werden.

Crossover-Kabel für 10BASE-T und 100BASE-TX

Crossover-Kabel

Die einfachste Form eines Netzwerks ist natürlich die Verbindung zweier Rechner. Dafür ist auch bei einer TP-Verkabelung kein Sternverteiler notwendig – ähnlich wie bei Koaxialkabel benutzt man ein direktes Kabel von Rechner zu Rechner, nur dass in diesem Fall das Kabel direkt in die Netzwerkkarten gesteckt und nicht über T-Stücke angeschlossen wird. Auch eine separate Terminierung ist nicht notwendig. Man benötigt dafür nur ein sogenanntes Crossover-Kabel (manchmal auch Crossconnect-Kabel genannt), wie es auch in der erwähnten Anpassung der 1:1-Verkabelung von Wanddose und Patchpanel zum Einsatz kommt. Das Crossover-Kabel führt die notwendige Kreuzung durch, damit der Empfängerkanal mit dem gegenüberliegenden Sendekanal und umgekehrt verbunden ist. Unabhängig von der auf TP-Kabel basierenden Ethernet-Variante (10BASE-T oder 100BASE-TX) muss dafür das Pärchen der PINs 3 und 6 auf die PINs 1 und 2 und das Pärchen der PINs 1 und 2 auf die PINs 3 und 6 gehen (siehe Abbildung 7-3).

Fehlt auf dem TP-Kabel eine Kennzeichnung, ob es sich um ein 1:1- oder ein Crossover-Kabel handelt, lässt sich dies am einfachsten über die Farbcodierungen der Adernpaare erkennen. Dazu hält man die beiden RJ-45-Stecker des Patchkabels in derselben Richtung ausgerichtet nebeneinander

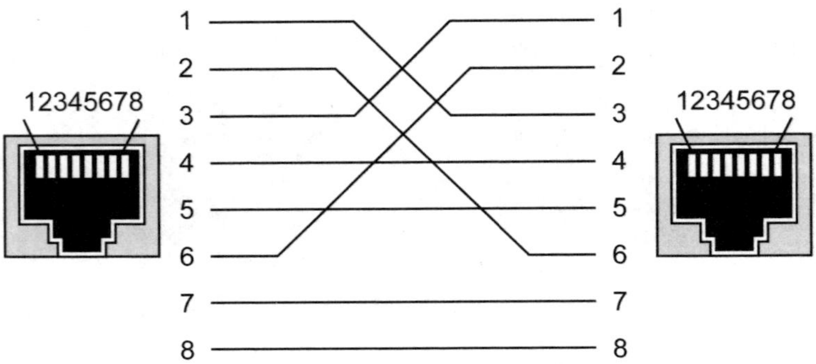

Abb. 7–3
Die Belegung eines Crossover-Kabels

und vergleicht die Farbcodierungen der PINs 1 und 2 sowie 3 und 6. Sind die Farben der PIN 1 und 2 auf beiden Seiten gleich, so handelt es sich um ein 1:1-Kabel, laufen hingegen die Farben der PINs 1 und 2 auf die PINs 3 und 6 des anderen Steckers, so handelt es sich bei dem Patchkabel um ein Crossover-Kabel.

Die Steckverbinder der TP-Kabel

RJ-45-Stecker

Bei den symmetrischen TP-Kabeln werden sogenannte RJ-45-Stecker (RJ = Registered Jack), auch Western-Plug genannt, als Steckverbinder verwendet. Dabei handelt es sich um einen Crimpstecker, den es in geschirmter und ungeschirmter Variante gibt. Für die Cat3-Verkabelung nutzt man in der Regel die einfachere ungeschirmte Variante, für Cat5 vorwiegend die geschirmte. Zur Konfektionierung der RJ-45-Stecker ist eine spezielle Crimpzange notwendig. Dabei werden die einzelnen Adern ohne Abisolierung direkt in eine Schneidklemme gepresst und gleichzeitig die überstehenden Adern präzise auf Länge geschnitten. Diese Art der Konfektionierung ist, nach einer gewissen Übungsphase, recht zeit- und damit kostensparend.

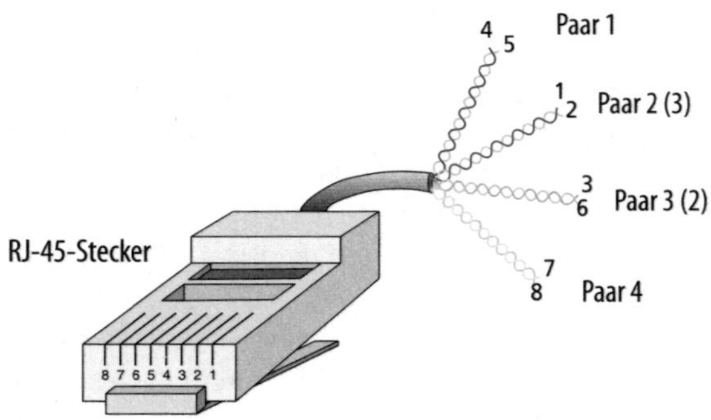

Abb. 7–4
Der RJ-45-Stecker

Konfektionierung

Die RJ-45-Stecker bestehen aus Kunststoff und haben am hinteren Ende eine Zugentlastung. Bei der Konfektionierung ist es wichtig, darauf zu achten, dass die Zugentlastung wirksam über den Kabelmantel gequetscht wird. Nur so ist gewährleistet, dass die Kontakte des RJ-45-Steckers mechanisch entlastet werden und damit vermieden wird, dass unnötige Übergangswiderstände an den Kontakten entstehen, die zu einer zusätzliche Dämpfung führen könnten. Sehr häufig sind die Ausfälle eines Netzwerks nur auf die Netzwerkkabel oder deren Steckverbinder zurückzuführen.

Vorkonfektionierte TP-Kabel

Man kann zwar auch die Patchkabel mittels entsprechender Crimpzange selbst herstellen, jedoch lohnt es sich angesichts der Preise heute erhältlicher fertig konfektionierter Patchkabel kaum noch – entsprechende Angebote für ein Patchkabel von 10 m Länge liegen bei rund 5 bis 8 Euro. Vorkonfektionierte TP-Kabel sind zudem in sämtlichen Farben, PIN-Belegungen und Längen erhältlich – und ihre Qualität liegt meist deutlich über einem selbst erstellten Kabel.

Abnahmemessungen

Abschließende Abnahmemessung

Nachdem die Verkabelung installiert ist, soll eine abschließende Abnahmemessung prüfen beziehungsweise den Beweis liefern, dass alle geforderten Grenzwerte eingehalten werden und ein störungsfreier Betrieb möglich ist. Je nachdem, um welche Kategorie oder Klasse es sich bei der installierten Verkabelung handelt, ist der Aufwand einer Abnahmemessung unterschiedlich. Prinzipiell gilt, je höher die Kategorie oder Klasse, umso umfangreicher ist die Abnahmemessung.

Messgeräte

Es gibt eine Vielzahl von Messgeräten auf dem Markt, die die Durchführung einer fast automatischen Abnahmemessung und deren umfangreiche Protokollierung ermöglichen. Diese Geräte liegen allerdings in Preisbereichen von 5.000 bis 10.000 Euro, weshalb sich eine Anschaffung nur dann lohnt, wenn man beispielsweise als Installateur oft mit der Erstellung von Abnahmemessungen zu tun hat. Andernfalls kann man die Abnahmemessung von einem Unternehmen durchführen lassen, das sich darauf entsprechend spezialisiert hat und dies als Dienstleistung anbietet. Wie dargestellt, gibt es im Bereich der Kupferverkabelung eine Vielzahl von Parametern, die als bewertbare Größe in Frage kommen. Welche tatsächlich überprüft werden müssen, geht aus den entsprechenden Normen wie zum Beispiel EN 50173, ANSI/TIA/EIA-568-A, ANSI/TIA/EIA-TSB-67, ISO/IEC TR-24750 oder Ähnlichen hervor. Die folgende Tabelle bietet einen Überblick über die notwendigen Messungen bezogen auf die einzelnen Kategorien oder Klassen, die heutzutage in einer Netzwerkverkabelung bevorzugt eine Anwendung finden.

Parameter	Cat5	Cat5e	Cat6	Cat6a und 6e	Cat7	Klasse D	Klasse D neu	Klasse E	Klasse F
Frequenzbereich	1–100	1–100	1–250	1–625	1–1000	1–100	1–100	1–250	1–600
Dämpfung	ja	ja	Ja	ja	ja	Ja	ja	ja	ja
NEXT	ja	ja	ja	ja	ja	ja	ja	ja	ja
ACR	ja	ja	ja	ja	ja	ja	ja	ja	ja
Länge & Laufzeit	ja	ja	ja	ja	ja	ja	ja	ja	ja
Laufzeitunterschied	nein	ja	ja	ja	ja	nein	ja	ja	ja
PSNEXT	nein	ja	ja	ja	ja	nein	ja	ja	ja
ELFEXT	nein	ja	ja	ja	ja	nein	ja	ja	ja
PSELFEXT	nein	ja	ja	ja	ja	nein	ja	ja	ja
Return Loss	nein	ja	ja	ja	ja	nein	ja	ja	ja
Alien Cross Talk	nein	nein	nein	ja	ja	nein	nein	nein	ja

Tab. 7–8 *Maximale Dämpfungswerte der OF-Klassen*

7.2.2 Koaxialkabel

Historisch gesehen ist, angesichts der langen Geschichte des Ethernet, das TP-Kabel eine recht neue Entwicklung. Ursprünglich basierte Ethernet in seiner ersten Variante auf dem Koaxialkabel: Es besteht aus einem Innenleiter und einem Außenleiter, der den Innenleiter umschließt. Der Zwischenraum zwischen dem Innenleiter und dem Außenleiter, das Dielektrikum, ist mit einer Isolationsmasse ausgefüllt. Auch wenn man solche Koaxialkabel noch in einigen älteren LAN-Installationen vorfindet, die sich bislang auf eine Datenrate von 10 MBit/s beschränken, kommt dieser Kabeltyp für Neuinstallationen auf keinen Fall mehr in Frage. Zum einen ist er störanfälliger als das modernere TP-Kabel, wobei zudem Kabelfehler sich immer auf das gesamte Kabelsegment und damit auf alle daran angeschlossenen Stationen auswirken. Zum anderen ist man mit Koaxialkabel auf 10-MBit-Ethernet festgelegt: Alle modernen, in der Praxis eingesetzten Ethernet-Varianten setzen mindestens TP-Kabel der Kategorie 5 voraus. Oft ist allerdings noch die Ansicht zu hören, das Koaxialkabel reiche für bestimmte Installationen, etwa in kleineren Büros oder im heimischen Bereich, vollständig aus und helfe dort, Kosten zu sparen. Gerade das Kostenargument ist kaum noch von Bedeutung: 100-MBit-Netzwerkkarten, die heutzutage auch immer mit 10 MBit/s arbeiten können, gibt es für wenige Euro beim Computerhändler um die Ecke; einfache 10/100-MBit/s-Switches sind schon für weit unter 50 Euro zu bekommen. Die Kosten übersteigen damit kaum die einer Koaxialverkabelung in kleineren Netzen, zumal der zentrale Verteiler nur einmal gekauft werden muss. Dafür gewinnt man nicht nur größere Flexibilität beim Ausbau des Netzes, sondern kann auch recht einfach auf höhere Datenraten umrüsten und Störungen einfacher beheben, ohne das ganze LAN abschalten zu müssen. Grundsätzlich gilt daher, dass, egal für welche Anforderungen, Koaxialkabel praktisch nicht mehr in Frage kommt. Wir wollen daher die Anforderungen an das Koaxialkabel für Ethernet hier nur in der gebotenen Kürze darstellen.

Eigenschaften des Koaxialkabels

Letztlich bestimmen die mechanischen Abmessungen die elektrischen Eigenschaften des Koaxialkabels. Eins der bekanntesten Koaxialkabel ist das 75-Ohm-Kabel, das für die Verwendung in Breitbandkabelnetzen ausgelegt ist und seinen Einsatzschwerpunkt als Antennenleitung für den Radio- und Fernsehbereich findet. Im Netzwerkbereich werden hingegen Koaxialkabel mit 50 (Ethernet) oder 93 Ohm (ARCnet) eingesetzt.

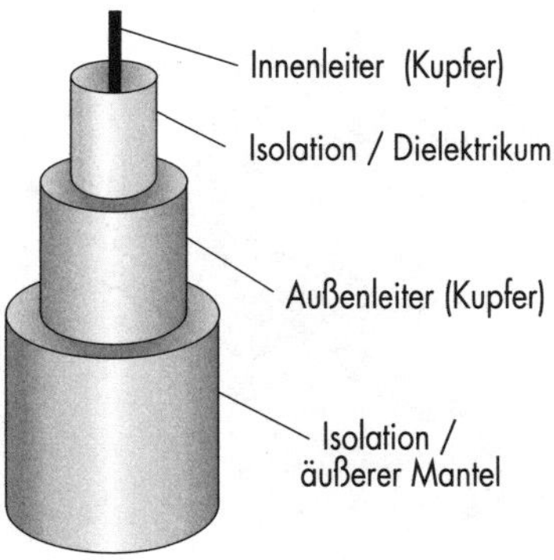

Abb. 7-5
Der Aufbau eines Koaxialkabels

Yellow Cable

Für 10BASE5 wurde als Übertragungsmedium ein Koaxialkabel RG 8 eingesetzt. Der Innenleiter dieses Typs hat einen Durchmesser von 2,17 mm, der mit einem Außenleiter von 6,16 bis 8,28 mm Durchmesser umgeben ist. Der Koaxialleiter ist wiederum mit einer PVC- oder Teflon-Isolierung umgeben – da diese gelb ist, entstand die Bezeichnung Yellow Cable. Der gesamte Außendurchmesser des Yellow Cable beträgt 9,25 bis 10,29 mm. Daher ist das Yellow Cable ein relativ schweres und starres Kabel, das sich schlecht verlegen lässt und nur Biegeradien von minimal 25 cm ermöglicht – dies führte wiederum zu einem weiteren „Spitznamen" des RG-8-Kabels: Thick Cable. Um die geforderten Mindestabstände von 2,5 m zwischen den 10BASE5-Komponenten einhalten zu können, ohne das Koaxialkabel vermessen zu müssen, sind auf den gelben Mantel des Yellow Cable alle 2,5 m rote oder schwarze Markierungsringe aufgebracht. Das Yellow Cable hat eine Impedanz von 50 ± 2 Ohm und darf auf der Länge von 500 m eine maximale Dämpfung von 6,0 dB bei 5 MHz und 8,5 dB bei 10 MHz haben.

AUI-Kabel

Da das Yellow Cable relativ starr ist und sich demnach schlecht von Rechner zu Rechner verlegen lässt, hat man die einzelnen Rechner vorzugsweise über AUI-Kabel angeschlossen. Dafür wurde der eigentliche Transceiver (MAU) der Netzwerkkarte nicht auf dem Adapter selbst integriert, sondern als externe Komponente ausgeführt, die dann über ein AUI-Kabel an die Netzwerkkarte angeschlossen werden konnte. Die MAU war ein sogenannter Tap, der sich direkt auf das Yellow Cable aufbringen ließ. Für die Montage des Tap musste man mit einem speziellen Werkzeug ein Loch in das Yellow Cable bohren, durch das später ein Stift den Innenleiter kontaktieren konnte. Es gab auch Varianten der Taps, die eine Art Selbstmontagevorrichtung hatten, bei denen sich bei der Montage ein Kontaktstift automatisch zum Innenleiter bohrte. Den elektrischen Kontakt zum Außenleiter des Yellow Cable stellten Kontaktkrallen her, die durch die Isolierung des Yellow Cable griffen. Die Montage der MAU ließ sich immerhin im laufenden Netzwerkbetrieb durchführen, da keine Auftrennung des durch das Koaxialkabel gebildeten Bus notwendig war.

Abb. 7–6
Die Montage einer 10BASE5-MAU

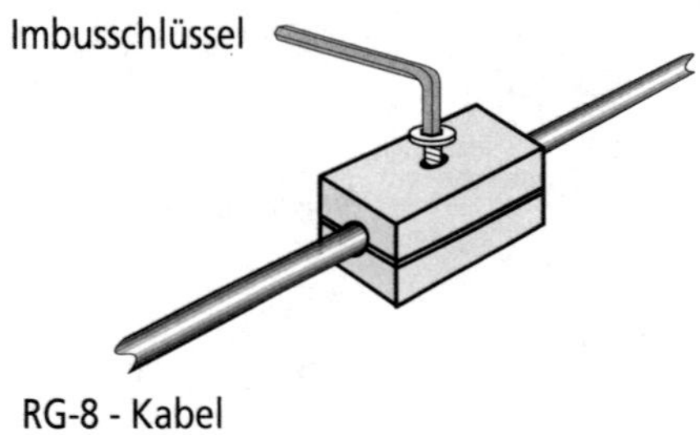

10BASE5-Ethernet lässt Segmentlängen von bis zu 500 m und die Zusammenschaltung von maximal 5 Segmenten mittels Repeatern zu. Diese werden ebenfalls über ein Tap und ein AUI-Kabel angeschlossen. Jedes AUI-Kabel darf in dieser Konstellation, wegen der Längenrestriktion der Kollisionsdomäne, maximal 30 m lang sein. Somit kann die maximale Distanz zwischen den entferntesten Stationen eines 10BASE5-Netzwerks 2800 m betragen (siehe Abbildung 7-7).

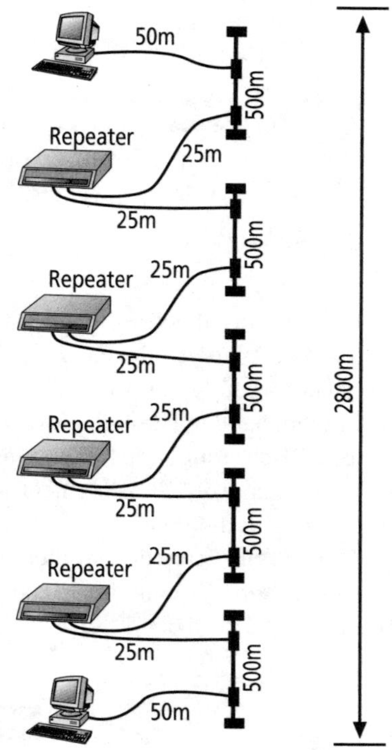

Abb. 7-7
Die maximale Ausdehnung eines 10BASE5-Netzwerks über 5 Segmente und eine Länge von 2800 m

Verbindungselemente

Als Verbindungselement des Yellow Cable sind nach dem Ethernet-Standard sogenannte N-Connectoren als Stecker vorgeschrieben. Sie dienen dazu, einzelne Teilstücke eines Yellow Cable, beispielsweise bei einer Segmentverlängerung, miteinander zu verbinden. Dazu setzt man ein Verbindungsstück mit Buchsen zwischen die beiden N-Connectoren; diese steckt man auf das Gegenstück auf und schraubt sie fest.

Abschlusswiderstände

Ab einer gewissen Übertragungsfrequenz treten auf einem Datenkabel schwerwiegende Impulsverformungen, Reflexionen und gedämpfte Schwingungen auf. Um dies bei den Koaxialkabeln von Ethernet zu vermeiden, kommen Koaxialkabel mit einem definierten Wellenwiderstand von 50 Ohm zum Einsatz. Sie müssen mit ihrem Wellenwiderstand von 50 Ohm an ihren beiden Enden abgeschlossen (terminiert) werden. Dafür ist an beiden Enden eines Koaxialsegments jeweils ein Terminator oder Abschlusswiderstand zuständig. Er ist als N-Connector-Buchse ausgeführt, die direkt an die Enden des Koaxialkabels angeschlossen werden kann.

Abb. 7–8 *Terminatoren, die als N-Connector ausgeführt sind, schließen die beiden Enden eines 10BASE5-Segments ab.*

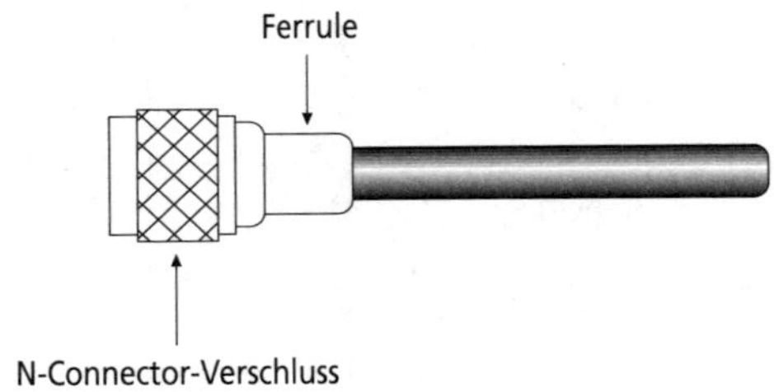

Toleranz der Terminatoren

Ein Terminator ist im Grunde ein Gleichstromwiderstand, der denselben ohmschen Widerstand wie der Wellenwiderstand des Koaxialkabels hat. Die Toleranz des Terminators beträgt laut Standard ± 1 %, bei einem Wellenwiderstand von 50 Ohm hat der Terminator also eine Impedanz von 50 ± 0,5 Ohm; er muss einer Belastung von 1 Watt standhalten. Einer der beiden Terminatoren, die an das 10BASE5-Segment angeschlossen sind, muss über eine Leitung verfügen, die eine elektrisch leitende Verbindung zum Außenkontakt des Terminators herstellt. Darüber muss dann aus Gründen der elektrischen Sicherheit eine Erdung des Koaxialsegments erfolgen (siehe Abbildung 7-9).

Abb. 7–9 *Über einen Terminator wird das 10BASE5-Segment geerdet.*

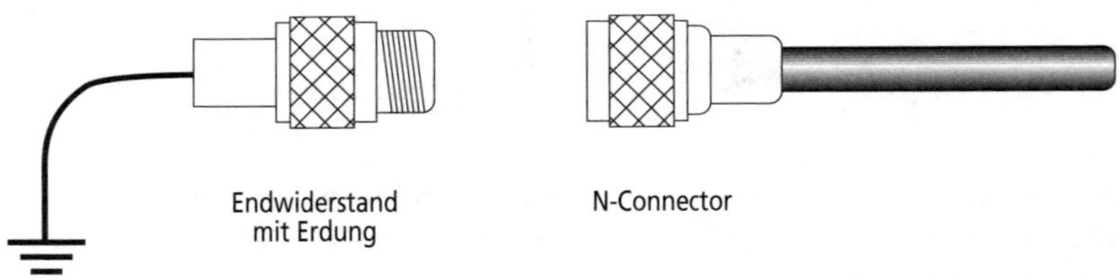

RG-58-Koaxialkabel

Bei 10BASE2-Ethernet kommt als Übertragungsmedium ein RG-58-Koaxialkabel zum Einsatz. Dieser Kabeltyp zeichnet sich gegenüber RG 8 durch seinen geringeren Durchmesser und den weitaus geringeren Preis aus. Der Innenleiter hat bei RG 58 einen Durchmesser von zirka 0,89 mm und der Außenleiter von etwa 2,95 mm. Mit dem isolierenden Außenmantel hat das RG-58-Koaxialkabel einen Gesamtdurchmesser von etwa 5 mm. Dadurch lässt sich dieses Koaxialkabel bedeutend besser verlegen und installieren als das Yellow Cable, da es Biegeradien von 8 cm zulässt und sein Gewicht gegenüber dem RG-8-Koaxialkabel wesentlich geringer ist. Bedingt durch die geringeren Abmessungen hat das RG-58-Kabel aber eine wesentlich höhere Dämpfung und kommt bereits bei 185 m auf eine Dämpfung von 6,0 dB bei 5 MHz und 8,5 dB bei 10 MHz. Ein 10BASE2-Segment kann somit eine maximale Länge von 185 m haben. Während sich der geringere Durchmesser des RG-58-Koaxialkabels negativ auf die Dämpfung auswirkt, macht er sich bei der Verlegung und Installation positiv bemerkbar. Deshalb konnte man beim 10BASE2-Ethernet auf den Anschluss über eine externe MAU in der

Form eines Tap verzichten und das Koaxialkabel direkt über ein T-Stück an die aktive Komponente anschließen; das Kabel wird direkt zu den Stationen geführt. Bei dem T-Stück handelt es sich um einen T-förmigen Abzweiger, bei dem man auf der einen Seite das ankommende und auf der anderen das abgehende Koaxialkabel anschließt. Die Fußseite des T-Stücks kommt dann direkt ohne Zwischenkabel auf die Netzwerkkarte oder eine andere aktive Komponente (siehe Abbildung 7-10).

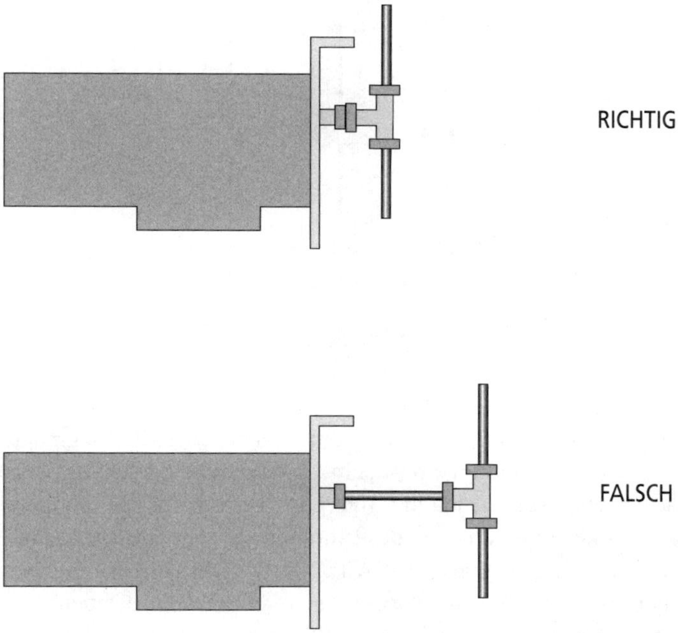

Abb. 7-10
Die Komponenten werden bei 10BASE2 direkt über ein T-Stück an das Koaxialkabel angeschlossen.

BNC-Connectoren

Die einzelnen Stücke des Koaxialkabels haben an beiden Enden BNC-Connectoren, auf die sich das Gegenstück einfach aufstecken und durch eine leichte Rechtsdrehung verschraubt lässt.

Minimalabstand

Der minimale Abstand zwischen den einzelnen aktiven Komponenten beträgt 0,5 m; auf dem 185 m langen Segment sind maximal 30 aktive Komponenten erlaubt. Insgesamt können Repeater maximal 5 Segmente zusammenschalten, wobei allerdings nur 3 Segmente mit aktiven Komponenten belegt sein dürfen. Die maximale Distanz zwischen den entferntesten Stationen eines 10BASE2-Ethernet-Netzwerks darf demnach 925 m betragen (siehe Abbildung 7-11).

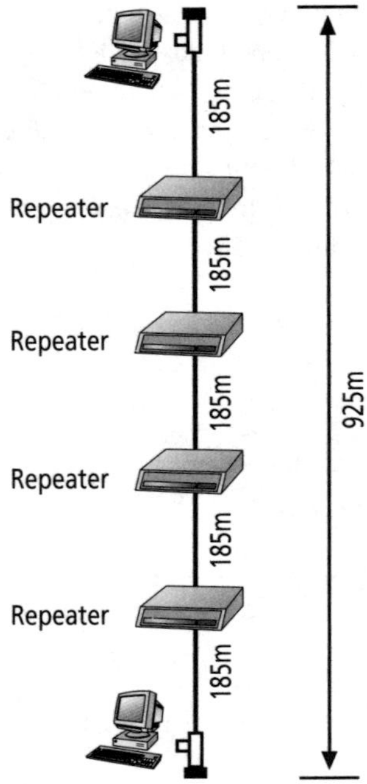

Abb. 7–11 *Die maximale Ausdehnung eines 10BASE2-Netzwerks beträgt 925 m*

Abschlusswiderstand

Die beiden äußeren Enden der Segmente müssen, wie die Segmente beim 10BASE5-Ethernet, mit einem Abschlusswiderstand beziehungsweise Terminator versehen sein. Auch hier muss der Terminator des Segments über eine elektrische Verbindung an das Erdpotenzial angeschlossen sein.

10BASE2-Steckdosensystem

Um die Verkabelung eines 10BASE2-Netzwerks zu vereinfachen, haben Hersteller ein 10BASE2-Steckdosensystem entwickelt, das den Anschluss von Arbeitsstationen innerhalb eines Büros wesentlich vereinfacht. Dafür kommen ADO-8-Buchsen und -Stecker zum Einsatz, die als direkte Schnittstelle zum Koaxialsegment dienen. Die eigentliche Verkabelung basiert bei diesem System weiterhin auf dem RG-58-Koaxialkabel, das von Anschlussdose zu Anschlussdose gelegt wird. Der Signalpfad innerhalb der Dose verbindet die eine Seite der Anschlussdose mit der anderen Seite, so dass, elektrisch betrachtet, das Koaxialsegment ein durchgehendes Stück darstellt. Passend zu den Anschlussdosen gibt es ADO-8-Stecker, an denen ein RG-58-Koaxialkabel angeschlossen ist, dessen anderes Ende mit einem BNC-Connector versehen ist. Steckt man das Anschlusskabel in eine Dose, öffnet sich der interne Signalpfad und wird über das eingesteckte Anschlusskabel umgeleitet, so dass dieses Kabel Teil des Koaxialsegments ist. Die Seite des Anschlusskabels, an dem sich die BNC-Buchse befindet, kann nun direkt an eine Arbeitsstation angeschlossen werden (siehe Abbildung 7-12).

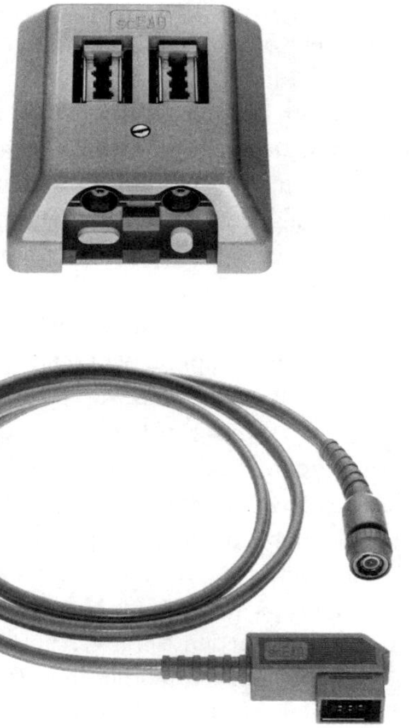

Abb. 7-12
Das 10BASE2-Steckdosensystem ermöglicht den einfachen Anschluss von Arbeitsstationen

Problematisch ist allerdings bei dieser Anschlusstechnik, dass nur allzu oft die maximale Länge des Koaxialsegments überschritten wird: Häufig vergisst man, dass jedes Anschlusskabel mit seiner doppelten Länge in die gesamte Länge des Koaxialsegments einzurechnen ist, denn es hat zu den BNC-Connectoren einen Hin- und Rückleiter. Nutzt man beispielsweise ein Segment mit einer Länge von 140 m, kann man maximal noch 9 Anschlusskabel mit einer Länge von 2,5 m einstecken, um innerhalb der geforderten Maximallänge von 185 m Restriktion zu bleiben.

Fehleranfälligkeit eines Koaxialsegments

Grundsätzlich muss man sagen, dass ein Netzwerk auf Basis eines Koaxialkabels nicht sehr zuverlässig ist. Trennt ein Fehler das Koaxialsegment an irgendeiner Stelle, wirkt sich dies direkt auf die Funktion des gesamten Netzwerks aus: Zum einen unterteilt sich das LAN in zwei Teile, zum anderen fehlen dann automatisch an zwei Stellen die Abschlusswiderstände, was zu einer erheblichen Funktionsstörung in den Teilnetzwerken führen kann. Als besonders störanfällig stellen sich bei einem Netzwerk mit Koaxialkabel immer wieder die Verbindungsstellen heraus. Entscheidend ist, dass die N- oder BNC-Connectoren richtig und sorgfältig konfektioniert sind. Das Koaxialkabel muss dafür richtig abgesetzt und die einzelnen Teile der Connectoren korrekt zusammengesetzt sein. Außerdem sind die Connectoren mit einem geeigneten Werkzeug richtig zu crimpen. Dafür ist es unerlässlich, entsprechendes Werkzeug einzusetzen.

Problem der fehlenden Terminierung

Eine weitere potenzielle Fehlerquelle sind die Abschlusswiderstände, die entweder defekt sind oder gleich ganz fehlen können. Durch die dann fehlende Terminierung kommt es zu Signalreflexionen, welche den Datenaustausch drastisch stören können. Fehlende Terminatoren sind ja noch einfach zu entdecken – defekte dagegen nicht so leicht. Schon eine kleine Delle im Gehäuse kann die Funktionsweise beeinträchtigen, was angesichts der meist lockeren Verlegung des Kabels beziehungsweise des Aufsteckens etwa direkt auf die Netzwerkkarte in einem Rechner schnell passieren kann. Zudem sind die Terminatoren eine Art Verbrauchsmaterial: Nach einer gewissen Zeit büßen sie durch die ständige Leistungsaufnahme ihre Funktion ein, was sich von außen überhaupt nicht erkennen lässt. Ein Netzwerkadministrator, der noch mit 10BASE2-Netzwerken zu tun hat, sollte also immer einige Terminatoren auf Vorrat haben, um sie bei Funktionsstörungen schnell einmal, auch probeweise, wechseln zu können.

Bandbreiten eines Koaxialkabels

Irrtümlicherweise gehen viele immer wieder davon aus, dass der Einsatz eines Koaxialkabels gleichbedeutend mit hohen Bandbreiten ist – diese Annahme kommt vermutlich aus der HF-Technik, wo Koaxialkabel für sehr hohe Frequenzen eingesetzt werden. Im Netzwerkbereich widmete man jedoch dem Koaxialkabel nur in den Anfängen eine gewisse Aufmerksamkeit, etwa bei ARCnet oder 10-MBit-Ethernet, bei denen aus heutiger Betrachtungsweise die Übertragungsraten noch relativ gering waren.

7.2.3 Lichtwellenleiter

Lichtwellenleiter

Als Alternative zu Übertragungsmedien aus Kupfer wie TP- oder Koaxialkabeln bietet sich der Einsatz von Lichtwellenleitern (LWL) an. Sie haben eine Reihe von technischen Vorteilen, die eine Datenübertragung über große Distanzen bei einer hohen Datenrate ermöglichen. Die realisierbaren Distanzen und Datenraten übertreffen bei weitem die Grenzen der Kupferkabel. Daher wäre es eigentlich schon immer interessant gewesen, die LWL-Technik für den Aufbau einer Netzwerkverkabelung einzusetzen. Jedoch war dies bis vor kurzem mit deutlich höheren Kosten verbunden, weswegen man in der Vergangenheit die LWL nur in Bereichen eingesetzt hat, bei denen ein Kupferkabel nicht tragbar war. Gerade dort etwa, wo es auf besonders gute EMV-Eigenschaften ankam, gab es schon immer keine Alternative zum LWL – etwa in Installationen, die nicht einmal die geringste elektromagnetische Abstrahlung duldeten oder bei denen so starke Felder auftraten, dass eine Datenübertragung unmöglich wurde. Es wäre schon immer eine schlechte Idee gewesen, in einem Krankenhaus ein Kupferkabel, auch bei noch so guter Abschirmung, unter einem Computertomographen zu verlegen. Auch dort, wo besonders hohe Abhörsicherheit gefragt war, kamen immer schon LWL zum Einsatz – denn bei Kupferkabeln tritt immer eine Abstrahlung auf, die sich unter Umständen von Unberechtigten zum Abhören der Datenkommunikation benutzen lässt. Um ein Glasfaserkabel anzuzapfen, muss man dagegen immer physischen Zugang zu ihm haben und ist auf recht komplexe Vorrichtungen zum Einspleißen eines Abzweigs angewiesen. Da beim Einsatz von LWL eine hundertprozentige galvanische Trennung vorliegt, es keinerlei elektromagnetische Abstrahlungen gibt und elektromagnetische Einstrahlungen keinen Einfluss haben können, erledigt sich mit LWL jedenfalls das gesamte Thema der elektromagnetischen Verträglichkeit (EMV).

Mehrkosten LWL-Verkabelung

Inzwischen sind die LWL und die Konfektionierungstechniken für die LWL-Verkabelung bedeutend günstiger geworden, wodurch sie mit einer Kupferverkabelung durchaus konkurrieren können. Die Mehrkosten für den Einsatz von LWL bis zum Arbeitsplatz sind lange nicht mehr so hoch wie noch vor wenigen Jahren. Zudem sind inzwischen Konfektionierungstechniken und -werkzeuge auf dem Markt, die langsam am Ruf der Glasfaser kratzen, besonders schwierig zu installieren und extrem schlecht zu handhaben zu sein.

Das Prinzip der optischen Datenübertragung

Licht als Informationsträger

Die optische Datenübertragung über LWL verwendet Licht als Informationsträger, wofür eine normale LED oder eine Laser-LED zum Einsatz kommt. Sie arbeiten mit Wellenlängen von 850, 1300 oder 1550 nm. Das physikalische Grundprinzip der optischen Datenübertragung über LWL beruht auf einer Totalreflexion des Lichts, die durch das Brechungsgesetz bestimmt wird. Im Vakuum breitet sich das Licht mit einer Geschwindigkeit von circa 300.000 km/s aus, wohingegen in optisch dichteren Medien wie beispielsweise Glas die Ausbreitungsgeschwindigkeit auf ungefähr 200.000 km/s sinkt. Trifft Licht von einem optisch dichteren Medium auf die Grenzfläche eines optisch dünneren Mediums, kommt es zu einer Richtungsänderung, die Brechung heißt. Dabei ist die Größe der Richtungsänderung, die das Licht bei dem Übergang des Mediums erfährt, von der Änderung der Ausbreitungsgeschwindigkeit abhängig. Je größer der Unterschied in der Ausbreitungsgeschwindigkeit zwischen den verschiedenen Medien ist, desto größer ist die Richtungsänderung. Um die verschiedenen optischen Übertragungsmedien in Bezug auf das Brechungsgesetz einordnen zu können, hat man jedem Medium eine Brechzahl oder einen Brechungsindex zugeordnet. Unter dem Brechungsindex versteht man dabei das Verhältnis der Lichtgeschwindigkeit im Vakuum zu der Ausbreitungsgeschwindigkeit des Lichts in einem Medium.

7.2.4 Der Aufbau der Lichtwellenleiter

Aufbau der Lichtwellenleiter

Ein Lichtwellenleiter ist aus mehreren Schichten aufgebaut. Die Fasern eines LWL bestehen aus einem lichtübertragenden Quarzglaskern (Core), dem Quarzglasmantel (Cladding), der gegenüber dem Kern einen anderen Brechungsindex aufweist, und einem primären Kunststoffmantel, der die

Faser umschließt und vor mechanischen Einflüssen wie Zug und Druck schützt. Ein sekundärer Kunststoffmantel, der den eigentlichen Außenmantel eines LWL darstellt, legt die LWL für ihre unterschiedlichen Einsatzgebiete aus. Es gibt Varianten, bei denen mehrere Faserpaare zu einem Leiter zusammengefasst und die so für den Einsatz als Steigleitungen prädestiniert sind. Andere LWL sind primär für den Außenbereich ausgelegt, wobei es auf eine hohe Beständigkeit gegen Feuchtigkeit, Temperaturschwankungen und UV-Einstrahlung ankommt – selbst ein Nagetierschutz kann vorhanden sein, der den LWL gegen Tiere schützt, die durch Abknabbern einen im Außenbereich verlegten LWL zerstören könnten.

Moden

Der Aufbau, die Abmessung und der Brechungsindex des Kerns (Core) und des Mantels (Cladding) bestimmen die Anzahl der unterschiedlichen Moden, die sich durch die Fasern der LWL ausbreiten können. Jeder Mode entspricht dabei der Lösung einer Wellengleichung, die sich aus der Ausbreitungscharakteristik des Lichts innerhalb des LWL ergibt. Bildlich betrachtet entsprechen die verschiedenen Moden jeweils einem Weg innerhalb des LWL, über den sich das Licht ausbreitet.

Reflexionen

Speist man nun Licht mit einem flachen Winkel in den LWL ein, wird es an der Grenzschicht zwischen dem Kern und dem Mantel reflektiert beziehungsweise weggebrochen. Die sich ändernde Ausbreitungsgeschwindigkeit bestimmt die Reflexion, die das Licht dabei erfährt. Diese ist von den unterschiedlichen optischen Dichten der verschiedenen Medien abhängig. Dies führt letztendlich mit zunehmendem Einfallswinkel dazu, dass es zu einer Totalreflexion des Lichts an den Grenzschichten kommt, wodurch der Lichtstrahl innerhalb des LWL gehalten und geführt wird.

Abb. 7–13
Prinzipieller Aufbau eines Lichtwellenleiters

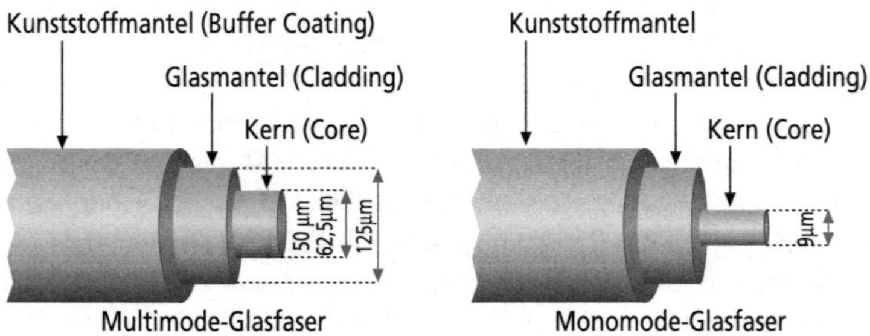

Die verschiedenen LWL-Typen

LWL-Typen

In Abhängigkeit von den möglichen Moden, die sich über einen LWL ausbreiten können, werden die Glasfaserkabel in unterschiedliche Typen unterteilt. Wenn sich mehrere Moden in einem LWL ausbreiten können, spricht man von einem Multimode- oder Mehrmoden-LWL. Kann sich hingegen nur ein Mode über den LWL ausbreiten, bezeichnet man diesen Typ als

Monomode- oder Einfachmoden-LWL. Die Multimode- und Monomode-LWL haben unterschiedliche Leistungsparameter, aus denen sich die erzielbare Reichweite und die maximale Bandbreite ergibt. Je nach Distanz und notwendiger Bandbreite muss man den geeigneten LWL für das vorhandene Einsatzgebiet auswählen. Dabei stehen in der Nachrichtentechnik insgesamt drei Typen zur Auswahl:

- Stufenindex-LWL (Multimode)
- Gradienten-LWL (Multimode)
- Stufenindex-LWL (Monomode)

Multimode-Stufenindex-Lichtwellenleiter

Multimode-Stufenindex-LWL

Bei einem Multimode-Stufenindex-LWL verläuft der Brechungsindex über den gesamten Querschnitt des Kerns gleich, jedoch im Mantel eine Stufe geringer als im Kern – deshalb die Bezeichnung Stufenindex-LWL. Der Kerndurchmesser beträgt etwa 200 µm bis 500 µm.

Verformung der Signalimpulse

Regt eine Lichtquelle einen Multimode-Stufenindex-LWL an – dabei treffen unterschiedliche Lichtstrahlen auf den Querschnitt des Leiters –, bewegen sie sich zickzackförmig durch den LWL. Lichtstrahlen, die flach eingekoppelt wurden, werden weniger häufig reflektiert als diejenigen, die mit einem steileren Winkel eingekoppelt wurden. Die einzelnen Lichtstrahlen bewegen sich dadurch auf unterschiedlich langen Bahnen durch den LWL. Da sie jedoch über den gesamten Kern hinweg die gleiche Ausbreitungsgeschwindigkeit haben, benötigen die verschiedenen Lichtstrahlen zwangsläufig eine unterschiedliche Zeit, bis sie am Ende des Leiters angekommen sind. Dies führt zu einer Verformung der Signalimpulse am Ausgang des LWL gegenüber dem tatsächlich eingespeisten Signalimpuls. Daher ist der Ausgangsimpuls deutlich breiter als der Eingangsimpuls, was mit zunehmender Länge des LWL sogar dazu führen kann, dass die einzelnen Impulse ineinander laufen und der Informationsgehalt des Datensignals verloren geht. Dieses Phänomen heißt im Fachjargon Dispersion.

Multimode-Gradienten-Lichtwellenleiter

Multimode-Gradienten-LWL

Bei einem Multimode-Gradienten-LWL ist der Brechzahlenverlauf im Kern zu den Rändern hin kontinuierlich und nicht sprunghaft wie bei einem Multimode-Stufenindex-LWL. Der Kerndurchmesser beträgt in der Regel 50 oder 62,5 µm und der Außendurchmesser des Mantels 125 µm.

Bezeichnung der LWL

⇨ Die Bezeichnung der LWL wird allgemein durch den Innendurchmesser des Kerns und den Außendurchmessers des Mantels angegeben; so spricht man beispielsweise von einem 50/125-µm-Multimode-LWL.

Lichtbrechung

Bewegen sich nun die Lichtstrahlen zu den äußeren Schichten des Gradienten-LWL, werden sie an den verschiedenen Schichten des Kerns vom Lot weg gebrochen. Daher verlaufen die Lichtstrahlen annähernd parallel zur

Leiterachse. Die Lichtstrahlen bewegen sich in der Gesamtbetrachtung nicht zickzackförmig, sondern in gekrümmten Bahnen durch den Multimode-Gradienten-LWL. Da in den Randzonen des LWL die Brechzahl abnimmt, haben die Lichtstrahlen dort eine höhere Ausbreitungsgeschwindigkeit. Die längeren Wege, die die Lichtstrahlen an den Randzonen zurücklegen müssen, werden daher wieder zu einem gewissen Grad ausgeglichen. Die beiden Effekte heben sich gegenseitig allerdings nicht hundertprozentig auf; es tritt bei einem Gradienten-LWL also ebenfalls eine Dispersion, sprich Signalverformung, auf. Die Dispersion ist jedoch weitaus geringer als bei einem Stufenindex-LWL – ein Multimode-Gradienten-LWL ist deshalb für eine höhere Datenrate und und größere Distanzen geeignet.

Monomode-Stufenindex-Lichtwellenleiter

Monomode-Stufenindex-Lichtwellenleiter

Die letzte Variante stellen die Monomode-LWL (auch als Singlemode bezeichnet) dar. Sie entsprechen im grundsätzlichen Aufbau dem Multimode-Stufenindex-LWL. Die Anzahl der Moden, die sich über den LWL ausbreiten können, ist jedoch erheblich kleiner. Dies erreicht man durch den deutlich geringeren Kerndurchmesser und durch die Verringerung der Brechzahl. Beim idealen Monomode-LWL reduziert sich die Anzahl auf nur einen Mode, daher die Bezeichnung Monomode-LWL. Der Kerndurchmesser beträgt nur 9 bis 10 µm, der Durchmesser des Mantels 125 µm. Der Monomode-LWL wird in der Regel durch eine Laser-LED angeregt, und das eingespeiste Licht bewegt sich achsenparallel fort, wodurch keine oder nur eine sehr geringe Dispersion auftritt. Dadurch kann man mit einem Monomode-LWL sehr große Distanzen überbrücken.

Abb. 7–14
Je nach Aufbau der LWL und dem Verlauf der Moden unterscheidet man zwischen den Multimode-Gradienten-, den Multimode-Stufenindex- und den Monomode-Stufenindex-LWL.

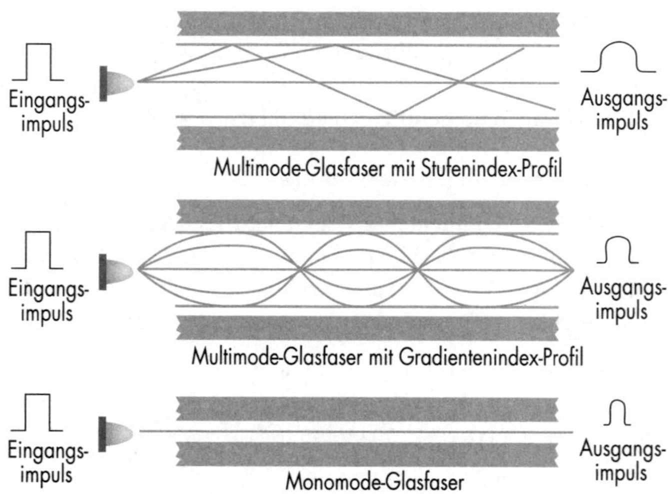

Im Netzwerkbereich kommen entweder die Multimode-Gradienten- oder die Monomode-Stufenindex-LWL zum Einsatz. Momentan dominieren aber noch die Multimode-Gradienten-LWL – dies vor allem wegen der höheren Kosten eines Monomode-LWL, die der Leiter selbst und die Transceiver verursachen. Dieser Typ wird daher nur dann eingesetzt, wenn es um die Überbrückung großer Distanzen geht. Das Datensignal wird bei den Multimode-Gradienten-LWL durch eine LED mit einer Wellenlänge von 850 oder 1300 nm eingespeist, bei den Monomode-Stufenindex-LWL verwendet man eine Laser-LED mit 1300 oder 1550 nm.

Die Dämpfung auf Lichtwellenleitern

Dämpfung auf Lichtwellenleitern

Wie bei einem Kupferkabel erfährt auch das in einen LWL eingespeiste Datensignal eine gewisse Dämpfung, die die maximal erzielbare Reichweite begrenzt. Diese Dämpfung ist von der Wellenlänge des Lichts abhängig. Betrachtet man den spektralen Dämpfungsverlauf eines LWL in Abhängigkeit von der Wellenlänge des Lichts, so fallen drei Stellen auf, die besonders durch Dämpfungsminima geprägt sind. Sie befinden sich bei Wellenlängen von etwa 850, 1300 und 1500 nm – daher setzt man auch diese Wellenlängen für die optische Datenübertragung ein.

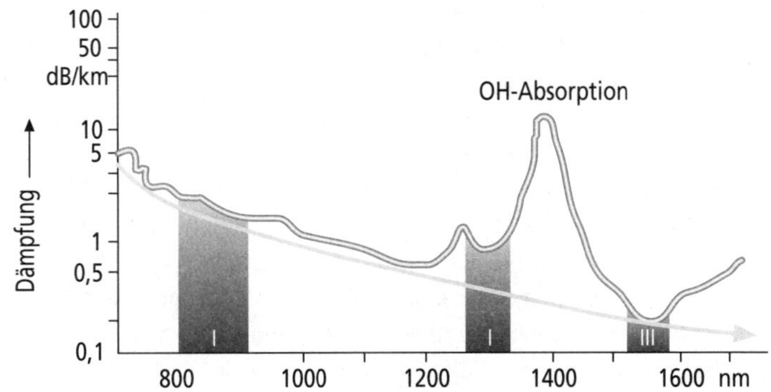

Abb. 7–15 *Der spektrale Dämpfungsverlauf eines LWL*

Einsatz der verschiedenen Wellenlängen

Für den Einsatz im Netzwerkbereich bot sich zu Zeiten des 10-MBit-Ethernet aufgrund der geringen Kosten der Sende- und Empfangskomponenten die Nutzung der Wellenlänge von 850 nm an. 10BASE-FL beispielsweise arbeitet mit dieser Wellenlänge. Für die Techniken mit 100 MBit/s, etwa Fast Ethernet, zog man dagegen die Wellenlänge 1300 nm vor, da die LWL hier eine geringere Dämpfung aufweisen und die Kosten der Transceiver zurzeit der Entwicklung des Standards bereits deutlich gesunken waren.

Bei Gigabit-Ethernet werden wieder beide Wellenlängen von 850 und 1300 nm eingesetzt, wobei das 1000-MBit-Ethernet allerdings mit speziellen Laser-LEDs statt mit normalen LEDs arbeitet. Durch die Möglichkeit, sich zwischen diesen beiden Wellenlängen zu entscheiden, lässt sich für eine bestehende LWL-Verkabelung eine optimale Kombination aus erzielbarer Reichweite und Kosten erzielen.

Große Distanzen

Für spezielle Anwendungsfälle, bei denen sehr große Distanzen von mehr als 5 km zu überbrücken sind, kann man auf die Wellenlänge von 1550 nm zurückgreifen, die ein absolutes Minimum im spektralen Dämpfungsverlauf des LWL aufweist. Bei 10Gigabit-Ethernet kommt zum Beispiel bei der WAN-Lösung die Wellenlänge von 1550 nm zum Einsatz, um Distanzen von 40 km überbrücken zu können. Die entsprechenden Komponenten sind heute allerdings noch sehr teuer, daher wird diese Technik nur selten eingesetzt.

Dispersion bei Lichtwellenleitern

Dispersion

Neben der Dämpfung begrenzt die Dispersion die maximal überbrückbare Distanz bei der optischen Datenübertragung. Vor allem die Qualität des Leiters bestimmt, wie hoch die Einflüsse der Dispersion sind. Zusätzlich ist zwischen verschiedenen Effekten zu unterscheiden: der Materialdispersion, der chromatischen Dispersion, der Modendispersion und der Wellendispersion.

Materialdispersion

Die Materialdispersion spielt primär beim Monomode-LWL eine Rolle, bei dem, wenn überhaupt, nur eine geringe Modendispersion auftritt. Da die Brechzahl und die Ausbreitungsgeschwindigkeit von der Wellenlänge des Lichts zum gewissen Teil abhängig ist und jeder Lichtimpuls, auch wenn er von einer Laserlichtquelle stammt, sich über ein gewisses Frequenzspektrum erstreckt, kommt es zwangsläufig zu unterschiedlichen Ausbreitungsgeschwindigkeiten der einzelnen spektralen Anteile eines Lichtimpulses. Die unterschiedlichen Ausbreitungsgeschwindigkeiten, die die Materialdispersion hervorruft, führen so ebenfalls zu einer, wenn auch nur geringen, Verbreiterung des Lichtimpulses.

Chromatische Dispersion

In der Praxis gibt es letztlich keine rein monochromatische Lichtquelle: Dies ruft die sogenannte chromatische Dispersion hervor. Die Ausbreitungsgeschwindigkeit einer Welle ist zudem von der Frequenz des Lichts abhängig. Dies führt dazu, dass sich die einzelnen spektralen Anteile eines Lichtimpulses mit unterschiedlichen Geschwindigkeiten ausbreiten.

Modendispersion

Den größten Anteil am Dispersionseffekt hat die Modendispersion. Da sich die einzelnen Moden auf unterschiedliche Wege beziehungsweise Richtungen innerhalb des LWL ausbreiten, kommt es letztendlich zur Signalverbreiterung am Ausgang der Multimode-LWL.

Wellendispersion

Die Wellendispersion wird durch den Verlauf des Brechzahlenprofils und der Geometrie des LWL bestimmt. Sie trägt ebenfalls, allerdings nur zu einem sehr geringen Anteil, zu der Impulsverbreiterung bei.

Bandbreitenlängenprodukt

Da die Dispersion zu einer Verbreiterung der Lichtimpulse führt, wirkt sie sich bei höheren Übertragungsraten gravierender aus, da hier der Abstand zwischen den Lichtimpulsen geringer ist. Demnach führt eine Verbreiterung der Lichtimpulse bei höheren Datenraten eher zu einem Ineinanderlaufen der Impulse, wodurch die eigentliche Dateninformation verloren geht. Außerdem nehmen die Effekte der Dispersion mit zunehmender Länge des LWL zu. Die Hersteller der Lichtleiter drücken diese Einflüsse in einem Bandbreiten-Längen-Produkt aus. Ein Bandbreiten-Längen-Produkt von 500 MHz × km bedeutet, dass mit dem entsprechenden LWL eine Distanz von 500 m bei einer Frequenz von 1 GHz überbrückt werden kann. Zur Auswahl eines geeigneten LWL gilt es in erster Linie, anhand des Bandbreiten-Längen-Produkts festzustellen, ob ein LWL für die gewünschte Distanz und Bandbreite ausreichend ist.

Differential Mode Delay bei Gigabit-Ethernet

Differential Mode Delay

Betrachtet man das Brechzahlprofil eines optimalen Multimode-Gradienten-LWL, verläuft dieser parabolisch nach innen. Dieses Parabelprofil ist notwendig, damit für alle Moden (Ausbreitungsrichtungen) dieselbe Geschwindigkeit in Bezug auf die Länge der gesamten LWL-Strecke auftritt und die Modendispersion verschwindet beziehungsweise in gewissen Grenzen bleibt. Die Strahlen der höherer Moden legen zwar innerhalb der Fasern einen längeren Weg zurück, dies geschieht aber in Bereichen geringerer Brechzahlen und damit höherer Ausbreitungsgeschwindigkeiten. Dadurch gleichen sich der längere Weg und die höhere Ausbreitungsgeschwindigkeit in etwa aus.

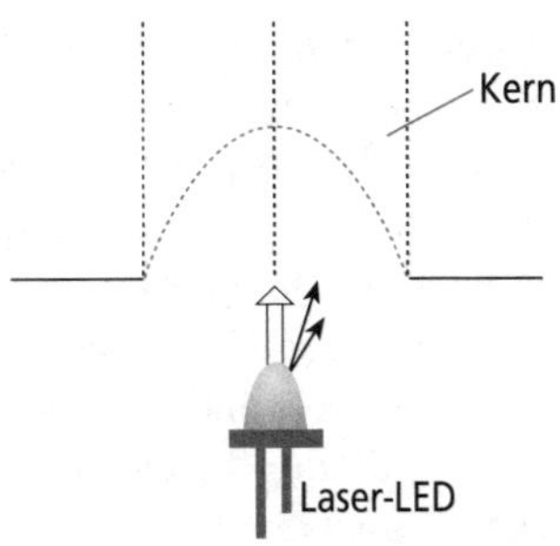

Abb. 7–16
Das Brechzahlenprofil eines optimalen Multimode-LWL

Brechzahlenverlauf

In der Praxis findet man jedoch häufig Multimode-Gradienten-LWL, deren Brechzahlenprofil nicht dem optimalen Verlauf entsprechen, sondern auf der Mittelachse eine Einkerbung im Brechzahlenverlauf aufweisen. Regt nun eine Laserdiode einen solchen Typ LWL an und speist in dieser Form einen Lichtstrahl ein, wird fast die gesamte Lichtintensität der Quelle über Mode 0 transportiert (entlang der Mittelachse). Da jedoch bedingt durch die Einkerbung im Brechzahlenprofil die Ausbreitungsgeschwindigkeiten der einzelnen Moden nicht wie erwünscht homogen verlaufen, kommt es zu einer gewissen Instabilität in der Signalform der Datenimpulse. Man bezeichnet diesen Effekt im Fachjargon als Differential Mode Delay. Er bewirkt, dass die erhofften maximalen Reichweiten in der Praxis nicht immer erreicht werden.

Abb. 7–17
Das Brechzahlenprofil eines nicht optimalen Multimode-LWL

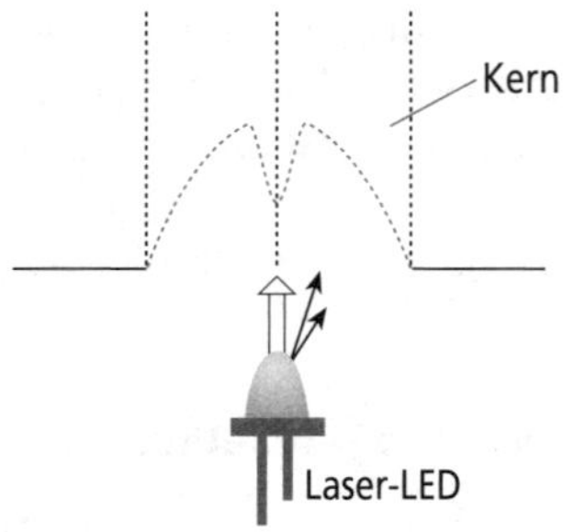

Die Probleme des Differential Mode Delay führten dazu, dass sich die Verabschiedung des Standards IEEE 802.3z um gut drei Monate verzögerte. Gigabit-Ethernet musste, damit es eine Chance auf dem Markt hatte, mit den vorhandenen LWL-Verkabelungen zuverlässig arbeiten und auf die versprochenen Reichweiten kommen. Da jedoch der nicht optimale Verlauf des Brechzahlenprofils primär bei älteren LWL-Verkabelungen auftritt, musste eine Lösung gefunden werden, um den Betrieb von Gigabit-Ethernet auch bei diesen Verkabelungen zu gewährleisten.

Unterdrückung des Differential Mode Delay

Das Gigabit-Ethernet-Komitee fand für die Unterdrückung des Differential Mode Delay zwei Lösungswege, jeweils für 1000BASE-SX und für 1000BASE-LX, die den schlechten Brechzahlenverlauf existierender LWL ausgleichen können. Für 1000BASE-SX passte man schlicht und einfach die Spezifikation der Transceiver in der Höhe der Ausgangsleistung, der Eingangsempfindlichkeit und des Jitter Budgets an.

Offset-Mode-Conditioning-Patchkabel

Bei 1000BASE-LX auf Multimode-Kabel gestaltet sich die Sache etwas komplexer. Zwischen den aktiven Port und den installierten LWL muss ein sogenanntes Offset-Mode-Conditioning-Patchkabel installiert sein. Es sorgt für die Einspeisung des Datensignals in einen Singlemode-LWL, wodurch die gesamte Signalenergie optimal über Mode 0 läuft. Dieses Signal gelangt dann über ein Ausgleichsstück, das für einen definierten Versatz sorgt, in einen Multimode-LWL. Auf diese Weise wird die vorhandene Faser nicht im Zentrum, sondern an den Randzonen des Faserkerns angeregt. Dies wirkt sich vorteilhaft aus, da an den Randbereichen der Verlauf des Brechzahlenindex viel gleichmäßiger verläuft als im Zentrum des Faserkerns. Man erreicht durch diesen Versatzspleiß der durch das Offset-Mode-Conditioning-Patchkabel eingebracht wird, eine Unterdrückung des Differential Mode Delay und daraus resultierend eine bedeutend höhere maximale Reichweite, die sonst mit dem 1000BASE-LX überbrückt werden kann. In ausführlichen Tests wiesen die Entwickler nach, dass durch die Verwendung des speziellen Offset-Mode-Conditioning-Patchkabels die Datenübertragung über die angestrebten Distanzen bei Gigabit-Ethernet realisierbar ist.

Das Offset-Mode-Conditioning-Patchkabel für 1000BASE-LX besitzt auf einer Seite eine farbige Markierung. Die Markierung verdeutlicht, welche Seite in den Sendeteil der Stationen eingesteckt werden muss.

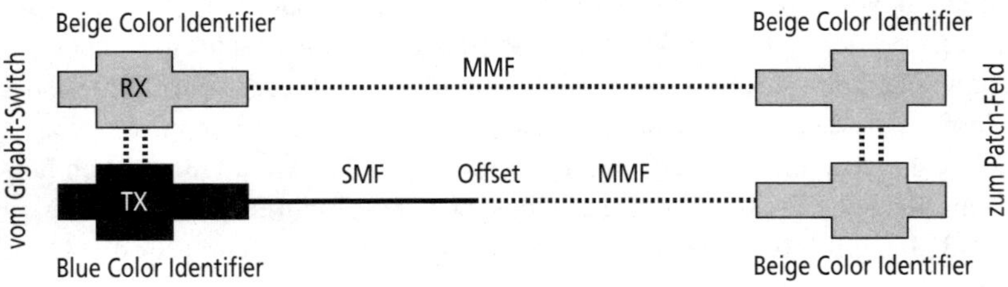

Abb. 7–18 Das Offset-Mode-Conditioning-Patchkabel, das bei 1000BASE-LX für den Ausgleich des Differential Mode Delay sorgt

Klassifizierung von Glasfaserkabeln

Ähnlich wie bei den TP-Kabeln werden heute Glasfaserkabel nach den Normen EN 50173 und ISO/IEC-11801 in verschiedene Klassen unterteilt. Die erste Klassifizierung bezieht sich auf die maximale Länge einer Glasfaserstrecke und beschreibt Mindestanforderungen in Bezug auf die maximal erlaubte Dämpfung. In Abhängigkeit von der Länge werden hierbei die Glasfaserstrecken in OF-300, OF-500 und OF-2000 unterteilt (siehe folgende Tabelle). OF steht für Optical Fibre und die Zahlenangabe beschreibt die maximale Länge der Glasfaserstrecke in Metern. Die Angaben beziehen sich jeweils auf die maximale Kabellänge und vier Steckverbinder (1,5 dB Dämpfung). Die dargestellten Dämpfungswerte sollen bei Abnahmemessungen einer installierten Glasfaserstrecke entsprechend eingehalten werden.

Dämpfung auf der Übertragungsstrecke				
Kanal	**Multimode**		**Monomode**	
	850 nm	**1300 nm**	**1310 nm**	**1550 nm**
OF-300	2,55 dB	1,95 dB	1,8 dB	1,8 dB
OF-500	3,25 dB	2,25 dB	2,0 dB	2,0 dB
OF-2000	8,5 dB	4,5 dB	3,5 dB	3,5 dB

Abb. 7–19 Maximale Dämpfungswerte der OF-Klassen

Zusätzlich werden Glasfaserkabel in die Klassen OM1 bis OM3 (Optical Multimode) und OS1 (Optical Singlemode, Singlemode entspricht alternativer und englischer Begriff für Monomode) unterteilt. In Abhängigkeit von diesen Klassen sind maximal zulässige Werte für die Dämpfung pro Kilometer und Mindestanforderungen für das Bandbreiten-Längen-Produkt angegeben.

Overfilled und Underfilled Launch

Bei der Einteilung der Fasern bezüglich des Bandbreiten-Längen-Produkts wird zwischen Overfilled Launch und Underfilled Launch unterschieden. Overfilled Launsch steht für den Fall, dass über herkömmliche LEDs sämtliche Moden der Multimode-Glasfaser gleichmäßig angeregt werden. Die Bezeichnung Underfilled Launch steht hingegen für den Fall, dass über einen Laser nur ein Teil der möglichen Moden einer Multimode-Glasfaser angeregt wird, wie es bei Gigabit-Ethernet und 10Gigabit-Ethernet auch praktiziert wird. Die OM1- und OM2-Faserklassen beschreiben entsprechende Mindestanforderungen an das Bandbreiten-Längen-Produkt, wobei hierbei Glasfasern zum Einsatz kommen, bei denen ein Kompromiss zwischen der Nutzung von 850 nm und 1300 nm und der Anregung durch herkömmliche LEDs besteht. Im Gegensatz dazu beschreibt die Faserklasse OM3 eine Glasfaser, die auf die Wellenlänge von 850 nm und für die Anregung durch Laser optimiert ist

Fasertyp	**OM1**	**OM2**	**OM3**	**OS1**
	50/125 µm **62,5/125 µm**	**50/125 µm** **62,5/125 µm**	**50/125 µm**	**9 bis 10/125 µm**
Dämpfung				
850 nm	3,5 dB/km	3,5 dB/km	3,5 dB/km	nicht def.
1300 nm	1,5 dB/km	1,5 dB/km	1,5 dB/km	1 dB/km
1550 nm	nicht def.	nicht def.	nicht def.	1 dB/km
Bandbreiten-Längen-Produkt				
850 nm (Overfilled)	200 MHz × km	500 MHz × km	1500 MHz × km	nicht def.
1300 nm (Overfilled)	500 MHz × km	500 MHz × km	500 MHz × km	nicht def.
850 nm (Underfilled)	nicht def.	nicht def.	2000 MHz × km	nicht def.

Tab. 7–9 *Dämpfungswerte und Bandbreitenlängenprodukt für Glasfaserklassen*

Bei der Installation von Glasfasern sollten die zuvor genannten Werte eingehalten werden. Die Hersteller von Glasfasern liefern in ihren Datenblättern entsprechende Angaben über die Dämpfung pro Kilometer und das Bandbreiten-Längen-Produkt. Diese Angaben sollten für die Auswahl des Glasfasertyps zugrunde gelegt werden. Nach der Installation der Glasfasern sollte die Einhaltung der Dämpfungswerte durch geeignete Messungen nachgewiesen werden (siehe Abschnitt am Ende dieses Kapitels).

Steckverbinder für Lichtwellenleiter

Steckersysteme

Für Lichtwellenleiter sind eine Vielzahl von Steckersystemen entstanden. Die neueren Typen zeichnen sich durch eine immer kompaktere Bauweise aus; zudem haben die Entwickler die Handhabung verbessert und die Konfektionierung wesentlich vereinfacht. Laut Ethernet-Standard sind zwei Steckertechniken vorgesehen: Duplex-ST und Duplex-SC. Die Duplex-ST-Stecker entsprechen der älteren Variante, die für Ethernet mit 10 MBit/s standardisiert wurde. Die Duplex-SC-Stecker sind die modernere Variante, die im Fast-Ethernet-Standard definiert ist. Bei Gigabit-Ethernet findet man nur noch Duplex-SC-Stecker.

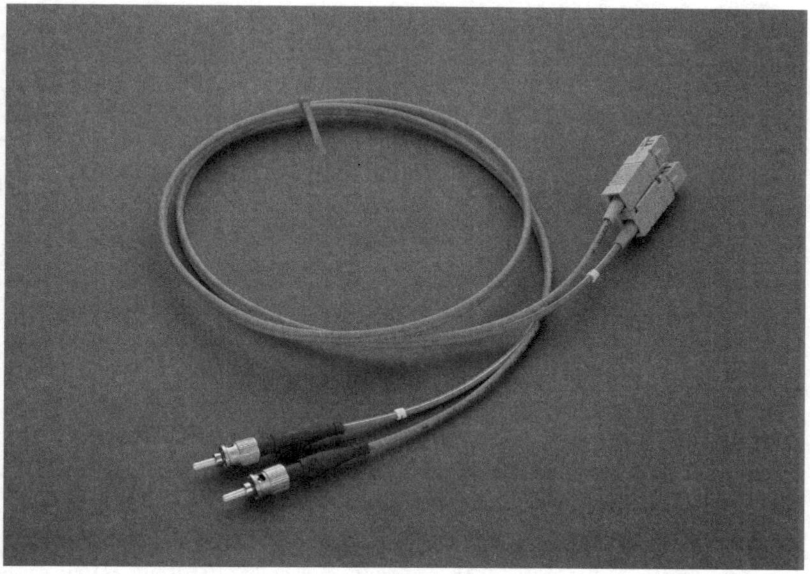

Abb. 7–20 Duplex-ST (links)- und Duplex-SC (rechts)-Stecker für Lichtwellenleiter

⇨ Laut EN 50173 ist heutzutage der Einsatz von ST-Steckern nicht mehr zulässig.

Die Klassifizierung der Stecker ergibt sich aus ihrer Bezeichnung. Der erste Teil bezieht sich auf die Anzahl der Fasern; der zweite Teil beschreibt den Typ. Bei der Anzahl der Fasern unterscheidet man zwischen Simplex (eine Faser) und Duplex (zwei Fasern). Da ein LWL-Segment im Netzwerkbereich grundsätzlich zwei Fasern benötigt, um einen getrennten Kanal für Senden und Empfangen bereitzustellen, kommen hier in der Regel nur die Duplex-Stecker zum Einsatz.

ST-Stecker

Der ST-Typ entspricht einem Verbinder, der als Simplex-Stecker in Gebrauch war. Der Stecker wird auf die ST-Kupplung gesetzt und durch eine Drehung des Bajonettverschlusses, ähnlich wie bei den BNC-Kupplungen, mechanisch fixiert. Die Handhabung des ST-Steckers ist allerdings recht umständlich und fehleranfällig: Zum einen ist das Festdrehen der Bajonettverschlüsse nicht einfach, da die Kupplungen auf den aktiven und passiven Komponenten eng nebeneinander sitzen; zum anderen ist ein Vertauschen der Sende- und Empfangsseite leicht möglich.

Duplex-SC-Stecker

Bei der SC-Variante sieht die Sache bereits anders aus. Das Vertauschen der Sende- und Empfangsseite ist durch die paarweise Anordnung der Fasern prinzipiell nicht möglich. Durch ein Push-Pull-Design haben die Entwickler zudem die Verschlusstechnik deutlich vereinfacht. Ein Duplex-SC-

Stecker ist in der Handhabung deutlich einfacher als die ST-Variante und rastet beim Einschieben in die Buchse automatisch ein, wobei zudem ein Verpolungsschutz gewährleistet ist.

Dublex-LC-Stecker

Heutzutage findet man im Netzwerkbereich auch immer mehr den Duplex-LC-Stecker. Hierbei handelt es sich um Steckgesicht, das dem des Duplex-SC ähnelt, jedoch einen kleineren Formfaktor aufweist und beispielsweise für den Anschluss an Mini-GBICs (siehe Abschnitt 8.3.3) dient. Der LC-Stecker wurde von der Firma Lucent entwickelt und ist ein leistungsfähiger LWL-Stecker für Mono- und Multimode-Anwendungen. Mittlerweile ist der LC-Stecker als FOCIS 10 (Fiber Optic Connector Intermateability Standards) in EIA/TIA-604-10 standardisiert worden. Man findet diesen Steckertyp heute sehr oft bei Gigabit- und 10Gigabit-Ethernet-Produkten.

Abb. 7-21
Duplex-LC-Stecker (Quelle: Eoromicron GmbH)

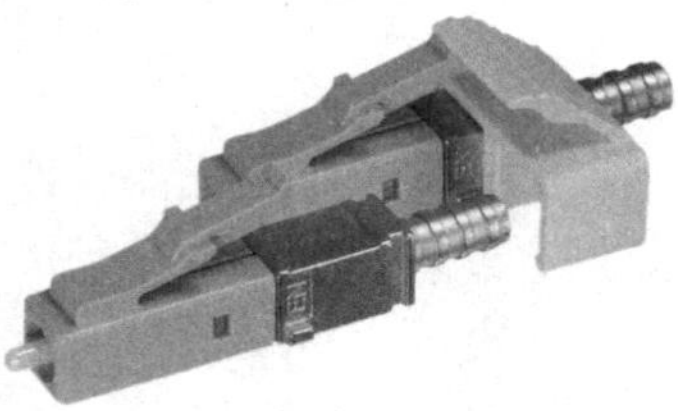

Aufwand einer LWL-Verkabelung

Die drei zuvor genannten Steckersysteme nehmen allerdings relativ viel Platz auf den Komponenten in Anspruch. Außerdem ist die Konfektionierung zeitlich sehr aufwändig. Daher waren die Kosten für die Erstellung einer entsprechenden LWL-Verkabelung im Vergleich zu TP-Installationen sehr hoch. Die Situation, dass eine Glasfaserverkabelung teuer zu stehen kam, wurde noch verschärft durch die hohen Anschaffungskosten für das LWL-Kabel selbst sowie die aktiven Komponenten. Alles in allem stellte dies in der Vergangenheit eine recht hohe Hemmschwelle dar, die dafür sorgte, dass LWL-Verkabelungen nur in Bereichen eingesetzt wurden, wo sich die Verwendung von TP- oder Koaxialkabeln von selbst verbot – etwa bei einer gebäudeübergreifenden Verkabelung. Hier ist der Einsatz eines Übertragungsmediums aus Kupfer, bedingt durch den notwendigen Blitzschutz und die galvanische Trennung, die aufgrund des Potenzialunterschieds unumgänglich war, eigentlich nicht machbar. Daneben kamen in der Vergangenheit LWL bevorzugt in Backbones zum Einsatz, da sie höhere Bandbreiten und Zuverlässigkeit bieten.

Die herkömmliche Konfektionierung der LWL

Konfektionierung

In der Vergangenheit gestaltete sich die Erstellung der LWL-Verbindungen und Konfektionierung der Stecker ziemlich zeitaufwändig; in der Regel mussten dies speziell ausgebildete Techniker durchführen. Bei der Zentrierung der Faser war eine hohe Präzision notwendig, die man durch den Einsatz einer sogenannten Ferrule erreichte. Dabei handelt es sich um nicht viel mehr als ein keramisches Röhrchen, das die Faserenden eines LWL aufnimmt, wodurch diese eine sehr präzise axiale Ausrichtung erhalten. Dadurch soll sichergestellt werden, dass die gegenüberliegenden Fasern definiert aufeinander geführt werden, so dass so wenige Reflexionen wie möglich an der Übergangsstelle auftreten. Um die geforderte Präzision zu erzielen, klebte man die einzelnen Fasern in eine Ferrule ein; der Kleber musste unter dem Einfluss einer Wärmequelle aushärten. Die Ferrule, die heutzutage aus Keramik, Hartmetall oder Kunststoff besteht, muss sehr hohen mechanischen Qualitätsansprüchen genügen, da die Präzision der Verbindung zwischen Faser und Stecker in direktem Zusammenhang zu den Verlusten steht, die ein Steckverbinder hervorruft.

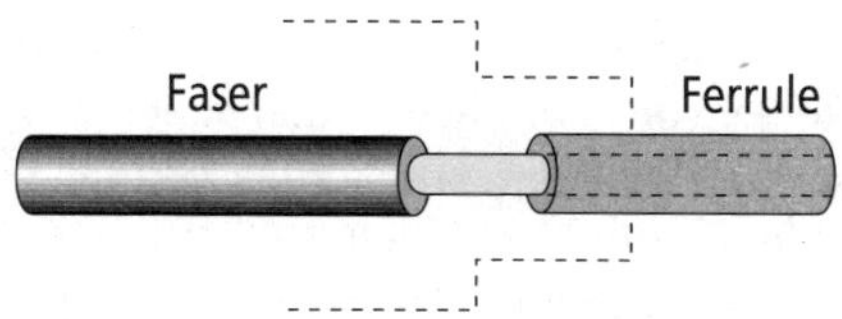

Abb. 7-22
Die Fasern eines LWL werden durch die Ferrule präzise fixiert

Präzisionsanspruch

Die Konfektionierung der Stecker erfordert neben hoher Präzision ein gutes Stück Geduld. Auch bei einem routinierten Techniker kann der Aufbau eines Steckers schnell 30 Minuten und mehr in Anspruch nehmen. Als erstes muss er die Faser des LWL absetzen und die einzelnen Bestandteile des Steckers auf das Ende des LWL aufsetzen, wobei einige kleine Einzelteile präzise zusammenzusetzen sind. Die Fasern selbst verklebt der Techniker dann mit einem Kleber, der in einem Ofen oder unter UV-Licht aushärten muss, in der Ferrule. Bei moderneren Klebtechniken, die mit 2-Komponenten-Klebern arbeiten, entfällt immerhin die sonst notwendige Wärmezufuhr, die für das Aushärten des Klebers sorgt. Eine weitere Erleichterung kam mit einer speziellen Crimpzange auf, mit der die Ferrule nur noch aufgepresst wird – auf die Klebetechnik kann man dadurch glücklicherweise verzichten.

Polierte Faserenden

Nachdem die Fasern in der Ferrule fixiert sind, muss man sie mit einem Brechwerkzeug, dessen Schneide aus einem Saphir besteht, plan zur Ferrule abschneiden beziehungsweise wegbrechen. Danach muss das gebrochene Ende der Faser mithilfe einer speziellen Schleiffolie sorgfältig poliert werden. Um sicherzustellen, dass die polierten Enden der Fasern ohne Kratzer und Unebenheiten sind, die den Betrieb beeinflussen könnten, ist abschließend noch eine optische Kontrolle an den Enden der Fasern notwendig. Dazu benutzt man ein spezielles Mikroskop, mit dem die Güte der polierten Enden überprüft werden kann. Stellt man nun Kratzer oder Unebenheiten fest, muss man diese durch ein erneutes Polieren beseitigen.

Qualitätsanspruch

Was sich in der Beschreibung äußerst aufwändig anhört, ist es in der Praxis auch – und wenn man bei der Konfektionierung nicht peinlich genau arbeitet, sind Störungen in der optischen Datenübertragung vorprogrammiert, wenn das erstellte Kabel beziehungsweise der Verbinder nicht von vornherein unbrauchbar ist. Alles in allem ist die Konfektionierung eines LWL mit den herkömmlichen Steckersystemen SC oder ST also eine zeitintensive und komplizierte Angelegenheit – und damit auch teuer. Das konnte natürlich nicht im Interesse der Hersteller von LWL-Kabeln und -Komponenten sein, da diese Kosten, die noch zu den Investitionen für die eigentlichen Kabel und Komponenten, hinzukamen die Absatzchancen der Produkte einschränkten. Die Industrie war daher bemüht, Lösungen zu finden, die den Zeitaufwand und die Komplexität für die Konfektionierung der Stecker deutlich reduzieren.

Neue Steckersysteme für Lichtwellenleiter

Neue Steckersysteme für LWL

Allein von den technischen Gegebenheiten her bietet eine LWL-Verkabelung eine ganze Reihe von Vorteilen – die hohen Kosten, komplizierte Handhabung und schwierige Konfektionierung verhinderten aber den massenhaften Einsatz. Um diesen Nachteilen der LWL-Verkabelung den Garaus zu machen, entwickelten einige Hersteller von optischen Steckverbindern neue Systeme im sogenannten Small-Form-Factor-Format, die neben geringerem Platzbedarf und niedrigeren Materialkosten einen deutlich verringerten Konfektionierungaufwand mit sich bringen. Die Industrie hat sich für diese Systeme natürlich gleich einen Vermarktungs-Slogan ausgedacht: Unter dem Motto „Fiber to the Desk“ erhoffen sich die Hersteller den Durchbruch der Glasfaser für die Verkabelung bis hin zum einzelnen Arbeitsplatz.

Fiber to the Desk

Abseits allen Marketing-Geklingels bieten die neuen Systeme aber jedenfalls im Wesentlichen drei Vorteile: einen deutlich geringeren Aufwand für die Konfektionierung der LWL (was sich wesentlich in einer Kostenersparnis niederschlägt), geringere Materialkosten und eine drastische Platzeinsparung. Diese drei Faktoren führen in der Summe zu einem im Vergleich zu früheren Systemen erheblich niedrigeren Investitionsbedarf bei einer Neuverkabelung mit LWL. Nicht zuletzt ermöglicht der geringere Platzbedarf der neuen Steckersysteme eine deutlich höhere Port-Dichte bei den aktiven Komponenten, was sich ebenfalls kostensenkend bei aktiven Komponenten auswirkt. Ebenfalls spart man bei den passiven Komponenten für eine LWL-Verkabelung, die mit den neuen Steckertechnologien arbeitet, einiges an Platz, beispielsweise in den Verteilerschränken.

Small-Form-Factor-Steckersysteme

Unter den Small-Form-Factor-Steckersystemen haben sich bislang zwei Systeme etablieren können, MT-RJ der Firma AMP und Volition (VF-45) von 3M. Die beiden Steckertechnologien entsprechen zwei unterschiedlichen Lösungen; es sind proprietäre Entwicklungen, die kein Standardisierungsgremium definiert hat und die untereinander nicht kompatibel sind. Beide Systeme verfolgen aber das gleiche Ziel: die Arbeitskosten und die Materialkosten deutlich zu reduzieren und die Port-Dichte zu erhöhen.

Für die beiden neuen Systeme haben sich jeweils Industrie-Konsortien gebildet, die die entsprechende Technik auf dem Markt durchsetzen und eine allgemeine Akzeptanz für das jeweilige System erreichen wollen. Außerdem streben sie für die Steckertechniken eine Standardisierung an. Inzwischen ist schon für beide Lösungen ein breites Spektrum an aktiven und passiven Netzwerkkomponenten für die komplette LWL-Verkabelung vom Backbone bis hin zum Arbeitsplatz verfügbar.

Das MT-RJ-Stecksystem

MT-RJ-Stecksystem

Kernstück des neuen MT-RJ-Stecksystems von AMP ist eine Zweifaser-Mini-MT-Ferrule (MT = Mass Termination), bei der Faserstücke mit vorpolierten Endflächen eingeklebt sind, die in einer gefederten Ausführung des Stecksystems für den sicheren physischen Kontakt des LWL sorgen. Mithilfe der vorpolierten Endflächen erreichen die eingeklebten Faserstücke der MT-RJ-Buchsen eine sehr niedrige Einfüge- und eine hohe Rückflussdämpfung, wodurch sich das MT-RJ-Stecksystem auch gut für den Einsatz in Hochgeschwindigkeitsnetzwerken wie Gigabit-Ethernet eignet.

Abmessung einer MT-RJ-Buchse

Der Raumbedarf für eine MT-RJ-Buchse oder einen entsprechenden Transceiver entspricht in etwa dem einer herkömmlichen TP-Buchse, was übrigens der Name MT-RJ unterstreichen soll, den AMP von der Bezeichnung RJ-45 abgeleitet hat. Man erreicht bei einer LWL-Installation auf der Basis von MT-RJ die gleiche Packungsdichte wie bei einer herkömmlichen TP-Verkabelung.

Mini-MT-Ferrule

Theoretisch lässt es die Bauform der Mini-MT-Ferrule zu, dass maximal 4 Fasern in der Ferrule platziert werden können, wobei allerdings zurzeit im Netzwerkbereich nur die beiden äußeren Faserpositionen genutzt werden, die so in einer Zweifaser-Ferrule umgesetzt sind. Der Abstand zwischen den beiden Fasern, gemessen von den Fasermitten, beträgt dabei nur 0,75 mm.

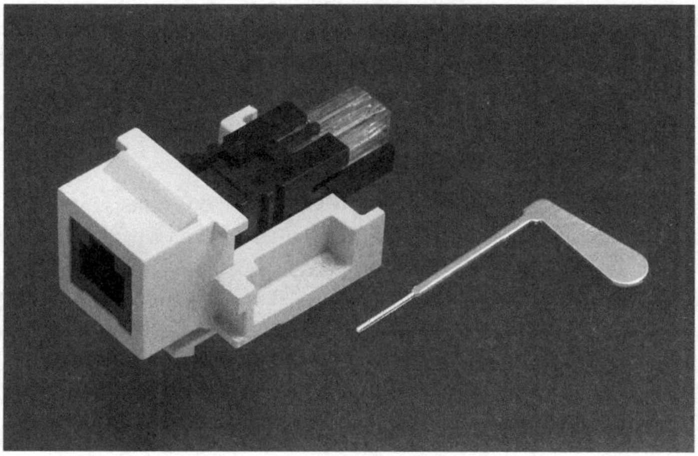

Abb. 7-23
Das MT-RJ-Stecksystem

Um eine präzise Führung des MT-RJ-Steckers in einem MT-RJ-Transceiver oder einer -Buchse zu gewährleisten, befinden sich neben den beiden Faserpositionen zwei Führungsstifte, auf die die präzisen Führungsbohrungen der MT-RJ-Steckverbinder beim Einstecken der Stecker geschoben werden. Dadurch erreicht man eine exakte Gegenüberstellung der Fasern, was wiederum für einen einwandfreien optischen Kontakt sorgt. Das MT-RJ-Steckersystem ist für Multimode-50/125-µm- und 62,5/125-µm-LWL und neuerdings auch für Monomode-LWL einsetzbar.

Konfektionierung der MT-RJ-Buchsen

Für die Konfektionierung der MT-RJ-Buchsen, die für Patchfelder oder die Anschlussdosen vorgesehen sind, müssen die Fasern wie eh und je abgesetzt, gereinigt und mit der Hilfe eines Bruchwerkzeugs präzise gebrochen werden. Das abgesetzte Fasernpaar des LWL wird danach in die MT-RJ-Buchse eingesetzt, indem die Buchse zuerst mit einem kleinen Betätigungsschlüssel über eine 90°-Drehung geöffnet wird. Das Fasernpaar legt man dann einfach in die geöffnete MT-RJ-Buchse ein; die Buchse wird abschließend durch eine entgegengesetzte 90°-Drehung mit dem Betätigungsschlüssel wieder geschlossen. Der Hersteller gibt für die Montage der MT-RJ-Buchsen eine maximal notwendige Arbeitszeit von 2 Minuten an, was durchaus mit der Konfektionierungszeit einer RJ-45-Buchse vergleichbar ist. In der Praxis dürfte sich dies nach einer gewissen Einarbeitungszeit auch realisieren lassen. Ein spezieller Werkzeugsatz vereinfacht zudem die Konfektionierung des MT-RJ-Stecksystems.

Vorteile des MT-RJ Stecksystems

Das MT-RJ Stecksystem bietet also im Wesentlichen folgende Vorteile:

- Die MT-RJ-Steckverbinder sind halb so groß wie die herkömmlichen Steckverbinder auf der Basis von Duplex-SC oder Duplex-ST.
- Der Verzicht auf Klebung und Polierung vereinfacht die Konfektionierung sehr.
- Der MT-RJ-Jack kann mehrmals konfektioniert werden.
- Versionen für 50/125-µm- und 62,5/125-µm-Multimode-LWL sowie Monomode-LWL sind verfügbar.
- Das System entspricht den internationalen Industrienormen ANSI/TIA/EIA-568-B, ISO/IEC 1181.

Das Volition-Stecksystem

Volition-Stecksystem

Das Volition-Stecksystem (VF-45) von 3M beruht auf einer gänzlich neuen Technik, bei der der Einsatz von Ferrulen oder Hülsen für die Ausrichtung der Fasern vollständig entfällt. Anstelle der mechanischen Fixierung über die Ferrule verwendet das 3M-System eine V-Nut-Technik, mit deren Hilfe die gegenüberliegenden Fasern präzise ausgerichtet und direkt aufeinander gestoßen werden.

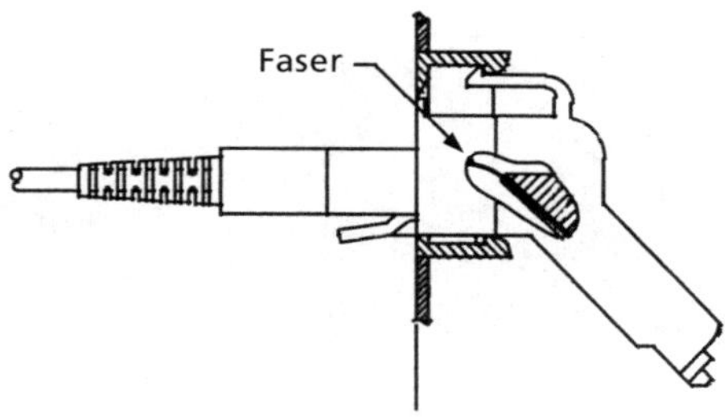

Abb. 7–24
Beim Volition-Stecksystem werden die Fasern über die V-Nut-Technik ausgerichtet und fixiert.

Konfektionierung einer VF-45-Buchse

Eine VF-45-Buchse des Volition-Stecksystems, die für die Platzierung auf einem Patchpanel oder in einer Anschlussdose gedacht ist, besteht aus nur vier Einzelteilen, die sich laut Hersteller in weniger als 2 Minuten montieren lassen – auch hier dürfte aber eine gewisse Übungsphase notwendig sein, damit ein Installateur dies erreicht. Für die Montage der VF-45-Buchsen müssen die Fasern zuerst abgesetzt und anschließend die freiliegenden Fasern gereinigt werden. Im nächsten Schritt schneidet man die Fasern mithilfe eines speziellen Werkzeugs, poliert sie und reinigt sie abschließend nochmals. 3M bietet für die Konfektionierung ebenfalls einen speziellen Werkzeugsatz an.

Montage einer VF-45-Buchse

Nach Abschluss der vorbereitenden Maßnahmen an den Fasern werden zur eigentlichen Montage die beiden Fasern in eine Kunststoffhalterung eingelegt, die nach dem Zusammenpressen das Fasernpaar mechanisch sichert und die Terminierung beim Einschieben in das Gehäuse vereinfacht. Danach schiebt man das in der Kunststoffhalterung befindliche Fasernpaar in das V-Rillen-Gehäuse, das sich so einfach und präzise in die V-Nut positionieren kann. Der letzte Schritt besteht im Aufsetzen einer Gehäusebodenplatte, wodurch die VF-45-Buchse mechanisch geschlossen ist. Abschließend erfolgt eine optische Kontrolle, ob die Fasern richtig in der V-Nut sitzen – damit ist die Montage der VF-45-Buchse abgeschlossen.

Positionierung der Faserenden

Die V-Nut-Technik führt durch das Einstecken des Steckers in die Buchse die Fasern in die V-Nuten. Die konische Vorbehandlung der Faserenden der Stecker verhindert eine Abnutzung, da diese sanft in den V-Nuten entlanggleiten können und mit den Faserenden in der Buchse sicher in Kontakt kommen. Mit dem Einrasten des Steckers biegen sich die Faserenden des Steckers und erzeugen auf diese Weise einen nach vorne und unten gerichteten Druck, der den optischen Kontakt zwischen den korrespondierenden Fasern realisiert. Als Patchkabel oder Anschlusskabel setzt man in der Regel vorkonfektionierte VF-45-Verbindungskabel ein, deren Fasern durch einen speziellen Polymer-Mantel den normierten Außendurchmesser von 125 µm besitzen, jedoch bedeutend biegsamer sind und Biegeradien von bis zu 1,5 cm zulassen (siehe Abbildung 7-25).

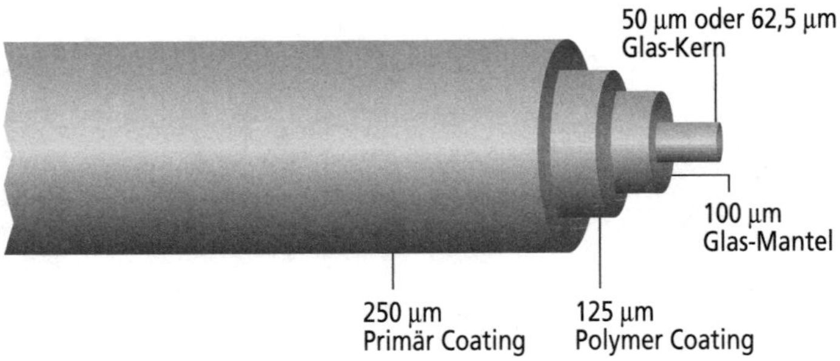

Abb. 7–25
LWL mit speziellem Polymer-Mantel, der die Biegsamkeit und Geschmeidigkeit des Kabels deutlich erhöht

Das VF-45-Stecksystem bietet im Wesentlichen folgende Vorteile:

- Die aufwändige Ferrule-Technik wird durch eine V-Nut-Ausrichtung ersetzt, was die Kosten deutlich reduziert.
- Die VF-45-Buchsen lassen sich durch ihre Abmessungen in herkömmliche RJ-45-Frontplatten installieren.
- Die VF-45-Buchse besteht nur aus vier Einzelteilen, die mit einer Snap-in-Technik in kürzester Zeit zusammengesetzt werden.
- Das System kann für 50/125-µm- und 62,5/125-µm-Multimode-LWL sowie Monomode-LWL eingesetzt werden.
- Durch automatische Staubschutzklappen erreicht man eine erhöhte Sicherheit und verhindert die Verschmutzung.
- Das System entspricht den internationalen Industrienormen ANSI/TIA/EIA-568-B.1 und 604-7.

Die Auswahl des geeigneten LWL-Typs

Auswahl der LWL-Typen

Es gibt eine Vielzahl von verschiedenen LWL-Typen, die sich durch ihren äußeren Kabelmantel unterscheiden und für verschiedene Einsatzgebiete ausgelegt sind. Für den Innenbereich kommt es bei den LWL primär darauf an, dass der Mantel aus einem halogenfreien, selbstlöschenden und raucharmen Material besteht, damit die Kabel die Anforderungen des Brandschutzes einhalten. Außerdem ist es wichtig, dass die LWL über einen ausreichend kleinen Biegeradius verfügen der die Verlegung und die spätere Handhabung vereinfacht. Für den Außenbereich muss man bei der Auswahl der LWL beachten, dass Kriterien wie Luftfeuchtigkeit, Wasserfestigkeit, UV-Bestrahlung, Temperaturbereiche und Nagetierschutz berücksichtigt werden. Man sollte sich bei der Planung einer LWL-Verkabelung, die sich über einen Außenbereich erstreckt, für die Auswahl eines geeigneten LWL im Regelfall genauestens durch die Kabellieferanten beraten lassen.

Monomde- oder Multimode-LWL

Die entscheidende Frage bei der LWL-Verkabelung ist, ob man einen Monomode- oder eine Multimode-LWL einsetzen muss. Die Monomode-Leiter haben die höchsten erzielbaren Reichweiten – dieser Typ dürfte zudem, berücksichtigt man die maximal mögliche Bandbreite, den größten Investitionsschutz für die Zukunft bieten. Jedoch ist der Einsatz von Monomode-LWL auch mit den höchsten Kosten verbunden. Deshalb setzt man heutzutage die Monomode-LWL in der Regel nur ein, wenn wirklich große Distanzen überbrückt werden müssen.

Auswahl des Kerndurchmessers

Für die Auswahl des Kerndurchmessers eines Multimode-LWL sollte man das Bandbreiten-Längen-Produkt und das Dämpfungsverhalten bei der Planung berücksichtigen. Vergleicht man das Bandbreiten-Längen-Produkt zwischen einem 50/125-µm- und einem 62,5/125-µm-LWL, fällt auf, dass es bei den 50/125-µm-LWL bedeutend höher ist. Diesen Typ sollte man daher bevorzugen. Lange sprach für die 62,5/125-µm-LWL, dass bei diesem Leiter der Durchmesser höher ist und demnach, bezogen auf den Querschnitt, mehr Lichtenergie eingespeist werden kann. Jedoch stammt diese Empfehlung noch aus einer Zeit, als der längenbeschränkende Faktor allein die Dämpfung war und nicht das Bandbreiten-Längen-Produkt. Wie man bei Gigabit-Ethernet gesehen hat, spielt heute die Dämpfung eine eher untergeordnete Rolle. Möchte man bei hohen Datenraten auf eine große überbrückbare Distanz kommen, ist auf jeden Fall der Einsatz der 50/125-µm-LWL vorzuziehen.

Einhaltung der maximalen Dämpfung

Geht es darum, die Einhaltung der maximalen Dämpfung auf einer LWL-Strecke mit dem vorhandenen Leistungsbudget zu vergleichen und zu überprüfen, ob die Dämpfung das vorhandene Leistungsbudget nicht überschreitet, muss man die einzelnen Dämpfungswerte einer LWL-Strecke addieren und vom vorhandenen Leistungsbudget abziehen. Ein 100-MBit-Fiberoptic-Transceiver verfügt über ein Leistungsbudget von 11-13 dB, das sich aus der Eingangsempfindlichkeit des Empfängers abzüglich der Ausgangsleistung des Senders ergibt. Berücksichtigt man die Tatsache, dass man pro Verbindungselement eine Dämpfung von 0,5 dB und pro Kilometer verlegtem LWL mit zirka 1 dB an Dämpfung zu rechnen hat, kommt man für die gesamte Verbindungsstrecke mit einer maximalen Ausdehnung von 2 km auf einen Dämpfungsverlust von 4 dB ($2 \times 0{,}5$ dB + 1 dB/km $\times$ 2 km + $2 \times 0{,}5$ dB). Geht man vom schlechtesten Fall aus, in dem der Transceiver nur ein Leistungsbudget von 11 dB zur Verfügung stellt, bleibt nach Abzug der Dämpfungsverluste der LWL-Strecke immer noch eine Reserve von 7 dB beim Leistungsbudget übrig. In der Regel ist also, wie dieses Beispiel zeigt, eine ausreichende Reserve vorhanden, die zusätzliche Dämpfungsverluste (etwa durch Verschmutzung an den Verbindungselementen, durch Alterung, schlechte Konfektionierung und durch Spleiß) abfangen kann.

Problem der LWL-Verbindungselemente

Ein Argument gegen die LWL-Verkabelung scheint nicht auszurotten zu sein, obwohl es nur in geringem Ausmaß in der Praxis eine Rolle spielt, nämlich, dass die Verbindungselemente einer LWL-Verkabelung hinsichtlich der Dämpfung eine Schwachstelle darstellen. Als Verbindungselement kommt neben den Steckverbindern eine dauerhafte Verlängerung der LWL in Betracht, die mit einer Klebe- oder Schweißtechnik arbeitet und Spleiß heißt. Dieser Spleiß stellt nun ein oft gebrauchtes Argument gegen die Glasfaserverkabelung dar, da dieser Technik der Ruf anhaftet, ihre Durchführung sei sehr aufwändig und erfordere eine hohe Präzision, um Dämpfungswerte von weniger als 0,2 dB zu erhalten. Diese Argumentation ist zwar vom Grundsatz her richtig, jedoch hat die Kritik ihren Ursprung im Bereich der Telekommunikation, bei der über eine Monomode-LWL-Strecke sehr große Distanzen überbrückt werden müssen, auf denen es viele Spleißverbindungen gibt und allgemein mit dem Leistungsbudget sorgfältig gewirtschaftet werden muss. Für den Bereich der Netzwerkverkabelung sollte man diese Faktoren jedoch nicht überschätzen: Betrachtet man die relativ hohe Reserve, die sich aus dem Leistungsbudget ergibt, bleibt noch ein relativ großer Spielraum übrig.

Dies heißt nun natürlich nicht, dass man bei der Erstellung einer Spleißverbindung und der Konfektionierung eines Steckverbinders eines LWL keine Sorgfalt anwenden muss. Je besser die Verbindungen sind, desto größer ist die verbleibende Reserve und desto resistenter ist die LWL-Strecke gegen zusätzliche Dämpfungen, die durch Alterungsprozesse und Verschmutzung entstehen können.

LWL für Gigabit-Ethernet

Gigabit-Ethernet ermöglicht grundsätzlich den Einsatz eines 50/125 µm-Multimode-LWL, eines 62,5/125-µm-Multimode-LWL oder eines Monomode-LWL; als Wellenlängen sieht der Standard 850 oder 1300 nm vor. Bei den verschiedenen LWL-Typen ergeben sich mit den verfügbaren Wellenlängen unterschiedliche Längenrestriktionen, die bei der Auswahl des LWL und der aktiven Gigabit-Ethernet-Komponenten zu berücksichtigen sind. Bei Ethernet mit 100 MBit/s bestimmt allein die Dämpfung die maximale Segmentlänge einer LWL-Strecke. Für Ethernet mit 1000 MBit/s spielen bei der maximalen Segmentlänge dagegen die Dispersion und das sich daraus ergebende Bandbreiten-Längen-Produkt die entscheidenden Rollen. Gigabit-Ethernet-Geräte für 1000BASE-SX (850 nm) können entweder mit einem 50/125-µm- oder 62,5/125-µm-Multimode-LWL arbeiten. Die Komponenten für 1000BASE-LX (1300 nm) ermöglichen entweder den Einsatz von 50/125-µm-, 62,5/125-µm-Multimode- oder Monomode-LWL. Je nach Typ der verwendeten LWL ergeben sich unterschiedliche maximal zulässige Segmentlängen, die in der folgenden Tabelle aufgeführt sind. Dabei ist zu beachten, dass das Bandbreiten-Längen-Produkt des verwendeten LWL nicht überschritten wird.

Typ	Faser	Wellen-länge	B × W. [MHz × Km]	Segment-länge	Kabeltyp
1000BASE-SX	62,5 µm	830 nm	160	2-220 m	Multimode
1000BASE-SX	62,5 µm	830 nm	200	2-275 m	Multimode
1000BASE-SX	50 µm	830 nm	400	2-500 m	Multimode
1000BASE-SX	50 µm	830 nm	500	2-550 m	Multimode
1000BASE-LX	62,5 µm	1270 nm	500	2-550 m*	Multimode
1000BASE-LX	50 µm	1270 nm	400	2-550 m*	Multimode
1000BASE-LX	50 µm	1270 nm	500	2-550 m*	Multimode
1000BASE-LX	10 µm	1270 nm	-	2-5000 m	Monomode

* Die maximalen Segmentlängen erreicht man bei Verwendung eines sogenannten Offset-Mode-Conditioning-Verbindungskabels.

Tab. 7–10
Durch das Bandbreitenlängenprodukt ergeben sich verschiedene maximale Segmentlängen für Gigabit-Ethernet.

Für 1000BASE-LX ist zu beachten, dass die maximalen Segmentlängen nur erreichbar sind, wenn man ein Offset-Mode-Conditioning-Patchkabel einsetzt (siehe dazu den Abschnitt über den Differential Mode Delay bei Gigabit-Ethernet).

Die Abnahmemessung auf einer LWL-Strecke

Abnahmemessung einer LWL-Strecke

Für die Verkabelung mit Lichtwellenleitern sind ebenfalls, nach Abschluss der Installationsarbeiten, Abnahmemessungen empfehlenswert, über die die Einhaltung der Grenzwerte und die Möglichkeit eines fehlerfreien Betriebs des Netzwerks nachgewiesen wird. Im Gegensatz zur TP-Verkabelung, bei der eine Vielzahl von Leistungsparametern am Kabel nachzuweisen sind, beschränkt sich die Abnahmemessung für LWL auf nur wenige Parameter. Ein Messgerät, mit dem man das vorhandene Bandbreiten-Längen-Produkt einer LWL-Strecke nachweisen beziehungsweise überprüfen kann, gibt es für den Feldeinsatz noch nicht, man kann sich also hierbei ausschließlich auf das Datenblatt des Herstellers beziehen. Demnach kommt für die Abnahmemessung entweder eine reine Dämpfungsmessung oder eine ausführliche Messmethode nach dem Optical Time Domain Reflectometry (OTDR) in Frage, wobei die OTDR empfehlenswert ist.

OTDR-Messung

Für die OTDR-Messung sind allerdings sehr aufwändige Messgeräte erforderlich, weswegen in vielen Fällen nur eine einfache Dämpfungsmessung vorgenommen wird. Eine reine Dämpfungsmessung sollte in vielen Fällen auch für eine erste Bewertung der LWL-Installation ausreichen – die aufwändigere OTDR-Messung kann man dann erst durchführen, wenn durch Dämpfung Probleme auf der LWL-Strecke auftreten. Natürlich kann eine reine Dämpfungs- die OTDR-Messung nicht ersetzen; für die genaue Lokalisierung eventueller Fehlerstellen ist sie nicht geeignet.

Dämpfungsmessung

Für die Dämpfungsmessung gibt es auf dem Markt relativ preiswerte Messgeräte-Kits, die aus einem optischen Dämpfungsmessgerät bestehen und einer optischen Lichtquelle, die sich auf die verschiedenen Wellenlängen umstellen lässt. Auf einer Seite der LWL-Strecke schließt man die optische Lichtquelle, auf der anderen Seite das Dämpfungsmessgerät über Simplexkabel an. Auf diese Weise lassen sich die Lichtverluste innerhalb der LWL-Strecke samt der konfektionierten Buchsen prüfen. Liefert die Dämpfungsmessung zufriedenstellende Ergebnisse, kann man von einer funktionsfähigen LWL-Strecke ausgehen. Bevor die eigentliche Dämpfungsmessung durchgeführt werden kann, muss man allerdings erst eine Referenzmessung mit der gewünschten Wellenlänge durchführen, indem man die Lichtquelle über die verwendeten Simplexkabel mittels einer Verbindungskupplung direkt an das Messgerät anschließt. Das auf diese Art gewonnene Messergebnis gibt den Referenzwert in dBm wieder. Schaltet man nun auf der einen Seite der LWL-Strecke die Lichtquelle und auf der anderen Seite das Dämpfungsmessgerät, erhält man eine Aussage über die Dämpfungsverluste, die später das optische Datensignal, bezogen auf die jeweilige Wellenlänge, über die Verbindungsstrecke erfährt. Der Dämpfungsverlust ergibt sich aus der Subtraktion des ermittelten Messwerts vom Referenzwert, zum Beispiel ein Verlust von 2,1 dB = – 23,0 dBm – (– 25,1 dBm).

Umrechnung der Dämpfungsverluste

Mit dem auf diese Weise ermittelten Dämpfungsverlust in dB, was dem logarithmischen Leistungsverhältnis entspricht ($A = 10 \log_{10} P1/P2$), haben jedoch viele Anwender Schwierigkeiten, eine konkrete Vorstellung über das Messergebnis zu entwickeln. Daher ist es hilfreich, die logarithmischen Werte in prozentuale Werte umzurechen, wobei 3 dB ungefähr 50 % Leistungsverlust entsprechen, 2 dB etwa 37 %, 1 dB ca. 20 % und 0,5 dB rund 11 %.

Die Optical Time Domain Reflectometry bietet gegenüber der reinen Dämpfungsmessung eine detaillierte und umfangreiche Abnahmemessung, beispielsweise über negative Einflüsse durch zu große Biegeradien. Darüber hinaus kann die OTDR im Fehlerfall den genauen Fehlerpunkt auf einer LWL-Strecke lokalisieren.

OTDR-Messverfahren

Das Messverfahren der OTDR beruht auf der Rückstreuung eines kurzen Lichtimpulses, der auf einer Seite des LWL eingespeist wird. Anhand der Rückstreuung, die in Form einer reflektierten Lichtleistung entsteht, lässt sich neben der Dämpfung die exakte Länge einer LWL-Strecke ermitteln. Das Ergebnis einer OTDR-Messung wird dabei in einer Messkurve dargestellt, in der die reflektierte Lichtleistung in Abhängigkeit von der Zeit als Graph aufgeführt ist. Der normale Verlauf der reflektierten Lichtleistung nimmt dabei mit zunehmender Entfernung ab. Tritt hingegen eine Unregelmäßigkeit innerhalb der LWL-Strecke auf, stellt sich dies durch eine deutlich ausgeprägtere Impulsspitze innerhalb der Messkurve dar. Die Reflektion kann entweder durch einen Stecker, der den Endpunkt einer LWL-Strecke darstellt, oder auch durch einen Bruch der Fasern verursacht werden. Die genaue Entfernung zu der Position solcher Unregelmäßigkeiten lässt sich über die Zeitachse ermitteln, die die Dauer des reflektierten Lichtimpulses wiedergibt. Dies ergibt die exakte Länge einer LWL-Strecke oder die genaue Position eines Fehlers.

Treten Unregelmäßigkeiten im Dämpfungsverlauf auf, die beispielsweise durch Spleiß verursacht wurden, lässt sich diese Störstelle durch eine Stufe oder Delle in der normalerweise geradlinig verlaufenden Messkurve erkennen (siehe Abbildung 6-24).

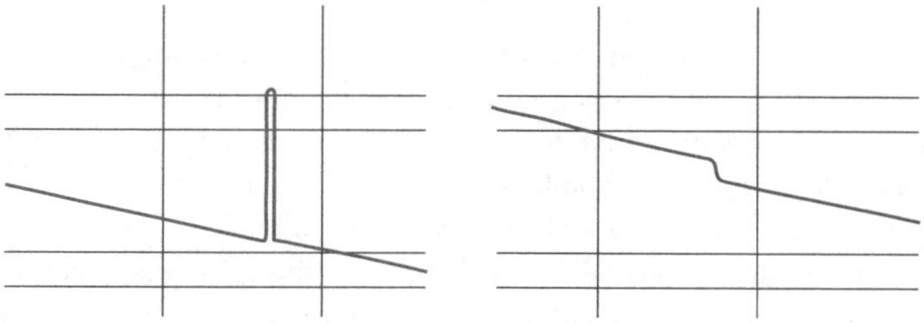

Abb. 7-26
Die Messkurve der OTDR ermöglicht auf einer LWL-Strecke eine exakte Längenbestimmung oder die Ermittlung einer Fehlerstelle.

Für die recht aufwändige OTDR-Messmethode gibt es moderne Geräte, die eine schnelle und effiziente Messung erlauben.

7.3 Entscheidende Faktoren bei der Netzwerkverkabelung

Installation einer Netzwerkverkabelung

Die Installation einer Netzwerkverkabelung erfordert die Beachtung einer Vielzahl von Faktoren, die die EMV-Eigenschaften, die Sicherheit und die Leistungsqualität der Verkabelung während des Betriebs wesentlich beeinflussen können. In Bezug auf Sicherheit und EMV sind natürlich die LWL-Kabel weitaus unkritischer als Kupferkabel. Die Maßnahmen, die man beachten sollte, beschränken sich bei Lichtwellenleitern rein auf die Sorgfalt, die bei der Verlegung und Konfektionierung der LWL-Kabel notwendig sind.

7.3.1 Elektromagnetische Verträglichkeit (EMV)

Einhaltung der EMV-Richtlinien

Der Schirm eines TP-Kabels trägt wesentlich zur Einhaltung der Grenzwerte bei, die durch die EMV-Richtlinien spezifiziert sind. Damit der Schirm wirksam ist und eine möglichst große Wirkung bietet, ist es notwendig, dass er auf beiden Seiten der Kabelstrecke auf die Gehäusemasse aufgelegt wird. Allerdings können durch die auf diese Weise erstellte elektrische Verbindung wegen Potenzialunterschieden hohe Ausgleichsströme fließen, die so stark sind, dass der Schirm regelrecht wegbrennt. Diese sollte jedoch nicht dazu verleiten, den Schirm nur einseitig aufzulegen. Denn dies bietet keine ausreichende Schirmungswirkung; man muss davon ausgehen, dass die Grenzwerte der EMV-Richtlinien nicht mehr eingehalten werden können. Treten Probleme mit dem Potenzialunterschied auf, sollte man diesem mit einem separaten Potenzialausgleich entgegenwirken.

Verzicht auf Schirmung

Eine weitere Alternative zur Schirmung bieten Kabelhersteller, die durch eine höhere Symmetrie der Cat5-Kabel auf die Schirmung vollständig verzichten können. Durch die erhöhte Symmetrie gewährleisten diese Kabel die geforderte Abstrahlungs- und die Störfestigkeit trotz des Verzichts auf den Schirm.

Auflegen einer Schirmung

Für die geschirmten TP-Kabel gilt, dass die Schirmung eines Kabels beim Auflegen nur so weit wie unbedingt notwendig entfernt werden soll. Der Schirm selbst soll auf beiden Seiten des Kabels möglichst großflächig angebracht sein, damit bei den hohen Frequenzen ein zu hoher Widerstand die Schirmungseigenschaften nicht negativ beeinflusst.

Aufhebung der Verdrillung

Weiterhin soll bei einem TP-Kabel die Verdrillung der einzelnen Adernpaare nicht zu weit aufgehoben oder verändert werden. Die Norm EN 50173 schreibt beispielsweise für eine Klasse-D-Verkabelung vor, dass die Verdrillung eines TP-Kabels in den Anschlussdosen oder Patchpanels über eine Länge von maximal 13 mm aufgehoben sein darf.

7.3.2 Sicherheit

Elektrische Sicherheit und Brandschutz

Bei der Netzwerkverkabelung sind primär die elektrische Sicherheit und der Brandschutz zu beachten.

Die Kabel sollten in einem möglichst großen Abstand zu Starkstromleitungen oder Leitungen, die zum Beispiel als Versorgungsleitungen für Leuchtstofflampen dienen, verlaufen. Grundsätzlich muss eine Trennung zwischen den stromführenden Leitungen und den Übertragungsmedien aus Kupfer erfolgen. Dies wird in der Regel durch eine metallische und geerdete Trennschiene realisiert, die den Kabelkanal in zwei Hälften unterteilt.

Potenzialausgleich

Ein separater Potenzialausgleich soll Ausgleichsströme, die durch einen Potenzialunterschied über den Schirm eines UTP-Kabels entstehen können, verhindern. Die Norm EN 50172 prn schreibt vor, dass bei einem Potenzialunterschied von mehr als 1 V ein Potenzialausgleich zu allen Endgeräten notwendig ist.

Brandschutz

Spätestens seit dem Brand auf dem Düsseldorfer Flughafen 1996 wird der Brandschutz für Verkabelung jeglicher Art groß geschrieben. Dies gilt besonders für öffentliche Gebäude, bei denen mit Publikumsverkehr zu rechnen ist. Bei PVC-haltigen Kabelmänteln ist die Gefahr besonders groß, dass sich der Brand in einem Kabelkanal oder Kabelschacht sehr schnell ausbreitet und zudem noch giftige Gase freigesetzt werden. Weiterhin kann im Brandfall heißer Kunststoff heruntertropfen, durch den eine zusätzliche Verletzungsgefahr besteht und existierende Fluchtwege regelrecht blockiert werden können. Deshalb setzt man in Deutschland heutzutage nur noch Kabel ein, deren Mantel aus halogenfreiem Material besteht. Dies gilt ebenfalls für Kabelkanäle, Kabelrohre oder Kabeltrassen, wo man auf den Einsatz von PVC verzichtet und bevorzugt Stahl oder Aluminium benutzt. Bei einem notwendigen Durchbruch von Brandschutzwänden werden entsprechende Abschottungen installiert, die ein Ausbreiten des Feuers und von Rauch verhindern sollen. Der Verband Deutscher Sachversicherer (VDS) hat dazu entsprechende Empfehlungen veröffentlicht, die sich mit dem vorbeugenden Brandschutz auseinander setzen.

7.3.3 Verlegung

Verlegung der Datenleitungen

Man bekommt immer wieder zu hören, es sei völlig überzogen, bereits bei der Verlegung der Leitungen große Sorgfalt im Umgang mit dem Kabel an den Tag zu legen. Dies und die richtige Lagerung eventuell für die Installation notwendiger Kabelrollen trägt aber bereits wesentlich zu einer späteren guten Qualität der Netzwerkverkabelung bei.

In den Netzwerkkanälen sollten auf jeden Fall die Kabel ordnungsgemäß gelagert und keiner übermäßigen Hitze und Feuchtigkeit ausgesetzt werden. Beim TP-Kabel kann zum Beispiel das Eindringen von Feuchtigkeit dazu führen, dass wegen einer gewissen Kapillarwirkung die Flüssigkeit in das TP-Kabel zieht, wodurch sich die Kapazität und Impedanz wesentlich verändern. Es empfiehlt sich deshalb, das Kabel bis zur endgültigen Verlegung in seiner Originalverpackung zu belassen.

Vorgehensweise bei der Verlegung

Bei der Verlegung muss man unbedingt eine zu starke mechanische Belastung des Kabels vermeiden. Das fängt beim Abrollen des Kabels bereits an, das auf jeden Fall gleichmäßig in einer Richtung erfolgen sollte. Das Einziehen in einen Kabelkanal darf das Kabel nicht zu stark durch Zug beanspruchen. Wird zum Beispiel ein TP-Kabel bei der Installation durch Kabelbinder oder Halteschellen zu stark gequetscht, können zum einen die Adern beschädigt und zum anderen die Lage der Adernpaare zueinander verändert werden, wodurch sich die Charakteristik des TP-Kabels nachhaltig verschlechtern kann. Außerdem sollte der Installateur bei den Kabeln gewisse Biegeradien einhalten und die Kabel keinesfalls geknickt verlegen. Dies gilt unabhängig davon, ob es sich um ein LWL- oder TP-Kabel handelt. Die Kabelhersteller geben in der Regel in ihren Datenblätter entsprechende minimal zulässige Biegeradien an, die keinesfalls unterschritten werden sollten.

Adernlänge

Die einzelnen Adern sollten exakt auf die gleiche Länge zugeschnitten sein. Beim Auflegen der Adern ist darauf zu achten, dass die Adern in den Dosen möglichst weit verdrillt bleiben.

7.3.4 Verkabelungsbereiche der strukturierten Verkabelung

Strukturierte Verkabelung

Eine strukturierte Verkabelung besteht grundsätzlich in einer sternförmigen Verkabelung, die sich hierarchisch in Teilbereiche aufgliedert, an die jeweils unterschiedliche technische Anforderungen gestellt werden. Die Unterteilung in verschiedene Bereiche bietet eine universelle Verkabelungsstruktur, mit der sich, je nach Bedarf, verschiedene Netztopologien aufbauen und unterschiedliche Dienste unterstützen lassen. Bei der Planung einer Verkabelung gilt es, die gesamte Verkabelung in die verschiedenen Bereiche zu unterteilen und die daraus resultierenden technischen Anforderungen der einzelnen Bereiche bei der Planung zu berücksichtigen.

Verkabelungsbereiche

Die strukturierte Verkabelung ist in drei verschiedene Bereiche unterteilt, wobei eine hierarchische Gliederung von Verteilerpunkten in Primär-, Sekundär- und Tertiärverkabelung vorgesehen ist.

Die Bereiche enden auf Rangierfeldern oder Patchpanels, über die entweder direkt durch Verbindungskabel (Patchkabel) oder über aktive Verteiler die einzelnen Bereiche je nach Bedarf zu einem Netzwerk zusammengeschaltet werden können. In einer professionellen Netzwerkverkabelung sind die Rangierfelder oder Patchpanels in 19-Zoll-Schränken montiert, die in der Regel zusätzlich Platz für aktive Komponenten wie Switches oder Hubs bieten.

Der Primärbereich

Primärbereich

Der Primärbereich (Backbone-Verkabelung) verbindet die einzelnen Gebäude (Gebäudeverteiler) innerhalb eines Firmengeländes (Campus) an einem Standort (Standortverteiler). Für den Primärbereich ist es unerlässlich, Faktoren wie große Distanzen, Blitzschutz, Potenzialtrennung, Beständigkeit gegen Umwelteinflüsse und Auslegung für hohe Bandbreiten bei der Planung zu berücksichtigen.

In der Regel arbeitet dieser Bereiche der Verkabelung mit Lichtwellenleitern, da diese für Blitzschutz, Potenzialtrennung, große überbrückbare Distanzen und hohe Bandbreiten ideale Voraussetzungen bieten.

Der Sekundärbereich

Sekundärbereich

Der Sekundärbereich (Steigbereichsverkabelung) oder vertikale Bereich der Verkabelung stellt eine Verbindung zu den einzelnen Etagenverteilern vom jeweiligen Gebäudeverteiler innerhalb der Gebäude her. Die Sekundärverkabelung kann entweder sternförmig als reine Punkt-zu-Punkt-Verbindung oder als ringförmige Verkabelung ausgelegt sein. In diesem Bereich setzt man ebenfalls bevorzugt Lichtwellenleiter ein, da sie eine höhere Bandbreite und Längenausdehnung als die Kupferkabel bieten. Zudem bietet sich beim Einsatz von LWL der Vorteil, dass eine hundertprozentige galvanische Trennung gewährleistet ist, womit Schwierigkeiten mit eventuellen Potenzialunterschieden von vornherein aus dem Weg gegangen wird. Laut EN 50173 darf die Länge der Sekundärverkabelung maximal 500 m sein. Die Länge zwischen dem Standort- und dem Etagenverteiler darf bei der Verwendung eines Multimode-Lichtwellenleiters die Länge von 2000 m nicht überschreiten. Von den 2000 m sind die Länge der Sekundärverkabelung und die Längen der Patchkabel abzuziehen.

Der Tertiärbereich

Tertiärbereich

Unter dem Tertiärbereich (Etagenverkabelung) oder der horizontalen Verkabelung versteht man die Verkabelung zwischen den Etagenverteilern und den Kommunikationsanschlüssen in den einzelnen Räumlichkeiten auf den Etagen. Die Etagenverkabelung soll so ausgelegt sein, dass genug Reserveanschlüsse vorhanden sind, so dass auch bei einer Erweiterung oder Umorganisation des Netzes (etwa durch Neueinstellung von Mitarbeitern oder Wechsel von Angestellten zwischen Abteilungen) keine Ergänzung an der Verkabelung erfolgen muss. Die Länge der Tertiärverkabelung darf, unabhängig von der Kabelart, 90 m nicht überschreiten. Darüber hinaus ist die Gesamtlänge der Geräteanschlusskabel und des Patchkabels auf 10 m festgelegt.

Verkabelungsvarianten für die LWL-Verkabelung

LWL-Verkabelungsvarianten

Für den Fall, dass eine Netzwerkinstallation tatsächlich Lichtwellenleiter nicht nur für Backbones beziehungsweise Primär- und Sekundärverkabelung einsetzt, sondern LWL bis hin zum Arbeitsplatz benutzt, kann sich die Verkabelungsstrategie gegenüber der herkömmlichen strukturierten Verkabelung wesentlich ändern. Man kann natürlich in diesem Fall auch die gewohnten Methoden der strukturierten Verkabelung einsetzen – notwendig ist dies allerdings nicht unbedingt, die LWL bieten unter Umständen eine entscheidende Vereinfachung in der Verkabelungsstrategie.

Platzierung der aktiven Komponenten

Dies bezieht sich zum einen auf die Verkabelung selbst, zum anderen aber auch auf die Platzierung der aktiven Komponenten. Bei den klassischen Modellen der strukturierten Verkabelung, in denen normalerweise im Tertiärbereich Netzwerkkabel aus Kupfer zum Einsatz kommen, existiert in der Regel auf jeder Etage eines Gebäudekomplexes ein Verteiler mit aktiven Komponenten. Dies ist notwendig, da die maximale Segmentlänge bei Kupfer auf 100 m begrenzt ist. Bei der durchgehenden Verwendung von LWL ist dieser Einsatz aktiver Verteiler auf den einzelnen Etagen allerdings nicht mehr unbedingt notwendig, da Distanzen zwischen 500 m bis 2000 m mit LWL spielend überbrückt werden können. Das hat den großen Vorteil, dass sich die aktiven Komponenten zentralisiert anordnen lassen. Vorzugsweise nimmt dann der Serverraum die aktiven Verteiler auf – er verfügt in der Regel schon über eine ausreichende Klimatisierung und Geräuschdämmung. Auf den Etagen erfolgt dann maximal noch eine rein passive Verteilung in Form von Patchfeldern. So muss auf den Etagen selbst kein klimatisierter und geräuschgedämpfter Raum für die aktiven Verteiler vorhanden sein. Auch für die Administration des Netzwerks ergeben sich Vorteile: Alle aktiven Komponenten, die unter Umständen größeren Verwaltungsaufwand erfordern, sind an einem Punkt zusammengefasst. Beide Faktoren führen unter Umständen zu einer drastischen Kosteneinsparung, die die Mehrkosten für die aktiven optischen Komponenten durchaus kompensieren kann.

Für den Aufbau der Netzwerkinfrastruktur mit einer durchgehenden LWL-Verkabelung bis zum Arbeitsplatz ergeben sich grundsätzlich drei mögliche Varianten.

LWL-Verkabelung: Variante I

LWL-Verkabelung: Variante I

Bei der ersten Variante stehen die aktiven Komponenten wie Fiberoptic-Switches und -Hubs in einem zentralen 19-Zoll-Schrank. Ein Patchfeld, das ebenfalls in dem 19-Zoll-Schrank untergebracht ist, versorgt alle Endpunkte über ein LWL-Kabel innerhalb des Gebäudes direkt. Auf den Etagen sind an den gewünschten Endpunkten entsprechende Anschlussdosen platziert (siehe Abbildung 7-27).

Abb. 7-27
Klassische Variante für die durchgängige LWL-Verkabelung mit zentralisierter Anordnung der Verteiler und aktiven Komponenten

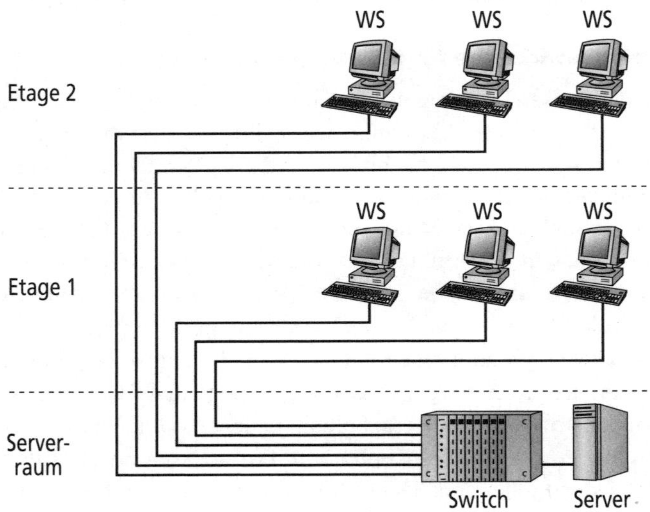

Bei dieser Variante verzichtet man gänzlich auf zusätzliche Verteilerpunkte auf den Etagen, was letztendlich zu einer zusätzlichen Kosteneinsparung führt. Jedoch muss man in diesem Fall berücksichtigen, dass die LWL von dem zentralen Verteilerpunkt direkt durchgängig verlegt werden müssen und später eventuelle Änderungen in der Netzwerkinfrastruktur einen erhöhten Mehraufwand durch zusätzliche Neuverlegung von LWL mit sich ziehen. Diese Variante kommt deshalb nur für den Aufbau kleinerer Netzwerkinfrastrukturen in Frage.

LWL-Verkabelung: Variante II

LWL-Verkabelung: Variante II

Bei der zweiten Variante arbeiten die aktiven Komponenten ebenfalls in einem zentralen 19-Zoll-Schrank. Das Patchfeld in diesem Schrank versorgt auf den Etagen Spleißverteiler über ein Bündeladerkabel mit der gewünschten Anzahl von Fasern. In den passiven Verteilerpunkten auf den jeweiligen Etagen sind die Bündeladerkabel aufgespleißt und die Endpunkte der jeweiligen Etage über LWL-Kabel angeschlossen.

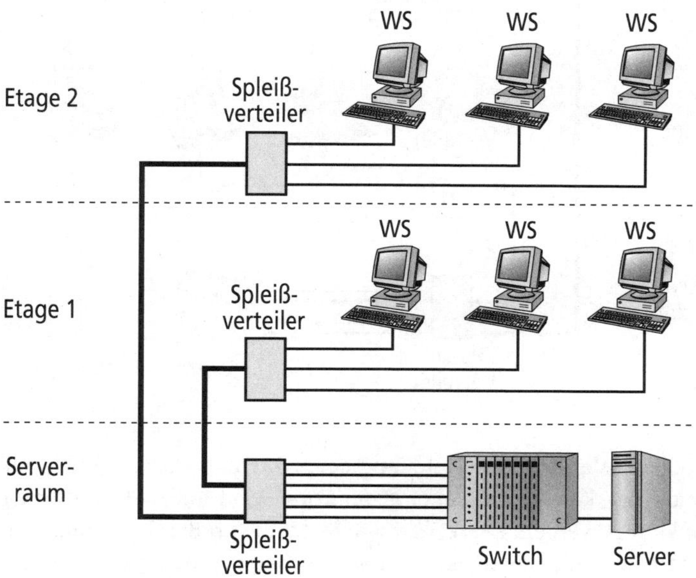

Abb. 7-28 *Eine weitere Variante für die durchgängige LWL-Verkabelung, mit Spleißverteiler auf den Etagen und zentralisierten aktiven Komponenten*

Der wesentliche Vorteil dieser Variante liegt in der Versorgung der Etagen über Bündeladerkabel. Dadurch vereinfacht sich die Verlegung und reduzieren sich die Kosten für die Steigleitung. Nachträgliche Veränderungen an der Verkabelung der Etagen sind relativ leicht zu realisieren, auch wenn dies durch die Verwendung von Spleißverteilern mit einem gewissen Aufwand verbunden ist.

LWL-Verkabelung: Variante III

LWL-Verkabelung: Variante III

Wie die beiden anderen Varianten arbeitet die dritte ebenfalls mit aktiven Komponenten in einem zentralen 19-Zoll-Schrank. Von einem Patchfeld aus sind nun aber Patchverteiler in den Etagen über ein Bündeladerkabel mit der gewünschten Anzahl von Fasern angeschlossen. Die Endpunkte auf den jeweiligen Etagen versorgen dann die Patchverteiler auf den Etagen. Diese Variante ähnelt noch am ehesten der strukturierten Verkabelung – mit der

Ausnahme, dass keine aktiven Komponenten als Etagenverteiler zum Einsatz kommen.

Abb. 7–29
Die dritte Variante für die durchgängige LWL-Verkabelung mit Etagenverteilern ähnelt noch am ehesten der strukturierten Verkabelung.

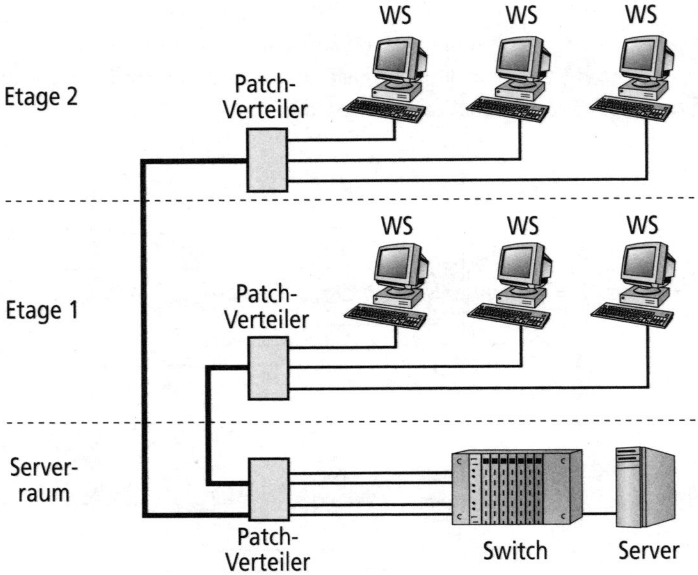

Da bei dieser Variante die Verteilung der LWL über Patchverteiler auf den Etagen erfolgt, können die Leiter in der Form von Bündeladerkabeln zu den Etagen verlegt werden. Diese Variante bietet die größte Flexibilität, da sich nachträgliche Änderungen jederzeit ohne Probleme realisieren lassen.

8 Ethernet-Komponenten

Heutzutage wird von verschiedenen Herstellern eine Vielzahl von Ethernet-Produkten offeriert. Aufgrund des breiten Angebots existiert bei der Auswahl ein großes Spektrum an verschiedenen Komponenten, die sich im Leistungsumfang und damit verbunden im Preis deutlich unterscheiden. Es gilt bei der Auswahl der Produkte, die richtige Entscheidung in Bezug auf Leistung und Preis zu treffen. Bietet hier das breite Angebot auf der einen Seite viele Möglichkeiten, so führt dies jedoch auch zwangsläufig dazu, dass die Auswahl nicht einfacher wird. Erschwerend kommt hinzu, dass nicht immer ein einheitliches Vokabular verwendet wird und es deshalb sehr oft zu Begriffsverwirrungen kommt. Um dieser Gefahr aus dem Weg zu gehen, ist es wichtig, dass man die verschiedenen Komponenten im grundsätzlichen Funktionsumfang und deren Kenngrößen kennt, um dieses Wissen bei der Auswahl einer geeigneten Komponente anwenden zu können.

Wir möchten deshalb in diesem Kapitel den prinzipiellen Funktionsumfang der wichtigsten Ethernet-Komponenten darstellen und deren Leistungsumfang im Einzelnen vergleichen. Anhand dieser Informationen sollte jeder Interessierte in der Lage sein, bei der Planung eines Ethernet-Netzwerks die richtig Auswahl treffen zu können.

⇨ Bevor Sie dieses Kapitel durchgehen, sollten Sie die vorherigen Kapitel dieses Buchs gelesen haben, da Sie dann die hier verwendeten Begriffe und Erklärungen besser verstehen werden.

8.1 Netzwerkkarten

Netzwerkkarten

Möchte man einen Rechner an ein Ethernet-Netzwerk anschließen, so muss man diesen Rechner mit einer entsprechenden Netzwerkkarte erweitern. Bei modernen PC-Motherboards oder Notebooks ist in der Regel heute schon eine Ethernet-Netzwerkkarte für 10/100MBit/s integriert.

Hardware

Bei den Netzwerkkarten handelt es sich um eine Erweiterung auf Hardware- sowie Softwareebene, deshalb kommt es bei der Auswahl darauf an, die Netzwerkkarte selbst und den angebotenen Treiberumfang zu vergleichen. Die Unterschiede in der Hardware der Netzwerkkarte liegen einmal auf der Seite des Ethernet, also über welches Interface die Netzwerkkarte verfügt und welche Datenrate und Übertragungsmodus der Adapter letztendlich unterstützt. Was die Hardware betrifft, so basieren heute die meisten Netzwerkkarten auf einer Single-Chip-Lösung, bei der das Bus-Interface und der MAC in einem Chip integriert sind, der durch einen PHY-Chip und

Single-Chip-Lösungen

durch weitere Frontend-Komponenten wie Übertrager und Buchsen ergänzt wird. Früher wurden die Netzwerkkarten diskret aufgebaut, d. h. an dem MAC wurde das jeweilige Bus-Interface durch mehrere einzelne Bausteine aufgebaut, wodurch die Karten sehr groß und die Implementierung des Businterface sehr unterschiedlich waren. Bei den heutigen modernen Single-Chip-Lösungen haben Firmen wie Agere Systems, AMD, Broadcom, DEC (deren Netzwerk-Chip-Sparte gehört heute zu Intel), Intel, Level One (mittlerweile ebenfalls im Besitz von Intel), Marvell und Realtek den größten Marktanteil. Man kann jedoch davon ausgehen, dass man, wenn man Netzwerkkarten einsetzt, die auf Chips eines namhaften Herstellers basieren, beim Kauf der Netzwerkkarte eigentlich keinen großen Fehler mehr machen kann. Dies gilt besonders im Bereich der Netzwerkkarten für 10 und 100 MBit/s, deren Preise inzwischen stark gesunken sind. Natürlich gibt es bei Details der Netzwerkkarten noch Unterschiede, wie beispielsweise die Tiefe der Receive- und Transmit-Buffer oder bei der Anzahl der LEDs, über die der Status der Netzwerkkarte angezeigt wird. Weiterhin sind die EMV-Eigenschaften der Karte, also ob ein Adapter nach Klasse B oder A abgenommen ist, teilweise unterschiedlich. Was die EMV-Klassen betrifft, so ist die Klasse B für den Wohnbereich ausgelegt und gibt für die elektromagnetische Abstrahlung niedrigere Grenzwerte vor; die Klasse A hingegen gilt für den Industriebereich und definiert höhere Grenzwerte.

EMV-Eigenschaften

Bei der Software gilt die erste Überprüfung, ob mit der Netzwerkkarte ein Treiber für das auf dem Rechner installierte Betriebssystem mitgeliefert wird. Hat man eine Netzwerkkarte vorliegen, die auf einem weitverbreiteten Chip basiert, so ist der Treiber jedoch oft schon Bestandteil des Betriebssystems und wird beispielsweise bei Windows XP und Vista automatisch installiert, sobald die Netzwerkkarte im Rechner eingebaut wurde und der Rechner danach gestartet wird.

Software

Datenbus

Datenbus

Eine wesentliche Funktion einer Netzwerkkarte ist, alle Datenpakete ohne Verluste in den Arbeitsspeicher oder auf die Festplatte zu übertragen. Treten beispielsweise Engpässe in der Größe des Receive-Buffer beziehungsweise in der Tiefe der Receive-FIFO oder in der Transferrate des Datenbus auf, so kann dies dazu führen, dass einzelne Datenpakete verloren gehen, deren Verlust dann durch die höheren Protokolle abgefangen werden muss. Tritt dieser Fall ein, so tritt durch die Neuanforderung der Datenpakete in der Regel ein deutlicher Performance-Verlust auf. Es ist deshalb wichtig, mögliche Engpässe zu vermeiden, indem man dafür sorgt, dass die Systemkomponenten aufeinander abgestimmt sind. Dies ist besonders in Serversystemen wichtig, da an einen Server in der Regel höhere Anforderungen in Bezug auf den Datendurchsatz gestellt werden.

ISA-Bus

Auf den Rechnerplattformen stehen verschiedene Bussysteme zur Verfügung, wobei die einfachste Variante der ISA-Bus (Industry Standard Architecture) ist. Eine Folgevariante von ISA stellte der schnellere EISA-Bus (Extended Industry Standard Architecture) dar. Zwischenzeitlich gab es noch den VESA-Local-Bus (ein von der Video Electronics Standards Association standardisierter Local Bus), der primär für Grafikkarten entwickelt wurde, sich jedoch nur für eine sehr kurze Zeit auf dem Markt behaupten konnte. ISA-, EISA- und VESA-Local-Bus gehören zur ersten Bussystemgeneration, der man heutzutage kaum noch eine Bedeutung zumisst. Es gibt kaum noch Motherboards mit diesen Bussystemen und entsprechende Adapterkarten auf dem Markt.

PCI-Bus

Als zweite Bussystemgeneration hat sich der PCI-Bus (Peripheral Component Interconect) etabliert. Den PCI-Bus gibt es in einer 32-Bit- oder 64-Bit-Version, wobei Letztere als PCI Extended (PCI-X) bezeichnet wird. Die verwendeten Taktraten können 33, 66, 133, 266 oder 533 MHz betragen. Je nach Busbreite und Taktrate liegt die Bandbreite bei 133 MByte/s bis 4262 MByte/s. PCI ist heute noch ein gängiges Bussystem, das in einer 32-Bit-Version sehr verbreitet ist und mittlerweile auch als 64-Bit-Variante vor allem bei Serversystemen auf dem Rechnermarkt Einzug gehalten hat. Im Gegensatz zu ISA, EISA und VESA-Local-Bus sind derzeitig noch eine Vielzahl von PCI-(X)-Adapterkarten erhältlich.

PCI-Express

Das aktuelle Bussystem für moderne Rechnerplattformen stellt heute PCI-Express (PCIe) dar, das zur dritten Bussystemgeneration gehört. Das Interface basiert minimal auf 36 PINs, über die die Daten seriell per Low Voltage Differential Signaling (LVDS) übertragen werden. Bei PCIe erfolgt die Anbindung der Geräte über einen Link. Ein Link besteht jeweils aus einem Signalpaar in jeder Richtung, wobei 1, 2, 4, 8, 12, 16 oder 32 Signalpaare genutzt werden können, die jeweils mit einer Frequenz von 2,5 GHz getaktet werden. Die Signalpaare werden als Lane bezeichnet. Je nach Anzahl der verwendeten Lanes spricht man von x1-, x2-, x4-Slots usw. oder von PCIe x1, PCIe x2, PCIe x4, usw. Die momentane Sende- und Empfangsperformance einer Lane beträgt 2,5 GBit/s pro Übertragungsrichtung. Die seriellen Daten werden heute als 8B/10B-codierte Daten übertragen, sodass ein Overhead von 25 % entsteht und die Nutzdatenrate pro Lane und Übertragungsrichtung 2 GBit/s entspricht. PCIe nutzt ein paketbasierendes Kommunikationsprotokoll und kann QoS-Anforderungen umsetzen, indem für die verschiedenen Anwendungen eine unterschiedliche Performance bereitgestellt wird. Außerdem unterstützt PCIe Hot Plug und Hot Swap, wodurch während des Betriebs PCIe-Adapter aus dem System gezogen und wieder eingeschoben werden können, ohne dass das System heruntergefahren werden muss. Dies ist besonders bei Serversystemen relevant, da diese bei Wartungsarbeiten somit weiter betrieben werden können.

Bei den Netzwerkkarten kann man von einem Zusammenhang zwischen dem Bus-Interface der Netzwerkkarte und der Datenrate des Ethernet sprechen: Für 10-MBit-Ethernet ISA-Karten bei 100 MBit/s Adapter für den PCI-Bus, bei Karten für Gigabit-Ethernet mit 1000 MBit/s ein PCI- oder PCI-X-Interface und bei 10Gigabit-Ethernet ein PCI-X- oder PCIe-Interface. Für den Bus-Typ der Netzwerkkarte gilt eigentlich, dass innerhalb eines PCs der PCI-Bus heutzutage ein klares Muss ist. Man kann zwar auch für Ethernet mit 10 oder 100 MBit/s noch eine ISA-Karte einsetzen, entsprechende Adapter sind immer noch auf dem Markt. Man sollte sich dann aber auch im Klaren sein, dass durch den Einsatz einer ISA-Karte die gesamte Performance eines heutigen Rechners mit PCI-Bus generell negativ beeinflusst wird und man den erreichbaren Datendurchsatz bei einer 100-MBit-ISA-Karte schon durch das Bus-Interface beschränkt. Zu solchen Lösungen sollte man nur noch im Notfall greifen, wenn etwa alle PCI-Steckplätze schon mit anderen Adaptern belegt sind, die entweder nicht mehr in ISA-Versionen zu bekommen sind oder aber noch stärker durch die Einschränkungen des ISA-Bus behindert werden. Bevor man etwa aus Mangel an PCI-Steckplätzen zu einem ISA-SCSI-Hostadapter greift, sollte man lieber eine ISA-Ethernet-Karte einsetzen. In Servern dagegen haben ISA-Netzadapter keinesfalls etwas zu suchen.

Cardbus-Netzwerkkarte

PCMCIA-Netzwerkkarte

Bei Laptops sollte man einer Cardbus-Netzwerkkarte wegen der höheren Datentransferrate gegenüber einer PCMCIA-Karte den Vorzug geben. Die Cardbus-Adapter sind in Bezug auf die Daten-Bus-Breite und des erzielbaren Datendurchsatzes mit Karten für den PCI-Bus zu vergleichen; der Cardbus stellt im Wesentlichen einen PCI-Bus im Miniatur-Format dar, der auf die Bedürfnisse für Erweiterungskarten von Laptops, wie zum Beispiel das Hotplug, ausgelegt ist.

PCI-Express-Mini

Das neueste Format für Notebookerweiterungskarten sind sogenannte PCI-Express-Mini-Module (PCIe-Mini). PCIe-Mini basiert auf dem PCI-Express-Standard und wurde speziell für Onboard-Erweiterungen in Notebooks und PCs entwickelt. Das Interface basiert auf 52 PINs, über die die Daten seriell über eine Lane (x1) mit einer Bandbreite von 2,5 GBit/s übertragen werden.

Performance ISA-Bus

Performance PCI-Bus

Der ISA-Bus mit einer Datenbreite von 16 Bit und einem Takt von 7,33 MHz kommt, bedingt durch das Zugriffsverfahren, nur auf einen Datendurchsatz von 4 MByte/s. Der 32-Bit-PCI-Bus mit einem Takt von 33 MHz stellt bereits eine Datenrate von 133 MByte/s zu Verfügung, was gegenüber dem ISA-Bus eine deutliche Steigerung um den Faktor 33 darstellt. Laut der PCI-Spezifikation 2.1 darf ein PCI-Bus maximal vier Slots bieten. Eine neuere Generation dieses Bussystems stellt nach der Spezifikation 2.2 die 64-Bit-Variante (PCI-X) dar, die mit der doppelten Busbreite bei 33 MHz Taktrate arbeitet. Hier erhöht sich der Datendurchsatz auf 266 MByte/s. Eine weitere Variante des PCI-(X)-Busses arbeitet mit einer Taktrate von 66 MHz. Allerdings besteht hierbei das Problem, dass bedingt durch die relativ hohe Taktrate die parasitären Kapazitäten der Slot-Kontakte die Bus-Signale verformen. Dadurch muss man die Anzahl der Slots beim 66-MHz-PCI-(X)-Bus zwangsläufig auf zwei Slots reduzieren. Die schnellste PCI-X-Variante arbeitet mit 533 MHz und kommt bei 32 Bit auf einen Datendurchsatz von 2131 MByte/s und bei 64 Bit auf 4262 MByte/s, wobei allerdings durch die hohe Taktrate nur noch ein Slot genutzt werden kann. Die geringe Slot-Anzahl ist natürlich für eine offene PC-Plattform, die durch mehrere zusätzliche Adapterkarten beliebig erweitert werden soll, nicht gerade vorteilhaft.

Performance PCI-Express

Die Performance einer PCIe-Lane liegt bei 2,5 GBit/s pro Richtung. Bei Verwendung von 32 Lanes ergibt sich somit eine Performance von 80 GBit/s (10 GByte/s) in jeder Richtung. Wie viele Lanes genutzt werden, orientiert sich an der jeweiligen Anwendung der benötigten Bandbreite. Zukünftig soll sogar die Übertragungsfrequenz erhöht werden, sodass die Performance pro Lane und Richtung auf 5 GBit/s und 10 GBit/s steigen wird. Die Rate von 5 GBit/s werden durch PCI-Express-2.0 realisiert und die 10 GBit/s durch PCI-Express-3.0. PCI-Express-2.0 wurde bereits Anfang 2007 verabschiedet, mit ersten serienreifen Produkten ist voraussichtlich zur Jahreswende zu rechnen. PCI-Express-3.0 wird wahrscheinlich 2009 verabschiedet werden, sodass man 2010 mit ersten Produkten der dritten PCIe-Generation rechnen kann.

Direct Memory Access

Direct Memory Access

Für die Auswahl der Netzwerkkarte ist die Methode zum Transfer der Daten in den Arbeitsspeicher ein weiteres ausschlaggebendes Kriterium. Hierbei gibt es neben den normalen langsamen I/O-Interfaces zwei grundlegende Methoden: Shared Memory und Direct Memory Access (DMA). Bei dem Shared-Memory-Verfahren wird der Speicher einer Netzwerkkarte direkt in den Hauptspeicher des Systems eingeblendet und verhält sich quasi wie eine Erweiterung des Systemspeichers. Die Daten können so direkt in den Speicher der Netzwerkkarte geschrieben werden. Bei DMA können die Daten, ohne die CPU zu beanspruchen, direkt in den Arbeitsspeicher geschrieben werden. DMA entlastet den Prozessor eines Rechners für den Datentransfer zwischen Speicher und Netzwerkkarte. Dies wird durch die DMA-Controller erreicht, die einen Datentransfer zwischen dem Speicher und der Peripherie eigenständig ohne Interaktion der CPU durchführen können.

Busmaster-DMA-Controller

Netzwerkkarten, die DMA unterstützen, sind demnach wegen der höheren Performance vorzuziehen. Bei sogenannten Busmaster-DMA-Controllern befindet sich ein DMA-Controller auf den Netzwerkkarten, die Netzwerkkarte kann somit den DMA-Prozess eigenständig durchführen, indem sich die Netzwerkkarte die Kontrolle über das Bus-System verschafft. Moderne Busmaster-DMA-Controller können heute die Daten mit 0 Waitstates und großen Burst-Längen in den Arbeitsspeicher schreiben, was letztendlich zu einer großen Performance-Steigerung beiträgt.

War das Zugriffsverfahren auf den Arbeitsspeicher in den Anfängen des Ethernet noch eine Frage des Preises und somit als Gütekriterium einer Netzwerkkarte zu betrachten, so sieht die Situation heute anders aus. Man kann eigentlich davon ausgehen, dass alle modernen Netzwerkkarten als Busmaster-DMA-Controller fungieren können. Jedoch sollte man dennoch auf die DMA-Fähigkeit beim Kauf einer Netzwerkkarte achten. Zudem sind noch alte Motherboards im Einsatz, die nicht in jedem PCI-Slot den Einsatz eines Busmaster-Controllers ermöglichen – gerade, wenn man einen eigentlich ausgedienten Computer noch beispielsweise als Druckserver recyclen will, muss man daher auf die Position des LAN-Adapters in den Slots achten.

Die Gesamt-Performance

Gesamt-Performance

Für die Frage, welche Datenrate sich tatsächlich über den Datenbus eines Rechners übertragen lässt, spielen allerdings mehrere Faktoren eine Rolle. Gehen wir beispielsweise von einem gängigen Hochlast-Fall aus, in dem eine Netzwerkkarte mit 1000 MBit/s in einem 32-Bit-PCI-Bus betrieben wird. Die 1000 MBit/s stellen eine Datenrate von 125 MByte/s dar, sodass dies bei der minimal verfügbaren Datenrate des PCI-Busses von 133 MByte/s kein Problem darstellen sollte. Jedoch gilt es zu berücksichtigen, dass eine Netzwerkkarte in der Regel nicht die einzige Erweiterungskarte im System darstellt, das heißt, die Bandbreite des PCI-Bus muss auf mehrere Adapterkarten verteilt werden. Bedingt durch diese Tatsache kommt es zwangsläufig zu einem Overhead, der durch die Arbitrierung des PCI-Busses entsteht. In der Praxis kommt man deshalb auf eine maximale Netto-Datenrate von 90 bis 100 MByte/s beim Einsatz von Gigabit-Ethernet im 32-Bit-PCI-Bus mit 33 MHz Taktung.

System-Performance

Grundsätzlich kommt es im Wesentlichen auf die Effizienz der auf den Motherboards verwendeten Chipsätze an und wie das System letztendlich aufeinander abgestimmt ist. Was nützt es, wenn die verwendete Netzwerkkarte einen großen Datendurchsatz bietet und der Festplatten-Controller im System in keinster Weise in der Lage ist, die Daten auf das Massenspeichermedium zu übertragen? Entsteht hierbei ein Flaschenhals, so hat dies auf die gesamte Performance eines Systems große Auswirkungen. Hinsichtlich der Chipsätze, die auf einem Motherboard heutzutage Anwendung finden, ist die Performance sehr unterschiedlich, wobei deren maximale Burst-Länge stark variieren kann. Man spricht von einem Burst, wenn man eine größere Datenmenge mit einer Leseanforderung anstelle eines ständigen Wechsels zwischen einer erneuten Leseanforderung und einer darauf folgenden Schreibantwort übertragen kann.

Betrachtet man die Tatsache, dass Daten in zwei Richtungen übertragen werden müssen, so kommt man beim 32-Bit-PCI-Bus mit 33 MHz Taktung in der Praxis auf messbare Größen von maximal 50 bis 70 MByte/s. Dies setzte zur Zeit der Gibabit-Ethernet-Einführung ein Rechnersystem mit Pentium III und PC-100-DIMM-Speicher oder ein vergleichbares System voraus. Diese Darstellung zeigt, dass bei 1000-MBit/s-Ethernet und der ersten PCI-Bus-Technologien der PC-Bus und nicht mehr das Netzwerk den Flaschenhals darstellte.

Deutliche Performance-Vorteile hat man bei PCIe. Denn im Vergleich zum parallelen PCI-Bus hat man hier kein geteiltes Bussystem mehr, sondern ein serielles Bussystem mit dedizierten Punkt-zu-Punkt-Verbindungen, die über einen Switch bereitgestellt werden. Bei 10-GBit/s-Ethernet kommt man bei PCIe wegen der verwendeten 8B/10B-Codierung auf einen notwendigen Busdatendurchsatz von 12,5 GBit/s. Demnach werden 8 Lanes (PCIe x8) benötigt, damit der PCIe-Bus keinen Flaschenhals darstellt.

Intelligente Netzwerkkarten

Die Ressourcen des Gesamtsystems lassen sich darüber hinaus schonen, indem netzwerkspezifische Funktionen auf die Netzwerkkarte verlagert werden. Dafür kommt zum Beispiel das Berechnen beziehungsweise Prüfen der TCP/IP-Checksummen in Frage. Normalerweise ist es die Aufgabe der CPU des Rechners, die Checksumme der höheren Protokolle zu überprüfen beziehungsweise zu bilden. Durch die Verlagerung dieser Berechnung wird die CPU des Rechners entlastet und kann sich so anderen Aufgaben widmen. Man sorgt so dafür, dass fehlerhafte Datenpakete gleich verworfen und nicht mehr über den Daten-Bus des Rechners übertragen werden. Natürlich ist dies mit der Gefahr verbunden, dass Fehler bei Übertragung auf den Daten-Bus nicht unmittelbar erkannt werden können.

Für die Realisierung der Auslagerung von Netzwerkfunktionen verfügen die Netzwerkkarten über Prozessoren, die die notwendige Rechenleistung zur Verfügung stellen. Meist sind solche Karten aufgrund ihres höheren Preises gegenüber normalen Ethernet-Adaptern für Server vorgesehen. Bei den Netzwerktreibern sind moderne Architekturen wie etwa NDIS 5.0 oder NDIS 6.0 (Network Driver Interface Specification) für die Microsoft-Betriebssysteme notwendig.

Channel Bundling und Link Aggregation für Netzwerkkarten

Channel Bundling und Link Aggregation

Für Ethernet mit 100 MBit/s wurde eine neue Technologie unter der Bezeichnung Channel Bundling eingeführt. Darunter versteht man ein Verfahren, bei dem mehrere Netzwerkkarten ihre zur Verfügung stehende Bandbreite bündeln oder aber Fehlerredundanz realisieren. So erhält man beispielsweise bei Einsatz von vier 100-MBit-Netzwerkkarten eine Bandbreite von 400 MBit/s, wenn man die Verbindung über diese Adapter von einem Server zu einem Switching Hub mittels Channel Bundling aufbaut. Prinzipiell ist diese Technologie bei 100-MBit-Ethernet hervorragend geeignet, um die beispielsweise für Server und andere Performance-hungrige Anwendungen oder Maschinen notwendige Bandbreite zu erzielen. Betrachtet man jedoch Gigabit-Ethernet und die Bandbreite des PCI-Bus-Systems, so sieht die Sache bereits gänzlich anders aus. Denn hierbei stellt das Bus-System den Flaschenhals dar und kann auch nicht umgangen werden, indem man mehrere Adapter mit 1000 MBit/s in einem Server parallel betreibt. Oft wird das Channel Bundling leider bei der Vermarktung von Ethernet mit 1000 MBit/s ausgeschlachtet, obwohl es technisch keine Notwendigkeit für Channel Bundling bei Gigabit-Ethernet gibt – und es zudem aufgrund der heute eingesetzten I/O-Bus-Systeme auch keinen Vorteil bietet.

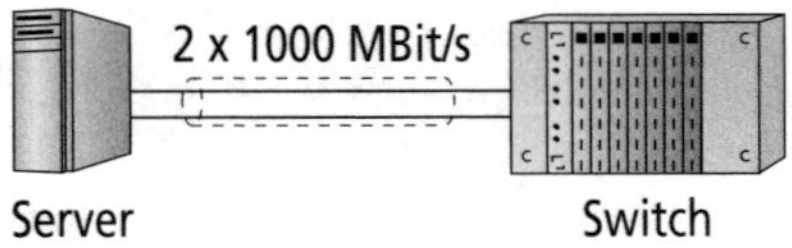

Abb. 8–1
Durch das Channel Bundling können mehrere Netzwerkanschlüsse zu einem zusammengefasst und die Bandbreite gebündelt werden.

Etwas anders stellt sich die Situation dar, wenn man über eine zweite Netzwerkkarte eine redundante Verbindung zu demselben oder einem anderen Switch realisiert. Fällt eine Verbindung aus, so übernimmt automatisch der zweite Adapter die Arbeit und stellt den Datenaustausch vom beziehungsweise zum Server und dem Netzwerk sicher. Der Einsatz dieser oft auch als Fail Over bezeichneten Technik ist natürlich auch für Gigabit-Ethernet oder 10Gigabit-Ethernet eine sinnvolle Möglichkeit.

Für das Channel Bundling müssen alle Netzwerkkarten, die zusammengefasst werden, über dieselbe MAC-Adresse verfügen, damit für die höheren Protokolle die verschiedenen Netzwerkkarten quasi als ein und dasselbe Endgerät erscheinen. Durch ein Multiplexverfahren werden dann die zu übertragenden Datenpakete über eine der Netzwerkkarten übertragen. Dabei werden zum Beispiel die Kriterien der Zieladressierung berücksichtigt, so dass Daten mit demselben Ziel grundsätzlich über dieselbe Netzwerkkarte übertragen werden. Dadurch ist sichergestellt, dass die Sequenz der einzelnen Datenblöcke nicht zu sehr auseinander gerät, indem die kurzen schneller übertragen werden als die längeren Datenpakete. Für die Realisierung dieses Ansatzes muss ein spezielles Verteilungsverfahren angewendet werden, das für einen Ausgleich sorgt. Die Steuerung des Verteilungsverfahrens und die Zuteilung derselben MAC-Adressen wird über spezielle Netzwerktreiber realisiert.

Spanning Tree

Realisiert man mit mehreren Netzwerkkarten eine Ausfallsicherheit der Verbindung, müssen die Adapter unterschiedliche MAC-Adressen haben, da sonst der Spanning-Tree-Algorithmus (siehe dazu die später folgenden Abschnitte) der Switches durcheinander kommen würde. Über einen speziellen Backup-Algorithmus wird sichergestellt, dass die redundante Netzwerkkarte ohne große Verzögerung die Aufgabe der primären Netzwerkkarte übernehmen kann. Durch die Übernahme der MAC-Adresse sieht es von außen betrachtet so aus, als ob dieselbe Netzwerkkarte einfach auf einen anderen Port des Switches umgezogen ist.

IEEE-Standard 802.3ad

Das Verfahren des Channel Bundling wurde in der Vergangenheit von den verschiedenen Herstellern unterschiedlich implementiert und bezeichnet. Inzwischen gibt es für das Channel Bundling den IEEE-Standard 802.3ad, der im März 2000 verabschiedet wurde. Um eine Begriffsverwirrung zu vermeiden, spricht man bei dem Bündeln mehrerer Netzwerkleitungen laut 802.3ad von der Link Aggregation. Unter dem Begriff Link Aggregation bezeichnet man also das Parallelschalten mehrerer Netzwerkleitungen, um die Bandbreite einzelner Netzwerkanschlüsse zu bündeln. Des Weiteren erzielt man durch die Link Aggregation eine Fehlerredundanz, bei der bei einem Ausfall einer Verbindung mit einer geringeren Bandbreite weitergearbeitet werden kann. Die Link Aggregation wird durch das Einschieben eines Link Aggregation Control Layer zwischen dem MAC- und dem LLC-Layer erreicht und sorgt für die Verteilung des Datenstroms.

Promiscuous Mode

Promiscuous Mode

Möchte man eine Netzwerkkarte in Verbindung mit einem Software-Protokollanalysator einsetzen, um den vollständigen Datenverkehr auf dem Netzwerk zu erfassen, muss man dafür einen Adapter mit entsprechenden Treibern verwenden, die den sogenannten Promiscuous Mode unterstützen. Dies ist ein speziell für die Netzwerkanalyse geschaffener Modus, in dem alle Datenpakete an die höheren Protokollschichten weitergereicht werden – unabhängig davon, ob es sich bei den einzelnen Datenpaketen um ein an die Station adressiertes Paket handelt oder nicht. Allein durch den Promiscuous Mode wird eine Station in die Lage versetzt, alle Datenpakete unabhängig von ihrer Zieladressierung aufzuzeichnen: Im normalen Betriebsmodus wird von jedem Paket, das auf dem Segment übertragen wird, die Zieladresse überprüft und das entsprechende Paket nur an die höheren Protokollschichten weitergereicht, wenn Zieladresse und Knotenadresse der Netzwerkkarte übereinstimmen oder wenn es sich um ein Multicast- oder Broadcast-Paket handelt.

8.1.1 Netzwerkkarten für 10 MBit/s mit UTP/Koax

Netzwerkkarte mit 10 MBit/s mit UTP/Koax

Die einfachste Variante der Netzwerkkarten stellen die Adapter für Ethernet mit 10 MBit/s dar, die man heute noch vereinzelt entweder als reine TP- oder als Combo-Karten findet. Auf ihnen ist sowohl ein TP- als auch ein Koax-Anschluss vorhanden. Die Combo-Karte kann wahlweise entweder über den TP- oder über den Koax-Anschluss betrieben werden; ein Einsatz beider Anschlüsse einer einzelnen Netzwerkkarte gleichzeitig, etwa, um einen Rechner sowohl an ein TP- als auch an ein Koax-LAN anzubinden, ist nicht möglich. In der Regel erkennen die Combo-Karten mittels einer Autosense-Funktion, über welchen Anschluss die Karte an das Netzwerk angeschlossen wurde.

Die Karten für Ethernet mit 10 MBit/s nutzen als I/O-Bus entweder ISA oder PCI. Bei einer Datenrate von 10 MBit/s würde zwar der ISA-Bus ausreichen, jedoch sollte man, wie bereits erwähnt, den Einsatz einer PCI-Karte bevorzugen, da eine ISA-Karte den Rechner in der Gesamt-Performance ausbremst. Eine 10-MBit-Netzwerkkarte kann maximal einen Datendurchsatz von 1,25 MByte/s erreichen. Deshalb erweist sich beim Ethernet mit 10 MBit/s die Auswahl des Bus-Systems von der Netzwerkseite her als unkritisch. Zieht man von dem Datendurchsatz von 1,25 MByte/s noch den Overhead ab, beispielsweise für die Header der Datenpakete und den Protokoll-Header, so kommt man netto auf etwa 1,1 MByte/s.

Die 10-MBit-Adapter unterstützen in der Regel über den TP-Anschluss den Halb- und Vollduplexmodus. Dagegen wird über den Koax-Anschluss natürlich nur der Halbduplexmodus unterstützt. Eine Auto-Negotiation-Funktion ist bei den Netzwerkkarten für 10 MBit/s nicht realisiert, so dass hierbei grundsätzlich diese Einstellung manuell vorgenommen werden muss. In der Regel werden die 10-MBit-Ethernet-Netzwerkkarten von den Herstellern in der Einstellung für Halbduplex ausgeliefert, so dass eine Änderung nur notwendig ist, wenn der TP-Anschluss im Vollduplexmodus betrieben werden soll.

NE2000-kompatibel

Ein Stichwort fällt sehr häufig, wenn von Ethernet-Adaptern für 10 MBit/s die Rede ist: NE2000-kompatibel. Diese Bezeichnung bezieht sich auf eine Netzwerkkarte, die lange Zeit direkt von Novell verkauft und mit einem entsprechenden NE2000-Treiber betrieben wurde. Im Bereich der NetWare-Netze war dies für eine ganze Weile die einzige Netzwerkkarte, die überhaupt unter diesem Server-Betriebssystem von Novell betrieben werden konnte. Andere Hersteller von Netzwerkkarten stellten deshalb ebenfalls Adapter her, die mit dem Standard-NE2000-Treiber von Novell liefen; sie wurden daher als NE2000-kompatible Netzwerkkarten bezeichnet.

Plug&Play-Funktion

Bei einer ISA-Netzwerkkarte müssen in der Regel nur die I/O-Adresse und der verwendete Interrupt eingestellt werden. Dies geschieht entweder über Jumper direkt auf der Karte oder mittels eines Softwaretools, das der Hersteller mitliefert und das die entsprechenden Einstellungen ermöglicht. Die heutigen ISA-Karten unterstützen jedoch in der Regel die sogenannte Plug&Play-Funktion, über die die Netzwerkkarte vom BIOS verwaltete Systemressourcen automatisch zugeteilt bekommt, so dass eigentlich keinerlei Einstellungen für den Betrieb der Netzwerkkarte notwendig sind.

Bei PCI-Netzwerkkarten werden die Systemressourcen grundsätzlich vom BIOS automatisch zugewiesen, eine manuelle Einstellung für die Nutzung der Systemressourcen entfällt. Eventuell müssen hierbei Einstellungen über das BIOS des Rechners vorgenommen werden, wenn der Anwender möchte, dass bestimmte I/O-Bereiche und Interrupts verwendet werden. Dies kann beispielsweise dann der Fall sein, wenn das eigentlich erlaubte Interrupt-Sharing auf dem PCI-Bus nicht funktionieren will. – Gerade Netzwerkkarten und SCSI-Adapter mit älteren BIOS-Versionen kommen sich oft in die Quere, wenn sie denselben Interrupt benutzen. Hier ist dann ein manueller Eingriff in das BIOS des Rechners notwendig, um den einzelnen PCI-Slots dedizierte Interrupts zuzuweisen. Auch ist oft der Einsatz einer Busmaster-PCI-Ethernet-Karte im zum AGP-Slot direkt benachbarten PCI-Slot problematisch. Zumindest bei den neueren Chip-Sätzen sind uns allerdings keine grundlegenden Probleme mehr bekannt, die dazu führen könnten, dass eine neu eingebaute Netzwerkkarte vom BIOS gar nicht erkannt wird.

8.1.2 Netzwerkkarten für 10 MBit/s und Lichtwellenleiter

Netzwerkkarten für 10 MBit/s und Lichtwellenleiter

Die meisten Netzwerkkarten für Ethernet mit 10 MBit/s, die über einen sogenannten Fiberoptic-Anschluss verfügen, sind mit einer Duplex-ST-Buchse ausgestattet. Die Adapter arbeiten standardmäßig mit einer Wellenlänge von 850 nm und sind für Distanzen bis zu 1000 m ausgelegt. Es gibt allerdings noch Varianten auf dem Markt, die für größere Distanzen ausgelegt oder anstelle der Duplex-ST- mit einer Duplex-SC-Buchse ausgestattet sind. Auch wenn diese Karten nicht hundertprozentig mit dem IEEE-Standard konform sind, spricht grundsätzlich nichts gegen ihren Einsatz, zumal sie auf beiden Seiten eines Segments benutzt werden können. In Bezug auf das höhere Leistungsbudget, das dazu verwendet wird, die höheren Distanzen zu erreichen, ist allerdings beim Einsatz von Produkten unterschiedlicher Hersteller zu beachten, dass es zu keiner optischen Übersteuerung kommt, die eine fehlerfreie Datenübertragung unmöglich macht. Um dies zu verhindern, müssen in diesem Fall unter Umständen optische Dämpfungsglieder eingesetzt werden, die die höhere optische Leistung wieder dämpfen und eine Übersteuerung verhindern. Die Fiberoptic-Karten für 10 MBit/s lassen sich entweder im Halb- oder Vollduplexmodus betreiben, wobei man die Einstellung generell manuell vornehmen muss.

Abb. 8–2
10-MBit/s-Ethernet-Netzwerkkarte mit Fiberoptic- und UTP-Anschluss (Quelle: Allied Telesis)

8.1.3 Netzwerkkarten für 10/100 MBit/s mit TP

Netzwerkkarten für 10/100 MBit/s mit TP

Die zurzeit am häufigsten eingesetzten Ethernet-Netzwerkkarten stellen die Adapter dar, die sowohl Ethernet mit 10 als auch mit 100 MBit/s unterstützen und mit TP-Anschlüssen ausgestattet sind. Schließlich ist das TP-Kabel der Kategorie 5 das am häufigsten verwendete Übertragungsmedium; zudem ist das Preis-/Leistungsverhältnis bei diesem Adapter so gut, dass es sich heute kaum noch lohnt, eine reine 10-MBit-Netzwerkkarte zu kaufen. Bei Preisen von 10 bis 15 Euro für die billigsten 10/100-MBit-Karten lohnt sich die Anschaffung einer reinen 10-MBit-Karte praktisch nicht mehr, auch wenn man zurzeit das Netzwerk nur mit 10 MBit/s betreibt. In der Regel sind alle auf dem Markt für den PC erhältlichen Netzwerkkarten PCI-Karten; ISA-Karten werden nur noch recht selten angeboten, da dieser Bus wegen seiner relativ geringen Performance eigentlich keinen sinnvollen Betrieb mit 100 MBit/s zulässt. Deshalb beschränken sich die Hersteller zumindest bei Neuentwicklungen von Chipsätzen und Adaptern für Ethernet mit 100 MBit/s auf den PCI-Bus.

Auto-Negotiation-Funktion

Die Einstellung der Übertragungsrate (10 oder 100 MBit/s) und des Übertragungsmodus (Halb- oder Vollduplexmodus) erfolgt in der Regel automatisch über die Auto-Negotiation-Funktion, die heutzutage normalerweise zum Funktionsumfang jeder TP-Netzwerkkarte für 10/100 MBit/s gehört.

In der Regel basieren die Adapter auf einer Single-Chip-Lösung, die durch einen PHY-Chip ergänzt wird. Am weitesten verbreitet war lange Zeit die Lösung der Firma DEC (heute Intel). Inzwischen machen Realtek und Marvell vor allem im Bereich der Low-Cost-Adapter den DEC-Chips diese Rolle streitig.

Wake-on-LAN-Funktion

Viele der erhältlichen 10/100-MBit-Ethernet-Karten verfügen über eine Wake-on-LAN-Funktion (WOL), mit der der gesamte Rechner, der sich im Standby-Modus befindet, über das Netzwerk aufgeweckt werden kann. Dafür muss sich der entsprechende Rechner allerdings in einem niedrigen Power-State nach der ACPI-Spezifikation (Advanced Configuration and Power Interface) befinden, in dem nur wenige Funktionen, wie zum Beispiel ein Teil der Netzwerkkarte, aufrechterhalten werden. Die Netzwerkkarte wird dazu vom ATX-Netzteil über ein spezielles dreipoliges WOL-Kabel mit Strom versorgt. Für das Aufwecken des Rechners muss an ihn ein spezielles Datenpaket geschickt werden. In der Regel kommt das sogenannte Magic Packet, das von AMD spezifiziert wurde, zum Einsatz; dies ist auch in die von Intel und IBM geschaffene WfM-Spezifikation (Wired for Management) einbezogen; WfM sieht aber auch ein anderes Paket vor, das IBM definiert hat, das sich aber in der Funktionsweise nicht grundsätzlich vom Magic Packet unterscheidet.

Im Datenteil des Magic Packet ist ein Synchronization Stream von sechs Byte mit dem Inhalt FF und die MAC-Adresse der zu weckenden Station 16-mal in Folge enthalten. Das Magic Packet wird als Broadcast-

Datenpaket an alle Stationen innerhalb des Netzwerks geschickt und von den Stationen ausgewertet, die sich in dem speziellen Wake-up-Modus befinden. Empfängt eine solche Station das Magic Packet, in dem die eigene MAC-Adresse enthalten ist, so wird ein entsprechendes Wake-up-Signal über das spezielle WOL-Kabel und den PCI-Bus gesendet, worauf der Rechner vom Standby-Modus in den Betriebszustand überwechselt. Über die WOL-Funktion eröffnet sich eine Vielzahl von Möglichkeiten, so kann zum Beispiel während der Nacht ein Rechner zwecks Datensicherung über das Netzwerk aufgeweckt und nach der Datensicherung wieder in den Standby-Modus gebracht werden.

Abb. 8–3
10/100-MBit/s-Ethernet-Netzwerkkarte mit WOL-Funktion (Quelle: Linksys)

Ein Netzwerk für Ethernet mit 100 MBit/s überträgt aufgrund der 4B/5B-Codierung die Daten in Wirklichkeit mit einer Datenrate von 125 MBit/s. So kann man tatsächlich von einer Datenrate von 100 MBit/s (100 MBit/s = 12,5 MByte/s) ausgehen und muss nur noch den Overhead der Header und der Protokolle abziehen. Der Netto-Datendurchsatz beträgt also 10 bis 11 MByte/s.

8.1.4 Netzwerkkarten für 100 MBit/s mit Lichtwellenleitern

Netzwerkkarten für 100 MBit/s mit Lichtwellenleitern

Die 100BASE-FX-Netzwerkkarten arbeiten in der Multimode- oder Singlemode-Version mit einer Wellenlänge von 1300 nm. Bei diesen Adaptern gibt es eine Variante für Multimode- (MMF) und für Singlemode-Fasern (SMF). Beide Typen können aber grundsätzlich nur mit der Datenrate von 100 MBit/s arbeiten; eine Umschaltung auf 10 MBit/s ist nicht möglich, da die 10-MBit/s-Netzwerkkarten mit einer Wellenlänge von 850 nm arbeiten. Die Fiberoptic-Netzwerkkarten können im Halb- oder Vollduplexmodus arbeiten, wobei jedoch der Vollduplexmodus wegen der größeren erzielbaren Distanz zu bevorzugen ist. Betreibt man die Netzwerkkarte im Halbduplexmodus, so kommt man wegen der maximalen Ausdehnung einer Kollisionsdomäne bei einer Peer-to-Peer-Verbindung zwischen zwei Endgeräten auf eine maximale Distanz von 412 m. Im Vollduplexmodus können die Netzwerkkarten in der MMF-Variante eine Distanz von 2000 m und in der SMF-Variante von 15 km überbrücken. Der Übertragungsmodus muss auf beiden Seiten eines Segments manuell eingestellt werden, da es laut Ethernet-Standard für den 100-MBit/s-Fiberoptic-Bereich keine Auto-Negotiation-Funktion gibt.

Der Einsatz von 100-MBit-Karten mit Lichtwellenleitern bietet, technisch betrachtet, einige Vorteile, so zum Beispiel die höhere Distanz, die durch die Nutzung der Lichtwellenleiter überbrückt werden kann, oder die nicht vorhandene Anfälligkeit gegenüber elektrischen Störimpulsen. Jedoch ist der Preis für eine Fiberoptic-basierte MMF-Netzwerkkarte in etwa um den Faktor fünf höher, verglichen mit einer TP-Karte. Darüber hinaus ist natürlich zu berücksichtigen, dass die Verteiler, etwa ein Switching Hub mit Fiberoptic-Anschlüssen, ebenfalls einen wesentlich höheren Preis in der Anschaffung haben. Diese höheren Kosten können allerdings heutzutage durch die neuen Steckertechnologien, die unter dem Slogan Fiber-to-the-Desk vermarktet werden, zum größten Teil kompensiert werden, weshalb man den Einsatz der Fiberoptic-Technologie ohne weiteres in Betracht ziehen kann.

Als Interface kommt in der Regel der im Standard definierte Duplex-SC-Stecker zum Einsatz. Man findet jedoch auch vermehrt 100-MBit/s-Netzwerkkarten, die entweder mit dem MT-RJ- oder dem Volition-Stecksystem ausgestattet sind.

Abb. 8–4
Vier mögliche Varianten der 100-MBit/s-Fiberoptic-Karten (Quelle: KTI)

8.1.5 Quattro-Netzwerkkarte für 10/100 MBit/s mit 4-mal TP

Quattro-Netzwerkkarte

Eine Quattro-Netzwerkkarte für 10/100 MBit/s stellt einen Adapter dar, der anstelle eines einzigen gleich vier Netzwerkanschlüsse hat, die vom Grundsatz her funktional unabhängig sind. Über einen Brückenchipsatz wird der PCI-Bus auf die vier Ethernet-Controller-Chips geschaltet. Der Brückenchipsatz fungiert dabei als Brücke zwischen dem PCI-Bus des Rechners, der in dem Fall den primären PCI-Bus darstellt, und einem sekundären PCI-Bus, der sich nur auf der Netzwerkkarte befindet und an dem die vier Ethernet-Controller angeschlossen sind. Der wesentliche Vorteil liegt bei dem Einsatz einer Quattro-Netzwerkkarte darin, dass man unter der Verwendung eines PCI-Slots im Rechner und dessen Systemressourcen gleich vier 10/100-MBit-Netzwerkanschlüsse erhält, mit denen man vier Netzwerksegmente bilden kann. Dies ist beispielsweise interessant für den Aufbau von Serversystemen, bei denen man auf der einen Seite mehrere Netzwerkanschlüsse benötigt und auf der anderen Seite mit der Anzahl der benötigten PCI-Slots sparsam haushalten muss. Jedoch soll nicht unerwähnt bleiben, dass die Quattro-Netzwerkkarte mit einem leichten Performance-Verlust im Vergleich zu vier einzelnen PCI-Netzwerkkarten verbunden ist. Die Performance der vier Ethernet-Controller bei einer Datenrate von 100 MBit/s liegt in etwa im Bereich von 32 bis 35 MByte/s, während eine einzelne 100-MBit-PCI-Netzwerkkarte auf etwa 11 MByte/s kommt. Der Unterschied in der Performance ist mit der Arbitrierung des PCI-Bus verbunden, der über den Brückenchipsatz durchgeführt wird und zwangsläufig in einem geringen Zeitverlust resultiert.

Abb. 8-5
Die Quattro-Karte bietet vier 10/100-UTP-Anschlüsse über einen PCI-Slot (Quelle: D-Link)

⇨ Mit Einführung von Gigabit-Ethernet sind die Quattro-Netzwerkkarten weitestgehend verschwunden.

8.1.6 Netzwerkkarten für 1000 MBit/s

Netzwerkkarten für 1000 MBit/s

Die Netzwerkkarten für Ethernet mit 1000 MBit/s stellen zurzeit die schnellsten LAN-Adapter dar, die auf dem Markt erhältlich sind. In einem Server führt der Einsatz einer 1000-MBit-Netzwerkkarte zur einer deutlichen Performance-Steigerung des Servers. Man erreicht im Server bei Einsatz eines solchen Adapters mit 32-Bit-PCI-Interface in etwa einen Netto-Datendurchsatz von 50 bis 70 MByte/s, wobei dieser Wert stark vom Betriebssystem des Servers und des Protokolls abhängig ist. In den Arbeitsstationen verdoppelt sich, verglichen mit einer 100-MBit-Karte, der Datendurchsatz durchschnittlich auf etwa 18 bis 19 MByte/s. Bei den Arbeitsstationen ist der Performance-Vorteil nicht so deutlich, da die Clients, unabhängig von der Betriebssystemplattform, wegen der Implementierung der entsprechenden Software allgemein keinen höheren Datendurchsatz ermöglichen. Somit wird der Performance-Vorteil durch den Einsatz von Gigabit-Ethernet in erster Linie bei den Servern deutlich.

Stattet man die Server generell mit 1000-MBit-Adaptern aus und belässt es auf den Arbeitsstationen bei 100-MBit-Karten, erreicht man für die Einzelbetrachtung einer Arbeitsstation keinen Vorteil, da die 100-MBit-Netzwerkkarten in den Client-Rechnern die Begrenzung für den erzielbaren Datendurchsatz darstellen. In der Gesamtbetrachtung, bei der mehrere Arbeitsstationen parallel auf einen Server zugreifen, macht sich jedoch die höhere Bandbreite, die durch die 1000-MBit-Netzwerkkarten zur Verfügung gestellt wird, deutlich bemerkbar. Denn so teilen sich die Arbeitsstationen nicht nur 100 MBit/s auf, sondern gleich die Bandbreite von 1000 MBit/s. Demnach ergibt sich in der Gesamtbetrachtung der Netzwerk-Performance ein wesentlicher Vorteil, der in normalen Betriebsbedingungen, in denen mehrere Arbeitsstationen aktiv im Netzwerk sind, auch deutlich erkennbar ist.

Abb. 8–6
Ein 1000-MBit/s-Uplink sorgt für eine höhere Bandbreite zum Server, die vom Switch auf mehrere 10/100-MBit/s-Ethernet-Clients aufgeteilt werden kann.

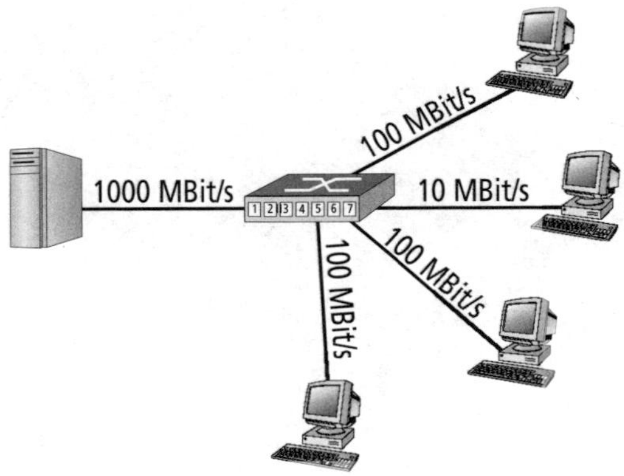

64-Bit-PCI-Netzwerkkarten

Betrachtet man die erzielbare Performance einer Gigabit-Ethernet-Karte, so fällt auf, dass sich durch deren Einsatz der Flaschenhals vom Netzwerk auf das Bus-System des Rechners verschiebt. Denn bei den 32-Bit-PCI-Karten stellt der PCI-Bus in Verbindung mit den heutigen Server-Betriebssystemen den Engpass dar, der der Netto-Datenrate des Gigabit-Ethernet von 1000 MBit/s (125 MByte/s) eigentlich nicht gerecht werden kann. Eine Steigerung stellen die 64-Bit-PCI-Netzwerkkarten dar, die über die doppelte Bus-Breite verfügen, oder PCI-Express-Netzwerkkarten. Beim Einsatz einer 64-Bit-PCI- oder PCI-Express-Netzwerkkarte ist allerdings entscheidend, dass das Betriebssystem die 64-Bit-Technologie unterstützt, um auch tatsächlich in den Genuss der Performance-Steigerung kommen zu können. Die modernen Server-Betriebssystemplattformen von Microsoft und Novell sind heute in der Regel 64-Bit-fähig.

Der Einsatz einer 64-Bit-PCI-Karte ist auch auf einem Motherboard möglich, das nur mit einem 32-Bit-PCI-Bus ausgestattet ist. So kann man beispielsweise schon mal in eine moderne 64-Bit-PCI-Karte investieren, auch wenn man vorübergehend das vorhandene Motherboard weiterverwenden möchte. Somit kann der Umstieg zumindest auf 64-Bit-Systeme erleichtert werden. Jedoch gibt es bei manchen Systemen ein mechanisches Problem, da sich die Hersteller beim Bus nicht immer vollständig an die PCI-Spezifikation gehalten haben: Die seitlichen Stege der PCI-Slots sind teilweise zu breit. Deshalb lassen sich bei solchen Systemen die 64-Bit-PCI-Karten nicht einstecken. Besonders bei älteren Rechnern ist hier Vorsicht geboten (siehe folgende Abbildung).

Abb. 8-7
Normalerweise sind die 64-Bit-PCI-Karten in einen 32-Bit-PCI steckbar

8.1.7 Netzwerkkarten für 1000 MBit/s mit Lichtwellenleitern

1000BASE-SX und 1000BASE-LX

Für den Fiberoptic-Bereich gibt es 1000BASE-SX- und 1000BASE-LX-Netzwerkkarten. Beide Varianten sind laut IEEE 802.3z mit einer Duplex-SC-Buchse ausgestattet. Man findet jedoch auch vermehrt Produkte mit MT-RJ- oder Volition-Buchse. 1000BASE-SX arbeitet mit einer Wellenlänge von 850 nm, 1000BASE-LX mit 1300 nm. Die beiden Varianten können also nicht über eine direkte Verbindung miteinander betrieben werden. Diese Tatsache kann unter Umständen zur Verwirrung führen, da sich eine Verbindung nicht aufbaut, obwohl die Verkabelung zwischen den Netzwerkkarten eigentlich in Ordnung ist. Man hat diese beiden Varianten eingeführt, um das Optimum in Bezug auf die Reichweite bei bestehenden Verkabelungen zu erreichen. Denn die Distanzen, die mit einer 1000BASE-SX- oder 1000BASE-LX-Netzwerkkarte überbrückt werden können, sind unterschiedlich und werden nach dem Bandbreiten-Längen-Produkt des verwendeten Lichtwellenleiters bestimmt. Somit richtet sich die Auswahl nach den erzielbaren Reichweiten des zur Verfügung stehenden Lichtwellenleiters (siehe folgende Tabelle).

Tab. 8–1
Verschiedene Segmentlängen unter Gigabit-Ethernet

Typ/Faser	Wellenlänge	Bandbreitenlängen-Produkt (MHz × km)	Segmentlänge	Kabeltyp
1000BASE-SX, 62,5 µm	830 nm	160	2-220 m	MMF
1000BASE-SX, 62,5 µm	830 nm	200	2-275 m	MMF
1000BASE-SX, 50 µm	830 nm	400	2-500 m	MMF
1000BASE-SX, 50 µm	830 nm	500	2-550 m	MMF
1000BASE-LX, 62,5 µm	1270 nm	500	2-550 m*	MMF
1000BASE-LX, 50 µm	1270 nm	400	2-550 m*	MMF
1000BASE-LX, 50 µm	1270 nm	500	2-550 m*	MMF
1000BASE-LX, 10 µm	1270 nm	NA	2-5000 m	SMF

* Die maximale Segmentlänge wird in Verbindung mit dem Einsatz eines Offset-Mode-Conditioning-Patchkabels erreicht.

Die 1000BASE-LX-Netzwerkkarte wird prinzipiell seltener eingesetzt, da sie in der Regel um den Faktor zwei teuerer ist als ein 1000BASE-SX-Adapter. Der höhere Preis ist durch die größeren Kosten für den Transceiver bedingt, der bei 1000BASE-LX eingesetzt wird. Für die 1000BASE-LX-Transceiver sind spezielle Laser-Dioden notwendig, die unter anderem für die Anregung eines Singlemode-Lichtwellenleiters geeignet sind, mit dem Distanzen von bis zu 5000 m überbrückt werden können. Demnach wird die 1000BASE-LX-Netzwerkkarte nur eingesetzt, wenn größere Distanzen überbrückt werden sollen oder wenn auf einer Faser mit 62,5/125 µm die maximal erzielbare Reichweite von 550 m erreicht werden soll.

8.1.8 Netzwerkkarten für 1000 MBit/s mit TP

1000BASE-T-Netzwerkkarten

Die 1000BASE-T-Netzwerkkarten ermöglichen eine Anbindung mit 1000 MBit/s über eine vorhandene TP-Verkabelung der Kategorie 5. Diese Adapter unterstützen in der Regel Datenraten von 10, 100 und 1000 MBit/s sowie den Betrieb im Halb- oder Vollduplexmodus. Die Datenrate und der Übertragungsmodus werden in der Regel über die Auto-Negotiation-Funktion automatisch eingestellt. Üblicherweise werden 1000BASE-T-Karten nur für den 64-Bit-PCI-Bus angeboten. Sie kommen entweder in Servern oder hoch-performanten Arbeitsstationen zum Einsatz, die über ein gewöhnliches TP-Kabel an das Netzwerk angebunden sind. Die maximal überbrückbare Distanz beträgt 100 m.

Der PHY-Chip einer 1000BASE-T-Karte wird wegen der hohen Rechenleistung relativ warm, weshalb die Wärme über einen Kühlkörper abgeführt werden muss.

Abb. 8–8
64-Bit-PCI-1000BASE-T-Netzwerkkarte (Quelle: Intel)

Mittlerweile gibt es 1000BASE-X-Adapter mit vier Netzwerkinterfaces die auf einem PCIe-Interface basieren. Diese Adapter sind vergleichbar mit den 100-MBit/s-Quattro-Karten, bieten also den Vorteil, dass lediglich ein Steckplatz im Bussystem benötigt wird. Natürlich muss bei diesen Adapterkarten die Performance auf dem Bus-Interface ausreichend groß sein, damit hier kein Flaschenhals entstehen kann. So sollte beispielsweise das Bus-Interface als PCIe x4 ausgelegt sein, damit die 8000 MBit/s, welche im Vollduplexbetrieb auf allen vier Kanälen generiert werden, verzögerungsfrei bedient werden können.

Abb. 8–9
1000BASE-T-Adapter mit vier Interfaces (Quelle: Intel)

8.1.9 Netzwerkkarten für 10 GBit/s

Der neuesten Generation von Netzwerkkarten entsprechen die 10-GBit/s-Varianten, welche mittlerweile von vielen Herstellern angeboten werden. 10-GBit/s-Adapter sind entweder als PCI-X oder PCIe ausgeführt, wobei die PCIe-Variante eine höhere Performance verspricht und, falls die Karte als PCIe x8 ausgelegt ist, der PCIe Bus sicherlich keinen Flaschenhals im Datendurchsatz darstellt. Natürlich ist für die gesamte Performance eines Servers wichtig, dass die Server-CPUs von der Protokollverarbeitung entlastet werden, damit den Applikationen mehr Rechnerleistung zur Verfügung steht und Latenzzeiten vermieden werden. Deshalb ist bei einem Großteil der verfügbaren 10-GBit/s-Netzwerkkarten der TCP/IP-Protokollstack auf der Netzwerkkarte implementiert. In diesem Zusammenhang spricht man von TCP/IP Offload.

Abb. 8–10 10-GBit/s-Ethernet-PCIe-Adapter mit 10GBASE-SR-Interface (Quelle: HP)

8.2 Repeater und Hubs

Repeater und Hubs

Als Repeater werden Geräte bezeichnet, die dazu dienen, mehrere Shared Media-Segmente miteinander zu verbinden. Ein Repeater arbeitet auf der untersten Schicht des OSI-Modells. Die Anschlüsse eines Repeaters werden grundsätzlich im Halbduplexmodus betrieben, wobei sich die Kollisionsdomäne über den Repeater hinweg ungehindert ausbreitet. Zu Zeiten von 10BASE5 oder 10BASE2 hatten die ersten Repeater nur zwei Netzwerkanschlüsse, die dazu dienten, zwei Segmente miteinander zu verbinden, um die Ausdehnung eines Netzwerks über die maximal zulässige Länge eines Segments zu erweitern. Später, nach der Einführung von 10BASE-T, kamen Repeater auf den Markt, die über mehrere Netzwerkanschlüsse verfügten und bei einer Verkabelung mit TP-Kabel als Sternverteiler fungierten. Diese Art von Sternverteiler, der über mehrere Anschlüsse verfügt, wird streng genommen als Hub (Hub = Mittelpunkt) bezeichnet, jedoch hat sich dies in der Praxis nicht konsequent durchgesetzt, weshalb beide Begriffe, also Repeater und Hub, für einen Sternverteiler in der Netzwerkwelt gebräuchlich sind.

Grundfunktionen eines Repeaters

Ein Repeater oder Hub unterstützt grundsätzlich nur eine Datenrate, also entweder 10, 100 oder 1000 MBit/s, eine Verbindung zwischen zwei Datenraten ist grundsätzlich über einen einfachen Repeater nicht möglich. Allerdings gibt es Repeater, die über unterschiedliche Anschlüsse verfügen, zum Beispiel einen 10BASE2- und acht 10BASE-T-Anschlüsse, so dass ein Betrieb mit gemischten Übertragungsmedien grundsätzlich möglich ist und die jeweiligen Vorteile der verschiedenen Medien genutzt werden können. Generell hat ein Repeater folgende sechs Grundfunktionen:

- Die Wiederherstellung der Signalamplitude
- Eine Regenerierung des Signaltiming
- Die Verbreitung einer erkannten Kollision
- Erweiterung von kurzen Fragmenten
- Erzeugung einer neuen Präambel
- Isolierung eines fehlerhaften Segments

Die Wiederherstellung der Signalamplitude

Regenerierung der Signalamplitude

Das Datensignal erfährt während der Übertragung auf dem Medium eine Dämpfung, die zur Verringerung der Signalamplitude führt. Die Aufgabe eines Repeaters ist deshalb unter anderem, das Signal durch Verstärkung wieder zu regenerieren, so dass am Ausgang des Repeaters wieder die volle Signalamplitude ansteht. Auf diese Weise lassen sich mehrere Segmente miteinander verbinden, wobei die Dämpfung, die das Signal auf den Segmenten erfährt, durch die Signalverstärkung der Repeater ausgeglichen wird.

Eine Regenerierung des Signaltiming

Puls-Pausen-Verhältnis

Während der Datenübertragung kann es vorkommen, dass das Puls-Pausen-Verhältnis eines Datensignals verändert wird. Dies bezeichnet man als Jitter. Um eine fehlerfreie Datenübertragung über größere Distanzen zu ermöglichen, ist es deshalb die Aufgabe eines Repeaters, dafür zu sorgen, dass das Datensignal vom Puls-Pausen-Verhältnis regeneriert wird und sich so die Effekte des Jitter nicht über die Grenzen eines Segments ausbreiten können.

Die Verbreitung einer erkannten Kollision

Jam-Signal

Eine der wichtigsten Aufgaben eines Repeaters ist es, dafür zu sorgen, dass sich auftretende Kollisionen innerhalb der gesamten Kollisionsdomäne sicher ausbreiten und als solche von allen Stationen eindeutig erkannt werden können. Erkennt ein Repeater auf einem seiner Anschlüsse eine Kollision, so macht er diese für alle Stationen deutlich erkennbar, indem er auf allen Anschlüssen ein sogenanntes Jam-Signal aussendet. Dabei handelt es sich um eine Folge von vier Bytes mit dem hexadezimalen Inhalt AA-AA-AA-AA. Wird eine Kollision während der Aussendung eines Datenpakets entdeckt, so wird die Aussendung des Datenpakets abgebrochen und das Jam-Signal ausgesendet. Wird jedoch die Kollision sehr früh erkannt, so wird erst die Präambel vollständig ausgesendet und an die Präambel das Jam-Signal angehängt. Auf diese Weise wird sichergestellt, dass alle Stationen innerhalb einer Kollisionsdomäne die Kollision als solche erkennen und entsprechend darauf reagieren können.

Erweiterung von kurzen Fragmenten

Fragmenterweiterung

Werden Datenfragmente von einem Repeater empfangen, die vom Prinzip her in der Regel nur durch eine Kollision auftreten können, so wird das Datenfragment auf eine Mindestlänge von 96 Bit gebracht und auf den Ports des Repeaters ausgesendet. Dadurch soll sichergestellt werden, dass das Datenfragment von allen Stationen, unabhängig von ihrer Entfernung, empfangen wird und die Datenfragmente von allen Stationen vom Netz entfernt werden. Die Entfernung der Datenfragmente erfolgt dadurch, dass diese Datenfragmente von den Netzwerkkarten nicht an die höheren Schichten weitergereicht werden.

Erzeugung einer neuen Präambel

Präambel

Über die Präambel eines Datenpakets wird der Anfang des Datenpakets erkannt; der Empfänger des Datenpakets kann sich auf den eingehenden Datenstrom synchronisieren. Während der Datenübertragung kommt es jedoch vor, dass die ersten Bits der Präambel verloren gehen. Deshalb hat ein Repeater die Aufgabe, die Präambel der Datenpakete neu zu bilden, um sicherzustellen, dass die ausgesendeten Datenpakete über eine vollständige Präambel verfügen. Wäre diese Funktion nicht im Repeater integriert, so bestünde die Gefahr, dass die Präambel über mehrere Segmente und Repeater vollständig verloren geht und ein sicherer und fehlerfreier Datenempfang für die Stationen nicht mehr gewährleistet wäre.

Isolierung eines fehlerhaften Segments

Isolierung fehlerhafter Segmente

Treten auf einem Segment gehäuft Kollisionen innerhalb kürzester Zeit auf oder kommt es auf einem Segment durch eine fehlende Terminierung, einen Kurzschluss oder eine fehlerhafte angeschlossene Komponente zu gehäuften Störungen, so wird der entsprechende Anschluss eines Repeaters abgeschaltet, so dass das fehlerhafte Segment isoliert wird. Dies soll verhindern, dass durch die Fehler die gesamte Kollisionsdomäne gestört wird. Ein Anschluss wird abgeschaltet, wenn aufeinander folgend dreißig Übertragungsversuche eines Datenpakets erfolglos abgebrochen werden mussten.

8.2.1 Repeater für 10 MBit/s

10-MBit-Repeater

Der einfachste und erste 10-MBit-Repeater hatte zwei AUI-Anschlüsse, die dazu dienten, zwei 10BASE5-MAUs anzuschließen, um zwei 10BASE5-Segmente miteinander zu verbinden. Mit dem Einzug von 10BASE-T kamen 10-MBit-Repeater auf den Markt, die 5, 8, 16 oder 24 TP-Anschlüsse haben und als zentraler Verteilerpunkt für eine TP-Verkabelung dienen. Diese Art von Repeatern nennt man aufgrund der hohen Anzahl der Anschlüsse Multiport-Repeatern.

Die heutigen Repeater sind in der Regel sehr kompakt aufgebaut und im Gegensatz zu früher mit einem externen Netzteil versorgt. Dies hat den Vorteil, dass man intern wegen der geringen Wärmeentwicklung auf die Lüfter verzichten kann. Deshalb sind diese kompakten Repeater sehr geräuscharm und hervorragend für den Aufbau eines Mini-Netzwerks innerhalb eines Büros oder einer Wohnung geeignet, bei dem wenige Arbeitsstationen miteinander verbunden werden sollen. Für den Aufbau größerer Netzwerke sind natürlich die größeren Repeater besser geeignet, die über ein internes Netzteil verfügen und für die Montage in einen 19-Zoll-Schrank ausgelegt sind.

MDI-X-Port

Die 10BASE-T-Anschlüsse auf einem Repeater sind als MDI-X-Ausführung bereits intern gekreuzt. Dies hat den Vorteil, dass man die Netzwerkkarten mit einem 1:1-TP-Kabel anschließen kann und kein Crossover-Kabel benötigt. Bei den meisten Multiport-Repeatern ist ein Anschluss als sogenannter Uplink-Port ausgeführt. Dieser dient dazu, einen anderen Repeater anzuschließen. Um den Anschluss eines weiteren Repeaters ebenfalls mit einem 1:1-UTP-Kabel realisieren zu können, muss dieser Port als normaler, ungekreuzter MDI-Port ausgeführt sein. Um eine gewisse Flexibilität für die Nutzung des Uplink-Ports zu gewährleisten, ist er in der Regel umschaltbar: Über einen Rastschalter kann er entweder als MDI oder MDI-X eingestellt werden. Bei vielen Repeatern ist der Uplink-Port als Doppel-Port, also mit zwei parallel geschalteten Buchsen ausgeführt, wobei die PIN-Belegung einer Buchse gekreuzt (MDI-X) und die der anderen Buchse ungekreuzt (MDI) ist. Entweder kann davon die MDI-X- oder die MDI-Buchse verwendet werden. Diese Repeater mit einer doppelten Ausführung des Uplink-Ports können aber Probleme bereiten, da die beiden zusammenhängenden Ports oft als unabhängige Ports betrachtet werden. Sehr häufig kommt es deshalb dazu, dass fälschlicherweise beide Ports belegt werden, was zu dem Eindruck führt, zwei Ports wären defekt. Dies trifft häufig ein, wenn ein Netzwerk erweitert wird, in dem mal eben schnell eine weitere Station an den Repeater angeschlossen wird. Auf einfachste Weise ist die Anzahl der unabhängigen Ports durch die Anzahl der LEDs erkennbar; gibt

Uplink-Ports

MDI-Buchse

es zum Beispiel acht LEDs und neun Ports, so ist dies ein eindeutiges Indiz, dass der neunte Port als Uplink-Port von einem anderem Port abgeleitet ist und nicht eigenständig arbeiten kann.

LEDs

Ein guter Repeater zeichnet sich durch LEDs aus, die verschiedene Statusanzeigen bieten. Grundsätzlich sollte ein Repeater für jeden Anschluss über eine sogenannte Traffic-LED verfügen, die anzeigt, dass ein Datenverkehr auf dem Anschluss stattfindet. Besser ist es natürlich, wenn die Traffic-LED getrennt als Empfangs- und Sende-LED für jeden Anschluss vorhanden ist. Des Weiteren sollte für jeden Repeater eine Link-LED für die Anzeige der korrekten Verbindung von entfernter Komponente zu dem jeweiligen Anschluss existieren. Somit lassen sich zumindest Verkabelungsfehler über die Link-LED schnell erkennen und lokalisieren. Zusätzlich sollte eine Kollisions-LED vorhanden sein, die anzeigt, ob eine Kollision aufgetreten ist. Ebenfalls ist es nützlich, wenn die Anschlüsse eines Repeaters über eine Anzeige für einen isolierten Anschluss verfügen. Diese Anzeige würde die Fehlersuche wesentlich vereinfachen, ist jedoch in der Praxis leider selten vorhanden.

Bitzeitenverzögerung

Grundsätzlich ist die maximale Anzahl der 10-MBit-Repeater innerhalb einer Kollisionsdomäne auf vier begrenzt. Diese Limitierung hat zwei Ursachen: Die Bitzeitenverzögerung darf 576 Bitzeiten nicht überschreiten; beim Interframe Gap darf zudem ein Mindestwert nicht unterschritten werden. Denn nur dann ist ein fehlerfreier Datenaustausch innerhalb einer Kollisionsdomäne gewährleistet und eine zuverlässige Kollisionserkennung möglich. Die Bitzeitenverzögerung wird zwangsläufig durch jeden Repeater erhöht, so dass diese Tatsache ein begrenzender Faktor für die maximale Anzahl von vier Repeatern darstellt. Den wesentlichen Faktor stellt jedoch die Reduzierung des Interframe Gap dar, der sich mit jedem Repeater verringert. Bei dem Interframe Gap handelt es sich um den Mindestabstand zwischen den einzelnen Datenpaketen, der dazu dient, dass sich die empfangenden Stationen auf dem eingehenden Datenstrom erholen können. Der Interframe Gap ist im Standard mit 96 Bitzeiten festgelegt und darf einen minimalen Wert von 47 Bitzeiten nicht unterschreiten. Durch die Tatsache, dass die ersten Bits der Präambel während der Datenübertragung auf einem Segment verloren gehen können, wird die Präambel in jedem Repeater neu generiert und vor das auszusendende Datenpaket gesetzt. In Abhängigkeit der Anzahl der verlorenen Bits der Präambel reduziert sich zwangsläufig der Abstand zwischen den einzelnen Datenpaketen, also der Interframe Gap, wobei die Reduzierung als solches mangels Möglichkeiten zur Zwischenspeicherung nicht ausgeglichen werden kann. Mit zunehmender Anzahl der Repeater und Ausdehnung der Kollisionsdomäne sinkt demnach der Interframe Gap, dessen minimale Grenze bei vier Repeatern erreicht wird. Demnach ist die Bitverzögerung und das Sinken des Interframe Gap die Ursache für die Festlegung von maximal vier Repeatern innerhalb einer Kollisionsdomäne mit 10 MBit/s und der 5-4-3-Regel.

Interframe Gap

⇨ Detaillierte Informationen zur Berechnung der maximalen Ausdehnung einer Kollisionsdomäne finden Sie im Abschnitt 6.1 „Längenbeschränkung im Ethernet".

Stapelbare Repeater

Stapelbare Repeater

Es gibt unterschiedliche Methoden, mehrere Repeater miteinander zu verbinden, um auf die notwendige Anzahl an Anschlüssen zu kommen. Die einfachste Variante ist die externe Verbindung, bei der ein Repeater mit einem anderen Repeater über ein normales TP-Kabel verbunden wird, wobei gegebenenfalls ein Uplink-Port zum Einsatz kommt. Diese Methode hat natürlich den gravierenden Nachteil, dass maximal vier 10-MBit-Repeater miteinander verbunden werden können. Man schränkt also auf diese Weise die maximal erreichbare Ausdehnung einer Kollisionsdomäne zwangsläufig ein. Um diesem Manko aus dem Weg zu gehen, wurden sogenannte stapelbare oder Stackable Repeater entwickelt. Dabei werden die Repeater über ein spezielles Erweiterungskabel oder eine direkte Steckverbindung aneinander angeschlossen, wobei die verbundenen Repeater, logisch betrachtet, einen einzigen großen Repeater bilden. Jedoch entsteht aus den stapelbaren Repeatern nur eine logische Einheit, wenn sie über das Erweiterungskabel oder die integrierten Spezialstecker miteinander verbunden sind, nicht aber, wenn sie wie bei normalen Repeatern über eine externe Verbindung in der Form eines TP-Kabels verschaltet werden. Eine weitere Ausführung von stapelbaren Repeatern stellen die Repeater-Chassis dar, die je nach Bedarf mit Erweiterungsmodulen, auf denen in der Regel je 12 bis 24 Anschlüsse vorhanden sind, ausgebaut werden können.

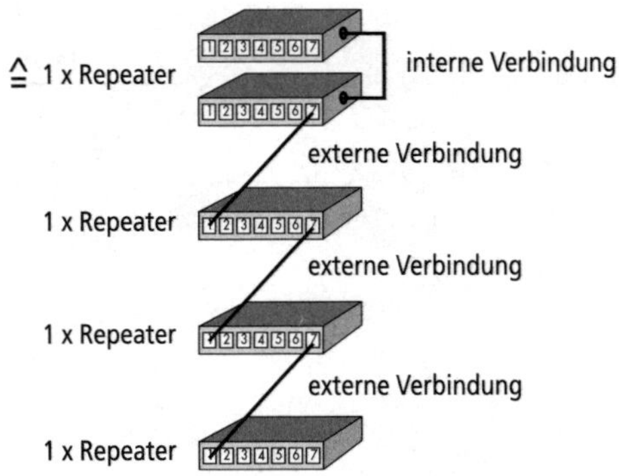

Abb. 8–11
Unterschied zwischen einer externen Verbindung und einer internen Verbindung zwischen stapelbaren Repeatern

Der wesentliche Vorteil bei dem Einsatz der stapelbaren Repeater liegt darin, dass man die Anzahl der Anschlüsse erhöhen kann, ohne dass man die wirkliche Anzahl der Repeater erhöht, zumindest bezogen auf die Maximalanzahl von vier Repeatern innerhalb einer Kollisionsdomäne.

AUI-Anschluss

Sehr oft verfügen Hubs oder Repeater über einen AUI-Anschluss, über den je nach Bedarf verschiedene Transceiver für unterschiedliche Medien angeschlossen werden können. Dadurch ist es zum Beispiel möglich, einen 10BASE-FB-Fiberoptic-Transceiver an einen Hub anzuschließen, wodurch dieser dann über eine größere Distanz mit dem vorhandenen Netzwerk verbunden werden kann.

⇨ Wichtig ist es bei Repeatern, die über einen AUI-Anschluss verfügen, an dem ein externer Transceiver (MAU) angeschlossen werden kann, dass die SQE-Testfunktion auf dem externen Transceiver abgeschaltet ist.

8.2.2 Repeater für 100 MBit/s

Class-I- und Class-II-Repeater

Bei den Repeatern für Ethernet mit 100 MBit/s wird zwischen Class I und Class II unterschieden. Die 5-4-3-Regel ist im 100-MBit-Bereich nicht anwendbar. Ein Class-I-Repeater kann zwei Segmente mit unterschiedlichen Übertragungsmedien, zum Beispiel 100BASE-TX mit 100BASE-FX, verbinden. Deswegen muss ein Class-I-Repeater den gesamten Datenstrom eines Übertragungsmediums empfangsseitig decodieren und auf der Sendeseite für das andere Übertragungsmedium wieder codieren. Durch diesen Wandlungsprozess entstehen in einem Class-I-Repeater wesentlich höhere Verzögerungszeiten, wobei im Standard eine maximale Verzögerungszeit von 140 Bitzeiten für einen Class-I-Repeater definiert sind. Bedingt durch die relativ hohe Bitverzögerung ist nach dem klassischen Beispielmodell im Standard IEEE 802.3u nur ein Class-I-Repeater innerhalb einer Kollisionsdomäne mit 100 MBit/s zulässig.

Abb. 8–12
Zwei klassische Modelle für die maximale Ausdehnung einer 100-MBit-Kollisionsdomäne

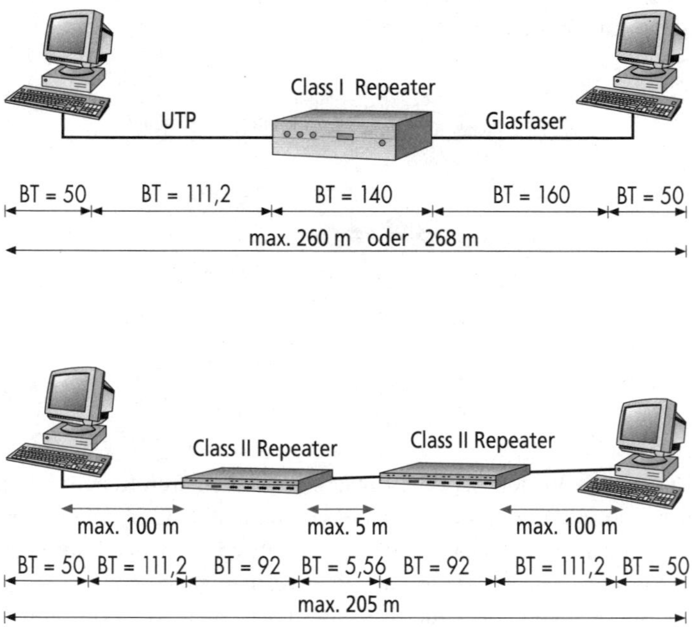

Bitverzögerungszeiten

Ein Class-II-Repeater unterstützt hingegen grundsätzlich nur ein Übertragungsmedium. Die maximal zulässige Bitverzögerungszeit eines Class-II-Repeaters ist demnach wesentlich geringer und im Standard mit 92 Bitzeiten festgelegt. Unter der Verwendung von zwei maximalen Segmentlängen von jeweils 100 m dürfen so innerhalb einer 100-MBit-Kollisionsdomäne maximal zwei Class-II-Repeater platziert werden, die über ein 5 m langes Segment miteinander verbunden werden (siehe Abbildung 8-12).

MII-Anschluss

Die Hubs für 100 MBit/s verfügen sehr oft über einen MII-Anschluss, über den je nach Bedarf unterschiedliche Transceiver angeschlossen werden können. Bevorzugt wird das MII für einen Fiberoptic-Transceiver genutzt, um den Hub über einen Lichtwellenleiter an das Netzwerk anzuschließen. Hierbei muss jedoch auf die Längenrestriktion für die 100-MBit-Kollisionsdomäne besonders geachtet werden, da der Einsatz eines Lichtwellenleiters oft zu dem Glauben verführt, dass grundsätzlich besonders große Distanzen überbrückt werden können.

8.2.3 Ethernet Bridge

Ethernet Bridge

Eine weitere Variante, um zwei Netzwerksegmente miteinander zu verbinden, stellt der Einsatz einer Bridge dar. Der entscheidende Unterschied zwischen einem Repeater und einer Bridge liegt in der Tatsache, dass eine Bridge auf der zweiten Schicht des OSI-Referenz-Modells, der MAC-Schicht, arbeitet. Die Funktion einer Bridge ist nicht im Standard IEEE-802.3, sondern in IEEE-802.1d definiert.

Durch den Einsatz einer Bridge kann man eine Lasttrennung zwischen den Segmenten erzielen, die wegen der geringeren Auslastung der einzelnen Segmente letztendlich zu einer Performance-Steigerung führt. Dies wird erreicht, indem die Bridge nicht transparent arbeitet und alle Datenpakete weiterleitet, sondern anhand der Ebene-2-Zieladresse eines Datenpakets entscheidet, ob dieses auf das andere Segment weitergeleitet wird.

Abb. 8–13
Bildliche Funktion einer Bridge

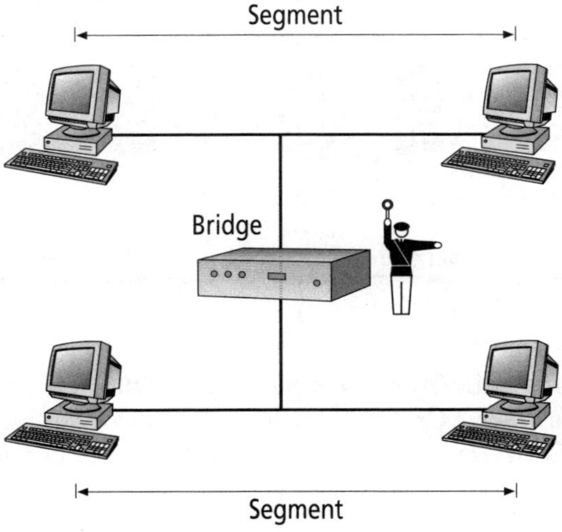

Eine Weiterleitung des Datenpakets wird von einer Bridge nur durchgeführt, wenn sich die Zielstation für ein Paket auf dem anderen Segment befindet oder wenn das Datenpaket eine Broadcast- oder Multicast-Adresse als Zieladresse hat. Eine Bridge arbeitet also im Gegensatz zu einem Repeater nicht transparent, sondern führt eine logische Teilung anhand der Zieladressen durch.

Da eine Bridge auf der zweiten Ebene arbeitet, ist durch eine Bridge ebenfalls eine Kopplung zwischen zwei verschiedenen Netzwerktechnologien, wie beispielsweise von FDDI nach Ethernet, möglich.

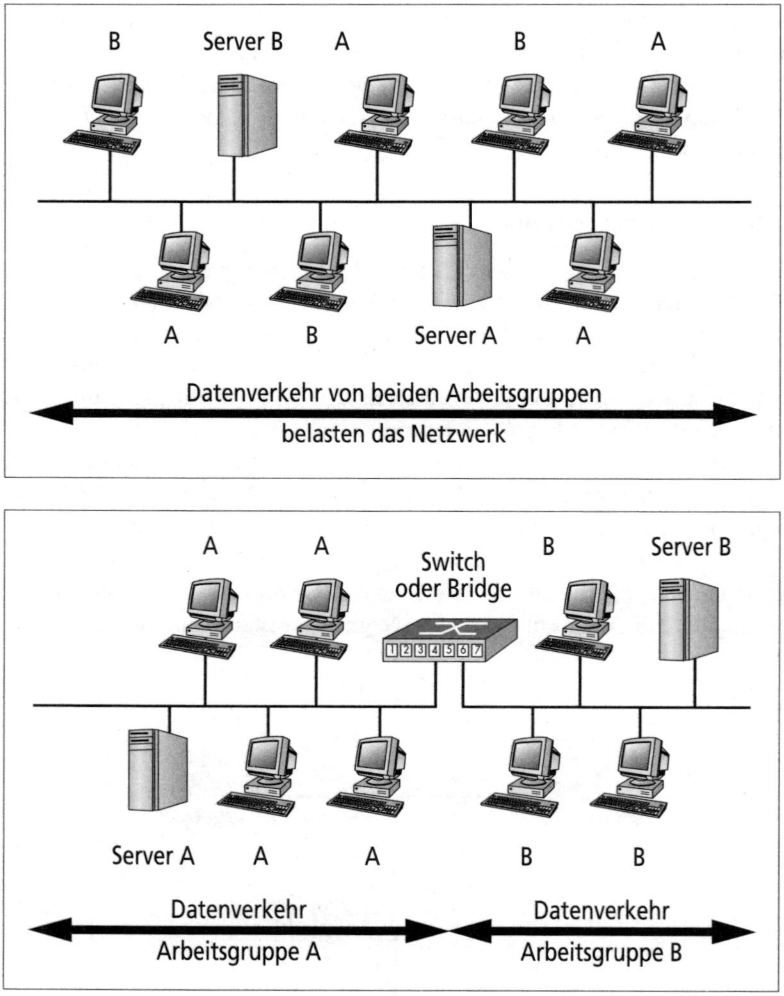

Abb. 8–14
Durch den Einsatz einer Bridge teilt sich das Netzwerk in zwei unabhängige Kollisionsdomänen auf.

Grenze für Kollisionsdomänen

Der große Vorteil einer Bridge liegt darin, dass sie für die Ausdehnung einer Kollisionsdomäne eine Grenze darstellt, über die diese sich nicht ausbreitet. Dies wird dadurch erreicht, dass die Bridge auf beiden Seiten über eine vollständige MAC-Instanz verfügt, die den Zugriff auf das jeweilige Segment regelt. Bedingt durch die Tatsache, dass sich die Kollisionsdomäne über die Bridge nicht ausbreitet, lässt sich durch den Einsatz von Bridges die Ausdehnung eines Ethernet-Netzwerks über die sonst üblichen Grenzen hinaus erweitern.

Eine Bridge ermöglicht natürlich auch die Verbindung zwischen Kollisionsdomänen, die mit 10 MBit/s respektive 100 MBit/s arbeiten. Dies macht man sich zum Beispiel für den Aufbau von sogenannten Dualspeed Hubs zunutze, auf die wir im nächsten Abschnitt eingehen.

Um das Zugriffsverfahren auf die Segmente zu ermöglichen, muss eine Bridge natürlich in der Lage sein, einzelne Datenpakete so lange zwischenzuspeichern beziehungsweise puffern zu können, bis das Datenpaket auf dem Segment übertragen werden kann.

Adresstabellen

Für den Entscheidungsprozess über die Weiterleitung von Datenpaketen werden bei einer Bridge Adresstabellen zugrunde gelegt, deren Inhalt über einen selbst lernenden Prozess gewonnen wird, weshalb man auch oft von einer selbst lernenden Bridge spricht. Grundsätzlich wertet eine Bridge alle empfangenen Datenpakete aus. Dabei kontrolliert die Bridge über die Lernprozesse die Adressen, erkennt also, welche Quelladresse die Datenpakete jeweils haben und verbindet diese Information mit dem Port, von dem das Datenpaket empfangen worden ist. Die auf diese Weise gelernten Quelladressen werden in Port-bezogene Adresstabellen eingetragen. Werden Datenpakete empfangen, so vergleicht die Bridge zwecks Weiterleitung der Datenpakete die Zieladresse mit den Adresseinträgen in dieser Tabelle. Korrespondiert die Zieladresse mit einem Eintrag in der Adresstabelle, so wird das Datenpaket anhand dieser Information weitergeleitet. Dabei wird prinzipiell zwischen vier Fällen unterschieden.

- Kommt das Datenpaket von einem Segment, auf dem sich ebenfalls die Zielstation des empfangenen Datenpakets befindet, so wird das Datenpaket nicht weitergeleitet, da es sich um ein Datenpaket für das lokale Segment handeln muss.
- Entspricht hingegen die Zieladresse einer Station auf dem anderen Segment, so leitet die Bridge das Datenpaket auf das andere Segment, das dem Zielsegment entspricht, weiter.
- Handelt es sich bei der Zieladresse des Datenpakets um eine Broadcast- oder Multicast-Adresse, so wird das Datenpaket weitergeleitet.
- Handelt es sich um eine Zieladresse, die in der Adresstabelle nicht vorkommt, so wird das Datenpaket ebenfalls weitergeleitet, wobei man diesen Vorgang als Frame Flooding bezeichnet.

Filterung des Datenverkehrs

Bedingt durch den Entscheidungsprozess für die Weiterleitung der Datenpakete kommt es bereits zu einer Performance-Steigerung, da die Netzwerkbelastung auf den einzelnen Segmenten, die durch eine Bridge verbunden werden, sinkt. Es wird demnach eine Filterung des Datenverkehrs auf der Basis von Adresstabellen vorgenommen. Die Datenpakete, die eine Bridge weiterleitet, werden dabei in keinster Weise verändert, d. h., die Adressinformationen oder Typenangaben im Header des Datenpakets bleiben unverändert.

Spanning-Tree-Verfahren

Um eine redundante Netzwerkstruktur über Bridges aufbauen zu können, hat man das sogenannte Spanning-Tree-Verfahren eingeführt. Damit wird eine Schleifenbildung vermieden, über die die Datenpakete endlos kreisen könnten. So ist es möglich, Netzwerkstrukturen aufzubauen, bei denen mehrere Pfade zwischen zwei Stationen liegen können, was besonders oft bei komplexen Netzwerkstrukturen vorkommt beziehungsweise nicht vermeidbar ist (siehe Abbildung 8-15).

Abb. 8–15
Netzwerkstruktur mit redundanter Verbindung, bei der es ohne Spanning-Tree-Verfahren zu einer Endlosschleife für Datenpakete kommen würde

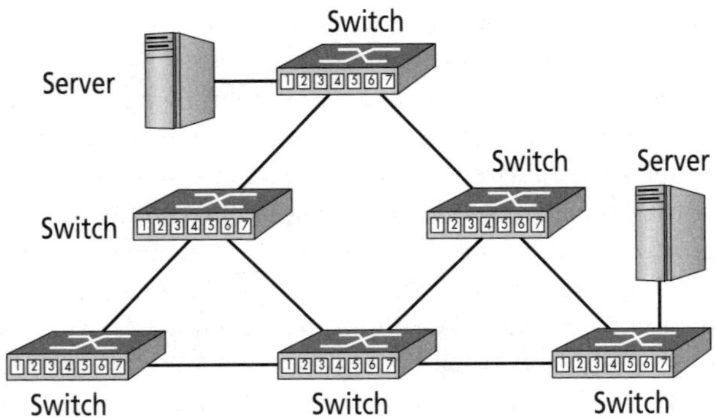

IEEE 802.1d

Die Funktion des Spanning-Tree-Verfahrens basiert auf dem Austausch von Konfigurationsnachrichten, die laut IEEE 802.1d spezifiziert sind und die per Multicast-Datenpakete ausgetauscht werden. Alle zu IEEE 802.1d konformen Bridges sind in der Lage, diese Konfigurationsnachrichten auszuwerten. Über den Austausch der Nachrichten wird die optimale Route bestimmt, über die die Weiterleitung der Datenpakete erfolgt und die Bildung von Endlosschleifen vermieden wird. Dabei werden beispielsweise Entfernungsangaben und die Anzahl der angrenzenden Stationen berücksichtigt. Die Konfigurationsnachrichten werden in regelmäßigen Abständen ausgetauscht, so dass der Ausfall einer Verbindung registriert wird und die Weiterleitung der Datenpakete automatisch auf einer anderen Route erfolgen kann.

Von der Bridge zum Switch und Switching Hub

Multiport-Bridge

Eine einfache Bridge hat zwei Netzwerkanschlüsse und wird oft auch als Switch bezeichnet. sogenannte Switches oder Switching Hubs sind vom Grundsatz her nichts anderes als Multiport-Bridges, also eine Bridge mit mehreren Anschlüssen, bei der je nach Zieladresse der Datenpakete eine Verbindung von Port zu Port geschaltet wird. Der Begriff Switch wurde übrigens von der inzwischen nicht mehr existierenden Netzwerkfirma Calpana als Marketingbegriff für eine der ersten Multiport-Bridges erfunden, da man sich mit dem Gerät, das mit einer für damalige Verhältnisse besonders schnellen Backplane (der Verbindung zwischen den Bridge-Ports) ausgestattet war, von den üblichen Bridges abheben wollte. Wir werden im übernächsten Abschnitt detailliert auf die Ethernet Switching Hubs eingehen.

8.2.4 Dualspeed Hubs für 10/100 MBit/s

Dualspeed Hub

Bevor wir im übernächsten Abschnitt auf die Switching Hubs eingehen, möchten wir noch die Funktion eines Geräts aus der Hub-Familie beschreiben, das als Dualspeed Hub bezeichnet wird. Wie der Name schon sagt, handelt es sich dabei um einen Hub, der zwei Geschwindigkeiten, also Datenraten, unterstützt. Der Dualspeed Hub bietet somit die Möglichkeit, den Austausch über zwei Ethernet-Netzwerke mit unterschiedlichen Datenraten durchzuführen. Dies wird technisch realisiert, indem intern zwei Hubs beziehungsweise Pfade, einer für 10 MBit/s und einer für 100 MBit/s, integriert sind. Wird eine Station mit 10 MBit/s an einen Port des Dualspeed Hub angeschlossen, so wird über die Auto-Negotiation-Funktion die Datenrate der Station vom Hub erkannt und der verwendete Port automatisch auf den 10-MBit-Pfad geschaltet. Bei Anschluss einer 100-MBit-Station wird der Port automatisch auf den 100-MBit-Pfad geschaltet.

Jeder interne Pfad stellt für sich einen eigenen Hub dar, entsprechend für Datenraten von 10 MBit/s beziehungsweise 100 MBit/s, an den die Stationen jeweils im Halbduplexmodus angeschlossen werden können. Die beiden Seiten des Dualspeed Hub werden über einen internen Switch, der über einen kleinen Buffer zur Zwischenspeicherung der Datenpakete verfügt, miteinander verbunden. Der Switch führt allerdings in der Regel keine Adress-Selektierung durch, sondern leitet alle Pakete weiter. Er sorgt allerdings für die klare Trennung der Seite mit 10 MBit/s von der mit 100 MBit/s, d. h., die Kollisionsdomäne erstreckt sich nicht über die Grenzen der verschiedenen Seiten des Dualspeed Hub.

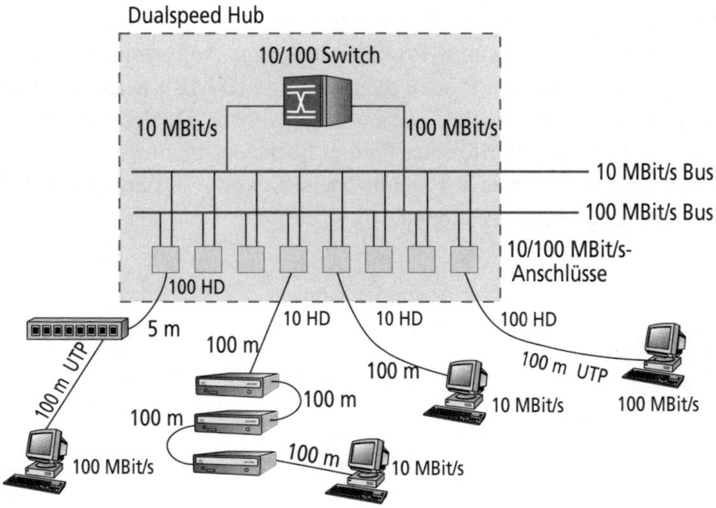

Abb. 8–16
Ein Dualspeed Hub beinhaltet letztendlich intern zwei Hubs, die mit einem Switch verbunden sind.

Der Dualspeed Hub stellt also wie eine Bridge eine Möglichkeit für die Verbindung zweier Segmente mit unterschiedlichen Datenraten dar. Diese Geräte wurden lange Zeit bevorzugt als preisgünstige Alternative zu Switches für die Migration von einem 10-MBit- auf ein 100-MBit-Ethernet eingesetzt. Heute haben die Dualspeed Hubs jedoch keine Bedeutung mehr, da es mittlerweile eine Vielzahl von Switching Hubs gibt, die vom Preis her mit den Dualspeed Hubs konkurrieren können und nicht mit den Nachteilen eines Hubs und dem Zugriffsverfahren CSMA/CD behaftet sind.

Bitzeitenverzögerung

Geht es um die Berechnung der Bitzeitenverzögerung, so sind die beiden Hubs getrennt zu betrachten und jeweils für ihre 10-MBit- oder 100-MBit-Seite mit den Standardbitzeiten in die Kalkulation der angrenzenden Kollisionsdomäne mit einzuschließen. Dabei werden die beiden Kollisionsdomänen getrennt betrachtet, da sie sich nicht über die 10/100-MBit-Grenze ausbreiten. Rechnerisch muss zum Beispiel der Dualspeed Hub auf der 100-MBit-Seite als ein Endgerät mit direkt angrenzendem Class-II-Repeater, dessen Bitverzögerung sich demnach mit 50 Bitzeiten plus 92 Bitzeiten berechnet, betrachtet werden. Je nach Einsatzfall muss dann dieser Dualspeed Hub als entferntester Endpunkt mit seinen 142 Bitzeiten in die Ausbreitung der Kollisionsdomäne mit 100 MBit/s einbezogen werden. Bedingt durch die 142 Bitzeiten wird ein Dualspeed Hub gerne fälschlicherweise als Class-I-Repeater, der normalerweise 140 Bitzeiten haben darf, klassifiziert. Neben der Tatsache, dass sich die Kollisionsdomäne nicht über die zwei unterschiedlichen Seiten des Dualspeed Hub ausbreitet, wäre die Klassifizierung als Class-I-Repeater falsch, da ein Class-I-Repeater zwei unterschiedliche 100-MBit-Medien miteinander verbindet, was bei einem Dualspeed Hub nicht der Fall ist.

Interner Switch

Bei den auf dem Markt erhältlichen Dualspeed Hubs war es leider einige Zeit so, dass Geräte auf dem Markt waren, die nicht mit einem internen Switch ausgestattet waren. Bei diesen eigentlich fälschlich Dualspeed Hub genannten Geräte handelte es sich also um nicht viel mehr als zwei Multiport-Repeater, einer für 10 MBit/s und einer für 100 MBit/s, die in einem Gehäuse untergebracht waren. Prinzipbedingt war daher keine Kommunikation zwischen den beiden Pfaden möglich, eine 10-MBit-Station konnte mit einer 100-MBit-Station über diesen sogenannten Dualspeed Hub keine Daten austauschen. Abhilfe schaffte hier höchstens der Anschluss einer externen Bridge oder eines Zwei-Port-Switch, wodurch natürlich zwei Anschlüsse am Hub verloren gingen.

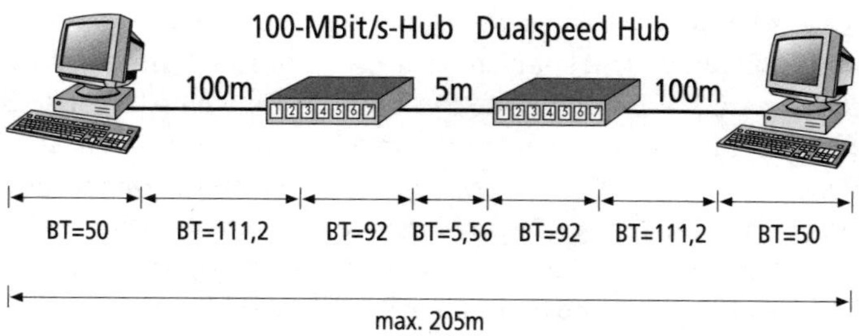

Abb. 8-17
Zeigt, wie ein Dualspeed Hub in die Berechnung einer 100-MBit/s-Kollisionsdomäne mit einbezogen werden muss

8.2.5 Repeater für 1000 MBit/s

Buffered Repeater

Für den Bereich des Gigabit-Ethernet mit 1000 MBit/s gibt es keinen klassischen Repeater im herkömmlichen Sinn auf dem Markt, sondern ausschließlich sogenannte Buffered Repeater, die sich funktionell von einem herkömmlichen Repeater deutlich unterscheiden.

MAC-Control-Frames

Bei einem Buffered Repeater handelt es sich um eine Mischung zwischen einem herkömmlichen Switch und einem Repeater. Die Funktion eines Buffered Repeaters ist eine laut Standard IEEE 802.3z beschriebene Lösung. Das Zugriffsverfahren entspricht bei einem Buffered Repeater nicht dem kollisionsbehafteten CSMA/CD, sondern ist kollisionsfrei und wird letztendlich über MAC-Control-Frames realisiert. Jeder Port eines Buffered Repeaters verfügt über einen MAC-Controller und einen Sende- und Empfangsbuffer, die das Zugriffsverfahren über MAC-Control-Frames und den Vollduplexbetrieb an den Ports ermöglichen. Bei den MAC-Control-Frames handelt es sich um sogenannte Pause-Frames, die laut dem Flow-Control-Verfahren eine Flusskontrolle für die ein- und ausgehenden Frames bieten und im Standard IEEE 802.3x spezifiziert sind.

Flow-Control-Verfahren

Wie bereits im Abschnitt Flow Control dargestellt, hat die Flow-Control-Funktion ihren Ursprung in der Switching-Technologie und zielt darauf ab, bei eventuell auftretenden Engpässen im Switching Hub oder in den am Switching Hub angeschlossenen Komponenten Verluste von Datenpaketen zu vermeiden. Beispielsweise können Engpässe auftreten, wenn ein Server nicht mehr in der Lage ist, die an ihn geschickten Datenpakete direkt zu verarbeiten, wobei es dann zwangsläufig auf der Netzwerkkarte des Servers zu einem Überlauf des Empfangsbuffers kommen würde. Dies hätte dann die Konsequenz, dass Datenpakete verworfen werden müssten und deren Nutzdaten später über die höheren Protokolle neu angefordert werden müssten. Bedingt durch die verzögerte Erkenntnis des Datenverlustes und den damit verbundenen Protokoll-Overhead würde dies zu einer drastischen Performance-Einbuße führen. Ähnlich sieht es auf der Seite des Switching Hub aus: Kann der Switching Hub wegen auftretender Engpässe die eingehenden Datenpakete nicht weiterleiten, so kann es ebenfalls zu einem Überlauf der Empfangsbuffer kommen, der dann auch zu einem Verlust von Datenpaketen führen würde. Um diese die Performance beeinträchtigenden Situationen zu vermeiden, hat man das Flow-Control-Verfahren entwickelt und im Standard IEEE-802.3x festgeschrieben. Eine empfangende Station oder sonstige Komponente kann mittels dieses Verfahrens durch Aussenden eines Pause-Frames die gegenüberliegende sendende Station anweisen, die Aussendung der Datenpakete vorübergehend zu unterbrechen. Nach dem Ablauf der Pausezeit, die durch das Pause-Frame gefordert worden ist, beginnt die gegenüberliegende Station wieder mit der Aussendung der Datenpakete. Sollte es erneut zu Engpässen kommen, wird ein weiteres Pause-Frame an die gegenüberliegende Station ausgesendet.

Pause Frame

Jeder Port eines Buffered Repeaters verfügt über einen Sende- und Empfangsbuffer, der es ihm gegebenenfalls ermöglicht, ein- und ausgehende Datenpakete zwischenzuspeichern. Die Sende- und Empfangsbuffer befinden sich bei jedem Port direkt hinter dem MAC-Controller und arbeiten nach dem FIFO-Prinzip (First in, first out). Die vorhandenen Buffer und die MAC-Controller stellen bereits einen wesentlichen Unterschied zwischen einem herkömmlichen Repeater und einem Buffered Repeater dar. Vergleicht man funktionell den Buffered Repeater mit einem Switching Hub, so liegt der entscheidende Unterschied in der Backplane. Der Switch verfügt in der Regel über eine breitbandige interne Matrix, über die er, je nach Bedarf, dedizierte Verbindungen von Port zu Port schalten kann. Ein Buffered Repeater hingegen verfügt über eine Backplane, an die alle Ports angeschlossen sind. Eine Statusmaschine prüft nach dem Round-Robin-Verfahren, ob in den FIFOs eines Ports Frames zur Weiterleitung anstehen. Steht an einem Port ein Datenpaket an, wird dem jeweiligen Port die volle Bandbreite der Backplane für die Weiterleitung des Datenpakets zugeteilt, und das Datenpaket wird dann an alle restlichen Ports des Buffered Repeaters weitergeleitet. Der Vorteil bei diesem Verfahren liegt dabei in der enormen Übertragungsfähigkeit von Datenpaketen, die per Broadcast und Multicast adressiert sind. Diese werden, verglichen mit einem Switching Hub, mit einer sehr geringen Verzögerungszeit gleichzeitig an mehrere Ports weitergeleitet.

Backplane

Abb. 8–18
Grobes Funktionsschema eines Buffered Repeaters

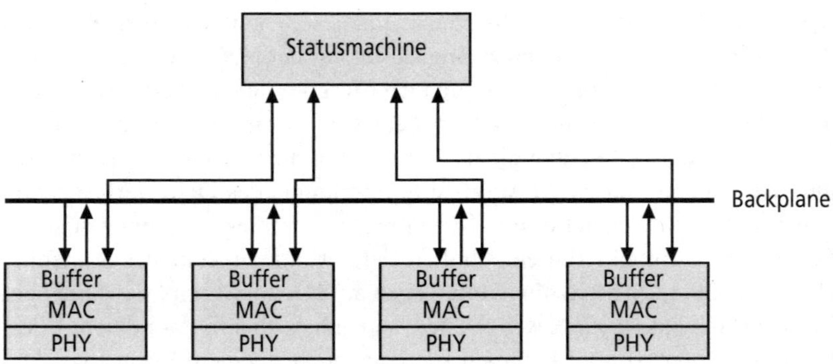

Für die Funktion des Buffered Repeaters ist es notwendig, dass alle angeschlossenen Komponenten über die Flow-Control-Funktion nach IEEE 802.3x verfügen. Laut Gigabit-Ethernet-Standard ist es empfohlen, dass Flow Control von jeder Gigabit-Ethernet-Komponente unterstützt wird, so dass man heute in der Regel davon ausgehen kann, dass der größte Teil der am Markt befindlichen Gigabit-Ethernet-Produkte Flow Control auch wirklich unterstützen und somit problemlos an einem Buffered Repeater betrieben werden können.

Vollduplexmodus

Allerdings muss beachtet werden, dass die Komponenten im Vollduplexmodus betrieben werden, da generell laut 802.3x Flow Control nur im Vollduplexmodus unterstützt wird. Sollte es vorkommen, dass eine am Buffered Repeater angeschlossene Komponente fälschlicherweise im Halbduplexmodus arbeitet, so ist der prinzipielle Funktionsablauf des Buffered Repeaters gestört und es kann deshalb unter Umständen im Hochlastfall zu Verlusten von Datenpaketen kommen. Dies würde zwar dann über die höheren Protokolle abgefangen werden, würde jedoch zwangsläufig zu deutlichen Performance-Einbußen führen.

Die Funktion des Buffered Repeaters ist, wie bereits erwähnt, im Zusammenhang des Gigabit-Ethernet-Standards definiert worden. Die Intentionen bei der Definition eines Buffered Repeaters lagen bei den gegenüber Switching Hubs geringeren Kosten. Es gab ein paar Hersteller, die mit Einführung von Gigabit-Ethernet Buffered Repeater auf den Markt brachten. Diese Buffered-Repeater-Lösungen verfügten in der Regel über acht Gigabit-Ethernet-Netzwerkanschlüsse. Durch den starken Preisverfall der Gigabit-Ethernet-Switches haben die Buffered Repeater ihre Daseinsberechtigung verloren; heute gibt es keinen Hersteller mehr, der diese Lösung anbietet.

Abb. 8–19
Gigabit-Ethernet Buffered Repeater mit acht Gigabit-Ethernet-Ports

8.3 Switches

Switches

Der Bedarf an höheren Bandbreiten im Netzwerk steigt fortlaufend an. Deshalb war man ständig bestrebt, Lösungen zu finden, die eine höhere Bandbreite für die einzelnen Stationen im Netzwerk bieten. Betrachtet man das Zugriffsverfahren von Ethernet, das im Halbduplexbetrieb verwendet wird, so ist die verfügbare Gesamtbandbreite von der Anzahl der Stationen und deren zu übertragendem Datenvolumen im Wesentlichen abhängig. D. h., die verfügbare Bandbreite lässt sich in einem herkömmlichen Ethernet-Netzwerk nicht voraussagen, was auch das größte Manko eines Ethernet-Netzwerks darstellt. Die Lösung hierfür lautet Vollduplexbetrieb. Voraussetzung für den Vollduplexbetrieb, bei dem die Daten simultan in beide Richtung übertragen werden können, ist es, dass zwischen den Stationen eine Peer-to-Peer-Verbindung existiert, über die die Daten ungehindert übertragen werden können. Ist diese Voraussetzung erfüllt, so kann auf das Zugriffsverfahren CSMA/CD verzichtet werden, da ja keine Kollisionen mehr auftreten können. Natürlich muss dazu bei der Vollduplexverbindung ein getrennter Datenkanal für das Senden der Daten und das Empfangen der Daten vorhanden sein. Dies ist bei TP- und Lichtwellenleiterkabeln grundsätzlich der Fall. Es war also demnach kein Problem, die Vollduplexfunktion für Ethernet-Netzwerkkarten einzuführen, die es ermöglicht hat, den Datenaustausch ungehindert in beide Richtungen durchzuführen, was zum einen zu einer drastischen Performance-Steigerung führt. Ein weiterer Vorteil liegt darin, dass die Verzögerung voraussehbar wird, da die Daten, anders als bei einem Shared Media, ohne Zugriffsverfahren und somit ungehindert zu jeder Zeit übertragen werden können. Außerdem entfallen bei einer solchen Vollduplexverbindung die Längenrestriktionen der Kollisionsdomäne, weshalb man in Bezug auf die Länge nur noch den Einschränkungen der Dämpfung unterliegt. So lassen sich zum Beispiel bei dem Einsatz eines Lichtwellenleiters größere Distanzen von mehreren Kilometern überbrücken.

Peer-to-Peer-Verbindung

Stellt sich natürlich die Frage, wie man zu Peer-to-Peer-Verbindungen in einem normalen Netzwerk kommt, bei dem die Möglichkeit für den Datenaustausch zwischen verschiedenen Stationen gewährleistet werden soll. Die Antwort hierzu lautet Switching Hub. Ein Switching Hub ist vom Grundsatz nichts anderes als eine spezielle Variante einer Multiport-Bridge. Wie schon erwähnt, entstand der Begriff Switching Hub oder Switch auch als Marketingbezeichnung für eine besonders schnelle Multiport-Bridge der Firma Calpana. Der Einsatz eines Switching Hub anstelle eines Repeaters bietet eine Reihe von Vorteilen. Zum einen wird die erzielbare Ausdehnung eines Ethernet-Netzwerks durch den Einsatz eines Switching Hub drastisch vergrößert; zum anderen wird die Performance des Netzwerks deutlich erhöht. Diese beiden wesentlichen Vorteile erreicht man, indem der Switching Hub

Multiport-Bridge

je nach Bedarf für die Übertragung der Datenpakete über seine interne Switching-Matrix dedizierte Peer-to-Peer-Verbindungen zwischen den einzelnen Anschlüssen in kürzester Zeit schaltet. Auf diese Weise wird für die Vollduplex-Datenübertragung die Anforderung erfüllt, dass zwischen den Stationen eine Vollduplex-Peer-to-Peer-Verbindung vorhanden sein muss. Dadurch erzielt man eine vorhersehbare Verzögerung für die Datenübertragung und eine gesicherte Performance, die nicht durch eine eventuell auftretende Kollision beeinflusst werden kann.

Adresstabellen

Die Schaltung der Verbindungen wird anhand der Zieladresse des Datenpakets und eines Vergleichs mit Adresstabellen vorgenommen. Die Adresstabelle wird mit der Hilfe eines Lernprozesses gewonnen. Dazu prüft der Switch die Quelladresse jedes Datenpakets und trägt diese Adresse in eine Port-bezogene Adresstabelle ein. Auf diese Weise gewinnt der Switching Hub in einem selbst lernenden Verfahren einen Überblick über den Aufbau des Netzwerks. Er kann so entscheiden, von welchem Port zu welchem Port ein Datenpaket weitergeleitet werden muss, damit das Datenpaket das gewünschte Ziel erreichen kann. Sollte eine direkte Weiterleitung nicht möglich sein, da zum Beispiel über den Anschluss ein anderes Datenpaket ausgesendet wird, so ist der Switching Hub in der Lage, das Datenpaket zwischenzuspeichern, bis die Weiterleitung wieder möglich ist.

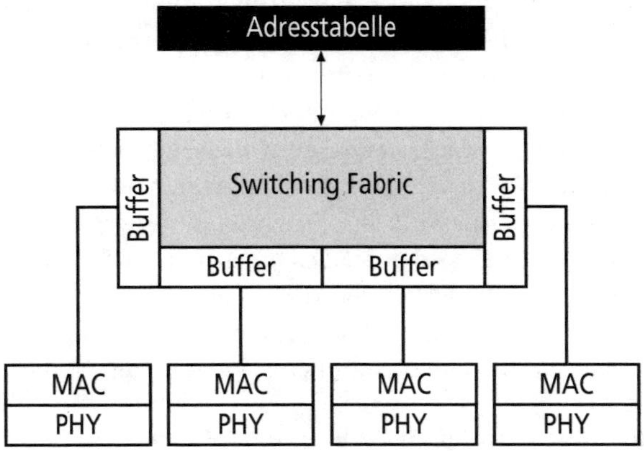

Abb. 8–20
Prinzipielle Funktion eines Switching Hub

Für die Weiterleitung der Datenpakete gibt es bei den Switching Hubs zwei grundlegenden Verfahren: Cut-Trough-Switching und Store-and-Forward-Switching. Beide Verfahren haben ihre Vor- und Nachteile, die von Fall zu Fall abzuwägen sind.

Cut-Trough-Switching

Cut-Trough-Switching

Bei Cut-Trough-Switching werden nur die ersten Bytes eines Datenpakets, und zwar die Zieladressen und die Quelladressen der Datenpakete, gelesen und ausgewertet. Kann anhand der Zieladresse und eines Eintrags in der Adresstabelle bestimmt werden, an welchen Port das Datenpaket weitergeleitet werden muss, um das gewünschte Ziel zu erreichen, so wird intern die Verbindung zu dem entsprechenden Port geschaltet und das Datenpaket direkt weitergeleitet. Wird kein Eintrag in der Adresstabelle gefunden, so wird das Datenpaket an alle Ports weitergeleitet, wobei natürlich eine gewisse Mehrbelastung entsteht. Dieser Fall wird jedoch gewöhnlich nur in der Anfangsphase, nachdem der Switching Hub gestartet wurde, auftreten, da in der Regel der Adresseintrag durch den Austausch eines Datenpakets nach einer gewissen Zeit erfolgt.

Der Nachteil des Cut-Trough-Switching ist, dass nur der Anfang eines Datenpakets ausgewertet wird und das Datenpaket daraufhin unmittelbar weitergeleitet wird. Es kann also vorkommen, dass auch beschädigte Datenpakete oder Fragmente übertragen werden. Diese beschädigten Datenpakete oder Fragmente stellen in diesem Fall eine unnötige Netzwerkbelastung dar. Auf der anderen Seite ist der Vorteil des Cut-Trough-Switching, dass es sehr schnell ist und ohne wesentliche Verzögerung die Datenpakete weiterleitet.

Store-and-Forward-Switching

Store-and-Forward-Switching

Die Alternative zu Cut-Through-Switching stellt Store-and-Forward-Switching dar. Es wertet ebenfalls die Zieladresse und die Quelladresse des Datenpakets aus und entscheidet anhand dieser Informationen, von welchem Port zu welchem Port die Verbindung geschaltet werden muss. Der wesentliche Unterschied liegt allerdings darin, dass zuerst das gesamte Datenpaket empfangen und zwischengespeichert wird. Unmittelbar nach dem vollständigen Empfang des Datenpakets wird seine Fehlerfreiheit anhand der CRC überprüft. Nur in dem Fall, dass tatsächlich das Datenpaket unversehrt und vollständig ist, wird das Datenpaket weitergeleitet. Auf diese Weise wird vermieden, dass defekte Datenpakete oder Fragmente von dem Switching Hub weitergeleitet werden können, die das Netzwerk nur unnötig belasten würden. Der Nachteil ist natürlich, dass Store-and-Forward-Switching zwangsläufig mit einer größeren Verzögerung verbunden ist.

Das Adaptive-Cut-Through-Switching-Verfahren

Adaptive-Cut-Through-Switching

Eine kombinierte Variante, bei der jeweils die Vorteile von Cut-Through- und Store-and-Forward-Switching genutzt werden, stellt Adaptive-Cut-Through-Switching dar. Dabei können beide zuvor beschriebenen Verfahren durchgeführt werden, wobei über einen Fehlerschwellwert bestimmt wird, welches der beiden Verfahren letztendlich zum Einsatz kommt. In der Anfangsphase wird prinzipiell das schnellere Cut-Through-Switching verwendet. Wird jedoch ein bestimmter Wert der Fehlerrate überschritten, so wird auf das Store-and-Forward-Switching umgeschaltet, damit eine unnötige Belastung des Netzwerks durch fehlerhafte Datenpakete und Datenfragmente auf Dauer vermieden wird. Auf diese Weise erreicht man jeweils automatisch, je nach Betriebsbedingung, die optimale Nutzung des Switching-Verfahrens.

Verwaltung der Switching-Adresstabellen

Verwaltung der Adresstabellen

Die Einträge für die Adresstabellen werden anhand der Auswertung der Quelladressen gebildet, die aus den Datenpaketen, die bereits über den Switching Hub übertragen worden sind, gewonnen wurden. Dazu wird die Quelladresse jedes empfangenen Datenpakets ausgewertet und, je nach dem, an welchem Port das Datenpaket empfangen wurde, in eine zum Port gehörende Adresstabelle eingetragen. Das heißt, mit zunehmender Zeit werden die Adresstabellen umfangreicher und bilden ein vollständiges Abbild des vorhandenen Netzwerks, so dass über kurz oder lang jedes Datenpaket zielgerichtet weitergeleitet werden kann. Ist eine Adresse in der Adresstabelle nicht vorhanden, so wird das Datenpaket an alle übrigen Ports weitergeleitet, damit gewährleistet wird, dass das Datenpaket dennoch sein Ziel erreichen kann. Da nach einem Neustart der Switching Hubs die Adresstabellen grundsätzlich leer sind, kommt es natürlich zwangsläufig in der Anfangsphase zu einer Mehrbelastung des Netzwerks, die sich durch den Selbstlernprozess nach einem gewissen Zeitraum auf ein Minimum reduziert.

Address Aging

Über ein Verfahren, das in der Regel als Address Aging bezeichnet wird, entfernt der Switch Adresseinträge, die längere Zeit nicht mehr verwendet worden sind, wieder aus den Adresstabellen. Dadurch soll vermieden werden, dass die Größe der Adresstabellen unnötig anwächst, was zu einer unnötigen Verzögerung bei der Abfrage der Adresstabellen führen würde, und zum anderen sollen somit fehlerhafte Weiterleitungen, die beispielsweise bei dem Umzug einer Station durch einen zu alten Adresseintrag entstehen würden, vermieden werden.

Gewöhnlich sind die Adresstabellen in der Lage, 12.000 und mehr Adressen aufzunehmen, womit durchaus größere Netzwerke mit einer Vielzahl von Endgeräten durch einen Switching Hub verwaltet werden können.

Verzögerung eines Switching Hub

Verzögerung eines Switching Hub

Bedingt durch das Switching-Verfahren, d. h. die Auswertung der Zieladresse, die Entscheidungsphase und Schaltung der internen Verbindung über die Switching-Matrix, treten grundsätzlich Verzögerungen auf. Diese sind, je nach Switching-Verfahren, unterschiedlich, wobei die Verzögerung bei Store-and-Forward-Switching gegenüber Cut-Through-Switching bedeutend höher ist. Die Verzögerung durch das Switching-Verfahren wird allgemein als Latency bezeichnet. Sie begrenzt letztendlich die maximale Anzahl der in Reihe geschalteten Swiching Hubs, da die Verzögerung, bedingt durch das zeitliche Verhalten der höheren Protokolle, eine bestimmte Grenze einhalten muss. Da jedoch in einem Netzwerk gewöhnlich nur we-

Latency

nige Switching Hubs zusammen in Reihe geschaltet werden, ist diese Tatsache bei einer Anzahl von wenigen Switching Hubs zu vernachlässigen.

Die Latency stellt jedoch allgemein eine bewertbare Größe für die Reaktionszeit während der Datenübertragung dar. Möchte man die Switching Hubs anhand der Latency vergleichen, so muss allerdings berücksichtigt werden, in welcher Form die Latency eines Switching Hub bestimmt wurde. Dabei stößt man bei genauerer Betrachtung auf eine überraschende Tatsache: Bei Cut-Through-Switching wird die Latency zwischen dem ersten empfangenen Bit eines Datenpakets und dem ersten gesendeten Bit des Datenpakets gemessen, denn bedingt durch das Cut-Through-Switching entsteht hierbei ein Nachteil. Das Datenpaket muss mindestens bis zu dem Bereich vollständig gelesen werden, in dem sich die Zieladresse und die Quelladresse des Datenpakets befinden, was nach den ersten 96 Bits der Fall ist. Erst danach kann der Entscheidungsprozess erfolgen, der durch den Vergleich der Zieladresse mit den Adresstabellen erfolgt, wodurch zwangsläufig eine bestimmte Verzögerung auftritt. Erst wenn diese Entscheidung gefallen ist, kann das Datenpaket weitergeleitet werden. Gemessen am Abstand zwischen dem ersten empfangenen Bit und dem ersten gesendeten Bit können so durchaus Verzögerungen von 30 bis 40 µs auftreten. Bei Store-and-Forward-Switching wird hingegen die Zeit zwischen dem letzten empfangenen Bit und dem Zeitpunkt des ersten gesendeten Bits gemessen. Da jedoch der Entscheidungsprozess für die Wegwahl in der Zeit erfolgen kann, während das Datenpaket noch empfangen wird, ist es in der Regel der Fall, dass die Wegwahl bereits getroffen ist, bevor das letzte Bit eines Datenpakets empfangen wird. Dies ist besonders bei großen Datenpaketen der Fall. So kommt man bei Store-and-Forward-Switching auf Verzögerungszeiten im Bereich von 7 bis 10 µs. Somit schneidet Store-and-Forward-Switching gegenüber dem Cut-Through-Switching wegen der geringeren Latency besser ab, obwohl das Verfahren bei der genaueren Betrachtung eigentlich eine deutlich höhere Verzögerung haben müsste. Führt man hingegen einen Vergleich durch, in dem beim Store-and-Forward-Switching der vollständige Empfang eines Datenpakets berücksichtigt wird, so müsste man bei der maximalen Größe eines Datenpaketes die 1518 Bitzeiten dazu rechnen, wobei man zum Beispiel bei Ethernet mit 10 MBit/s schon auf zusätzlich 151,8 µs käme. Die Latency-Angabe ist in der Praxis also gewissermaßen mit Vorsicht zu betrachten, da ein direkter Vergleich zwischen den verschiedenen Switching-Verfahren in Wirklichkeit gar nicht möglich ist. Ein Vergleich ist maximal zwischen verschiedenen Switching Hubs möglich, wenn sie dasselbe Switching-Verfahren einsetzen.

Latency-Angabe

Bei der Betrachtung der Verzögerung muss man auch zwischen den Datenpaketen unterscheiden, die nur an einen Port (Unicast) weitergeleitet werden, und den Datenpaketen, die an alle Ports (Broadcast) weitergeleitet werden müssen. Denn im letzten Fall beansprucht das Kopieren der Datenpakete für alle Ausgangsports eine wesentlich höhere Kapazität auf der Switching-Matrix und führt somit zwangsläufig zu einer höheren Verzögerung. Die Verzögerung ist ebenfalls vom unterstützten Layer abhängig, wobei die Verzögerung bei einem sogenannten Layer-3-Switch höher als bei einem Layer-2-Switch ist. Die höhere Verzögerung wird dadurch verursacht, dass zu den MAC-Adressen die Adressinformationen der höheren Protokolle und die Routingtabelle ausgewertet werden müssen, was zwangsläufig zu einer höheren Verzögerung führt.

Zwischenpuffer

Zwischenpuffer

Es ist die Aufgabe eines Switching Hub, Datenpakete von Port zu Port weiterzuleiten. Es kann jedoch vorkommen, dass ein Port belegt ist, weil gerade ein anderes Datenpaket auf dem Port ausgesendet wird. In diesem Fall muss der Switching Hub in der Lage sein, das Datenpaket so lange zwischenzuspeichern, bis der Port wieder frei ist und auf ihm das Datenpaket ausgesendet werden kann. Des Weiteren muss der Switching Hub in der Lage sein, intern mehrere Verbindungen zu verschiedenen Ports zur selben Zeit simultan schalten zu können. Diese Fähigkeit richtet sich nach der Größe beziehungsweise Breite der Switch-Matrix (auch Backplane genannt). Je größer diese ist, desto mehr interne Verbindungen können zur selben Zeit geschaltet werden. Als Faustformel kann man sagen, dass die Switch-Matrix mindestens 50 % der Kapazität aufweisen sollte, die sich aus der Summenrechnung der verschiedenen Port-Typen ergibt. Für die Summenrechnung sollte pro 100-MBit-Port eine Gesamtkapazität von 200 MBit/s und pro 1000-MBit-Port eine Kapazität von 2000 MBit/s einkalkuliert werden, damit im Vollduplexbetrieb auch im schlechtesten Fall keine Engpässe auftreten können. Beispielsweise sollte ein Switching Hub mit zwei Ports für 1000 MBit/s und sechzehn Ports für 100 MBit/s eine Switching-Kapazität von 3,6 GBit/s [(16 × 200 MBit/s + 2 × 2000 MBit/s)/2] aufweisen. Im Idealfall stehen natürlich 100 % der errechneten Gesamtkapazität auf der Switching-Matrix zur Verfügung. Können die Datenpakete ohne Verluste übertragen werden, so spricht man von einer Non-blocking-Switch-Matrix.

Switch-Matrix

Ist die Switching-Matrix ausgelastet, so müssen ebenfalls die anstehenden Datenpakete zwischengespeichert werden können. Somit ist die Größe der Zwischenspeicher, die auch als Datenpuffer bezeichnet werden, und die Switching-Matrix ein Gütekriterium eines Switching Hub. Bei beiden Werten gilt: je größer, desto besser. Kommt es zu Engpässen in dem Switching Hub, die sich in der Form äußern, dass die Datenpuffer überlaufen, so müssen zwangsläufig die Datenpakete verworfen werden, wobei man häufig davon spricht, dass Frames gedroppt worden sind. Bedingt durch die Tatsache, dass die Nutzdaten der gedroppten Frames durch die höheren Protokolle abgefangen werden müssen, kommt es in diesem Fall zu einer deutlichen Performance-Einbuße.

Die verschiedenen Switching-Layer

Switching-Layer

Die Switches werden inzwischen in Layer-N-Switches eingeteilt, wobei die Layer-N mit dem OSI-Referenzmodell korrespondieren. Die einfachste Variante eines Switch ist ein Layer-2-Switch, der funktionell auf der MAC-Ebene angesiedelt ist. Ein Ethernet Switching Hub, wie wir ihn in den letzten Abschnitten beschrieben haben, stellt somit einen Layer-2-Switch dar. Ist ein Switch zusätzlich in der Lage, die Adressinformationen der Protokolle auf der dritten Ebene auszuwerten, so spricht man heutzutage von einem Layer-3-Switch. Dieser verfügt demnach zusätzlich über eine Router-Funktion, wodurch er, je nach Implementierung der Protokolle, zusätzlich als Router fungieren kann, über den sich der Netzwerkverkehr optimieren lässt. Mittlerweile gibt es bereits Layer-4- , Layer-5-Switches und Layer-7-Switches, die zusätzliche Funktionen bieten. Zum Beispiel analysieren die Layer-7-Switches das Datenfeld auf bestimmte Schlüsselbegriffe (z. B. Bestellnummer), wobei man im Fachjargon dann von Content-Switching spricht. Switches oberhalb des vierten Layer werden häufig auch als Multi-Layer-Switches bezeichnet.

Layer-2-Switch

Layer-3-Switch

Layer-4-Switch

Es gilt prinzipiell: Je höher der Layer eines Switch, desto größer ist der Funktionsumfang, was natürlich auch bedeutet, dass die Konfiguration eines solchen Switch auch bedeutend schwieriger ist und sehr oft nur noch durch besonders geschulte Experten korrekt ausgeführt werden kann. Die Hersteller solcher komplexen Switches wie beispielsweise Alteon, Cisco, Extreme Networks, Hewlett-Packard, Juniper Networks, Lucent oder F5 Networks bieten besondere Schulungen und Zertifizierungen an, an denen Netzwerktechniker teilnehmen und die professionelle Konfiguration eines solchen Switch erlernen können. Eine Anmerkung gilt es allerdings zu machen: Viele gestandene Netzwerkhasen stören sich an Begriffen wie Layer-3- oder Layer-4-Switch. Gerade der Begriff Layer-4-Switch, den die Firma Alteon einführte, scheint sich auch nicht durchzusetzen; viele Hersteller solcher Geräte, die anhand von Informationen auf Layer 4 (TCP) und Last-Details unterschiedliche Wege schalten, bezeichnen sie inzwischen lieber als Load Balancer. Aber auch beim Layer-3-Switch ist immer wieder zu hören, dass Switching nur auf Layer 2 des OSI-Modells anhand der MAC-Adressen stattfindet und es daher einen Layer-3-Switch gar nicht geben kann. Dies mag für die ersten sogenannten Layer-3-Switches gegolten haben, bei denen es sich um nicht viel mehr als Layer-2-Switches gehandelt hat, die bei Bedarf auf die Routing-Funktion umgeschaltet haben. Genauso aber, wie der Begriff Switch ursprünglich als reines Marketinginstrument entstanden ist, heute aber eine eigene Geräteklasse bezeichnet, die weit über Multiport-Bridges hinausgeht, haben moderne Layer-3-Switches erweiterte Möglichkeiten, die eine enge Verbindung von Layer-2-Switching und Layer-3-Routing herstellen. Sie sind Zwitterwesen, für die der Begriff

Routing-Funktion

Layer-3-Switch durchaus angebracht sein kann und sich inzwischen auch weitgehend durchgesetzt hat.

VLANs

In der Regel ist bei einem reinen Layer-2-Switch keinerlei Konfiguration notwendig. Bei einem Layer-2-Switch gibt es maximal die Möglichkeit, sogenannte Virtuelle LANs (VLANs) zu bilden, die Port-bezogen sind. D. h., es wird eine bestimmte Gruppe von Ports von mehreren Switches zu einem virtuell eigenständigen Netzwerk zusammengefasst, über deren Zusammenfassung sich jeweils eigenständige Arbeitsgruppen innerhalb des gesamten Netzwerks bilden lassen, wodurch ein Netzwerk in verschiedene Broadcast-Domänen aufgeteilt wird. Dies hat in diesem Fall primär Auswirkung auf die Broadcast-adressierten Datenpakete, da diese nicht an alle Ports der Switching Hubs, sondern nur an die zum VLAN gehörenden Ports weitergeleitet werden. Dies führt in der Gesamtbetrachtung jedoch bereits schon zu einer wesentlichen Entlastung des Netzwerks, da die Ausdehnung des Broadcast-basierten Datenverkehrs innerhalb einer Arbeitsgruppe begrenzt wird (siehe Abbildung 8-21).

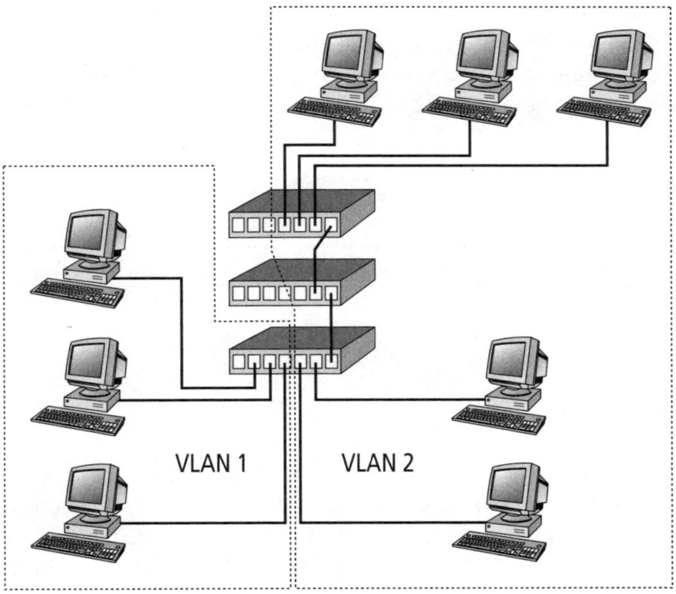

Abb. 8–21
Über mehrere Layer-2-Switching-Hubs hinweg können Port-basierte VLANs gebildet werden.

Quality of Service

Die Layer-3-Switches bieten dagegen einige zusätzliche Möglichkeiten für die Bildung von VLANs. Da auf der dritten Ebene die Adressinformationen ausgewertet werden können, kann zum Beispiel der Netzwerkverkehr in einem IP-basierten Netzwerk auf das Subnetz begrenzt werden. Ein Layer-3-Switch stellt letztendlich einen Router und ein Switch in einem Gerät dar. Weiterhin besteht die Möglichkeit, Quality of Service (QoS) zu realisieren.

Über QoS kann eine Priorisierung der Datenpakete anhand der Protokollinformationen vorgenommen werden. Dadurch lässt sich eine Reservierung der Bandbreiten und damit verbunden eine maximale Zeitverzögerung einrichten, die besonders bei der Übertragung von Sprach- oder Bilddaten notwendig ist, die man sich zum Beispiel bei Voice over IP zunutze macht.

Die VLAN-Bildung nach IEEE 802.1p/1q

VLAN-Bildung

IEEE 802.1q

Für eine Priorisierung und Bildung von VLANs auf der Ebene der Ethernet-Pakete gibt es standardisierte Methoden nach den Standards IEEE 802.1p und IEEE 802.1q. Diese wurden 1998 veröffentlicht und bieten eine herstellerunabhängige Möglichkeit für die Bildung von VLANs. Sie beschreiben, wie eine Priorisierung und die Bildung von VLANs vollzogen werden und wie die dazu notwendigen Informationen in einem Ethernet-Paket übertragen werden können. Zwecks Austausch der zusätzlichen Informationen wurde in IEEE 802.1q ein neues Format des Ethernet-Datenpakets definiert. Es beinhaltet vier zusätzliche Bytes, wodurch die zulässige Gesamtlänge bei diesen 802.1q-Datenpaketen von 1518 Byte auf 1522 Byte erhöht worden ist. Die zusätzlichen vier Bytes sind im Header des Datenpakets direkt nach der Quelladresse platziert, und das Ethernet-Typen/Längen-Feld ist von seiner Position um die Länge von vier Byte einfach nach hinten verschoben worden (siehe Abbildung 8-22).

Abb. 8-22
VLAN-Header eines Ethernet-Datenpakets

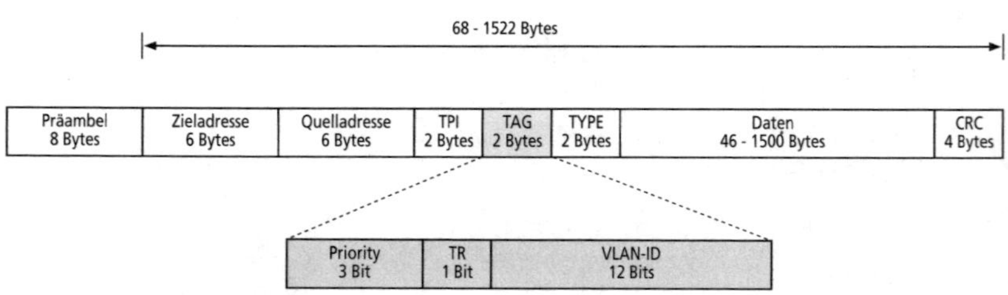

VLAN-Tagging

TPID

TCI

Über diese zusätzlichen vier Bytes kann die Zugehörigkeit zu einem VLAN (Tag) angezeigt werden, weshalb man auch vom VLAN-Tagging spricht. Die ersten zwei Bytes der zusätzlichen Informationen stellen dabei das sogenannte Tag-Protocol-Identifier-Feld (TPID) dar, das durch seinen Inhalt von 0x8100 hex kennzeichnet, dass es sich bei dem Datenpaket um ein Datenpaket mit VLAN-Informationen handelt. Die darauf folgenden zwei Bytes werden als Tag-Control-Information-Feld (TCI) bezeichnet. Die ersten drei Bits des TCI-Felds werden dazu genutzt, die Priorität des Datenpakets anzugeben. Über die drei Bits können insgesamt acht verschiedene Prioritäten, die als Class of Service (CoS) bezeichnet werden, gekennzeichnet und übermittelt werden. Danach folgt das sogenannte TR-Bit, das für einen Token-Ring-Encapsulation-Prozess verwendet werden kann. Über die letzten zwölf Bits des TCI werden die VLAN-Identifier (VID) übertragen, über die letztendlich maximal 4096 VLANs gebildet werden können. Jedes Datenpaket, das zu einem bestimmten VLAN gehört, wird durch eine eindeutige VID gekennzeichnet. Anhand dieser Informationen kann ein VLAN-fähiger Switch dann die einzelnen Datenpakete den jeweiligen Ports zuordnen.

VID

Die acht verschiedenen Prioritäten, die über die drei Bits des TCI-Felds gekennzeichnet werden können, sind in dem Standard IEEE 802.1p definiert (siehe folgende Tabelle).

Tab. 8-2
Die Priorisierung laut IEEE 802.1p

CoS-Bits	Typ der Daten
000	Zeitunkritischer Datenverkehr [less than best effort (default)]
001	Normaler Datenverkehr [Best efford (background)]
010	Reserviert (Standard)
011	Reserviert (excellent effort)
100	Datenübertragung mit max. 100 ms Verzögerung
101	Garantierter Service, interaktives Multimedia
110	Garantierter Service, interaktive Sprachübertragung
111	Reserviert

Durch die Priorisierung der Datenpakete kann prinzipiell bestimmt werden, welche Pakete bevorzugt weitergeleitet werden sollen. Jedoch setzt dies voraus, dass die Komponenten, die eine solche Priorisierung unterstützen sollen, für jede Priorität eine eigene Queue (Warteschlange) aufweisen, über die sie die Datenpakete mit der geringeren Priorität zwischenpuffern können.

Der Switching Hub an einer angrenzenden Kollisionsdomäne

Unabhängig davon, ob ein Port an einem Switching Hub im Voll- oder Halbduplexmodus betrieben wird, stellt der Switch eine Grenze für die Ausbreitung der Kollisionsdomäne dar. D. h., die Kollisionsdomäne kann sich auf keinen Fall über den Switching Hub hinweg ausbreiten. Jeder Port muss also für sich betrachtet werden. Die Ports, die im Halbduplexmodus betrieben werden, grenzen dabei an eine Kollisionsdomäne an, wobei jeweils diese Ports als Endgeräte für die Kalkulation der maximal zulässigen Ausbreitung der Kollisionsdomäne mit einbezogen werden müssen. Dies bedeutet zum Beispiel, dass ein Port, der mit 100 MBit/s im Halbduplexmodus betrieben wird, eventuell mit seinen 50 Bitzeiten als weitester Endpunkt mit eingerechnet werden muss (siehe Abbildung 8-23).

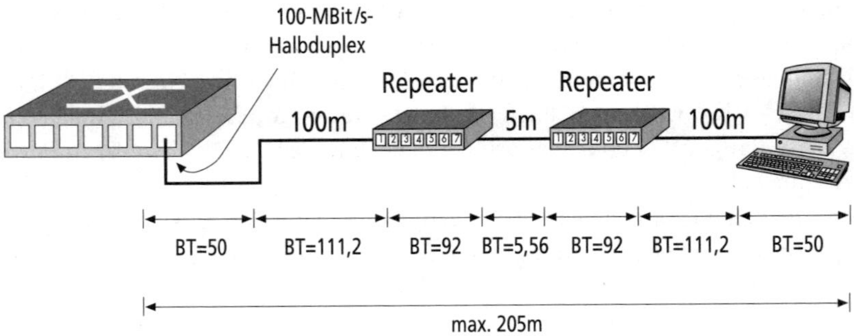

Abb. 8–23
Ein Port eines Switching Hub, der im Halbduplexmodus betrieben wird, muss in die Kalkulation für die Ausdehnung der Kollisionsdomäne eingerechnet werden.

8.3.1 Switching Hubs für 10/100 MBit/s

Die am meisten verbreiteten Switching Hubs stellen die einfachen Layer-2-Switching-Hubs dar. Setzt man in einem Netzwerk mit TP-Kabel anstelle eines einfachen Hub einen Layer-2-Switch ein, so erhält man ohne großen Aufwand eine deutliche Performance-Steigerung für das Netzwerk. Denn man wandelt auf diese Weise das vorhandene Netzwerk von einem Shared Media in ein Switched Media um. Der wesentliche Vorteil liegt darin, dass in einem Switched Media sich die Kollisionen generell nicht über die Grenzen des Switch ausbreiten können, was allein bereits zu einer deutlichen Performance-Steigerung führt.

Switched Media

Bei den Switching Hubs gibt es heutzutage auf dem Markt eine Vielzahl von Varianten: vom kleinen, kompakten Layer-2-Desktop-Switch bis zu komplexen Switching Hubs, die hoch bis zu Layer 7 gehen. Die kleinen Layer-2-Desktop-Switches sind hervorragend für den Aufbau eines kleinen Netzwerks geeignet, in dem man die Vorteile der Switching-Technologie verbunden mit der Performance eines Ethernet mit 100 MBit/s nutzen möchte. Diese Geräte sind in der Regel mit einem externen Netzteil ausgerüstet, weshalb auf die Verwendung eines Lüfters verzichtet werden kann.

Zudem verfügen heute eine Vielzahl der kleinen Layer-2-Desktop-Switches über das PoE-Feature. So gibt es beispielsweise Layer-2-Desktop-Switches mit acht TP-Interfaces, von denen vier als PoE-Ethernet-Interfaces ausgeführt sind und über die jeweils PDs mit der maximalen Leistung versorgt werden können.

Ebenfalls gibt es ein Vielzahl von Layer-2-Switching-Hubs auf dem Markt, die für die 19-Zoll-Montage geeignet sind und den Anforderungen eines großen Netzwerks eher gerecht werden. Diese Variante der Switching Hubs fängt bei einfachen Layer-2-Switches an und geht hoch bis zu Layer-4- oder Layer-5-Switches. Natürlich sind die höheren Layer auch mit einem erheblich höheren Preis verbunden. Es gilt abzuwägen, welche Art von Switches für das vorhandene Netzwerk letztendlich benötigt wird, wobei die Größe eines Netzwerks bei der Auswahl des Switch eine entscheidende Rolle spielt.

Bei den 19-Zoll-Switching-Hubs ist PoE heute ebenfalls weit verbreitet. Hierbei existieren Systeme, bei denen zwar alle TP-Anschlüsse als PoE-Variante ausgeführt sind, die jedoch in der Standardausführung auf der Hälfte der TP-Anschlüsse die maximale PoE-Leistung zur Verfügung stellen können. Diese Systeme lassen sich gegebenenfalls durch ein optionales Netzteil erweitern und können somit auf allen TP-Anschlüssen die volle PoE-Leistung liefern. In diesem Zusammenhang ist es hilfreich, wenn diese 19-Zoll-Switching-Hubs über ein Power Management verfügen, um eine Überlastung auszuschließen. Ist kein Power Management vorhanden, sollte man im Vorfeld das Power Budget des 19-Zoll-Switching-Hubs mit der benötigten Leistung der PDs abgleichen.

Man kann davon ausgehen, dass der Hauptanteil der auf dem Markt befindlichen Layer-2-Switching-Hubs über die Auto-Negotiation-Funktion verfügt und keinerlei Einstellungsarbeiten notwendig macht. Teilweise müssen jedoch die Übertragungsrate von 10 MBit/s oder 100 MBit/s und der Übertragungsmodus fest über DIP-Schalter eingestellt werden.

Einfache Varianten verfügen beispielsweise über zwei Ports mit 100 MBit/s, die primär als Uplink zum Server dienen sollen, sowie über sechzehn oder vierundzwanzig Ports mit 10 MBit/s. Einige Hersteller bieten in solchen Geräten auch einen Slot, in dem je nach Bedarf ein Uplink-Port für unterschiedliche Medien eingesetzt werden kann. Das bietet den Vorteil, dass man relativ flexibel mit der Wahl des Uplink-Ports ist und die Budget-abhängig optimale Lösung findet, da man das Uplink-Modul nur kauft, wenn man dieses benötigt. Sehr oft ist der Uplink-Port allerdings auch mit dem Nachteil verbunden, dass bei seiner Benutzung einer der normalen Ports nicht mehr verwendet werden kann, da intern die Funktion eines bestehenden Ports verwendet wird.

Interessant sind, betrachtet man das Preis-/Leistungsverhältnis, heutzutage auch die reinen Fiberoptic-Switching-Hubs, die mit MT-RJ- oder Volition-Stecksystem ausgestattet sind. Sie sind bedeutend preiswerter als die herkömmlichen Switches für Lichtwellenleiter, da die Portdichte wesentlich erhöht werden kann, was es den Herstellern der neuen Switching Hubs ermöglicht, preisgünstigere Geräte anzubieten.

8.3.2 Switching Hubs für 1000 MBit/s

Gigabit-Ethernet-Switching-Hubs

Für Gigabit-Ethernet gibt es ebenfalls einfache Layer-2-Switching-Hubs und Geräte, die die höheren Layer unterstützen. Dabei gibt es natürlich ebenfalls Geräte nur für 1000 MBit/s oder Switches, die über eine gewisse Anzahl von Ports sowohl für 1000 MBit/s als auch für 10/100 MBit/s verfügen. Die Gigabit-Ethernet-Switching-Hubs unterstützen prinzipiell die Auto-Negotiation-Funktion, weshalb eine manuelle Einstellung der Ports in der Regel nicht notwendig ist. Man sollte beim Kauf eines 1000-MBit-Switching-Hubs darauf achten, dass dieser Flow Control laut 802.3x unterstützt, da es sonst im Hochlastfall schnell zu Engpässen kommen kann. Entscheidend ist bei den Gigabit-Ethernet-Switches die Kapazität der Switching-Matrix, die pro 1000-MBit-Port bei etwa 2 GBit/s liegen sollte.

Bei den großen Gigabit-Ethernet-Switches gibt es allerdings in den Ausbaumöglichkeiten per Module und Software kaum Grenzen nach oben, hier ist schnell auch mal die Preisregion eines Mittelklassewagens erreicht.

Abb. 8–24
Highend Switches, die je nach Bedarf mit unterschiedlichen Modulen bestückt werden kann (Quelle: Cisco)

8.3.3 Tranceiver-Module für Switches

Tranceiver-Module

Betrachtet man die große Anzahl der verschiedenen Frontendvarianten (PMDs) im Gigabit- und 10Gigabit-Ethernet-Bereich, so stellt sich die Frage, wie die Hersteller diese PMD-Varianten noch sinnvoll kombinieren und in ihren Multiport-Produkten implementieren können. Deshalb ist es mittlerweile bei den verschiedenen Herstellern üblich, einen Teil der Switch-Frontends modular auszuführen. In diesem Fall sind nicht alle Frontends der Switche fest bestückt, sondern teilweise mit Steckplätzen für bestimmte Transceiver ausgestattet. Für den Anwender ergibt sich dadurch die Möglichkeit, den Switch nach Bedarf mit dem jeweils notwendigen Frontend zu bestücken, um beispielsweise auf einer vorhandenen Glasfaser eine bestimmte Distanz zu überbrücken. Folgende Bauformen für Tranceiver-Module haben sich mittlerweile im Netzwerkbereich durchgesetzt:

GBIC
- GBIC (Gigabit Interface Converter) sind Transceiver-Module für den Gigabit-Ethernet-Bereich.

SFP
- SFP (Small Formfactor Pluggable), auch als MiniGBIC bezeichnet, entspricht einer kompakteren Bauform als GBIC.

XENPACK
- Bei XENPAK-10GB handelt es sich um Tranceiver-Module für 10Gigabit-Ethernet.

X2 und XFP
- X2- und XFP-Transceiver-Module (X2-10Gb und Extended Small Form Pluggable) besitzen im Vergleich zu XENPAK eine kompaktere Bauform. In der Breite und der Höhe ist XFP wie SFP aufgebaut, jedoch länger und für 10Gigabit-Ethernet ausgelegt.

8.3.4 Die Managementfähigkeit von Hubs und Switches

Managementfähigkeit

Ein heiß diskutiertes Thema ist immer wieder die Notwendigkeit einer Managementfähigkeit für aktive Verteiler-Komponenten wie Hubs, Repeater und Switching Hubs. An managementfähigen Komponenten können zum einen Einstellungen per Software vorgenommen werden und in der Regel Netzwerkstatistiken erfasst und abgerufen oder zu einer zentralen Überwachungsstation verbreitet werden. Ob an den Komponenten wirklich etwas per Software einzustellen ist, hängt letztlich vom Gerät ab – einfache Layer-2-Switches sollten auch ohne spezielle Konfiguration funktionieren. Durch die Auto-Negotiation-Funktion, über die sich die Ports letztendlich automatisch auf den Verbindungspartner einstellen können, ist eine Konfiguration selten notwendig. Dies trifft zumindest bei den Hubs und den Layer-2-Switching-Hubs zu. Die Möglichkeit für die Erfassung von Netzwerkstatistiken ist natürlich vor allem für größere Netzwerke interessant, bei dem diese Statistiken zur Fehlersuche und LAN-Optimierung dann aber auch erst einmal ausgewertet werden wollen. Für die sinnvolle Auswertung der Netzwerkstatistiken benötigen die Administratoren jedenfalls zumindest ein solides Basiswissen der vorhandenen Netzwerktechnologien. Natürlich besteht auch die Möglichkeit, die Überwachung eines Netzwerks einem fremden Unternehmen zu überlassen, das sich in Form einer Dienstleistung auf die Wartung eines Netzwerks spezialisiert hat. Durch die Netzwerkmanagement-Fähigkeit kann aber auch remote auf die Komponenten zugegriffen werden, was sich sehr oft, bedingt durch die räumliche Ausdehnung großer Netzwerke, als Vorteil erweisen kann.

Netzwerkstatistiken

Out-of-Band-Management

Beim Management unterscheidet man grundsätzlich zwischen In-of-Band- und Out-of-Band-Management. Letzteres wird direkt an der Komponente durchgeführt, wobei diese in der Regel über eine serielle Schnittstelle verfügt, an der ein Rechner angeschlossen werden kann. Auf dem Rechner selbst wird dann eine spezielle Software installiert, oder man arbeitet mit einer Terminal-Emulation, über die eine einfach Benutzeroberfläche bereitgestellt wird. Damit lassen sich dann Parameter einstellen und bei Bedarf Statistiken abfragen. Weiterhin besteht sehr oft die Möglichkeit, über das serielle Interface eine Telnet-Sitzung aufzubauen, über die mit einem gerätespezifischen Befehlssatz auf Kommandoebene die Einstellungen vorgenommen werden können.

In-of-Band-Management

Das In-of-Band-Management wird über das Netzwerk durchgeführt. Der Vorteil hierbei liegt darin, dass die Komponente von jeder Stelle im Netzwerk aus konfiguriert werden kann beziehungsweise deren statische Werte abgefragt werden können. Besteht für das Netzwerk eine Anbindung an das Internet, so kann das Management sogar weltweit erfolgen. Für In-of-Band-Management werden heute bevorzugt TCP/IP-Dienste verwendet. Viele Komponenten haben inzwischen eigene kleine Webserver eingebaut, die eine oder mehrere Konfigurations- und Statistikseiten im HTML-Format per HTTP liefern. Dies hat den Vorteil, dass man keine spezielle Software auf dem Rechner benötigt, von dem aus das Management durchgeführt werden soll, sondern die Managementoberfläche mit jedem beliebigen Webbrowser dargestellt werden kann.

Abb. 8-25
Komfortable HTML-basierte Oberflächen vereinfachen die Administration der aktiven Komponenten.

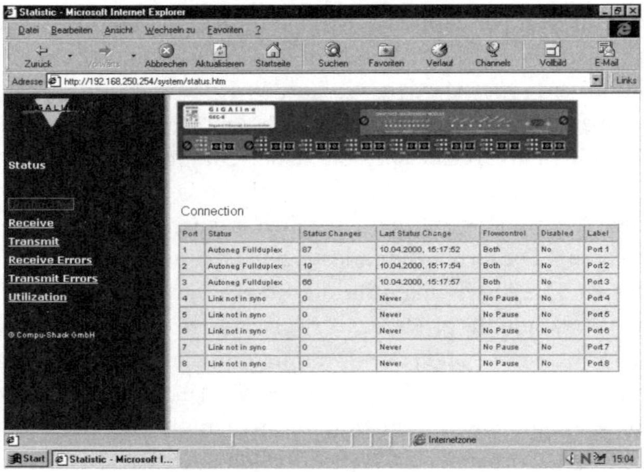

Benutzeroberflächen, die beispielsweise ein 1:1-Abbild des Geräts darstellen, bieten einfachen Zugriff auf die entsprechende Komponente, da die Bedienung prinzipiell selbsterklärend ist und somit oft ohne zeitaufwändige Einarbeitung erfolgen kann.

SNMP

Weiterhin besteht die Möglichkeit, dass die gesammelten Netzwerkstatistiken über das Simple Network Management Protocol (SNMP) in regelmäßigen Abständen an eine bestimmte Station im Netzwerk übertragen werden können. Bei SNMP handelt es sich um ein standardisiertes Netzwerkmanagement-Protokoll, über das plattformunabhängig Statistiken ausgetauscht werden und Parameter auf eine Komponente gesetzt werden können. SNMP basiert im Wesentlichen auf einem Frage/Antwort-Verfahren; ein Client sendet eine Anfrage und ein Server reagiert mit einer entsprechenden Antwort auf die Anfrage. Den Client stellt dabei die Managementstation dar und der Server ist der Agent, der überwacht oder gesteuert werden soll. Darüber hinaus kann der Agent aufgrund eines speziellen Ereignisses eine Meldung an den Client senden, um diesen über das aufgetretene Ereignis zu informieren, wobei man die Meldungen als Traps bezeichnet. Dafür kommen entsprechende Meldungen einer Überwachungsfunktion in Frage, wie beispielsweise das Überschreiten der internen Temperatur in einem Switch. Der Client beziehungsweise Trap-Manager kann dann auf die Alarmmeldung beispielsweise mit einer E-Mail an den Administrator reagieren (siehe Abbildung 8-26).

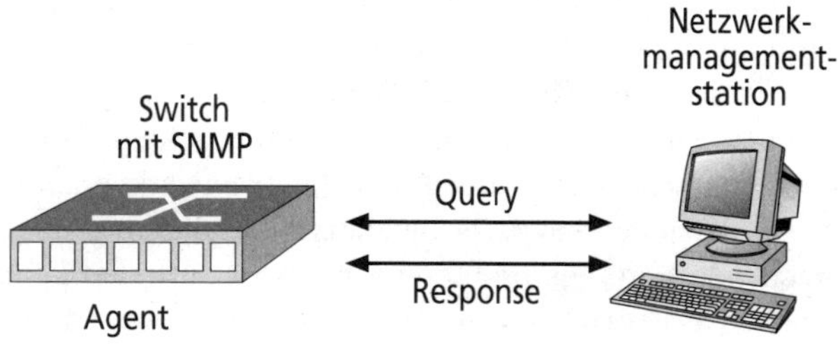

Abb. 8–26
Darstellung der Kommunikation zwischen SNMP-Manager und SNMP-Agenten

SNMP-Kommandos

Primär basiert SNMP auf drei Kommandos: GET, SET und EVENT. Darüber lassen sich vom Manager Informationen abfragen, Parameter setzen und vom Agenten Alarmmeldungen verschicken, um den Manager über ein Ereignis zu informieren. Die zu verwaltenden Informationen, die über eines der drei Kommandos ausgetauscht werden können, werden als Objekte bezeichnet, die jeweils gewisse Attribute haben können. Die Gesamtheit aller Objekte wird durch die Management Information Base (MIB) beschrieben. Es existieren verschiedene Arten von MIBs: Zuerst wären da die Standard-MIBs, in denen allgemeine Objekte beschrieben sind, die zum Beispiel für Ethernet spezifisch sind und von jeder Ethernet-Komponente und jedem Manager verwendet werden, die in einem Ethernet-Netzwerk aktiv sind. Die Private MIBs beschreiben dagegen spezielle gerätespezifische Objekte. Als Manager kommen verschiedene Softwarelösungen in Frage: zum Beispiel HP-Openview, Tivoli, OpManager, Novells Managewise oder SNMPc. Möchte man nun eine Komponente mit der Hilfe eines Managers überwachen, so muss man die Private MIBs auf dem Manager kompilieren, damit die Managerstation weiß, welche Objekte und Attribute abgefragt, gesetzt oder möglicherweise als Ereignis empfangen werden können. Auf der Seite des Agenten muss eingerichtet werden, welche Station der Managementstation entspricht, mit der die Objekte ausgetauscht werden dürfen und an der möglicherweise ein Event verschickt werden soll.

MIBs

RMON

Eine weitere Variante der Managementfähigkeit bietet das Remote Network Monitoring (RMON). Es ist eine Ableitung von SNMP und ist in neun verschiedene Klassen aufgeteilt. Über RMON können, je nach Klasse, einfache bis umfangreiche Netzwerkstatistiken bis hin zu vollständigen Datenpaketen protokolliert und zu bestimmten RMON-Agenten verschickt werden. RMON findet besonders bei Switched Media Anwendung, wo, bedingt durch die Switching-Technologie, die Datenpakete nur noch gezielt ausgetauscht werden. Eine einfache Protokollanalyse wäre hier nicht aussagekräftig, da sie nur ein Teil des gesamten Netzwerkverkehrs aufzeichnen kann. Über RMON können hingegen bestimmte Probes beliebig im Netzwerk platziert werden, die lokal die Datenpakete aufzeichnen und zu einem zentralen RMON-Agenten übertragen. Oder die RMON-Funktion ist auf dem Switch implementiert, damit sie den gesamten Netzwerkverkehr, der über den Switch läuft, protokolliert oder gesamte Datenpakete mitschneidet.

RMON-Agenten

Monitor-Port

Eine Alternative zu RMON bieten die managebaren Switching Hubs, bei denen ein Port als sogenannter Monitorport konfiguriert werden kann. Auf diesen Port wird dann eine Kopie aller Datenpakete weitergeleitet, die über den Switching Hub transportiert werden. An den Port kann dann ein Protokollanalysator angeschlossen werden, der den Netzwerkverkehr aufzeichnen und visuell darstellen kann. Problematisch ist allerdings die Tatsache, dass entsprechende Ports als limitierender Faktor auftreten können, denn kann die Flut an Datenpaketen von der angeschlossenen Analysestation nicht verarbeitet werden, so bremst gegebenenfalls diese Station den Switching Hub über das Flow-Control-Verfahren oder einzelne Datenpakete werden verworfen, da die Station diese nicht verarbeiten konnte. Demnach ist also bei dieser Variante Vorsicht geboten, da das angezeigte Ergebnis möglicherweise verfälscht ist.

8.4 Medienwandler

Medienwandler

Immer größere Beliebtheit erlangen die Medienwandler (Media Converter). Über sie ist es nämlich möglich, einen vorhandenen Anschluss auf einem aktiven Verteiler oder einer Netzwerkkarte umzuwandeln, um entweder eine größere Distanz zu überbrücken oder einfach nur den Anschluss auf die anzuschließende Komponente anzupassen. Auf der einen Seite haftet natürlich den Medienwandlern auch ein Hauch von einer Bastellösung an, mit der ein Fehler in der Netzwerkplanung einfach umgangen werden kann. Auf der anderen Seite stellen die Medienwandler eine einfache und kostengünstige flexible Lösung dar, wenn es darum geht, eine größere Distanz zu überbrücken oder einfach zwei Komponenten mit unterschiedlichen Medien miteinander zu verbinden. Es gibt heute eine Vielzahl von Medienwandlern im Bereich des Ethernet mit 10, 100 und 1000 MBit/s, die vorwiegend von TP auf Fiberoptic wandeln. Die Medienwandler können dabei das Datensignal zwischen verschiedenen Medien einer Übertragungsrate wandeln. Eine Wandlung von verschiedenen Übertragungsraten ist prinzipiell nicht möglich. Bei den Medienwandlern gibt es entweder Einzellösungen, mit denen zwischen zwei Medien umgesetzt werden kann, oder 19-Zoll-Einschübe, die mit zwölf oder mehr unterschiedlichen Medienwandlern beliebig nach Bedarf bestückt werden können.

Abb. 8–27
19-Zoll-Rack, das je nach Bedarf mit unterschiedlichen Medienwandlern bestückt werden kann (Quelle: Allied Telesis)

Bitzeitenverzögerung

Neben der hohen Flexibilität bei der Mediennutzung bieten die Medienwandler den großen Vorteil, dass diese gegenüber den Repeatern eine verhältnismäßig geringe Bitzeitenverzögerung aufweisen. Prinzipiell muss beim Einsatz von Medienwandlern auf die Problematik der Längenausdehnung einer Kollisionsdomäne geachtet werden, wenn ein Port, an dem ein Medienwandler angeschlossen wird, im Halbduplexmodus betrieben wird. Zu häufig wird der Aspekt der maximalen Ausdehnung der Kollisionsdomäne vernachlässigt, da man von dem Gedanken, dass man durch den Einsatz der Medienwandler eine weitaus größere Distanz überbrücken kann, geleitet wird und die maximale Längenausdehnung allzu gerne vernachlässigt.

Auto-Negotiation-Funktion

Weiterhin muss beim Einsatz von Medienwandlern die Auto-Negotiation-Funktion beachtet werden. Denn auf der Seite des TP-Ports verfügt ein Medienwandler mit 100 MBit/s in der Regel über eine Auto-Negotiation-Funktion. Dabei wird zum Beispiel von einem 100-MBit-Medienwandler eine Übertragungsrate von 100 MBit/s und der Übertragungsmodus Halb- und Vollduplex bekannt gegeben. Der während der Auto-Negotiation-Funktion ausgehandelte Übertragungsmodus richtet sich demnach nach der angeschlossenen TP-Komponente und kann dabei folgenden Übertragungsmodus annehmen (siehe Abbildung 8-26 und Tabelle 8-3):

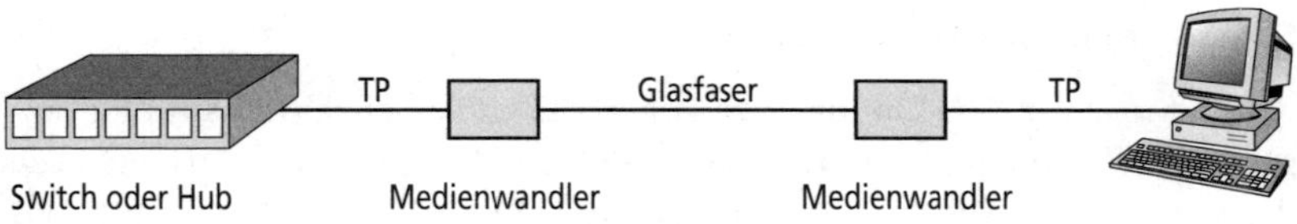

Abb. 8–28
In der folgenden Konstellation ergibt sich ein Übertragungsmodus wie in Tabelle 7-3 dargestellt.

Tab. 8–3
Darstellung der verschiedenen Übertragungsmodi, die sich beim Einsatz von Medienwandlern einstellen können

Angeschlossene UTP-Komponente	Angebotener Übertragungs -modus	Übertragungs modus am Medienwandler
100 MBit/s-Hub mit Auto-Negotiation	Halbduplex	Halbduplex
Dualspeed-Hub mit Auto-Negotiation	Halbduplex	Halbduplex
100 MBit/s-Hub ohne Auto-Negotiation	Halbduplex	Halbduplex
Dualspeed Hub ohne Auto-Negotiation	Halbduplex	Halbduplex
10/100 MBit/s-Switch mit Auto-Negotiation	Voll- oder Halbduplex	Vollduplex
10/100 MBit/s-Switch ohne Auto-Negotiation	keine	Halbduplex
10/100 MBit/s-Netzwerkkarte mit Auto-Negotiation	Voll- oder Halbduplex	Vollduplex
10/100 MBit/s-Netzwerkkarte ohne Auto-Negotiation	Keine	Halbduplex
10/100 MBit/s-Switch, fest auf 100 MBit/s-Vollduplex eingestellt	Keine	Vollduplex
10/100 MBit/s-Switch, fest auf 100 MBit/s-Halbduplex eingestellt	Keine	Halbduplex
10/100 MBit/s-Netzwerkkarte, fest auf 100 MBit/s-Vollduplex eingestellt	Keine	Vollduplex
10/100 MBit/s-Netzwerkkarte, fest auf 100 MBit/s-Halbduplex eingestellt	Keine	Halbduplex

Beim Fiberoptic-Port auf dem Medienwandler wird allerdings keine Auto-Negotiation-Funktion unterstützt, da sie für 100BASE-FX im Standard 802.3u nicht implementiert ist. Wird auf den Medienwandler auf der Fiberoptic-Seite direkt eine Ethernet-Komponente angeschlossen, so ist es wichtig, dort den verwendeten Übertragungsmodus des Medienwandlers fest einzustellen, wie er aus der dritten Spalte der vorherigen Tabelle zu entnehmen ist.

Wird eine Verbindung zwischen zwei TP-Komponenten durch den Einsatz von zwei Medienwandlern aufgebaut, so ist es grundsätzlich wichtig, dass die beiden gegenüberliegenden TP-Komponenten im selben Übertragungsmodus arbeiten. Gegebenenfalls muss hierbei eine manuelle Einstellung auf beiden Seiten der Verbindung vorgenommen werden. Auf jeden Fall muss sichergestellt sein, dass die beiden gegenüberliegenden Komponenten im selben Übertragungsmodus arbeiten.

Wird im Halbduplexmodus gearbeitet, so muss bei der Berechnung über die maximale Ausdehnung der Kollisionsdomäne jeder Medienwandler mit seiner Bitzeitenverzögerung in die Kollisionsdomäne eingerechnet werden.

8.4.1 Midspan und Splitter

Midspan

Möchte man die PoE-Option in einer bereits vorhandenen Infrastruktur nutzen, die auf Switches basiert, die keine PoE-Funktion besitzen, so bietet sich der Einsatz eines sogenannten Midspans an. Ein Midspan ist ein Gerät, das die PoE-Stromversorgung in einen Netzwerkpfad einbringt. Ein Midspan hat pro Pfad einen Eingang, der über ein 1:1-TP-Kabel mit dem Switch verbunden wird, sowie einen Ausgang, der über ein 1:1-TP-Kabel mit dem Endgerät verbunden wird. Midspans gibt es als 1-Port-Variante bis hin zu Geräten mit 24 Ports.

Abb. 8–29
Midspan für das Einschleifen einer PoE-Stromversorgung (Quelle: Axis)

Splitter

Hat man ein Endgerät, das über keine PoE-Option verfügt, so kann unter Umständen ein Splitter eingesetzt werden, um das Gerät auf die PoE-Option zu erweitern. Ein Splitter ist eine kleine Box mit einem Netzwerkeingang und einem Netzwerkausgang sowie einem Spannungsausgang. Der Splitter trennt am Netzwerkeingang den Datenpfad und Strompfad auf, sodass am Ausgang nur noch das Datensignal anliegt. Zusätzlich wird die PoE-

Spannung auf eine bestimmte Ausgangsspannung gewandelt, beispielsweise auf 5 V DC oder 9 V DC, die in dieser Form am Spannungsausgang zur Verfügung gestellt wird. Der Einsatz eines Splitters setzt voraus, dass die Ausgangsleitung für das Endgerät ausreicht und dass die Ausgangsspannung des Splitters mit der Eingangsspannung des Endgeräts übereinstimmt.

Abb. 8–30
Splitter (Quelle: Axis)

9 Die Projektierung und Planung eines Netzwerks

Netzwerkplanung

Planung ist das A und O: Ein Netzwerk, das wild vor sich hinwuchert, bei dem ein weiteres Subnetz, noch ein Kabelstrang, ein weiterer Switch je nach Bedarf einfach angestöpselt wird, dürfte in der Praxis nie die optimale Performance erreichen – im Zweifelsfall ergeben sich Fehler und sogar Datenverluste, da Begrenzungen im Standard nicht eingehalten werden. Deshalb gilt: Eine LAN-Projektierung kostet zwar Geld, hilft aber Betriebs- und Fehlerbehebungskosten zu sparen. Bei der Planung und Projektierung eines Netzwerks kommt es allerdings zuvörderst darauf an, dass man ein Konzept erstellt, bei dem eine hohe Performance gewährleistet ist. Was ist jedoch Performance oder Geschwindigkeit in einem Netzwerk? Hierbei gibt es allgemein sehr unterschiedliche Betrachtungsweisen und Vorstellungen. Ein Anwender wird beispielsweise von einem schnellen Netzwerk sprechen, wenn er in der Lage ist, eine größere Word-Datei aufzurufen und sich das Fenster mit dem Inhalt der Datei schnell öffnet. Ein Administrator spricht hingegen von einem schnellen Netzwerk, wenn er anhand von Statistiken nachmessen kann, dass die Reaktionszeiten im Netzwerk relativ klein sind und die Datenmenge, die innerhalb einer gewissen Zeit übertragen werden kann, sehr groß ist.

Das folgende Kapitel soll Licht ins Dunkel bringen und aufzeigen, was ein Netzwerk tatsächlich leisten kann, wie eine Performance-Analyse durchgeführt wird und wie eine sinnvolle Gruppierung und Konzeption eines Netzwerks auszusehen hat, damit die Performance in einem Ethernet-Netzwerk gewährleistet oder sogar gesteigert werden kann.

9.1 Konzepte für den Aufbau eines Netzwerks

Netzwerkkonzepte

Bei einem Netzwerkkonzept kommt es grundsätzlich darauf an, eine Lösung zu finden, die Leistungsfähigkeit, Qualität und die Sicherheit eines Netzwerks verspricht. In Bezug auf die Leistungsfähigkeit stehen der mögliche Datendurchsatz und die Performance im Vordergrund. Bei der Qualität geht es um die Stabilität, die Ausfallsicherheit und die Verfügbarkeit eines Netzwerks. Die Aspekte der Sicherheit berücksichtigen die Sicherheit der übertragenen Daten, wobei die Daten nur für einen bestimmten Personenkreis zugänglich sein sollten. Vor der Erstellung eines Netzwerkkonzepts sollte eine eingehende Bedarfsanalyse erstellt werden, denn nur dann kann das Konzept den Anforderungen gerecht werden. Zu der Erstellung eines Netzwerkkonzepts gehören die Planung der passiven Verkabelung und die Auswahl geeigneter aktiver Komponenten wie Hubs, Switches und Router. Die Planung beginnt dabei mit der Erfassung der installierten Systeme, die vernetzt werden sollen, und der Anforderungen für den Datenaustausch zwischen diesen Systemen. Möchte man ein Konzept für die Erweiterung oder Optimierung eines Netzwerks erarbeiten, so sollte man im ersten Schritt eine Grundlagenermittlung durchführen, in welcher der Ist-Zustand des Netzwerks ermittelt wird. Dabei gilt es, eine Beurteilung der Leistungsfähigkeit der vorhandenen Komponenten im Vergleich mit dem neuen und erhöhten Anforderungsprofil durchzuführen. Aufgrund dieser Ergebnisse kann ein Netzwerkgesamtkonzept entwickelt werden, in dem die Anforderungen definiert werden. Wird das Netzwerk von einem Dienstleistungsunternehmen erstellt, so sollte man die Anforderungen in einem Pflichtenheft festschreiben.

Netzwerktechnologie-Modelle

Geht es darum, ein Netzwerk aufzubauen, so stellt sich die Frage, wie das Netzwerk grundsätzlich konzipiert werden soll. Generell gibt es drei Netzwerktechnologie-Modelle, das Hierarchie-Modell, das Redundante Modell und das Sichere Modell, nach denen ein Netzwerk konzipiert werden kann. Je nach Bedarf sollte man grundsätzlich eins der Modelle anwenden, wobei natürlich in der Praxis auch Modelle kombiniert werden können.

Hierarchie-Modell

Hierarchie-Modell

Das Hierarchie-Modell sieht eine Gruppierung in verschiedene Ebenen vor, wobei zwischen den Ebenen eine Abstufung der Datenrate erfolgt. Bei einem Ethernet-Netzwerk ist hierbei eine Abstufung der Datenrate von 10.000 MBit/s auf 1000 MBit/s und der Datenrate von 1000 MBit/s auf 100 MBit/s sowie von 100 MBit/s auf 10 MBit/s möglich. Davon sollten in der Regel mindestens zwei Stufen verwendet werden, indem beispielsweise die Server mit einer Datenrate von 1000 MBit/s und die Clients mit 100 MBit/s an das Netzwerk angebunden werden. Eine derartige Konstellation hat den Vorteil, dass der Server über eine 10-fache Bandbreite verfügt und für mehrere Clients eine ausreichende Bandbreite und Reaktionszeit bietet. Die 10-fache Bandbreite führt in diesem Fall zwar nicht dazu, dass 10 Clients zur selben Zeit simultan auf den Server zugreifen können, jedoch benötigen die Daten, die von oder zu den Clients gesendet werden, nur ein Zehntel der Zeit. Dadurch wird in der Gesamtbetrachtung die Reaktionszeit für jeden einzelnen Client reduziert und optimiert.

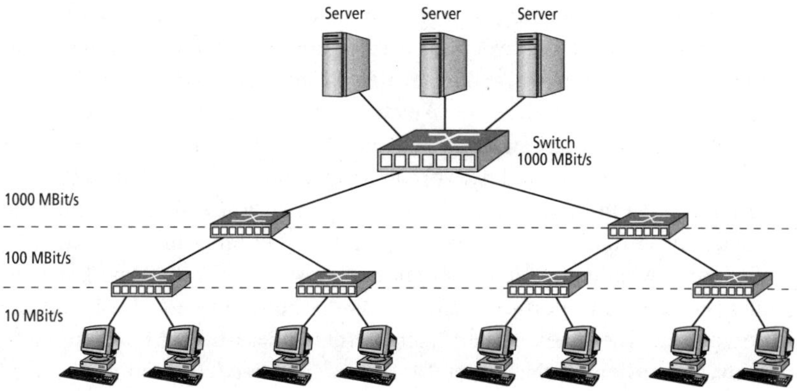

Abb. 9-1
Aufteilung des Netzwerks nach dem Hierarchie-Modell

Hierarchiebildung

Sehr oft wird auch der Übertragungsmodus, Vollduplex oder Halbduplex, dazu verwendet, eine Einstufung der Hierarchie zu erzielen, wovon man Abstand halten sollte. Die Hersteller der Netzwerkkomponenten geben zwar immer gerne an, dass eine 100-MBit-Komponente im Vollduplexbetrieb eine Performance von 200 MBit/s und im Halbduplexbetrieb von 100 MBit/s bietet. Dies ist zwar prinzipiell richtig, jedoch ist es in der Praxis während des normalen Datenaustauschs selten der Fall, dass auf dem Sende- und Empfangskanal Daten über einen größeren Zeitraum tatsächlich simultan übertragen werden. Betrachtet man eine Verbindung, die zu einem Server geht, so erfolgt in der Regel bei einem Zugriff auf größere Daten eine relativ kurze Anforderung und eine bedeutend längere Antwort, in der die angeforderten Daten übertragen werden. Der Datenanteil ist deshalb in der Praxis bei einer Verbindung zu einem Server oder Client auf dem Sende- und Empfangskanal stark unterschiedlich. Ausschließlich bei einer Verbindung zwischen zwei Switches kann in der Praxis ein simultaner Datenverkehr stattfinden, bei dem über den Sende- und Empfangskanal größere Datenmengen simultan übertragen werden. Da aber auch die Ausgewogenheit zwischen dem Sende- und Empfangskanal in diesem Fall nicht vorhersehbar ist, sollte der Duplexmodus nicht als Instrument für eine Hierarchiebildung verwendet werden.

Auslastungsabhängige Dimensionierung

Was die Dimensionierung der einzelnen Ebenen betrifft, so sollte man die Auslastung der jeweiligen Ebenen berücksichtigen. Hierbei gilt folgender Grundsatz: Wenn innerhalb eines Shared Media über einen größeren Zeitraum mehr als 40 % Auslastung vorliegt, sollte ein Switch eingesetzt werden, um die Kollisionsdomäne zu unterteilen und so zu entlasten. Innerhalb eines Switched Media liegt der Schwellwert für die Auslastung bei 80 %; sollte dieser Wert überschritten werden, so sollte eine Entlastung durch eine kleinere Gruppierung vorgenommen werden.

Leistungsbetrachtung

Man sollte jedoch nicht ein Netzwerk bei der Dimensionierung grundsätzlich auf die Burst-Leistung auslegen. Denn bei einem normalen Datenaustausch werden in der Regel eigentlich viele kleine Datenpakete übertragen, die das Netzwerk in Bezug auf die Bandbreite nicht so stark belasten. Betrachtet man beispielsweise den normalen Informationsfluss innerhalb eines Firmennetzes, so greifen die Anwender vielleicht hin und wieder auf eine größere Datei, wie beispielsweise ein Word-Dokument, zu. In diesem Fall wird ein größerer Anteil der vorhandenen Bandbreite nur kurzzeitig beansprucht, da der übliche Datenverkehr aus kleinen Anforderungs- und Antwortpaketen besteht, deren Länge oftmals 64 Byte nicht überschreiten. In speziellen Anwendungsfällen, bei denen grundsätzlich große Datenmengen in kürzester Zeit transportiert werden müssen, beispielsweise im Krankenhaus, wo große Bilddateien übertragen werden, oder im Backbone-Bereich, muss man natürlich das Netzwerk für die entsprechenden Bandbreiten auslegen. Hierbei kann man nicht nur von Burst-Leistungen sprechen, sondern muss von einer dauerhaften Belastung ausgehen.

Reduzierung der Auslastung

Sollten Engpässe auftreten, so kann diese Situation am einfachsten beseitigt werden, indem die Datenrate auf die nächste Stufe erhöht wird, also beispielsweise von 100 MBit/s auf 1000 MBit/s. So erhält man bei einer vorhandenen Auslastung von 40 % quasi eine Reduzierung der Auslastung auf 4 %. Jedoch lässt sich in vielen Fällen eine Aufstockung auf die nächsthöhere Datenrate nicht immer praktikabel umsetzen, da zum Beispiel die Kabelinfrastruktur für die höhere Datenrate nicht ausgelegt ist und eine Neuverkabelung wegen des hohen Kostenaufwands grundsätzlich nicht in Frage kommt. In diesem Fall hilft ausschließlich eine Segmentierung des Netzwerks, die dazu führt, dass die Anzahl der Stationen im Netzwerk beziehungsweise der Kollisionsdomäne reduziert wird und somit den verbleibenden Stationen mehr Bandbreite zur Verfügung gestellt wird. Eine Segmentierung des Netzwerks kann man generell mit Routern, Bridges oder Switches erzielen.

Abb. 9-2
Segmentierung durch den Einsatz eines Switches

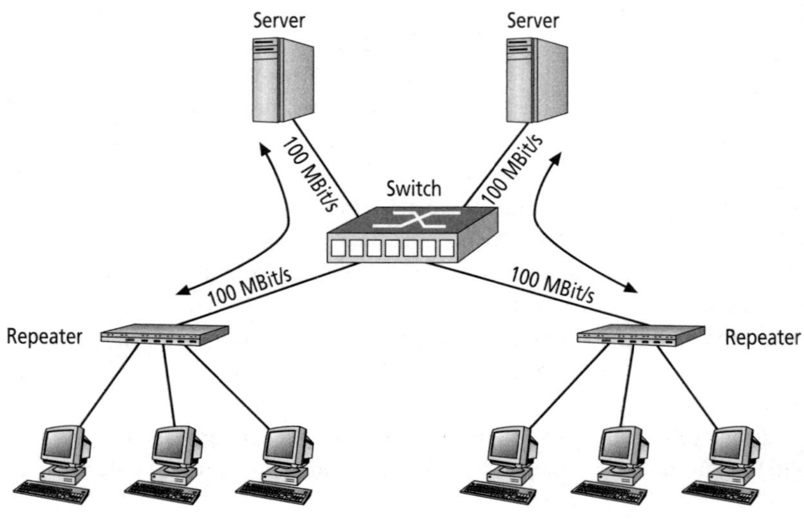

Segmentierung nach 80/20-Regel

Eine Segmentierung ist jedoch nur sinnvoll, wenn man die 80/20-Regel berücksichtigt und sicherstellt, dass diese größtenteils eingehalten wird. Die 80/20-Regel sagt aus, dass 80 % des Datenverkehrs innerhalb des Segments verbleiben und nur 20 % des Datenverkehrs an ein anderes Segment weitergeleitet werden. Um eine sinnvolle Gruppierung vornehmen zu können, ist eine vorherige Analyse des Netzwerkverkehrs notwendig, über die festgestellt wird, welche Station mit welcher Station im Netzwerk kommuniziert und wie hoch das Datenaufkommen dabei ist. Für den Shared Media-Bereich gilt, dass, wenn keine Aufteilung nach Kommunikationspfaden durchgeführt werden kann, man das Netzwerk in der Form aufteilen sollte, dass die Stationen innerhalb einer Kollisionsdomäne gruppiert werden, die in etwa dieselbe Last erzeugen. Damit wird sichergestellt, dass die Stationen, die allgemein eine geringere Datenmenge über das Netzwerk übertragen, jedoch eine geringere Reaktionszeit benötigen, die Anforderungen in Bezug auf die geringe Reaktionszeit erfüllen werden können. Denn die Stationen, die dauerhaft eine große Datenmenge übertragen, führen allgemein dazu, dass sich die Reaktionszeiten drastisch erhöhen.

Mikrosegmentierung

Die größte Steigerung in der Performance erzielt man, wenn man einen Switch einsetzt und jede Station direkt an den Switch angeschlossen wird, also eine eigene Verbindung zum Switch hat. Dadurch hat jede Station die volle Bandbreite des Ports im Vollduplexmodus zur Verfügung. Diese Art der Unterteilung und die Bereitstellung der dedizierten Verbindungen nennt man Mikrosegmentierung. Bei der Mikrosegmentierung spielt natürlich die 80/20-Regel keine Rolle mehr, hierbei muss nur sichergestellt werden, dass der Switch intern genug Bandbreite zur Verfügung stellt.

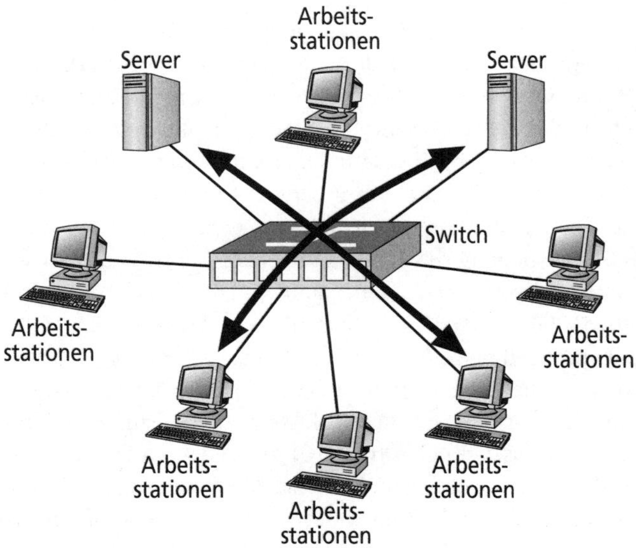

Abb. 9–3
Darstellung der Mikrosegmentierung, bei der jede Station einen separaten Anschluss zum Switch hat

Redundantes Modell

Redundantes Netzwerkmodell

Die vermaschte Ethernet-Struktur ist ein klassisches Beispiel für ein redundantes Netzwerkmodell. Um eine Fehlertoleranz zu erwirken, ist es notwendig, mehrere Verbindungen zwischen Switches oder Knoten zu bilden, wobei man hierbei von vermaschten Ethernet-Strukturen spricht. Fällt eine Verbindung aus, so kann der Datenaustausch über eine andere redundante Verbindung erfolgen.

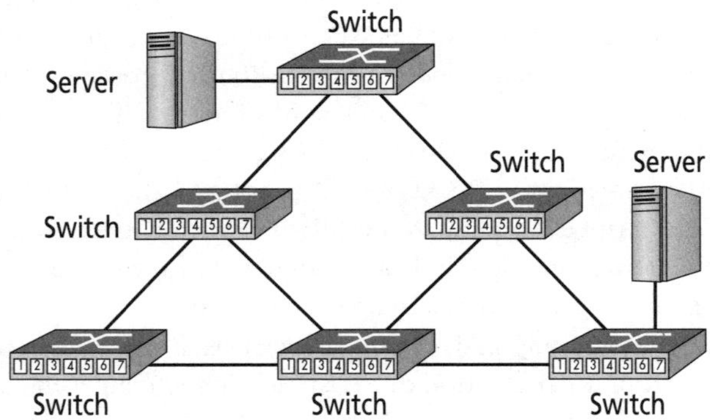

Abb. 9–4 *Vermaschte Netzwerkstruktur mit redundanten Verbindungen*

Spanning-Tree-Mechanismus

Innerhalb dieser vermaschten Konstellation entstehen jedoch Schleifen, die einen geregelten Datenaustausch unmöglich machen würden. Die Schleifen würden dazu führen, dass Broadcast- und Multicast-Datenpakete endlos im Netzwerk umherlaufen würden. Um Schleifen zu unterdrücken, bedient man sich wiederum des sogenannten Spanning-Tree-Mechanismus, über den immer nur eine eindeutige Verbindung aktiviert wird und alle anderen Verbindungen deaktiviert werden. Der Spanning-Tree-Mechanismus wurde ursprünglich von DEC entwickelt und später im IEEE-802.1d-Standard festgelegt. Erst im Fehlerfall (beispielsweise bei Unterbrechung einer Netzwerkleitung) wird die redundante Verbindung reaktiviert und die Kommunikation zwischen den Switches aufrechterhalten. Der Spanning-Tree-Algorithmus sorgt innerhalb der vermaschten Ethernet-Strukturen für eine eindeutige Festlegung von Übertragungswegen zwischen Layer-2-Switches. Für die Festlegung des Übertragungswegs müssen die Layer-2-Switches in regelmäßigen Abständen Spanning-Tree-Pakete (Bridge Protocol Data Units, BPDU) verschicken, über die eine Topologiekontrolle erfolgt. Über die Topologiekontrolle werden redundante Übertragungsstrecken erkannt und die am besten geeignete Strecke zwischen den vorhandenen Übertragungsstrecken ausgewählt. Die BPDUs werden dazu an eine reservierte Multicast-Adresse (01-80-C2-00-00-10) versendet, wobei die Datenpakete mit dieser Zieladresse von jedem Switch ausgewertet werden, der das Spanning Tree nach IEEE 802.1d unterstützt. Bei der Auswahl der aktivierten Verbindungsstrecke werden die Länge und die Bandbreite der Übertragungstrecke berücksichtigt, damit immer der schnellste Datenaustausch gewährleistet ist. Jeder IEEE-802.1d-Switch muss über eine eigene Bridge-ID und MAC-Adresse verfügen, und zusätzlich müssen für jeden Port eine individuelle Priorität sowie individuelle Wegekosten zugewiesen werden können. Über die Zuweisung der Priorität und der Wegekosten kann der Netzadministrator individuell bestimmte Strecken als bevorzugte Wegstrecke konfigurieren. Eine grundsätzliche Anforderung an den Spanning-Tree-Mechanismus ist, dass sich nach einer Änderung innerhalb der vermaschten Netzwerkstrukturen die Eindeutigkeit der Datenpfade innerhalb eines kurzen Zeitraums wieder einstellen muss, um die Unterbrechung der Kommunikationswege zu minimieren. Außerdem darf der Spanning-Tree-Mechanismus keinen Einfluss auf die Netz-Performance haben und muss eine vollkommene Transparenz für alle Endgeräte garantieren. Hierin liegt jedoch das Problem des Spanning-Tree-Mechanismus, denn nach einer Änderung kann es innerhalb eines kleinen Netzwerks schon einmal bis zu 100 Sekunden dauern, bis die neuen Datenpfade wieder bestimmt sind. Bei einem großem Netzwerk wurden sogar schon Reaktionszeiten von bis zu 5 Minuten gesehen. Das heißt im Klartext, dass man einen kurzzeitigen Ausfall des Netzwerks in Kauf nehmen muss, wenn man über eine Fehlertoleranz innerhalb des Netzwerks verfügen möchte. Dies war auch der Hauptgrund dafür, dass sich anfänglich der Aufbau von vermaschten Netzwerkstrukturen nur langsam durchsetzte.

802.1w und 802.1s

Eine wesentliche Verbesserung erfolgte im Jahre 2002, als das IEEE mit dem 802.1w-Standard das Rapid Spanning Tree Protocol (RSTP) und mit 802.1s das Multiple Spanning Tree Protocol (MSTP) einführte. RSTP und MSTP sind abwärtskompatibel zum herkömmlichen Spanning-Tree-Protokoll. Beide verbesserten Varianten des Spanning-Tree-Protokolls sehen vor, dass bei einem Ausfall einer Verbindung mit der bestehenden Netzwerkstruktur solange weitergearbeitet wird, bis ein alternativer Weg berechnet ist. Erst nachdem ein alternativer Weg gefunden ist, wird ein neuer logischer Baum erstellt und anschließend innerhalb einer Sekunde, umgestellt. Ist in einem Netzwerk ein Mischbetrieb vorhanden, bei dem beispielsweise Switches betrieben werden, die ausschließlich das Spanning-Tree-Protokoll unterstützen, so können die Vorteile von RSTP und MSTP nicht genutzt werden.

Link Aggregation

Link Aggregation

Eine Steigerung der Sicherheit bietet ebenfalls die Nutzung der Link Aggregation, wobei man häufig auch von einem Trunk beziehungsweise von Trunking spricht. Unter der Link Aggregation versteht man die Parallelschaltung mehrerer Datenleitungen, wodurch zum einen die Bandbreiten der einzelnen Datenleitungen gebündelt werden, um diese zu erhöhen, und zum anderen wird durch die Parallelschaltung eine redundante Verbindung geschaffen. Fällt eine Datenleitung aus, so können die Daten weiterhin über die verbleibenden Datenleitungen transportiert werden.

Sichere Modelle

VLANs

Um eine gewisse Sicherheit im Netzwerk zu erhalten oder die Netzwerkauslastung zu optimieren, bietet sich die Bildung von sogenannten Virtual Bridged Local Area Networks, kurz VLANs, an. Bei einem VLAN wird eine Gruppierung des Datenflusses vorgenommen. Die einfachste Variante des VLAN ist eine Port-bezogene Gruppierung, d. h., gewisse Ports eines Switch werden einem VLAN zugeordnet, und der Datenaustausch findet nur innerhalb dieses VLAN statt. Ein VLAN kann als eine Gruppe von Endstationen oder PCs angesehen werden, die so kommunizieren, als ob sie sich in einem gewöhnlichen LAN befinden, obwohl sie in unterschiedlichen physikalischen Segmenten platziert sein können. Letztendlich wird durch die Implementierung von VLANs eine Begrenzung der Broadcast-Domänen erzielt. Dies führt dazu, dass alle Teilnehmer eines VLAN nur noch die Datenpakete empfangen, die von Teilnehmern desselben VLAN ausgesendet worden sind, und nicht die Datenpakete von Teilnehmern eines anderen VLAN. Alle Teilnehmer eines VLAN werden, unabhängig von ihrer physikalischen Platzierung, logisch zu einer Broadcast-Domäne zusammengefasst. Durch die Eingrenzung der Broadcast-Domänen wird zum einen das Netzwerk entlastet und zum anderen eine Sicherheit eingeführt, da nur noch die Mitglieder des VLAN die Datenpakete empfangen können.

Abb. 9–5
Die Eingrenzung des Datenflusses erfolgt durch die Bildung von VLANs.

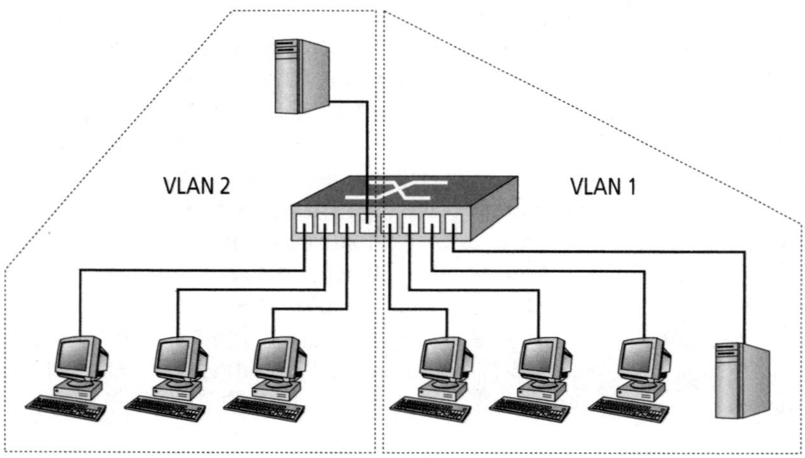

VLAN-Typen

Soll ein Endgerät, das an einem Switch angeschlossen ist, über die Grenzen des VLAN Daten austauschen können, so muss der Port des Switch mehreren VLANs zugeordnet werden. Neben der einfachen Variante der Port-basierten VLANs gibt es noch die Möglichkeit, dass für die Bildung der VLANs Informationen in den Frames ausgewertet werden. Dazu wurde der IEEE-802.1q-VLAN-Standard entwickelt, in dem ein sogenannter VLAN-Tag-Header spezifiziert wurde. In dem VLAN-Tag-Header ist unter anderem eine VLAN ID enthalten, über welche die Zuordnung der Frames zum VLAN erfolgt. Der VLAN-Tag-Header wird dabei in den Frame-Header zwischen der Quelladresse und dem Längenfeld eingebettet, wobei die maximal zulässige Framelänge um vier Byte verlängert worden ist. Das neue Frameformat wurde 1998 durch die IEEE-802.3ac-Erweiterung im Ethernet-Standard aufgenommen. Durch diese zusätzlichen Informationen ist die Bildung der VLANs über mehrere Switches möglich. Dazu müssen die Switches den sogenannten Tagging-Mechanismus unterstützen, das heißt, sie müssen in der Lage sein, die VLAN-Informationen zu verstehen und umzusetzen.

Qual der Wahl

Längenrestriktion

Die drei aufgezeigten Modelle basieren letztendlich auf dem Einsatz von Switching Hubs. Sie sind in modernen Ethernet-Netzwerken nicht mehr wegzudenken. Grundsätzlich wirft der Einsatz der Switching Hubs historische Ethernet-Regeln, wie zum Beispiel die Längenrestriktion einer Kollisionsdomäne, über den Haufen. Der Aufbau eines Netzwerks wird demnach wesentlich vereinfacht, wobei die Performance allgemein noch gesteigert wird. Auch wenn die Switching Hubs annehmen lassen, dass ein Netzwerk unendlich erweitert werden kann, sollte man berücksichtigen, dass mit jedem Switch, der von den Daten passiert werden muss, eine Verzögerung entsteht. Der IEEE-802.1d-Bridging-Standard empfiehlt deshalb, dass man die Anzahl der Switches zwischen zwei Endgeräten auf maximal 7 Switches begrenzt. Diese Empfehlung stützt sich auf entsprechende Analysen, die das Verhalten von Anwendungen berücksichtigt haben, wobei man berücksichtigen muss, dass jeder Switch nur eine geringe Verzögerung erzeugt, aber 7 Switches in der Summe eine Verzögerung von 14 Hops zwischen Anforderung und Antwort mit sich führen. Auch wenn man diese Empfehlung nicht einhalten kann, sollte man ein Netzwerk nicht wild zusammenstöpseln, sondern eine Planung vornehmen, die zur Reduzierung der Switching Hops führt.

9.2 Die Performance-Betrachtung

Performance-Betrachtung

Will man ein LAN nun allerdings auf optimale Performance hin planen, ist nicht allein das theoretische Modell entscheidend, sondern auch die Frage, was ein Netzwerk überhaupt leisten kann. Dafür gibt es nun allerdings nicht nur theoretische Überlegungen, sondern harte Zahlen, die sich aus den Standards ergeben. Um die Frage beantworten zu können, muss man also als Erstes die Anzahl der Bits ermitteln, die bei der Übertragung der kleinsten Framegröße über das Netzwerk übertragen werden müssen. Die Anzahl der Bits ergibt sich aus den 64 Byte (512 Bit) minimaler Framelänge zuzüglich 64 Bit Präambel und 96 Bit Inter-Frame-Gap (64 Byte × 8 Bit/Byte + 64 Bit

Präambel + 96 Bit IFG = 672 Bit). Multipliziert man die 672 Bit mit der Dauer einer Bitzeit, so erhält man die Dauer, die für die Übertragung eines Frames kleinster Größe benötigt wird. Bei Gigabit-Ethernet ergibt dies zum Beispiel 672 Bit × 1 ns/Bit = 672 ns. Über die Dauer, die für die Übertragung eines Frames minimaler Länge benötigt wird, lässt sich die maximale Anzahl der Datenpakete ermitteln, die theoretisch pro Sekunde über ein Netzwerk übertragen werden können.

- Bei 10Gigabit-Ethernet 1/67,2 ns = 14.880.952 Pakete/s, aufgerundet 14.880.000 Pakete/s (minimaler Länge)
- Bei Gigabit-Ethernet 1/672 ns = 1.488.095 Pakete/s, aufgerundet 1.488.000 Pakete/s (minimaler Länge)
- Bei Fast Ethernet 1/6,72 µs = 148.800 Pakete/s (minimaler Länge)
- Bei Ethernet 1/67,2 µs =14.880 Pakete/s (minimaler Länge)

Bei der Übertragung von Frames mit der maximalen Länge von 1518 Byte müssen 12.304 Bit = 1518 Byte × 8 Bit/Byte + 64 Bit Präambel + 96 Bit IFG übertragen werden. Bei Gigabit-Ethernet ergibt sich somit eine Dauer von 12.304 Bit × 1 ns/Bit = 12,304 µs. Die Anzahl der Datenpakete, die mit maximaler Größe übertragen werden können, ergibt sich demnach wie folgt:

- Bei 10Gigabit-Ethernet 1/1,2304 µs = 812.743,8 Pakete/s (maximaler Länge)
- Bei Gigabit-Ethernet 1/12,304 µs = 81.274,38 Pakete/s (maximaler Länge)
- Bei Fast Ethernet 1/123,304 µs = 8127,438 Pakete/s (maximaler Länge)
- Bei Ethernet 1/1,23304 ms = 812,7438 Pakete/s (maximaler Länge)

Nettobandbreite

Vergleicht man die Werte der kleinsten Framegröße mit den Werten der maximal zulässigen Framegröße, so ist in der Anzahl der Datenpakete ein deutlicher Unterschied zu erkennen. Auf den ersten Blick mag es so erscheinen, dass ein Netzwerk bei der Übertragung von kleinen Frames schneller ist und eine höhere Performance aufweist. Berechnet man jedoch die Nutzdaten innerhalb der Frames, die pro Sekunde übertragen werden können, so sieht die Angelegenheit bereits gänzlich anders aus. Die Berechnung ohne Protokoll-Overhead der dritten und vierten Ebene ergibt dabei unter Gigabit-Ethernet folgende Werte:

- 81.274,38 Pakete/s × 1500 Byte/Paket = 121.911.570 Byte/s Nutzdaten (maximaler Größe)
- 1.488.095,238 Pakete/s × 46 Byte/Paket = 68.452.380,948 Byte/s Nutzdaten (minimaler Größe)

Setzt man diese beiden Ergebnisse ins Verhältnis zur vorhandenen Netzwerkbandbreite, so erhält man folgende Netto-Bandbreitennutzung:

- 121.911.570 Byte/s × 8 Bit/Byte : 1 Gbit/s = 0,97529256 entspricht 97,5 % der Netzwerkbandbreite bei maximaler Framegröße
- 68.452.380,948 Byte/s × 8 Bit/Byte : 1 Gbit/s = 0,547619047584 entspricht 54,7 % der Netzwerkbandbreite bei minimaler Framegröße

An diesem Beispiel erkennt man, dass ein Netzwerk prozentual betrachtet eine weitaus höhere Performance aufweist, wenn größere Frames übertragen werden. In der Praxis sieht es natürlich so aus, dass die Größe der Frames stark variiert. Berücksichtigt man diese Tatsache, so lässt sich festhalten, dass eine genaue Aussage über die Performance und eine 100%ige Bandbreitenkalkulation in der Praxis eigentlich unmöglich ist. Man ist demnach letztendlich gezwungen, sich an Trends beziehungsweise an minimalen und maximalen Werten zu orientieren.

9.3 Der „Mythos 40 Prozent“

40-Prozent-Grenze

Die oben aufgeführten Betrachtungen gelten natürlich nur im Vollduplexbetrieb, bei dem kein Zugriffsverfahren und eventuell auftretende Kollisionen die Performance durch eine verzögerte Aussendung und Aufteilung der vorhandenen Bandbreite beeinflussen können. Bedingt durch die möglicherweise auftretenden Verzögerungen sehen bei einem Shared Media die Performance-Betrachtungen weitaus komplexer aus.

Hierzu gibt es umfangreiche Studien aus den frühesten Tagen des Ethernet von Robert Metcalfe selbst und eine neuere Studie von David Boggs und Jeffrey Mogul, die 1988 unter dem 10-MBit/s-Ethernet erstellt worden ist. Robert Metcalfe stellte damals mithilfe eines simplen Modells fest, dass das Ethernet im normalen Betrieb, bei dem mehrere Stationen innerhalb einer Kollisionsdomäne vorhanden sind, eine maximale Bandbreite von etwa 37 % bietet. Diese Studie wurde 1976 veröffentlicht und führte wohl letztendlich zu der Ansicht, dass ein Ethernet-Netzwerk maximal 40 % der Bandbreite zur Verfügung stellt, sobald sich mehrere Stationen im Netzwerk befinden. Diese Studie ist allerdings relativ alt und basierte noch auf dem experimentellen Ethernet, das nicht dem heutigen Stand entspricht und nur mit einer Datenrate von 2,94 MBit/s arbeitete. Die neuere Studie von David Boggs, Jeffrey Mogul und Christopher Kent, die 1988 veröffentlicht wurde, widerlegte die magische 37-%-Grenze und zeigte auf, dass das Ethernet innerhalb einer Kollisionsdomäne zwischen 85 % und 95 % der Bandbreite zur Verfügung stellen kann.

Erzielbare Datenrate

Die 40 % stellen für viele Netzwerker im Zusammenhang mit Ethernet eine magische Zahl dar. Es gilt für sie fast schon als Basiswissen, dass Ethernet aufgrund seines Zugriffsverfahrens maximal 40 % der theoretisch erzielbaren Datenrate erreichen kann. Als Beweis für diese 40-%-Grenze wird in der Regel auf die Ergebnisse einer analytischen Modellierung verwiesen oder man stützt sich diesbezüglich auf ungültige Annahmen, die innerhalb der Netzwerkbranche kursieren. Es gibt beispielsweise Modelle, bei denen man von einer unendlichen Anzahl von sendewilligen Stationen ausgeht, oder andere, die von konstant vorhandenen Lastspitzen (Burst) ausgehen. Alles in allem sind jedoch die meisten Modelle zu ungenau oder simulieren spezielle Situationen, die letztendlich in der Praxis nie auftreten. Die 40-%-Grenze wurde erstmalig 1988 durch die Messungen von Jacobsen in Frage gestellt, bei denen Datenraten zwischen 7 und 9 MBit/s erzielt wurden. Die gemessenen Werte wurden auf vier Sun-3/50-Systemen mit optimierten TCP-Implementierungen unter dem tcpdump-Programm ermittelt. David Boggs und Jeffrey Mogul veröffentlichten im selben Jahr eine Studie, die seitdem allgemein als Grundlage für weiterführende Analysen gilt. Bei dieser Studie erzielte das Ethernet ebenfalls Datenraten, die weit oberhalb der ominösen 40 % lagen, womit die 40-%-Grenze ein für alle mal widerlegt wurde. Für die Studie wurde ein Testszenario mit 24 Stationen zugrunde gelegt, die in vier etwa gleich große Gruppen über Multiport-Transceiver und zirka 900 m langen 10BASE5-Segmente eine Kollisionsdomäne haben. Während der Tests wurden abwechselnd Frames mit minimaler und maximaler Länge ausgetauscht, die kumulierten Datenraten lagen dabei zwischen 8,5 und 9,5 MBit/s. Bei den Messungen war zu beobachten, dass die kumulierte Datenrate mit zunehmender Anzahl von sendewilligen Stationen abnahm und die Dauer für die Übertragung eines Frames mit zunehmender Last linear anstieg.

1992 stellte Speros Armyros die Messungen von Boggs, Mogul und Kent in einer Simulation nach, wobei er die vorangegangenen Ergebnisse nachvollziehen konnte. Er nutzte demnach die bestätigten Modelle für weitere Untersuchungen, bei denen er unter anderem das Verhalten bei Größenänderung der Kollisionsdomäne und der Anzahl der Stationen untersuchte. Die Veränderung der Längen zeigte dabei nur geringe Abweichungen in den Messergebnissen, wobei die Kollisionsdomänen mit größerer Ausdehnung etwas schlechtere Ergebnisse zeigten als die mit geringerer Ausdehnung. Eine zusätzliche Verschlechterung trat ein, sobald ausschließlich kleinere Frames übertragen wurden. Die Messergebnisse erfuhren eine wesentliche Beeinträchtigung, sobald eine größere Anzahl von aktiven und sendewilligen Stationen innerhalb der Kollisionsdomäne präsent war. Die Studie erbrachte somit die Erkenntnis, dass es in der Praxis sinnvoll ist, die maximale Anzahl der Stationen innerhalb einer Kollisionsdomäne auf 500 zu beschränken. Diese Erkenntnis zeigte demnach deutlich, dass die im Standard festgeschriebene maximal Anzahl von 1024 Stationen innerhalb einer Kollisionsdomäne für die Praxis etwas zu hoch gegriffen ist.

Probleme des Backoff-Algorithmus

Später kam Mart Moll zu ähnlichen Erkenntnissen und zeigte auf, dass der Backoff-Algorithmus des Ethernet (Binary Exponential Backoff, kurz BEB) bei mehr als 255 aktiven Stationen ins Schwingen geraten kann. Er ermittelte beispielsweise, dass es bei 1000 aktiven Stationen vorkommen kann, dass bis zu 250 Backoff-Zeiteinheiten benötigt werden, um ein Frame erstmalig erfolgreich auszusenden, wenn mehrere Stationen zeitgleich versuchen, auf das Netzwerk zuzugreifen. Daraufhin schlug Molle einen alternativen Backoff-Algorithmus (Binary Logarithmic Arbitration Method, kurz BLAM) vor, der unter denselben Bedingungen nur 10 Backoff-Zeiteinheiten benötigt, um ein Frame erfolgreich auszusenden.

Channel-Capture-Effekt

Zu den Messgrößen, die zur Beurteilung der Qualität des Ethernet herangezogen werden, gehören die Übertragungsrate, die Übertragungsdauer eines Frames (die Zeit, die zwischen dem Beginn des Übertragens in den Sendepuffer und dem tatsächlichen Versenden eines Frames vergeht) sowie die Streuweite der Übertragungsdauer. Die Tatsache, dass Molle seine Studie gut vier Jahre nach denen von Boggs, Mogul und Kent erstellt hat, führte dazu, dass er bei seinen Versuchen wesentlich schnellere Netzwerkkarten einsetzte. Dies hatte allgemein eine deutliche Anhebung der kumulierten Daten- und Frameraten zur Folge. Außerdem fiel bei seinen Messungen die Streuweite der individuellen Daten- und Frameraten deutlich größer aus. Dieses Phänomen ließ sich darin begründen, dass der Zugang zum Übertragungsmedium mit den schnelleren Netzwerkkarten ungerechter geregelt wurde. Dieses Verhalten bezeichnet man gemeinhin als Channel-Capture-Effekt. Molle stellte fest, dass die Übertragungsdauer etwa 0,001 Sekunden bei Bitraten bis zu 5 MBit/s beträgt. Bei Bitraten von 5 bis 8 MBit/s liegt die Übertragungsdauer etwa in dem Bereich zwischen 0,001 und 0,1 Sekunden. Steigt die Bitrate über 8 MBit/s, so tritt der Capture-Effekt ein, wobei die Übertragungsdauer etwa zwischen 0,1 und 10 Sekunden liegt. Bei einer Kollisionsdomäne mit nur zwei Stationen stellte er zudem fest, dass eine Station im Durchschnitt 100 Frames übertragen konnte, bevor die andere einen einzigen Frame verschicken konnte.

Wie Molle feststellte, begünstigt der Capture-Effekt nicht nur einzelne Stationen, sondern es ist ebenfalls möglich, dass eine Gruppe von versetzt sendenden Stationen die Herrschaft über das Netz übernimmt. Der Capture-Effekt hat dabei zwei wesentliche Auswirkungen. Zum einen fällt die Streuweite der Übertragungsdauer relativ groß aus: Die Gewinner versenden ihre Frames sehr schnell, während die Verlierer lange Wartezeiten in Kauf nehmen müssen. Zum anderen werden die Verlierer gezwungen, ihre Frames zu verwerfen. Dies wirkt sich natürlich ungünstig auf die Protokolle der höheren Schichten aus und beeinflusst deshalb die Performance nachhaltig.

BLAM

Durch die Studien erkannte man, dass es sich bei dem Capture-Effekt um eine Eigenart handelt, die auf den verwendeten Backoff-Algorithmus zurückzuführen ist. Demnach war man eine Zeit lang der Ansicht, dass man den Capture-Effekt nur durch einen geänderten Backoff-Algorithmus beseitigen könne. Unter der Leitung von Molle wurde von der IEEE-Arbeitsgruppe 802.3w versucht, den BLAM als neuen Backoff-Algorithmus im Ethernet-Standard einzuführen und aufzunehmen. Da ein geänderter Backoff-Algorithmus jedoch zu einer Inkompatibilität zu vorhandenen Ethernet-

Komponenten geführt hätte, warf man dieses Bestreben letztendlich über den Haufen. Dagegen half auch nicht der Nachweis, dass man durch die Nutzung von BLAM gegenüber BEB eine Reduzierung der Wartezeit um 50 % bei 33 aktiven Stationen erhält, die die Effizienz vom BLAM eindeutig bewiesen. Als Alternative führte man einen Algorithmus ein, der als Capture Avoidance BEB (CABEB) bezeichnet wird und sich mit dem bestehenden BEB des IEEE-802.3-Standards verträgt. Der CABEB beruht darauf, das Verhalten einzelner, sehr leistungsfähiger Stationen zu verändern. Da der Capture-Effekt nur bei hoher Last auftritt, kann er vermieden werden, indem sich diese Stationen weniger aggressiv um das Übertragungsmedium bewerben. Dazu werden vom Algorithmus einfach längere Backoff-Zeiten als im Ethernet-Standard definiert verwendet.

CABEB-Algorithmus

Der CABEB-Algorithmus wird beispielsweise heutzutage in hochperformanten Ethernet-Chips von AMD und Intel eingesetzt. Bei dem CABEB wird zwischen drei Zuständen des Übertragungsmediums unterschieden:

- Der Zustand Uninterrupted Consecutive Transmit ist gegeben, wenn eine Station einen Frame versendet hat, gerade mit dem Senden eines zweiten Frames beginnt und das Medium in der Zwischenzeit nicht genutzt wurde. Zwischen den Frames sind also keine Kollisionen aufgetreten oder Frames einer anderen Station gesendet worden.
- Der Zustand Interrupted Consecutive Transmit ähnelt dem ersten Zustand mit der Ausnahme, dass zwischen den beiden Frames eine andere Station ein Frame ausgesendet hat.
- Der Zustand Captured Transmit tritt auf, wenn das zweite Frame eines Uninterrupted Consecutive Transmit einer Kollision unterliegt und die Station das Medium gewinnt.

Bedingt durch die Tatsache, dass der Übergang zum Captured-Transmit-Zustand ausschließlich stattfinden kann, wenn das zweite Frame eines Uninterrupted Consecutive Transmit kollidiert, ist dies der einzige Fall, in dem vom normalen BEB-Algorithmus abgewichen wird. Tritt erstmalig eine Kollision auf, so wählt die CABEB-Station eine Ruhezeit von zwei Backoff-Zeiten. Die an der Kollision beteiligte BEB-Station legt eine Ruhezeit zwischen 0 und 1 Backoff-Zeit ein und gewinnt folglich den Zugang zum Übertragungsmedium. Kollidiert ein Frame das zweite Mal, so wählt die CABEB-Station eine Ruhezeit von 0 Backoff-Zeiten. Für die Kollisionen drei bis fünfzehn wird das Verfahren des normalen BEB verwendet.

Messungen haben gezeigt, dass durch den Einsatz von CABEB die erzielbaren Datenraten trotz auftretender Kollisionen relativ hoch sind, da keine Frames auf den CABEB-Stationen verworfen wurden. Zu berücksichtigen ist allerdings die Tatsache, dass der CABEB-Algorithmus für kleinere Kollisionsdomänen entwickelt wurde und sich auch nur für diese in der Praxis tatsächlich eignet. Außerdem sollte der gleichzeitige Betrieb von BEB- und CABEB-Stationen innerhalb einer Kollisionsdomäne vermieden werden.

Unabhängig aller Diskussionen sollte man bei der Performance-Betrachtung einer Kollisionsdomäne die in den Studien gewonnenen Erkenntnisse nutzen und sich folgende Tatsachen vor Augen halten.

- Bei einer geringen Belastung mit der Nutzung von 0 bis 50 % der verfügbaren Bandbreite kann eine schnelle Reaktionszeit erwartet werden. Die Stationen sind in der Lage, ihre Frames mit einer Verzögerung von bis zu 0,001 Sekunden zu versenden.
- Bei mittlerer Belastung, zwischen 50 und 80 % der verfügbaren Bandbreite, ist mit einer erhöhten Reaktionszeit zu rechnen. Die Stationen benötigen unter Umständen 0,01 bis 0,1 Sekunden, bis sie ihre Frames verschicken können.
- Bei hoher Belastung, zwischen 80 und 100 % der verfügbaren Bandbreite, ist mit einer sehr hohen Reaktionszeit und Streuweite zu rechnen. Die Stationen benötigen unter Umständen 0,1 bis 10 Sekunden, um ihre Frames auszusenden.

Daher sollte man bei dem Aufbau eines Ethernet-Netzwerks allgemein folgende Grundsätze berücksichtigen:

- Der Mischbetrieb von Stationen, bei denen große Datenmengen übertragen werden und Stationen, bei denen es auf kurze Reaktionszeiten (Real Time) ankommt, sollte vermieden werden. Denn für die Stationen, bei denn es auf kurze Reaktionszeiten ankommt, können diese, bedingt durch die hohe Streuweite, unter dieser Konstellation nicht immer gewährleistet werden.
- Es sollten so wenig wie möglich Stationen innerhalb einer Kollisionsdomäne platziert werden. Um dieses Ziel zu erreichen, sollte die Kollisionsdomäne durch den Einsatz von Switching Hubs gegebenenfalls in mehrere Kollisionsdomänen unterteilt werden.

9.4 Messung der Netzwerk-Performance

Netzwerk-Performance

Die maximale Netzwerk-Performance, die netto zur Verfügung steht, hängt von mehreren Faktoren ab: zum einen von der maximalen Netto-Datenrate, die bei kleinen und großen Frames übertragen werden kann, und zum anderen von den Verzögerungen der aktiven Komponenten wie beispielsweise den Servern. Kann man die Netto-Datenrate, die theoretisch über ein Netzwerk übertragen werden kann, berechnen, so sieht dies bei der tatsächlichen Netzwerk-Performance anders aus. Hierbei spielen letztendlich viele Faktoren eine Rolle, die nur durch eine Messung ermittelt werden können. Für die Messung der Netzwerk-Performance gibt es spezielle Programme, wie beispielsweise das Perform3 von Novell, das NetBench von Ziffs David oder das TCP-Dump für Linux. Mit Ausnahme des Letzteren fahren diese Programme Messkurven, über die die Performance bei kleiner und großer Framegröße berücksichtigt wird. Für die Erstellung der Messkurven werden über einen gewissen Zeitraum große Datenmengen vom Server zum Client beziehungsweise zu mehreren Clients übertragen. Dabei werden Lastsituationen im Netzwerk simuliert, die möglichst alle Verzögerungen einbeziehen sollen, und Messwerte kumuliert, die als Messkurven dargestellt werden. Anhand dieser Kurven lässt sich ein Trend der Performance erkennen.

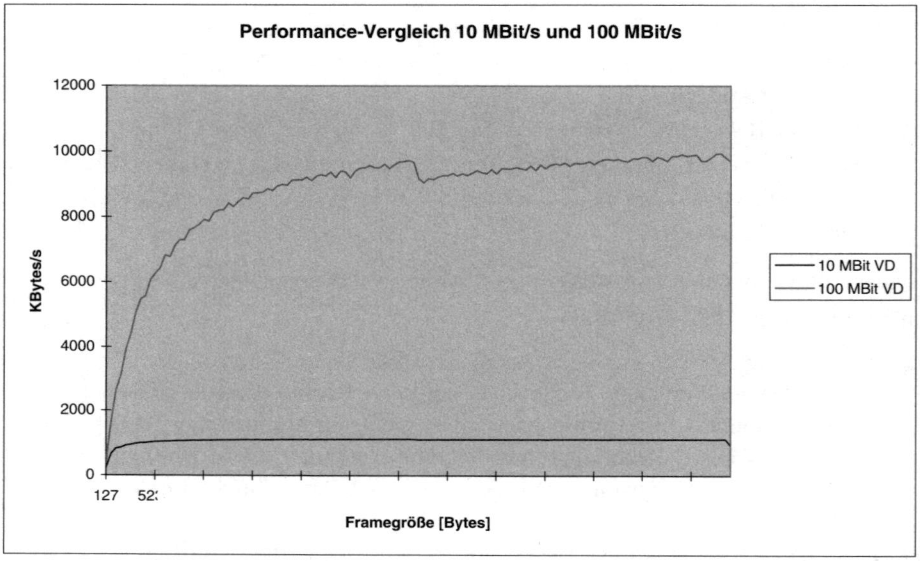

Abb. 9-6
Durch Messprogramme wie Perform3 von Novell lässt sich die maximale Performance des Netzwerks ermitteln und grafisch darstellen.

Das Perform3 kann allerdings nur in Novell-Netzwerken eingesetzt werden, das heißt, es kann nur die Performance zwischen einem Novell-Server und einen oder mehreren Clients ermitteln, da es auf dem NCP (Novell Core Protocol) aufsetzt. Beim NetBench von Ziffs David handelt es sich um ein Programm, das die Performance zwischen jedem beliebigen Server und Windows-Clients ermitteln kann. Das TCP-Dump lässt sich, wie es der Name schon verrät, auf jedem IP-basierten Netzwerk einsetzen.

Problematik der Messung

Das generelle Problem bei diesen Performance-Analysen ist jedoch, dass die Messungen nur außerhalb des normalen Betriebs durchgeführt werden können, da sie die Bandbreite eines Netzwerk extrem belasten und sich somit für den Einsatz während des eigentlichen Netzwerkbetriebs nicht eignen beziehungsweise ihn zu stark negativ beeinflussen würden. Hier beißt sich natürlich die Katze in den Schwanz, denn außerhalb der normalen Betriebszeit ist ein Server generell nicht stark belastet und kann seine gesamte Performance der Netzwerkkarte beziehungsweise der Übertragung der Daten zur Verfügung stellen. Im normalen Betrieb ist ein Server zusätzlich mit anderen Aufgaben belastet, so dass dieser seine gesamte Performance auf mehrere Funktionen aufteilen muss. Man kann demnach mit Performance-

Messprogrammen wie dem Perform3 nur die maximale Performance des Netzwerks ermitteln und Trends in Bezug auf Serverleistung feststellen. Für den tatsächlichen Betrieb muss man demnach noch etwas von den ermittelten Werten abziehen.

Eine praxisnahe Aussage erhält man nur, wenn man Statistiken über einen größeren Zeitraum und während des normalen Netzwerkbetriebs erstellt. Hierzu können Statistikprogramme verwendet werden, die beispielsweise Bestandteil der Betriebssystemplattformen sind, wie der Systemmonitor unter Windows XP/Vista.

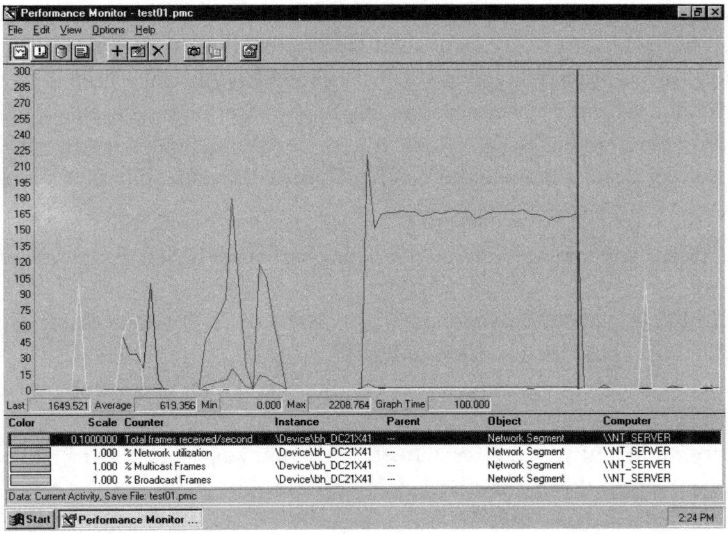

Abb. 9–7
Der Systemmonitor von Windows XP/Vista liefert statistische Werte in Form von Diagrammen.

Das Problem, das sich hierbei allerdings wiederum ergibt, ist die Tatsache, dass diese Statistikprogramme das System, auf dem sie laufen, ebenfalls belasten und die so zur Verfügung stehende Performance nachhaltig beeinflussen. Erfahrungswerte haben uns gezeigt, dass der Systemmonitor die Netzwerk-Performance eines Windows-XP-Betriebssystems um bis zu 10 % reduzieren kann. Möchte man also dauerhaft statistische Werte im Netzwerk erfassen, so muss man demnach den Kompromiss eingehen, dass die gesamte Performance darunter etwas leidet.

9.5 Traffic-Analyse

Traffic-Analyse

Oft steht man nun allerdings vor dem Problem, Erweiterungen für ein bereits bestehendes Netzwerk projektieren zu müssen oder aber ein existierendes Netzwerk zu optimieren. Denn oft erreichen „natürlich gewachsene" LANs nicht die optimale Performance, die sie bei bestmöglicher Planung erreichen könnten. Hier hilft die Traffic-Analyse, also eigentlich die genaue Untersuchung der Wege, die die Daten im LAN nehmen, und der Geschwindigkeit, mit der sie von einem bestimmten Punkt zu einem anderen gelangen, weiter. Eigentlich ist die Traffic-Analyse also nur ein spezieller Fall der Netzwerkplanung: die Anpassung der Theorie (Projektierung des LAN) an die Praxis (reales Verhalten eines LAN). Möchte man eine Traffic-Analyse durchführen, so sollte man berücksichtigen, dass diese bereits während der Planungsphase eines Netzwerks anfängt. Idealerweise sollte man sich bereits in der frühesten Planungsphase des Netzwerks darüber Gedanken machen, wie der Datenfluss innerhalb des Netzwerks verläuft und wie die Gruppierung der Komponenten vorgenommen werden muss, damit ein schneller Datenverkehr gewährleistet ist. Dies gilt auch für bereits bestehende Netzwerke, die in der Form optimiert werden sollen, dass die Performance gesteigert und die Reaktionszeiten verringert werden. Wie sollte allgemein eine Traffic-Analyse durchgeführt werden und welche Gegebenheiten oder Anforderungen sollten dabei berücksichtigt werden? Grundsätzlich sollten erst einmal folgende Punkte beleuchtet werden:

- Klären, welche Anforderungen sich aus betrieblichen Abläufen ergeben.
- Ermitteln, welche Anwendungen im Netzwerk laufen, beziehungsweise zukünftig betrieben werden sollen.
- Geteilte beziehungsweise freigegebene Ressourcen und Daten im Netzwerk ermitteln.
- Ermitteln, auf welche Ressourcen bevorzugt zugegriffen wird und welcher Netzwerkverkehr sich dabei jeweils ergibt.
- Den Informationsfluss innerhalb eines Netzwerks bestimmen, also wie der Weg für die Daten zwischen den Servern und den Clients verläuft und wie groß jeweils der Umfang der Daten ist.
- Netzwerkdurchsatz und Charakteristiken ermitteln.

Anhand dieser Punkte kann man den Datenfluss in etwa bestimmen und ein generelles Anforderungsprofil des Netzwerks erstellen. In Bezug auf die erarbeiteten Anforderungen sollten folgende Punkte eruiert werden:

- Die vorhandene oder zukünftige Netzwerkinfrastruktur analysieren.
- Eventuell auftretende oder vorhandene Flaschenhälse ausfindig machen.
- Herausfinden, ob zukünftige Anforderungen das Netzwerk gegebenenfalls überlasten könnten.
- Klären, welche der existierenden Systeme in die neue Infrastruktur übernommen werden können oder durch modernere und schnellere Systeme ersetzt werden müssen.

Möchte man eine Traffic-Analyse im Vorfeld erstellen, so lässt sich die Analyse nur durch das Aufstellen von Anforderungen und die Summenbildung erarbeiten. Dabei kann man sich natürlich auf Erfahrungen stützen, die man bereits bei anderen und vergleichbaren Projekten gemacht hat. Einerseits sieht es so aus, dass die Analysen im Vorfeld wichtig sind, um konzeptionelle Fehler beim Aufbau des Netzwerks zu vermeiden. Andererseits sieht es so aus, dass die Erfahrung gezeigt hat, dass zwischen der vorläufigen Analyse und dem endgültigen Ergebnis in der Regel große Abweichungen auftreten. Dies hängt damit zusammen, dass der Datenverkehr sehr komplex ist, es lässt sich niemals genau voraussagen, wann und wie viele kleine Frames und wie viele große Frames tatsächlich übertragen werden und wie sie zur Gesamtbelastung beitragen. Durch die Traffic-Analyse im Vorfeld kann jedoch beispielsweise vermieden werden, dass die Anbindung eines Backup-Systems eine unzureichende Performance aufweist, um auch während des normalen Netzwerkbetriebs eine schnelle Wiederherstellung eines ausgefallenen Servers zu gewährleisten. Bei diesem Beispiel lässt sich ganz klar im Vorfeld ermitteln, welche Datenmengen über das Netzwerk gehen und wie sich die Bandbreite des Netzwerks auf die notwendige Dauer für ein Backup auswirkt.

9.5.1 Werkzeuge, um Trends im Netzwerk zu erkennen

Werkzeuge

Möchte man eine Analyse eines bestehenden Netzwerks erstellen, um beispielsweise Engpässe ausfindig zu machen, so kann man sich diverser Statistiken bedienen, die sich aus dem Netzwerk entnehmen lassen. Folgende Quellen können für das Sammeln von Netzwerkstatistiken dienen:

- Die Statistiken einer Netzwerkkarte im Server
- Allgemeine Statistiken der Server
- Statistiken von Switches
- Die Inhalte von Routing-Tabellen
- Statistiken, die über RMON oder SNMP gesammelt werden
- Daten, die mit einem Protokollanalysator erstellt wurden

Die aufgeführten Quellen können, je nach Ausführung, umfangreiche Informationen über die Auslastung eines Netzwerks liefern. Betrachtet man die Statistiken, die die Netzwerkkarte eines Servers, die allgemeinen Statistiken der Server, der Switches oder der Inhalt der Routing-Tabellen liefern, so handelt es sich hierbei um Quellen, die ohne zusätzliche Einrichtungen vorhanden sind und genutzt werden können, wobei die Statistiken, die über RMON, SNMP oder Protokollanalysatoren gesammelt werden können, zusätzlicher Einrichtungen bedürfen, die im Netzwerk platziert und installiert werden müssen. Dies hat grundsätzlich zwei Nachteile: zum einen müssen sie zusätzlich installiert werden, was mit einem gewissen Zeit- und Kostenaufwand verbunden ist, und zum anderen verändern sie das Netzwerk, indem Messstellen in Form von Probs platziert und zusätzliche Daten über das Netzwerk transportiert werden, die das Messergebnis wiederum beeinflussen. Letzteres wirkt sich vor allem negativ aus, wenn diese Einrichtungen nur temporär im Netzwerk platziert werden. Demnach sollte man bevorzugt Quellen verwenden, die sowie schon im Netzwerk vorhanden sind.

9.5.2 Wie charakterisiert man ein Netzwerk?

Charakterisierung eines Netzwerks

Grundsätzlich kommt es in einem Netzwerk darauf an, dass die Daten schnell und ohne große Verzögerung übertragen werden. Dazu ist es wichtig, dass das Netzwerk über eine ausreichende Bandbreite verfügt und dass die aktiven Komponenten nur eine möglichst geringe Verzögerung verursachen. Möchte man ein Netzwerk auf diese Anforderung charakterisieren, so sollten allgemein ein paar Grundsätze berücksichtigt werden. So ist es zum Beispiel wichtig, dass man die Analyse über das Verhalten bei der maximalen Auslastung zu einem Zeitpunkt durchführt, an dem auch tatsächlich jede Anwendung mit der Anzahl der Benutzer sowie den beteiligten Arbeitsstationen und Servern ausgeführt wird. Denn ausschließlich zu diesem Zeitpunkt ist das Netzwerk tatsächlich ausgelastet. Möchte man die Belastung ermitteln, die innerhalb des Netzwerks auftreten kann, so sollte man die durchschnittliche Belastung, die Spitzenwerte in der Belastung und die Belastung im Fehlerfall ermitteln. Alle drei Belastungswerte gemeinsam ergeben eine Aussage über die tatsächliche Belastung, die auftreten kann, und ob ein Netzwerk diesen Anforderungen gewachsen ist.

Framegröße

Des Weiteren kann es noch interessant sein, die durchschnittliche Framegröße zu ermitteln. Über die durchschnittliche Framegröße lässt sich eine Aussage über die Effizienz treffen. Allgemein kommt es einem Netzwerk darauf an, Nettodaten, also die tatsächlichen Nutzdaten ohne Protokoll-Overhead, zu übertragen. Bei kleineren Frames ist der Protokoll-Overhead relativ groß, und bei größeren hält sich dieser im Rahmen. Die folgende Tabelle liefert als Orientierungshilfe eine Gegenüberstellung von verschiedenen Framegrößen und der daraus resultierenden Effizienz in der Datenübertragung.

Tab. 9–1 *Gegenüberstellung der Framegröße und der Effizienz*

Datengröße	Framegröße	Overhead	Effizienz
1492	1518	1,7 %	98,3 %
974	1000	2,6 %	97,4 %
486	512	5,1 %	94,9 %
38	64	40,7 %	59,3 %

Anhand der Tabelle ist eindeutig zu erkennen, dass bei den größeren Frames eine höhere Effizienz erzielt wird als bei kleineren Frames. Diese Tabelle berücksichtigt allerdings nur den Protokoll-Overhead vom MAC-Layer und vom Netzwerk-Layer. Dazu müsste man streng genommen noch den Protokoll-Overhead abziehen, der sich durch die Header der höheren Schichten ergibt. Dazu wäre es allerdings notwendig, jedes Netzwerkprotokoll aufzuführen und dessen anteilmäßige Verwendung zu ermitteln, was für die Praxis zu komplex und aufwändig wäre. Anhand der durchschnittlichen Framegröße lässt sich jedoch die Effizienz des Netzwerks und mögliche Ursachen für Engpässe erkennen. Hat man es mit einer durchschnittlich großen Framelänge zu tun, so ist für Engpässe in der Regel die Bandbreite des Netzwerks beziehungsweise der aktiven Komponenten verantwortlich. Bei einer durchschnittlich geringen Framelänge sind die Engpässe eher auf hohe Verzögerungszeiten zurückzuführen. Diese hohen Verzögerungszeiten können zwar ebenfalls an Engpässen der Netzwerkbandbreite festgemacht werden, da ein ausgelastetes Netzwerk dazu führt, dass die Daten nicht direkt übertragen werden können und auf den aktiven Komponenten zwischengespeichert werden müssen. Jedoch hat die Erfahrung gezeigt, dass die Ursache primär bei den aktiven Komponenten zu finden ist.

Systemauslastung

Um die Ursache einzugrenzen, sollten beispielsweise an einem Server die CPU-Auslastung, der Datendurchsatz in Bezug auf ein- und ausgehende Daten, die Anzahl der verlorenen Frames und die Anzahl der ignorierten Frames beobachtet werden. Eine hohe CPU-Belastung ist ein Indiz für eine zu hohe Belastung des Servers, die durch eine Anwendung oder sogar durch einen schlechten Treiber einer Netzwerkkarte verursacht werden kann. Der Datendurchsatz gibt eine genaue Auskunft darüber, wie viele Daten der Server in das Netzwerk überträgt oder über das Netzwerk erhält. Dabei sollte die Anzahl der verlorenen beziehungsweise verworfenen oder ignorierten Frames beobachtet werden. Ist sie hoch, so ist das ein Indiz auf einen Fehler, dessen Ursache ausfindig gemacht werden sollte.

Datendurchsatz

Betrachtet man einen Switch im Netzwerk, so ist es wichtig, die Anzahl der Frames, die der Switch innerhalb einer Sekunde weiterleiten kann, zu bewerten. Ein guter Switch sollte generell in der Lage sein, die Mindestanzahl von Frames, die über das Netzwerk übertragen werden können, weiterzuleiten. Betrachtet man die Herstellerangaben, so wird in der Regel eine Angabe der Frames mit minimaler Länge pro Sekunde angegeben. Jedoch ist hierbei Vorsicht geboten, da auch die Performance bei großen Framelängen betrachtet werden muss. Die Praxis hat gezeigt, dass bei großen Framelängen Engpässe in der Bandbreite der Switching-Matrix auftreten können und bei kleinen Framelängen Engpässe in der Rechenleistung des Switch auftreten können, da hierbei viele Entscheidungen bezüglich der Wegwahl getroffen werden müssen. Die Engpässe lassen sich allgemein durch Statistiken ermitteln, die an dem Switch selber oder über einen Fernzugriff abgelesen werden können. Dabei gilt es, ein Auge auf die vorhandene Auslastung und den Durchsatz zu werfen. Treten an einem Switch Engpässe auf, so kann das zum einen dazu führen, dass eine zusätzliche Verzögerung auftritt, und zum anderen dazu, dass Frames verworfen werden müssen. Letzteres führt dazu, dass der Verlust durch die höheren Protokolle abgefangen werden muss, was mit einer deutlichen Einbuße in der Performance verbunden ist.

9.6 Die Auswertung von Netzwerkstatistiken

Netzwerkstatistiken

Gerade bei den Planungen für die Erweiterung eines Netzwerks sollte man sich die Statistiken, die man in einem bereits arbeitenden LAN erhalten kann, genau ansehen. In der Regel geben sie genaue Hinweise darauf, wo eine Erweiterung des Netzes sinnvoll ist: wo etwa ein zusätzliches Segment unnötigen Datenverkehr verhindern kann oder Ähnliches. Und bei der Fehleranalyse können Netzwerkstatistiken, die sich an einer Netzwerkkarte in Serversystemen oder an Switches ablesen lassen, ebenfalls hilfreich sein.

Insgesamt gibt es für dieses Vorhaben eine Vielzahl von Parametern, die ihren Ursprung im Ethernet-Standard haben und, je nach Hersteller, in der Ethernet-Komponente als Statistik angezeigt werden. So gibt es beispielsweise bei einem Novell-Server die Möglichkeit, über den sogenannten Monitor die Statistiken der im Server betriebenen Netzwerkkarten anzuzeigen. Bei einer Vielzahl der Parameter gibt es nur Sende- oder Empfangsparameter, und andere wiederum gibt es als Sende- und Empfangsparameter wobei die Sende- und Empfangsstatistiken getrennt dargestellt werden. Im Folgendem möchten wir auf die wichtigsten Parameter eingehen und deren Bedeutung erläutern:

Frames

Frames

Über den Parameter Frame wird die Anzahl der gesendeten oder empfangenen Ethernet-Frames angegeben. Über diese Statistik können Sie feststellen, wie groß die Anzahl der gesendeten oder empfangenen Frames ist, die über den Ethernet-Anschluss übertragen wurden. Bei einem Server, der über mehrere Netzwerkkarten verfügt, oder bei einem Switch können so Vergleiche zwischen den einzelnen Ports beziehungsweise Segmenten erstellt werden. Auf diese Weise erhält man bereits ein gesamtes Bild über den jeweiligen Anteil der Belastung.

Wie sich die Anzahl der Frames im Einzelnen zusammensetzt, lässt sich an den Broadcast-, Multicast- und Unicast-Parametern erkennen. Sie geben jeweils an, wie groß der Anteil der verschiedenen Frametypen war. Stellt man hierbei beispielsweise einen übermäßig großen Anteil an Broadcast-Frames fest, so kann unter Umständen eine fehlerhafte Applikation dafür verantwortlich sein. Dies kann sich besonders kritisch auswirken, da sich die Broadcast-Frames im gesamten Netzwerk ausbreiten und das Netzwerk auf diese Weise stark belasten können.

Pause

Pause

Über den Pause-Parameter wird die Anzahl der gesendeten oder empfangenen Pause-Frames angegeben, die nach dem IEEE-802.3x-Standard für das Flow-Control ausgetauscht werden. Eine erhöhte Anzahl von gesendeten Pause-Frames ist beispielsweise ein Indiz dafür, dass der zum Port gehörende Empfangsbuffer überlastet ist und die Frames nicht ausreichend schnell aus dem Empfangsbuffer genommen werden können. Hierfür können gewisse Engpässe im System, wie eine zu große Bus-Auslastung, ein zu gering vorhandener oder zugeteilter Arbeitsspeicher zum Zwischenspeichern der Daten oder ein zu langsamer Festplattenkanal, verantwortlich sein. In der Regel geben, je nach Betriebssystem, weitere statistische Parameter einen Aufschluss über die genaue Ursache. Natürlich können nur Pause-Frames empfangen oder gesendet werden, wenn sich der entsprechende Port im Vollduplexmodus befindet und das Flow-Control aktiviert ist.

Burst

Burst

Die Burst-Angabe gibt die Anzahl der Burst-Frames wieder, die am jeweiligen Port gesendet oder empfangen worden sind. Laut dem Gigabit-Ethernet-Standard 802.3z wird im Halbduplexmodus das erste Frame eines Burst auf die Mindest-Framelänge von 512 Byte gebracht und mehrere kleinere Frames werden hintereinander ausgesendet, um die Performance in der Form zu optimieren, dass nicht alle Frames auf die Mindestlänge von 512 Byte verlängert werden müssen. Die Burst-Frames können so nur bei Gigabit-Ethernet und im Halbduplexmodus auftreten und stellen ein Indiz dafür dar, dass zur Optimierung der Performance viele kleine Frames quasi zu einem großen Frame zusammengefasst werden können.

Deferred

Deferred

Über den Parameter Deferred wird die Anzahl der Frames angezeigt, die wegen eines belegten Mediums erst verzögert ausgesendet werden konnten. Ein erhöhter Deferred-Wert kann somit in einem Shared Media darauf hinweisen, dass eine zu hohe Auslastung des Netzwerks vorliegt.

Single Collision

Single Collision

Durch den Parameter Single Collision wird die Anzahl der Frames angezeigt, bei denen bei der ersten Aussendung eine Kollision aufgetreten ist, die Aussendung deshalb abgebrochen werden musste und der Frame erst durch eine wiederholte Frame-Aussendung erfolgreich verschickt werden konnte. Die Anzeige dieses Parameters ist vom verwendeten Übertragungsmodus abhängig und kann nur im Halbduplexmodus hochgezählt werden. Zu dem Single-Collision-Parameter gibt es noch weitere Parameter, die Auskunft über das Auftreten einer Kollision oder dem missglückten Zugriff auf das Shared Media geben. Hierzu zählen die Parameter Multiple Collision, Aborted, Late Collision, Excessive Deferral und Carrier Sense.

Multiple Collision

Multiple Collision

Der Parameter Multiple Collision gibt die Anzahl der Frames an, deren Aussendung wegen mehrerer aufgetretener Kollisionen abgebrochen werden musste und die erst durch eine mehrmals wiederholte Frame-Aussendung erfolgreich verschickt werden konnten.

Aborted

Aborted

Der Parameter Aborted gibt die Anzahl der Frames an, die ausgesendet worden sind und bei denen die Aussendung wegen wiederholt aufgetretener Kollisionen abgebrochen werden musste. Dies ist der Fall, wenn 16 Mal erfolglos versucht wurde, den Frame zu senden, jedoch immer wieder eine Kollision aufgetreten ist. Wird der Parameter Aborted wiederholt hochgezählt, dann weist dies unter Umständen darauf hin, dass eine Komponente innerhalb der Kollisionsdomäne nicht das Zugriffsverfahren nach dem CSMA/CD unterstützt.

Late Collision

Late Collision

Durch den Parameter Late Collision wird die Anzahl der Kollisionen angezeigt, die nach dem Ablauf der Slot Time aufgetreten sind. Dies ist der Fall, wenn die Kollision erst nach dem Aussenden des 512. Bits (bei Gigabit-Ethernet erst nach dem 4096. Bit) eines Frames aufgetreten ist. Das wiederholte Auftreten einer Late Collision weist darauf hin, dass bei dem Aufbau der Netzwerkinfrastruktur die Längenrestriktionen einer Kollisionsdomäne überschritten worden sind.

Excessive Deferral

Excessive Deferral

Über den Parameter Excessive Deferral wird die Anzahl der Frames angezeigt, die wegen eines belegten Mediums über einen bestimmten Zeitraum nicht ausgesendet werden konnten. Der IEEE-802.3z-Standard schreibt beispielsweise beim Gigabit-Ethernet eine maximale zulässige Verzögerungszeit von etwa 155,382 µs vor; wird diese Zeit überschritten, so wird der Sendeversuch für den Frame abgebrochen und der Excessive-Deferred-Wert um 1 hochgezählt.

Carrier Sense

Carrier Sense

Mit dem Parameter Carrier Sense wird die Anzahl der Versuche angezeigt, ein Frame auszusenden, bei denen jedoch kein vorhandenes Medium über das Carrier-Sense-Signal erkannt wurde oder während der Aussendung eines Frames durch das Carrier-Sense-Signal angezeigt wurde, dass kein Medium mehr vorhanden ist.

Jabber Frame

Durch den Parameter Jabber Frame wird die Anzahl der empfangenen Frames angezeigt, deren Maximallänge unzulässig war oder bei denen die Frame-Check-Sequenz fehlerhaft war.

Jabber Frame

In Range Length Error

Der Parameter Length Error zeigt die Anzahl der empfangenen Frames an, bei denen die Länge des LCC-Datenteils innerhalb eines Frames nicht mit der Angabe des Längen/Typen-Feldes des Frame-Headers übereinstimmte.

Length Error

Symbol Error

Bei Fast Ethernet, Gigabit Ethernet und 10Gigabit-Ethernet findet die Datenübertragung jeweils über einen bestimmten Satz von zulässigen Symbolen (Fast Ethernet: 4B/5B-Codierung, Gigabit-Ethernet: 8B/10B-Codierung und 10Gigabit-Ethernet: 8B/10B- oder 64B/66B-Codierung) statt. Sollten unzulässige Symbole empfangen werden, so wird dies durch den Parameter Symbol Error angezeigt, der bei jedem Symbolfehler um eins hochgezählt wird. Sollte die Anzahl der Symbol Error hochzählen, so weist dies auf einen Leitungsfehler hin, der durch eine schlechte Verbindung zwischen den Komponenten aufgetreten ist.

Symbol Error

Framing Error

Bei Fast und Gigabit-Ethernet wird das Ende eines Frames mit einem Start-of-Frame-Delimiter versehen. Sollte das Start-of-Frame eines Frames fehlerhaft sein, so wird der Parameter Framing Error hochgezählt.

Framing Error

Short Event

Durch den Parameter Short Event wird angezeigt, dass kurzzeitig Daten empfangen wurden, die jedoch wegen der geringen Länge von bis zu 8 Byte als Störungen auf der PHY-Ebene gedeutet wurden.

Short Event

Runt Frames

Die Mindestframelänge eines Ethernet-Frames ist auf 64 Byte festgelegt. Sollten Frames empfangen werden, deren Länge die Mindestframelänge von 64 Byte unterschritten haben, so wird dies durch den Parameter Runt Frames angezeigt.

Runt Frames

Too Long Frames

Too Long Frames

Durch den Parameter Too Long Frames wird die Anzahl der empfangenen Frames angezeigt, deren Länge die im IEEE-802.3-Standard festgelegte maximale Framelänge von 1518 Byte überschritten haben. Sollte es sich bei dem Frame um ein VLANTag-Frame vom Type 1 handeln, so beträgt die maximal zulässige Framelänge 1522 Byte. Bei den VLANTag-Frames wird der Wert in dem Long-Frame-Parameter nur hochgezählt, wenn die erweiterte maximale Frame-Länge der VLANTag-Frames tatsächlich überschritten wurde.

FCS Error

FCS Error

Der Parameter FCS Error zeigt die Anzahl der empfangenen Frames an, bei denen die Frame-Check-Sequenz falsch war und die deshalb verworfen werden mussten.

Anhand der aufgelisteten Parameter lassen sich Fehler und deren Ursachen ausfindig machen. Sie können umfangreiche Informationen über den Zustand des Netzwerks liefern.

⇨ Je nach Betriebssystemplattform oder Switch-Fabrikat kann die Bezeichnung der Parameter abweichen; wir haben uns in diesem Fall an der Bezeichnungen im Ethernet-Standard orientiert.

10 Netzwerkprotokolle

Kein Netzwerk ohne Protokolle: Steht das Ethernet-LAN erst einmal, egal, mit welcher Datenrate, welchem Kabel und welcher Infrastruktur, ist noch lange keine Datenkommunikation gewährleistet. Die Protokolle der höheren Schichten des OSI-Modells setzen auf den Protokollen der Schichten 1 und 2, die das eigentliche Ethernet ausmachen, auf. Ein Ethernet-LAN ist kein LAN ohne die Protokolle der höheren Schichten. Nachdem wir in den vorangegangenen Kapiteln die Grundlagen und die technischen Einzelheiten für Ethernet beschrieben haben, wollen wir uns in den folgenden drei Kapiteln noch diesen höheren Protokollschichten widmen.

Einführung Protokolle

In früheren Zeiten setzten die meisten Administratoren in einem Ethernet-LAN (und nicht nur da, sondern beispielsweise auch bei Token Ring) auf Protokolle wie IPX/SPX und NetBEUI, jedoch hat sich inzwischen auch in lokalen Netzen TCP/IP weitgehend durchgesetzt, das ursprünglich eigentlich für Weitverkehrsnetze entwickelt wurde. Wir haben den Schwerpunkt daher auf die TCP/IP-Protokollfamilie gelegt. Eine detailliertere Kenntnis von Aufbau und Funktionsweise der verschiedenen Netzwerkprotokolle ist für die Fehlerbehebung entscheidend, da nur mittels Protokollanalyse eine gezielte Fehlersuche im Netzwerk möglich ist. Für die TCP/IP-Protokollfamilie gehen wir zusätzlich anhand praktischer Beispiele auf die Adressierung und die Bildung von Subnetzen ein, die im Verhältnis zu klassischen LAN-Protokollen recht komplex sind und schon manchen Administrator beim Übergang in die IP-Welt in Verzweiflung gestürzt haben. Gerade aber mit Subnetzen (und der entsprechenden korrekten Adressierung) lässt sich ein Netzwerk in einzelne logische Teilbereiche sinnvoll aufteilen, um den Datenverkehr zu optimieren und die Netzwerkauslastung zu verringern. Damit Sie die Brücke zur Novell-Protokollfamilie schlagen können, ist das Kapitel 11 der Novell-Protokollfamilie gewidmet. Abschließend behandeln wir in Kapitel 12 die Protokolle SMB und NCP, die für die eigentliche Client/Server-Kommunikation zwischen Rechnern zuständig sind.

10.1 Grundlagen: Was sind Protokolle?

Was sind Protokolle?

Unter einem Protokoll versteht man allgemein die diplomatische Etikette, also eine Gesamtheit von Regeln für eine Umgang in angemessener Form. In einem Protokoll ist unter anderem festgelegt, wie die Begrüßung eines fremden Diplomaten auszusehen hat – wobei je nach Herkunftsland gravierende Unterschiede auftreten.

Nicht viel anders sieht es bei vernetzten Computern aus: Sie müssen für die Kommunikation bestimmten Protokollen, also Regeln, folgen, die letztendlich die Kommunikation oder den allgemeinen Datenaustausch ermöglichen. Für die Realisierung der Datenübertragung zwischen Computern bedient man sich verschiedener Protokolle, die (im Vergleich zu den Protokollen der unteren OSI-Layer) zusätzliche Informationen enthalten, die ein festgelegtes Schema haben. Dabei sind der Aufbau und die Funktionsweise für jedes Protokoll standardisiert: Nur wer sich an die jeweiligen Standards hält, kann mit einem anderen Computer kommunizieren.

Protokoll-Header

Die eigentlichen Nutzdaten, die über das Netzwerk verschickt werden sollen, werden für die Übertragung in zusätzliche Protokollinformationen verpackt, die den Transport innerhalb des Netzwerks regeln. Betrachtet man die Schichten des OSI-Referenzmodells, werden die Daten beim Senden für den Transport von oben nach unten gereicht und erhalten auf jeder Schicht zusätzliche Informationen, die jeweils als Protokoll-Header bezeichnet werden. Auf der Empfangsseite werden die Daten von unten nach oben gereicht, wobei die zusätzlichen Protokollinformationen schichtweise wieder entfernt werden, so dass letztendlich nur noch die eigentlichen Nutzdaten der höheren Schichten übrig bleiben.

Bildlich lässt sich dies am besten mit dem normalen Briefverkehr vergleichen. Die Nutzdaten, die als Informationen in einem Brief niedergeschrieben sind, werden für die Versendung mit der Post in ein Briefcouvert gesteckt. Auf dem Briefcouvert werden die Informationen, die für das Versenden des Briefs notwendig sind, in Form einer Anschrift und eines Absenders festgehalten. Bei Anschrift und Absender sind bestimmte Regeln vorgesehen, deren Format einem Protokoll entspricht. In der ersten Zeile steht der Name, in der zweiten Zeile folgt der Straßenname mit Hausnummer und in der dritten Zeile die Postleitzahl mit dem Namen des Ortes. Auf einer „höheren Schicht" des Briefdiensts können nun diese Angaben mit einem zusätzlichen „Brief-Header" versehen werden – indem etwa die Post den Brief in einen Behälter packt, der mit Informationen über die Stadt versehen ist, für die die in der Box enthaltenen Briefe bestimmt sind – im LAN entspräche dies etwa dem Ziel-Netzwerk. In der Bestimmungsstadt angelangt, werden nun diese Informationen wieder entfernt und die „Protokoll-Header" der einzelnen Briefe verwendet. Nur wenn die Angaben der Adressen richtig und in einer bestimmten Reihenfolge aufgeführt sind, kann ein reibungsloser Datenaustausch als Briefverkehr gewährleistet sein.

10.1.1 Bits und Bytes

Protokollinformationen

Der Datenstrom, der sich über das Netzwerkkabel bewegt, erscheint auf den ersten Blick wie ein unendliches Wirrwarr von Bits und Bytes. Legt man jedoch eine Protokollschablone über den Datenstrom, die ihn in logische Teile zerlegt, sieht die Welt schon ganz anders aus. Man erhält, neben der klaren

Abgrenzung zwischen den Nutzdaten und den Protokollen, eine klare Trennung der einzelnen Protokollinformationen, etwa Ziel- und die Ursprungsadresse der Daten. Mit diesen und vielen anderen Protokollinformationen wird der Ablauf des Datenverkehrs weitaus verständlicher. Mithilfe eines sogenannten Protokollanalysators ergibt sich dann die Möglichkeit, die einzelnen Bits und Bytes, die sich über den Draht bewegen, genauer unter die Lupe zu nehmen und zu analysieren. Moderne Protokollanalysatoren bieten für eine Vielzahl von Protokollen sogenannte Protokoll-Parser, mit deren Hilfe sich die Protokollinformationen sinnvoll unterteilen und für den Anwender in einer verständlichen Form darstellen lassen.

⇨ Im abschließenden Kapitel dieses Buchs finden Sie eine ausführliche Beschreibung für den praxisnahen Einsatz sowie eine Übersicht über Protokollanalysatoren.

10.1.2 Die Protokolle der Schichten 3 und 4

Adressierung auf der dritten Schicht

Die Funktionen der Netzwerkprotokolle beschreibt man im Einzelnen an den Schichten des OSI-Referenzmodells, das im Grundlagenteil dieses Buchs ausführlich beschrieben ist. Für den Transport der Daten in einem Netzwerk sind hauptsächlich die Protokolle der dritten und vierten Schicht zuständig. Laut Definition ist die dritte Schicht des OSI-Referenzmodells, die Netzwerkschicht, unter anderem für die Adressierung und die Wegfindung zu einem entfernten Computer verantwortlich. Die vierte Schicht, die Transportschicht, stellt beispielsweise sicher, dass die einzelnen Datenteile beim Empfänger so zusammengesetzt werden, wie sie der Sender abgeschickt hat.

Warum nun aber dieser Aufwand mit zusätzlichen Kommunikationsprotokollen auf höheren OSI-Layers? Schaut man sich ein Ethernet im Detail an, könnte man zu der Ansicht kommen, dass die Adressinformationen des MAC- oder Frame-Headers ausreichend sind. Prinzipiell wäre dies auch möglich – würde die Kommunikation zwischen Rechnern aber auf ein einzelnes LAN beschränken. Einfachere Protokolle wie NetBEUI ersparen sich auch einigen Overhead, den etwa TCP/IP betreibt, um Daten über mehrere Teilnetze hinweg austauschen zu können – mit dem Vorteil, dass sie bei kleinen LANs, die nicht aus solchen Teilnetzen bestehen, die vorhandenen Ressourcen schonen und vor allem eine Vereinfachung für den Anwender (etwa über aussagekräftige Rechnernamen) und eine Absicherung der Kommunikation bieten. Entscheidend bei Protokollen wie TCP/IP ist aber eine von der Netzwerkstruktur unabhängige Adressierung und eine damit einhergehende Wegfindung, die nicht nur Rechner im gleichen Teilnetz wie der Sender entdecken kann, sondern auch solche, die in gänzlich anderen Bereichen des gesamten Netzes untergebracht sind und sich daher über die Protokolle der Layer 1 und 2 nicht direkt erreichen lassen. Und betrachtet man ein Netzwerk, stellt man fest, dass in der Regel auch ein LAN aus mehreren Teilbereichen besteht, die über Router miteinander verbunden sind.

10.1.3 Routing

Wegfindung

Möchte man Daten von einem Computer zu einem anderen Rechner verschicken, der sich auf einem anderen Netzwerk befindet, so müssen diese Daten in irgendeiner Form adressiert werden können. Dazu enthalten die Protokolle der dritten Schicht die Netzwerkadresse des Zielcomputers und diejenige des Senders. Die zweite Schicht trägt als Ziel die MAC-Adresse des Routers, also des für die Wegfindung verantwortlichen Geräts, und die MAC-Adresse des sendenden Computers.

Der Computer sendet also über die Adressierung auf der MAC-Ebene seine Daten erst einmal zum nächsten Router, der sich innerhalb seines eigenen Netzwerks befindet. Der Router entfernt den MAC-Header und verschickt die Daten entweder zu einem benachbarten Router oder, wenn der Router auf der anderen Seite an das Zielnetzwerk angeschlossen ist, direkt an die Zielcomputer, indem er den Frame-Header neu bildet und neue MAC-Adressen einsetzt.

Die Wegfindung und somit die notwendigen Adressinformationen für die Versendung der Daten zu einem entfernten Computer wird dabei, vor der eigentlichen Datenversendung, über spezielle Routingprotokolle oder statische Routingtabellen bestimmt.

Auf der dritten Schicht des OSI-Referenzmodells, der Netzwerkschicht, die für die Wegfindung zwischen Quelle und Ziel verantwortlich ist, werden die Daten in Kommunikationsprotokolle wie etwa IP oder Novells IPX verpackt. Erst durch die Protokollinformationen der dritten Schicht ist ein Routing und somit eine Unterteilung des Netzwerks in verschiedene Teilnetze möglich. Die vierte Schicht, die Transportschicht, ist zum einen teilweise für die Sicherstellung des Datentransports und zum anderen für den Austausch von Kontrollinformationen zwischen den einzelnen Systemen zuständig. Hier kommen Protokolle wie TCP, UDP oder SPX zum Einsatz.

Abb. 10–1
Durch die zusätzlichen Adressierungsmöglichkeiten der dritten Schicht wird das Routing ermöglicht.

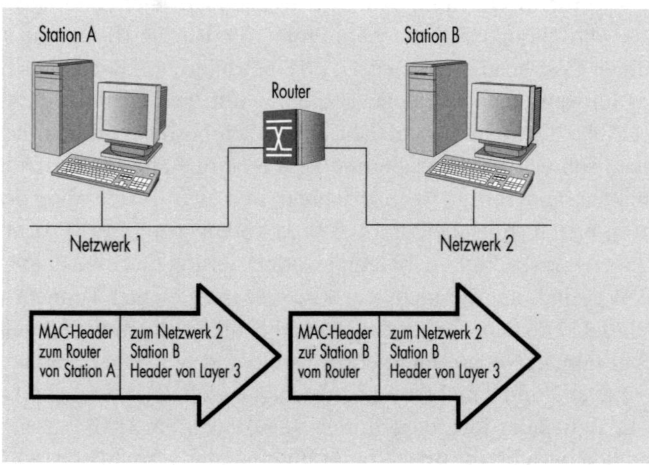

Der MAC-Header allein würde in diesem Fall nicht ausreichen, denn über seine Adressinformationen lassen sich nur Computer adressieren, die sich auf demselben Netzwerk befinden. Erst durch die zusätzliche Adressierungsmöglichkeit sind Netzwerke mit mehreren Teilnetzen möglich, die miteinander verbunden sind und den beliebigen Datenaustausch zwischen den gekoppelten Teilnetzwerken ermöglichen.

10.1.4 Verbindungslose und verbindungsorientierte Kommunikation

Bei der Datenübertragung über das Netzwerk unterscheidet man grundsätzlich zwischen einer verbindungslosen und einer verbindungsorientierten Kommunikation. Dabei ist zu berücksichtigen, dass es diese Unterteilung auf mehreren Schichten des OSI-Modells gibt: So etabliert Ethernet beispielsweise eine verbindungslose Kommunikation, während ATM verbindungsorientiert ist. Der Unterschied zwischen Ethernet und ATM entspricht also etwa dem Unterschied zwischen dem Briefverkehr und dem Telefondienst. Im Briefverkehr bringt man ein Schreiben in Kenntnis der Zieladresse auf den Weg, ohne dass für diese Kommunikation schon der Weg bekannt sein muss oder er exklusiv für diesen einen Brief zur Verfügung steht. Beim Telefondienst dagegen schaltet man durch Eingabe der Zieladresse (Telefonnummer) eine direkte Verbindung, deren Weg am Anfang festgelegt wird und sich für die Dauer der Kommunikation nicht mehr ändert. Zudem steht dieser Kanal den beiden Partnern exklusiv zur Verfügung.

Auf den höheren Schichten lässt sich nun aber über das verbindungslose Ethernet mit den entsprechenden Protokollen eine verbindungsorientierte Kommunikation realisieren. Dies entspricht dann einem Briefverkehr, bei dem eine Absicherung vorhanden ist, dass der Brief sein Ziel erreicht (Einschreiben) und eventuell einer gesicherten Rückantwort (Antwortschein).

Die verbindungslose ebenso wie die verbindungsorientierte Kommunikation haben jeweils ihre Vor- und Nachteile, die von Fall zu Fall abgewogen werden müssen.

Verbindungslose Kommunikation

Verbindungslose Kommunikation

Eine verbindungslose Kommunikation lässt sich mit der Versendung eines einfachen Briefs vergleichen. Man wirft einen Brief in den Briefkasten und hofft, dass die Post schon weiß, was sie tut, und dieser Brief irgendwann einmal beim gewünschten Empfänger ankommt. Man erhält also keinerlei Informationen, ob der Brief erfolgreich beim Empfänger angekommen ist oder nicht, es sei denn, der Empfänger des Briefs meldet sich irgendwann mit entsprechenden Informationen.

Durch die verspätete Erkenntnis über einen eventuell verloren gegangenen Brief sind grundsätzlich zwei Nachteile entstanden, die mehr oder weniger wegen der fehlenden Bereitschaft, im Vorfeld höhere Portokosten zu zahlen, zu spät ans Tageslicht kommen. Zum einen ist natürlich unnötig viel Zeit verloren gegangen, bis man erfährt, dass der Brief gar nicht beim Empfänger ankam. Zum anderen steht man vor dem Problem, den Brief neu schreiben zu müssen, wodurch unter Umständen der eigentlich geplante Arbeitsablauf gestört wird.

Verbindungsorientierte Kommunikation

Verbindungsorientierte Kommunikation

Ist man von Anfang an bereit, höhere Portokosten in Kauf zu nehmen, bietet sich als Alternative zum normalen Brief (verbindungslose Kommunikation) an, den Brief per Einschreiben mit Rückantwort zu verschicken – dies ist dann mit einer verbindungsorientierten Kommunikation vergleichbar.

In diesem Fall erhält man eine Quittung, was mit dem Aufbau einer gesicherten Verbindung vergleichbar ist: Die Post garantiert in diesem Fall durch das Ausstellen der Quittung, dass sie den Brief, auf welchem Weg auch immer, ordnungsgemäß zustellt. Gelingt dies nicht, erhält man den Brief zurück und ist somit über die missglückte Zustellung informiert; zudem kann man ihn im Zweifelsfall erneut auf den Weg bringen, etwa mit einer korrigierten Adressangabe. Erhält man die Rückantwort über die erfolgreiche Zustellung des Briefs, kann man davon ausgehen, dass der Brief ordnungsgemäß beim gewünschten Empfänger angekommen ist.

Verbindungsvarianten im Netzwerk

Protokoll-Overhead

Vergleichbar zum Beispiel mit dem Briefverkehr verwendet man im Netzwerkbereich auf den OSI-Layers 3 und 4 ebenfalls gesicherte und ungesicherte Mechanismen für die Versendung der Daten.

Die gesicherte Kommunikation entspricht dabei der verbindungsorientierten Variante, die in der Regel mit einem erhöhten Protokoll-Overhead bezahlt werden muss. Sie sorgt dafür aber andererseits für eine verlässliche Übertragung der Daten. Es sind zusätzliche Protokollinformationen notwendig, wodurch die verbindungsorientierten Protokolle einen größeren Protokoll-Header haben. Zudem muss vor der eigentlichen Datenübertragung erst eine Verbindung zum Kommunikationspartner aufgebaut und nach jeder Datenaussendung eine Bestätigung vom Kommunikationspartner über den erfolgreichen Empfang der Daten abgewartet werden.

Die verbindungslose Kommunikation hingegen hat einen geringeren Protokoll-Overhead; dafür müssen dann unter Umständen höhere Protokollschichten die gesicherte Datenübertragung gewährleisten. Dies kann nur dann entfallen, wenn es bei bestimmten Formen der Datenübertragung nicht auf eine gesicherte Zustellung ankommt oder sie nicht nicht sinnvoll realisiert werden kann.

10.2 Einführung in die TCP/IP-Protokollfamilie

TCP/IP-Protokollfamilie

Die Protokollfamilie, der heutzutage in der Netzwerkwelt die größte Bedeutung beigemessen wird, ist wohl die TCP/IP-Protokollfamilie. Dies liegt an der Tatsache, dass die TCP/IP-Protokollfamilie für die Kommunikation über das Internet verwendet wird. Zu der TCP/IP-Protokollfamilie gehört eine Vielzahl von Protokollen, beispielsweise das IP (Internet Protocol), das TCP (Transmission Control Protocol), das UDP (User Datagram Protocol), das ICMP (Internet Control Message Protocol) sowie das ARP (Address Resolution Protocol) und einige weitere. All diese Protokolle werden von den Netzwerkern unter der Bezeichnung TCP/IP assoziiert.

Die Geburtsstunde des Internets war Ende der 60er Jahre. Das US-amerikanische Department of Defense (DoD) vergab den Auftrag, ein robustes Computernetzwerk aufzubauen mit dem Ziel, einen sicheren Transport von militärischen und wissenschaftlichen Informationen zu gewährleisten. Für die technische Realisierung des Internets war es notwendig, Netzwerkprotokolle zu entwickeln, die den gemeinsamen Datenaustausch zwischen verschiedenen Computern ermöglichen. Dabei war es wichtig, eine Protokollfamilie zu entwickeln und zu standardisieren, die unabhängig von jeglichen Betriebssystemplattformen ist, so dass es möglich wurde, den Datenaustausch zwischen verschiedenen Computern durchzuführen. Diese Anforderung an eine gemeinsame und plattformunabhängige Protokollfamilie wurde mit der Entwicklung der TCP/IP-Protokolle erfüllt.

10.2.1 Request for Comment (RFC)

Request for Comment (RFC)

Wurden die TCP/IP-Protokolle anfänglich noch in militärischen Standards festgeschrieben, so geschieht das heutzutage über die Veröffentlichung sogenannter RFCs (Requests for Comment), die jedem zugänglich sind. Die RFCs werden heute unter der Schirmherrschaft des Internet Architecture Board (IAB) veröffentlicht. Die RFCs dienen nicht nur der Veröffentlichung der Protokollspezifikationen, sondern auch der Veröffentlichung von Arbeitspapieren und Kommentaren. Bei der Veröffentlichung der RFCs ordnet das IAB dem RFC eine von fünf Wertigkeiten zu.

- ❑ Vorgeschrieben (required). Der RFC muss auf jedem TCP/IP-basierten Host und Gateway (Router) implementiert werden.
- ❑ Empfohlen (recommended). Für jeden TCP/IP-basierten Host und Gateway (Router) wird empfohlen, den Inhalt des RFC zu implementieren.
- ❑ Optional (elective). Es ist freigestellt, ob der Inhalt des RFC auf den TCP/IP-basierten Hosts und Gateways (Routern) implementiert wird.
- ❑ Begrenzte Verwendung (limited use). Der Inhalt des RFC ist nicht für die allgemeine Implementierung auf TCP/IP-basierten Hosts und Gateways (Routern) gedacht.

- ❑ Nicht empfohlen (not recommended). Der Inhalt des RFC ist für TCP/IP-basierten Hosts und Gateways (Routern) nicht empfohlen.

Jedem RFC wird bei der Veröffentlichung eine Dokumentnummer, die als RFC-Nummer bezeichnet wird, zugeteilt. So ist zum Beispiel das Internet Protocol in RFC 791 und RFC 1122 definiert und beschrieben.

RFC-Nummer

Die RFCs sind im Internet beispielsweise unter http://www.faqs.org/ rfcs/ erhältlich.

Da die Beschreibungen der TCP/IP-Protokolle durch die RFCs für jeden frei zugänglich sind, kann jeder diese Protokolle auf seiner Betriebssystemplattform implementieren.

Was einerseits die Grundlage für eine verbreitete Implementierung der TCP/IP-Protokolle bietet, birgt auf der anderen Seite auch die Gefahr in sich, dass die Implementierung der TCP/IP-Protokolle auf den unterschiedlichen Betriebssystemplattformen nicht immer 100%ig vollzogen und somit nicht immer einheitlich ist. Diese Tatsache bestätigt sich hin und wieder und hat schon manch einen Netzwerkverantwortlichen zum Verzweifeln gebracht, wenn Kommunikationsprobleme zwischen unterschiedlichen Betriebssystemplattformen aufgetreten sind.

10.2.2 Päckchen packen

Obwohl einst für die TCP/IP-Protokollfamilie ein eigenes vierschichtiges Kommunikationsmodell mit der Bezeichnung „DoD-Modell“ erstellt wurde, orientieren sich heutzutage die einzelnen Protokolle der TCP/IP-Protokollfamilie am siebenschichtige OSI-Referenzmodell.

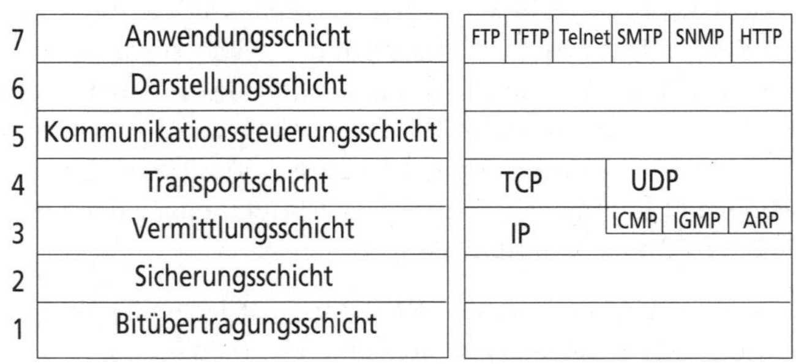

Abb. 10–2
Die verschiedenen Protokolle der TCP/IP-Protokollfamilie innerhalb des OSI-Referenzmodells

Wie Sie wissen, werden die Nutzdaten schichtweise von oben nach unten gereicht und erhalten für den Transport über das Netzwerk zusätzliche Protokollinformationen. Die eigentlichen Nutzdaten werden dabei sozusagen in zusätzliche Protokollinformationen eingekapselt und erhalten so alle notwendigen Informationen, die für den Transport der Daten über das Netzwerk notwendig sind.

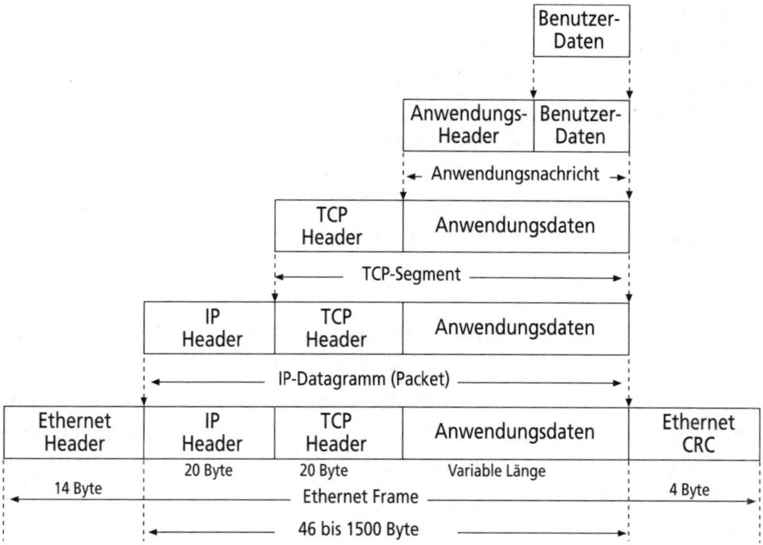

Abb. 10–3
Die Daten werden von Schicht zu Schicht gereicht und durch zusätzliche Protokollinformationen eingekapselt.

Bezeichnungen der Datenblöcke

Wie Sie erkennen können, wird auf jeder Schicht ein zusätzlicher Header vor die Daten gesetzt, welche von der höheren Schicht übergeben worden sind. Betrachtet man nun von oben die vierte und dritte Schicht innerhalb der TCP/IP-Protokollfamilie, so erhält man, je nach verwendeten Protokollen, unterschiedliche Bezeichnungen für die jeweiligen Datenblöcke. So spricht man:

- auf der vierten Schicht bei Verwendung des TCP von einem TCP-Segment,
- auf der vierten Schicht bei der Verwendung des UDP von einem UDP-Datagramm,
- auf der dritten Schicht von einem IP-Datagramm oder IP Packet.

10.3 Das Internet Protocol

Das Internet Protocol (IP)

Wenn Sie mit dem Auto von einem Ort zu einem anderen fahren, so benutzen Sie in der Regel verschiedene Straßen und Autobahnen, die Sie zu dem gewünschten Zielort führen. Sie wechseln in der Regel dabei mehrmals die Straßen und benutzen verschiedene Autobahnen. Dabei lassen Sie sich von Hinweisschildern leiten, die Ihnen die Zielrichtung anzeigen. Müssen Sie auf der Fahrt zum Zielort viel Gepäck mitnehmen, so nehmen Sie ein großes Auto, wobei Sie bei wenig Gepäck zwecks Kostenoptimierung unter Umständen mit einem kleineren Auto fahren werden. Je nach Verkehrs- und Stausituation ist es möglich, dass Sie bei einer erneuten Fahrt zum Zielort zwecks Optimierung der Fahrzeit einen anderen Weg als zuvor verwenden. Dabei verlassen Sie sich auf Informationen von Staumeldungen und Ihren Orientierungssinn, um die richtige Wegwahl zu treffen, damit Sie schnell zum Zielort gelangen.

Ähnlich sieht es bei den Diensten der Netzwerkschicht aus. Die Netzwerkschicht entscheidet, in welchen Größen die Daten für den Transport verpackt werden, und stellt die Wegfindung und die geeignete Wegwahl zur Verfügung. Innerhalb der TCP/IP-Protokollfamilie werden diese Aufgaben durch das Internet Protocol (IP) übernommen. Das IP ist in RFC 791 und RFC 1122 beschrieben.

IP-Datagramme

Das IP ist also auf der dritten Schicht des OSI-Referenzmodells angesiedelt und bietet einen verbindungslosen Service für den Service der höheren Schichten. Die zu versendenden Daten werden für den Transport in sogenannte IP-Datagramme aufgeteilt, welche mit zusätzlichen Informationen versehen werden, die den Transport der Daten steuern. Verbindungslos bedeutet dabei, dass sich das IP keine Gedanken darüber macht, ob und in welcher Reihenfolge die einzelnen IP-Datagramme bei dem Zielcomputer eintreffen. Es bietet somit keinerlei Garantie für den erfolgreichen Versand der Daten. Da das IP verbindungslos arbeitet, können die einzelnen IP-Datagramme unabhängig voneinander geroutet werden und somit jeweils verschiedene Wege zum Zielcomputer nutzen. Die Versendung der Datagramme in der richtigen Reihenfolge wird als Sequencing bezeichnet und wird innerhalb des TCP/IP-Protokoll-Stacks von den höheren Schichten übernommen.

10.3.1 IP-Header

IPv4 versus IPv6

Zurzeit werden in Fachkreisen zwei Versionen des IP heftig diskutiert. Dabei handelt es sich um das IP in der Version 4 (IPv4) und das der Version 6 (IPv6). Heutzutage findet man primär noch das IPv4 in den Netzwerken und im Internet vor. Das IPv6 soll das IPv4 letztendlich ablösen, da es einen größeren Adressraum bietet und sich somit mehr Knoten adressieren lassen. Jedoch ist die anfängliche Euphorie mit der Einführung des neuen IP etwas zurückgegangen, da bestehende Protokolle wie das NAT (Network Address Translation) (auch in der UNIX-Welt als Address Masquerading bekannt) die Knappheit an IP-Adressen etwas entschärft hat. So kommt man heute noch, anders als ursprünglich erwartet, mit dem Adressraum des IPv4 aus und sieht der Einführung des IPv6 etwas gelassener entgegen. Wir wollen uns deshalb im Folgenden mit der Version 4 des IP beschäftigen. (Ausführliche Informationen zur Version 6 finden Sie im Buch *IPv6 – das neue Internet-Protokoll* von Hans Peter Dittler, das im dpunkt.verlag erschienen ist.)

IP-Header

Die für die Durchführung des Datentransports wichtigen Informationen sind innerhalb des IP-Headers eingebettet, der bei IPv4 eine Länge zwischen

20 Byte und 60 Byte annehmen kann. Standardmäßig hat der IP-Header eine Länge von 20 Byte, jedoch sind zusätzliche Optionen möglich, die den IP-Header auf eine Länge von 60 Byte anwachsen lassen können.

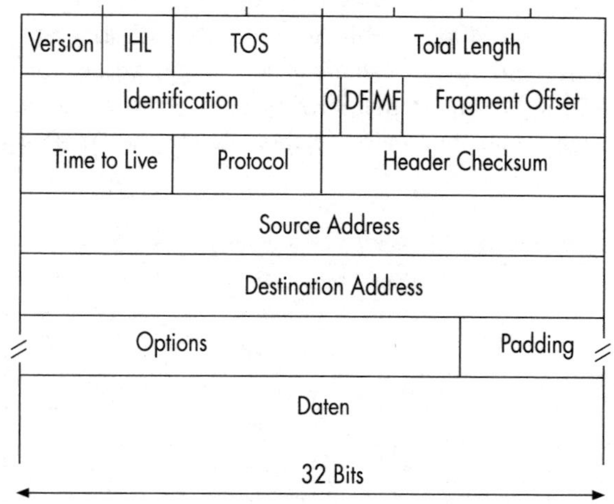

Abb. 10–4
Aufbau des IP-Headers

Version Field

Das erste Feld im IP-Header ist das *Version Field,* das eine Länge von 4 Bit hat und das Format des IP-Headers beziehungsweise die Version des IP angibt, wobei mit 4 die Version von IPv4 und mit 6 die Version von IPv6 angegeben wird. Durch das folgende 4 Bits lange *Internet Header Length Field* wird die Länge des IP-Headers in einer Angabe von 32-Bit-Wörtern angegeben. Die Standardlänge des IP-Headers beträgt 20 Byte, was einer Länge von 5 × 32 Bit langen Wörtern entspricht. Die Längenangabe ist wichtig, da durch den Optionsbereich die Headerlänge des IP-Datagramms variieren kann und somit das Ende des Headers zwecks Abgrenzung angegeben werden muss.

Length Field

Type of Service Field

Bei dem 1 Byte langen *Type of Service Field* (TOS) handelt es sich um ein Flag-Feld, das von Routern beziehungsweise Switches bei der Weiterleitung der IP-Datagramme für die Datenpriorisierung und die Wegwahl von IP-Datagrammen ausgewertet und genutzt werden kann. Das TOS-Byte ist in drei Bereiche, das *Precedence Field,* das *TOS Field* und ein reserviertes Bit aufgeteilt. Die Funktionen und Nutzung der TOS-Flags sind im RFC 1349 detailliert beschrieben. Innerhalb dieses Bytes werden so die ersten drei Bits (Bit 0-2) für die Vorrangsteuerung (Precedence) und die nächsten vier Bits (Bit 3-6) für das TOS-Feld verwendet. Innerhalb des TOS-Felds wird ein Bit (Bit 3) für die Verzögerung (Minimize Delay), ein Bit (Bit 4) für den Durchsatz (Maximum Throughput), ein Bit (Bit 5) für die Zuverlässigkeit (Maximum Reliability) und ein Bit (6) für die Wertigkeit (Minimize

Monetary Cost) genutzt. Das Bit 7 ist reserviert und wird zurzeit nicht benutzt.

Precedence Flags

Durch die drei Precedence Flags kann eine zeitliche Steuerung für den Transport der IP-Datagramme vorgenommen werden. Die Router können über die Precedence Flags angewiesen werden, die IP-Datagramme bevorzugt zu übermitteln, wodurch verhindert wird, dass die IP-Datagramme an das Ende der Verarbeitungswarteschlange angehängt werden. Für die Kennzeichnung der Dringlichkeit stehen 8 Klassen (0-7) zur Verfügung, über die bestimmt werden kann, innerhalb welchen Zeitraums ein IP-Datagramm versendet werden muss.

Tab. 10–1 *Die Precedence-Werte der TOS-Flags*

Dezimal-Wert	Bits	Bedeutung
0	000	Routine (Standardwert)
1	001	Priority
2	010	Immediate
3	011	Laut RFC 1349 nicht definiert
4	100	Flash Override
5	101	CRITIC/ECP
6	110	Internetwork Control
7	111	Network Control

TOS-Flags

Von den folgenden vier TOS-Flags darf immer nur ein Flag gesetzt sein, mit dem die Weiterleitung der IP-Datagramme gesteuert werden kann. Mit dem Delay Flag lässt sich bestimmen, dass das IP-Datagramm bevorzugt über den Weg mit der geringsten Verzögerung transportiert werden soll, was beispielsweise für Telnet-Anwendungen notwendig ist. Der Delay-Wert 0 gibt in diesem Fall eine normale Verzögerung und der Delay-Wert 1 eine geringe Verzögerung an. Das Throughput Flag gibt an, dass das IP-Datagramm bevorzugt über eine Strecke mit hohem Datendurchsatz transportiert werden soll, was sich zum Beispiel positiv auf den Datentransfer großer Dateien via FTP auswirken kann. Der Throughput-Wert 0 gibt die Strecke mit normalem Durchsatz an, und der Throughput-Wert 1 gibt eine Anforderung für eine Strecke mit hohem Datendurchsatz an. Über das Reliability Flag lässt sich festlegen, dass das IP-Datagramm über eine Strecke mit hoher Zuverlässigkeit transportiert werden soll. Dies kann gerade bei SNMP vorteilhaft sein. Der Reliability-Wert 0 gibt eine normale Zuverlässigkeitsanforderung an, der Reliability-Wert 1 eine hohe. Das Monetary Flag findet beispielsweise seine Anwendung bei NNTP, bei dem eine schnelle Übertragung der Newsmeldungen ohne große Bedeutung ist. Der Monetary-Wert 0 gibt eine normale Verzögerung an, der Monetary-Wert 1 gibt an, dass das IP-Datagramm mit einer hohen Verzögerung übertragen werden kann.

Man muss allerdings erwähnen, dass die TOS-Flags nur teilweise von Routern ausgewertet und genutzt werden. Moderne Routingprotokolle wie das OSPF können beispielsweise die TOS-Flags auswerten und bei der Wegwahl entsprechend berücksichtigen. Außerdem ist die Priorisierung über die TOS-Flags im IEEE-802.1p/Q-Standard (Standard für die Priorisierung und die Bildung von VLANs für Ethernet-Pakete) enthalten. In den RFCs sind als Empfehlung für gewisse TCP/IP-basierte Dienstprogramme TOS-Werte festgelegt, welche die erfolgreiche Ausführung der Dienstprogramme fördern sollen (siehe folgende Tabelle).

Anwendung	Minimize Delay	Max. Throughput	Max. Reliability	Minimize Monetary Cost
Telnet	1	0	0	0
FTP-Daten	0	1	0	0
FTP-Control	1	0	0	0
SMTP-Command	1	0	0	0
SMTP-Daten	0	1	0	0
SNMP	0	0	1	0
NNTP	0	0	0	1

Tab. 10–2 *Ausschnitt der empfohlenen TOS-Werte laut RFC 1349 für TCP/IP-basierte Dienstprogramme*

Durch das folgende 2 Byte lange *Total Length Field* wird die gesamte Länge des IP-Datagramms angegeben. Bedingt durch die Länge des Total Length Field von 2 Byte ist die maximale Länge eines IP-Datagramms auf 65.535 Byte beschränkt. Über das folgende *Identification Field* wird jedes IP-Datagramm eindeutig gekennzeichnet. Für die Kennzeichnung des IP-Datagramms wird von jeder Station ein Startwert verwendet, der bei jedem neuen IP-Datagramm einfach hochgezählt wird.

10.3.2 Maximum Transmission Unit (MTU)

Maximum Transmission Unit (MTU)

Sollen Daten über ein Netzwerk transportiert werden, so stellt sich immer die Frage, in wie viele Teile die Nutzdaten, beispielsweise eine größere Datei, zerlegt werden müssen, damit Sie über das vorhandene Netzwerk transportiert werden können. Wie Sie aus den vorangegangenen Kapiteln dieses Buchs erfahren haben, ist die maximal mögliche Größe eines Datenpakets je nach verwendeter Netzwerktechnologie unterschiedlich. In der TCP/IP-Protokollfamilie wird durch die Angabe der *Maximum Transmission Unit* (MTU) die maximale Größe eines IP-Datagramms angegeben, die über das Netzwerk transportiert werden kann.

MTU-Größe

Die Größe der MTU wird jeweils mit dem Kommunikationspartner ausgehandelt und kann sich in einem Bereich zwischen 64 Byte und 65.535 Byte bewegen. Die MTU von Ethernet-Endegeräten wird zum Beispiel in der Regel auf 1500 Byte ausgehandelt, wobei dies von Betriebssystem zu Betriebssystem unterschiedlich sein kann.

Ist das zu übertragende IP-Datagramm größer als die vorhandene MTU, so muss das Datagramm in kleinere Teile aufgeteilt werden. Jeder Teil des ursprünglichen IP-Datagramms hat dabei maximal die Größe der jeweils verfügbaren MTU. Der Prozess des Unterteilens eines Datagramms in kleinere Teilstücke wird als Fragmentierung bezeichnet und ist zum Beispiel bei einem Router notwendig, der ein Netzwerk mit unterschiedlichen MTUs miteinander verbindet. Innerhalb des IP-Headers sind für das Fragmentieren entsprechende Informationen enthalten, welche die einzelnen Fragmente eines Datagramms kennzeichnen.

Fragmentation Flag

Durch das *Fragmentation Flag* und das *Fragmentation Offset Field* des IP-Headers, die zusammen eine Länge von 2 Byte haben, werden die Fragmente eines IP-Datagramms eindeutig gekennzeichnet. Für die Fragmentierungs-Flags sind dabei die ersten drei Bits reserviert, wobei allerdings nur zwei Bits wirklich als Fragmentierungs-Flags genutzt werden. Bei diesen zwei Flags handelt es sich um das *Don't Fragment Flag* und das *More Fragments Flag*. Ist das Don't Fragment auf 1 gesetzt, so deutet dies an, dass das Datagramm nicht fragmentiert ist beziehungsweise nicht fragmentiert werden soll. Die 1 in dem More Fragments Flag signalisiert dem Empfänger, dass noch mehrere Fragmente des fragmentierten Datagramms folgen. Durch eine 0 des More Fragments Flag wird angezeigt, dass das Datagramm nicht fragmentiert ist oder dass kein weiteres Fragment mehr folgt. Das Fragment Offset Field stellt bei der Fragmentierung einen Offset Counter dar, der die Position des Fragments relativ zum Original-IP-Datagramm darstellt. Das Fragment-Offset-Feld wird dazu jeweils als 8-Byte-Datengruppe hochgezählt, so dass der Wert letztendlich bei der Betrachtung mit 8 Byte multipliziert werden muss. Falls das Datagramm nicht fragmentiert ist, wird dieser Wert auf 0x0 gesetzt. Neben den Fragmentation Flags und dem Fragmentation Offset Field ist das zuvor beschriebene Identification Field bei der Fragmentierung eines Datagramms ebenfalls von großer Bedeutung. Denn über das Identification Field werden die einzelnen Fragmente als zusammenhängend erkannt und zugeordnet (den Ablauf einer Fragmentierung können Sie der Abbildung 10-5 entnehmen).

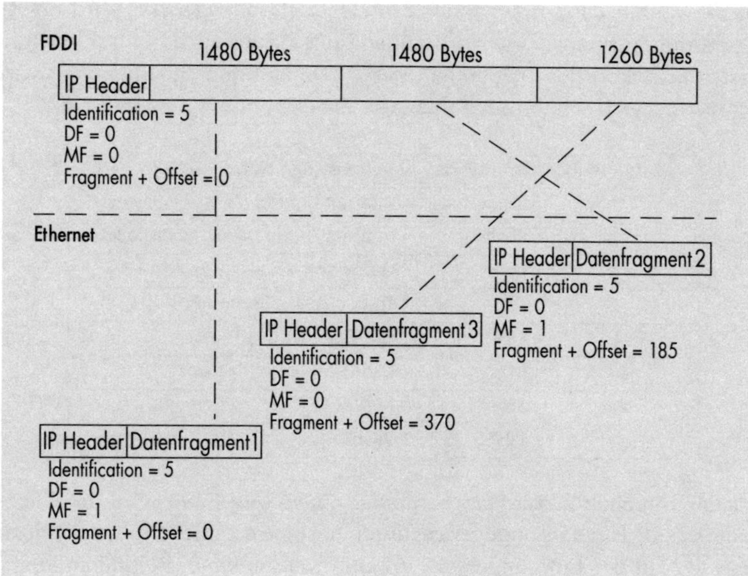

Abb. 10–5
Kennzeichnung und Steuerung der für Fragmentierung notwendigen Informationen wie das Identification Field, die Fragmentation Flags und das Fragmentation Offset Field innerhalb des IP-Headers

10.3.3 Time to Live (TTL)

Time to Live Field

Durch das 1 Byte lange *Time to Live Field* (TTL) des IP-Headers wird die maximale Lebenszeit eines IP-Datagramms im Netzwerk angegeben. Die Angabe wird dabei in Sekunden vorgenommen. Der Inhalt des TTL-Felds wird bei jedem Passieren eines Routers kleiner, wobei jeder Router den TTL-Wert um seine interne Verzögerungszeit verkleinert. In der Praxis wird jedoch bei vielen Routern die Verzögerungszeit nicht genau berechnet beziehungsweise gemessen. In diesem Fall wird beim Passieren des Routers die TTL einfach um 1 verringert. Wenn der Wert des TTL auf 0 geht, wird das IP-Datagramm vom Router, der ein solches Datagramm empfängt, verworfen und der Sender des IP-Datagramms durch eine spezielle Meldung über das Verwerfen des IP-Datagramms informiert. In der Regel wird das TTL-Feld eines IP-Datagramms von der Quellstation beim Aussenden mit einem Inhalt von 32, 64 oder 128 versehen.

10.3.4 Protokolle der höheren Schicht

Protocol Field

Das IP stellt für die höheren Schichten einen Service bereit, der für die Wegfindung und Adressierung der Daten wichtig ist. Es werden also, bis auf wenige Ausnahmen, immer Daten, die wiederum in Protokolle eingekapselt sind, durch das IP transportiert. Durch das 1 Byte lange *Protocol Field* im IP-Header wird das Protokoll der höheren Schicht angegeben, für welches das IP-Datagramm bestimmt ist. Die einzelnen Protokolle der höheren

Schicht werden dabei über eine festgelegte ID angegeben. Wird ein IP-Datagramm empfangen, so wird anhand der Protokoll-ID entschieden, an welches Protokoll der Dateninhalt des IP-Datagramms hochgereicht wird. Ein Auszug der IDs kann der folgenden Tabelle entnommen werden:

Tab. 10–3 *Ausschnitt der wichtigsten Protokoll-IDs*

Protokoll-ID	Protokoll	Vollständige Bezeichnung
1	ICMP	Internet Control Message Protocol
2	IGMP	Internet Group Message Protocol
3	GGP	Gateway to Gateway Protocol
6	TCP	Transmission Control Protocol
8	EGP	Exterior Gateway Protocol
17	UDP	User Datagram Protocol
22	XNS	XEROX NS
83	VINES	VINES

Header Checksum Field

Über das folgende 2 Byte lange *Header Checksum Field* wird die Checksumme des IP-Headers angegeben, durch die eine mögliche Inkonsistenz im IP-Header auf der Empfängerseite erkannt werden kann. Bei jedem Passieren eines Routers muss der Inhalt des Header Checksum Field neu gebildet werden, da sich der TTL-Wert bei jedem Passieren eines Routers ändert und somit zwangsläufig auch der Inhalt des IP-Headers.

10.3.5 IP-Adressen

IP-Adressen

Eine der wichtigsten Informationen innerhalb des IP-Headers stellen die Adressinformationen dar, denn ausschließlich über diese Adressen lassen sich die Quelle und das Ziel der Daten eindeutig bestimmen. Wie Sie wissen, können die Ziel- und Quellstationen über die Adressinformationen des MAC-Headers nicht sicher ermittelt werden, da die Adressinformationen bei einem Wechsel von einem in ein anderes Netzwerk verändert werden.

Die Computer, Hosts, Router etc. innerhalb eines TCP/IP-basierten Netzwerks werden mit einer 32 Bit langen Adresse, die als IP-Adresse bezeichnet wird, adressiert.

Die Adressierung auf der IP-Ebene erfolgt im IP-Header durch das 32 Bit lange *Source Address Field* und das 32 Bit lange *Destination Address Field*. Die Router nutzen diese Adressinformation des Destination Address Field für die Wegauswahl zum Zielcomputer beim Routing.

⇨ Auf die Berechnung der IP-Adressen und der Subnetze werden wir später in diesem Kapitel eingehen.

10.3.6 Optionen

Über das *IP Option Field* können die Dienste und der Service des IP an die Anforderungen der höheren Protokolle angepasst werden. Die Gesamtlänge des *IP Option Field* kann zwischen 0 Byte und 40 Byte liegen und ist letztendlich von der Anzahl der Optionen abhängig. Entspricht die Länge des IP-Headers durch das Anhängen der Optionen nicht mehr einem Vielfachen von 32 Bit, so wird sie mit Füllzeichen wieder auf ein Vielfaches von 32 Bit gebracht.

IP Option Field

Zurzeit sind laut RFC vier Optionen des IP-Headers definiert, wobei es sicherheitsrelevante Optionen, Optionen für die Aufzeichnung von Routen sowie die zeitliche Bestimmung und die Steuerung von Routen gibt. Die Optionen werden jeweils mit drei Bytes eingeleitet. Durch das erste Byte wird der Typ der folgenden Option angegeben, mit dem zweiten Byte die Länge des Optionsfeldes, und über das dritte Byte wird ein Pointer, der auf die nächsten Daten der Option zeigt, angegeben.

Verwendet man beispielsweise den Ping-Befehl (siehe Abschnitt 10.9.2 und 14.2.1) mit der Option –r, so führt das dazu, dass die Router angewiesen werden, ihre IP-Adresse in den Optionsbereich des IP-Headers zu schreiben. So können in diesem Fall 9 IP-Adressen (60 Bytes IP-Header – 20 Bytes fester Teil des IP-Headers – 3 Bytes Optionseinleitung = 39 Bytes) festgehalten werden, da innerhalb der verbleibenden 39 Bytes 9 mal 4 Byte lange IP-Adressen untergebracht werden können. Bei jedem Passieren eines Routers wird dieser veranlasst, seine IP-Adresse in das Optionsfeld zu ergänzen. Die Position, an dem der Router seine IP-Adresse eintragen soll, wird dabei über den Pointer bestimmt.

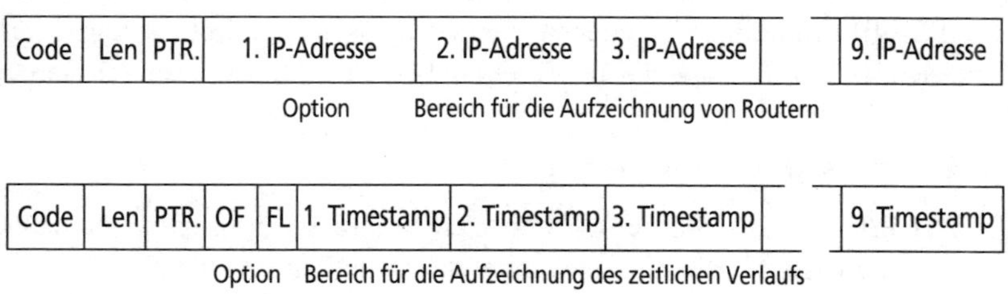

Abb. 10–6
IP-Header-Bereiche, in denen Optionen für die Aufzeichnung von Routen und den zeitlichen Verlauf beim Datentransport abgelegt werden

Wird der Ping mit der Option –s ausgeführt, so führt das dazu, dass die Router angewiesen werden, einen Timestamp in den bestehenden IP-Header zu ergänzen, über den der zeitliche Verlauf für den Datentransport angezeigt werden kann. Dazu wird von jedem Router eine 4 Byte lange Zeitinformation eingetragen. Gegenüber der r-Option wird ein zusätzliches Byte am Anfang genutzt, wobei 4 Bit für eine Overflow-Information und für ein Flag der Optionen genutzt werden. Die 4 Bit lange Overflow-Information wird einfach hochgezählt, wenn keine weiteren Zeitinformationen, sprich nach dem

9. Eintrag, mehr aufgenommen werden können. Durch das Option Flag werden bei der s-Option verschiedene Aufzeichnungsmöglichkeiten angegeben (siehe folgende Tabelle).

Tab. 10–4 Durch die zusätzlichen Option Flags werden verschiedene Aufzeichnungsmöglichkeiten festgelegt.

Flag	Beschreibung
0	Es werden nur Zeitinformationen aufgezeichnet
1	Es werden Zeitinformationen und IP-Adressen aufgezeichnet
3	Es werden nur Zeitinformationen aufgezeichnet, wenn die zuvor eingetragenen IP-Adressen übereinstimmen.

10.4 Adressierung in TCP/IP-Netzwerken

Bei der Einrichtung eines TCP/IP-basierten Netzwerks besteht wohl die wichtigste Aufgabe eines Netzwerkadministrators darin, jeder Station oder jedem Gerät im Netzwerk eine IP-Adresse zuzuordnen. Über die Vergabe von IP-Adressen gibt es eine Vielzahl von Gerüchten und Geheimnissen. Viele behaupten, dass die richtige Vergabe der IP-Adressen eine große Herausforderung darstellt und nur von Experten sinnvoll durchgeführt werden kann. Sicherlich werden bei dem Aufbau eines Netzwerks bei der Vergabe der IP-Adressen die größten Fehler gemacht, die später dazu führen können, dass die verschiedenen Stationen im Netzwerk nur eingeschränkt miteinander Daten austauschen können. Fehlen hierbei die Hintergrundinformationen über den Aufbau der IP-Adressen, über die Berechnung der IP-Adressen und die Zusammengehörigkeit gewisser IP-Adressen, so ist man bei der Fehlersuche einem hoffnungslosen Unterfangen ausgesetzt. Stellt sich die Frage, was sich hinter den Zahlen verbirgt, die während der Konfiguration des TCP/IP-Protokolls eingegeben werden müssen und welche logischen Kriterien bei der Vergabe der IP-Adressen berücksichtigt werden müssen.

10.4.1 Was sind IP-Adressen?

Internet Network Information Center

Jede TCP/IP-basierte Station wird über eine Adresse, die sogenannten IP-Adresse, adressiert. Dabei ist es wichtig, dass jede Station über eine eindeutige IP-Adresse verfügt. Die IP-Adresse muss beim Internet Network Information Center (InterNIC) beantragt werden, wenn die IP-Adresse für eine Station oder ein Netzwerk verwendet wird, die direkt an das Internet angebunden sind. Das InterNIC entspricht der Instanz, die den Vorrat an IP-Adressen für die Nutzung im Internet verwaltet und dafür sorgt, dass jede IP-Adresse nur einmal vergeben wird.

Bei der Adressierung über IP-Adressen handelt es sich um eine logische Adressierung auf der Vermittlungsschicht, d. h., die logische Adressierung ist unabhängig von den darunter liegenden Schichten und dem physischen Netzwerk. Die Länge einer IP-Adresse ist auf 32 Bit festgelegt, wodurch sich 2^{32}, sprich 4.294.967.296 eindeutige IP-Adressen vergeben lassen.

An dieser Stelle ist nochmals zu erwähnen, dass es zwei Versionen des IP gibt, das IP der Version 4 (IPv4) und das IP der Version 6 (IPv6). Das IPv4 hat eine Länge von 32 Bit und das IPv6 eine Länge von 128 Bit, wodurch sich bei dem IPv6 eine weitaus größere Anzahl, nämlich 2^{128}, möglicher IP-Adressen ergibt. Das IPv4 entspricht der IP-Version, die bis heute noch vorwiegend im Bereich der lokalen Netzwerke und des Internets eingesetzt wird. Das IPv6 ist wegen des größeren Adressraums langfristig als Nachfolger des IPv4 vorgesehen. Es wurde prognostiziert, dass der vorhandene Adressraum des IPv4 bereits heute bei weitem nicht mehr ausreichen würde, jedoch haben Mechanismen wie das NAT (Network Address Translation Protokoll) beziehungsweise Address Masquerading die Euphorie bezüglich der Einführung einer neuen IP-Version etwas gebremst; der Adressbereich des IPv4 reicht, anders als erwartet, heute doch noch aus. Wir möchten uns deshalb im Folgenden mit dem IPv4 befassen.

10.4.2 Struktur der IP-Adressen

NetID und HostID

Ein logisches Netzwerk ist in gewisse Teilbereiche unterteilt, die als Subnetze bezeichnet werden und über Router miteinander verbunden sind. Ein Router muss in der Lage sein, die Daten, die in IP-Datagramme verpackt sind, über die IP-Adressen von der Quellstation bis zur Zielstation zielgerichtet weiterzuleiten. Um dies zu gewährleisten, muss ein Router die verschiedenen logischen Netzwerke erkennen können. Die Entwickler des IP haben dazu die IP-Adressen in zwei Teile, die Netzwerknummer (NetID) und die Hostnummer (HostID), aufgeteilt.

⇨ In Analogie zum TCP/IP-Vokabular werden alle Stationen oder Rechner als Host bezeichnet.

Die NetID kennzeichnet dabei das Subnetz und die HostID die einzelnen Stationen oder Geräte im Netzwerk. Jede Station, die sich in dem gleichen Netzwerk befindet, hat dieselbe NetID, jedoch eine unterschiedliche HostID.

Eine logische IP-Adresse setzt sich also aus der NetID und der HostID zusammen, wobei ein Teil der zur Verfügung stehenden 32 Bit der IP-Adresse als NetID und der restliche Teil als HostID verwendet werden.

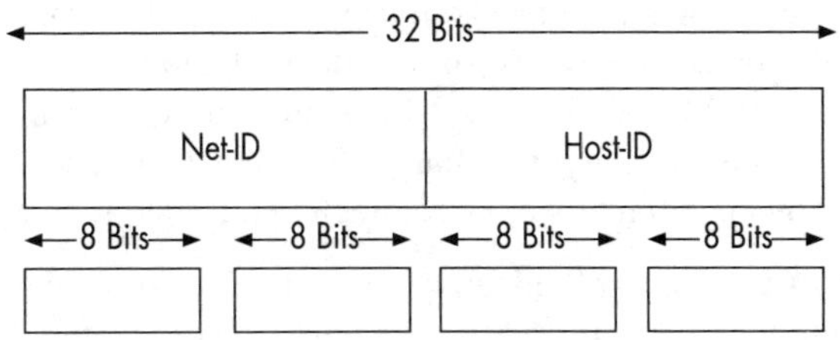

Abb. 10–7
Aufteilung der 32 Bits langen IP-Adresse in eine NetID und eine HostID

Bei der Festlegung der Anzahl der Bits für die NetID und die HostID wird eine Hierarchiegliederung verwendet. Die Hierarchiegliederung sorgt dafür, dass für die Router die Wegfindung für die Weiterleitung der IP-Datagramme vereinfacht wird. Denn die Router, die die verschiedenen Subnetze miteinander verbinden, haben die Aufgabe, die IP-Datagramme zielgerichtet von einem Subnetz zu einem anderen Subnetz weiterzuleiten. Wäre keine Hierarchiegliederung in dem Adress-Schema der IP-Adressen vorhanden, sondern nur eine flache Hierarchie, so müssten die Router alle IP-Adressen der Ziele kennen. Dies könnte bedeuten, dass ein Router mehr als 4 Milliarden IP-Adressen kennen müsste. Durch die Hierarchiegliederung muss ein Router jedoch ausschließlich einen Teilbereich der IP-Adressen kennen, nämlich den, der für die Adressierung der Subnetze vorbehalten ist.

10.4.3 Die Schreibweise von IP-Adressen

Schreibweise von IP-Adressen

Ein Computer arbeitet grundsätzlich mit dem binären Zahlensystem, in dem es nur zwei Zustände, 1 oder 0, gibt und das auch als duales Zahlensystem bezeichnet wird. In einem dualen Zahlensystem sind die Stellen nach steigenden Zweierpotenzen angeordnet, wobei sich bei den ersten 8 Stellen die Stellenwerte $2^7=128$, $2^6=64$, $2^5=32$, $2^4=16$, $2^3=8$, $2^2=4$, $2^1=2$ und $2^0=1$ ergeben. Die Zahl 134 beispielsweise ergibt sich aus $1 \times 2^7 + 0 \times 2^6 + 0 \times 2^5 + 0 \times 2^4 + 0 \times 2^3 + 1 \times 2^2 + 1 \times 2^1 + 0 \times 2^0 = 134$ und stellt sich in der binären Schreibweise als 10000110 dar. Stellt man sich nun die 32 Bit lange IP-Adresse vor, so ergibt sich in der binären Schreibweise eine IP-Adresse, die folgendermaßen aussehen könnte: 10000110000100000001100000001100. Es lässt sich klar erkennen, dass eine derartige Darstellung der IP-Adressen nicht praktikabel wäre, denn der Mensch ist es gewohnt, die Zahlen grundsätzlich in einer dezimalen Schreibweise anzugeben und zu lesen.

Um die Lesbarkeit einer IP-Adresse zu erhöhen, sind grundsätzlich zwei Maßnahmen getroffen worden, um die IP-Adresse für den Menschen einfacher darzustellen. Als Erstes wurde die 32 Bit lange IP-Adresse in je 4 Gruppen zu je 8 Bit, was einer Länge von je einem Byte entspricht, aufgeteilt, wobei die einzelnen Bytes mit einem Punkt getrennt werden. Die einzelnen Bits eines Bytes haben jeweils einen binären Wert von 128, 64, 32, 16, 8, 4, 2 und 1. So kann ein Byte mit seinen 8 Bit 256 Werte zwischen 0 und 255 annehmen. Da die Darstellung der einzelnen Bits nicht gerade benutzerfreundlich ist, werden die einzelnen Bytes als zweite Maßnahme in der dezimalen Schreibweise von 0 bis 255 dargestellt. Durch diese beiden Maßnahmen stellt sich die oben als Beispiel genannte IP-Adresse mit 34.16.24.12 dar, was für den Anwender einer weitaus einfacheren Darstellung entspricht.

⇨ Da die IP-Adressen mit Punkten gegliedert und dezimal dargestellt werden, spricht man bei den IP-Adressen auch von der Dotted Decimal Notation.

10.4.4 IP-Adressklassen

IP-Adressklassen

Um anzugeben, welcher Bereich von den 32 Bit der IP-Adresse für die NetID und welcher Bereich für die HostID benutzt wird, sind die IP-Adressen in verschiedene Klassen aufgeteilt. Insgesamt gibt es fünf Adressklassen von A bis E, wobei allerdings die Klassen A bis C von primärer Bedeutung sind. Bei den Adressen der Klassen A bis C wird durch die Adressklasse angegeben, wie viele Bytes der IP-Adresse für die NetID verwendet werden. Bei den Adressklassen D und E handelt es sich um spezielle Adressen, denen eine besondere Adressierungsfunktion zugeordnet ist.

Die verschieden Adressenklassen werden über die höchstwertigen Bits im höchstwertigen Byte der IP-Adresse codiert (siehe folgende Tabelle).

Tab. 10–5 *Codierung für die verschiedenen Adressklassen*

Adressklasse	Höchstwertige Bit	Byte für die NetID
A	0xxxxxxx	1
B	10xxxxxx	2
C	110xxxxx	3
D	1110xxxx	Multicast-Adressen
E	1111xxxx	Reserviert für zukünftige Implementierungen

10.4.5 Klasse-A-Adressen

Klasse-A-Adresse

Eine Klasse-A-Adresse wird durch das höchstwertige Bit einer IP-Adresse codiert, ist dieses Bit auf 0 gesetzt, so handelt es sich um eine Klasse-A-Adresse. Bei einer Klasse-A-Adresse werden das erste Byte für die NetID und die letzten drei Bytes für die HostID verwendet. Die Klasse-A-Adresse lässt eine geringe Anzahl von Netzwerken, jedoch eine große Anzahl von adressierbaren Stationen zu. Durch die Tatsache, dass das erste Bit einer Klasse-A-Adresse auf 0 festgelegt ist und für die NetID nur das erste Byte verwendet wird, bleiben 7 Bits für die verschiedenen NetIDs zur Verfügung. Somit ergeben sich ausschließlich 128 (2^7) Klasse-A-Adressen von 0 bis 127, wobei die erste und letzte Adresse Sonderadressen darstellen, die für die Adressenzuteilung nicht zur Verfügung stehen; somit verbleiben 126 Klasse-A-Adressen.

⇨ Die erste Adresse, die Adresse 0, ist für die NetID nicht zulässig, da eine Adresse, die aus lauter Nullen besteht, eine reservierte Adresse darstellt. Die Adresse 127 ist für die NetID nicht verwendbar, da sie für eine bestimmte Adressierung vorgesehen ist.

Für die HostIDs sind bei einer Klasse-A-Adresse 24 Bit vorhanden, wodurch sich 2^{24} = 16.777.216 Stationen adressieren lassen, wobei wieder die erste und letzte Adresse abgezogen werden müssen und 16.777.214 Adressen verbleiben.

⇨ Bei der Kalkulation der möglichen HostIDs müssen ebenfalls Abstriche gemacht werden, die Einschränkungen beziehen sich auf alle Adressklassen. Die Adresse 0 ist für die HostID nicht zulässig, da es sich bei einer Adresse, bei der der Bereich der HostID aus lauter Nullen besteht, um eine reservierte Adresse handelt, die das jeweilige Netzwerk angibt. Eine Adresse, die aus lauter Einsen besteht, ist ebenfalls für die HostID nicht verwendbar, da sie für die Broadcast-Adressierung bestimmt ist.

Die Klasse-A-Adressen sind ausschließlich für sehr große Firmenkonzerne und staatliche Organisationen vorgesehen und mittlerweile vollständig vergeben.

Abb. 10–8
Klasse-A-Adresse

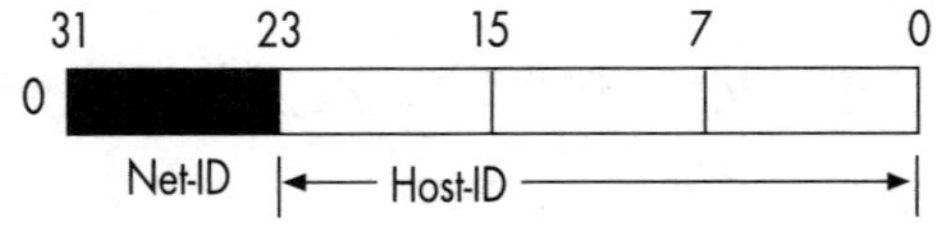

10.4.6 Klasse-B-Adresse

Klasse-B-Adresse

Die Klasse-B-Adresse wird durch die zwei höchstwertigen Bits der IP-Adresse codiert, das höchstwertige Bit ist dabei fest auf 1 gesetzt und das zweithöchstwertige Bit ist fest auf 0 gesetzt. Für die NetIDs und die HostIDs werden bei der Klasse-B-Adresse jeweils 2 Bytes verwendet. Durch die Festlegung der ersten 2 Bits bleiben von den 2 Bytes der NetID 14 Bits für die Angabe der verschieden NetIDs übrig. Es lassen sich somit $2^{14} = 16.384$ Klasse-B-Netzwerke realisieren. Für die verschiedenen HostIDs verbleiben 16 Bit der IP-Adresse, wodurch sich $2^{16} - 2 = 65.534$ mögliche HostIDs ergeben. Die Klasse-B-Adressen sind für größere Firmen vorgesehen und mittlerweile ebenfalls vollständig vergeben.

Abb. 10–9
Klasse-B-Adresse

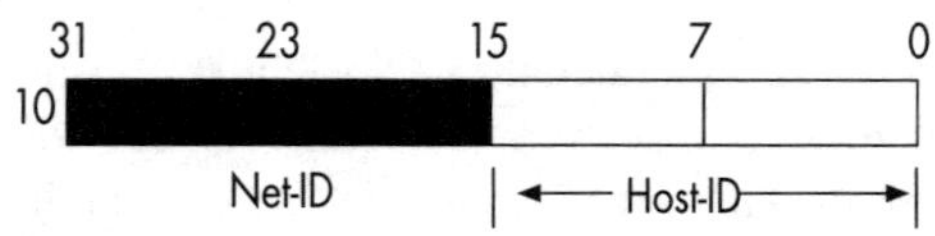

10.4.7 Klasse-C-Adresse

Klasse-C-Adresse

Eine Klasse-C-Adresse wird durch die drei höchstwertigen Bits codiert, wobei das höchstwertigste und das zweit-höchstwertige Bit fest auf 1 gesetzt sind und das dritt-höchstwertige Bit fest auf 0 gesetzt ist. Bei einer Klasse-C-Adresse werden die ersten drei Bytes für die NetID und das letzte Byte für die HostID verwendet. Werden von den 3 Bytes, die für die NetID bestimmt sind, die ersten 3 feststehenden Bits abgezogen, so verbleiben 21 Bit für die verschiedenen NetIDs. Bei einer Klasse-C-Adresse ergeben sich somit

2^{21} = 2.097.152 Klasse-C-Adressen. Für die Adressierung der HostIDs verbleiben 8 Bit, wodurch sich $2^8 - 2 = 254$ Adressen für die Stationen in einem Klasse-C-Netz ergeben. Die Klasse-C-Adressen entsprechen der üblichen Adressklasse, die eine mittelständische Firma auf Antrag zugeteilt bekommt.

Abb. 10-10
Klasse-C-Adresse

10.4.8 Klasse-D-Adresse

Klasse-D-Adresse

Eine Klasse-D-Adresse wird durch die vier höchstwertigen Bits codiert, wobei die drei höchstwertigen Bits fest auf 1 gesetzt sind und das vierte höchstwertige Bit fest auf 0 gesetzt ist. Die Klasse-D-Adressen entsprechen sogenannten Multicast-Adressen. Durch eine Multicast-Adresse wird eine Gruppe bestimmter Hosts gemeinsam adressiert, wobei mehrere verschiedene Netzwerke und eine größere Anzahl von Hosts adressiert werden können. Dies können beispielsweise alle Router oder Switches eines Netzwerks sein.

10.4.9 Klasse-E-Adresse

Klasse-E-Adressen

Die Klasse-E-Adressen werden durch die vier höchstwertigen Bits der IP-Adresse codiert, wobei diese vier Bits fest auf 1 gesetzt sind. Die Klasse-E-Adressen sind zurzeit noch undefiniert, sie werden nur für experimentelle Versuche verwendet und sind für eventuelle spätere Erweiterungen vorgesehen.

10.4.10 Die IP-Adressbereiche

IP-Adressbereiche

Betrachtet man nun die ersten vier Bits einer IP-Adresse und den dazugehörigen Bereich der IP-Adresse, der für die NetID verwendet wird, so ergeben sich für die 5 Adressklassen A bis E bestimmte Adressbereiche. Die Adressklasse der IP-Adressen lässt sich neben den ersten vier Bits einer IP-Adresse anhand des ersten Bytes einer IP-Adresse ermitteln. Dies hat den Vorteil, dass man nicht zuerst die IP-Adresse in die Bit-Darstellung umwandeln muss, sondern die Adressklasse direkt am Wert des ersten Bytes erkennen kann. Wie Sie der folgenden Tabelle entnehmen können, ergibt sich für die verschiedenen Adressklassen rechnerisch jeweils ein Wertebereich für das erste Byte einer IP-Adresse. Beispielsweise sind bei den Klasse-C-Adressen die ersten beiden Bits (Bit 7 und Bit 6) fest auf 1 gesetzt und das dritte Bit (Bit 5) fest auf 0 gesetzt. Dadurch ergibt sich rechnerisch ein Startwert von

192 (128 + 64 + 0) für den Wertebereich des ersten Bytes, wenn alle anderen Bits in diesem Fall auf 0 gesetzt sind. Der letzte Wert des Wertebereichs würde sich ergeben, wenn die anderen Bits des ersten Bytes (Bit 4 bis 0) auf 1 gesetzt wären, in diesem Fall müsste man zu den 192 den Wert von 31 (16 + 8 + 4 + 2 + 1) addieren, wodurch sich als letzter Wert für den Wertebereich des ersten Bytes einer Klasse-C-Adresse 223 ergibt.

Tab. 10–6
Mögliche Wertebereiche der verschiedenen Klassen für das erste Byte einer IP-Adresse

Klasse	**Bit 7 128**	**Bit 6 64**	**Bit 5 32**	**Bit 4 16**	**Bit 3 8**	**Bit 2 4**	**Bit 1 2**	**Bit 0 1**	**Wertebereich für das erste Byte**
A	0	x	x	x	x	x	x	x	1-126
B	1	0	x	x	x	x	x	x	128-191
C	1	1	0	x	x	x	x	x	192-223
D	1	1	1	0	x	x	x	x	224-239
E	0	1	1	1	x	x	x	x	240-254

Betrachtet man nun die verschiedenen möglichen Wertebereiche des ersten Bytes einer IP-Adresse, so lassen sich die IP-Adressen über den Wertebereich den Klassen zuordnen, und daraus lässt sich die Anzahl der Bytes, die für die NetID und die HostID verwendet werden, bestimmen.

Klasse-A-Adressen erstrecken sich dabei von der Adresse 1.0.0.0 bis 126.0.0.0, was bedeutet, dass sich 126 Klasse-A-Netzwerke aufbauen lassen. Bei den Klasse-A-Adressen wird nur das erste Byte für die Adressierung der Netzwerke verwendet. Normalerweise müsste sich der Bereich der Klasse-A-Adressen von 0.0.0.0 bis 127.0.0.0 erstrecken, jedoch müssen hierbei, wie bereits erwähnt, die erste Adresse und die letzte Adresse ausgeschlossen werden. Die Adresse 0.0.0.0 ist reserviert und ist für die Adressierung an das Default Gateway vorgesehen. Die Adresse 127.0.0.0 dient Testzwecken und entspricht einer sogenannten Software-Loopback-Adresse, mit der man verifizieren kann, ob der TCP/IP Protocol Stack der jeweiligen Station ordnungsgemäß arbeitet. Ein IP-Datagramm, das über eine 127.x.x.x-Adresse adressiert worden ist, wird nicht auf das Netzwerk, sondern nur zum Sendebuffer weitergeleitet, und wird von dort aus direkt zum Empfangsbuffer der lokalen Station geleitet. Setzt man nun beispielsweise einen Ping mit der Adresse 127.0.0.1 ab, so wird ein ICMP-Echo-Paket an die eigene Station ausgesendet, wobei dieses Paket nicht über das Netzwerk geht. Wird der Empfang eines ICMP-Echo-Reply angezeigt, so ist dies eine Aussage, dass der interne Protocol Stack ordnungsgemäß arbeitet.

Bei den Klasse-B-Adressen erstreckt sich der Adressbereich von 128.0.0.0 bis 191.255.0.0, und die ersten beiden Bytes werden für die Adressierung der NetIDs verwendet. Wie bereits bei der Auflistung der Adressklassen erwähnt, lassen sich mit dem Adressbereich einer Klasse-B-Adresse 16.384 Netzwerke aufbauen. Errechnen lässt sich der Wert von 16.384, indem man die 14 Bits zugrunde legt, die für die Adressierung der verschiedenen NetIDs der Klasse B nach Abzug der feststehenden 2 Bits noch zur Verfügung stehen, wodurch sich bei den verbleibenden 14 Bits $2^{14} = 16.384$ möglich NetIDs ergeben. Hat man keinen Taschenrechner zur Hand und ist mit den Rechenmethoden des dualen Zahlensystems nicht so vertraut, so bietet sich noch eine andere Berechnungsmethode für die Ermittlung der möglichen NetIDs an, die sich für den praktischen Einsatz hervorragend eignet. Hierfür gilt es, sich den Bereich von 128-191.255.x.x vor Augen zu halten und zunächst zu ermitteln, wie viele mögliche Zahlen sich im Bereich des ersten Bytes zwischen 128-191 ergeben. Die Antwort dazu ist 64; hierbei stellt sich vielleicht auf den ersten Blick die Frage, warum 64, denn 128 + 64 ergibt 192 und nicht 191. Dazu ein Vergleich mit kleineren Zahlen: Für den Bereich von 2 bis 6 ergeben sich 5 mögliche Zahlen und nicht 4. Hatten Sie hier das Ergebnis 4, so zählen Sie bitte einfach mal an den Fingern ab (2, 3, 4, 5, 6). Ausgedrückt in einer mathematischen Formel ergibt sich für einen Bereich von x bis y, dass sich $y - x + 1$ mögliche Zahlen ergeben. Also noch mal das Beispiel $6 - 2 + 1 = 5$ und bezogen auf die ursprüngliche Aufgabenstellung $191 - 128 + 1 = 64$. Für das zweite Byte einer Klasse-B-Adresse liegt der mögliche Zahlenbereich von 0 bis 255, wodurch sich ($255 - 0 + 1$) 256 mögliche Zahlen ergeben. Multipliziert man nun die 64 mit der 256, so kommt man auf 16.384 (64×256), was dem Ergebnis von 2^{14} entspricht, wobei sich die erste Rechenmethode (64×256) in der Praxis ohne Taschenrechner einfacher rechnen lässt.

Die Klasse-C-Adressen erstrecken sich über den Bereich von 192.0.0.0 bis 223.255.255.0, die ersten drei Bytes werden für die Vergabe der NetID verwendet. Hier lässt sich über 2^{21} oder über $223 - 192 + 1 = 32$ und $32 \times 256 \times 256$ der Wert 2.097.152 errechnen.

Bei den Klasse-D-Adressen erstreckt sich der Bereich von 224.0.0.0 bis 239.255.255.255. Für die Klasse-D-Adressen ist allerdings keine Unterscheidung zwischen NetID und HostID vorgesehen, es lässt sich nur die Anzahl der möglichen Multicast-IP-Adressen von 268.435.456 [$(239 - 224 + 1) \times 256 \times 256 \times 256$] berechnen.

Ähnlich sieht es bei den Klasse-E-Adressen aus, hier ist der Bereich von 240.0.0.0 bis 254.255.255.255 definiert, eine Unterteilung zwischen NetID und HostID ist ebenfalls nicht vorgesehen. Für Experimente oder zukünftige Erweiterungen bleiben somit 251.658.240 [$(240 - 254 + 1) \times 256 \times 256 \times 256$] IP-Adressen übrig.

Tab. 10–7
*Die Adressbereiche für die jeweiligen Adressklassen (*nd steht für „nicht definiert")*

Klasse	Format	Codierung	Adressenbereich	Anzahl NetIDs	Anzahl HostIDs
A	N.H.H.H	0	1.0.0.0-126.0.0.0	126	16.777.214
B	N.N.H.H	10	128.0.0.0-191.255.0.0	16.384	65.534
C	N.N.N.H	110	192.0.0.0-223.255.255.0	2.097.152	254
D	*nd	1110	224.0.0.0-239.255.255.255	*nd	*nd
E	*nd	1111	240.0.0.0-254.255.255.255	*nd	*nd

10.4.11 Spezielle IP-Adressen

Spezielle IP-Adressen

Laut RFC 1700 ist eine Reihe von speziellen IP-Adressen deklariert, die bestimmten Adressfunktionen entsprechen. Bei einer IP-Adresse, in der die NetID einem bestimmten Wert entspricht und die Bytes der HostID auf 0 gesetzt sind, handelt es sich um eine IP-Adresse, die das Netzwerk angibt. Beispielsweise entspricht die IP-Adresse 145.12.0.0 einer Klasse-B-Adresse (erstes Byte zwischen 128 und 191), wodurch wir erkennen können, dass die ersten beiden Bytes für die NetID vorgesehen sind. Es handelt sich also um eine IP-Adresse für das Netzwerk 145.12.

Direkter Broadcast

Man spricht von sogenannten direkten Broadcasts, wenn alle Stationen beziehungsweise Hosts innerhalb eines Netzwerks adressiert werden. Bei einem direkten Broadcast sind dazu alle Bytes der HostID auf 255 gesetzt. Die Adresse 145.12.255.255 entspricht beispielsweise einer IP-Adresse der Klasse B, in der, laut Reglement, die letzten beiden Bytes für die HostID verwendet werden. Sind, wie in diesem Beispiel, die Bytes für die HostID auf 255 gesetzt, so handelt es sich um einen direkten Broadcast, wodurch alle Hosts eines Netzwerks beziehungsweise Subnetzes adressiert werden.

Limitierter Broadcast

Eine andere Form des Broadcast stellt der limitierte Broadcast dar; bei diesem Broadcast sind alle Bytes einer IP-Adresse auf 255 gesetzt, wodurch sich eine Broadcast-Adresse von 255.255.255.255 ergibt. Der Unterschied zu den direkten Broadcasts liegt darin, dass die limitierten Broadcasts grundsätzlich nicht über Router weitergeleitet werden, die direkten Broadcasts jedoch können über Router geleitet werden, um alle Hosts eines bestimmten Netzwerks erreichen zu können. Über den limitierten Broadcast lassen sich so von einem Netzwerk aus alle Stationen desselben Netzwerks adressieren, wobei der Vorteil darin liegt, dass bei der Adressierung die NetID nicht bekannt sein muss.

Unicast-Adressierung

Man spricht von Unicast-Adressierung, wenn die IP-Adressen ausschließlich einen Host adressieren. Alle Adressen der Klasse A bis C stellen somit Unicast-Adressen dar, da sie immer nur einen einzelnen Host adressieren.

10.4.12 Multicasts

Multicast-Adresse

Eine Multicast-Adresse adressiert eine bestimmte Gruppe von Hosts, wobei die Gruppe mehrere Netzwerke und eine größere Anzahl von Hosts beinhalten kann.

Für die Funktion der Multicasts müssen sich auf den Betriebssystemplattformen Multicast-Gruppen definieren lassen können. Außerdem muss man in der Lage sein, die jeweilige Betriebssystemplattform in eine Gruppe einzubinden oder wieder zu entfernen. Das IP muss in der Lage sein, die Multicast-Adressen zu verstehen und IP-Datagramme zu registrieren, wenn diese für die jeweilige Plattform bestimmt sind. Im RFC 1112 ist eine Vielzahl von Multicast-Adressen definiert, wovon Sie die wichtigsten Multicast-Adressen der folgenden Tabelle entnehmen können.

Tab. 10–8
Ausschnitt der Multicast-Adressen laut RFC 1112

Mulicast-Adresse	Funktion
224.0.0.0	Basis-Multicast-Adresse reserviert
224.0.0.1	Alle Stationen des Subnetzes
224.0.0.2	Alle Router des Subnetzes
224.0.0.5	Alle OSPF-Router
224.0.0.6	Alle designierten OSPF-Router
224.0.0.9	RIP2-Router
224.0.1.1	NTP Network Time Protocol
224.2.0.0-224.2.255.255	Multimedia-Konferenz-Schaltungen

10.4.13 Private IP-Adressen

Private IP-Adressen

Um den Bedarf an notwendigen IP-Adressen einzuschränken, sind im RFC 1597 drei Adressbereiche definiert, wobei sich jeweils ein Bereich auf die Klasse A, ein Bereich auf die Klasse B und ein Bereich auf die Klasse C erstreckt. Bei diesen Adressen handelt es sich um IP-Adressen, die für die private Verwendung freigegeben sind und bei der Nutzung nicht extra beantragt werden müssen. Dies wird ermöglicht, da IP-Datagramme, die diese privaten IP-Adressen als Zielangabe haben, von den Routern grundsätzlich nicht direkt in das Internet weitergeleitet beziehungsweise geroutet werden. Dadurch ist es möglich, diese IP-Adressen mehrmals weltweit zu nutzen, ohne mit anderen Netzwerken in Konflikt zu geraten (siehe folgende Tabelle).

Tab. 10–9
Private IP-Adressen, die frei genutzt werden können

Klasse	Anzahl der Netzwerke	Adressbereich
A	1 Netzwerk	10.0.0.0 bis 10.255.255.255
B	16 Netzwerke	172.16.0.0 bis 172.31.255.255
C	256 Netzwerke	192.168.0.0 bis 192.168.255.255

Über die privaten IP-Adressen lassen sich kleine bis größere private IP-basierte Netzwerke aufbauen, die keine oder nur eine indirekte Verbindung zum Internet haben. Beispielsweise kann über das NAT-Protokoll dennoch eine Anbindung an das Internet für ein solches privates Netzwerk realisiert werden. In diesem Fall werden die internen privaten IP-Adressen, die nicht eindeutig sind und weltweit mehrmals vergeben sein können, in eine eindeutige IP-Adresse umgewandelt, falls eine Kommunikation ins Internet gewünscht ist. Dadurch ist es also möglich, dass eine Firma mit einem größeren internen und privaten Netzwerk nur eine eindeutige IP-Adresse für die Kommunikation ins Internet besitzt und verwendet. Erst durch die Einführung des NAT wurde es ermöglicht, dass man heute noch mit dem IPv4 auskommt, obwohl sich das Internet täglich weiter ausdehnt.

10.4.14 Subnetze

Subnetze

Über das Subnetting kann ein Adressbereich eines Netzwerks, dass durch eine bestimmte NetID repräsentiert wird, nach Bedarf zusätzlich in kleinere Teilbereiche aufgeteilt werden. Durch das Subnetting, das in RFC 950 definiert ist, lässt sich ein Netzwerk in logische Teilbereiche aufteilen. Der wichtigste Grund, der für eine zusätzliche Hierarchiegliederung spricht, ist die Tatsache, dass durch die zusätzliche Unterteilung allgemein die Netzwerkbelastung sinkt, denn betrachtet man beispielsweise die broadcast-basierten Daten, so werden diese nur innerhalb eines Subnetzes verbreitet. Weiterhin kann sich unter Umständen durch die Aufteilung eines Netzwerks in unabhängige Teilbereiche die Administration vereinfachen und die Sicherheit eines Netzwerks erhöhen, wenn die Aufteilung der Teilbereiche nach den Kriterien, die sich beispielsweise an Firmenstrukturen orientieren, durchgeführt wird. Ein weiteres Kriterium für die Bildung von Teilnetzen ist, wenn ein Netzwerk auf der Basis verschiedener Netzwerktechnologien, wie beispielsweise Ethernet und FDDI, über einen Router verbunden werden soll. Hierbei wäre es dann notwendig, für beide Seiten eines Routers jeweils ein eigenes Teilnetz zu errichten. Bei dem Subnetting ist allgemein zu berücksichtigen, dass ein Teil des Adressbereichs durch das Subnetting verloren geht, also dass sich in der Summe nicht mehr so viele Hosts nach dem Subnetting adressieren lassen wie ohne Subnetting.

10.4.15 Das Subnetting

Subnetting

Durch das Subnetting unterteilt sich letztendlich die HostID einer IP-Adresse in zwei Teile, in die Subnet-Nummer und in die Host-Nummer. Die Unterteilung der HostID wird durch eine sogenannte Subnetzmaske durchgeführt, die anzeigt, welcher Bereich der HostID für die Subnet-Nummer und welcher Bereich der HostID für die Host-Nummer verwendet wird. In der binären Schreibweise der Subnetzmaske entsprechen die binären Stellen der Subnetzmaske, die sich über den Bereich der HostID erstrecken und die den Wert 1 haben, dem Bereich, der für die Subnet-Nummer verwendet wird. Die binären Stellen der Subnetzmaske, die sich über den Bereich der HostID erstrecken und den Wert 0 haben, entsprechen dem Bereich, der für die Host-Nummer benutzt wird. Betrachtet man ausschließlich den Teil der Subnetzmaske, der sich über den Bereich der NetID erstreckt, so entspricht dies der Default-Subnetzmaske, die sich aus den Klassen A bis C der IP-Adressen ergibt. Ist eine IP-Adresse nur durch die Default-Subnetzmaske unterteilt, so entspricht dies ausschließlich der festgelegten Unterteilung in die verschiedenen Standard-IP-Netzwerke laut Klasse A bis C. In diesem Fall entspricht der Wert der binären Stelle der Subnetzmaske, der sich über die NetID erstreckt, dem Wert 1 und der Bereich, der sich über die HostID erstreckt, dem Wert 0.

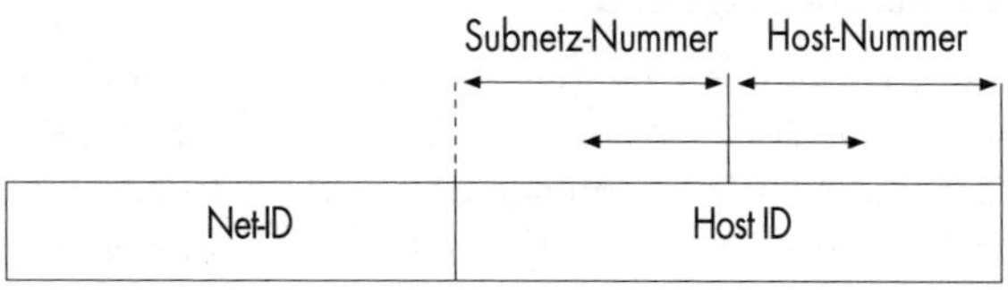

Abb. 10–11
Aufteilung der IP-Adresse in die NetID, die Subnetz-Nummer und die Host-Nummer

Erst durch die Erweiterung der Subnetzmaske, die sich über den Bereich der HostID einer IP-Adresse erstreckt, erfolgt eine Unterteilung der IP-Adressen in Subnetze. Betrachtet man beispielsweise eine Klasse-B-Adresse, so entsprechen die ersten beiden Bytes der IP-Adresse der NetID und die beiden letzten Bytes der IP-Adresse dem Bereich der HostID. Die Default-Subnetzmaske ist demnach bei einer Klasse-B-Adresse in der binären Schreibweise 11111111.11111111.00000000.00000000 beziehungsweise in der dezimalen Schreibweise 255.255.0.0. Möchte man nun den Bereich der HostID durch das Subnetting zusätzlich unterteilen, so lässt sich dies beispielsweise durch die Subnetzmaske 11111111.11111111.11111111.00000000 beziehungsweise 255.255.255.0 erreichen. In diesem Fall wird das erste Byte der HostID für die Subnet-Nummer und das zweite Byte der HostID für die Host-Nummer verwendet (siehe Abbildung 10-12).

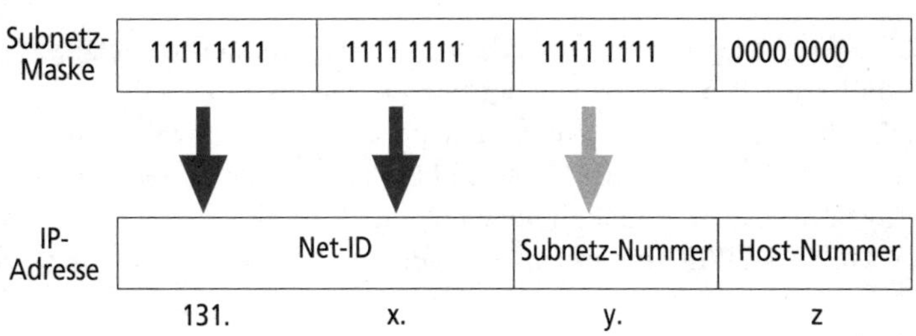

Abb. 10–12
Unterteilung der IP-Adresse durch das Subnetting

Bei der Subnetzmaske, die sich über den Bereich der HostID erstreckt, muss die Subnetzmaske nicht mehr auf die vollen Bytes enden, also in der Subnetzmaske kann in dem letzten Byte ausschließlich ein Teil der Bits auf 1 gesetzt sein. Die Default-Subnetzmaske endet hingegen immer auf die volle Byte-Stelle, indem sie eine Länge von 8, 16 oder 24 Bit hat.

An einem praktischen Beispiel sieht die Unterteilung der IP-Adresse 129.68.12.123 mit der Subnetzmaske 255.255.255.0 folgendermaßen aus: An dem ersten Byte der IP-Adresse kann man erkennen, dass es sich hierbei um eine Adresse der Klasse B handelt, denn 129 liegt zwischen 128 und 191. Demnach korrespondieren die ersten zwei Bytes der Subnetzmaske mit dem Bereich der NetID der IP-Adresse, und das letzte Byte der Subnetzmaske erstreckt sich über den Bereich der Subnet-Nummer. Die Subnet-Nummer ist demnach 0.0.12.0 und die Host-Nummer 0.0.0.123.

Regeln für die Subnetzmasken

Aufbau von Subnetzmasken

Für die Erstellung der Subnetzmasken gilt in der Praxis der Grundsatz, dass die Subnetzmasken nach der Wertigkeit der Bits von oben nach unten mit Einsen gefüllt sein müssen. Das soll heißen, dass zum Beispiel in einer Subnetzmaske für das Subnetting einer Klasse-C-Adresse die ersten drei Bytes der Subnetzmaske aus lauter Einsen besteht und das letzte Byte der Subnetzmaske von dem höchstwertigen Bit an in Richtung der niedrigerwertigen Bits durchgehend mit Einsen gefüllt ist bis auf den Teil, der für die Host-Nummern verwendet wird und entsprechend auf Null gesetzt ist (siehe folgende Tabelle).

Tab. 10–10 *Zulässige Subnetzmasken, bezogen auf 8 Bits*

128	64	32	16	8	4	2	1	
1	0	0	0	0	0	0	0	128
1	1	0	0	0	0	0	0	192
1	1	1	0	0	0	0	0	224
1	1	1	1	0	0	0	0	240
1	1	1	1	1	0	0	0	248
1	1	1	1	1	1	0	0	252
1	1	1	1	1	1	1	0	254
1	1	1	1	1	1	1	1	255

Laut RFC 950 ist es jedoch auch erlaubt, Subnetzmasken zu nutzen, in denen die Folge der Einsen von dem höchstwertigen bis zum niedrigstwertigen Bit nicht durchgehend ist, sondern auch Nullen beinhaltet kann (z. B. 11111111.11111111.11011011.00001111). Jedoch sollte man im praktischen Einsatz diese Möglichkeit nicht nutzen, da diese Art von Subnetzmasken von vielen TCP/IP-Implementierungen nicht wirklich unterstützt wird.

Exkurs: Umwandlung von Dezimalzahlen

Umwandlung Dezimalzahl in Dualzahl

Die Umwandlung einer Dezimalzahl in eine Dualzahl lässt sich auf einfache Weise durchführen, indem man die Dezimalzahl durch 2 teilt, den Rest bildet und das Ergebnis dieser Division wieder durch 2 teilt, bis das Ergebnis 0 ergibt. Die Restwerte geben dabei immer den jeweiligen Wert der binären Stelle an, wobei der erste Restwert dem niedrigstwertigen Bit entspricht und der letzte Restwert dem höchstwertigen Bit entspricht (siehe folgendes Beispiel).

193 : 2 = 96 Rest 1 -> 1
96 : 2 = 48 Rest 0 -> 0
48 : 2 = 24 Rest 0 -> 0
24 : 2 = 12 Rest 0 -> 0
12 : 2 = 6 Rest 0 -> 0
6 : 2 = 3 Rest 0 -> 0
3 : 2 = 1 Rest 1 -> 1
1 : 2 = 0 Rest 1 -> 1

Mit der gezeigten Rechenmethode ergibt sich für die Dezimalzahl 193 eine Dualzahl von 11000001.

Die Funktion der Subnetzmasken

Funktion der Subnetzmasken

Wie Sie aus den vorherigen Beispielen entnehmen konnten, hat die Subnetzmaske wie die IP-Adresse ein Länge von 32 Bit und wird zwecks besserer Lesbarkeit ebenfalls in der Dotted Notation dargestellt. Um die Funktionsweise der Subnetzmasken besser darzustellen, sollte man zuerst die IP-Adresse und die dazugehörige Subnetzmaske in die binäre Form umwandeln. Führt man nun eine logische Und-Verknüpfung zwischen den einzelnen binären Stellen der IP-Adresse und der Subnetzmaske durch, so erhält man als Ergebnis die Angabe des Netzwerks, die sich aus NetID und Subnet-Nummer zusammensetzt.

Tab. 10–11 *Ergebnisse einer logischen Und-Verknüpfung*

A	B	A & B
0	0	0
1	0	0
0	1	0
1	1	1

IP-Adresse	192.16.3.1	10101100.00010000.00000011.00000001
Subnetzmaske	255.255.255.0	11111111.11111111.11111111.00000000

Die IP-Adresse und die Subnetzmaske sollten im ersten Schritt in die binäre Schreibweise umgewandelt werden.

	10101100.00010000.00000011.00000001
&	11111111.11111111.11111111.00000000
	10101100.00010000.00000011.00000000

Wie man in dem Beispiel erkennen kann, sind die ersten 3 Bytes der IP-Adresse unverändert geblieben, so verbleiben für die Netzwerkadresse 192.16.3.0.

Wegfindung über Subnetzmasken

Wegfindung über Subnetzmasken

Die Und-Verknüpfung der IP-Adresse mit der Subnetzmaske wird auch beim Aussenden eines IP-Datagramms durchgeführt, um zu entscheiden, ob das IP-Datagramm für das lokale Subnetz oder über einen Router an ein entferntes Subnetz weitergeleitet werden muss. Die Entscheidung für die Weiterleitung wird in der Form durchgeführt, indem mit der eigenen IP-Adresse der Station und der Subnetzmaske eine Und-Verknüpfung gebildet wird. Weiterhin wird eine Und-Verknüpfung mit der Zieladresse des IP-Datagramms und derselben Subnetzmaske durchgeführt. Haben beide Und-Verknüpfungen dasselbe Ergebnis, so handelt es sich um ein IP-Datagramm, das für das lokale Subnetz gedacht ist und direkt zum Ziel weitergeleitet werden kann. Sind hingegen die Ergebnisse der Und-Verknüpfungen ungleich, so muss das IP-Datagramm über einen Router weitergeleitet werden.

Anzahl der Subnetze

Anzahl der Subnetze

Es stellt sich die Frage, wie viele Subnetze sich aus einer Subnetzmaske ergeben und wie viele Hosts innerhalb eines Subnetzes nach dem Subnetting möglich sind.

Bekommt man die Frage gestellt, wie viele Subnetze sich aus der Subnetzmaske 255.255.240.0 ergeben, so gibt es hierzu nur eine Antwort, die lautet, dass sich die Frage in der Form nicht beantworten lässt. Für die Beantwortung der Frage ist es erst einmal notwendig zu wissen, welcher Klasse die IP-Adresse entspricht, die durch die angegebene Subnetzmaske unterteilt werden soll. Handelt es sich um eine Klasse-A-Adresse, so ist das erste Byte für die NetID vorbehalten, und das zweite, dritte und vierte Byte kann durch das Subnetting verändert werden. Hat man es jedoch mit einer Klasse-B-Adresse zu tun, so kann nur das dritte und vierte Byte durch das Subnetting manipuliert werden. Steht also wie in diesem Beispiel ausschließlich die Subnetzmaske als Information zur Verfügung, so kann man nur die Aussage treffen, dass es sich um eine Klasse-A- oder Klasse-B-Adresse handeln muss.

Erhält man hingegen die Adresse von 143.88.x.y und die Subnetzmaske 255.255.240.0, so lässt sich die Anzahl der Subnetze bestimmen. Als Erstes gilt es hierbei, die Adresse einer Klasse zuzuordnen und dementsprechend die Anzahl der Bytes abzuleiten, die für die NetID verwendet werden. Bei der Adresse 143.88.x.y handelt es sich demnach um eine Klasse-B-Adresse, denn 143 liegt zwischen 128 und 191, wodurch die Aussage getroffen werden kann, dass die ersten zwei Bytes für die NetID verwendet werden.

Durch die Tatsache, dass die beiden ersten Bytes für die NetID verwendet werden, verbleibt noch das letzte Byte der Subnetzmaske für die Bildung der Subnetze. Das letzte Byte hat den Wert 240, der sich in der binären Form als 11110000 darstellt. Aus der binären Schreibweise lässt sich erkennen, dass die ersten vier Bits für das Subnetting verwendet werden. Berücksichtigt man, dass die erste Adresse 0 und die letzte Adresse 255 nicht vergeben werden dürfen, so ergeben sich demnach $2^4 - 2 = 14$ mögliche Subnetze.

Anzahl der Hosts

Anzahl der Hosts

Die Anzahl der möglichen Hosts innerhalb eines Subnetzes lässt sich aus der Formel $2^z - 2$ errechnen, wobei z der Anzahl der Bits entspricht, die in der Subnetzmaske auf 0 gesetzt sind. Denn diese Stellen bleiben innerhalb der IP-Adresse für die Adressierung der Hosts übrig. Der Subtrahend von 2 ergibt sich wiederum aus der Tatsache, dass die Adressen 0 und 255 nicht erlaubt sind. In unserem Beispiel mit der NetID 143.88.x.y und 255.255.240.0 ergeben sich zwölf Nullen, wodurch sich rechnerisch $2^{12} - 2 = 4094$ mögliche Hosts pro Subnetz ergeben.

10.4.16 Das Subnetting einer Klasse-A-Adresse

Subnetting einer Klasse-A-Adresse

Bezieht sich das vorherige Beispiel auf eine Klasse-B-Adresse, so verändert sich die Berechnung bei einer Klasse-A-Adresse ein wenig. Gehen wir von dem Beispiel aus, dass wir eine Adresse 87.x.y.z haben und die Subnetzmaske 255.255.192.0 lautet. Wie uns das erste Byte der IP-Adresse bestätigt, handelt es sich um eine Klasse-A-Adresse, denn 87 liegt zwischen 1 und 126; somit wird das erste Byte für die NetID verwendet. Für das Subnetting werden das zweite Byte und eine bestimmte Anzahl von Bits des dritten Bytes verwendet. Um die Anzahl der Bits zu ermitteln, die die Länge der Subnet-Nummer bestimmen, gilt es als Erstes, die 192 in die binäre Schreibweise umzuwandeln. Die Umwandlung von 192 in die binäre Schreibweise ergibt 11000000, wodurch ersichtlich ist, dass zwei Bits aus dem dritten Byte für das Subnetting verwendet werden. Diese zwei Bits ergeben mit den acht Bits des zweiten Bytes zehn Bits für das Subnetting. Nach der bereits genannten Formel von $2^n - 2$ ergeben sich in diesem Beispiel $2^{10} - 2 = 1022$ Subnetze. Für die Ermittlung der Anzahl der möglichen Hosts in einem Subnetz muss zuerst die Anzahl der Bits ermittelt werden, die in der Subnetzmaske auf 0 gesetzt sind. Bei der Subnetzmaske von 255.255.192.0 ergibt sich für das dritte Byte (192 = 11000000), dass 6 Bits auf Null gesetzt sind. Addiert man nun zu den 6 Bits die 8 Bits des vierten Bytes, die alle auf 0 gesetzt sind, so ergeben sich 14 Bits der Subnetzmaske, die den Bereich für die Host-Nummern kennzeichnen. Nach der Formel $2^z - 2$ ergeben sich demnach $2^{14} - 2 = 16.382$ mögliche Hosts pro Subnetz.

10.4.17 Das Subnetting einer Klasse-C-Adresse

Subnetting einer Klasse-C-Adresse

Bei einer Klasse-C-Adresse ist die Berechnung des Subnettings und der Hosts pro Subnet am einfachsten. Hier gilt es ausschließlich, das letzte Byte zu betrachten, denn die ersten drei Bytes einer Klasse-C-Adresse sind fest für die NetID vergeben. Hat man beispielsweise die Klasse-C-Adresse von 192.24.12.x und die Subnetzmaske von 255.255.255.224, so ergibt sich für das letzte Byte das Bitmuster 11100000. Es lässt sich somit erkennen, dass 3 Bits für das Subnetting und 5 Bits für die Host-Nummern verwendet werden. Rechnerisch ergeben sich somit $2^3 - 2 = 6$ Subnetze und $2^5 - 2 = 30$ Hosts pro Subnetz.

Als Hilfestellung gibt Ihnen die folgende Tabelle die Anzahl der Subnetze und Hosts pro Subnetz an, die sich aus einer Subnetzmaske ergeben, die sich über das erste Byte der HostID erstreckt, was einer Länge von maximal 8 Bit entspricht.

Tab. 10–12
Anzahl der Subnetze und Hosts für das Subnetting mit bis zu 8 Bit

Subnetzmaske	Subnetzmaske	Anzahl der Hosts per Subnetz			
Dezimal	Binär	Subnetze	Klasse A	Klasse B	Klasse C
255	11111111	254	65.534	254	0
254	11111110	126	131.070	510	0
252	11111100	62	262.142	1022	2
248	11111000	30	524.286	2046	6
240	11110000	14	1.048.574	4094	14
224	11100000	6	2.097.150	8190	30
192	11000000	2	4.194.302	16382	62

Nachdem wir jetzt einige Beispiele berechnet und die Anzahl der möglichen Subnetze und Hosts pro Subnetz bestimmt haben, müssen noch die Adressen der einzelnen Subnetze ermittelt werden. Dabei kann der Bereich der IP-Adressen, über den sich der Bytebereich der Subnetzmaske erstreckt, der auf 255 gesetzt ist und demnach als Ergebnis der Und-Verknüpfung 1 ergibt, einfach übernommen werden. Für das letzte Byte, in dem nur ein gewisser Anteil der Bits für das Subnetting verwendet wird, müssen die möglichen Adressen errechnet werden. Um diese Werte zu berechnen, müssen also die Bits in allen möglichen Kombinationen in dezimale Werte umgerechnet werden. Wir zeigen dies an einem Beispiel mit der Adresse 142.13.x.y und der Subnetzmaske 255.255.224.0.

255	255	224	0
11111111	11111111	11100000	00000000
		00000000	= 0
		00100000	= 32
		01000000	= 64
		01100000	= 96
		10000000	= 128
		10100000	= 160
		11000000	= 192
		11100000	= 224

Wie Sie aus dem Beispiel ersehen können, ergeben sich 8 verschiedene Werte für das letzte Byte der Netzwerkadresse. Hierbei muss wieder der erste und der letzte Wert abgezogen werden, da dieser nach dem Adress-Schema nicht erlaubt ist, womit 6 mögliche Werte übrig bleiben. In der Kombination der Adresse 142.13.x.y ergeben sich folgende 6 Netzwerkadressen:

1.	142.13.32.0
2.	142.13.64.0
3.	142.13.96.0
4.	142.13.128.0
5.	142.13.160.0
6.	142.13.192.0

Führen Sie also beispielsweise ein Subnetting auf diese Art und Weise durch, so ergeben sich diese 6 genannten Netzwerkadressen, die Sie jeweils einem Ihrer 6 Netzwerke zuordnen müssen.

Berechnet man nun noch die möglichen Host-Adressen für ein Subnetz, so ergeben sich $2^{13} - 2 = 8190$ Host-Adressen für ein Subnetz. Multipliziert man nun den Wert von 8190 mit den 6 Subnetzen, so ergibt sich eine Gesamtanzahl von 49.140 Host-Adressen. Hätte man kein Subnetting durchgeführt, so hätten alle 16 Bits für die Host-Adressen verwendet können, wodurch sich $2^{16} - 2 = 65.534$ Host-Adressen ergeben hätten. Man erkennt an diesem Beispiel, dass durch das Subnetting ein gewisser Teil des Adressenvorrats verloren geht, was man bei dem Subnetting und den damit verbunden Optimierungsbestrebungen jedoch in Kauf nehmen muss.

10.4.18 Das Supernetting

Supernetting

Wie Sie aus dem folgenden Abschnitt noch erfahren werden, benutzt ein Router für die Wegfindung Routingtabellen, in denen jedes Zielnetzwerk aufgelistet ist. Um die Größe einer Routingtabelle zu optimieren, wird ein Verfahren angewendet, das als Supernetting bezeichnet wird und bei dem die Technik nach dem Verfahren des Classless Inter-Domain Routing

(CIDR) verwendet wird. Dieses Verfahren beruht darauf, die Subnetzmaske so zu verändern, dass mehrere verschiedene Adressen zu einem gemeinsamen Adressenblock zusammengefasst werden können, um einen Teil der Einträge der Routingtabelle auf einen Eintrag zu reduzieren. Betrachten wir uns dazu als Beispiel die folgende Routingtabelle, in der 8 Einträge vorhanden sind.

Tab. 10-13
Beispiel-Routingtabelle

Netzwerk	Subnetzmaske	Gateway
194.65.168.0	255.255.255.0	194.65.168.1
194.65.169.0	255.255.255.0	194.65.168.1
194.65.170.0		
194.65.171.0		
194.65.172.0		
194.65.173.0		
194.65.174.0		
194.65.175.0	255.255.255.0	194.65.168.1

Betrachtet man diese Adresseneinträge, so fällt auf, dass die ersten zwei Bytes und die ersten vier Bits des dritten Bytes gleich sind (168 = 10101000 bis 175 = 10101111). Verschiebt man nun die Subnetzmaske von 255.255.255.0 auf 255.255.248.0 (255.255.11111111.0 auf 255.255.11111000.0), so können die Einträge auf einen Eintrag reduziert werden.

Netzwerk	Subnetzmaske	Gateway
194.65.168.0	255.255.248.0	194.65.168.1

Aus diesem Beispiel wird deutlich, dass durch das Supernetting die Größe der Routingtabellen drastisch reduziert werden kann, was zu einer Optimierung des benötigten Speicherplatzes auf den einzelnen Routern führt.

10.5 Routing im TCP/IP-Netzwerk

Routing im TCP/IP-Netzwerk

Die Wegbestimmung und das zielgerichtete Weiterleiten der IP-Datagramme ist die wichtigste Funktion der Netzwerkschicht. Ein Netzwerk ist in der Regel in mehrere logische Teilnetze oder Subnetze unterteilt. Die einzelnen Teilnetze sind wiederum durch Router miteinander verbunden, wobei ein Netzwerk in der Form über Router vermascht sein kann, dass sich mehrere redundante Verbindungen zwischen den Subnetzen ergeben. Die redundanten Verbindungen tragen zu einer gewissen Stabilität bei, denn fällt eine Verbindung aus, so kann das andere Teilnetz über einen anderen Router noch erreicht werden. Teilbereiche eines Netzwerks, zwischen denen Daten ausgetauscht werden können und die unter einer gemeinsamen Verwaltung stehen, werden als sogenannte autonome Systeme (Autonomous Systems) oder Routingdomänen bezeichnet.

IP-basierte Router müssen in der Lage sein, das Format des IP-Headers zu verstehen und auszuwerten, um die IP-Datagramme zielgerichtet weiterzuleiten, wobei man das Weiterleiten eines IP-Datagramms zum gewünschten Ziel im Fachjargon als Routing bezeichnet. Fälschlicherweise wird die Funktion eines Routers oft mit der Funktion einer Bridge verglichen und auf einen Nenner gebracht. Jedoch besteht zwischen einem Router und einer Bridge ein eklatanter Unterschied, denn eine Bridge ist auf der zweiten Schicht und ein Router auf der dritten Schicht des OSI-Referenzmodells angesiedelt. Eine Bridge nutzt die Adress-Informationen des MAC-Headers, ein Router legt die Adress-Informationen des IP-Headers bei der Weiterleitung der Daten zugrunde.

Ein Router kann mehrere Verbindungen zwischen verschiedenen Netzwerken oder Subnetzen besitzen, muss jedoch mindestens zwei Netzwerkanbindungen haben. Empfängt ein Router ein IP-Datagramm, so liest er die Informationen des IP-Headers und entscheidet dann, an welches Netzwerk er das IP-Datagramm weiterleitet. Für den Entscheidungsprozess legt der Router Informationen der sogenannten Routingtabellen zugrunde. Eine Routingtabelle stellt in der Minimalversion eine Liste dar, in der Zielnetzwerke, Zielstationen und Entfernungsangaben enthalten sind.

Zielnetzwerk	Sende über	Entfernung
23	Netzwerkkarte 1	1 Router
17	Netzwerkkarte 2	2 Router
56	Netzwerkkarte 3	2 Router
12	Netzwerkkarte 1	1 Router
29	Netzwerkkarte 3	3 Router
34	Netzwerkkarte 2	1 Router

Tab. 10–14 *Schematischer Aufbau einer Routingtabelle in der Minimalversion*

Statische oder dynamische Routingtabellen

Bei Routingtabellen unterscheidet man grundsätzlich zwischen statischen und dynamischen Tabellen. Bei den statischen Routingtabellen werden die Einträge manuell vorgenommen. Die Einträge der dynamischen Routingtabellen werden hingegen dynamisch über Lernprozesse gewonnen, indem sie lernen, über welchen Weg IP-Datagramme zum anderen Teilnetz weitergeleitet werden müssen, damit sie ein gewünschtes Ziel erreichen können. Das Lernen der Routingtabellen wird über bestimmte Protokolle erreicht, die als Routingprotokolle bezeichnet werden. In der TCP/IP-Protokollfamilie werden dazu zum Beispiel Protokolle wie das Routing Information Protocol (RIP) oder Open Shortest Path First (OSPF) verwendet. Durch ein Routingprotokoll wird unter anderem definiert, wie Router ihre Routinginformationen mit anderen Routern austauschen und wie sie eigene Routinginformationen gewinnen können.

10.5.1 Aufbau der Router

Aufbau von Routern

Moderne Router basieren normalerweise nur auf dynamischen Routingtabellen, da die statischen Routingtabellen sehr aufwändig in der Konfiguration, Pflege und Administration sind. Die Verwaltung der statischen Routingtabellen lässt sich nur bei wirklich kleinen Netzwerken noch sinnvoll realisieren, in denen nur wenige Änderungen vorkommen können.

Im Aufbau der Router unterscheidet man zwischen einem Software-Router und einem Hardware-Router. Anfänglich wurden primär die Software-Router eingesetzt, die zusätzlich auf Betriebssystemplattformen installiert wurden. Heute wird diese Variante des Routers allerdings nur noch in kleineren Netzwerken eingesetzt. Wegen der immer steigenden Geschwindigkeitsanforderungen geht man heute allgemein eher dazu über, das Routing dedizierten Hardware-Routern zu überlassen, oder man implementiert das Routing einfach auf Switches (Layer 3 Switches), da diese Lösungen bei weitem schneller sind. Ein Router ist normalerweise in der Lage, mehrere Protokolle verschiedener Protokollfamilien zu verstehen, wobei man von einem Multiprotokollrouter spricht.

10.5.2 Das Routing

Internes Routing

Allgemein wird das Routing nicht nur von Routern durchgeführt, sondern jede Station im Netzwerk muss über einen internen Routingmechanismus verfügen. Denn wird ein IP-Datagramm von einer Station verschickt, so muss erst entschieden werden, ob das IP-Datagramm für eine Station bestimmt ist, die sich direkt im selben Teilnetz befindet, oder für eine Station eines anderen Teilnetzes, an die das IP-Datagramm über einen Router verschickt werden muss. Bei diesem Entscheidungsprozess handelt es sich um einen internen Routingprozess, der auf den Stationen vor jeder Aussendung eines IP-Datagramms abläuft. Ein entscheidender Unterschied ist jedoch, dass die Stationen gegenüber den Routern ausschließlich ihre eigenen IP-Datagramme routen.

Direkte oder indirekte Auslieferung

Bei den IP-Datagrammen, die direkt an eine Zielstation verschickt werden können, spricht man von einer direkten Auslieferung. Muss ein IP-Datagramm hingegen über einen Router weitergeleitet werden, damit das IP-Datagramm sein gewünschtes Ziel erreichen kann, so spricht man von einer indirekten Auslieferung. Betrachtet man die Adressinformationen, so entsprechen bei einer direkten Auslieferung beide Adressinformationen, also die des IP-Headers und die des MAC-Headers, der der endgültigen Zielstation. Bei einer indirekten Auslieferung entspricht nur der Zieladresse des IP-Headers der der Zielstation, wogegen die Zieladresse des MAC-Headers der des nächsten Routers entspricht.

Um ein IP-Datagramm über ein Netzwerk verschicken zu können, muss das IP-Datagramm in einen Frame eingekapselt werden. Auf der Netzwerkebene wird die Adressierung der Stationen über die MAC-Adressen vorgenommen, der Frame wird dabei direkt an die Zielstation oder an den Router verschickt. Bevor das IP-Datagramm in ein Frame eingekapselt wird, muss die IP-Adresse in eine MAC-Adresse aufgelöst werden. Dies wird in einem IP-basierten Netzwerk über das Adress Resolution Protocol (ARP) durchgeführt. Dazu wird ein sogenannter ARP-Request als Broadcast ausgesendet, und die entsprechende Station antwortet darauf mit einem ARP-Response, in dem die gesuchte MAC-Adresse aufgeführt ist. Danach kann das IP-Datagramm mit der Information der richtigen MAC-Adresse in ein Frame eingekapselt und über das Netzwerk verschickt werden.

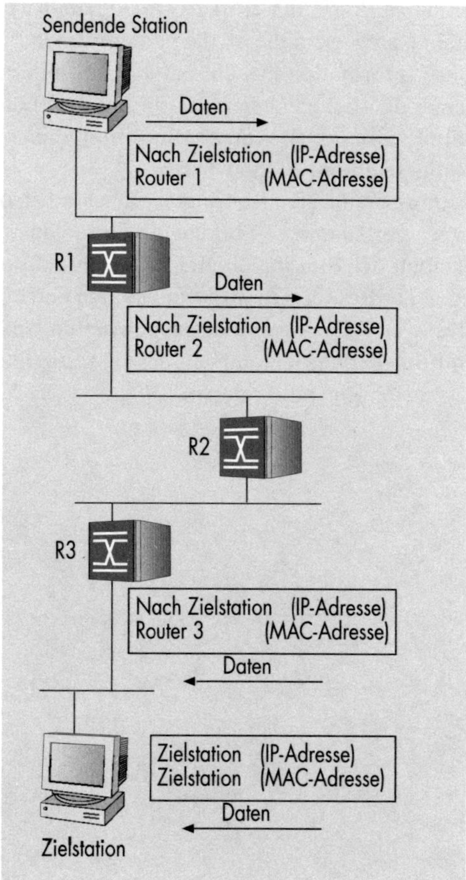

Abb. 10–13
Ablauf des Routingprozesses und Zusammenhang zwischen IP- und MAC-Adresse

Routingtabellen

Wird ein IP-Datagramm von einem Router empfangen, so liest der Router den Inhalt des IP-Headers und prüft über die Routingtabellen, wie und ob das IP-Datagramm weitergeleitet werden kann. In den Routingtabellen eines Routers müssen also letztendlich alle Stationen und der jeweilige Weg zu den Stationen aufgelistet sein. Beachtet man die Tatsache, dass es unter IPv4

$2^{32} - 1$ mögliche IP-Adressen gibt, so könnte eine Routingtabelle theoretisch zirka 3,7 Milliarden Einträge haben. Eine Routingtabelle mit einem solchen Datenumfang wäre sehr unüberschaubar und in keinster Weise mehr zu managen. Um den Datenumfang in den Griff zu bekommen, sind die IP-basierten Routingtabellen in der Form aufgebaut, dass der Datenumfang reduziert ist und nur ein Minimum an Informationen beinhaltet. Die Reduzierung des Datenumfangs wird in Bezug auf den Aufbau einer IP-Adresse durchgeführt, die in eine NetID und eine HostID unterteilt ist. Die NetID ist auf allen Stationen, die sich im selben Netzwerk befinden, dieselbe, d. h., allen Stationen desselben Teilnetzes oder Netzwerks kann die NetID als gemeinsames Präfix der IP-Adresse zugeteilt werden. Unterteilt man die Adressen in Kategorien, die an die gemeinsamen Präfixe angelehnt sind und führt diese Information nur einmal auf, so kommt man auf diese Weise schon zu einer deutlichen Datenreduzierung. Die Länge des Präfixes wird dabei über die Klasse der IP-Adresse bestimmt, die sich an den ersten vier Bits der IP-Adresse erkennen lässt.

Die für das Routing benötigten Routingtabellen sind also auf den Stationen und den Routern vorhanden und bilden die Grundlage für das Routing. Der Informationsinhalt der Routingtabellen, die sich auf den Stationen befinden, ähnelt denen der Router. Die Routingtabellen enthalten minimal die jeweilige Zieladresse und die Angabe des sogenannten Next-Hop-Routers, der dem nächsten Router entspricht, an den das IP-Datagramm weitergeleitet werden muss, um sein Ziel zu erreichen.

Abb. 10–14
Die Next-Hop-Router von Router A

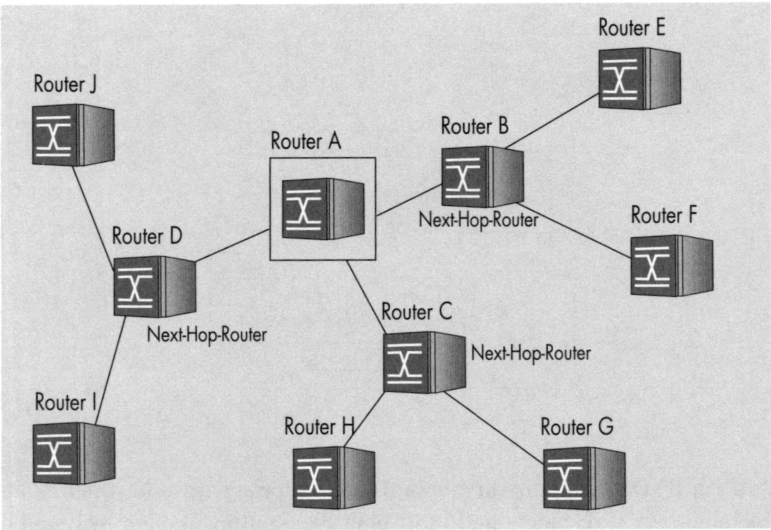

Routingtabellen enthalten nicht die komplette Wegangabe zum Ziel, sondern nur die Angabe des Next-Hop-Routers, an den das IP-Datagramm in Richtung Ziel weitergeleitet werden muss. So erfährt das IP-Datagramm von Router zu Router eine zielgerichtete Weiterleitung zum Zielnetzwerk. Die Angabe des Next-Hop-Routers ist jeweils so gewählt, dass das Zielnetzwerk über den kürzesten und schnellsten Weg erreicht werden kann. Die Bestimmung des kürzesten Weges wird über die Routingprotokolle vorgenommen. Je nach verwendetem Routingprotokoll werden, neben den Wegangaben, noch Angaben wie Verzögerungen, Priorität und Auslastung der Strecken ausgetauscht. Auf der Basis dieser zusätzlichen Informationen kann dann eine Wegwahl vorgenommen werden, bei der die momentane Netzwerksituation und Belastung berücksichtigt wird. Sollte ein IP-Datagramm auf dem Weg zum Ziel an irgendeinem Router nicht weitergeleitet werden können, so wird das IP-Datagramm verworfen und der ursprüngliche Sender des IP-Datagramms über ein ICMP darüber informiert. Sind normalerweise die Routingprotokolle für das Aktualisieren der Routingtabellen zuständig, so können die Informationen, die über das ICMP ausgetauscht werden, ebenfalls dazu beitragen, den Inhalt der Routingtabellen zu aktualisieren.

Den Aufbau einer Routingtabelle mit ihrem Informationsinhalt können Sie der folgenden Abbildung entnehmen.

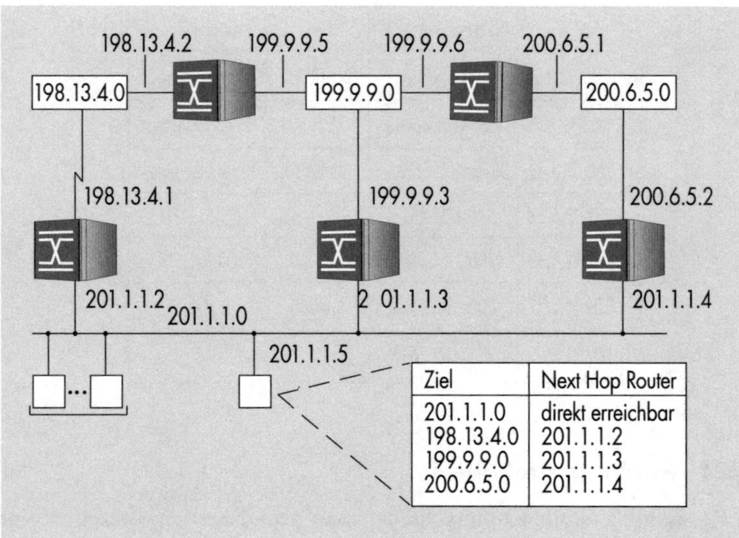

Abb. 10–15
Inhalt einer Routingtabelle innerhalb eines TCP/IP-basierten Netzwerks

Einträge der Routingtabelle

In der Routingtabelle enthalten die Einträge jeweils eine Angabe des Zielnetzwerks, des Next-Hop-Routers und des Netzwerkinterfaces, über das das

IP-Datagramm in Richtung Ziel verschickt werden muss. Im Beispiel der Abbildung entsprechen die ersten beiden Einträge Routen, über die die IP-Datagramme direkt verschickt werden können. Bei den weiteren Einträgen handelt es sich um Angaben, die aussagen, an welchen Next-Hop-Router das IP-Datagramm verschickt werden muss, damit es sein Ziel erreichen kann. Vergleicht man nun die Einträge, so fällt auf, dass bei einem gewissen Teil der Einträge die Präfixe der IP-Adressen gleich sind und dass bei diesen Einträgen die Angabe des Netzwerkinterfaces ebenfalls gleich ist. Diese logische Verknüpfung kann man sich bei dem Datenformat für die Routingtabellen ebenfalls zunutze machen, um den Datenumfang zu verringern.

10.5.3 Default-Router

Default-Router

Ist nur ein Router an einem Teilnetz vorhanden, so ist es sinnvoll, auf allen Stationen einen Eintrag eines sogenannten Default-Routers oder Default-Gateways innerhalb der IP-Konfiguration vorzunehmen. Dieser Eintrag sorgt dafür, dass die Routingtabellen auf den Stationen sehr klein gehalten werden können, da nur noch alle lokal angrenzenden Stationen, die sich im selben Teilnetz befinden, aufgelistet werden müssen. Denn alle anderen Stationen, die nicht in der Routingtabelle aufgelistet sind, werden dann automatisch an den Default-Router verschickt.

Tab. 10–15
Vergleich zwischen zwei Routingtabellen mit und ohne Eintrag eines Default-Routers

Ziel	Next-Hop-Router		Ziel	Next-Hop-Router
200.12.1.0	Direkt verbunden		200.12.1.0	Direkt verbunden
200.12.1.9	Direkt verbunden		200.12.1.9	Direkt verbunden
200.12.1.12	Direkt verbunden		200.12.1.12	Direkt verbunden
201.12.6.34	200.12.1.15			
201.12.6.38	200.12.1.15		0.0.0.0	200.12.1.15
202.11.4.17	200.12.1.15		(Default)	
202.11.4.23	200.12.1.15			

10.5.4 Routingprotokolle

Distance Vector Protocol

Bei Routingprotokollen unterscheidet man grundsätzlich zwischen einem Distance Vector Protocol und einem Link State Protocol. Das Distance Vector Protocol beruht auf einem Algorithmus, bei dem jeder Router die Topologie des Netzwerks lernt, indem er mit den Nachbarroutern den Inhalt der Routingtabellen austauscht. In den Routingtabellen sind die Netzwerke vermerkt, an die der Router direkt angrenzt und über ein Netzwerkinterface angebunden ist. Die Entfernung zu den Netzwerken wird in Hops angegeben, die bei der Weiterleitung der Routinginformationen mit zunehmender Entfernung des Netzwerks entsprechend hochgezählt werden. Eine Hop-Angabe von 1 bedeutet beispielsweise, dass das Netzwerk direkt erreicht werden kann, eine Hop-Angabe von 2, dass das Netzwerk über einen Router erreicht werden kann. Über die Angabe der Hops kann so später der kürzeste Weg ermittelt werden. Der Austausch der Routinginformationen erfolgt bei dem Distance Vector Protocol in periodischen Abständen. Empfängt ein Router eine Routinginformation, deren Hop-Wert zu einem Netzwerk geringer ist, so übernimmt er den Eintrag und überschreibt damit seinen bisherigen Eintrag in seiner Routingtabelle. Dieser Vorgang führt sich so weit fort, bis die Inhalte aller Routingtabellen von der jeweiligen Sichtweite her auf demselben Stand sind.

Das Verfahren des Distance Vector Protocol, das Austauschen der Routinginformationen in periodischen Abständen, birgt jedoch auch einige Probleme in sich, die zu einer gewissen Verzögerung in der Aktualität der Routingtabellen führen.

- Nachdem sich eine Route kurzfristig geändert hat, vergeht ein gewisser Zeitraum, bis die Information auf allen Routern verbreitet ist.
- Durch die verzögerte Verbreitung der geänderten Information kann es zu Verlusten von IP-Datagrammen kommen.
- Die Routinginformationen basieren auf Informationen, die quasi aus zweiter Hand stammen (anderer Router). Dadurch kann es zu Fehlern kommen, die sich im Netzwerk von Router zu Router weiter fortpflanzen.
- Mit zunehmender Anzahl von Routern werden die auszutauschenden Routinginformationen immer größer, und die Netzwerkbelastung durch den Austausch der Routinginformationen nimmt drastisch zu.

Link State Protocol

Beim Link State Protocol werden nicht die gesamten Routinginformationen ausgetauscht, sondern jeder Router teilt dem anderen Router mit, welche Router er über eine direkte Verbindung erreichen kann. Die Verbindungen werden in regelmäßigen Abständen durch den gegenseitigen Austausch kurzer Kontrollnachrichten überprüft. Die gesammelten Informationen über den Status der Verbindungen zu den Nachbarroutern werden dann an alle Router verschickt, die sich so aus ihrer Sicht ein Gesamtbild über das momentan vorhandene Netzwerk aufbauen können. Geht es darum, die kürzeste und schnellste Route für die Weiterleitung eines IP-Datagramms zu bestimmen, so wird diese über den Shortes-Path-First-Algorithmus bestimmt. Vorteil bei diesem Verfahren ist es, dass nicht ständig der gesamte Inhalt der Routingtabellen ausgetauscht wird, sondern nur die jeweiligen Änderungen. Außerdem werden die Änderungen schneller verbreitet, wodurch sich die Routinginformationen nach einer Änderung schneller stabilisieren und abgleichen. Jedoch werden bei der Verwendung des Link State Protocol auf den Routern eine höhere Rechenleistung und mehr Speicherressourcen benötigt.

10.6 Das Routing Information Protocol

Routing Information Protocol

Bei dem TCP/IP-basierten Routing Information Protocol, kurz RIP genannt, handelt es sich um ein Distance Vector Protocol. Das RIP wurde von XNS RIP (einer Protokollarchitektur aus der Firma Xerox Network System) abgeleitet und wurde für das IP entsprechend modifiziert. Viele andere Versionen des RIPs, wie beispielsweise das RIP aus dem Hause Novell für die IPX/SPX-basierten Netzwerke, sind ebenfalls von dem XNS RIP abgeleitet worden, wobei alle Versionen des RIP ein wenig im Aufbau und der Funktionsweise variieren. Die verschiedenen Versionen des RIP werden alle als RIP bezeichnet, obwohl sie unterschiedlichen Protokollfamilien angehören und nur innerhalb ihrer Protokollumgebung eingesetzt werden können.

Ursprünglich wurde das TCP/IP-basierte RIP vor der Veröffentlichung der ersten RFCs entwickelt. Dies führte in den Anfängen zu gewissen Inkompatibilitäten. Später, im Jahr 1988, wurde das RIP durch den RFC 1058 manifestiert und definiert, wodurch das Problem der Inkompatibilität beseitigt worden ist.

Bei den RIP-basierten Routern wird zwischen den aktiven und den passiven Routern unterschieden. Die passiven Router können nur Routinginformationen empfangen, wogegen die aktiven Router die Routinginformationen empfangen und verbreiten können. Eine Station im Netzwerk gehört beispielsweise zu der Gruppe der passiven Router, da sie Routerinformationen ausschließlich empfängt.

10.6.1 Der RIP-Header

RIP-Header

Das RIP nutzt für den Transport das UDP, wobei der Well-known Port 520 (siehe Abschnitt 10.10) genutzt wird. Bei dem RIP wird grundsätzlich zwischen 2 Nachrichtentypen unterschieden:

- Routinginformationen-Nachricht
- Anforderung für eine Routinginformation

Der Header des RIP hat eine Länge von 4 Byte, dem jeweils ein Datenteil von 20 Byte pro Routingeintrag folgt. Da die maximale Länge eines RIP-Pakets auf 512 Byte begrenzt ist, können insgesamt bis zu 25 Einträge pro RIP übermittelt werden. Müssen mehr als 25 Routingeinträge übermittelt werden, so werden diese Einträge in weitere RIP-Pakete verpackt.

Command Field

Das erste 1 Byte lange *Command Field* gibt den Typ des RIP an, wobei der Inhalt 1 der Routinginformationen-Nachricht entspricht und der Inhalt 2 der Anforderung von Routinginformationen. Durch das folgende 1 Byte lange *Version Field* wird die Version des RIP angegeben, bei der innerhalb der TCP/IP-Protokolle zwischen der RIP- und der RIP-2-Version unterschieden wird. Durch den Inhalt 1 wird die Version RIP beziehungsweise RIP-1 angezeigt und durch den Inhalt 2 wird die Version RIP-2 angezeigt. Die folgenden 2 Bytes des RIP-Headers werden nicht verwendet und müssen auf 0 gesetzt sein.

Version Field

Address Family Field

Die erste Routinginformation innerhalb des Datenteils wird durch das 2 Byte lange *Address Family Field* eingeleitet. Über das Address Family Field wird der Typ der angegebenen Adresse angezeigt, die bei IP-Adressen dem Inhalt 2 entspricht, wobei der Inhalt dieses Feldes nur bei einer Routinginformationen-Nachricht gesetzt wird. Durch das folgende 4 Byte lange *IP Address Field* wird bei einer Routinginformationen-Nachricht die Zieladresse der Routinginformation angegeben. Bei einer Routinginformationen-Anforderung ist dieses Feld immer auf 0 gesetzt. Nach dem IP-Address Field folgen 8 Bytes, die nicht genutzt werden und auf 0 gesetzt sein müssen. Abschließend folgt das 4 Byte lange *Metric Field,* in dem die Anzahl der Hops angegeben wird, wobei bei einer Routinginformation-Anforderung der Inhalt des Metric Field auf 16 gesetzt wird.

Metric Field

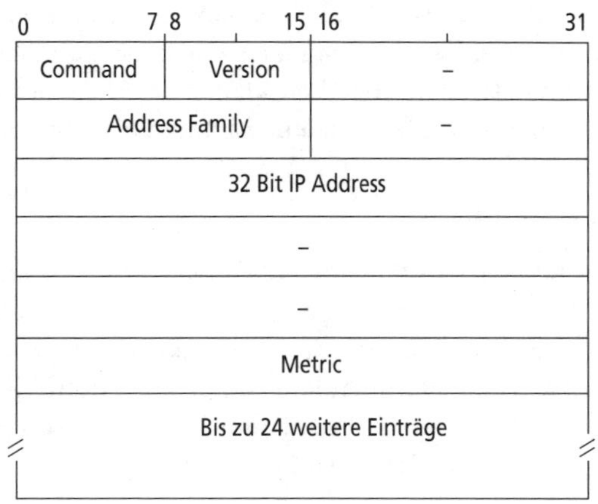

Abb. 10-16
Aufbau eines RIP-Pakets

Die verhältnismäßig große Lücke im Datenteil des RIP-Pakets mag ein wenig verwirren und verschwenderisch aussehen, zumal die Lücke bei jedem Eintrag wiederholt wird, jedoch lässt sich der Ursprung der Lücke auf die Entstehungsgeschichte des RIP zurückführen, denn bei den XNS RIPs wurden bis zu 14 Byte für die Adressenangabe benötigt.

10.6.2 Austausch der Routinginformationen

Austausch der Routinginformationen

Während der Initialisierungsphase sendet die Station eine Anforderung für die Routinginformation als Broadcast aus. In dieser RIP-Anforderung, die durch den Inhalt 1 im Command Field angegeben wird, ist der Inhalt des Address Family Field auf 0 und das Metric Field auf 16 gesetzt, wodurch angezeigt wird, dass die Station eine vollständige Routing Tabelle haben möchte. Der Router, der sich in demselben Teilnetz befindet wie die Station, wird daraufhin seine vollständige Routingtabelle in einem oder mehreren RIP-Antwort-Paketen an die Station verschicken. Die Station wird diese Routinginformationen in seine Routingtabelle aufnehmen. Ähnlich verhält es sich bei der Initialisierungsphase eines Routers, er verschickt ebenfalls eine Anforderung für die gesamte Routingtabelle an all seine Netzwerkanschlüsse als Broadcast aus und erhält darauf von den Nachbarroutern die Routingtabellen zugeschickt, auf deren Basis er seine Routingtabelle aufbaut.

Normalerweise werden alle 30 Sekunden die noch aktuellen Routinginformationen von den Routern als Broadcast ausgesendet. Auf jedem Router oder jeder Station läuft intern ein Timeout-Zähler mit; wird ein Routingeintrag nach 3 Intervallzeiten (3 × 30 Sekunden) nicht neu empfangen, so setzt der Router oder die Station den Metric-Wert auf 16 und kennzeichnet damit, dass das Ziel nicht mehr erreichbar ist und in Kürze aus der Routingtabelle gelöscht werden kann. Empfängt ein Router oder eine Station eine Routinginformation, deren Metric-Wert kleiner ist als der des eingetragenen Routingeintrags, so wird der vorhandene Eintrag überschrieben.

10.6.3 Default Route

Default Route

Die Router geben unter Umständen eine Default Route bekannt, in der die Angabe der IP-Adresse auf 0.0.0.0 gesetzt ist. Gibt es mehr als eine Default Route, so wird zwischen einer primären und sekundären Default Route unterschieden, wobei die Unterscheidung durch die Metric-Angabe vorgenommen wird. Die Hop-Angabe 1 entspricht dabei der primären Route und die Hop-Angabe 2 der sekundären Default Route.

10.6.4 Probleme des RIP

Angabe der Hops

Ein großes Problem des RIP ist, dass die Entfernungsangabe ausschließlich über die Angabe der Hops erfolgt. Dadurch werden Faktoren wie beispielsweise die Auslastung, Zuverlässigkeit und Geschwindigkeit einer Netzwerkverbindung nicht berücksichtigt. Neuere Implementierungen des RIP versuchen, dieses Problem zu umgehen, indem sie einfach den Hop-Wert für eine langsamere oder ausgelastete Verbindungsstrecke künstlich hochsetzen, wodurch den Routern eine weiter entfernte Verbindungsstrecke vorgegaukelt wird.

Da die Entfernungsangabe über den Hop-Wert angegeben wird, der im zulässigen Bereich von 1-15 liegen darf, können TCP/IP-Netzwerke, in denen das RIP als Routingprotokoll verwendet wird, mit maximal 15 Routern aufgebaut werden.

Ein weiteres Problem des RIP besteht darin, dass sich Änderungen in der Netzwerktopologie nur verhältnismäßig langsam verbreiten. Per Standarddefinition senden die aktiven Router alle 30 Sekunden ihre Routinginformationen über Broadcasts aus, wobei die Intervallzeiten konfigurierbar sind. Wird nach drei Intervallzeiten (90 Sekunden = 3 × 30 Sekunden) keine Routinginformation eines Eintrags empfangen, so wird davon ausgegangen, dass der Eintrag nicht mehr gültig ist, da das angegebene Netzwerk nicht mehr erreichbar ist.

Fällt eine Netzwerkverbindung aus, so wird also diese ausgefallene Verbindung erst nach 3 Intervallzeiten (3 × 30 Sekunden) aus der Routingtabelle entfernt und diese Änderung der Routingtabelle dann an andere Router im Netzwerk weitergegeben. Eine ausgefallene Netzwerkverbindung wird gekennzeichnet, indem der Hop-Wert einfach auf 16 hochgesetzt wird.

Hold Down Time

Vielfach ist das RIP in der Form implementiert, dass eine geänderte Routinginformation, die von einem Router empfangen worden ist, erst nach einer sogenannten Hold Down Time, die 2 Intervallzeiten, also 60 Sekunden entspricht, in die Routingtabelle übernommen wird. Dieses Verfahren soll verhindern, dass falsche Routinginformationen in die Routingtabellen irrtümlich übernommen werden können. Das Problem bei diesem Verfahren ist jedoch, dass falsche Routinginformationen von richtigen Routinginformationen in keinster Weise unterschieden werden können und deshalb alle geänderten Routinginformationen erst nach der Hold Down Time übernommen werden. Erhält nun ein Router eine Routinginformation über eine wirklich ausgefallene Netzwerkverbindung, so übernimmt er diese Routinginformation erst nach dem Ablauf der Hold Down Time und verzögert somit zusätzlich die Weiterleitung dieser Information.

10.6.5 Routingschleifen

Routingschleifen

Aufgrund der Tatsache, dass sich die Änderungen der Routinginformationen nur langsam verbreiten, kann es zwischen zwei benachbarten Routern zu einer sogenannten Routingschleife kommen, in der ein IP-Datagramm ständig hin und her geschickt wird, bis das IP-Datagramm wegen abgelaufener TTL verworfen wird. Die folgende Abbildung zeigt die Problematik der Routingschleifen an einem Beispiel mit zwei Routern, Router A und Router B. Die Routingtabelle auf Router A ist bereits auf dem aktuellsten Stand. Aufgrund seiner Routinginformation leitet Router A ein IP-Datagramm an Router B weiter. Die Routinginformationen des Routers B sind allerdings nicht auf dem aktuellsten Stand, wodurch Router B entscheidet, dass die optimale Route für das empfangene IP-Datagramm der Weg über Router A ist.

Router B schickt demnach das empfangene IP-Datagramm zurück an Router A. Dieser Vorgang wird sich so lange fortsetzen, bis die TTL des IP-Datagramms abgelaufen ist.

Abb. 10–17 Durch die langsame Verbreitung der geänderten Routinginformationen können sich Routingschleifen bilden.

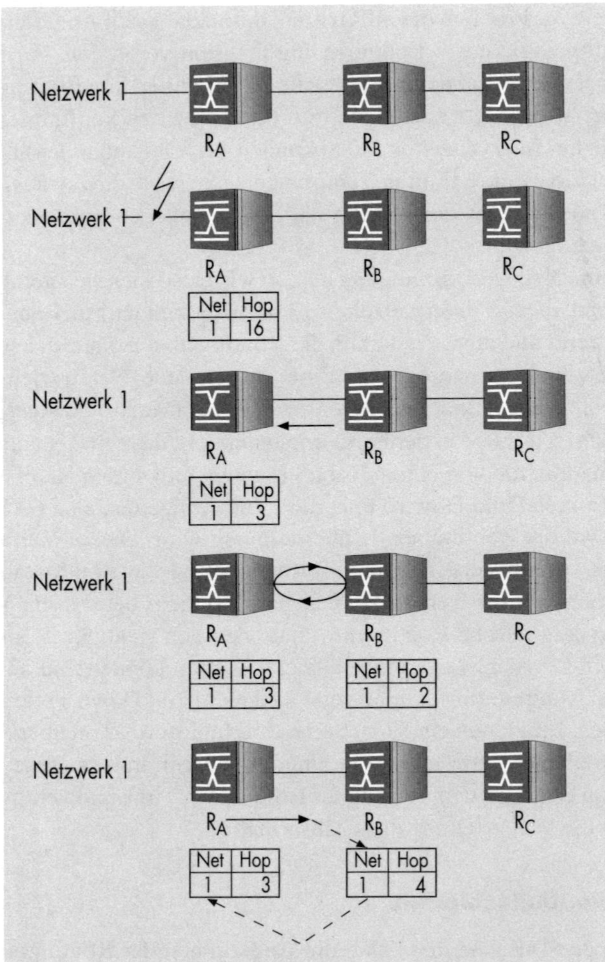

10.6.6 Das RIP-II

RIP-II Die zweite Version des RIP mit der Bezeichnung RIP-II, stellt eine verbesserte Version des RIP dar, die auf das bestehende Format des ersten RIP aufbaut und in dem RFC 1723 beschrieben ist. Durch das neue RIP-II wird das bestehende Routingprotokoll nicht verändert, sondern ausschließlich das Format des RIP-Headers, in dem durch neu definierte Felder zusätzliche Informationen ausgetauscht werden können. Die neu definierten Felder sind in dem Bereich des RIP-Headers platziert, der in der ersten Version des RIP-

Headers nicht genutzt worden ist. Die beiden Versionen des RIP-Headers können so gemeinsam in einem Netzwerk verwendet werden, wobei die neu definierten Felder von den Routern, die nur das erste RIP verstehen, ignoriert werden.

Routing Domain Field

Im Ganzem sind vier Felder von der Erweiterung betroffen. Durch das 2 Byte lange *Routing Domain Field* kann die Routingdomäne angegeben werden, in dem sich der Router befindet.

Routing Tag Field

Mit dem 2 Byte langen *Routing Tag Field* kann differenziert werden, ob es sich um eine Routinginformation für eine interne Route handelt, die von dem RIP gelernt worden ist, oder ob es sich um eine externe Route handelt, die von einem anderem Routingprotokoll gelernt wurde.

IP-Subnet Mask Field

Durch das 4 Byte lange *IP Subnet Mask Field* kann der Routinginformation eine Subnetzmaske zugeordnet werden, der Eintrag 0.0.0.0 entspricht keiner Angabe für eine Subnetzmaske. Mit dem 4 Byte langen *Next Hop Field* wird die IP-Adresse angegeben, an die das IP-Datagramm in der Richtung des angegebenen Routingziels als Nächstes geschickt wird.

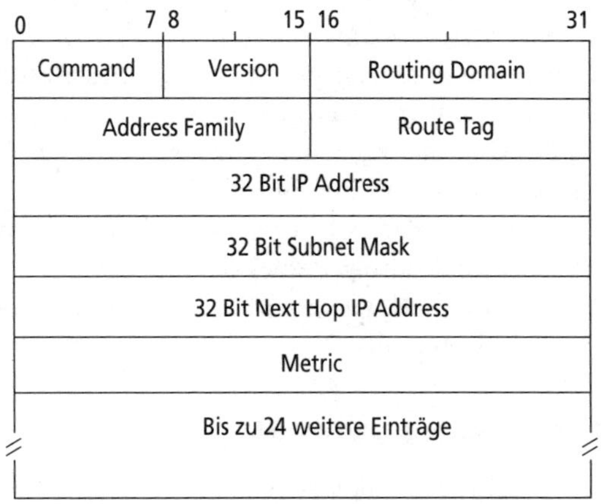

Abb. 10-18
Aufbau des RIP-II-Headers

10.7 Das Open Shortest Path First

Open Shortest Path First

Eine Alternative zum RIP bietet der Einsatz des Protokolls Open Shortest Path First (OSPF), das zu den Link-State-Routing-Protokollen gehört. Das OSPF ist in RFC 1247 beschrieben und basiert auf dem sogenannten Shortest-Path-First-Algorithmus. Das OSPF setzt direkt auf das IP auf und wird durch die Protokoll-ID 89 im IP-Header angegeben.

Vergleicht man das OSPF mit dem RIP, so bietet das OSPF einige Vorteile, die jedoch mit einer höheren Prozessorleistung auf den Routern bezahlt werden müssen. Bei dem OSPF werden keine Entfernungsangaben ausgetauscht, sondern die Router überprüfen in regelmäßigen Abständen die

Verbindung zu ihren Nachbarroutern und teilen den Statuts des Verbindungstests den anderen Nachbarroutern mit. Es wird zwischen dem Status Up für eine funktionsfähige Verbindung und dem Status Down für eine nicht funktionsfähige Verbindung unterschieden. Jeder Router sammelt diese Statusinformationen und baut sich auf der Basis dieser Informationen ein Abbild der Netzwerktopologie auf. Da die Informationen direkt von der jeweiligen Quelle bezogen werden und nicht über einen anderen Router, ist die Wahrscheinlichkeit, dass sich fehlerhafte Routinginformationen ausbreiten können, weitaus geringer als bei einem Distance Vector Protocol wie dem RIP. Ein großer Vorteil des OSPF ist, dass sich Änderungen innerhalb der Netzwerktopologie schneller verbreiten. Bei dem OSPF werden nach einer Veränderung der Netzwerktopologie die geänderten Link-State-Informationen durch alle Router durchgereicht, und alle Router können in kürzester Zeit die Veränderung registrieren und in ihre Topologie-Datenbanken aufnehmen.

Link-State-Informationen

Da die Link-State-Informationen nur Statusmeldungen über die angrenzenden Netzwerkverbindungen beinhalten, wird der Umfang der Link-State-Informationen allein durch die Anzahl der direkten Netzwerkverbindungen eines Routers bestimmt und nicht durch die Größe eines Netzwerks, was zu einer deutlichen Reduzierung der Netzwerkbelastung führt. Die Link-State-Informationen werden außerdem nicht über Broadcasts, sondern über Mulitcasts oder Unicasts verschickt, was ebenfalls zu einer deutlichen Reduzierung der Netzwerkbelastung führt.

Type-of-Service-Informationen

Weiterhin können die Type-of-Service-Informationen der IP-Header ausgewertet und bei dem Routing berücksichtigt werden. Hierbei können Faktoren wie Verzögerung (Delay Bit), Datendurchsatz (Throughput Bit) sowie Zuverlässigkeit (Reliability Bit) berücksichtigt werden.

10.7.1 Die OSPF-Routing-Hierarchie

OSPF-Routing-Hierarchien

Lässt das RIP keinerlei Hierarchien zu, so können bei der Verwendung des OSPF Routing-Hierarchien gebildet werden. Wie Sie bereits erfahren konnten, wird ein Bereich eines Netzwerks, in dem Daten ausgetauscht werden können, die unter einer gemeinsamen Verwaltung stehen, als Autonomous Systems bezeichnet. Bei dem OSPF bietet sich die Möglichkeit, ein Autonomous System in verschiedene Bereiche aufzuteilen, die jeweils als Area bezeichnet werden, wobei jede Area für andere Areas unsichtbar ist. Dies reduziert zum einen die Netzwerkbelastung, da die Routinginformationen nur innerhalb einer Area ausgetauscht werden müssen, zum anderen kann die Bildung von Areas zum Beispiel an Sicherheitshierarchien von Firmennetzen angegliedert werden.

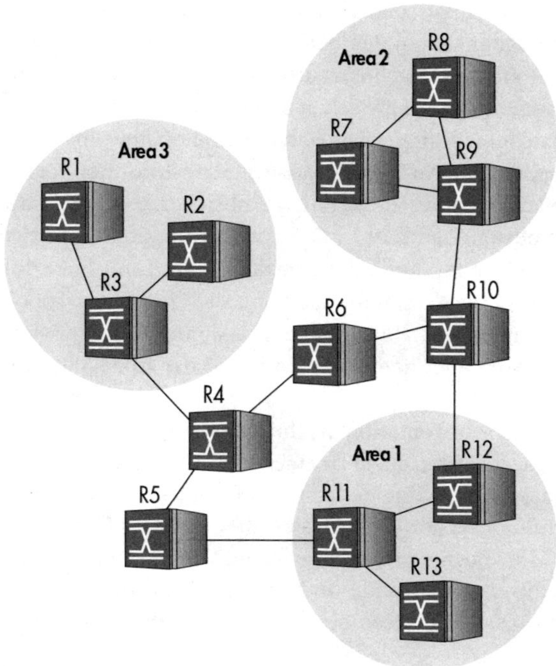

Abb. 10–19
OSPF-Routing-Hierarchien innerhalb eines Autonomous System

Router mit mehreren Netzwerkanschlüssen können zu mehreren Areas eine Verbindung haben. Solche Router werden als Area Broader Router bezeichnet, wobei diese Router für jede Area eine eigene Routing-Datenbank haben, in der ein Abbild der jeweiligen Topologie einer Area dargestellt ist.

Bei der Datenbank der Topologie, die das Abbild der Netzwerktopologie darstellt, handelt es sich um die Sammlung aller Link-State-Informationen, die ein Router innerhalb seiner Area empfangen hat. Router, die sich in einer gemeinsamen Area befinden, haben normalerweise denselben Inhalt in ihrer Topologie-Datenbank.

OSPF Backbone

Über den sogenannten OSPF Backbone werden die Daten zwischen den verschiedenen Areas ausgetauscht, wobei der Backbone über die sogenannten Area Broader Router gebildet wird (siehe vorherige Abbildung). Die Verbindungen zwischen den verschiedenen Autonomous Systems werden über sogenannte Autonomous System Boundary Router realisiert, wobei allerdings nur die Erreichbarkeit nach außen bekannt gegeben wird und nicht die vollständigen Routinginformationen.

10.7.2 Der Shortest-Path-First-Algorithmus

Designierter Router

Nachdem ein Router gestartet wurde, sendet dieser unmittelbar nach dem Start ein Hello-Paket als Broadcast aus und empfängt die Hello-Pakete der anderen Router. Das Aussenden und das Empfangen der Hello-Pakete dient dazu, die Verbindungen zu den benachbarten Routern zu testen und zu lernen, welche Router als Nachbarrouter vorhanden sind. Sind mehr als zwei Router vorhanden, so wird zwischen den Routern ein sogenannter designierter Router und ein designierter Backup-Router gewählt. Der designierte Router hat später die Aufgabe, die Link-State-Informationen zu sammeln und an die Nachbarrouter zu verteilen und sicherzustellen, dass alle Router über den aktuellsten Stand der Link-State-Informationen verfügen. Dies soll die Netzwerkbelastung durch den Austausch der Link-State-Informationen verringern und in der Gesamtbetrachtung die Größe der Topologie-Datenbanken reduzieren. Zusätzlich stellt der designierte Router sicher, dass alle Router seiner Area über den aktuellen Stand der Link-State-Informationen verfügen.

Die Link-State-Informationen, die über den designierten Router ausgetauscht werden, sorgen quasi zu einer Maschenbildung, in welcher der designierte Router in der Mitte der Netzwerktopologie steht, somit alle Router als Nachbarn hat und auf dieser Basis als Erster ein Gesamtbild des Netzwerks erhält. Der designierte Router verteilt wiederum seine Routinginformationen an die anderen Router im Netzwerk in Form von Link-State-Informationen, so dass alle Router eine Gesamtabbildung des Netzwerks erhalten.

Über einen regelmäßig ablaufenden Synchronisationsprozess werden die Link-State-Einträge auf den Topologie-Datenbanken der einzelnen Router verglichen. Erkennt ein Router, dass ein oder mehrere Einträge nicht mehr auf dem aktuellsten Stand sind, so fordert er die aktuellen Link-State-Einträge bei einem seiner Nachbarrouter an, der über den aktuellen Stand der Link-State-Einträge verfügt. Dies ist in dem Fall, dass mehr als 2 Router innerhalb einer Area vorhanden sind, der designierte Router.

10.7.3 Der OSPF-Header

OSPF-Header

Das OSPF verwendet eine Vielzahl von verschiedenen Pakettypen wie das Hello-Paket, Database-Description-Paket, Link-State-Request-Paket, Link-State-Update-Paket und Link-State-Acknowledgement-Paket, wobei grundsätzlich ein 24 Byte langer Header verwendet wird, der bei allen Pakettypen gleich ist.

Version Field

Das erste 1 Byte lange *Version Field* des OSPF-Headers spezifiziert die Version des OSPF, die zurzeit der Version 2 entspricht und mit dem Inhalt 2 angegeben wird.

Type Field

Das zweite Feld entspricht dem 1 Byte langen *Type Field*, mit dessen Inhalt der Typ des OSPF-Pakets angegeben wird, wobei zwischen 5 verschieden Typen unterschiedenen wird (siehe folgende Tabelle).

Tab. 10–16
Verschiedene Typen der OSPF-Pakete

Typ	Paket-Typ	Beschreibung
1	Hello-Paket	Liefert den Status einer Verbindung
2	Database-Description-Paket	Synchronisation durch Datenbankbeschreibung
3	Link-State-Request-Paket	Anforderung von Link-State-Einträgen
4	Link-Sate-Update-Paket	Aktualisierung von Link-State-Einträgen
5	Link-State-Acknowledgement-Paket	Bestätigung neuer Link-State-Einträge

Packet Length Field

Bei dem folgenden 2 Byte langen *Packet Length Field* des OSPF-Headers handelt es sich um eine Längenangabe des OSPF-Pakets, wobei bei der Längenangabe der Header mit einbezogen wird.

Router ID Field

Über den Inhalt des 4 Byte langen *Router ID Field* wird die Router-ID des Routers angegeben, von dem das OSPF-Paket gesendet worden ist. Innerhalb eines Broadcast-basierten Netzwerks entspricht die Router-ID der IP-Adresse des Routers.

Area ID Field

Durch den Inhalt des 4 Byte langen *Area ID Field* wird die Area identifiziert, zu der das OSPF-Paket gehört. Der Inhalt 0 für das Area ID Field ist reserviert und kennzeichnet den Backbone zwischen den einzelnen Areas.

Checksum Field

Der Inhalt des 2 Byte langen *Checksum Field* repräsentiert die Checksumme des OSPF, die zwecks Überprüfung der Datenintegrität über die Daten des OSPF-Pakets gebildet wird, wobei das Authentication Field ausgeschlossen wird.

AuType Field

Über das 2 Byte lange *AuType Field* wird über einen Code das Authentifizierungsschema des OSPF festgelegt. Laut RFC 1583 sind für die Authentifizierung der Kommunikationspartner bis heute zwei Codes festgelegt. Code 0 entspricht dem Mechanismus keiner Authentifizierung und 1 der einfachen Passwort-basierten Authentifizierung.

Authentication Field

Abschließend folgt noch im OSPF-Paket-Header ein 8 Byte langes *Authentication Field*, über dessen Inhalt das festgelegte Authentifizierungsschema durchgeführt wird.

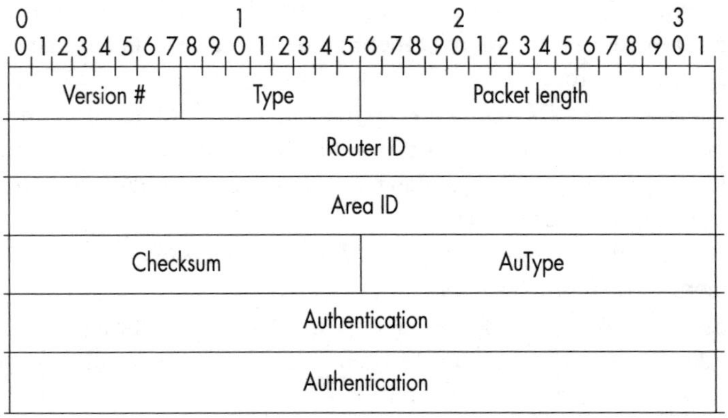

Abb. 10–20
Aufbau des 24 Byte langen OSPF-Headers

10.7.4 Das OSPF-Hello-Paket

OSPF-Hello-Paket

Mit dem Hello-Paket wird der Status einer Verbindung zwischen zwei Routern getestet beziehungsweise überprüft. Zusätzlich wird in einem Broadcast-basierten Netzwerk, in dem mehr als 2 Router vorhanden sind, über die Aussendung der Hello-Pakete der designierte Router einer Area gewählt. Neben den 24 Bytes des allgemeinen OSPF-Headers umfasst das Hello-Paket minimal 20 oder mehr zusätzliche Bytes.

Network Mask Field

Im ersten Feld des Hello-Pakets, dem 4 Byte langen *Network Mask Field*, wird die Netzwerkmaske für den Netzwerkanschluß angegeben, über den das Hello-Paket gesendet wird.

Hello Interval Field

Mit dem Inhalt des 2 Byte langen *Hello Interval Field* werden die Zeitabstände in Sekunden zwischen diesem und dem letzten Hello-Paket angegeben.

Option Field

Durch das 1 Byte lange *Option Field* werden zusätzliche Optionen angegeben, die von dem aussendenden Router unterstützt werden. Ein Beispiel für eine zusätzliche Option ist die Fähigkeit, die Type-of-Service-Informationen der IP-Datagramme auswerten zu können und diese beim Routing zu berücksichtigen. Über den Austausch der zusätzlichen Optionen können sich die Router während der Initialisierungsphase auf die gemeinsamen zu unterstützenden Optionen einigen.

Rtr Pri Field

Mit dem Inhalt des *Rtr Pri Field* wird die Priorität des Routers angegeben, die während der Initialisierungsphase für die Wahl des designierten Routers maßgebend ist. Der Inhalt 0 des Rtr Pri Field signalisiert für die Wahl des designierten Routers, dass der Router des Hello-Pakets keinesfalls als designierter Router in Frage kommt. Der Inhalt des Rtr Pri Field hat seinen Ursprung in der Konfiguration des Routers, es lassen sich so Router konfigurieren, die beispielsweise durch hohe Performance als designierter Router gegenüber den anderen Routern einer Area prädestiniert sind. Je höher der Wert des Rtr Pri Field ist, desto höher ist die Wahrscheinlichkeit, dass der Router die Wahl zum designierten Router gewinnt.

RouterDeadInterval Field

Über den Inhalt des *RouterDeadInterval Field* wird die Zeit in Sekunden angegeben, nach der davon ausgegangen wird, dass ein Router, der sich über den angegebenen Zeitraum nicht mehr gemeldet hat, als nicht mehr vorhanden angesehen wird.

Designated Router Field

Die Angabe des *Designated Router Field* entspricht der IP-Adresse des designierten Routers der jeweiligen Area. Der Inhalt 0.0.0.0 gibt an, dass kein designierter Router vorhanden ist, wie es zum Beispiel während der Initialisierungsphase der Fall ist.

Backup Designated Router Field

Der Inhalt des *Backup Designated Router Field* gibt die IP-Adresse des designierten Backup-Routers an.

Neighbor Field

Über die folgenden *Neighbor Fields* werden die Router aufgelistet, von denen der Router während des Zeitraums des letzten RouterDeadIntervals gültige Hello-Pakete empfangen hat.

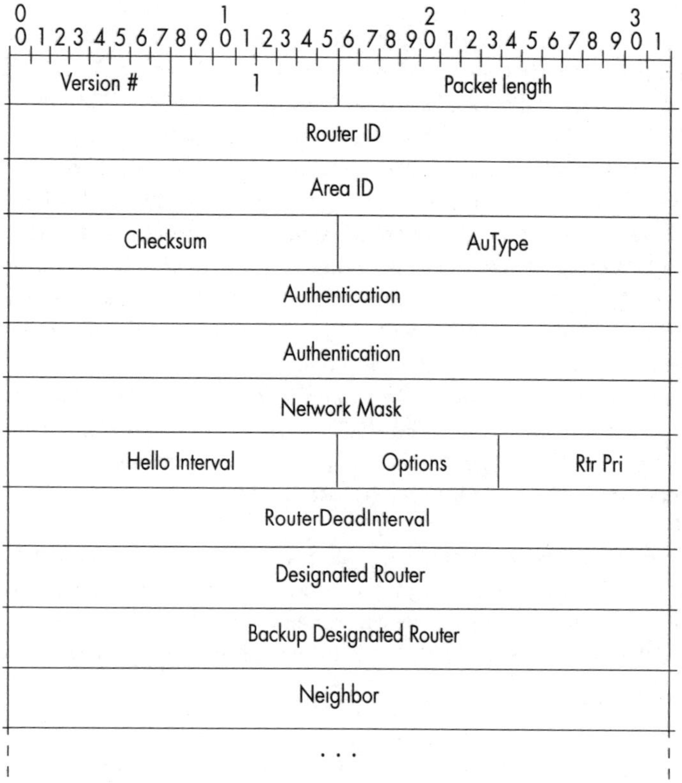

Abb. 10–21
Aufbau des OSPF-Hello-Pakets

10.7.5 Das OSPF-Database-Description-Paket

OSPF-Database-Description-Pakete

Für die Funktion des OSPF ist es wichtig, dass die Topologie-Datenbanken auf den einzelnen Routern einer Area auf dem selben Stand sind. Diese Anforderung wird durch einen Synchronisationsprozess zwischen den einzelnen Topologie-Datenbanken der benachbarten Routern gewährleistet. Dafür tauschen die benachbarten Router sogenannte Database-Description-Pakete aus. In den Database-Description-Paketen werden die jeweiligen Link-State-Informationen angegeben, die in der jeweiligen Topologie-Datenbank gelistet sind. Wenn ein Nachbarrouter anhand dieser Information erkennt, dass seine Link-State-Einträge gegenüber den Einträgen des Nachbarrouters nicht mehr aktuell sind, so fordert er diese Link-State-Einträge von Nachbarroutern über ein Link-State-Request-Paket an, um seine Einträge aktualisieren zu können.

Option Field

Eingeleitet wird das Database-Describtion-Paket von dem 24 Byte langen OSPF-Header und 8 zusätzlichen Bytes. Die ersten beiden Bytes davon sind reserviert und haben den Inhalt 0. Darauf folgt ein 1 Byte langes *Option Field,* das, wie beim Hello-Paket, die unterstützten Optionen des Routers angibt.

Flag Field

Bei dem darauf folgenden 1 Byte langen Feld handelt es sich um ein *Flag Field,* bei dem die letzten drei Flags genutzt werden. Das *I-Flag* zeigt die Initialisierung des Datenaustauschs an. Ist das I-Bit gesetzt, so handelt es sich um das erste Paket der Database-Description-Pakete. Mit dem folgenden *M-Flag* wird angezeigt, dass noch weitere Database-Description-Pakete folgen. Das letzte Flag ist das *Master/Slave Flag,* mit dem über eine 1 der Master und mit einer 0 der Slave angegeben wird. Während des Datenaustauschs stehen die Router in einem Master/Slave-Verhältnis, der Master alleine ist berechtigt, Daten zu senden, und der Slave empfängt die Daten. In diesem Fall entspricht der Master dem Router, der über die aktuelleren Link-State-Informationen verfügt, und der Slave dem Router, der die aktuelleren Link-State-Informationen angefordert hat.

DD Sequence Number Field

Das folgende *DD Sequence Number Field* gibt die Sequenznummer des jeweiligen Database-Description-Pakets an, das mit jedem Database-Description-Paket hochgezählt wird. Über die Sequenznummer kann der Slave erkennen, ob er alle Database-Description-Pakete erhalten hat oder ob eines fehlt.

Der folgende Bereich entspricht dem eigentlichen Datenteil des Database-Description-Pakets, der durch einen Link-State-Advertisment-Header eingeleitet wird. Das Format des Datenbereich ist bei den verschiedenen OSPF-Paketen, über die Link-State-Informationen ausgetauscht werden, grundsätzlich gleich.

Abb. 10–22
Aufbau des Database-Description-Pakets

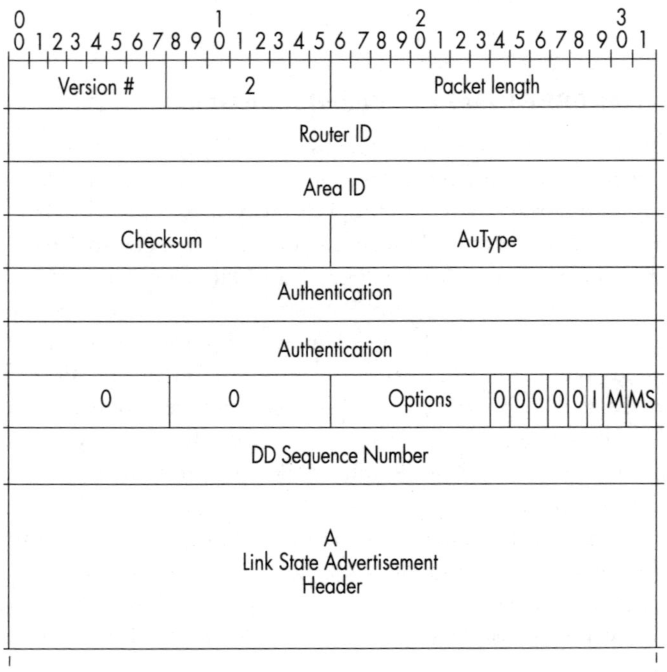

10.7.6 Das OSPF-Link-State-Advertisement-Format

OSPF-Link-State-Advertisement

Bei dem Link-State-Advertisement wird zwischen fünf verschiedenen Typen unterschieden, wobei jeder Typ mit einem 20 Byte langen Link-State-Advertisement-Header beginnt. Die einzelnen Link-State-Advertisement-Informationen stellen einen Teil der gesamten OSPF-basierten Routing Area dar. Die Summe aller Link-State-Advertisement-Informationen entspricht der Link-State-Topologie-Datenbank einer Routing Area und wird von jedem Router verwendet, um den kürzesten Weg zu den gewünschten Zielen zu ermitteln.

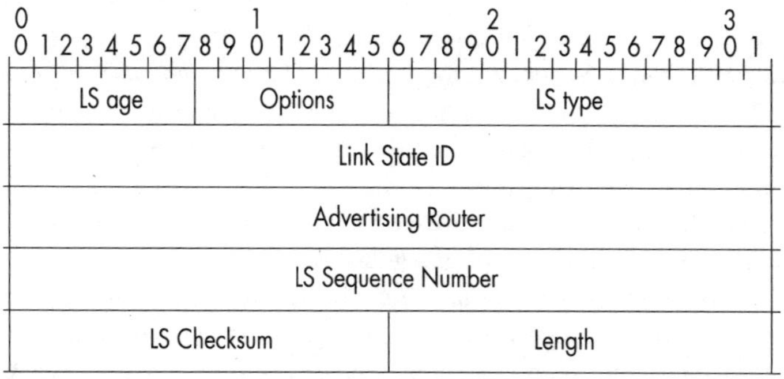

Abb. 10–23
Aufbau des Link-State-Advertisement-Headers

Link State Age Field

Das erste Feld des Link-State-Advertisement-Headers entspricht dem 2 Byte langen *Link State Age Field,* mit dem das Alter der jeweiligen Link-State-Information in Sekunden angegeben wird. Beim Aussenden der Link-State-Information wird der Inhalt des Link State Age Field auf 0 gesetzt und im Router während der Verweilzeit hochgezählt. Die aktuelle Altersangabe ist notwendig, da an dieser Information die Aktualität der Link-State-Informationen ermittelt wird.

Option Field

Durch das 1 Byte lange *Option Field* werden die unterstützten Optionen der hiesigen Routing Area angegeben.

Link State Type Field

Über das folgende 1 Byte lange *Link State Type Field* wird der jeweilige Typ der Link-Status-Information angegeben (siehe folgende Tabelle).

Tab. 10–17
Tabelle der verschiedenen Link-State-Typen

Link-State-Typen	Beschreibung
1	Routerverbindungen
2	Netzwerkverbindungen
3	Zusammenfassung der Verbindungen (IP-basiertes Netzwerk)
4	Zusammenfassung der Verbindungen (AS Boundary Router)
5	Interne Verbindung zu Autonomous Systems (AS)

Link State ID Field

Mit dem folgenden 4 Byte langen *Link State ID Field* wird der Teil des Netzwerks angegeben, der durch die Link-State-Angabe beschrieben wird, wobei der Inhalt von dem jeweiligen Link-State-Typ abhängig ist (siehe folgende Tabelle).

Tab. 10–18
Je nach Link-State-Typ kann das Link State ID Field verschiedene Informationen enthalten.

Link-State-Typen	Inhalt des Link ID Field
1	Gibt die Router-ID an, von dem die Link-Sate-Information stammt
2	Die IP-Adresse des designierten Routers
3	Die IP-Adresse des Ziels
4	Die IP-Adresse des AS Boundary Router
5	Die IP-Adresse des Zielnetzwerks

Advertising Router Field

Über das folgende 4 Byte lange *Advertising Router Field* wird der Router angegeben, von dem die Link-State-Information stammt.

LS Sequence Number Field

Die 4 Byte lange Sequenznummer des *LS Sequence Number Field* dient dazu, alte oder doppelte Link-State-Informationen zu erkennen. Jeder Link-State-Information wird dazu eine Sequenznummer zugeteilt. Je höher die Sequenznummer ist, desto höher ist die Gewichtung der Link-State-Information. Die Sequenznummer wird von einem Router der Reihe nach jeder Link-State-Information eindeutig zugeordnet.

Checksum Field

Das 2 Byte lange *Checksum Field* beinhaltet eine Checksumme der Link-State-Advertisment-Information, mit der Inkonsistenzen in den Link-State-Informationen erkannt werden können. Bei der Bildung der Checksumme wird das Link State Age Field nicht mit einbezogen, damit bei der Alterung der Link-State-Information die Checksumme nicht immer neu berechnet werden muss.

Length Field

Das 2 Byte lange *Length Field* gibt die Länge der Link-State-Informationen an.

10.7.7 Das OSPF-Link-State-Request-Paket

OSPF-Link-State-Request-Paket

Über das Link-State-Request-Paket können Teile der Topologie-Datenbank von einem anderen Router angefordert werden. Wird über das Database-Description-Paket erkannt, dass ein oder mehrere Einträge nicht mehr aktuell sind, so wird ein Router diese Einträge mithilfe des Link-State-Request-Pakets neu anfordern. Für die Erkennung der Aktualität eines Link-State-Eintrages wird die Link-State-Sequenznummer, die Link-State-Checksumme und die Altersangabe des Link-State-Eintrags verwendet. Die Anforderung des Link-State-Eintrages wird über drei jeweils 4 Byte lange Felder vorgenommen, das *Link State Type Field*, das *Link State Sequence Field* und das *Advertising Router Field*. Diese drei Informationen sind ausreichend, um den Link-State-Eintrag eindeutig zu identifizieren. Sollen mehrere Link-State-Informationen angefordert werden, so werden die drei Felder mit der Angabe der gewünschten Link-State-Angabe erneut an das Link-State-Request-Paket angehängt.

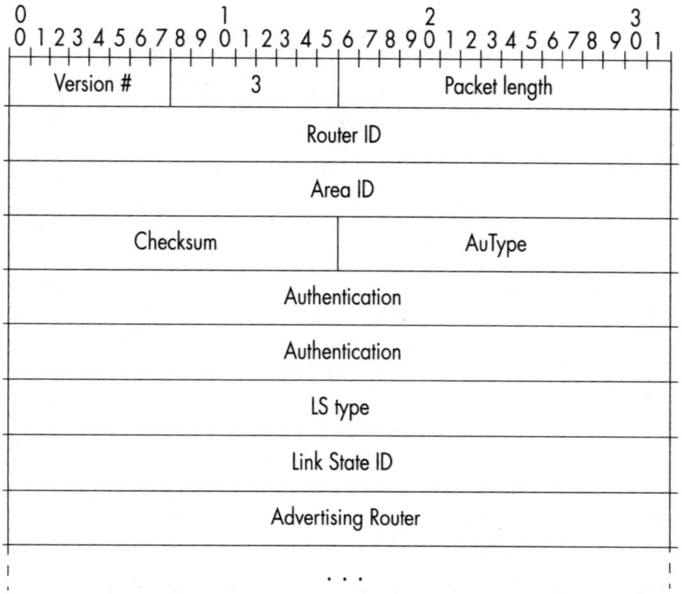

Abb. 10–24
Aufbau des Link-State-Request-Pakets

10.7.8 Das OSPF-Link-State-Update-Paket

OSPF-Link-State-Update-Paket

Das Link-State-Update-Paket stellt das Komplement zum Link-State-Request-Paket dar. Mit dem Link-State-Update-Paket werden dem Slave vom Master die angeforderten Link-State-Einträge während des Abgleichs der Topologie-Datenbanken übergeben. Im Link-State-Update-Paket können mehrere Link-State-Einträge dem Slave übergeben werden. Die Link-State-Update-Pakete werden durch ein Link-State-Acknowledgement-Paket bestätigt, bleibt die Bestätigung aus, so wird das Link-State-Update-Paket erneut verschickt. Die Anzahl der Link-State-Einträge, die in dem Link-State-Update-Paket übergeben werden, werden über den Inhalt des 4 Byte langen *Advertisement Field* angegeben. Nach dem Advertisement Field folgen der Reihe nach die angeforderten Link-State-Einträge.

Abb. 10–25 Das Link-State-Update-Paket

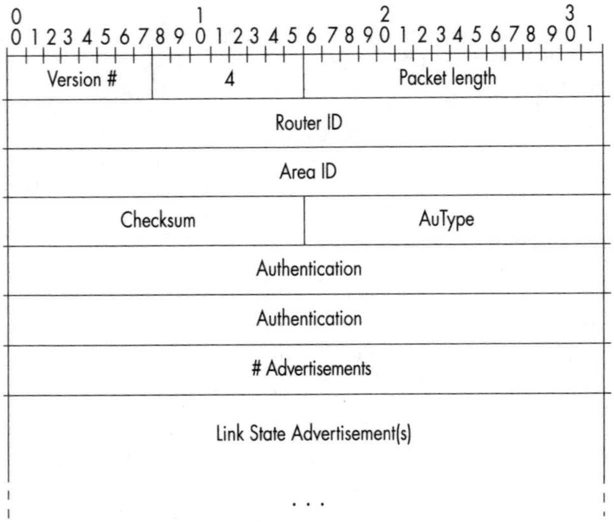

10.7.9 Das OSPF-Link-State-Acknowledgement-Paket

OSPF-Link-State-Acknowledgement-Paket

Das Link-State-Acknowledgement-Paket dient der Bestätigung der Link-State-Update-Pakete. Für die Sicherstellung des erfolgreichen Austauschs der Link-State-Einträge wird der Empfang jedes Link-State-Update-Pakets vom Slave bestätigt. Dabei können mehrere Link-State-Update-Pakete in einem Link-State-Acknowledgement-Paket auf einmal bestätigt werden. In dem Link-State-Acknowledgement-Paket wird dazu der Datenteil des Link-State-Update-Pakets aufgelistet, in dem die jeweiligen Link-State-Einträge beinhaltet sind.

Abb. 10–26 Aufbau des Link-State-Acknowledgement-Pakets

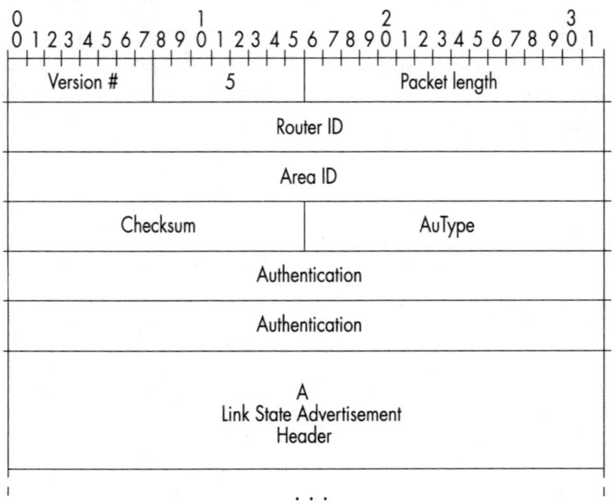

10.8 Das Address Resolution Protocol

Address Resolution Protocol

Die Adressierung der IP-Datagramme wird über die IP-Adressen durchgeführt. Bei den IP-Adressen handelt es sich um eine logische Adressierung auf der Netzwerkschicht, wozu jede Station oder jedes Gerät in einem IP-basierten Netzwerk eine eindeutige IP-Adresse zugewiesen bekommt. Um ein IP-Datagramm über ein physikalisches Netzwerk transportieren zu können, muss das IP-Datagramm in ein Frame der zweiten Schicht, der Sicherungsschicht, eingekapselt werden. Für die Adressierung auf der zweiten Schicht werden sogenannte MAC-Adressen oder Hardware-Adressen verwendet.

In einem Ethernet-Netzwerk wird zum Beispiel eine 6 Byte lange MAC-Adresse verwendet, die jeder Netzwerkkarte eindeutig und fest zugewiesen ist. Eine Ethernet-Netzwerkkarte und der dazugehörige Treiber entscheiden ausschließlich über die Ziel-MAC-Adresse, ob der Frame für sie bestimmt ist oder nicht. Adressinformationen der höheren Protokolle, wie zum Beispiel die IP-Adresse, werden bei dieser Entscheidung nicht berücksichtigt.

Es stellt sich nun die Frage, wie die Zuordnung zwischen einer MAC-Adresse und der IP-Adresse vonstatten geht. Werden Daten von einer Station zu einer entfernten Station verschickt, so geschieht dies über die Adressierung mit IP-Adressen. Bevor das IP-Datagramm jedoch auf die Reise geschickt werden kann und dafür in ein Frame eingekapselt wird, muss zuerst herausgefunden werden, welche MAC-Adresse als Zieladresse in den Frame-Header eingetragen werden soll. Befindet sich die Station in demselben Netzwerk wie die sendende Station, so handelt es sich bei der gesuchten MAC-Adresse um die MAC-Adresse der Zielstation, die mit der IP-Adresse der Zielstation korrespondiert. Befindet sich hingegen die Station in einem anderen Netzwerk, so handelt es sich bei der gesuchten MAC-Adresse um die MAC-Adresse des Routers, der das IP-Datagramm in das andere Netzwerk weiterleiten kann.

10.8.1 Die statische oder dynamische Adressauflösung

Statische Adressauflösung

Die Auflösung der IP-Adresse in die MAC-Adresse kann entweder statisch oder dynamisch vorgenommen werden. Bei der statischen Auflösung wird eine tabellarische Auflistung, in der jeweils die IP-Adressen und die dazu korrespondierenden MAC-Adressen gelistet sind, zugrunde gelegt. Diese Tabelle ist in einer Datei abgespeichert, die in der Regel als Host-Datei auf den Betriebssystemplattformen abgelegt ist. Das statische Verfahren für die Auflösung der IP-Adressen in die MAC-Adressen hat jedoch den Nachteil, dass, wenn Änderungen in einem Netzwerk vorgenommen werden, diese Änderungen in den Host-Dateien auf jeder Station angepasst werden müssen, was bei einem größeren Netzwerk relativ aufwändig sein kann.

Dynamische Adressauflösung

Eine Alternative ist die dynamische Auflösung der IP-Adresse in die MAC-Adresse, die über ein eigenes Protokoll vorgenommen wird. Die Auflösung der IP-Adresse wird in diesem Fall in einem IP-basierten Netzwerk über das Address Resolution Protocol, kurz ARP, vorgenommen. Der Vorteil der dynamischen Adressauflösung liegt in der Tatsache, dass sich die Adressauflösung nach einer Änderung im Netzwerk nach einer gewissen Zeit automatisch anpassen kann und keinerlei Konfigurationsänderungen an den einzelnen Stationen notwendig sind.

10.8.2 Die Funktion des ARP

ARP-Request

Die Auflösung der IP-Adresse in eine MAC-Adresse erfolgt über einen ARP-Request, der in ein Frame eingekapselt wird, der als Broadcast ausgesendet wird. Dieser ARP-Request wird von allen Stationen des Netzwerks empfangen und ausgewertet. Alle Stationen vergleichen die im ARP-Request angegebene IP-Adresse mit ihrer eigenen IP-Adresse. Erkennt eine Station, dass es sich bei der angegebenen IP-Adresse des ARP-Request um ihre IP-Adresse handelt, so antwortet die Station mit einer entsprechenden ARP-Response. Die ARP-Response, die darauf zielgerichtet an die Station geschickt wird, die vorher den ARP-Request ausgesendet hat, beinhaltet nun als Antwort die gesuchte MAC-Adresse.

ARP- Response

Die so erhaltene MAC-Adresse wird mit der dazugehörigen IP-Adresse in einem sogenannten ARP-Cache eingetragen. Bei dem ARP-Cache handelt es sich um einen temporären Speicher innerhalb des Arbeitsspeichers der jeweiligen Station. Jede Station trägt nach der Auflösung die aufgelöste IP-Adresse mit der dazugehörigen MAC-Adresse in den ARP-Cache ein. Bei jeder Aussendung eines IP-Datagramms prüft die Station zuerst, ob sie die IP-Adresse in die MAC-Adresse über einen Eintrag ihres ARP-Cache auflösen kann und somit auf die Aussendung eines ARP-Request verzichten kann. Ist dies nicht der Fall, so wird ein ARP-Request zwecks Adressauflösung ausgesendet. Die Zwischenspeicherung der aufgelösten Adressen sorgt also dafür, dass die Adressen ohne eine erneute Aussendung eines ARP-Request aufgelöst werden können, was einerseits zu einer Zeiteinsparung führt und andererseits die Belastung eines Netzwerks reduziert.

10.8.3 Zeitverhalten der ARP-Einträge

ARP-Cache

Wird auf einen Eintrag im ARP-Cache über einen gewissen Zeitraum, der in der Regel auf 20 Minuten festgelegt ist, nicht mehr zugegriffen, so wird der Eintrag wieder aus dem ARP-Cache entfernt. Dies soll dafür sorgen, dass Veränderungen in einem Netzwerk nach einem gewissen Zeitraum durch neu ermittelte ARP-Einträge automatisch im ARP-Cache festgehalten werden. Der festgelegte Wert von 20 Minuten stellt jedoch nur einen Kompromiss zwischen der Reduzierung der Netzwerkbelastung und einer möglichst zuverlässigen und automatischen Aktualisierung der möglichen Veränderungen im Netzwerk dar. Denn es kann unter Umständen bis zu 20 Minuten andauern, bis eine Veränderung nach dem Ablauf der Wartezeit in dem ARP-Cache vorgenommen wird. Stationen, zwischen denen eine Kommunikation problemlos möglich war, können plötzlich nicht mehr miteinander kommunizieren, und nach 20 Minuten passiert ein „Wunder", und auf einmal klappt alles wieder. In der Elektrotechnik würde man in diesem Fall von einem Wackelkontakt ausgehen, mal funktioniert es, mal funktioniert es nicht, jedoch hängt dieses Phänomen in diesem Fall nicht mit einer unzuverlässigen Verbindung zusammen, sondern ausschließlich mit dem Zeitverhalten für die ARP-Einträge im ARP-Cache.

10.8.4 Doppelte Adressen

Vermeidung doppelter Adressen

Damit die logische Adressierung funktioniert, ist es notwendig, dass jede IP-Adresse nur einmal im Netzwerk vergeben ist. Käme es vor, dass dieselbe IP-Adresse zweimal vergeben ist, so würde dies zwangsläufig zu Fehlleitungen der IP-Datagramme führen. Um dies zu verhindern, wird auf den gängigen Betriebssystemplattformen während der Startphase einer Station ein ARP-Request ausgesendet, in dem die IP-Adresse der jeweiligen Station eingetragen ist. Erhält die Station daraufhin als Antwort eine ARP-Response, in der eine andere als ihre eigene Hardware-Adresse eingetragen ist, so weiß die Station, dass ihre IP-Adresse im Netzwerk bereits vergeben ist. Der Anwender erhält darauf eine Information, dass die IP-Adresse seiner Station doppelt vorkommt und im Netzwerk bereits vergeben ist.

10.8.5 Die ARP-Pakete

Hardware Type Field

Das ARP ist im RFC 826 beschrieben und setzt direkt auf dem Frame-Header auf, es nutzt also kein IP und kann somit nicht über einen Router weitergeleitet werden. Über das erste Feld des ARP-Pakets, das 2 Byte langen *Hardware Type Field*, wird der Typ der jeweiligen Netzwerkhardware angegeben (siehe folgende Tabelle).

Protocol Type Field

Durch das 2 Byte lange *Protocol Type Field* wird das verwendete höhere Protokoll angegeben, wobei für die Angabe der höheren Protokolle dieselben Werte wie bei der Protokollangabe im Ethernet-Frame verwendet werden (siehe Tabelle 2-10 im Kapitel 2). Das IP ist demnach mit dem Wert 0x0800 angegeben.

Tab. 10–19 *Ausschnitt der verschiedenen Werte für die Angabe des Netzwerktyps*

Hardware-Typangabe	Netzwerktyp
1	Ethernet und FDDI
7	Arcnet
15	Frame Relay
16	ATM
17	HDLC
18	Fibre Channel

Hard Size Field

Durch das 1 Byte lange *Hard Size Field* wird die Länge der Hardware-Adressen angegeben, wobei die Längenangabe mit der Angabe des Hardware Type Field korrespondiert. Bei Ethernet ist der Inhalt des Hard Size Field auf 6 gesetzt, da die Länge einer Ethernet-Adresse 6 Byte entspricht.

Protocol Size Field

Mit dem folgenden 1 Byte langen *Protocol Size Field* wird die Länge der Protokolladresse, die bei dem IPv4 bei 4 Byte liegt, angegeben.

Operation Field

Danach folgt das *Operation Field* mit einer Länge von 2 Byte, über das der Inhalt des ARP-Pakets beschrieben wird. Mit dem Inhalt des Operation Field wird beispielsweise zwischen einer ARP-Request mit dem Inhalt 1 oder einem ARP-Reply mit dem Inhalt 2 unterschieden (siehe folgende Tabelle).

Tab. 10–20 *Ausschnitt der gebräuchlichsten ARP-Typen*

Inhalt des Operation Field	ARP-Typ
1	ARP-Request
2	ARP-Reply
3	RARP-Request
4	RARP-Reply

Sender Hardware Address Field

Der eigentliche Informationsaustausch des ARP findet über die folgenden 4 Felder des ARP-Pakets statt, wobei sich die jeweilige Länge nach dem Netzwerktyp und dem Protokolltyp richtet und je nach Typ variieren kann. Wir gehen in diesem Fall von einem Ethernet-Netzwerk und dem IP-Protokoll aus. Durch das 6 Byte lange *Sender Hardware Address Field* wird beim ARP-Request die Hardware-Adresse der sendenden Station angegeben, die nach der Auflösung der Adresse fragt.

Sender IP Address Field

Mit dem 4 Byte langen *Sender IP Address Field* wird die IP-Adresse der Station angegeben, die den ARP-Request ausgesendet hat.

Target Hardware Address Field

In der ARP-Response wird in dem 6 Byte langen *Target Hardware Address Field* die gesuchte Hardware-Adresse von der Station, die auf den ARP-Request antwortet, eingetragen.

Target IP Address Field

Über den Inhalt des 4 Byte langen *Target IP Address Field* wird die IP-Adresse der Station angegeben, von der die Hardware-Adresse gesucht wird.

Abb. 10–27 *Aufbau eines ARP-Pakets*

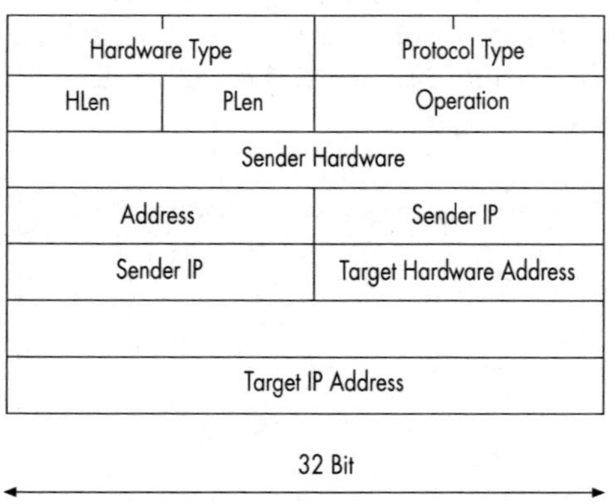

10.8.6 Das Reserve Address Resolution Protocol

Reserve Address Resolution Protocol

Bei dem Reserve Address Resolution Protocol, kurz RARP, handelt es sich um das Gegenstück des ARP. Bei ARP wird davon ausgegangen, dass eine Station nicht die Hardware-Adresse der Zielstation kennt und diese über das ARP in Erfahrung bringen muss. In dem gegenteiligen Fall kennt eine Station ausschließlich ihre eigene Hardware-Adresse und benötigt für die Kommunikation im Netzwerk erst einmal eine IP-Adresse. Dies ist beispielsweise bei den sogenannten Diskless-Workstations, also Arbeitsstationen, die über keine Festplatte und kein Diskettenlaufwerk verfügen und auf denen es somit keine Möglichkeit gibt, eine Konfiguration vorzunehmen, der Fall. Während der Initialisierungsphase sendet diese Station ein RARP-Request als Broadcast-adressiertes Frame aus. In diesem Fall fungiert diese Station als RARP-Client und sucht einen RARP-Server, der sich innerhalb seines Netzwerks befindet. Der RARP-Server empfängt den RARP-Request und prüft dann, ob er für die Hardware-Adresse eine IP-Adresse zur Verfügung hat. Ist dies der Fall, so antwortet der RARP-Server mit einer RARP-Response, in der die IP-Adresse für die Diskless-Workstation eingetragen ist. Die Station verfügt jetzt über eine IP-Adresse, die als Basis für den Datenaustausch, wie beispielsweise das Herunterladen eines Betriebssystems via FTP, im Netzwerk benötigt wird.

Das RARP ist in RFC 903 definiert und verwendet dasselbe Paketformat wie das ARP, wobei der RARP-Request durch den Inhalt 3 im Operation Field und die RARP-Response mit dem Inhalt 4 des Operation Field gekennzeichnet ist. Das RARP setzt, wie das ARP, direkt auf dem Frame auf und nutzt kein IP, wodurch das RARP ebenfalls nicht über Router weitergeleitet werden kann. In einem Ethernet-Frame wird das RARP über die Protokollangabe 0x0835 gekennzeichnet.

Ein Problem des RARP ist es, dass ausschließlich die IP-Adressen in Erfahrung gebracht werden, Angaben wie Default Gateway oder Subnetzmasken können über das RARP nicht ermittelt werden.

10.9 Das ICMP als Sprachrohr im TCP/IP-Netzwerk

Internet Control Message Protocol

Wie Sie erfahren konnten, stellt das IP nur einen verbindungslosen Service bereit und bietet somit keinerlei Garantie für den erfolgreichen Versand der Daten. Die Gewährleistung, ob die Daten erfolgreich übertragen werden konnten oder nicht, wird innerhalb der TCP/IP-Protokollfamilie einfach den Protokollen der höheren Schichten überlassen. Was die Sicherheit betrifft, so handelt es sich bei dem IP um ein relativ einfaches Protokoll, in dem keinerlei Mechanismen zur Fehlererkennung integriert sind. Um auf der Netzwerkschicht dennoch Meldungen verbreiten zu können, die dem Sender der Daten einen Grund für einen Auslieferungsfehler liefern, wurde ein eigenes

Protokoll mit der Bezeichnung *Internet Control Message Protocol*, kurz ICMP, entwickelt.

Das ICMP wurde von den Entwicklern als das Protokoll vorgesehen, an dem die Netzwerkschicht Diagnose- und Alarmmeldungen übergeben kann, um diese Meldungen zielgerichtet im Netzwerk zu verbreiten. Das ICMP ist also ein Protokoll für die Verbreitung von Diagnose- und Alarmmeldungen innerhalb der TCP/IP-Protokollfamilie und ist in dem RFC 792 beschrieben.

ICMP-Meldungen

Treten Fehler in einem TCP/IP-basierten Netzwerk auf, so kann man sich für die Fehlersuche das ICMP zunutze machen. Da das ICMP der Selbstdiagnose für das IP-basierte Netzwerk dient, stellt es quasi ein Sprachrohr innerhalb eines IP-basierten Netzwerks dar. Über das ICMP werden im Fehlerfall Meldungen verbreitet, um den Sender der Daten über die Fehlersituation zu informieren. Man muss sich dabei allerdings vor Augen halten, dass das ICMP ausschließlich der Verbreitung von Meldungen dient und dass es das IP deshalb keineswegs sicherer macht. Wirft man jedoch gezielt, mithilfe eines Protokollanalysators, ein Auge auf die durch das ICMP verbreiteten Meldungen, so kann man sich sicherlich schneller der Fehlerursache im IP-basierten Netzwerk nähern.

Folgende IP-basierte Ereignisse können für das Aussenden von Meldungen über das ICMP möglich sein:

- Die TTL eines IP-Datagramms ist abgelaufen, wodurch das IP-Datagramm von einem Router verworfen und nicht mehr weitergeleitet wurde.
- Eine Station, ein Protokoll oder eine Anwendung ist nicht mehr erreichbar.
- Die Möglichkeit, ein IP-Datagramm weiterzuleiten, wurde verwehrt, da eine Fragmentierung auf IP-Ebene notwendig war, diese aber über das Don't Fragment Flag im IP-Header nicht genehmigt wurde.
- Ein IP-Datagramm konnte beim Empfänger nicht mehr vollständig zusammengesetzt werden, da Fragmente des IP-Datagramms beim Empfänger nicht angekommen sind.
- Ein Router war wegen Engpässen nicht in der Lage, eingehende IP-Datagramme zu verarbeiten, wodurch die IP-Datagramme ganz einfach verworfen wurden.

10.9.1 ICMP-Header

ICMP-Header

Bevor wir auf das ICMP in der Form als Informationsquelle für Fehlermeldungen eingehen und die wichtigsten Meldungen beschreiben, beschäftigen wir uns erst einmal mit dem Aufbau des ICMP-Headers sowie dem Datenteil des ICMP.

Das ICMP ist im OSI-Referenzmodell wie das IP auf der dritten Ebene angesiedelt, jedoch verhält sich das ICMP so, als wäre es über dem IP angesiedelt. Für den Transport nutzt das ICMP das IP und wird dazu in den Datenteil des IP eingebettet und wird nicht, wie alle anderen Protokolle, eine Schicht höher auf das IP aufgesetzt. In einem IP-Datagramm ist in diesem Fall das Protokollfeld auf 0x01 gesetzt.

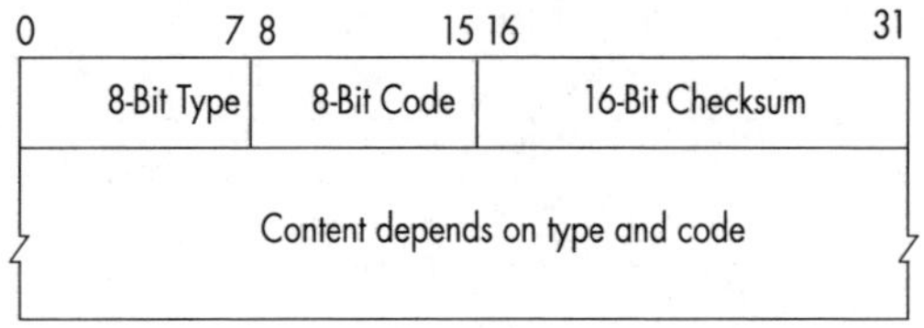

Abb. 10–28
Aufbau des ICMP-Headers und Datenteil des ICMP

Type Field

Unabhängig vom Informationsinhalt des ICMP, ist der Aufbau des Headers sehr einfach und hat folgendes Format. Das erste 1 Byte Feld ist das *Type Field* und kennzeichnet den Typ des ICMP-Service.

Code Field

Bei dem zweiten Feld handelt es sich um das 1 Byte lange *Code Field*. Das Code Field dient der zusätzlichen Beschreibung des ICMP-Service. Beide Felder zusammen bestimmen die aktuelle ICMP-Meldung (die folgende Tabelle zeigt Ihnen die jeweils wichtigsten Typen und Codes des ICMP).

Checksum Field

Durch das folgende 2 Byte lange *Checksum Field* wird die Checksumme angegeben. Die Checksumme erstreckt sich dabei nur über den ICMP-Teil und beinhaltet nicht den einkapselnden IP-Header. Oft sieht man, dass das Checksum Field einfach auf 0x00 gesetzt ist, wodurch angezeigt wird, dass die Checksumme nicht berechnet wurde. In diesem Fall wird die berechtigte Philosophie vertreten, dass die Checksumme des IP-Headers ausreichend ist. Denn man muss berücksichtigen, dass das ICMP in das IP eingebettet wird und, anders als üblich, bei der Bildung der Checksumme, die sich normalerweise nur über den IP-Header erstreckt, mit berücksichtigt wird.

Tab. 10–21
Ausschnitt der wichtigsten Typen des ICMP und deren Codes, über die die Fehlermeldungen des ICMP präzisiert werden

Typ	Code	Beschreibung
0	0	Echo Reply
3	0	Network unreachable
3	1	Host unreachable
3	2	Protocol unreachable
3	3	Port unreachable
3	4	Fragmentation needed but Don't Fragment Bit set
3	5	Source Route failed
3	6	Destination Network unknown
3	7	Destination Host unknown
3	8	Source Host isolated
3	9	Destination Network administratively prohibited
3	10	Destination Host administratively prohibited

Typ	Code	Beschreibung
3	11	Network unreachable for TOS
3	12	Host unreachable for TOS
3	13	Communication administratively prohibited by Filter
3	14	Host Precedence Violation
3	15	Precedence Cuttoff in effect
4	0	Source Quench
5	0	Redirect for Network
5	1	Redirect for Host
5	2	Redirect for TOS and Network
5	3	Redirect for TOS and Host
8	0	Echo Request

Parameter Field

Das folgende 4 Byte lange *Parameter Field* dient für die Aufnahme von optionalen Parametern, die jedoch nicht immer genutzt werden und von den verschiedenen ICMP-Typen abhängig sind. Abschließend folgt noch der Informationsbereich des ICMP, in dem zusätzliche Informationen der Meldung und der 20 Byte lange IP-Header sowie 8 Bytes der höheren Protokollschicht enthalten sind. Dieser Bereich ist sehr informativ, denn über den im Datenteil des ICMP eingebetteten IP-Header lässt sich die ursprüngliche Quell- und Ziel-IP-Adresse des nicht zustellbaren IP-Datagramms ausfindig machen. Diese Adressinformationen sagen also eindeutig aus, wer letztendlich das IP-Datagramm gesendet hat und an wen es adressiert war. Die zusätzlichen 8 Byte langen Protokollinformationen des höheren Protokolls entsprechen entweder einem Anfangsteil des TCP-Headers oder dem gesamten UDP-Header. Unabhängig davon, dass nur der Anfang des normalerweise 20 Byte langen TCP-Headers oder der vollständige UDP-Header in den Informationsteil des ICMP übermittelt werden, sind auf jeden Fall die wichtigsten Informationen vorhanden. Denn die Source- und Destination-Portnummer und die Sequenznummer des TCP-Headers sind innerhalb der ersten 8 Bytes des TCP-Headers zu finden. So sind, unabhängig davon, ob es sich bei den höheren Protokollen um das TCP oder das UDP handelt, alle wichtigen Informationen enthalten, um die Ziel- beziehungsweise Quellstation und die dazugehörige Anwendung ausfindig zu machen.

10.9.2 Das ICMP aller Ping

Packet Internet Gopher, kurz Ping

Das sicherlich am häufigsten verwendete ICMP ist das altbekannte Packet Internet Gopher, kurz Ping genannt. Bei dem Ping handelt es sich um ein Softwaretool, mit dem eine Verbindung zu einer entfernten Station auf IP-Ebene getestet werden kann. Man findet es in einer einfachen, auf Kommandozeilenebene ausführbaren Ausführung auf jeder Betriebssystemplattform, auf der die TCP/IP Protokolle installiert sind. Zusätzlich gibt es noch eine

Vielzahl von komfortablen Softwaretools des Ping, die über eine grafische Oberfläche verfügen.

ICMP Echo Request

Unabhängig von der Ausführung des Softwaretools beruht die Funktion des Ping darauf, dass ein ICMP Echo Request (Type 8, Code 0) an die entfernte Station gesendet wird. Empfängt die durch den Ping-Befehl adressierte Station diesen Request, so antwortet sie dem Sender mit einem entsprechenden ICMP Echo Reply (Type 0, Code 0). Innerhalb des ICMP Echo Reply befindet sich eine Kopie der Daten, die durch den ICMP Echo Request an die Station verschickt worden sind. Die Länge des Datenteils kann variieren und ist von Parametern des Ping-Befehls abhängig. So wird es dem Anwender ermöglicht, Tests mit kleinen oder großen IP-Datagrammen durchzuführen. Die sendende Station erkennt anhand des empfangenen Reply, dass die entfernte Station verfügbar ist und dass die Verbindung zur entfernten Station auf IP-Ebene und zu den darunter liegenden Ebenen funktionsfähig ist. Befinden sich zwischen den zwei Stationen Router, so kann durch den Empfang des Reply ebenfalls eine Aussage über die Funktionsfähigkeit der Router getroffen werden.

ICMP Echo Reply

Betrachtet man sich das Format des ICMP Request oder Reply so fällt auf, dass der Parameterteil des ICMP-Headers mit den Daten gefüllt ist. Innerhalb der ersten 2 Bytes ist ein Identifier und in den folgenden 2 Bytes ist eine Sequenznummer eingetragen. Beide Informationen werden benötigt, damit die Requests und Replys eindeutig sind und einander zugeordnet werden können. Dies ist notwendig, da das IP verbindungslos arbeitet, weshalb vom IP keinerlei Garantie für den Versand des Request oder Reply geboten werden kann und somit der erfolgreiche Versand und die Reihenfolge wegen der möglichen unterschiedlichen Routerstrecken nicht vorhersehbar sind.

10.9.3 ICMP-Meldung *Ziel nicht erreichbar*

ICMP-Meldung Destination Unreachable

Ein großer Teil der ICMP-Meldungen gilt einer Art Staumeldung. Sie teilen dem Sender eines IP-Datagramms mit, dass sein verschicktes IP-Datagramm nicht zugestellt werden konnte und warum es nicht zugestellt wurde. In den meisten Fällen werden derartige Probleme von Routern entdeckt, die dann das IP-Datagramm verwerfen und dem Sender des IP-Datagramms ein entsprechendes ICMP schicken. Hat beispielsweise ein Router Probleme, ein IP-Datagramm weiterzuleiten, da er das Ziel beziehungsweise den Weg zur Zielstation nicht kennt, so verwirft er das an ihn überreichte IP-Datagramm und schickt dem Absender eine ICMP-Meldung vom Typ *Destination Unreachable* (Type 3, Code x) zurück. Wird als höheres Protokoll das TCP verwendet, so verschickt das TCP bei Verlust seiner Daten die Daten erneut, ohne zu wissen, was der Grund für den Verlust der Daten war. Durch die ICMP-Meldung erhält der Sender eine Fehlermeldung über die Ursache für die fehlgeschlagene Zustellung des IP-Datagramms auf der IP-Ebene. Je nach Implementierung des TCP/IP-Protokollstacks wird der Empfänger des ICMP an die höheren Schichten weitergereicht. Die ICMP-Destination-Unreachable-Meldung wird durch die Code-Angabe präzisiert, wobei 16 verschiedene ursachenabhängige Möglichkeiten zur Verfügung stehen (siehe folgende Tabelle).

Tab. 10–22
Ausschnitt aus der Liste der Typen des ICMP und deren Codes, über die die Fehlermeldungen des ICMP präzisiert werden

Type	Code	Beschreibung
0	0	Echo Reply
3	0	Network unreachable
3	1	Host unreachable
3	2	Protocol unreachable
3	3	Port unreachable
3	4	Fragmentation needed but Don't Fragment Bit set
3	5	Source Route failed
3	6	Destination Network unknown
3	7	Destination Host unknown
3	8	Source Host isolated
3	9	Destination Network administratively prohibited
3	10	Destination Host administratively prohibited
3	11	Network unreachable for TOS
3	12	Host unreachable for TOS
3	13	Communication administratively prohibited by Filter
3	14	Host Precedence Violation
3	15	Precedence Cuttoff in effect
4	0	Source Quench
5	0	Redirect for Network
5	1	Redirect for Host
5	2	Redirect for TOS and Network
5	3	Redirect for TOS and Host
8	0	Echo Request

10.9.4 ICMP-Meldung *Netzwerk nicht erreichbar*

ICMP-Meldung Net Unreachable

Ein ICMP mit dem Code 0 (Type 3) entspricht der Meldung *Net Unreachable* und gibt damit an, dass ein Netzwerk, das innerhalb eines IP-Datagramms durch die IP-Adresse spezifiziert wurde, nicht gefunden werden konnte. Diese Fehlermeldung kann grundsätzlich nur von einem Router stammen, da nur ein Router mit einem solchen Problem konfrontiert sein könnte. Das Problem, dass ein Netzwerk nicht gefunden werden kann, tritt beispielsweise auf, wenn Fehler bei der Angabe der IP-Adresse gemacht wurden oder wenn die Routingtabellen am Router nicht mehr aktuell oder fehlerhaft sind. Anhand der Source-Adresse innerhalb des IP-Headers, in dem das ICMP eingebettet ist, lässt sich eindeutig der Router ausfindig machen, von dem das ICMP stammt und somit der Router, der den Fehler letztendlich entdeckt hat. Durch die IP-Adressen innerhalb des Datenteils des

ICMP kann leicht erkannt werden, an wen das ursprünglich gesendete IP-Datagramm adressiert war und welche Station somit nicht erreichbar war.

ICMP-Meldung Host Unreachable

Handelte es sich um den letzten Router auf der Strecke von der Quellstation zur eigentlichen Zielstation und ist der Router nicht in der Lage, das IP-Datagramm zur Zielstation zu schicken, so sendet er eine ICMP-Meldung mit dem Inhalt *Host Unreachable* (Type 3, Code 1) aus. Diese ICMP-Meldung sagt aus, dass das IP-Datagramm erfolgreich über die Router weitergeleitet worden ist, jedoch der letzte Router auf der Strecke zur Zielstation nicht in der Lage war, mit der Zielstation zu kommunizieren und das IP-Datagramm zuzustellen. Dies kann eine von drei Ursachen haben: zum einen, dass die ARP-Tabellen im letzten Router nicht mehr aktuell sind, zum anderen, dass die IP-Adresse an der Zielstation falsch konfiguriert ist oder aber dass die Zielstation einfach nicht mehr im Netz ist.

10.9.5 ICMP-Meldung *Protokoll nicht zustellbar*

ICMP-Meldung Protocol Unreachable

In dem IP-Header ist durch die Angabe der Protokoll-ID festgelegt, an welches höhere Protokoll der Dateninhalt des IP-Datagramms hochgereicht werden soll. Ist allerdings der empfangsseitige Protokollstack nicht in der Lage, den Dateninhalt an das spezifizierte Protokoll oberhalb des IP hochzureichen, da das Protokoll beispielsweise nicht geladen ist oder fehlerhaft arbeitet, so informiert die Zielstation den Sender über ein ICMP. Das ICMP ist in diesem Fall die Meldung *Protocol Unreachable* (Type 3, Code 2). Diese ICMP-Meldung sagt also aus, dass das IP-Datagramm zur Zielstation einwandfrei zugestellt werden konnte, es jedoch Probleme in der Kommunikation zu den höheren Protokollen auf der Zielstation gab. Der Fehler ist in diesem Fall nicht auf der Verbindungsstrecke zwischen den Stationen zu suchen, sondern ausschließlich auf dem empfangsseitigen Protokollstack. Mit welchem höheren Protokoll es letztendlich Probleme gab, lässt sich in diesem Fall wiederum an der Protokollnummer des ursprünglichen IP-Headers, der im Datenteil des ICMP eingebettet ist, erkennen.

ICMP-Meldung Port Unreachable/Unavailable

Weiterhin besteht noch die Möglichkeit, dass die angegebene Zielportnummer eines IP-Datagramms nicht bekannt ist und dass das TCP- oder UDP-Segment somit empfangsseitig keiner Anwendung übergeben werden kann. In diesem Fall schickt der Empfänger über das ICMP an den Sender die Meldung *Port Unreachable/Unavaible* (Type 3, Code 3) zurück. Diese ICMP-Meldung weist also darauf hin, dass auf der Zielstation eine Anwendung falsch konfiguriert ist oder eine Anwendung nicht verfügbar ist.

10.9.6 ICMP-Meldung *IP-Datagramm nicht teilbar*

ICMP-Meldung Fragmentation needed and Don't Fragment was set

Wie Sie wissen, wird die Länge der Daten, die im Datenteil eines IP-Datagramms transportiert werden können, letztendlich durch die MTU bestimmt. Werden verschiedene Netzwerke, die auf der Basis von unterschiedlichen Netzwerktechnologien arbeiten, über einen Router miteinander verbunden, so kann es vorkommen, dass die IP-Datagramme beim Übergang von einem Netzwerk zum anderen wegen einer einseitig kleineren MTU fragmentiert werden müssen.

Sollte es auf einem Router wegen eines Übergangs zu einer kleineren MTU-Größe notwendig sein, ein IP-Datagramm zu fragmentieren, und wurde dies jedoch wegen des gesetzten Don't Fragment Bit innerhalb des IP-Datagramms verboten, so wird die ICMP-Meldung *Fragmentation needed and Don't Fragment was set* (Type 3, Code 4) ausgesendet. Diese Meldung wird also von Routern generiert, die eigentlich ein IP-Datagramm hätten fragmentieren müssen, um es an das Netzwerk mit kleiner MTU weiterleiten zu können. Das IP-Datagramm wird also verworfen, und dem Sender des IP-Datagramms wird dies über die ICMP-Meldung mitgeteilt. In einer modifizierten Version des ICMP *„Fragmentation needed and Don't Fragment was set"* ist laut RFC 1191 in dem Parameterteil des ICMP eine Next-Hop-MTU-Angabe eingebettet. Über die Next-Hop MTU wird so dem Sender mitgeteilt, mit welcher MTU er arbeiten kann, damit seine IP-Datagramme ohne Fragmentierung problemlos an das angrenzende Netzwerk weitergeleitet werden können.

10.9.7 ICMP meldet Routingfehler

ICMP-Meldung Source Quench

Neben den Meldungen, die im Grunde Zustellungsfehler darstellen, werden über das ICMP auch Routingfehler bekanntgegeben und im Netzwerk verbreitet. Wir wollen nachfolgend die wichtigsten Routingfehler aufzeigen, die durch das ICMP verbreitet werden können.

Kommt es auf einem Router oder einer empfangenden Station zu einer derartigen Überlastung, dass deren Empfangspuffer überlaufen und der Router oder die Station deshalb nicht mehr in der Lage ist, weitere IP-Datagramme zu empfangen, so sind sie gezwungen, die IP-Datagramme zu verwerfen. In diesem Fall wird der Sender des verworfenen IP-Datagramms mit einer ICMP-Meldung *Source Quench* (Type 4, Code 0) informiert, dass sein IP-Datagramm verworfen werden musste. Der Absender des verworfenen IP-Datagramms wird somit über den Verlust seines IP-Datagramms in Kenntnis gesetzt und wird aufgefordert, weniger Daten zu senden beziehungsweise die Daten in größeren zeitlichen Abständen zu senden, damit keine weiteren IP-Datagramme verworfen werden müssen.

IMCP-Meldung Redirect

In einem größeren, komplexen Netzwerk sind die Router in der Form vermascht, dass es redundante Wege zu jeder Station im Netzwerk gibt. Aus Performance-Gründen wird jedoch immer angestrebt, dass trotz der redundanten Wege immer der kürzeste und schnellste Weg für den Transport der IP-Datagramme gewählt wird. Sollte ein Router erkennen, dass dies nicht der Fall ist und ein IP-Datagramm über einen ungünstigeren Weg verschickt worden ist, so leitet der Router das IP-Datagramm auf einen günstigeren Weg um und teilt diese Tatsache dem Sender durch eine IMCP-Meldung *Redirect* (Type 5, Code 0) mit. Hierfür kann die Ursache entweder ein falsch eingetragener Default-Gateway-Eintrag sein oder dass eine Routingtabelle eines Routers nicht mehr auf dem aktuellsten Stand ist. In der verschickten Redirect-ICMP-Meldung ist in dem Parameterteil die IP-Adresse des geeigneteren Routers eingebettet, so dass der vorhergehende Router in der Lage ist, seine Routingtabelle zu aktualisieren, oder die sendende Station kann seinen Default-Gateway-Eintrag korrigieren.

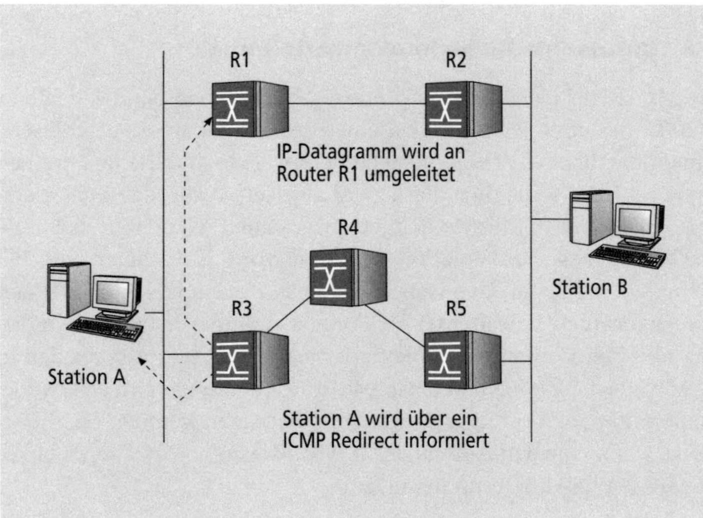

Abb. 10–29
Das über einen ungünstigeren Weg geleitete IP-Datagramm wird von den Routern auf den kürzeren Weg umgeleitet, und der Sender wird mit einem ICMP darüber informiert.

ICMP-Meldung Time Exceeded TTL decrease to Zero

Wie Sie wissen, ist in jedem IP-Datagramm eine TTL eingebettet, über die vermieden werden soll, dass ein verirrtes IP-Datagramm ewig im Netzwerk umherirrt. Jedem IP-Datagramm wird dazu beim Aussenden vom Sender ein Hop-Kredit in dem TTL-Feld des IP-Headers mit auf den Weg gegeben. Jeder Router verringert den Vorrat des TTL-Werts um mindesten 1 oder die interne Verzögerungszeit, wenn er das IP-Datagramm an das angrenzende Netzwerk weiterleitet. Empfängt ein Router ein IP-Datagramm, in dem der TTL-Wert 0 ist, so gilt für den Router die TTL als abgelaufen, was dazu führt, dass der Router das IP-Datagramm verwirft. Der Router informiert in diesem Fall den Sender des IP-Datagramms über eine ICMP-Meldung *Time Exceeded TTL decrease to Zero* (Type 11, Code 0), dass sein IP-Datagramm wegen abgelaufener TTL verworfen worden ist. Diese ICMP-Meldung wird grundsätzlich nur von Routern generiert. Ursachen können hierfür sein, dass beim Aussenden des IP-Datagramms vom Sender der TTL-Wert einfach auf einen zu niedrigen Wert gesetzt wurde oder dass sich das IP-Datagramm in einer Endlosschleife im Netzwerk im Kreis wegen falscher Routingtabellen oder Adressinformationen bewegt.

ICMP-Meldung Time Exceeded Packet Reassembly Timeout

Weiterhin kann es zu folgendem Problemfall kommen, dass ein Fragment eines fragmentierten IP-Datagramms auf dem Weg zum Ziel verloren geht. Sollte der Empfänger nach einem abgelaufenen internen Timeout feststellen, dass ein oder mehrere Fragmente eines IP-Datagramms nicht empfangen werden konnten, wodurch der Empfänger das IP-Datagramm nicht zusammensetzen kann, so sendet er dem Sender eine ICMP-Meldung *Time Exceeded Packet Reassembly Timeout*(Type 11, Code 1). Im Gegensatz zur ersten Time-Exceeded-TTL-Meldung kann diese Meldung nur von einer Station, in diesem Fall der Empfängerstation, stammen.

10.9.8 Unterschiedliche Implementierungen

Das ICMP ist auf jeden Fall sehr informativ und kann bei der Fehlersuche im TCP/IP-basierten Netzwerk bei einer Protokollanalyse aufschlussreiche Informationen über die Fehlerursache liefern. Jedoch muss man in der Praxis immer wieder feststellen, dass zwar auf Netzwerkebene Fehler erkannt und entsprechende ICMP-Meldungen ausgesendet werden. In vielen Fällen kommt es jedoch zu keinerlei Reaktion vom Empfänger der ICMP-Meldung, weshalb man davon ausgehen muss, dass in vielen TCP/IP-Implementierungen nicht alle ICMP-Meldungen richtig verstanden werden. In diesem Fall bleibt einem Administrator nichts anderes übrig, als den Inhalt der ICMP zu analysieren und entsprechende Änderungen im Netzwerk vorzunehmen, die zur Lösung des Problems beitragen können. Hierbei ist es hilfreich, wenn man den Aufbau der ICMP-Meldungen und deren Ursachen kennt und den Inhalt interpretieren kann.

⇨ In den modernen und abgesicherten Netzwerken muss man allerdings berücksichtigen, dass ICMP-Meldungen durch Firewalls gesperrt sein können, d. h. Ping und Traceroute eine reduzierte Aussagekraft haben können.

10.10 Die TCP/IP-Transport-Protokolle

TCP und UDP

Innerhalb der TCP/IP-Protokollfamilie sind auf der Transportschicht des OSI-Referenzmodells die zwei Standardprotokolle Transmission Control Protocol (TCP) und User Datagram Protocol (UDP) angesiedelt. Die verschiedenen TCP/IP-basierten Anwendungen wie das FTP, Telnet oder SMTP verwenden jeweils eines der beiden Transportprotokolle. Das TCP arbeitet verbindungsorientiert und garantiert damit einen erfolgreichen Datenaustausch. Das UDP hingegen arbeitet verbindungslos und kann somit diese Garantie nicht bieten. Beispielsweise ist es bei FTP wichtig, dass die Dateien, die mithilfe des FTP über das Netzwerk übertragen werden, sicher beim Zielrechner ankommen. Deshalb benutzt FTP das TCP für den sicheren Transport der Daten. Werden hingegen Daten in der Form eines Broadcast gleichzeitig an mehrere Rechner geschickt, so wäre es nicht sinnvoll, mit einem verbindungsorientierten Transportprotokoll zu arbeiten, da es hier nicht tragbar wäre, mit einer Vielzahl von Zielstationen eine Verbindung aufzubauen, um die Daten dann via TCP zu übertragen. In diesem Fall ist es praktikabler, wenn man sich des UDP bedient, das einen verbindungslosen Datentransport bietet.

Im ersten Moment mag es verwirrend erscheinen, warum man überhaupt Protokolle einer Transportschicht für den Datenaustausch benötigt. Das IP auf der Netzwerkschicht müsste doch in diesem Fall eigentlich ausreichend sein? Betrachtet man jedoch den Service des IP beziehungsweise der Netzwerkschicht, so stellt man fest, dass das IP für den Datentransport zwischen zwei Hosts oder Computern zuständig ist. Dies sieht man deutlich an den Adressierungsmöglichkeiten des IP, die über die IP-Adressen realisiert werden, die jedem Host oder Computer im Netzwerk eindeutig zugeordnet sind. Laut Definition sind die Protokolle der Transportschicht hingegen für den Transport der Daten zwischen den Anwendungen verantwortlich. Die Anwendungen der höheren Schichten werden dabei über Portnummern adressiert.

Portnummern

Bildlich lässt sich die Adressierung der Daten über Portnummern am einfachsten mit den Schnittstellen an Ihrem Computer vergleichen. Jeder Computer hat verschiedene Schnittstellen, die als Ports bezeichnet werden. In der Regel sind das eine parallele Schnittstelle mit der Bezeichnung LPT1 und zwei serielle Schnittstellen mit der Bezeichnung COM1 und COM2. An diese Ports sind unterschiedliche Peripherien wie beispielsweise Drucker oder Modems angeschlossen. Schreiben Sie beispielsweise einen Text und möchten diesen dann ausdrucken, so adressiert Ihr Rechner diese geschriebenen Daten per Default an den LPT1-Port, um sie an den Drucker zu schicken. Surfen Sie hingegen im Internet, wozu Sie ein serielles Modem benutzen, so werden vom Rechner alle Daten beispielsweise an den COM1-Port des Rechners adressiert, um sie ins Internet zu schicken. Das heißt, viele Anwenderprogramme nutzen, programmtechnisch betrachtet, ausschließlich Portbezeichnungen, die Ihre Daten an die gewünschte Peripherie schicken.

Well-known Ports

Ähnlich sieht es mit der Adressierung für den Datenaustausch über das Netzwerk zwischen den Anwendungen aus. Auf der Transportschicht wird für die Adressierung der Anwendungen mit sogenannten Portnummern gearbeitet, wobei ein gewisser Teil der Portnummern, der Bereich von 1 bis 1023, als Well-known Ports (wohlbekannte Ports) definiert und bekannt ist. So wird beispielsweise das FTP über den Port 21 adressiert. Aus der folgenden Tabelle können Sie einen Ausschnitt der well-known Port Nummern entnehmen.

Tab. 10–23 *Ausschnitt der well-known Portnummern*

Portnummer	Anwendung
17	Echo Protocol
20	FTP-Server (Datenkanal)
21	FTP-Server (Steuerkanal)
23	Telnet-Server
25	Simple Mail Transfer Protocol (SMTP)
53	Domain Name System (DNS)
80	HTTP-Webserver
119	NNTP Network News Transfer Protocol

Die well-known Portnummern, die serverseitig für eine bestimmte Anwendung fest vergeben sind, werden von der Internet Assigned Numbers Authority (IANA) verwaltet. Auf der Seite des Clients werden gewöhnlich die freien Portnummern zwischen 1024 und 5000 genutzt.

10.10.1 Das Transmission Control Protocol (TCP)

Transmission Control Protocol

TCP ist in RFC 793 beschrieben. Das TCP bietet einen verbindungsorientierten Datentransport zwischen den TCP/IP-basierten Anwendungen. Verbindungsorientiert heißt, dass vor dem Datenaustausch erst eine Verbindung zum Kommunikationspartner und dessen Anwendung aufgebaut werden muss. Des Weiteren werden die gesendeten Daten vom Empfänger bestätigt und im Fehlerfall erneut verschickt, so dass man von einer garantierten Datenübertragung ausgehen kann. Das TCP wird auf das IP gebunden und nutzt dabei den Service des IP. Bietet das IP ausschließlich den verbindungslosen Transport der Daten zwischen zwei Stationen, so bieten das TCP und das UDP den Datenaustausch zwischen zwei Anwendungen. Die Anwendungen werden dabei jeweils über Portnummern identifiziert.

Längenangabe

TCP-Segment

Die Datenblöcke, welche für den Transport an das IP vom TCP übergeben werden, bezeichnet man als TCP-Segment. Die übergebenen TCP-Segmente könnten dabei theoretisch eine beliebige Länge zwischen 20 und 65.515 Byte einnehmen. Jedoch wird die Länge eines TCP-Segments durch die maximale Länge eines IP-Datagramms beschränkt. Die Länge des IP-Datagramms wird wiederum durch die MTU der verwendeten Netzwerktechnologie begrenzt. Die sich letztendlich aus der MTU ergebende maximale Datenlänge innerhalb der TCP-Segmente wird durch die Maximum Segment Size (MMS) beschrieben. Die MMS gibt an, wie groß die Datenteile der TCP-Segmente maximal sein dürfen. Bei Ethernet ist zum Beispiel die MMS von maximal 1460 Byte möglich, die sich über die MTU von 1500 Byte – 20 Byte IP-Header – 20 Byte TCP-Header = 1460 Byte errechnen lässt.

Maximum Segment Size

Um einen optimalen Datenaustausch mit maximaler Datenlänge ohne Fragmentierung auf der Netzwerkschicht zu gewährleisten, wird vom TCP beim Verbindungsaufbau die MMS zwischen den Kommunikationspartnern ausgetauscht. Empfängt eine Seite keine MMS-Information, so wird die MMS auf den Default-Wert von 536 Byte gesetzt.

⇨ Die MMS von 536 Byte entsprach in den Anfängen der Netzwerktechnologie, wie beispielsweise bei ARCnet, der maximal realisierbaren Datenlänge des TCP.

Nachdem beide Kommunikationspartner die MMS ausgetauscht haben, wird die MMS beidseitig auf die kleinste gemeinsame MMS der Kommunikationspartner eingestellt und für die zukünftige Kommunikation während der TCP-Verbindung genutzt.

Durch das Austauschen der MMS während des Verbindungsaufbaus zwischen den Kommunikationspartnern kann eine Fragmentierung auf IP-Ebene aufgrund der unterschiedlichen MTUs vermieden werden. Allerdings funktioniert dies nur dann, wenn von den Netzwerksegmenten, die zwischen den Kommunikationspartnern liegen, einer der Kommunikationspartner unmittelbar an dem Netzwerksegment mit der kleinsten MTU angebunden ist. Sollten beispielsweise beide Kommunikationspartner an einem Ethernet-Segment (MTU von 1500) angeschlossen sein und ein zwischengeschalteter WAN-Link mit einer MTU von 296 existieren, so kann es in diesem Fall doch zu einer Fragmentierung kommen, da beide Kommunikationspartner eine MMS von 1460 bekannt geben und in diesem Fall den WAN-Link mit der kleineren MTU nicht berücksichtigen.

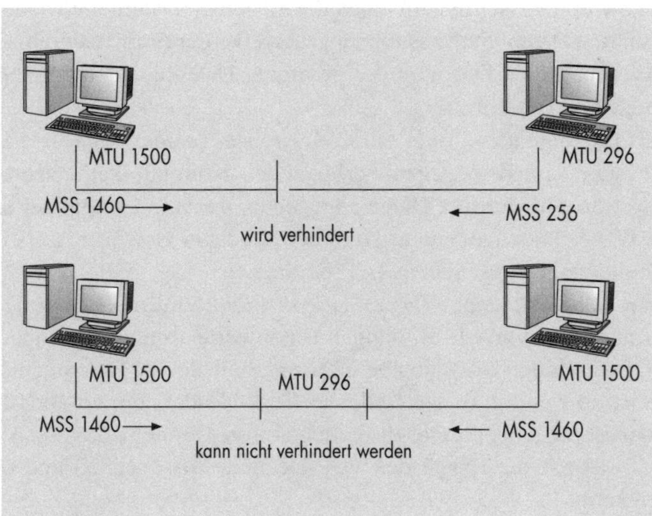

Abb. 10-30
Zeigt, in welchem Fall durch den Austausch der MMS die Fragmentierung auf IP-Ebene verhindert oder nicht verhindert werden kann

10.10.2 TCP-Header

TCP-Header

Bevor wir detaillierter auf die Funktionen des TCP im Einzelnen eingehen, möchten wir uns erst einmal mit dem Aufbau des TCP-Headers beschäftigen. Die für die Realisierung der Kommunikation notwendigen Informationen sind in dem 20 Byte langen TCP-Header eingebettet.

Source Port Field und Destination Port Field

Wie Sie erfahren konnten, stellt das TCP einen Service für den Datenaustausch zwischen Anwendungen zur Verfügung. Die Anwendungen werden beim Datenaustausch über Portnummern adressiert. Dazu werden die ersten zwei Felder des TCP-Headers verwendet. Das erste Feld ist das *Source Port Field* und das zweite Feld ist das *Destination Port Field*. Beide Felder haben jeweils eine Länge von 2 Byte. Über den Source- (Quelle) und den Destination (Ziel)-Port werden die sendende und die empfangende Anwendung identifiziert und die TCP-Segmente den TCP/IP-basierten Anwendungen der höheren Schichten zugeordnet.

Sequence Number Field

Werden zwischen den Anwendungen Daten übertragen, deren Länge größer ist als der Datenteil des TCP-Segments, so werden die Daten in Teilstücke zerlegt und einzeln übertragen. In diesem Fall spricht man in der TCP/IP-Terminologie vom sogenannten Sequencing. Dazu ist in dem darauf folgenden Feld des TCP-Headers ein 4 Byte langes *Sequence Number Field* vorhanden. Über die Sequenznummer wird die Datenposition der im TCP-Segment enthaltenen Daten relativ zu den gesamten zu übertragenden Daten angegeben. Die Sequenznummer wird dazu von 0 bis $2^{32} - 1$ hochgezählt und beginnt danach wieder bei 0. Es gibt auch Implementierungen, bei denen die Sequenznummer nicht bei 0 beginnt, sondern mit der ISN (Initial Sequence Number), die zufällig bestimmt wird. Über die Sequenznummer können so empfangsseitig zum einen die einzelnen Datenteile wieder zu einem gesamten Datenblock zusammengesetzt werden, zum anderem kann erkannt werden, ob ein Datenteil des gesamten Datenblocks möglicherweise verloren gegangen ist.

Acknowledgement Number Field

Über das folgende 4 Byte lange *Acknowledgement Number Field* des TCP-Headers wird dem gegenüberliegenden Kommunikationspartner die Datenposition der nächsten Daten angegeben, die vom Empfänger erwartet werden. Die Acknowledgement-Nummer gilt dabei gleichzeitig als Bestätigung für die bereits gesendeten TCP-Segmente.

Header Length Field

Durch das 4 Bit lange *Header Length Field* wird die Länge des TCP-Headers als Anzahl von 32 Bit langen Datenwörtern angegeben und gilt somit als Offset für den Nutzdatenbereich innerhalb des TCP-Segments. Diese Angabe ist notwendig, da am Ende des TCP-Headers ein Options-Bereich vorhanden ist, in dem optional zusätzliche Informationen übertragen werden können, wodurch die Länge des TCP-Headers zwischen 20 und 60 Byte variieren kann.

TCP-Flags

Nach dem Header Length Field folgen 6 Bits, die für zukünftige Implementierungen reserviert sind. Danach folgt ein 6 Bit langes *Flag Field*, in dem 6 Flags zwecks Steuerung des Datenaustauschs enthalten sind (siehe folgende Tabelle).

Flag Field

Tab. 10–24
Flags des TCP-Headers

Flag	Bezeichnung	Beschreibung
U	URG	Der Urgent Pointer ist gültig.
A	ACK	Die Acknowledgement Number ist gültig.
P	PSH	Die Daten sollen so schnell als möglich an den empfangenden Prozess weitergeleitet werden.
R	RST	Reset der Verbindung.
S	SYN	Zeigt einen Verbindungsaufbau an.
F	FIN	Der Sender ist mit der Datenübertragung fertig.

Beim ersten Flag innerhalb des Flag Field handelt es sich um das *URG Flag*. Über das URG Flag wird angezeigt, dass der Inhalt des Urgent Pointer Field relevante Informationen enthält und vom Empfänger beachtet werden muss. Mit dem *ACK Flag* wird angezeigt, dass der Inhalt des Acknowledgement Field gültige Informationen enthält. Dies ist grundsätzlich bei einem TCP-Segment der Fall, das für eine Bestätigung ausgesendet wird. Mit dem *PSH Flag* wird angezeigt, dass die Daten des TCP-Segments und alle dazugehörigen Daten schnellstens zur Zielanwendung hochgereicht werden müssen. Normalerweise werden alle TCP-Segmente in den Empfangspuffer gelegt, und sobald dieser voll ist, werden die Daten jeweils an die Anwendungen der höheren Schichten weitergereicht. Beispielsweise wird das PSH bei einer Telnet-Anwendung genutzt, bei der die Befehle direkt zur Anwendung weitergereicht werden. Das *RST Flag* dient dazu, eine bestehende Verbindung abzubrechen. Während eines Verbindungsaufbaus dient das RST Flag dazu, eine Anforderung für einen Verbindungsaufbau abzuweisen. Das *SYN Flag* wird für den Verbindungsaufbau verwendet. Über das SYN Flag wird dem gewünschten Kommunikationspartner angezeigt, dass eine Verbindung erfolgen soll. Mit dem *FIN Flag* wird dem Kommunikationspartner angezeigt, dass keine weiteren Daten mehr für diese TCP-Verbindung versendet werden müssen und die Verbindung ihrerseits abgebaut werden kann.

Sliding Window

Das folgende 2 Byte lange *Windows Field* des TCP-Headers wird für das sogenannte Sliding-Window-Verfahren benötigt, mit dem die Anzahl der noch empfangbaren Daten angegeben wird, worauf nachfolgend detaillierter eingegangen wird.

Windows Field

Zwecks Fehlererkennung innerhalb der TCP-Segmente ist das folgende 2 Byte lange *Checksum Field* innerhalb des TCP-Headers eingebettet. Der

Checksum Field

Inhalt des darauf folgenden *Urgent Pointer Field* des TCP-Headers ist nur von Bedeutung, wenn das URG Flag gesetzt ist. Über das Urgent Pointer Field werden die Daten gekennzeichnet, die bevorzugt an die höheren Protokolle weitergeleitet werden sollen. Hierbei gibt es zwei Verfahren, die in RFC 793 und in RFC 1122 definiert sind. Laut RFC 793 zeigt der Inhalt des Urgent Pointer Field auf die ersten Daten, die wieder normal an die Anwendungen weitergereicht werden sollen. Nach RFC 1122 zeigt hingegen der Urgent Pointer auf das Ende der Daten, die bevorzugt weitergereicht werden sollen. Das gewünschte Verfahren lässt sich in der Regel auf den Betriebssystemplattformen einstellen. Bei diesem Verfahren spricht man allgemein auch von Out-of-Band-Daten, die quasi an dem normalen Datenstrom vorbeigeschleust werden und somit schneller bei der Zielanwendung eintreffen.

Abb. 10–31
Aufbau des TCP-Headers

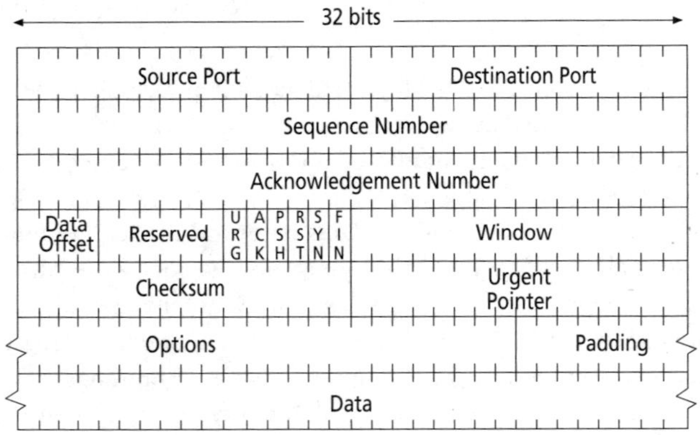

TCP-Optionen

TCP-Optionen

Die Standardlänge eines TCP-Headers beträgt 20 Byte. Im Anschluss an die 20 Byte folgt ein variabler Optionenbereich des TCP-Headers, wodurch die Gesamtlänge des TCP-Headers auf 60 Byte anwachsen kann. In dem RFC 793 sind drei verschiedene mögliche Optionen beschrieben, die im TCP-Header eingebettet werden können.

Bei diesen Optionen handelt es sich um die Optionen End of Option List, No Operation und Maximum Segment Size. Die Optionen beginnen grundsätzlich mit einem 1 Byte langen *Kind Field*, das den Typ der Option angibt. Die beiden ersten möglichen Optionen End of Option List und No Operation bestehen letztendlich nur aus dem Kind Field.

Die MMS-Option hat zusätzlich ein 1 Byte langes *Length Field*, mit dem die Länge der Option angegeben wird und das zwei Byte lange *MMS Field*, in dem die Maximum Segment Size übermittelt wird. Über die MMS-Option wird die bereits oben besprochene Aushandlung der MMS zwischen den Kommunikationspartnern während des Verbindungsaufbaus realisiert.

Diese Option ist die am häufigsten verwendete Option, die vom TCP in der Praxis genutzt wird.

Weiterhin sind beispielsweise in der RFC 1323 zusätzliche Optionen wie eine Timestamp-Option definiert. Die Timestamp-Option hat eine Länge von 10 Byte. Wird die Timestamp-Option an den TCP-Header angehängt, so entspricht der TCP-Header nicht mehr dem Vielfachen von 32 Bit langen Datenwörtern. In diesem Fall wird die No-Operation-Option verwendet, um den TCP-Header wieder auf ein Vielfaches von 32 Bit langen Datenwörter zu bringen.

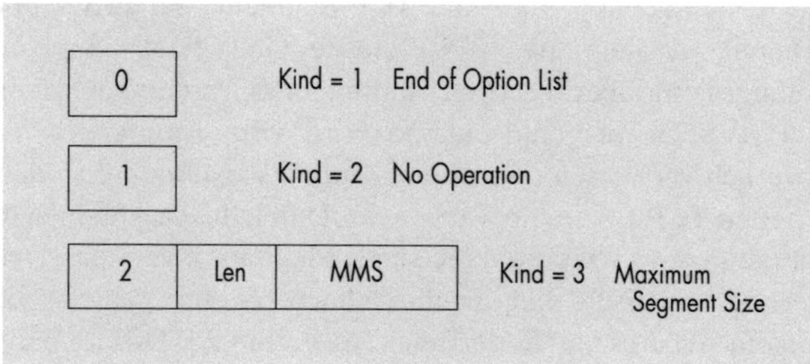

Abb. 10–32
Die drei TCP-Optionen

10.10.3 Die Sicherheit des TCP

Positive-Acknowledgement-Retransmission-Verfahren

Die wohl wichtigste Fähigkeit des TCP ist es, die Daten sicher von einem Endpunkt zu einem anderen transportieren zu können. Betrachtet man die Tatsache, dass das TCP das eigentlich unsichere IP für die Auslieferung seiner TCP-Segmente verwendet, so ist es verwunderlich, wie das TCP einen sicheren Transport der Daten überhaupt gewährleisten kann.

Um diese geforderte Ende-zu-Ende-Sicherheit gewährleisten zu können, muss das TCP Daten wieder herstellen können, die zerstört, verloren, doppelt gesendet oder nicht in der richtigen Reihenfolge transportiert worden sind. Um dieser Anforderung gerecht zu werden, verwendet das TCP für den sicheren Datentransport ein Verfahren, das als Positive-Acknowledgement-Retransmission bezeichnet wird.

Bei dem Positive-Acknowledgement-Retransmission-Verfahren wird nach der Aussendung des TCP-Segments eine entsprechende Bestätigung vom Empfänger des TCP-Segments innerhalb eines bestimmten Zeitraums erwartet. Wird ein TCP-Segment empfangen, so sendet der Empfänger an den Sender des TCP-Segments eine Empfangsbestätigung. Erst nach dem Erhalt der Empfangsbestätigung werden neue TCP-Segmente versendet. Bleibt die Empfangsbestätigung aus, so wird das TCP-Segment vom Sender einfach erneut verschickt.

In der Praxis wird das Positive-Acknowledgement-Retransmission-Verfahren umgesetzt, indem zum Zeitpunkt, zu dem ein TCP-Segment ausgesendet wird, zusätzlich eine Kopie des TCP-Segments in die Sende-Queue der sendenden Station abgelegt und ein Timer gestartet wird. Der Timer entspricht in diesem Fall der Wartezeit, in der das TCP auf eine Bestätigung durch den Empfänger für das ausgesendete TCP-Segment wartet. Wenn die Empfangsbestätigung eintrifft, bevor der Timer abgelaufen ist, wird das TCP-Segment aus der Sende-Queue entfernt, und die sendende Station geht von einem erfolgreichen Transport der Daten aus. Wurde jedoch zu dem Zeitpunkt, an dem der Timer abgelaufen ist, keine Empfangsbestätigung empfangen, so wird mithilfe der Kopie des TCP-Segments das TCP-Segment erneut ausgesendet.

Für die Überwachung, dass die TCP-Segmente fehlerfrei übertragen wurden (Datenkonsistenz), ist im TCP-Header eine Checksumme integriert. Wird empfangsseitig über die Checksumme eine Dateninkonsistenz innerhalb des TCP-Segments entdeckt, so wird vom Empfänger das TCP-Segment einfach verworfen und keine Empfangsbestätigung an den Sender des fehlerhaften TCP-Segments verschickt. Durch das Ausbleiben der Empfangsbestätigung wird wiederum die sendende Station veranlasst, das TCP-Segment erneut zu verschicken, wodurch auch bei einer fehlerhaften Kommunikation ein sicherer und fehlerfreier Austausch der Daten über das TCP sichergestellt wird.

Sequencing

Sequencing

Da das TCP den Service des IP nutzt, werden die TCP-Segmente in IP-Datagramme übertragen, welche über unterschiedliche Wege transportiert werden können. Dadurch können die einzelnen TCP-Segmente in einer anderen Reihenfolge als vom Sender verschickt beim Empfänger eintreffen. Das TCP muss deshalb in der Lage sein, die einzelnen TCP-Segmente empfangsseitig in der Reihenfolge wie ursprünglich sendeseitig verschickt zusammensetzen zu können.

Sequenznummer

Dazu ist im TCP-Header eine Sequenznummer eingebettet. Über die Sequenznummer werden die Bytes innerhalb des Datenstroms sendeseitig gekennzeichnet. Über die Sequenznummer ist so das TCP auf der Empfängerseite in der Lage, die einzelnen Datenteile der TCP-Segmente wieder zu einem zusammenhängenden Datenblock zusammenzusetzen, der exakt der Sendeinformation entspricht.

Zusätzlich können über die Sequenznummer noch doppelt gesendete TCP-Segmente vom TCP auf der Empfängerseite erkannt werden. Das wiederholte Aussenden eines TCP-Segments kann zum Beispiel erfolgt sein, wenn eine Empfangsbestätigung ausgeblieben ist und der Sender deshalb das angeblich verlorene TCP-Segment erneut verschickt hat. Ist das TCP-Segment doch nicht verloren gegangen, sondern nur verzögert beim Empfänger angekommen, so kann das TCP-Segment doppelt oder mehrfach auf der Empfängerseite vorliegen; in diesem Fall werden die mehrfach vorhandenen TCP-Segmente über die Sequenznummer erkannt und die überflüssigen TCP-Segmente verworfen.

10.10.4 Flow Control

Flow Control

Die Stationen, zwischen denen die Daten ausgetauscht werden, arbeiten unter Umständen mit unterschiedlichen Datenraten, welche durch die unterschiedlich verfügbaren CPU-Leistungen und Netzwerkbandbreiten bedingt sein können. Deshalb kann es theoretisch vorkommen, dass die sendende Station die Daten schneller sendet, als die empfangende Station die Daten verarbeiten kann.

Das bereits beschriebene Verfahren, dass nach dem Aussenden eines TCP-Segments auf eine Empfangsbestätigung gewartet wird, bevor der Sender ein weiteres TCP-Segment verschickt, sorgt zwar für Sicherheit, ist jedoch für die Geschwindigkeit der Datenübertragung sehr ineffizient.

In Wirklichkeit ist das TCP bestrebt, die Übertragungsgeschwindigkeit der Daten zwischen zwei Endpunkten zu optimieren, indem es versucht, den Datendurchsatz zu maximieren. Dazu wird vom TCP der Datenfluss zwischen einer Verbindung dynamisch gesteuert. Droht der Empfangspuffer des Verbindungspartners überzulaufen, so weist das TCP die Sendeseite an, die TCP-Segmente in größeren Abständen zu schicken. Ist der Empfangspuffer wieder entlastet und kann weitere TCP-Segmente aufnehmen, so weist das TCP die Sendeseite an, die TCP-Segmente in kleineren Abständen zu schicken.

Maßgebend dabei ist das Volumen der empfangbaren TCP-Segmente, das von dem zugeteilten Speicherbereich, der als Empfangspuffer genutzt werden kann, abhängt. Um zu verhindern, dass empfangsseitig Engpässe im Empfangspuffer auftreten, ist in dem TCP ein Flow-Control-Mechanismus (Datenflusskontrolle) implementiert, der die Geschwindigkeit des Datenflusses regulieren und steuern kann.

Sliding-Window-Mechanismus

Das TCP nutzt als Flow Control den sogenannte Sliding-Window-Mechanismus. Für die Erhöhung des Datendurchsatzes sendet das TCP nicht nur ein TCP-Segment und wartet auf eine Bestätigung, bevor es ein weiteres TCP-Segment schickt. Statt dessen sendet das TCP über den Sliding-Window-Mechanismus mehrere TCP-Segmente aus, bevor es auf eine Bestätigung der bereits gesendeten TCP-Segmente wartet.

Dazu wird dem Sender mitgeteilt, wie viele Daten der Sender schicken darf, ohne dass eine Bestätigung an den Sender geschickt wurde. Die Anzahl der Daten in Bytes, die in dem Empfangspuffer aufgenommen werden können, wird als Fenster bezeichnet und wie der Name Sliding Windows schon sagt, handelt es sich hierbei um ein Fenster, das geschoben werden kann. Die Fenstergröße wird jeweils beim Verbindungsaufbau zwischen den zwei Verbindungspartnern gegenseitig bekannt gegeben und ausgehandelt. Sollte es während des Datenaustauschs zu Engpässen kommen, so wird die Fenstergröße an die Situation angepasst und dem Sender erneut mitgeteilt.

Bei jeder Bestätigung in Form eines Acknowledgements von gesendeten TCP-Segmenten wird empfangsseitig die Position des festgelegten Fensters verschoben. Bei jeder Verschiebung vom Anfangspunkt des Fensters wird ein neuer Bereich für den Empfang weiterer TCP-Segmente im Empfangspuffer frei. Wie in der folgenden Abbildung zu sehen ist, wurde beispielsweise eine Fenstergröße von 8192 Byte vereinbart. Empfängt die Station nun 3 Segmente mit einer Gesamtgröße von 3072 Byte, so können theoretisch weitere 5 TCP-Segmente mit je 1024 Byte aufgenommen werden. Bestätigt nun die Station den Empfang der 3 TCP-Segmente und reicht die TCP-Segmente an die höheren Schichten weiter, so verschiebt sich das Fenster wieder nach rechts, wodurch wieder der gesamte Bereich von 8192 Byte für den Datenempfang zur Verfügung steht.

Abb. 10–33
Sliding-Window-Mechanismus, in dem das Fenster nach einem Acknowledgement nach rechts verschoben wird

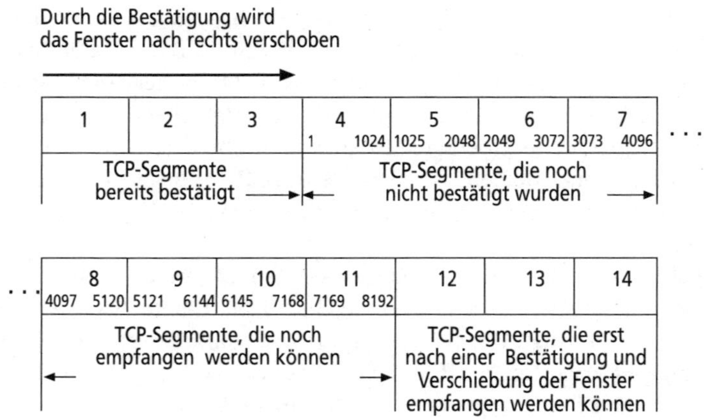

Sollte der Worst Case eintreten, dass der Empfangspuffer voll ist und der Empfänger nicht mehr in der Lage ist, zusätzliche Daten zu empfangen, so sendet er eine Fenstergröße von 0 an den Sender. Auf diese Weise zeigt der Empfänger an, dass er zurzeit keine weiteren Daten mehr empfangen kann. Würden dennoch weitere Daten gesendet, so führte dies dazu, dass die eingehenden TCP-Segmente verworfen werden.

Wäre kein Sliding-Window-Mechanismus vorhanden, so müssten unter Umständen einzelne TCP-Segmente verworfen und somit erneut verschickt werden. Dies würde wiederum zu einem gestörten Kommunikationsablauf und zu starken Einbußen in der Übertragungsgeschwindigkeit führen. Man kann also sagen, dass mit TCP über den Sliding-Window-Mechanismus ein Datentransport mit geringer Verzögerung und optimierter Wartezeit auf Bestätigungen realisiert wird.

TCP Socket

TCP Socket

Es ist üblich, dass mehrere Prozesse simultan auf einer Rechnerplattform laufen, die den TCP-Kommunikations-Service nutzen. Die Tatsache, dass die Prozesse möglicherweise über dieselbe Netzwerkkarte und IP-Adresse kommunizieren, macht es notwendig, dass zusätzliche Adressierungsmöglichkeiten im TCP vorhanden sind, die die TCP-Verbindung eindeutig beschreiben. Diese Anforderung wird durch die bereits besprochenen Portnummern erfüllt.

Wie Sie erfahren konnten, werden serverseitig in der Regel die well-known Portnummern zwischen 1 und 1023 genutzt, auf der Clientseite die Portnummern 1024 bis 5000.

Für jede Verbindung zwischen den Endpunkten wird ein unterschiedliches Paar von Portnummern genutzt. Bevor eine Anwendung Daten via TCP verschicken kann, muss eine Verbindung aufgebaut werden. Die Verbindung wird zwischen den Portnummern des Senders und des Empfängers aufgebaut. Die Kombination aus der Portnummer des TCP-Headers und der IP-Adresse innerhalb des IP-Headers wird in der TCP/IP-Welt als Socket bezeichnet. Die TCP-Verbindung wird durch die Portnummer und die IP-Adresse beider Seiten eindeutig definiert. Wenn demnach eine TCP-Verbindung aufgebaut wird, ist die Verbindung vollständig definiert durch IP-Adresse 1, Portnummer 1 und IP-Adresse 2, Portnummer 2.

10.10.5 Aufbau einer TCP-Verbindung

Aufbau einer TCP-Verbindung

Damit das TCP eine zuverlässige Datenübertragung in der richtigen Reihenfolge realisieren kann, werden Bestätigungen zwischen den Kommunikationspartnern einer TCP-Verbindung ausgetauscht. Beide Seiten einer TCP-Verbindung müssen deshalb die Möglichkeit haben, die Daten der TCP-Verbindung eindeutig identifizieren zu können, um den Datenaustausch zwischen den Endpunkten synchronisieren zu können. Beide Seiten müssen wissen, wann sie mit der Datenübertragung beginnen können und wie sie die Daten des gegenüberliegenden Kommunikationspartners identifizieren können.

Three-Way-Handshake

Der Aufbau einer TCP-Verbindung findet über ein sogenanntes Three-Way-Handshake statt, während dem das SYN Flag und das ACK Flag für den Status des Verbindungsaufbaus zwischen den Kommunikationspartnern maßgebend sind. Weiterhin sind die Sequenznummern im Sequence Field und im Acknowledgement Field für die Identifizierung der gesendeten Daten und die dazugehörigen Bestätigungen von großer Bedeutung.

Der Aufbau einer TCP-Verbindung ist im Grunde vergleichbar mit dem Öffnen einer Datei in einem Dateisystem, das vor dem Schreib- und Lesezugriff auf die Datei durchgeführt werden muss.

Für den Aufbau einer TCP-Verbindung werden beim Three-Way-Handshake drei TCP-Segmente zwischen den Kommunikationspartnern ausgetauscht. Im ersten TCP-Segment ist das SYN Flag auf 1 und das ACK Flag auf 0 gesetzt und kennzeichnen somit, dass eine Verbindung aufgebaut werden soll (siehe folgende Abbildung). Auf dieses TCP-Segment folgt eine Bestätigung durch den Kommunikationspartner, indem das SYN Flag auf 1 und das ACK Flag ebenfalls auf 1 gesetzt ist. Im dritten und abschließenden Schritt des Verbindungsaufbaus folgt ein Daten- oder Bestätigungs-TCP-Segment, in dem das SYN Flag auf 0 und das ACK Flag auf 1 gesetzt wird.

Da eine TCP-Verbindung einer Vollduplex-Verbindung entspricht, in der in beiden Richtungen zur selben Zeit Daten fließen können, müssen auf jeder Seite zwei separate Sequenznummern verwaltet werden, wobei für die Identifizierung der Daten eine Sequenznummer (Sequence Field) für den Datenausgang und eine Sequenznummer (Acknowledgement Field) für den Dateneingang vorbehalten ist. Für die Identifizierung der Daten sind während des Verbindungsaufbaus Sequence- und Acknowledgement-Felder von großer Bedeutung. Beim Verbindungsaufbau wird das Sequence-Feld von der initiierten Station auf einen Startwert (ISN) festgelegt. In der ersten Antwort des Kommunikationspartners wird der Empfang durch das Acknowledgement-Feld bestätigt, dessen Inhalt der Sequence-Nummer + 1 entspricht. Zusätzlich wird in der Antwort eine Sequence-Nummer als Startwert vom Kommunikationspartner festgelegt. Die Sequence-Nummer wird wiederum in dem letzten und dritten Paket für den Verbindungsaufbau durch den Inhalt des Acknowledgement-Feld von der initiierten Station bestätigt.

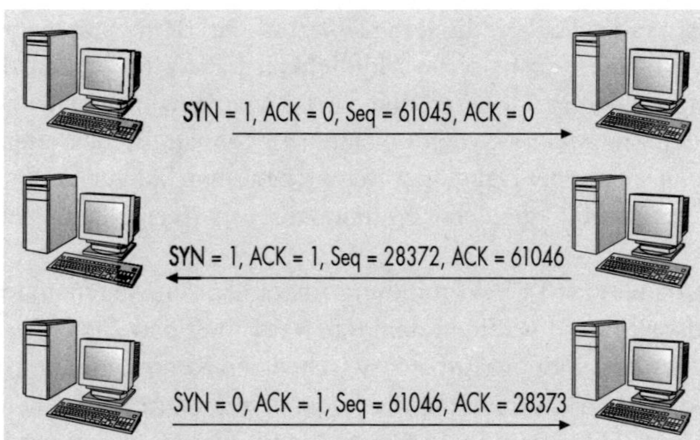

Abb. 10–34
Über die SYN und ACK Flag sowie das Sequence Number Field und das Acknowledgement Number Field wird die TCP-Verbindung aufgebaut.

10.10.6 Verlauf der TCP-Verbindung

TCP Offset

Für den weiteren Verlauf der Kommunikation innerhalb der TCP-Verbindung spielen das Sequence und das Acknowledgement Field des TCP-Headers eine entscheidende Rolle. Die Sequenznummer erfährt dabei immer einen Offset, dessen Größe von den übermittelten Daten abhängt, wie es in der Abbildung 10-36 zu sehen ist.

Acknowledgement

Durch das bereits angesprochene Sliding-Window-Verfahren ist es möglich, dass der Sender mehrere TCP-Segmente senden darf, bevor er eine Bestätigung vom Empfänger erhält. Um das Sende/Empfangsverhalten und die Anzahl der Bestätigungen zu optimieren, ist es also dem TCP gestattet, den Empfang mehrerer TCP-Segmente innerhalb eines Acknowledgement zu bestätigen. Deshalb muss die anfänglich gemachte Aussage, dass das TCP erst nach dem Erhalt einer Bestätigung weitere Daten sendet, relativiert werden. Die Anzahl der TCP-Segmente, die auf einmal bestätigt werden können, hängt von der Größe des Empfangspuffers und der daraus resultierenden Fenstergröße des Empfängers ab. Erfolgt eine Bestätigung für mehrere TCP-Segmente, so zeigt der Inhalt des Acknowledgement-Felds auf die letzten zu bestätigenden Daten. Die Bestätigung gilt also in diesem Fall allen TCP-Segmenten, die in diesen Bereich mit eingeschlossen waren.

Über die Sequenznummer und die Acknowledgement-Nummer lässt sich eine fehlerhafte von einer fehlerfreien Kommunikation unterscheiden. Diese beiden Informationen bieten die wichtigsten Informationen während einer Protokollanalyse auf TCP-Ebene. Hier gilt es, den Verlauf der Sequence- und Acknowledgement-Nummern sehr genau zu beobachten. Denn die Sequence-Nummer stellt die Datenposition in der Form eines Offset-Zählers, bezogen auf die gesamten zu übertragenden Daten, dar. Die Acknowledgement-Nummer dient jeweils dem Empfänger, den Erhalt der Daten zu bestätigen. Bei dieser Bestätigung wird dem Sender mit der Acknowledgement-Nummer die jeweils nächste zu erwartende Datenposition angegeben; sie entspricht also den empfangenen Daten + 1.

Sollten Probleme in der Datenübertragung auftreten, die sich beispielsweise in Performance-Problemen äußern, so sollte man mit einem Protokollanalysator die Sequence-Nummer und die Acknowledgement-Nummer beobachten. Treten bei der Sequence-Nummer beispielsweise Wiederholungen in der Form auf, dass dieselben Zählerstände mehrfach auftreten oder Zählerstände zurückspringen, so lässt dies auf eine gestörte Datenkommunikation schließen.

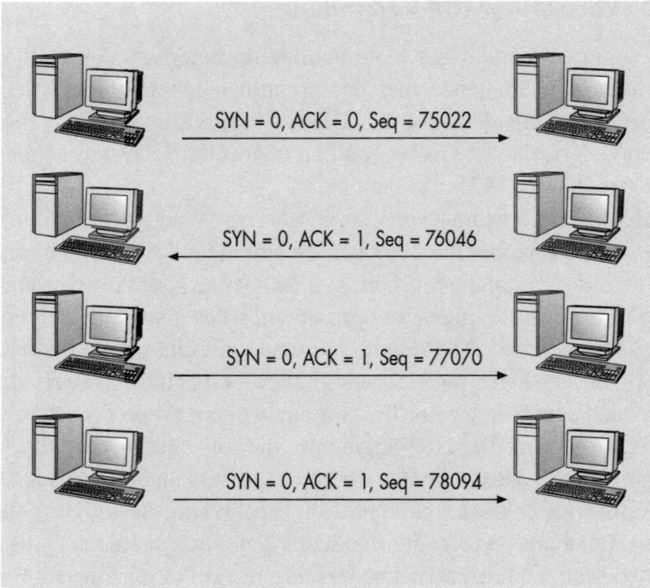

Abb. 10–35 *Verlauf der Sequenznummern während einer TCP-Verbindung*

10.10.7 Das Schließen einer TCP-Verbindung

Two-Way-Handshake

Eine bestehende TCP-Verbindung wird über ein sogenanntes Two-Way-Handshake geschlossen. Das Schließen einer TCP-Verbindung kann beliebig von jedem Kommunikationspartner initiiert werden. Dies ist in der Regel der Fall, wenn einer der beiden Kommunikationspartner keine weiteren Daten mehr zu senden hat. Um eine TCP-Verbindung zu schließen, wird von einer Seite ein TCP-Segment geschickt, in dem das FIN Flag gesetzt ist. Die Aufforderung, die TCP-Verbindung zu schließen, wird vom Kommunikationspartner durch ein TCP-Segment bestätigt, in dem das FIN Flag ebenfalls gesetzt ist.

Beim Schließen der TCP-Verbindungen muss man allerdings berücksichtigen, dass TCP-Verbindungen immer als Vollduplex-Verbindungen aufgebaut werden (Daten können zur selben Zeit in beide Richtungen fließen). Deshalb müssen TCP-Verbindungen auch wieder für jede Richtung separat geschlossen werden. Wurde das Two-Way-Handshake zum Schließen einer TCP-Verbindung ausgeführt, so heißt dies nur, dass die Kommunikationspartner sich darüber geeinigt haben, dass die TCP-Verbindung in einer Richtung geschlossen worden ist. Man spricht auch davon, dass die Seite, die das Schließen der TCP-Verbindung initiiert hat, die Verbindung aktiv geschlossen hat und die Seite, die der Aufforderung des Schließens gefolgt ist, die Verbindung passiv geschlossen hat.

Wird nun weiterhin in einer Richtung kommuniziert und die TCP-Verbindung dazu in einer Richtung bestehen gelassen, so spricht man von Half-

Close (halbes Schließen) einer TCP-Verbindung. In der Praxis findet man jedoch wenige Anwendungsfälle, in denen diese Technik verwendet wird, jedoch sollte man wissen, dass das TCP diese Möglichkeit offen hält und dass eine TCP-Verbindung in beide Richtungen durch ein Two-Way-Handshake geschlossen wird, bevor sie wirklich vollständig abgebaut worden ist.

10.10.8 Das User Datagram Protocol (UDP)

UDP-Header

Vergleicht man den Aufbau des UDP-Headers mit dem Aufbau des TCP-Headers, so fällt gleich auf, dass der Header des UDP mit seinen 8 Bytes viel kürzer ist und viel weniger Informationen beinhaltet wie der des TCP.

Wie Sie bereits erfahren konnten, handelt es sich bei dem UDP um ein verbindungsloses Transportprotokoll, das keinerlei Garantie für den erfolgreichen Versand der Daten bietet. Weiterhin sind in dem UDP keinerlei Funktionen für ein Sequencing implementiert. Das UDP benötigt deshalb auch keinerlei komplexe Fehlererkennungsmechanismen und keine Informationen über das wiederholte Anfordern verloren gegangener Daten.

Man spricht bei Daten, die an das UDP angehängt werden, und beim UDP-Header von UDP-Datagrammen. Die UDP-Datagramme nutzen für den Transport ebenfalls das IP.

Bei der Nutzung des UDP wird der Standpunkt vertreten, dass die höheren Protokolle eventuelle Verluste ausgleichen müssen und gegebenenfalls mit Mechanismen, die ein Sequencing der Daten ermöglichen, aufwarten müssen. Andererseits gibt es viele Anwendungsfälle, in denen auf einmal dieselben Informationen über Broadcasts oder Multicasts an mehrere Stationen in der Form von kurzen Meldungen verschickt werden müssen. Man stelle sich vor, man müsse vor dem Aussenden dieser Informationen zuerst mit 100 Stationen im Netzwerk eine Verbindung aufbauen. In diesem Fall wäre ein vorheriger Verbindungsaufbau, wie es bei einem verbindungsorientierten Protokoll notwendig ist, unmöglich, da dies zu aufwändig wäre. Hierfür ist das UDP hervorragend geeignet, da kein vorheriger Verbindungsaufbau notwendig ist. Weiterhin ist das UDP bei einer Client-Server-Kommunikation hervorragend geeignet, in der kurze Befehle und entsprechende Antworten ausgetauscht werden. Dies ist ein klassischer Anwendungsfall des UDP, denn der Verzicht auf den vorherigen Verbindungsaufbau und der geringere Protokoll-Overhead machen sich in der Performance klar bemerkbar.

10.10.9 Der UDP-Header

Source und Destination Port Field

Die Länge des UDP-Headers beträgt nur 8 Byte und beinhaltet die vier Felder Quellport, Zielport, Datenlänge und Prüfsumme. Bei den ersten beiden 2 Byte langen Feldern handelt es sich also um das *Source Port Field* und das *Destination Port Field.* Diese beiden Felder haben dieselbe Funktion wie deren jeweiliges Komplement in dem TCP-Header, über das die höheren Quell- und Zielanwendungen gekennzeichnet werden. Jedoch kommt es hierbei in vielen Anwendungsfällen vor, dass auf die Angabe des Source Port Field verzichtet wird und dieses einfach auf 0 gesetzt ist. Die Source-Port-Nummer verliert beim verbindungslosen UDP an Bedeutung, da hier keine Sitzung aufgebaut wird, auf deren Basis in beide Richtungen mehrfach kommuniziert wird. Das Source Port Field ist deshalb laut RFC optional und muss nicht unbedingt gesetzt werden.

Length Field

An dritter Stelle innerhalb des UDP-Headers folgt das 2 Byte lange *Length Field*. Das Length Field gibt die Länge des gesamten UDP-Datagramms an.

Checksum Field

Bei dem letzten Feld handelt es sich um das 2 Byte lange *Checksum Field*, in dem, wie beim TCP, eine Checksumme über den Teil des Headers und der Daten gebildet wird. Die Checksumme wird jedoch in vielen Fällen nicht berechnet, und in diesem Fall wird der Inhalt des Feldes einfach auf 0 gesetzt.

Abb. 10-36
Der Aufbau des 8 Byte langen UDP-Headers

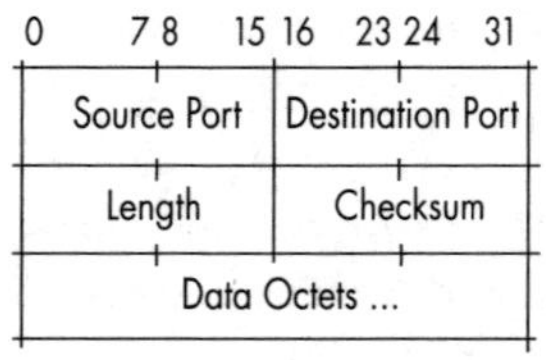

11 Einführung in die Novell-Protokollfamilie

Novell-Protokollfamilie

Nachdem Sie jetzt einiges über die TCP/IP-Protokollfamilie erfahren konnten, fahren wir nun mit der Novell-spezifischen Protokollfamilie fort. Novell hat mit seiner NetWare seit den frühen Jahren der Netzwerkepoche eine dominierende Rolle unter den Netzwerkbetriebssystemen. In der Zeit, in der andere Betriebssystemhersteller noch fleißig an einer Server-Betriebssystemversion bastelten, konnte Novell bereits mit einer großen Anzahl von verkauften Server-Betriebssystemen aufwarten. Ein leistungsstarker Bestandteil der Novell NetWare war schon immer ein eigener Protokollstack, der wegen seiner Plug&Play-Adressenzuordnungs-Funktionalität, seiner Zuverlässigkeit und wegen seiner guten Performance bei den Netzwerkadministratoren große Beliebtheit gewann. Spielt das TCP/IP erst seit wenigen Jahren in lokalen Netzwerken bedingt durch die Anbindung an das Internet und den Aufbau von Intranets eine entscheidende Rolle, so wurde diese Position lange Zeit durch die Novell-Protokollfamilie bestritten.

IPX und SPX

Innerhalb der Novell-Protokollfamilie bietet Novell für Datentransport zwei hauseigene Protokolle, das Internetwork Packet Exchange (IPX) und das Sequenced Packet Exchange (SPX), unter den Microsoft-Betriebssystemen besser bekannt als NWLink IPX/SPX-kompatibles Transportprotokoll. In vielen Fällen sprechen auch Novell-Anhänger vom IPX/SPX, obwohl es sich hierbei genau betrachtet um zwei Protokolle beziehungsweise Serviceschichten handelt. Denn streng genommen ist das IPX auf der dritten Schicht des OSI-Referenzmodells anzusiedeln und das SPX auf der vierten Schicht. Bei dieser Aussage werden einige Kritiker vielleicht anmerken, dass diese Zuordnung nicht ganz richtig ist. Das stimmt, denn betrachtet man sich die IPX- und SPX-Header genauer, so stellt man fest, dass bei einem SPX-Header der Anfang des Headers dem des IPX-Headers entspricht und SPX letztendlich eine Erweiterung des IPX-Headers darstellt. Man müsste somit bei einer genauen Betrachtung sagen, dass das IPX nur auf der dritten Schicht des OSI-Referenzmodells und das SPX-Protokoll auf der dritten und vierten Schicht des OSI-Referenzmodells anzuordnen ist.

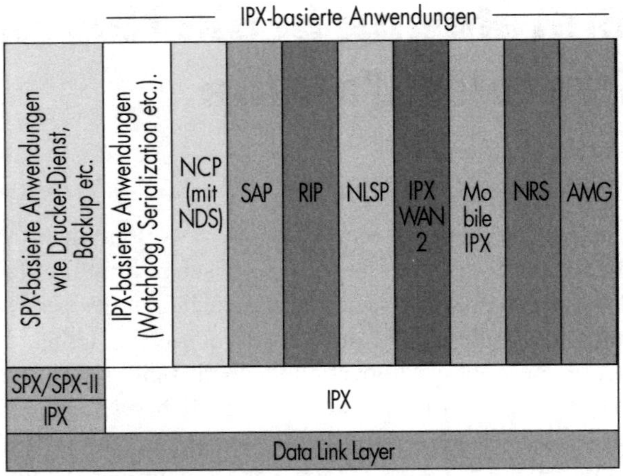

Abb. 11–1
Zuordnung der höheren Protokolle, die entweder das IPX oder das SPX für den Transport nutzen

Ursprünglich waren die Protokolle IPX/SPX in Zusammenhang mit NetWare ein klares Muss, da das Netware Core Protocol (NCP), das in einem Novell-Netzwerk der eigentlichen Client-Server-Kommunikation entspricht, das IPX/SPX als Transportprotokoll vorausgesetzt hat und nur daran angebunden werden konnte.

Da jedoch die Anwender in einem Netzwerk heutzutage häufig einen Zugang zum Internet haben und die Dienste des Internets nutzen möchten, benötigen Sie das TCP/IP als Transportprotokoll. Anfänglich wurde deshalb in einer Novell-basierten Serverumgebung parallel zum IPX/SPX das TCP/IP-Protokoll innerhalb des lokalen Netzwerks installiert und genutzt. Da es jedoch für die Performance eines Netzwerks nachteilig ist, mehrere Netzwerkprotokolle parallel zu fahren, musste Novell hier nachziehen. Dies hat Novell mit der Einführung der NetWare 5 getan, indem das NCP modifiziert wurde und nun ebenfalls direkt auf das TCP/IP gebunden werden kann, wodurch das IPX/SPX nicht mehr unbedingt notwendig ist. Man sollte aber dennoch das IPX/SPX nicht gleich über Bord werfen, denn in einem Netzwerk ohne Internetzugang bietet das IPX/SPX heute noch eine gute Alternative zum TCP/IP. Denn das IPX/SPX setzt in der Konfiguration weitaus weniger Kenntnisse voraus und stellt zusätzlich durch einen geringeren Protokoll-Overhead gegenüber TCP/IP das schnellere Transportprotokoll dar.

11.1 Das IPX

IPX, Internetwork Packet Exchange

Vergleicht man das IPX und das SPX, so hat das IPX gegenüber dem SPX den Vorteil, dass der Protokoll-Overhead geringer ist. Jedoch muss dieser mit der Tatsache bezahlt werden, dass die Kommunikation beim IPX verbindunglos stattfindet. Wie Sie bereits erfahren konnten, heißt verbindungslos, dass das IPX keinerlei Garantie gibt, ob die Daten beim Empfänger ordnungsgemäß und in der richtigen Reihenfolge, sprich in der richtigen Sequenz, eingetroffen sind. Jedoch muss man an dieser Stelle vorweg erwähnen, dass bei der NetWare-Kommunikation eigentlich auf die Kontrollinstanz der Transportprotokolle verzichtet werden kann, da das NCP selbst ein verbindungsorientiertes Protokoll darstellt. Man verschiebt also in diesem Fall die Kontrollinstanz einfach auf die höhere Protokollschicht. Dies hat allerdings auch den Nachteil, dass bei einer fehlerhaften Kommunikation, also falls ein Teil der Daten verloren gegangen ist, das Problem erst auf einer höheren Ebene erkannt werden kann, wodurch sich die erneute Versendung der Daten viel aufwändiger gestaltet und ein System mehr belastet.

11.1.1 Der IPX-Header

IPX-Header

Der IPX-Header hat eine Gesamtlänge von 30 Byte und ist in 10 Felder unterteilt. In den 10 Feldern sind unter anderem Informationen über die Länge, die Anzahl der passierten Router, die Netzwerkadresse und die Knotenadresse der Zielstation enthalten.

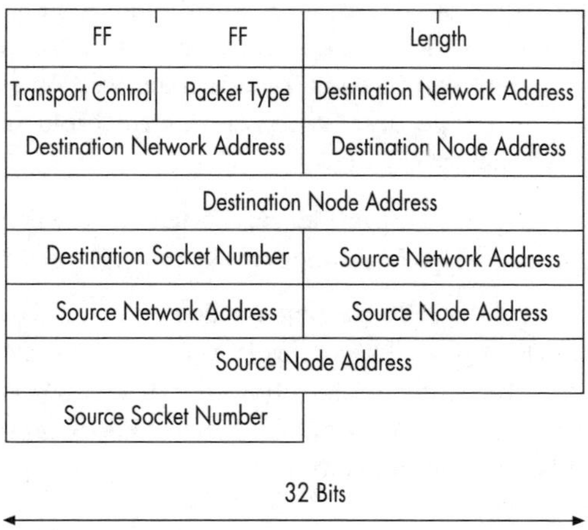

Abb. 11–2
Aufbau des IPX-Headers

11.1.2 Die Kontrollfelder des IPX-Headers

Checksum Field

Das erste Feld innerhalb des IPX-Headers ist das *Checksum Field,* das eine Länge von 2 Byte hat. Per Default-Einstellung wird das Checksum Field nicht genutzt und hat den Inhalt 0xFFFF. Über den Inhalt des Checksum Field kann auf Wunsch eine Überprüfung der Datenkonsistenz des IPX-Headers durchgeführt werden. Die IPX-Checksummenkalkulation ist auf Seiten der Clients und Server per Default abgeschaltet, da sich die Checksummenkalkulation grundsätzlich auf die Performance negativ auswirkt. Novell vertritt in diesem Fall die Philosophie, dass die Fehlerüberprüfung anhand der CRC-Überprüfung auf Frameebene ausreichend ist. Besteht man jedoch auf einer erhöhten Sicherheit, so lässt sich die IPX-Checksummenkalkulation client- und serverseitig aktivieren, es sei denn, man verwendet das Ethernet_802.3-Frameformat, da hier die 0xFFFF am Anfang des IPX-Headers für die eindeutige Kennung eines IPX-Pakets benötigt werden.

Length Field

Das zweite Feld des IPX-Headers ist das *Length Field,* das eine Angabe über die gesamte Länge des Internetwork-Pakets, also die Länge des IPX-Headers und die Länge des darauf folgenden Datenteils, zur Verfügung stellt.

Transport Control Field

Das darauf folgende *Transport Control Field* kennzeichnet die Anzahl der Router, die ein IPX-Paket auf dem Weg zwischen der Quell- und der Zielstation insgesamt passiert hat. Dieses Feld hat eine Länge von 1 Byte, wodurch ein Wertebereich von 0 bis 15 zugelassen ist. Beim Aussenden eines IPX-Pakets wird der Wert des Transport Control Field von der sendenden Station auf Null gesetzt. Jeder Router, der passiert wird, verändert den Inhalt des Transport Control Field, indem er den Wert um 1 erhöht. Nach dem fünfzehnten Router ist der Wert auf 15 gesetzt und stellt somit den maximalen Wert des Transport Control Field dar. Versucht das IPX-Paket, einen zusätzlichen Router zu passieren, so wird das IPX-Paket vom Router verworfen. In der Länge des Transport Control Field liegt also letztendlich auch der Hintergrund für die Aussage, dass ein Novell-Netzwerk mit einer maximalen Ausdehnung von 15 Routern aufgebaut werden kann. Einen höheren Wert lässt die Länge des Transport Control Field im IPX-Header schlicht und einfach nicht zu.

⇨ Bei der Festlegung der Anzahl der passierten Router spricht man auch von der Anzahl der Hops beziehungsweise einem Hop-Counter.

Packet Type Field

Bei dem nächsten Feld des IPX-Headers handelt es sich um das *Packet Type Field*, das den Servicetyp angibt, der das IPX-Paket nutzt. Das Packet Type Field stellt somit die Kennung des Pakettyps dar. Dabei gibt der Wert 0 oder 4 eine IPX-Kommunikation an, der Wert 5 eine SPX-Kommunikation und der Wert 17 eine NCP-Kommunikation.

Tab. 11–1
Verschiedene Pakettypen

Pakettyp	Bedeutung
0	IPX-Kommunikation
4	IPX-Kommunikation
5	SPX-Kommunikation
17	NCP-Kommunikation

Die Zieladressen des IPX-Headers

Destination Network Field

Das folgende *Destination Network Field* gibt die 4 Byte lange Netzwerkadresse des Netzwerks an, in dem sich die Zielstation befindet. Der Wert 0x00-00-00-00 entspricht der Adressierung einer Zielstation, welche sich innerhalb desselben Netzwerks wie die sendende Station befindet. IPX-

Pakete mit der Angabe 0x00-00-00-00 im Destination Network Field werden deshalb auch grundsätzlich nicht über Router weitergeleitet. Wird ein Paket zu einem Novell-Server verschickt, so beinhaltet das Destination Network Field die interne Netzwerkadresse des Servers.

Destination Node Field

Bei dem darauf folgenden 6 Byte langen *Destination Node Field* handelt es sich um die Adresse der Zielstation. In einem als Broadcast adressierten Paket beinhaltet dieses Feld den Wert 0xFF-FF-FF-FF-FF-FF. Wird ein Paket an einen Server verschickt, so enthält das Destination Node Field grundsätzlich die Adresse 0x00-00-00-00-00-01 und wird somit vom NetWare Protocol Stack auf das interne IPX-Netzwerk des Servers zugeordnet.

Interne und externe IPX-Adressen

IPX-Adressen

Grundsätzlich muss man bei den IPX-Adressen zwischen den internen und externen IPX-Adressen unterscheiden. Betrachtet man den Aufbau eines Servers, so verfügt der Server über ein internes virtuelles IPX-Netzwerk, das über einen Router mit den externen Netzwerksegmenten verbunden wird. An das interne virtuelle Netzwerk sind alle Dienste des Servers angebunden, die jeweils über die Socket-Nummern adressiert werden. Die interne IPX-Adresse eines Servers ist, wie bereits aufgeführt, die 0x00-00-00-00-00-01. Dass jedes IPX-Paket, das von einem Server verschickt wurde, über den internen Router läuft, sieht man auch an den Hop-Informationen eines IPX-Pakets, das grundsätzlich den Startwert 1 hat, worauf wir noch detailliert eingehen werden.

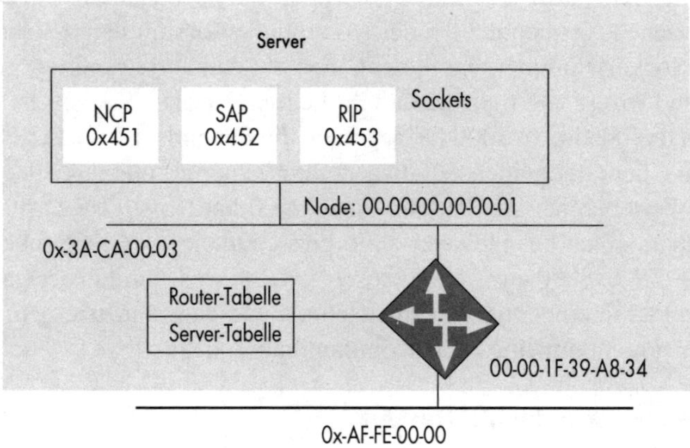

Abb. 11-3 *Aufbau eines Novell-Servers mit internem virtuellem IPX-Netzwerk*

Sockets

Destination Socket Field

Über das folgende 2 Byte lange *Destination Socket Field* des IPX-Pakets wird eine Kennzeichnung des Endprozesses vorgenommen, der als Socket bezeichnet wird und angibt, für wen das Paket letztendlich bestimmt ist. Beispielsweise entspricht der Wert 0x0451 dem des NCP (weitere Werte siehe folgende Tabelle).

Tab. 11-2
Ausschnitt der Well-known-Socket-Nummern

Socket-Nummer	Socket
0x0451	NCP Netware Core Protocol
0x0452	SAP Service Advertising Protocol
0x0453	RIP Router Information Protocol
0x0455	NetBIOS
0x0456	Diagnostic Responder (Diagnosepaket)
0x0457	Serialisation (Serialisierungspaket)
0x4000-0x8000	Dynamische Sockets für Client/Server
0x9001	NLSP
0x9004	IPXWAN
0x9086	IPX Ping
0x9088	Mobile IPX Socket

Well-known und dynamische Sockets

Bei den Sockets der Novell-Protokollfamilie unterscheidet man grundsätzlich zwischen den Well-known Sockets, den dynamischen Sockets und den Sockets für Drittanbieter. Die Well-known Sockets sind vergleichbar mit den Well-known-Portnummern der TCP/IP-Protokollfamilie und entsprechen den Sockets, die von Novell fest vergeben wurden. Die dynamischen Sockets werden hingegen von den Clients benutzt, um ihre Prozesse eindeutig zu kennzeichnen. Ein Client erhält über die Kennzeichnung der Prozesse mithilfe von Socket-Nummern die Möglichkeit, parallel mehrere offene Prozesse zu haben, also Prozesse, die noch nicht vollständig abgearbeitet wurden. Der Server benutzt bei der Kommunikation mit dem Client immer dieselbe Socket-Nummer, damit der Client die Antwort des Servers eindeutig seinem Prozess zuordnen kann. Für die dynamischen Sockets ist der Bereich von 0x4000 bis 0x8000 freigegeben, die dynamische Socket-Nummer wird vom Client über einen Zufallsgenerator generiert und festgelegt.

Den Wertebereich von 0x8000 bis 0x9000 hat Novell für Drittanbieter vorbehalten, so hat beispielsweise die Firma Oracle sich die Socket-Nummern 0x807F, 0x8080 und 0x8081 reserviert. Sie sind somit in der Lage, ihre Kommunikation eindeutig zu kennzeichnen und damit anzuzeigen, dass es sich hierbei nicht um eine NCP-Kommunikation handelt.

Die Quelladressen im IPX-Header

Source Network Field

Nach der Angabe der Socket-Nummer folgen noch drei weitere Felder im IPX-Header. Das *Source Network Field* enthält die Netzwerkadresse, auf der sich die sendende Station befindet. Bei einem IPX-Paket, das von einem Server ausgesendet wurde, entspricht der Inhalt des Source Network Field der internen IPX-Adresse des Servers.

Source Node Field

Bei dem *Source Node Field* handelt es sich um die 6 Byte lange Knotenadresse der Quellstation. Die Adresse 0x00-00-00-00-00-01 entspricht dabei einem Paket, dessen Ursprung ein NetWare-Server war.

Source Socket Field

Im letzten Feld des IPX-Headers, dem *Source Socket Field*, wird die Socket-Nummer des sendenden Prozesses angegeben, wobei die Festlegung der jeweiligen Socket-Nummern den Destination Sockets entspricht.

Das Plug&Play der IPX-Adressen

Wie bereits am Anfang dieses Abschnitts erwähnt, ist ein großer Vorteil der Novell-Protokollfamilie, dass die Netzwerkadressen über eine Art Plug&Play-Funktionalität den Stationen automatisch zugeordnet werden. Anders wie bei der TCP/IP-Protokollfamilie sind also keinerlei Adresskonfigurationen an den Stationen notwendig. Dieser Vorteil wurde bei vielen Netzwerkadministratoren schon immer hoch geschätzt, da er die Einrichtung eines Netzwerks deutlich vereinfacht.

Betrachtet man eine IPX-Netzwerkadresse, die genau genommen als IPX-Internetwork-Adresse bezeichnet wird, so hat diese eine Gesamtlänge von 10 Byte und ist in zwei Teile unterteilt. Die ersten vier Bytes entsprechen dabei der Netzwerkadresse und die restlichen sechs Bytes der Knotenadresse. Dieses Format der Unterteilung wird auch sehr oft an der Schreibweise einer IPX-Internetwork-Adresse deutlich, die z. B in dem Format 0xBA-DE-AF-FE:C7-93-12-A6-79-38 angegeben wird, also mit einem Doppelpunkt unterteilt ist.

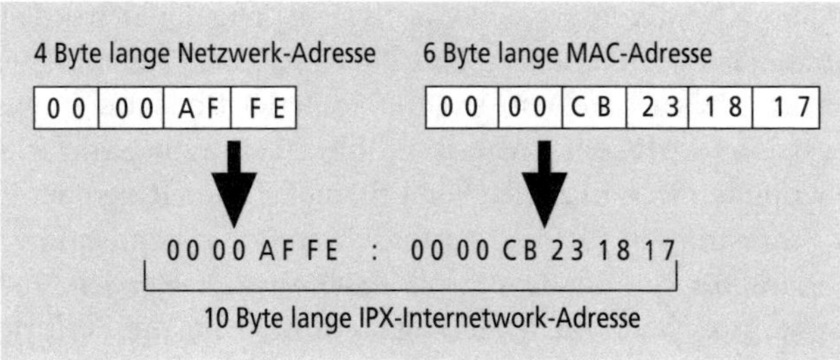

Abb. 11–4
Format der IPX-Internetwork-Adressen

Bildlich lässt sich die Aufteilung der IPX-Internetwork-Adresse wieder mit den Straßennamen und der Hausnummer vergleichen, wobei der Straßenname der Netzwerkadresse und die Hausnummer der Knotenadresse entspricht. Bei der Installation oder Einrichtung eines Servers wird die Netzwerkadresse für jede Netzwerkkarte festgelegt, wobei ein Server eine oder mehrere Netzwerkkarten besitzen kann. Sind mehrere Netzwerkkarten installiert, so fungiert der Server in der Regel zusätzlich als Router, in dem dann jede Netzwerkkarte als eine Seite des Routers betrachtet werden muss. Alle Stationen, die, wie auch immer, an der einen Seite des Servers/Routers angeschlossen sind, erhalten beim Initialisierungsvorgang automatisch dieselbe Netzwerkadresse.

Die 6 Byte lange Knotenadresse wird von der 6 Byte langen MAC-Adresse der Netzwerkkarte abgeleitet. Da die MAC-Adresse grundsätzlich eindeutig ist, wird gewährleistet, dass die IPX-Knotenadresse auf jeden Fall eindeutig ist und nicht noch einmal im Netzwerk vorkommen kann.

Für die Protokollanalyse sind die Adressinformationen des IPX-Headers von großer Bedeutung, da nur diese Adressinformationen die Quelle und das Ziel eindeutig kennzeichnen. Denn man muss auch hierbei wieder berücksichtigen, dass die Adressinformationen des MAC-Headers sich automatisch verändern, sobald die Daten einen Router passiert haben.

11.2 Das SPX

Sequenced Packet Exchange

Bewegen wir uns nun eine Schicht höher in der Novell-Protokollfamilie, so gelangen wir zu dem SPX-Protokoll. Historisch bedingt, gibt es bei dem SPX-Protokoll zwei verschiedene Versionen, die von Novell als SPX und SPX-II bezeichnet werden. Erstmalig wurde das neue SPX-II 1992 auf der Novell Developer Conference von Novell vorgestellt und galt als verbesserte Version des SPX.

SPX und SPX-II

Denn die erste Version des SPX ließ nur eine maximale Paketgröße von 576 Byte zu. Da allein der SPX-Header eine Länge von 42 Byte hatte, konnten somit maximal 534 Byte an Nutzdaten übertragen werden. Diese Längenrestriktion hatte ihren Ursprung in der Entstehungsgeschichte des SPX, das vom dem XNS (Xerox Networks System) abgeleitet worden ist. Das XNS stammt aus der Zeit, in der die frühere ARCnet-Technologie populär war und in der dieser Längenrestriktion keinerlei Bedeutung beigemessen wurde, da bei dem ARCnet sowieso nur die Übertragung von 508 Byte an Nutzdaten möglich war. In Zeiten von Ethernet, Token Ring oder FDDI war diese Längenrestriktion für den Austausch großer Datenmengen natürlich nicht mehr tragbar, da der Overhead des Protokoll-Headers zu dem der Nutzdaten zu groß war, was letztendlich ein Maß für die Performance ist. Somit war Novell gezwungen, diese Längenbeschränkung des SPX-Protokolls zu beseitigen. Das Ergebnis war die Einführung von SPX-II, das die verfügbaren Datenlängen der neuen Netzwerktechnologien unterstützen konnte und mit zusätzlichen Verbesserungen aufwartete.

11.2.1 Der SPX-Header

SPX-Header

Die Länge des SPX-Headers der ersten SPX-Version entsprach 42 Byte. Bei der Folgeversion SPX-II wurde der Aufbau des Headers durch ein zusätzliches Feld, das an den bestehenden SPX-Header angehängt wurde, etwas erweitert. Das zusätzliche Feld hat eine Länge von 2 Byte, so dass die gesamte Länge des neuen SPX-II-Headers 44 Byte beträgt. Obwohl es heute die SPX-II-Version gibt, wird in einem großen Teil der heutigen verbindungsorientierten Kommunikation immer noch das Standard-SPX verwendet, da dessen Datenlänge in vielen Fällen ausreichend ist.

Betrachtet man die Felder innerhalb der SPX-Header der beiden SPX-Versionen, so sind die ersten 42 Bytes bei beiden Versionen identisch. Die ersten 30 Bytes entsprechen dabei dem Inhalt des IPX-Headers. Der SPX-Header wird durch den Wert 0x05 im Pakettypfeld innerhalb des IPX-Teils gekennzeichnet.

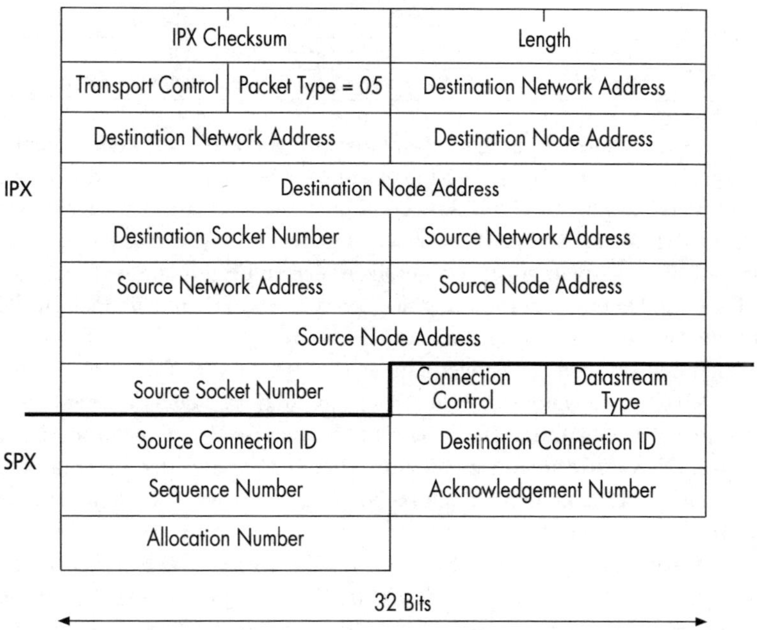

Abb. 11-5
Aufbau des SPX-Headers; inhaltlich handelt es sich beim vorderen Teil um den IPX-Header.

Die gegenüber dem IPX-Header zusätzlich vorhandenen zwölf Felder werden letztendlich für die Kontrollmechanismen, die für die Realisierung der verbindungsorientierten Kommunikation benötigt werden, genutzt.

Connection Control Field

Über das 1 Byte lange *Connection Control Field* wird der Datenaustausch gesteuert. Der Wert 0x10 symbolisiert beispielsweise, dass die Datenübertragung beendet wird. Beinhaltet das Connection Control Field den Wert 0xC0, so handelt es sich um ein Systempaket mit einer Bestätigung oder mit einer Anforderung für eine Bestätigung (weitere Definitionen siehe folgende Tabelle).

Tab. 11–3
Festlegung der einzelnen Bits des Connection Control Field im SPX-bzw. SPX-II-Header

Bit-Position	Bezeichnung	Bedeutung
Bit 0	XHD	Reserviert für SPX-II, kennzeichnet, dass ein erweiterter SPX-II-Header verwendet wird
Bit 1	RES1	Reserviert, muss immer auf Null gesetzt sein
Bit 2	NEG	Festlegung, ob es sich um eine SPX-II-Anforderung oder eine Antwort handelt, bei SPX ist dieser Wert immer auf Null gesetzt
Bit 3	SPX-II	Kennzeichnet ein SPX-II-Paket, ist bei SPX auf Null gesetzt
Bit 4	EOM	Ende einer Nachricht
Bit 5	ATN	Kennzeichnet ein Paket mit erhöhter Aufmerksamkeit, ist bei SPX auf Null gesetzt
Bit 6	ACK	Anforderung für eine Bestätigung
Bit 7	SYS	Systempaket, wird als Bestätigung verwendet

Datastream Type Field

Durch das folgende 1 Byte lange *Datastream Type Field* wird der Datentyp gekennzeichnet, der in dem SPX-Paket transportiert wird. Wobei der Wertebereich von 0x00 bis 0x7F für Anwendungen reserviert ist, der Bereich von 0x80 bis 0xFD ist für SPX-II reserviert. Die letzten zwei möglichen Werte sind speziellen Aufgaben zugeordnet. Der Wert 0xFE gibt die Aufforderung für das Beenden einer Verbindung an, der Wert 0xFF kennzeichnet die Bestätigung für den Verbindungsabbau.

Unter den Bereich der Anwendungen (0x00 bis 0x7F) fällt zum Beispiel der Novell-Drucker-Dienst, der durch den Inhalt des Datastream Type Field gesteuert wird. Der Inhalt 0x01 hält beispielsweise den Druckvorgang an und löscht den Pufferinhalt, wohingegen der Inhalt 0x02 den Druckauftrag nur anhält, die Druckdaten jedoch beibehält und auf weitere Steuerungsanweisungen warten lässt.

Source Connection ID Field

Der Inhalt des zwei Byte langen *Source Connection ID Field* wird vom Sender festgelegt und realisiert durch seinen Wert eine eindeutige Kennzeichnung der SPX-Verbindung. Durch diese eindeutige Kennzeichnung beziehungsweise Zuordnungsmöglichkeit können von jedem Kommunikationspartner mehrere SPX-Verbindungen zur selben Zeit unterstützt werden.

Destination Connection ID Field

Bei dem folgenden 2 Byte langen *Destination Connection ID Field* handelt es sich um das Komplement des Source Connection ID Field. Über das Destination Connection ID Field wird eine eindeutige ID des SPX-Verbindungspartners angegeben. Beim ersten Paket ist dieser Wert immer auf 0xFFFF festgelegt, da noch keine Festlegung durch den Verbindungspartner erfolgen konnte.

⇨ Der Wert 0xFFFF im Source Connection ID Field eignet sich somit hervorragend, um SPX-Pakete eines Verbindungsaufbaus aus dem Datenstrom herausfiltern zu können.

Sequence Number Field

Über das folgende 2 Byte lange *Sequence Number Field* wird die Anzahl der übertragenen Datenpakete einer Station angegeben. Der Wert des Sequence

Number Field wird grundsätzlich um 1 erhöht, sobald eine Bestätigung des zuvor übertragenen Datenpakets empfangen wurde. Erreicht der Inhalt des Sequence Number Field den maximalen Wert von 0xFFFF, so wird bei 0x0000 wieder begonnen und weitergezählt.

Acknowledgement Number Field

Für die Überwachung einer fehlerfreien Kommunikation wird das 2 Byte lange *Acknowledgement Number Field* genutzt. Durch den Inhalt des Acknowledgement Number Field wird die Sequenznummer des SPX-Pakets angegeben, die vom Verbindungspartner als nächstes erwartet wird. Stimmen diese beiden Sequenznummern nicht überein, so geht die empfangende Station von einem verloren gegangenen SPX-Paket aus.

Allocation Number Field

Das *Allocation Number Field* hat eine Länge von 2 Byte und gibt zwecks Steuerung des Datenflusses die Anzahl der verfügbaren Empfangspuffer auf der Workstation-Seite an. Der Anfangswert liegt bei 0x00 und zeigt mit diesem Wert den ersten verfügbaren Empfangspuffer an. Der Wert 0x05 zeigt beispielsweise 6 verfügbare Empfangspuffer an.

11.2.2 Handshake

Two-Way-Handshake

Wie es für verbindungsorientierte Protokolle üblich ist, muss vor dem eigentlichen Datenaustausch zwischen zwei Kommunikationspartnern auf Basis des SPX-Protokolls erst eine SPX-Verbindung aufgebaut werden. Bei dem SPX-Protokoll wird dazu ein Verfahren verwendet, das als Two-Way-Handshake bezeichnet wird.

Für den Aufbau einer Verbindung eröffnet beispielsweise ein Client einen Socket, indem er an den Server eine Anforderung nach dem Motto: „Meine Connection ID ist 37.567, deine Connection ID ist 65.535“, verschickt. Der Server antwortet darauf mit einer Antwort, in der er beispielsweise sagt, „meine Connection ID ist 23856 und deine Connection ID ist 37.567“. Innerhalb der folgenden Kommunikation zwischen den beiden Partnern werden diese beiden IDs genutzt, um die SPX-Verbindung eindeutig zu kennzeichnen.

Während des darauf folgenden Datentransfers startet der Client mit einer Anforderung, die die Sequence Number 0 und ebenfalls die Acknowledgement Number 0 beinhaltet. Darauf antwortet der Server mit einer Bestätigung, die ebenfalls die Sequence Number 0 und die Acknowledgement Number 1 beinhaltet. Mit dieser Antwort, welche die Acknowledgement Number 1 beinhaltet, wird zum einen die als Nächstes erwartete Sequence Number der Gegenstelle, sprich des Client, angegeben, zum anderen wird die empfangene Anforderung bestätigt. Eine Bestätigung ist dabei immer die Basis für das Erhöhen der Sequenznummer auf der Gegenseite.

Die Sequenznummern in den SPX-Paketen des Servers bleiben bei der Kommunikation so lange auf 0, solange er keine eigenen Daten an den Client verschickt. Dies ist jedoch in der Praxis bei einer typischen Kommunikation nicht immer der Fall und macht die Verfolgung des Datenaustauschs etwas komplizierter. Sendet der Server eigene Daten, so erhöht sich dessen Sequenznummer ebenfalls, nachdem seine Daten bestätigt wurden (siehe Abbildung 11-6).

Abb. 11-6
Ablauf eines SPX-Verbindungsaufbaus und der SPX-Kommunikation

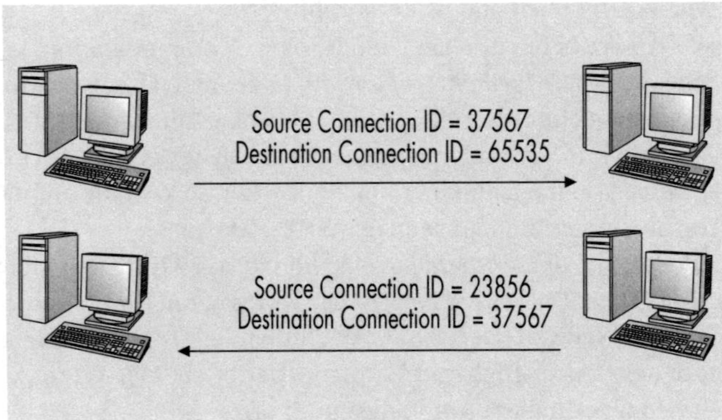

Für das Beenden einer SPX-Verbindung wird eine End-Of-Connection-Anforderung an den Kommunikationspartner geschickt. Die SPX-Verbindung wird daraufhin beendet und die Gegenstelle antwortet nochmals mit einer End-of-Message-Bestätigung. Sollen weitere Daten ausgetauscht werden, so muss vor dem Austausch der Daten erst wieder eine neue SPX-Verbindung aufgebaut werden.

Kommt es zu Performance-Problemen im Netzwerk, so kann man mithilfe eines Protokollanalysators die SPX-Kommunikation überprüfen. Hierbei gilt es, die Inhalte des Source Connection ID Field, des Destination Connection ID Field, die Bits des Connection Control Field, des Sequence Number Field und des Acknowledgement Field zu überwachen. Anhand dieser Felder kann man nach dem zuvor genannten Ablauf eine fehlerfreie von einer fehlerhaften Kommunikation unterscheiden.

11.2.3 SPX-Fehlerkontrolle

SPX-Fehlerkontrolle

Stellt sich nun die Frage, was passiert, wenn Störungen oder Fehler innerhalb eines Netzwerks eine fehlerfreie SPX-Kommunikation zwischen zwei Kommunikationspartnern nicht mehr zulassen.

Für den Fehlerfall sind im SPX-Protokoll als Gegenmaßnahme zwei Verfahren vorgesehen. Zum einen wird während einer Datenübertragung dafür gesorgt, dass bei einem Fehler die SPX-Verbindung nicht gleich abgebrochen und erneut versucht wird, die Daten zu versenden. Zum anderen sorgt ein weiteres Verfahren dafür, dass in einer Ruhephase, in der keine Daten übertragen werden, geprüft wird, ob der Kommunikationspartner noch verfügbar ist beziehungsweise ob die Kommunikation noch möglich ist, um somit eine fehlerhafte SPX-Verbindung abzubauen, damit Ressourcen geschont werden können.

Die SPX-Fehlerkontrolle lässt sich am einfachsten über die verschiedenen Parameter erklären, die das zeitliche Verhalten der Fehlerkontrolle bestimmen. Wir wollen deshalb im Folgenden neben der Erklärung des allgemeinen Ablaufs im Fehlerfall auf einige SPX-Parameter eingehen.

Wiederholte SPX-Anforderungen

Bleibt eine Bestätigung, nachdem Daten mit einer Aufforderung für eine Empfangsbestätigung versendet wurden, aus, so handelt es sich um einen Fehler innerhalb der SPX-Kommunikation. Denn das Standard-SPX lässt normalerweise nicht mehr als ein ausstehendes Datenpaket innerhalb einer SPX-Verbindung zu. In diesem Fall wird für eine gewisse Zeit dieselbe Anforderung wiederholt an den Kommunikationspartner versendet, bevor die Verbindung nach ausbleibender Bestätigung letztendlich abgebaut wird. Per Default wird dazu 20 Mal die wiederholte Anforderung verschickt. Die wiederholte Anforderung lässt sich deutlich bei einer Protokollanalyse sehen und deutet somit auf Kommunikationsprobleme hin.

SPX Acknowledgement Wait Timeout und SPX Minimum Retry Count

Die zeitlichen Abstände zwischen den wiederholten Anforderungen sind dabei unterschiedlich, sie steigen mit der Anzahl der wiederholten Anforderungen. Dabei werden die ersten wiederholten Anforderungen in einem Abstand von weniger als einer Sekunde verschickt, dann im Sekundenabstand, danach alle zwei Sekunden, dann alle drei Sekunden und zu guter Letzt alle fünf Sekunden. Die Festlegung über die Länge der Wartezeit nach dem Ausbleiben einer angeforderten Bestätigung und die Anzahl der wiederholten Aussendungen wird über zwei SPX-Parameter vorgenommen, die am Server oder Client festgelegt werden können. Bei diesen Parametern handelt es sich um den SPX Acknowledgement Wait Timeout und den SPX Minimum Retry Count. Direkt können diese beiden Parameter allerdings nur am Server eingestellt beziehungsweise verändert werden.

SPX Retry Count

SPX Retry Count

Der Wert des SPX Minimum Retry Count legt serverseitig die Anzahl der wiederholten Aussendungen fest, falls eine angeforderte Bestätigung ausbleibt, bevor die Verbindung abgebrochen wird. Ist der Wert beispielsweise auf 20 eingestellt, so wird bei einer ausbleibenden Bestätigung dasselbe SPX-Paket 20 Mal zum Kommunikationspartner geschickt, bevor die Verbindung letztendlich abgebrochen wird.

Die Anzahl der maximalen Aussendungen von wiederholten Anforderungen wird clientseitig über den IPX Retry Count eingestellt. Von der Bezeichnung her ist er eigentlich der Steuerung des IPX-Protokolls zuzuordnen, jedoch wird der SPX Retry Count vom IPX Retry Count abgeleitet und legt somit ebenfalls die Anzahl der wiederholten SPX-Anforderungen fest.

SPX Acknowledgement Wait Timeout

SPX-Parameter SPX Acknowledgement Wait Timeout

Weiterhin lässt sich serverseitig nach Bedarf noch über den SPX-Parameter SPX Acknowledgement Wait Timeout die erste Wartezeit nach dem Ausbleiben der Empfangsbestätigung festlegen. So ist es möglich, das Warteverhalten auf die jeweilige vorhandene Netzwerkumgebung anzupassen. Dies könnte beispielsweise bei einer langsamen oder stark ausgelasteten Netzwerkverbindung notwendig sein. Der Wert wird dabei über die Anzahl sogenannter Ticks festgelegt, wobei ein Tick etwa 1/18 Sekunde beträgt. Per Default ist der SPX Acknowledgement Wait Timeout mit 54 Ticks festgelegt, was einer Wartezeit von 3 Sekunden entspricht.

Auf der Seite des Clients wird während des Verbindungsaufbaus zum Kommunikationspartner über den RIP-Wert die Entfernung zwischen den Kommunikationspartnern in Ticks ermittelt und der doppelte Wert automatisch als SPX Acknowledgement Wait Timeout eingestellt.

Grundsätzlich ist es per Default möglich, 20 SPX-Verbindungen zur selben Zeit zu haben beziehungsweise zu unterstützen. Entstehen hier auf einem Server Engpässe, so lässt sich die Anzahl der maximalen SPX-Verbindungen ebenfalls anpassen. Über den Parameter der SPX Connections wird die Anzahl der möglichen SPX-Verbindungen festgelegt. Die Möglichkeit, mehrere SPX-Verbindungen zur selben Zeit aufzubauen und zu unterhalten, erlaubt es, auf einem Client beziehungsweise Server mehrere SPX-Anwendungen zur selben Zeit parallel auszuführen.

11.2.4 Wartezeiten

SPX Watchdog

Werden über einen längeren Zeitraum keine Daten über eine SPX-Verbindung ausgetauscht, so stellt sich die berechtigte Frage, ob der Verbindungspartner zurzeit wirklich keine Daten zu senden hat oder ob die Verbindung abgebrochen ist. Um dies zu verifizieren, wird über einen SPX Watchdog innerhalb einer Ruhephase geprüft, ob eine SPX-Verbindung noch aktiv ist. Dazu senden beide Kommunikationspartner in periodischen Abständen sogenannte Keep-Alive-SPX-Pakete an ihre Gegenstelle aus. Die zeitlichen Abstände der Keep-Alive-SPX-Pakete werden auf beiden Seiten über den sogenannten Watchdog-Timer gesteuert und überwacht. Der Watchdog-Timer wird im Einzelnen über den SPX Listen Timeout, den SPX Verify Timeout und die SPX Abort Time festgelegt, welche nach Bedarf manuell angepasst werden können. Mit diesen drei Parametern lässt sich das Watchdog-Verhalten client- und serverseitig auf das gegebene Netzwerk anpassen. Dies ist beispielsweise dann notwendig, wenn sich mithilfe der Protokollanalyse herausstellt, dass eine SPX-Verbindung während beziehungsweise nach einer Ruhephase häufig abgebrochen wird (siehe Abbildung 11-7).

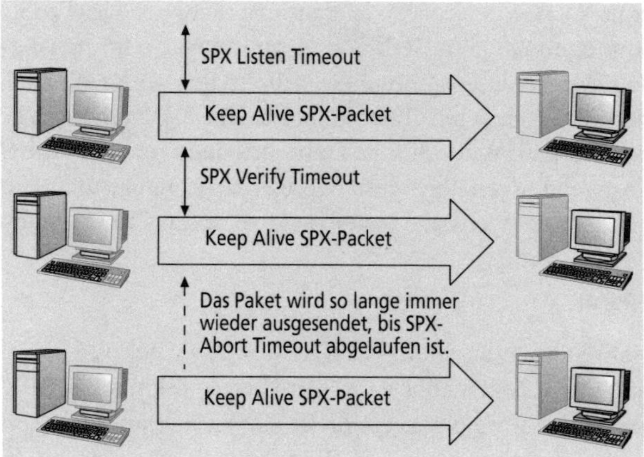

Abb. 11–7 Zeitlicher Ablauf des Watchdog während einer Ruhephase, in der keine Daten zwischen den Kommunikationspartnern übertragen werden

SPX Listen Timeout

SPX Listen Timeout

Mit dem Wert des SPX Listen Timeout wird festgelegt, wie lange das SPX-Protokoll während einer Ruhephase, in der also keine SPX-Pakete von dem gegenüberliegenden Kommunikationspartner empfangen werden, abwartet, bis der Kommunikationspartner aufgefordert wird, ein Lebenszeichen von sich zu geben. Wird der Zeitraum des SPX Listen Timeout (Default 108 Ticks = 6 Sekunden) überschritten, so wird ein SPX-Watchdog-Paket mit einer Bestätigungsanforderung an den gegenüberliegenden Kommunikationspartner geschickt. Wird eine passende Bestätigung empfangen, so wird der SPX Listen Timer wieder auf Null zurückgesetzt.

SPX Verify Timeout

SPX Verify Timeout

Der zeitliche Abstand für die Aussendung der einzelnen SPX-Watchdog-Pakete in Ticks wird über den sogenannten SPX-Verify-Timeout-Wert bestimmt. Wird nach dem Aussenden des ersten Watchdog-Pakets keine Bestätigung empfangen, so wird nach der Zeit, die über den Wert des SPX Verify Timeout (Default 54 Ticks = 3 Sekunden) festgelegt ist, erneut ein SPX-Watchdog-Paket an den Kommunikationspartner verschickt.

SPX Abort Timeout

SPX Abort Timeout

Die Aussendung des SPX-Watchdog-Pakets wird so lange wiederholt, bis eine Bestätigung vom Kommunikationspartner erfolgt oder bis der sogenannte SPX Abort Timeout überschritten wird. Kommt es zur Überschreitung des SPX Abort Timeout (Default 540 Ticks = 30 Sekunden), so wird die Verbindung abgebrochen.

Für die Sicherstellung eines reibungslosen Netzwerkverkehrs sollte man auf jeden Fall sicherstellen, dass die SPX-Timeout-Parameter server- und clientseitig gleich eingestellt sind beziehungsweise die Werte untereinander nicht zu stark abweichen. Denn sind die Unterschiede bei den einzelnen

SPX-Timeout-Werten zu groß, so ist damit zu rechnen, dass Probleme in der Form von unregelmäßigen Verbindungsabbrüchen auftreten können. Bei wiederholten Verbindungsabbrüchen sollten der SPX Watchdog Abort Timeout, der SPX Ack Wait Timeout und der SPX Watchdog Verify Timeout überprüft werden. Weiterhin ist zu berücksichtigen, dass die SPX-Parameter von Anwendungen überschrieben werden können, so dass im Betrieb andere Werte genutzt werden, als beispielsweise am Client eingestellt sind.

11.2.5 SPX-II

SPX-II

Wie Sie erfahren konnten, gibt es von dem SPX-Protokoll eine zweite Version, die als SPX-II bezeichnet wird. Ein Hauptmerkmal des SPX-II-Protokolls gegenüber der Vorgängerversion ist die Aufhebung der ursprünglichen SPX-Längenbeschränkung von 576 Byte. Novell hat so auf die heute möglichen Datenlängen von Ethernet, FDDI und Token Ring reagiert. Aufgrund der Tatsache, dass die Paketgröße des SPX-II nicht mehr beschränkt ist, musste ein Verfahren eingeführt werden, über das sich die Kommunikationspartner auf eine gemeinsame Paketgröße während des Verbindungsaufbaus einigen können. Dazu ist mit der Einführung des SPX-II ein zusätzliches Feld mit der Bezeichnung Negotiate Size an den bestehenden SPX-Header angehängt worden. Über dieses zusätzliche Feld und durch eine Funktionsänderung des Allocation Number Field lassen sich im SPX-II die maximalen Paketgrößen zwischen den Kommunikationspartnern aushandeln und festlegen (siehe Abbildung 11-8).

Abb. 11–8
Aufbau des SPX-II-Headers mit zusätzlichem Negotiate Size Field, über das in Verbindung mit dem Allocation Number Field die maximalen Paketgrößen mit dem Kommunikationspartner festgelegt werden können

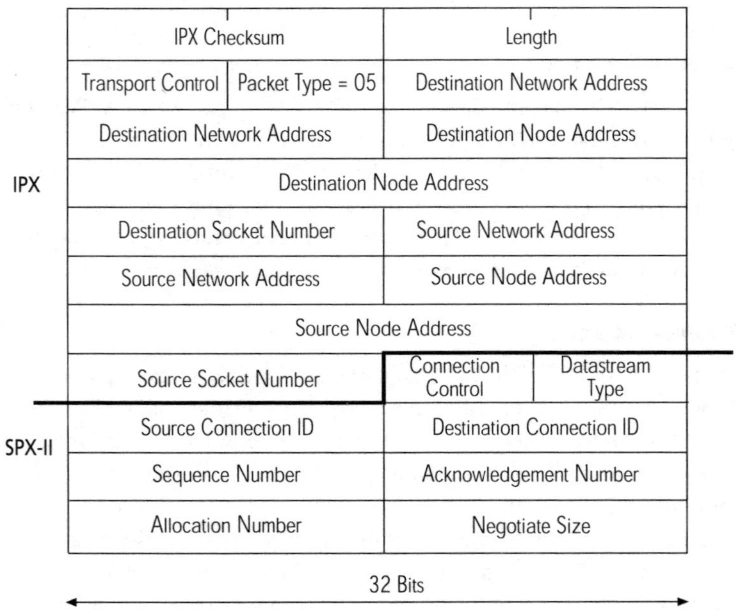

SPX-II Negotiate Size

SPX-II Negotiate Size

Die Festlegung der maximalen Größe der SPX-II-Pakete folgt während eines sogenannten erweiterten Verbindungsaufbaus. Dieser erweiterte Verbindungsaufbau findet statt, nachdem die Verbindung aufgebaut ist, also auf beiden Seiten die Connection-IDs festgelegt worden sind. Als Erstes wird über das Aussenden eines Negotiate Size Request mit dem Aushandeln der SPX-II-Paketgröße begonnen. Innerhalb des Negotiate Size Request wird eine Paketgröße vorgeschlagen. Sobald dieses Paket ausgesendet wurde, wird ein sogenannter SPX-II Timeout gestartet. Wird der Negotiate Size Request nicht durch ein Negotiate Size Acknowledgement zu dem Zeitpunkt bestätigt, zu dem der Timeout abgelaufen ist, so wird eine erneute Anfrage mit der halben Paketgröße an den Kommunikationspartner geschickt, bis eine Bestätigung erfolgt ist. Auf die Bestätigung in Form eines Negotiate Size Acknowledgement folgt noch einmal ein Negotiate Size Request, in dem dasselbe Negotiate Size Field beinhaltet ist, wie es zuvor bei der Anfrage vorgeschlagen wurde. Dadurch soll sichergestellt werden, dass bei einer verzögerten Bestätigung und der daraus resultierenden zwischenzeitlich neu versendeten Anforderung mit kleinerer Paketgröße die vorher vorgeschlagene größere Paketgröße als bestätigt gilt und Irrtümer beiderseitig ausgeschlossen werden. Abschließend wird der Negotiate Size Request abermals mit einem Negotiate Size Ack bestätigt, wodurch der Aufbau der SPX-Verbindung abgeschlossen ist.

SPX statt SPX-II

Connection Control Field

Sollte der gewünschte Kommunikationspartner nicht in der Lage sein, das SPX-II zu unterstützen, so wird die Kommunikation ausschließlich über den Standard SPX durchgeführt. Um zu überprüfen, ob der Kommunikationspartner das SPX-II unterstützen kann, wird bei der ersten Anfrage das SPX-II-Bit und SIZ-Bit im *Connection Control Field* des SPX-Headers gesetzt. Werden diese beiden Bits vom Kommunikationspartner ignoriert und im Acknowledgement nicht gesetzt, so weiß die anfragende Station, dass der gewünschte Kommunikationspartner kein SPX-II unterstützen kann, woraufhin die Kommunikation über Standard-SPX durchgeführt wird.

SPX-Fenstergrößen

Allocation Number Field

Ein weiterer großer Vorteil des SPX-II ist es, dass das SPX-II mehrere ausstehende SPX-Pakete zulässt. Wird beim Standard-SPX kein ausstehendes Paket zugelassen und wird in diesem Fall von einer fehlerhaften SPX-Verbindung ausgegangen, so lässt das SPX-II eine bestimmte Anzahl von ausstehenden Paketen zu. Dazu wird über das *Allocation Number Field* eine Windowing Size festgelegt. Über die Windowing Size wird bestimmt, wie groß die Anzahl der SPX-Pakete sein darf, die ohne Bestätigung verschickt werden können. Wird ein Paket nicht empfangen, so wird dies mit der Hilfe eines Negative Acknowledgement (NAK) dem sendenden Kommunikationspartner angezeigt.

Serverseitig wird mit einer Windowing Size von 8 und clientseitig von 3 nach dem Aufbau einer SPX-II-Verbindung begonnen. Während des Datenaustauschs wird diese Größe auf die gegebene Netzwerkumgebung und die Ressourcen auf den Stationen automatisch angepasst, wodurch sich die Performance deutlich verbessern kann (siehe folgende Abbildung 11-9).

Abb. 11–9
Die maximale Paketgröße wird durch einen erweiterten Verbindungsaufbau zwischen den Kommunikationspartnern festgelegt.

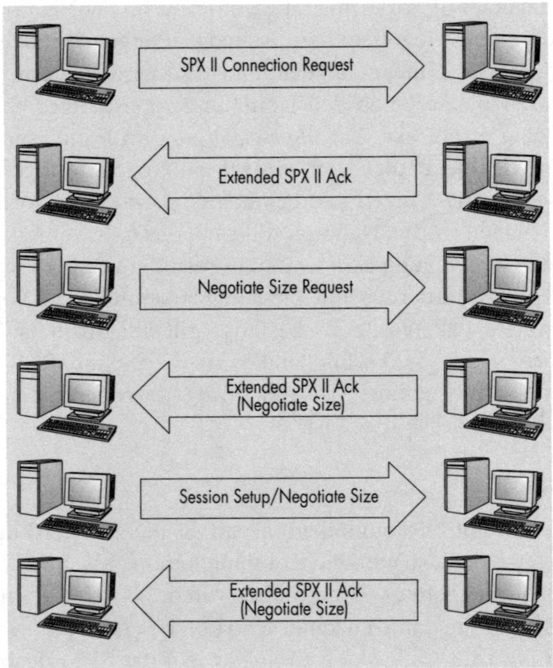

11.3 Novell-spezifische Routingprotokolle

Router Information Table

Für den Datenaustausch innerhalb des Netzwerks ist es wichtig, dass Arbeitsstationen, Server und Router einen Überblick über den Aufbau des vorhandenen Netzwerks haben. Um die Daten zielgerichtet austauschen zu können, muss im Einzelnen bekannt sein, wie die einzelnen Netzwerksegmente miteinander verbunden sind und über welche Router ein gewünschtes Zielnetzwerk erreichbar ist. In einem IPX/SPX-basierten Netzwerk bilden diese Informationen den Inhalt der sogenannten Router Information Table (RIT). Die für den Aufbau der Router Information Table notwendigen Informationen werden durch den regelmäßigen Austausch von Routingtabellen mit den Nachbarroutern gewonnen.

Router Information Table

Der Inhalt der Routingtabellen basiert im Wesentlichen auf drei Informationen. Zum einen ist das die Netzadresse des Zielnetzes, zum anderen die Adresse des Routers, über den das Netz erreicht werden kann, und zu guter Letzt eine Entfernungsangabe in Ticks. Falls es mehrere Wege zum Zielnetzwerk gibt, lässt sich mithilfe der Entfernungsangabe der schnellste und kürzeste Weg zum Zielnetz ermitteln. Für den Austausch des Informationsinhalts der Routingtabellen werden spezielle Routingprotokolle verwendet. Innerhalb eines IPX/SPX-basierten Novell-Netzwerks werden dazu das Router Information Protocol (RIP), das Service Advertising Protocol (SAP) und das NetWareLink Service Protocol (NLSP) verwendet.

Das RIP/SAP

RIP und SAP

Die beiden Protokolle RIP und SAP stellen die am weitesten verbreiteten Routingprotokolle innerhalb eines IPX/SPX-basierten Netzwerks dar, wobei über das SAP neben den Routinginformationen noch vorhandene Dienste im Netzwerk bekannt gegeben werden. Bis zu der Einführung von IntranetWare 4.11 wurde von Novell grundsätzlich das RIP als das Standard-Routing-Protokoll innerhalb eines Novell-Netzwerks festgelegt. Mit der Einführung von IntranetWare 4.11 wurde diese Position durch das NLSP-Protokoll übernommen.

Vergleicht man den Aufbau und die Funktionsweise zwischen dem RIP und dem NLSP, so muss man feststellen, dass das RIP im Aufbau und in der Funktionsweise deutlich einfacher als das NLSP ist. Zwar bietet das NLSP einige Vorteile gegenüber dem RIP, wie zum Beispiel die Tatsache, dass sich viel größere IPX/SPX-Netzwerke durch die Verwendung des NLSP aufbauen lassen, doch hat sich das NLSP bis heute nicht richtig durchgesetzt. Dies mag zum einen daran liegen, dass das NLSP zu Zeiten eingeführt wurde, in denen die TCP/IP-Protokolle bereits eine dominierende Rolle in den lokalen Netzwerken spielten, zum anderen, dass die Konfiguration von NLSP-Routern deutlich komplexer ist. In vielen Fällen weichen Netzwerkadministratoren eher auf altbekannte Techniken aus, mit denen sie seit Jahren vertraut sind.

Der RIP-Header

Bevor wir auf die Funktion des RIP eingehen, möchten wir erst den Aufbau des RIP beschreiben. Das RIP beinhaltet vier Felder, setzt direkt auf das IPX-Protokoll auf und verwendet dabei den Socket 0x0453. Die vier Felder Type/Operation, Network Number, Number of Hops und Number of Ticks stellen letztendlich mit Ausnahme des Command-Feldes den eigentlichen Informationsinhalt der Routingtabellen dar, die ausgetauscht werden. Ist mehr als ein Eintrag in der Routingtabelle vorhanden, so wird jeder zusätzliche Eintrag durch Anhängen der letzten drei Felder übermittelt.

Abb. 11–10
Aufbau eines RIP-Pakets

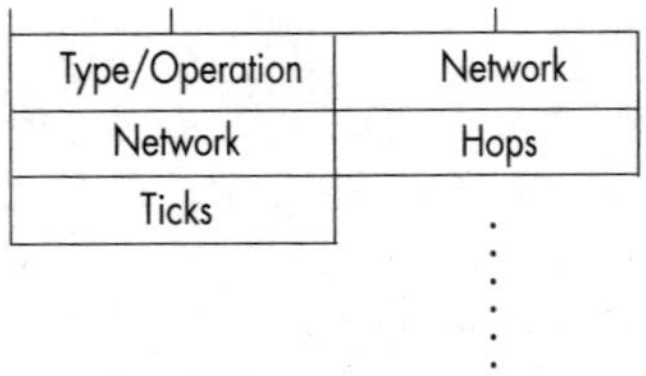

Type/Operation Field

Das erste 2 Byte lange *Type/Operation Field* gibt durch seinen Inhalt an, ob es sich bei dem RIP-Paket um einen RIP Request oder um eine RIP Response handelt. Der Inhalt 0x0001 entspricht dabei dem RIP Request, der Inhalt 0x0002 kennzeichnet eine RIP Response. Dieses Feld wird pro RIP-Paket nur einmal und zwar an die erste Position des RIP-Pakets übertragen.

Network Number Field

Im zweiten Feld, dem *Network Number Field,* wird mit einer Länge von 4 Byte die Ziel-IPX-Netzwerkadresse angegeben. Bei einem RIP Request beinhaltet das Network Number Field möglicherweise den Wert 0xFF-FF-FF-FF, um so eine Anfrage für alle vorhandenen Routerinformationen zusätzlich zu kennzeichnen.

Hop Field und Metric of Ticks Field

Bei den beiden folgenden Feldern handelt es sich um das *Hop Field* und das *Metric of Ticks Field.* Bei einem RIP Request ist in diesen beiden Feldern immer der Wert 0xFF-FF eingetragen, da dessen Inhalt nur bei einer RIP Response von Bedeutung ist. Das 2 Byte lange *Hop Field* gibt als Entfernungsangabe die Anzahl der Router an, die zum Erreichen des angegebenen IPX-Netzwerks von den IPX/SPX-Paketen passiert werden müssen. Das Hop Field muss bei einer RIP-Response als Minimum den Wert 0x0001 beinhalten.

⇨ Dass der Inhalt des Hop Field mindestens 0x0001 beinhaltet, hängt mit dem internen Routing-Mechanismus zusammen, der das interne virtuelle Netzwerk eines Servers mit dem externen Netzwerksegment verbindet.

Wird ein Router ordnungsgemäß heruntergefahren, so sendet er vor dem Herunterfahren ein sogenanntes Router-going-down-Paket aus, damit alle Stationen und Nachbarrouter über dieses Ereignis informiert sind. Innerhalb dieses Broadcast-basierten Pakets sind die Hopcounts auf 16 gesetzt und signalisieren in dieser Form, dass der Router im Netzwerk nicht mehr verfügbar ist.

Distance Vector Protocol

Bei dem RIP handelt es sich um ein sogenanntes *Distance Vector Protocol,* bei dem für die Entscheidung für den besten Weg zum Zielnetzwerk neben den Hopcounts zusätzlich die Verzögerungszeit zugrunde gelegt wird. Die Verzögerungszeit, welche im Metric of Ticks Field angegeben ist, wird für die Bestimmung des schnellsten und somit besten Wegs genutzt und ist bei der Wegwahl das erste Entscheidungskriterium vor dem Hopcount.

Bei einem Netzwerksegment eines lokalen Netzwerks, das beispielsweise auf 10 MBit/s oder 100 MBit/s Ethernet basiert, wird der Wert pro Segment allerdings immer mit 0x0001 festgelegt und nicht tatsächlich berechnet. Hierdurch entsteht der Nachteil, dass durch RIP unterschiedliche Datenraten nicht unterschieden werden können. So wird beispielsweise ein 10-MBit-Ethernet-Segment mit einem 100 MBit Ethernet Segment gleichgestellt.

Metric of Ticks Field

Handelt es sich jedoch um ein WAN-Segment, so wird über das 2 Byte lange Metric of Ticks Field eine berechnete Verzögerungszeit angegeben, welche letztendlich ein genaueres Gütemerkmal für den Verbindungsweg darstellt. Der Inhalt des Metric of Ticks Field wird bei einer WAN-Verbindung über die Berechnung des Time Tick, welche nach der Formel Anzahl Ticks = (Standardpaketgröße × 8 Bit/Byte × 18,21) / Bitübertragungsrate ermittelt wird.

Über die Berechnung ergibt sich beispielsweise für eine WAN-Verbindung über ISDN ein Wert von (576 Byte × 8 Bit/Byte × 18,21) / 64.000 = 1,31. Das berechnete Ergebnis wird dann auf den nächsthöheren ganzzahligen Wert aufgerundet, wobei sich ein Tick-Wert von 2 ergibt. Dieses Beispiel zeigt, dass der berechnete Wert einer ISDN-Verbindung aufgerundet einen Tick-Wert von 2 ergibt und somit gegenüber dem Wert von 1 für ein lokales Netzwerksegment größer ist, wodurch die ISDN-Verbindung als der langsamere Verbindungsweg gekennzeichnet wird. Sind zwei mögliche Wege mit der gleichen Anzahl von Routern vorhanden, so wird bei der Versendung der Daten bevorzugt der Verbindungsweg gewählt, dessen Verzögerungszeit nach dem Metric-Tick-Wert der geringere ist. Somit wird zumindest vom RIP-Protokoll bei der Gegenüberstellung einer lokalen Netzwerkverbindung zur WAN-Verbindung die richtige Auswahl der effizienteren und schnelleren Datenübertragungsstrecke gewährleistet.

Anzahl der Einträge in einem RIP-Paket

Large RIP Packetsize Modus

Grundsätzlich können maximal 50 Routingeinträge in einem Standard-RIP-Paket aufgenommen werden. Durch die Unterstützung eines sogenannten Large RIP Packetsize Modus ist es jedoch heutzutage auch möglich, dass mehr Einträge in einem RIP-Paket aufgenommen werden können. Bei der Nutzung der Large RIP Packetsize wird die volle IPX-Paketgröße für die Übertragung von Routingeinträgen genutzt. Beispielsweise lassen sich so bei Ethernet theoretisch mit einer maximalen Nutzdatenlänge von 1470 Byte nach Abzug des Frame-Headers und des IPX-Headers, 184 Einträge pro RIP-Paket übermitteln.

Abb. 11–11 *Inhalt einer RIP Response mit mehreren Einträgen*

```
Length : 98 bytes
802.3: ================== IEEE 802.3 Datalink Layer ==================
       Station: 00-00-CB-53-16-4E ----> FF-FF-FF-FF-FF-FF
       Length: 80
  ipx: ================= Internetwork Packet Exchange =================
       Checksum: 0xFFFF
       Length: 80
       Hop Count:  0
       Packet Type: 1(RIP)
       Network: 11 3F 23 46        --->  11 3F 23 46
       Node:     00-00-CB-53-16-4E --->  FF-FF-FF-FF-FF-FF
       Socket:   RIP               --->  RIP
  rip: ============= NetWare Routing Information Protocol ============
       Operation: 2 (Response)
       Network: DE 93 60 01
       Hops:     1
       Ticks:    2 (109 millisecs)
       Network: DE 93 60 02
       Hops:     1
       Ticks:    2 (109 millisecs)
       Network: 03 34 0D 0A
       Hops:     1
       Ticks:    2 (109 millisecs)
       Network: CB 5D 87 2F
       Hops:     1
       Ticks:    2 (109 millisecs)
       Network: 08 04 41 72
       Hops:     1
       Ticks:    2 (109 millisecs)
       Network: AA 72 01 03
       Hops:     2
       Ticks:    3 (164 millisecs)
```

Ein großer Nachteil von RIP ist, dass für den Informationsaustausch alle 60 Sekunden ein Broadcast-adressiertes RIP-Paket ausgesendet wird. Bezogen auf die verfügbare Bandbreite des Netzwerks und mit dem Wunschgedanken, diese Bandbreite vollständig für Nutzdaten zur Verfügung zu haben, stellen diese wiederholten Aussendungen gewissermaßen einen unnötigen Ballast im Netzwerk dar. Zur Optimierung der verfügbaren Bandbreite kann die Anzahl der RIP-Intervalle angepasst werden. Per Default ist der RIP-Intervall auf 2 eingestellt, wobei diese Angabe einer Einheit von 30 und so einem Intervallabstand von 60 Sekunden entspricht. Möchte man hier Änderungen vornehmen, so ist es wichtig, diese Änderungen an jedem Router vorzunehmen. Man muss sich allerdings vor Augen halten, dass die Vergrößerung der Intervallabstände zu Lasten der Aktualität der Routerinformationen geht. Würde man die Intervallabstände unendlich vergrößern, so würde dies unweigerlich dazu führen, dass alle Arbeitsstationen und Server über relativ alte Routertabellen verfügen, die dann zwangsläufig zu Fehlleitungen von Netzwerkdaten führen würden.

11.4 Das SAP (Service Advertising Protocol)

SAP

Über das SAP werden die vorhandenen Serverdienste wie beispielsweise die des Datei- oder Druckservers und NDS-Trees im Netzwerk bekannt gegeben und untereinander ausgetauscht. Jedem Servertyp ist zwecks Identifikation eine Nummer des Dienstes zugeordnet, über die die verschiedenen Servertypen im Netzwerk bekannt gegeben werden. Stellt ein Server mehrere Dienste zur Verfügung, so werden von einem Server SAP-Pakete ausgesendet, in denen mehrere Servertypen hintereinander angegeben sind. Auf diese Art und Weise erhalten die Arbeitsstationen, Router und Nachbarserver alle notwendigen Informationen über die vorhandenen Server und deren zur Verfügung gestellten Dienste im Netzwerk und sind somit in der Lage, auf die vorhandenen Server zuzugreifen. Das SAP setzt, wie das RIP, direkt auf das IPX auf und nutzt den Socket 0x0452. Mithilfe der Informationen, die durch den Empfang der SAP-Pakete gewonnen wurden, wird die sogenannte SIT (Service Information Table) auf den Servern und Routern aufgebaut, die im Einzelnen folgende Informationen beinhaltet:

SIT, Service Information Table

- Servicetyp
- Servername
- Netz- und Knotenadresse des Servers
- Entfernung zum Server in Hops
- Alter des Eintrags

Abgesehen von der Information über das Alter des SIT-Eintrags werden alle notwendigen Informationen für den Aufbau der SIT durch das Empfangen von SAP-Paketen gewonnen. Grundsätzlich gibt es drei verschiedene Pakettypen, die periodisch als SAP-Broadcasts ausgesendet oder als SAP-Service-Anfragen verschickt werden sowie die daraus resultierenden SAP-Service-Antworten.

Die periodischen SAP-Broadcasts stellen den Hauptanteil der SAP-Pakete im Netzwerk dar, die regelmäßig von jedem Server automatisch ausgesendet werden, um seinen Dienst im Netzwerk dem Rest des Netzwerks anzubieten. Innerhalb eines SAP-Pakets können bis zu sieben Services beziehungsweise Dienste angekündigt werden. Wenn innerhalb von drei Minuten keine wiederholten SAP-Ankündigungen empfangen werden, wird davon ausgegangen, dass der Server nicht mehr im Netzwerk vorhanden ist, und der Dienst wird aus der SIT entfernt.

11.4.1 Die Serviceanfragen

Service Query

Bei den Serviceanfragen wird zwischen zwei Typen unterschieden, der General Service Query und der Nearest Service Query. Das Paketformat der Service Query beinhaltet zwei Felder und hat eine Länge von nur 4 Byte.

Durch das erste 2 Byte lange Packet Type Field wird der Query-Typ angegeben. Mit dem Inhalt 0x0001 wird eine sogenannte General Service Query und mit 0x0003 eine Nearest Service Query angegeben. In dem darauf folgenden 2 Byte langen Server Type Field kann der gesuchte Service spezifiziert werden, dessen Inhalt den vordefinierten Servertypen entspricht, wie man sie aus der folgenden Tabelle entnehmen kann:

Tab. 11–4
Ausschnitt der von Novell definierten Servertypen, welche über das SAP erfragt oder angekündigt werden können

Servertyp	Beschreibung
0x0004	File Server
0x0005	Job Server
0x0007	Print Server
0x000A	Job Queue
0x0021	SNA Gateway
0x0107	NetWare 386
0x0111	Testserver
0x026B	Time Synchronization
0x0278	NetWare Directory Server

Suche des nächsten Servers

Nearest Service Query

Wird beispielsweise eine Arbeitsstation gestartet, so fragt diese zuerst über eine Nearest Service Query nach dem nächsten Directory-Server. Erhält die Arbeitsstation nach einem bestimmten Zeitraum keine Antwort, so wird sie versuchen, über eine erneute Nearest Service Query den nächsten Fileserver ausfindig zu machen.

An dieser Stelle sei noch zu erwähnen, dass, wenn auf der Arbeitsstation ein Novell Client32 verwendet wird, bei dem die automatische Frametypen-Erkennung eingestellt ist, SAP zusätzlich zur automatischen Frame-Erkennung genutzt wird. Für die automatische Frametypen-Erkennung sendet der Client32 dazu auf allen möglichen Frametypen einen SAP Nearest Server Request als Broadcast aus. So wird beispielsweise bei Ethernet dafür ein Ethernet_802.3-, Ethernet_802.2-, Ethernet_II- und Ethernet_SNAP-Frame ausgesendet. Der Frametyp, auf den der Client die meisten Antworten erhält, wird vom Client für die weitere Kommunikation als Standardframetyp festgelegt und verwendet.

Bei einer fehlerfreien Netzwerkanbindung erhält der Client auf seine Anfrage eine Serviceantwort. Das Format der Serviceantwort entspricht in diesem Fall demselben Format wie das der periodischen Ankündigungen. Die Serviceantworten haben eine zwei Byte lange Pakettypenangabe und pro eingetragenen Server zusätzliche serverspezifische Informationen mit einer Länge von jeweils 60 Byte.

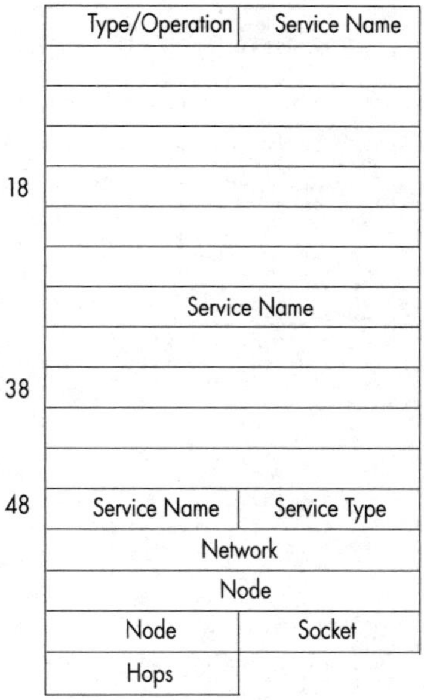

Abb. 11–12
Aufbau der SAP-Anfragen und der SAP-Antworten

Operation/Type Field

Durch das erste 2 Byte lange *Operation/Type Field* wird der Antworttyp angegeben, bei dem der Wert 0x0002 einer General-Service-Antwort des SAP entspricht und bei dem der Wert 0x0004 einer Nearest-Service-Antwort des SAP entspricht.

Service Name Field

Der Servername wird in dem folgenden 48 Byte langen *Service Name Field* angeben. Ist die Länge des Servernamens kürzer als 48 Byte, so wird der restliche Bereich des Server Name Field mit Nullen aufgefüllt.

Service Type Field

Das darauf folgende 2 Byte lange *Service Type Field* gibt den verfügbaren Servicetyp an, wobei dieselben Nummern zur Identifikation wie bei den Service Requests genutzt werden.

Network Address Field

Node Address Field

In dem 4 Byte langen *Network Address Field* wird die Netzwerkadresse, in dem sich der Server befindet, angegeben. Das folgende 6 Byte lange *Node Address Field* gibt die Knotenadresse des Servers an.

Socket Field

Durch den Inhalt des 2 Byte langen *Socket Field* wird die Socket-Nummer angegeben, über die der Service ansprechbar ist. Beispielsweise wird ein Fileserver hier die Socket-Nummer 0x0451 für das NCP angeben, da die Zugriffe auf den Fileserver über das NCP erfolgen.

Intermediate Networks

In dem Feld *Intermediate Networks* wird die Anzahl der Hops zum Server angegeben. Wird ein Server ordnungsgemäß heruntergefahren, so sendet er vor dem Herunterfahren ein sogenanntes Router-going-down-Paket als Broadcast aus, in dem die Intermediate-Networks-Felder auf 16 gesetzt sind. Damit wird gekennzeichnet, dass der Server und seine Services nicht mehr verfügbar sind.

Abb. 11–13
Inhalt eines SAP-Pakets mit mehreren Einträgen, in dem ein Server seine verschiedenen Dienste bekannt gibt.

```
Packet Number : 42          09:24:08
Length : 361 bytes
802.3: ================== IEEE 802.3 Datalink Layer ==================
       Station: 00-00-CB-C0-97-64 ----> FF-FF-FF-FF-FF-FF
       Length: 343
802.2: ============== IEEE 802.2 Logical Link Control ================
       SSAP: NetWare     DSAP: NetWare
       Unnumbered Command: Unnumbered Information (UI)
  ipx: ================= Internetwork Packet Exchange =================
       Checksum: 0xFFFF
       Length: 343
       Hop Count:  0
       Packet Type: 0(Unknown)
       Network: AA 01 80 22         ---> AA 01 80 22
       Node:     00-00-CB-C0-97-64  ---> FF-FF-FF-FF-FF-FF
       Socket:   SAP                ---> SAP
  sap: ============= NetWare Service Advertising Protocol =============
       Type: 2 (General Service Response)
       Server Name: DATEN-5
           Server Type: 0x0827
           Network: BB 31 00 00
           Node:     00-00-00-00-00-01
           Socket:  0x400A
           Intermediate Networks: 1
       Server Name: DATEN-5
           Server Type: 0x023F
           Network: BB 31 00 00
           Node:     00-00-00-00-00-01
           Socket:  0x907B
           Intermediate Networks: 1
       Server Name: DATEN-5
           Server Type: 0x0107 (Netware 386)
           Network: BB 31 00 00
           Node:     00-00-00-00-00-01
           Socket:  NW 386
           Intermediate Networks: 1
       Server Name: BSER4.00-6.10_BB41000000000000000010000
           Server Type: 0x004B (BTrieve VAP 5.0)
           Network: BB 31 00 00
           Node:     00-00-00-00-00-01
           Socket:  Btrieve
           Intermediate Networks: 1
       Server Name: DATEN-5
           Server Type: 0x0004 (File Server)
           Network: BB 31 00 00
           Node:     00-00-00-00-00-01
           Socket:  NCP
           Intermediate Networks: 1
```

Ein großer Nachteil an der Methode ist es, die Services in regelmäßigen Abständen als Broadcasts bekannt zu geben und dass die Belastung im Netzwerk durch die SAP-Pakete mit steigender Anzahl der Server deutlich zunimmt. Durch die Einführung der NDS, mit der eine zentrale Verwaltung der Netzwerkressourcen eingeführt wurde, ist dieses Problem jedoch etwas entschärft worden. Jetzt werden die Ankündigungen primär zielgerichtet als Unicasts an die NDS verschickt und nicht mehr als Broadcast ins gesamte Netzwerk, wodurch die gesamte Belastung durch SAP-Pakete im Netzwerk deutlich reduziert wurde.

12 Die Protokolle der 5-7-Schicht

Sprache der Arbeitsstationen und Server

Nachdem wir uns jetzt ausführlich mit den Protokollen der dritten und vierten Schicht befasst haben, wollen wir uns im OSI-Referenzmodell weiter nach oben bewegen und uns mit den Protokollen der fünften bis siebten Schicht beschäftigen. Sind die Protokolle der dritten und vierten Schicht für den Transport der Daten im Netzwerk zuständig, so stellen die oberen Protokolle die eigentliche Kommunikation zwischen den Arbeitsstationen und den Servern dar. Sie entsprechen also der Sprache, in der sich eine Arbeitsstation mit einem Server unterhält, um irgendwelche Dienste zu nutzen oder einfach nur eine Datei von oder zu einem Server zu kopieren. Man bezeichnet diese Kommunikation auch als Client-Server-Kommunikation, die über bestimmte Client-Server-Protokolle realisiert wird. Die bekanntesten Client-Server-Protokolle sind das Server Message Block (SMB) und das Netware Core Protocol (NCP).

Beginnen wollen wir mit dem SMB-Protokoll, das hauptsächlich in der Microsoft-Netzwerkwelt Verwendung findet, wobei dem SMB auch in der Linux-Gemeinde ein großes Interesse beigemessen wird, da das Linux ebenfalls das SMB-Protokoll verstehen muss, um ins Microsoft-Netzwerk migriert werden zu können.

12.1 Das Server-Message-Block-Protokoll

Server-Message-Block-Protokoll

Um beispielsweise eine Datei von einem Server über ein Netzwerk zu kopieren oder einen Drucker im Netzwerk nutzen zu können, müssen die Arbeitsstationen mit dem Server oder den Servern über eine gemeinsame Sprache miteinander kommunizieren. In einem Microsoft-Netzwerk wird unter anderem für diese Kommunikation zwischen Arbeitsstationen und Servern das sogenannte SMB-Protokoll verwendet. Das SMB wurde erstmalig 1987 von Microsoft und Intel eingeführt und später von Microsoft und anderen Firmen stetig verbessert und weiterentwickelt.

Network-Control-Block-Anforderung

Durch das SMB-Protokoll wird letztendlich eine Reihe von Befehlen, die zur Weiterleitung von Informationen zwischen den einzelnen Computern im Netzwerk eingesetzt werden, definiert. Zum Beispiel fasst der Redirector einer NT Workstation Network-Control-Block-Anforderungen (NCB) für entfernte Computer in Blöcken, die einer SMB-Struktur entsprechen, zusammen und sendet diese dann über das Netzwerk zu einem Server.

Bei dem SMB-Protokoll handelt es sich um ein typisches Client-Server-Protokoll, also um ein Protokoll für die Kommunikation zwischen Arbeitsstationen und Servern. Die Arbeitsstation stellt an den Server eine Anforderung (Request), und der Server liefert daraufhin das entsprechende Ergebnis in Form einer Antwort (Reply) zurück.

Innerhalb des OSI-Referenzmodells ist das SMB als verbindungsorientiertes Protokoll auf der Anwendungsschicht anzusiedeln. Für den Transport über das Netzwerk kann das SMB-Protokoll verschiedene Transportprotokolle wie beispielsweise das TCP/IP oder das IPX/SPX nutzen.

Das Frage-Antwort-Spiel

SMB-Kategorien

Bei den Anfragen und Antworten, welche über das SMB-Protokoll zwischen einer Arbeitsstation und dem Server ausgetauscht werden, spricht man in der Netzwerkterminologie einfach von SMBs, wobei die SMBs in den vier Kategorien Sitzungssteuerungsmeldungen, Dateimeldungen, Druckermeldungen und Nachrichtenmeldungen eingeordnet werden.

- Die Sitzungssteuerungsmeldungen entsprechen den SMBs, mit denen eine Verbindung zu einer entfernten freigegebenen Ressource im Netzwerk hergestellt oder beendet werden kann.
- Über die SMBs der Klasse der Dateimeldungen wird der Zugriff auf Dateien und Verzeichnisse, welche sich auf einer freigegebenen Ressource im Netzwerk befinden, realisiert.
- Mit den SMBs für die Druckermeldungen werden Daten an eine Druckerwarteschlange gesendet oder Statusinformationen von der Druckerwarteschlange abgerufen.
- Mithilfe der SMBs für die Nachrichtenmeldungen wird es einer Anwendung ermöglicht, Nachrichten mit einer anderen Station oder gleichzeitig mit mehreren Stationen im Netzwerk auszutauschen.

Client / Server

Bei einer SMB-Kommunikation werden immer die Stationen als Server bezeichnet, die anderen Stationen im Netzwerk eine Netzwerkressource zur Verfügung stellen. Dies kann letztendlich jede Station im Netzwerk sein, die zum Beispiel ein Verzeichnis auf ihrem Datenträger zwecks Speicherung von Daten den restlichen Stationen im Netzwerk zur Verfügung stellt. Die Station, die auf die Netzwerkressource zugreift, wird als Client bezeichnet.

Request / Reply

Für den Zugriff auf die Netzwerkressourcen nehmen die Server entsprechende Requests (Anfragen) von dem Client entgegen und beantworten die Requests mit einem passenden Reply (Antwort). Die SMBs für den Request und den Reply haben jeweils ein festgelegtes Format und sind untereinander ähnlich aufgebaut. Ein SMB hat vom Aufbau her eine feste Headergröße, dem sich ein Parameter- und Datenteil mit variabler Größe anschließt.

Generationen

SMB-Dialekte

Wie jede Technologie innerhalb der Computerwelt unterliegt auch das SMB-Protokoll einem gewissen Wandel, um der steigenden Komplexität und Ausdehnung der Netzwerke gerecht zu werden. Parallel zu den ständig neu entwickelten oder erweiterten Client- und Server-Betriebssystemen sind verschiedene Versionen des SMB entstanden. Die verschiedenen Versionen des SMB-Protokolls werden anhand von Dialekten eingeordnet und bezeichnet. Wie Sie aus der folgenden Tabelle entnehmen können, sind bis heute 11 verschiedene Dialekte des SMB-Protokolls veröffentlicht worden.

Tab. 12–1 *Verschiedene Dialekte des SMB*

Dialekt	Kommentar
PC NETWORK PROGRAM 1.0	Entspricht dem Original-MSNET-SMB-Protokoll (wird auch als Core Protocol bezeichnet)
PCLAN 1.0	Alternativer Name des Core Protocol
Microsoft Networks 1.03	Wird von MS-NET-1.03-Produkten genutzt
Microsoft Networks 3.0	Entspricht dem DOS-LANMAN-1.0-spezifizierten Protokoll
LANMAN 1.0	Erste Vollversion des LANMAN-1.0-Protokolls
LM 1.2X002	Erste Vollversion des LANMAN-2.0-Protokolls
DOS LM 1.2X002	Vergleichbar mit LM1.2X002, jedoch mit DOS Error Codes
DOS LANMAN 2.1	DOS LANMAN 2.1
LANMAN 2.1	OS/2 LANMAN 2.1
Windows for Workgroups 3.1a	Windows for Workgroup Version 1.0
NT LM 0.12	SMB-Protokoll, das für den Einsatz unter Windows NT entwickelt wurde

Je nach SMB-Dialekt steht ein unterschiedlicher Befehlsumfang zur Verfügung. In der Grundversion, die auch als Core Protocol bezeichnet wird, sind folgende Funktionen über das SMB-Protokoll möglich:

- Auf eine Datei oder Drucker zugreifen beziehungsweise den Zugriff beenden
- Öffnen und Schließen einer Datei
- Öffnen und Schließen einer Druckdatei
- Schreiben und Lesen von Dateien
- Erstellen und Löschen von Dateien und Verzeichnissen
- Abfragen und Setzen von Datei-Attributen
- Durchsuchen von Verzeichnissen
- Sperren und Freigeben von Bytebereichen innerhalb von Dateien

SMB Negprot

Damit eine Kommunikation zwischen einem Client und einem Server ohne Komplikationen abgewickelt werden kann, müssen sich die Kommunikationspartner vor dem Aufbau einer SMB-Verbindung erst auf die Verwendung eines gemeinsamen Dialekts des SMB-Protokolls einigen. Dazu wird vor der eigentlichen Kommunikation erst ein sogenanntes SMB negprot ausgetauscht.

In dem SMB negprot gibt zuerst der Client alle seine unterstützten Dialekte dem Server bekannt. Der Server antwortet darauf mit einer Response, in dem er seine Wahl bekannt gibt. Bei der Wahl wird sich der Server auf den gemeinsamen aktuellsten Dialekt, also den Dialekt der neusten Version, den beide Seiten verstehen, festlegen. Die aufgebaute Verbindung beziehungsweise Sitzung wird dann über den festgelegten Dialekt durchgeführt.

Abb. 12–1 Durch das SMB Negprot wird die Negotiation des gemeinsamen SMB-Dialekts ausgehandelt.

```
FRAME: Base frame properties
ETHERNET: ETYPE = 0x0800 : Protocol = IP:  DOD Internet Protocol
IP: ID = 0x1C00; Proto = TCP; Len: 198
TCP: .AP..., len:  158, seq: 61147-61304, ack: 381287,
win: 8756, src: 1025  dst:  139 (NBT Session)
NBT: SS: Session Message, Len: 154
SMB: C negotiate, Dialect = NT LM 0.12
    SMB: SMB Status = Error Success
    SMB: Header: PID = 0x2115 TID = 0x0000 MID = 0x0381 UID = 0x0000
        SMB: flags2 Summary = 0 (0x0)
    SMB: Command = C negotiate
        SMB: Word count = 0
        SMB: Byte count = 119
        SMB: Byte parameters
        SMB: Dialect Strings Understood
            SMB: Dialect String = PC NETWORK PROGRAM 1.0
            SMB: Dialect String = MICROSOFT NETWORKS 3.0
            SMB: Dialect String = DOS LM1.2X002
            SMB: Dialect String = DOS LANMAN2.1
            SMB: Dialect String = Windows for Workgroups 3.1a
            SMB: Dialect String = NT LM 0.12

00000:  00 E0 18 90 8F CE 00 00 CB 53 0E 8C 08 00 45 00   .........S....E.
00010:  00 C6 1C 00 40 00 20 06 C8 DC C0 A8 FA 02 C0 A8   ....@. .........
00020:  FA 01 04 01 00 8B 00 00 EE DB 00 05 D1 67 50 18   .............gP.
00030:  22 34 B9 E8 00 00 00 00 00 9A FF 53 4D 42 72 00   "4.........SMBr.
00040:  00 00 00 00 00 00 00 00 00 00 00 00 00 00 00 00   ................
00050:  00 00 00 00 15 21 00 00 81 03 00 77 00 02 50 43   .....!.....w..PC
00060:  20 4E 45 54 57 4F 52 4B 20 50 52 4F 47 52 41 4D    NETWORK PROGRAM
00070:  20 31 2E 30 00 02 4D 49 43 52 4F 53 4F 46 54 20    1.0..MICROSOFT
00080:  4E 45 54 57 4F 52 4B 53 20 33 2E 30 00 02 44 4F   NETWORKS 3.0..DO
00090:  53 20 4C 4D 31 2E 32 58 30 30 32 00 02 44 4F 53   S LM1.2X002..DOS
000A0:  20 4C 41 4E 4D 41 4E 32 2E 31 00 02 57 69 6E 64    LANMAN2.1..Wind
000B0:  6F 77 73 20 66 6F 72 20 57 6F 72 6B 67 72 6F 75   ows for Workgrou
000C0:  70 73 20 33 2E 31 61 00 02 4E 54 20 4C 4D 20 30   ps 3.1a..NT LM 0
000D0:  2E 31 32 00                                        .12.
```

SMB-Kommandos

SMB-Kommandos

Die verschiedenen Befehle oder Kommandos, die über das SMB-Protokoll über das Netzwerk ausgetauscht werden, sind letztendlich definierte Funktionscodes mit einer Länge von einem Byte. Der folgenden Tabelle können Sie einen Ausschnitt der möglichen Funktionscodes entnehmen, die jeweils einem SMB-Kommando entsprechen und als solches definiert sind.

Tab. 12–2 Ausschnitt der SMB-Funktionscodes

Kommandos	Wert	Bedeutung
SMB create directory	0x00	Ein Verzeichnis erstellen
SMB delete directory	0x01	Ein Verzeichnis löschen
SMB open file	0x02	Eine Datei öffnen
SMB create file	0x03	Eine Datei erstellen
SMB close file	0x04	Eine Datei schließen
SMB delete file	0x06	Eine Datei löschen
SMB rename file	0x07	Eine Datei umbenennen
SMB getatr file	0x08	Abfrage der Datei-Attribute
SMB read file	0x0A	Von einer Datei lesen

Kommandos	Wert	Bedeutung
SMB write file	0x0B	Auf eine Datei schreiben
SMB treeconnect	0x70	Freigegebene Ressourcen verbinden
SMB treedisconnect	0x71	Freigegebene Ressourcen trennen
SMB negprot	0x72	Negotiation-Protokoll
SMB search	0x81	Suche Verzeichnis
SMB splopen	0xC0	Öffne Druckspooldatei
SMB splwr	0xC1	Schreibe zur Spooldatei
SMB splretq	0xC3	Verlasse Druckerwarteschlange

SMB-Header

Die SMB-Funktionscodes werden jeweils in einen SMB-Header eingebettet. Über die Felder der SMB-Header werden zu dem jeweiligen Kommando zusätzliche Informationen ausgetauscht. Der SMB-Header hat ein festgelegtes Format, das bei dem NT-LM-0.12-Dialekt einer festen Länge von 33 Byte entspricht, an das je nach Kommando ein Parameter- und Datenteil angehängt wird. Der Umfang und die Länge der zusätzlichen Parameter und Daten ist letztendlich vom SMB-Kommando abhängig. Eine genaue Definition der Parameter bieten beispielsweise die von Microsoft veröffentlichten Spezifikationen wie das SMB File Sharing Protocol Extensions Version 2.0 Document vom 7. November 1988 und das SMB File Sharing Protocol Document Version 6.0p vom 1. Januar 1996.

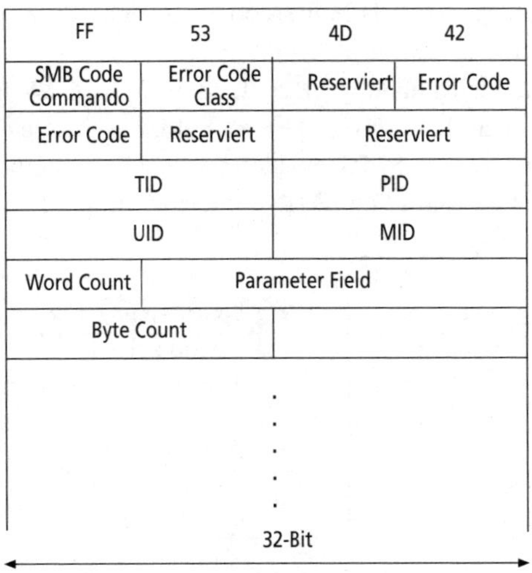

Abb. 12–2
Aufbau des SMB-Headers im NT-LM-0.12-Dialekt

12.1.1 Der SMB-Header

Der SMB-Header ist, je nach Dialekt, unterschiedlich aufgebaut, wobei die Header-Struktur zwischen den verschiedenen Dialekten nur geringfügig voneinander abweicht. Wir wollen im Folgenden den Aufbau des SMB-Headers an dem NT-LM-0.12-Dialekt beschreiben, da dieser seit der Einführung von Windows NT eine entscheidende Rolle spielt.

Command Code Field

Der SMB-Header im NT-LM-0.12-Dialekt wird durch die vier Bytes mit dem Inhalt FF-53-4D-42 eingeleitet. Darauf folgt das 1 Byte lange *Command Code Field*, durch das das eigentliche SMB-Kommando über die bereits aufgeführten Funktionscodes des SMB spezifiziert wird.

Error Class Field

Danach folgt das sogenannte *Error Class Field*, das eine Länge von 1 Byte hat. Wird ein Kommando in der Form einer Anfrage über das SMB-Protokoll übertragen, so erfolgt auf die Anfrage eine entsprechende Antwort. Kann die Anfrage durch irgendeinen Fehler nicht ausgeführt werden, so wird dies dem Anfragenden durch eine Fehlermeldung mitgeteilt. Dazu ist im SMB-Protokoll eine Vielzahl von Fehlermeldungen definiert, wobei die Fehlermeldungen des SMB-Protokolls in die 5 Klassen Succes, ErrDos, ErrSrv, ErrHrd und ErrCmd unterteilt sind. Die jeweilige Fehlerklasse wird durch den Inhalt des Error Class Field des SMB-Headers angegeben.

Bei einer erfolgreichen Beantwortung einer Anfrage wird dies dem Client durch den Inhalt Succes (0x00) im Error Class Field signalisiert. Folgt im Error-Code-Teil eine Fehlermeldung vom DOS-Betriebssystem, so wird dies durch den Inhalt ErrDos (0x01) angegeben. Eine Fehlermeldung vom Dateimanager des Servers wird durch den Inhalt ErrSrv (0x02) gekennzeichnet. Eine Fehlermeldung von der Hardware wird durch den Inhalt ErrHrd (0x03) angegeben. Befindet sich ein Formatfehler innerhalb des SMB-Kommandos, entspricht also das Kommando nicht dem SMB-Format, so wird dies durch den Inhalt ErrCmd (0xFF) signalisiert. Zu den einzelnen Fehlerklassen gehören jeweils Fehlercodes, die den Fehler im Einzelnen genauer beschreiben.

Error Code Field

Der Fehlercode wird in dem 2 Byte langen *Error Code Field* angegeben, dessen Position nach dem 1 Byte langen Feld, das für zukünftige Erweiterungen reserviert ist, im SMB-Header folgt. Die folgende Tabelle zeigt einen Überblick der möglichen SMB-Fehlermeldungen, bezogen auf die jeweiligen Fehlerklassen.

Tab. 12–3
Auswahl der möglichen SMB-Fehlercodes

Err Class Code		Error	Code	Beschreibung
ErrDos	0x01	Errbadfile	2	Datei wurde nicht gefunden
ErrDos	0x01	Errbadpath	3	Verzeichnis wurde nicht gefunden
ErrDos	0x01	Errfilexists	80	Die anzulegende Datei oder das Verzeichnis existiert bereits
ErrSrv	0x02	Erraccess	4	Der Client hat nicht die notwendigen Zugriffsrechte
ErrSrv	0x02	Errqfull	49	Die Warteschlange des Druckers ist voll
ErrSrv	0x02	Errbadpermits	69	Die Kombination aus Datei und Verzeichnisrechten ist unzulässig
ErrHrd	0x03	Errnotready	21	Laufwerk ist nicht bereit
ErrHrd	0x03	Errdata	23	CRC-Datenfehler
ErrHrd	0x03	Errnopaper	28	Drucker hat kein Papier mehr
Succes	0x0	Success	0	Kein Fehler, erfolgreiche Beantwortung
ErrCmd	0xFF	-	0	Keine zusätzlichen Meldungen

Das SMB Flag Field

Flag Field

Nach dem Error Code Field folgt im SMB-Header das 3 Byte lange *Flag Field*, das in ein 1 Byte langes Flag Field und ein 2 Byte langes Flag2 Field unterteilt ist. Durch die Flags werden bestimmte Zustände signalisiert. Beispielsweise wird anhand des höchsten Bits im Flag Field zwischen einem Client-Kommando und einem Server Response unterschieden. Ist das höchste Bit auf Null gesetzt, so handelt es sich um ein Client-Kommando, ist das Bit auf Eins gesetzt, so entspricht das SMB einer Server Response. Zusätzlich werden durch die Flags Datei-Informationen, wie die mögliche Unterstützung langer Dateinamen oder die Unterstützung erweiterter Datei-Attribute, gekennzeichnet.

```
SMB: Flags Summary     = 0 (0x0)
SMB: .......0          = Lock & Read and Write & Unlock not supported
SMB: ......0.          = Send No Ack not supported
SMB: ....0...          = Using case sensitive pathnames
SMB: ...0....          = No canonicalized pathnames
SMB: ..0.....          = No Opportunistic lock
SMB: .0......          = No Change Notify
SMB: 0.......          = Client command
SMB: flags2 Summary    = 32769 (0x8001)
SMB: ...............1 = Understands long filenames
SMB: ..............0. = Does not understand extended attributes
SMB: ...0............ = No DFS capabilities
SMB: ..0............. = No paging of IO
SMB: .0.............. = Using SMB status codes
SMB: 1............... = Using UNICODE strings
```

Abb. 12–3 *Die einzelnen Bits innerhalb des Flag und Flag2 bieten im Detail folgenden Informationsinhalt.*

SMB Tree Identifier (TID)

TID Field

Hinter den Flag-Feldern folgen 12 Byte an reservierten Feldern im SMB-Header, die für spätere Erweiterungen reserviert sind. Nach diesem Bereich folgt das 2 Byte *TID Field*. Ist eine authentisierte Verbindung zu einer freigegebenen Ressource des Servers aufgebaut, so wird dies durch den Inhalt des Tid Field (Tree Identifier) repräsentiert. Der Inhalt des TID-Fields wird vom Server an den Client zurückgeliefert, wenn der Client erfolgreich auf eine Ressource des Servers verbunden werden konnte. Dieser TID wird während der Sitzung vom Client verwendet, wenn dieser erneut auf die Ressource zugreifen möchte. Wird auf dem Server das Share-Level-Sicherheitsverfahren ausgeführt, dann ist der zugeteilte TID die einzige Kennung, welche für den späteren Zugriff auf die Ressource benötigt wird.

SMB Process Identifier (PID)

PID Field

Nach dem TID Field folgt im SMB-Header das 2 Byte *PID Field*. Durch den Inhalt des PID Field (Process Identifier) wird für eine eindeutige Kennzeichnung eines Client-Prozesses gesorgt. Der Client informiert den Server über den Aufbau eines neuen Prozesses, indem er dem Server einen neuen PID mitteilt. Eine eindeutige Zuordnung der Client-Prozesse ist notwendig, damit bei Beendigung eines Client-Prozesses alle geöffneten Ressourcen wie beispielsweise Dateien wieder ordnungsgemäß geschlossen oder wieder freigegeben werden können, um einen möglichen Datenverlust zu vermeiden.

SMB User Identifier (UID)

UID Field

Hinter dem PID Field folgt das 2 Byte lange *UID Field*. Hat sich ein Client mit einem gültigen Usernamen und Passwort an einem Server ordnungsgemäß angemeldet und authentifiziert, so wird dem Benutzer für eine Sitzung vom Server ein eindeutiger UID (User Identifier) zugeteilt. Dieser UID wird dann für spätere Zugriffe auf freigegebene Ressourcen verwendet, um einen Anwender zu authentifizieren. Der UID kann allerdings in einer anderen Sitzung für einen anderen Benutzer ebenfalls vergeben werden, er ist also nur innerhalb einer Sitzung eindeutig. Der Inhalt des UID Field wird vom Server nur dann ausgewertet beziehungsweise bei einem Zugriff auf eine Ressource berücksichtigt, wenn bei dem Zugriff auf die Ressource als Sicherheits-Level das Share-Level-Verfahren verwendet wird.

SMB Multiplex Identifier (MID)

MID Field

Als letzter Identifier im SMB-Header folgt das 2 Byte lange *MID Field*. Seitdem die Clients den LANMAN 1.0 oder einen höheren Dialekt nutzen, ist es möglich, dass die Clients mehrere asynchrone Input/Output Requests per Task unterstützen. Dies wird letztendlich durch den Inhalt des MID Fields (Multiplex Identifier) ermöglicht. Durch den Inhalt des MID Field können die jeweiligen zusammenhängenden Anfragen und Antworten gekennzeichnet werden. Der Server hat dafür zu sorgen, dass in seiner Antwort immer derselbe TID und MID wie in der korrespondierenden Anfrage des Clients verwendet wird. Durch den Inhalt des MID Field und des TID Field ist es also möglich, dass ein Client mehrere Prozesse und Anfragen innerhalb eines Prozesses ausstehen hat und die dazugehörigen Antworten später wieder zuordnen kann.

SMB-Parameter und -Daten

Word Count Field

Der feste Teil des SMB-Headers endet quasi mit dem 1 Byte langen *Word Count Field*. Durch den Inhalt des Word Count Field wird die Anzahl der 2 Byte langen Daten oder Parameter des folgenden variablen Teils angegeben. Die Länge des Daten- und Parameterteils ist, je nach SMB-Kommando beziehungsweise SMB-Antwort, unterschiedlich.

Die SMB-Sicherheits-Level

Das SMB lässt zwei Sicherheits-Level zu, die den Zugriff auf Netzwerkressourcen regeln. Zum einen handelt es sich um das Share-Level- und zum anderen um das User-Level-Verfahren. Diese unterschiedlichen Sicherheits-Level spiegeln sich beispielsweise in den Einstellmöglichkeiten für die Zugriffssteuerung unter den Netzwerkeigenschaften des Windows-98-Betriebssystems wieder. Hier hat man die Möglichkeit, für die Freigabe der Ressourcen zwischen der Zugriffssteuerung auf Freigabeebene und der Zugriffssteuerung auf Benutzerebene zu wählen.

Share-Level-Verfahren

Bei dem Share-Level-Verfahren wird die Sicherheit auf die jeweiligen Share Levels des Servers zugeordnet. Jedes Share kann ein eigenes Passwort haben, und der Client benötigt für den Zugriff auf das Share nur das entsprechende Passwort. Dieses Sicherheitsmodell war die erste Implementierung im SMB und ist das einzige Sicherheitsmodell, das direkt innerhalb des SMB-Protokolls verfügbar ist.

User-Level-Verfahren

Das User-Level-Verfahren basiert auf den Benutzerzugriffsrechten, welche über mehrere Dateien und verschiedene Shares gehen können. Jeder Benutzer muss sich an einem Server anmelden, um von dem Server authentifiziert zu werden. Durch die Authentifizierung erhält der Benutzer einen UID zugeteilt, dieser UID muss dann bei jeder Anfrage zum Server verwendet werden. Dieses Verfahren gibt es seit der Einführung des LAN-Manager-1.0-SMB-Dialekts.

Der Aufbau der SMB-Kommunikation

Der Aufbau einer SMB-Kommunikation zwischen dem Client und dem Server wird grundsätzlich, unabhängig vom Dialekt, in vier Schritten durchgeführt. Bevor eine Anfrage von einem Client zum Server geschickt werden kann, müssen sich erst einmal der Client und der Server auf einen gemeinsamen zu benutzenden SMB-Dialekt einigen, also aushandeln, welche Version des SMB-Protokolls verwendet werden soll. Dazu sendet der Client ein SMB Negprot zum Server, in dem er alle unterstützten Dialekte des SMB-Protokolls aufführt. Der Server antwortet darauf mit einem Index der Version, die er für die Kommunikation verwenden möchte, oder mit einem 0xFFFF-Eintrag, falls keine der angebotenen Versionen akzeptiert werden kann.

sesssetupX SMB

Nachdem ein gemeinsamer Dialekt des SMB-Protokolls zwischen dem Client und dem Server gefunden wurde, kann sich der Client, falls notwendig, an dem Server anmelden. Die Anmeldung erfolgt dann über ein sesssetupX SMB. Nachdem ein gültiger Benutzername und ein Passwort an den Server übergeben worden sind, erhält der Client über die Antwort vom Server einen UID zugeteilt. Dieser UID muss dann bei jedem folgenden SMB im UID Field mitgeliefert werden. Zu den Parametern für das Sicherheitsverfahren wird während des Aufbaus der Sitzung die unterstützte Buffersize seitens des Clients und des Servers ausgetauscht, wobei die jeweilige Buffersize angibt, wie groß der Speicherbereich für die Zwischenspeicherung eingehender Daten ist. Die Angabe der Buffersize (smb_bufsize) gibt dabei die maximale Größe für eingehende Daten auf der Clientseite an, und die Angabe der Server Buffersize (smb_maxxmt) gibt die Größe der eingehenden Daten auf der Seite des Servers an. Durch eine Angabe smb_maxxmt kann der Client dem Server zusätzlich angeben, wie viele maximal ausstehende Antworten der Client akzeptieren kann.

tcon oder tconX SMB

Nachdem der Client sich erfolgreich angemeldet hat, schickt der Client ein tcon oder tconX SMB an den Server, in dem er den Namen der gewünschten freigegebenen Ressource angibt, mit der der Client verbunden werden möchte. Wenn diese Ressource auf dem Server vorhanden ist und der Benutzer auf die freigegebene Ressource Zugriffsrechte hat, sendet der Server als Antwort einen TID an den Client. Dieser TID wird dann bei jeder Anfrage für einen Zugriff auf die freigegebene Ressource in den SMBs des Clients mitgeschickt.

Der Client kann danach zum Beispiel mit einem Öffnen-SMB-Kommando, gefolgt von einem Lese-SMB-Kommando, auf eine Datei des Servers lesend zugreifen. Auf jede Anfrage, die ein Client an den Server schickt, antwortet der Server mit einer dazugehörigen Antwort, in der neben der Bestätigung die zusätzlichen gewünschten Parameter und Daten übergeben werden.

Abb. 12–4 *Aufbau einer SMB-Kommunikation zwischen einem Client und einem Server*

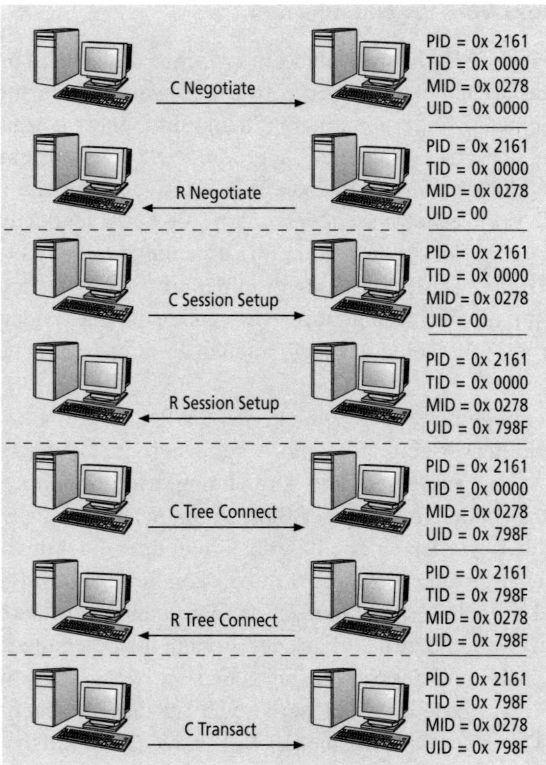

Die AndX SMBs

Eine große Verbesserung zwischen den verschiedenen Dialekten des SMB wurde mit dem SMB-Dialekt LANMAN 1.0 eingeführt. Ab diesem Dialekt wurde es möglich, dass mehrere SMB-Kommandos in einem SMB versendet werden. In diesem Fall spricht man von sogenannten ANDX SMBs. Bei dem ANDX SMB werden die Informationen des SMB-Headers nicht wiederholt, sondern das nächste SMB-Kommando schließt einfach an der Stelle des Word Count Field innerhalb des SMB-Headers an. Die Kombination von SMB ist allerdings nur einer bestimmten Gruppe des SMBs möglich.

Die Transact2 SMBs

Die normale Arbeitsweise des SMB-Protokolls sieht vor, dass auf jede Anfrage eines Clients eine entsprechende Antwort vom Server erfolgt. Die Menge an Parametern und Daten, die in einem Datenpaket und somit letztendlich auf eine Anfrage übertragen werden können, wird beim Aufbau der Sitzung zwischen dem Client und dem Server über die Buffergröße ausgehandelt.

Transact2-Kommando

Durch die Tatsache, dass pro Anfrage immer nur ein relativ kleiner Datenblock übertragen werden kann und die Folge-Datenblöcke immer wieder neu angefordert werden müssen, würde durch den ständigen Wechsel bei der Übertragung großer Datenmengen ein relativ großer Overhead erzeugt werden. Dieser große Overhead und die zeitliche Verzögerung würden sich zwangsläufig negativ auf die Performance auswirken. Um die Performance bei der Übertragung großer Datenmengen zu optimieren, wurde in dem SMB-Protokoll das sogenannte Transact2-Kommando implementiert. Durch das Transact2-Kommando ist es möglich, eine größere Menge an Parametern und/oder Datenblöcken zu übertragen als die, die beim Aufbau der Sitzung zwischen dem Client und dem Server über die Buffergröße vereinbart worden ist.

Möchte beispielsweise der Client eine größere Menge an Daten zum Server schicken, so sendet der Client dazu über eine Transact2-Anfrage eine Anforderung zum Server. In dieser Transact2-Anfrage gibt der Client die zu übertragende Größe von Daten oder Parametern an. Der Server bestätigt diese Anforderung des Clients mit einer entsprechenden Transact2-Antwort. Der Client sendet darauf die notwendige Anzahl von SMB-Paketen an den Server, bis die bekannt gegebene Menge an Daten oder Parametern an den Server übertragen worden ist. Die einzelnen Bestätigungen, die beim normalen Datenaustausch über eine Anfrage und eine Antwort entstehen, werden somit eingespart und tragen durch die zeitliche Optimierung und den geringeren Protokoll-Overhead zu einer deutlichen Performance-Steigerung bei.

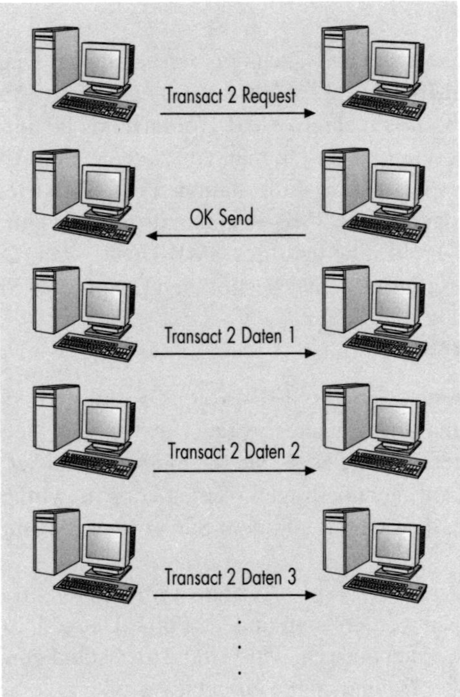

Abb. 12–5
Die optimierte Datenübertragung über ein Transact2-Kommando trägt zur Performance-Steigerung bei.

Bei den verschiedenen SMBs ist der Umfang und der Inhalt der Parameter von Kommando zu Kommando sehr unterschiedlich. Es wäre zu viel verlangt, die Vielzahl von SMBs und deren Parameter im Einzelnen zu kennen. Microsoft bietet den Besitzern des Microsoft-Netzwerkmonitors zu den verschiedenen SMBs eine detaillierte Beschreibung, welche sich im Protokoll-Parsers-Unterverzeichnis befindet. Hier findet der Anwender aufschlussreiche Informationen zum Ablauf der SMB-Kommunikation und eine Sammlung von Kommandocodes, Fehlercodes und der SMB-Kommandos mit den dazugehörigen Parametern. Als problematisch stellt sich bei der Protokollanalyse sicherlich die Tatsache heraus, dass der Umfang der SMB-Kommandos und deren Aufbau in den verschiedenen Dialekten des SMB-Protokolls variiert. Jedoch ist es ein Trost, dass man für die Protokollanalyse nicht jedes Bit und Byte der SMBs im Einzelnen wirklich kennen muss, um zwischen einer fehlerfreien und einer fehlerhaften Kommunikation unterscheiden zu können. Hier reicht es aus, wenn man den prinzipiellen Ablauf einer SMB-Kommunikation kennt.

12.2 Das Netware Core Protocol

Netware Core Protocol

Nachdem wir uns mit dem SMB, dem Protokoll für die Client-Server-Kommunikation im Microsoft-Netzwerk beschäftigt haben, möchten wir nun mit dem Gegenstück von Novell, dem Netware Core Protocol, kurz NCP, anschließen.

Die Entstehungsgeschichte des NCP

Das NCP ist das Kernstück für die Client-Server-Kommunikation innerhalb eines Novell-Netzwerks sowie der Kommunikation zwischen den Servern. Jeder Zugriff von einem Client auf einen Server oder die Synchronisationprozesse zwischen den Novell-Servern werden in einem NCP verpackt. Das NCP wurde ursprünglich in den achtziger Jahren von einer Protokollarchitektur aus dem Hause Xerox Network System (XNS) abgeleitet und wird von Novell seit 1992 eingesetzt. Anfänglich konnte das NCP für den Transport nur auf das IPX-Protokoll gebunden werden, das ebenfalls ein Protokoll aus dem Hause Novell ist. Wollte man in der Vergangenheit in einem Novell-Netzwerk ausschließlich das TCP/IP als Transportprotokoll verwenden, so musste das NCP in ein IPX-Paket und das IPX-Paket wiederum in ein IP-Datagramm verpackt werden. Dieser unter der Bezeichnung NetWare IP geführte Encapsulation-Mechanismus führte letztendlich zu einem zusätzlichen Protokoll-Overhead und somit zu erhöhten Einbußen in der Bandbreitennutzung des Netzwerks. Durch die stark dominierende Position der TCP/IP-Protokollfamilie hat Novell, seit der Einführung von NetWare 5, das NCP in der Form modifiziert, dass sich das NCP jetzt direkt auf das TCP/IP-Protokoll binden lässt. Dieses hat dem NCP wegen der effektiveren Nutzung der Bandbreite zu einer verbesserten Geschwindigkeit innerhalb eines TCP/IP-basierten Netzwerks verholfen.

Die NCP-Kommunikation

NCP Request / Reply

Das NCP hat die Aufgabe, Informationen zwischen den Clients und den Servern oder zwischen den Servern innerhalb des Netzwerks auszutauschen. Die Anforderungen einer Anwendung, welche die NetWare API Calls (Application Programming Interface) nutzen, werden von der Shell oder den Requesters der Arbeitsstationen direkt in eine NCP-Anforderung umgewandelt. Der Austausch der Informationen zwischen der Arbeitsstation und dem Server läuft dazu in einer Kommunikation eines typischen Client-Server-Protokolls ab. Die Clients senden an den Server eine Anforderung (Request) und warten auf eine entsprechende Antwort (Reply) des Servers. Die an den Server gestellte Anforderung wird wiederum nach Bearbeitung mit einer entsprechenden Antwort vom Server an den Client beantwortet. Typische Anforderungen sind dabei beispielsweise das Starten einer serverbasierenden Anwendung, Dateizugriffe, Dateischreib- und -Lesezugriffe im Burst

Mode, die Druckjobs, der Anmeldevorgang an einen Server sowie die Zuordnung von Laufwerkszuweisungen.

NCP-Sitzung

Innerhalb des OSI-Referenzmodells ist das NCP auf den Schichten 5 bis 7 anzuordnen. Bei dem NCP handelt es sich um ein verbindungsorientiertes Protokoll, das heißt, dass vor der eigentlichen Client-Server-Kommunikation erst eine NCP-Sitzung zum Server aufgebaut werden muss. Da es sich bei dem NCP um ein verbindungsorientiertes Protokoll handelt, kann das NCP wiederum direkt auf das verbindungslose Protokoll wie das IPX oder UDP aufgesetzt werden. Auf die Verwendung eines verbindungsorientierten Protokolls wie dem SPX oder dem TCP der vierten Schicht kann in der Regel verzichtet werden. Ausschließlich in ein paar Ausnahmefällen wie beispielsweise bei der Anwendung der Remote Console für die entfernte Administration eines Novell-Servers oder im Gateway-Einsatz wird das NCP auf verbindungsorientierte Protokolle der vierten Schicht gebunden.

Bei der Nutzung der TCP/IP-Protokollfamilie, was von Novell unter der Bezeichnung Pure-IP-Unterstützung geführt wird, nutzt das NCP die Portnummer 524. Der Port 524 wurde dazu von Novell bei IANA als NCP Port registriert.

12.2.1 Der NCP-Header

NCP-Header

Das NCP nutzt für den Austausch der Informationen ein festgelegtes Headerformat, das sich direkt nach dem Frame und dem IPX-Header innerhalb eines Datenpakets befindet. Der NCP-Header hat jeweils eine festgelegte Länge, die sich zwischen einer NCP-Anforderung und einer NCP-Antwort unterscheidet und der sich ein variabler Teil für Daten anschließt.

Die NCP-Anforderung

Der NCP-Header für eine NCP-Anforderung enthält fünf Felder und hat insgesamt eine Länge von 6 Byte. Die fünf Felder der NCP-Anforderung beinhalten Informationen für den NCP-Mitteilungstyp, für die Kontrolle, ob der Client in der korrekten Reihenfolge kommuniziert, zur Erkennung, welcher Client die Anfrage gestellt hat und für die Festlegung der eigentlichen Anfrage beziehungsweise des Befehls.

Request Type Field

Bei einer NCP-Anforderung unterscheidet man zwischen den vier Mitteilungstypen „Verbindungsaufbau“, „Allgemeine Anforderung“, „Verbindungsabbau“ und „Burst Mode Transfer“. Für die Angabe des Mitteilungstyps ist das erste 2 Byte lange Feld des NCP-Headers, das sogenannte *Request Type Field,* verantwortlich. Der jeweilige Mitteilungstyp wird durch den 2 Byte langen Inhalt des Request Type Field angegeben (siehe Tabelle 12-4).

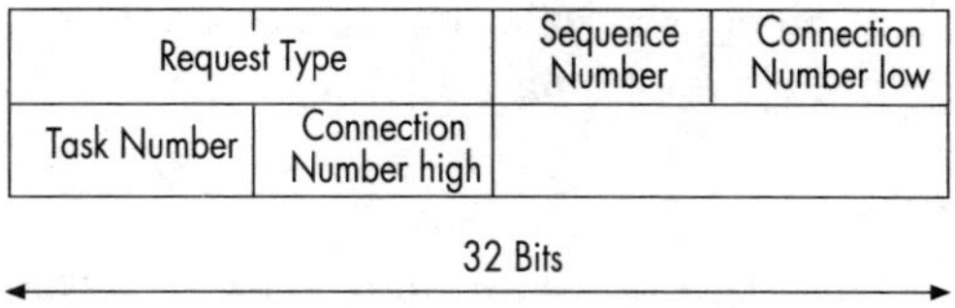

Abb. 12–6
Aufbau des NCP-Headers für eine NCP-Anforderung

Tab. 12–4
Verschiedene Mitteilungstypen bei einer NCP-Anforderung

Wert des Request-Typs	Mitteilungstyp	Beschreibung
0x1111	Connection Request	Ein Verbindungsaufbau
0x2222	Service Request	Serviceanfrage
0x5555	Destroy Connection	Verbindung abbrechen
0x7777	Burst Mode	Burst Mode Transfer

Sequence Number Field

Durch das folgende *Sequence Number Field* des NCP-Headers wird die NCP-Anforderung eindeutig identifiziert. Die Sequence Number startet dabei immer mit dem Wert 0x00 und endet mit 0xFF. Ist der Wert von 0xFF erreicht, so wird die Sequence Number wieder ab 0x00 hochgezählt. Eine vom Server gesendete NCP-Antwort lässt sich durch dieselbe Sequence Number im NCP-Header der NCP-Antwort der entsprechenden NCP-Anforderung des Clients zuordnen. Ist die Sequence Number im NCP-Header der der NCP-Anforderung und NCP-Antwort dieselbe, so handelt es sich hierbei um die mit der NCP-Anforderung korrespondierenden NCP-Antwort.

Connection Number Low Field

Der Inhalt des folgenden 1 Byte langen *Connection Number Low Field* gibt die Serviceverbindungsnummer für die NCP-Sitzung an. Jeder Client bekommt bei der Anmeldung an den Server oder den Netware Directory Service (NDS) eine eindeutige Serviceverbindungsnummer zugeteilt. Über die Serviceverbindungsnummer wird jede Sitzung eindeutig gekennzeichnet.

⇨ Diese Servicenummer entspricht auch der Nummer, die bei der Ausführung des Novell-USERLIST-Befehls angezeigt wird.

Task Number Field

In dem folgenden *Task Number Field* des NCP-Headers wird der Task des Clients angegeben. Durch die Führung der Tasknummern wird es einer auf dem Client ausgeführten Anwendung ermöglicht, parallel mehrere offene Tasks zu haben. In der Standard-Client-Server-Kommunikation findet man allerdings hier gewöhnlich nur den Inhalt 0x00 oder 0x01 vor, was keinem beziehungsweise einem offenen Task entspricht.

Conncetion Number High Field

Das 1 Byte lange *Conncetion Number High Field* wird nur bei NetWare-Versionen mit einer Lizenz von 500 oder 1000 Benutzern verwendet; bei den Standard-Lizenzen ist dieser Wert immer auf 0x00 gesetzt. Durch den Inhalt dieses Feldes kann die Serviceverbindungsnummer des Connection Number

Low Field ergänzt werden, was unter Umständen bei einer großen Anzahl von möglichen Benutzern notwendig wird.

Die NCP-Antworten

NCP-Antwort

Der Header einer NCP-Antwort ist im Aufbau der ersten Felder gegenüber der NCP-Anfrage gleich, hat jedoch zwei zusätzliche Felder, beinhaltet also insgesamt sieben Felder und hat eine Gesamtlänge von 8 Byte. Über die beiden zusätzlichen Felder werden Informationen für die Bestätigung, ob eine Anfrage eines Clients erfolgreich ausgeführt wurde, und ein zusätzliches Status Flag, das den Status des Servers angibt, ausgetauscht.

Bei einer NCP-Antwort wird zwischen den drei Typen „Beantwortung durch einen Server", „Burst Mode Transfer" und der „Antwort auf eine wiederholte Anforderung" unterschieden (siehe Tabelle 12-5).

Abb. 12-7
Header-Aufbau einer NCP-Antwort

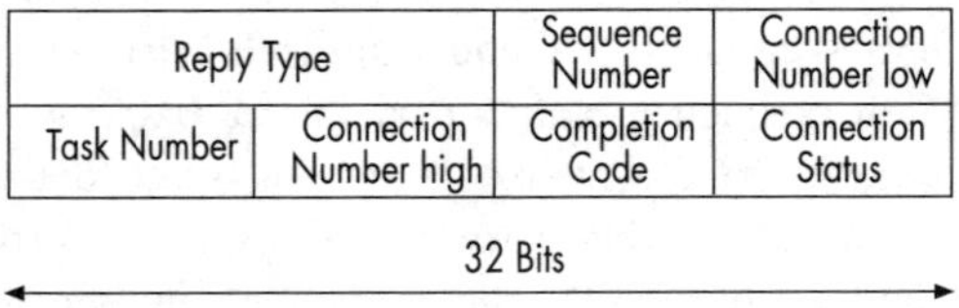

Tab. 12-5
Verschiedene Mitteilungstypen bei einer NCP-Anforderung

Wert des Response-Typs	Mitteilungstyp	Beschreibung
0x3333	Service Reply	Beantwortung durch den Server
0x7777	Burst Mode	Burst Mode Transfer
0x9999	Request Being Processed	Antwort auf wiederholte Anforderung

Completion Code Field

Durch den Inhalt des 1 Byte langen *Completion Code Field* wird angegeben, ob die NCP-Anforderung erfolgreich oder nicht ausgeführt werden konnte. Der Inhalt 0x00 in dem Completion Code Field der NCP-Antwort kennzeichnet eine erfolgreiche Ausführung der NCP-Anforderung. Kann die NCP-Anforderung nicht ausgeführt werden, so wird der Grund je nach NCP-Anforderung durch einen Completion Code angegeben. Zum Beispiel wird ein Anmeldeversuch mit falschem Passwort durch den Completion Code 0xDE, der für ein falsches Passwort steht, angegeben. Das Problem bei diesen Completion Codes ist es, dass von Novell nicht alle veröffentlicht worden sind und viele Protokollanalysatoren deshalb bei der Decodierung der Completion Codes Probleme haben.

Typenvielfalt

Wie Sie anhand der oberen zwei Tabellen sehen können, wird bei dem NCP-Protokoll grundsätzlich zwischen sechs verschiedenen Mitteilungstypen von NCP-Paketen unterschieden. Je nachdem, ob es sich um eine NCP-Anforderung oder eine NCP-Antwort handelt, lassen sich die verschiedenen Mitteilungstypen in der Client-Server-Kommunikation finden.

Die Typenfelder und somit die Typenfestlegungen der NCP-Pakete kennzeichnen den Funktionsaufruf beziehungsweise die Art der Beantwortung, sie stellen somit das Kernstück innerhalb der Client-Server-Kommunikation und damit eine wichtige Informationsquelle für die Protokollanalyse dar.

Der NCP-Verbindungsaufbau

NCP-Verbindungsaufbau

Für den Verbindungsaufbau benutzt das NCP das sogenannte Connection Request Packet, das durch den Wert 0x1111 im Mitteilungsfeld des NCP-Headers spezifiziert ist. Bei diesem Verbindungsaufbau handelt es sich ausschließlich um den Aufbau einer NCP-Sitzung, sie gibt dem Client keinerlei Rechte oder Möglichkeiten für den direkten Zugriff auf irgendeine Ressource im Netzwerk.

Der Aufbau einer NCP-Sitzung verfolgt unter anderem das Ziel, eine NCP Connection ID Number anzufordern, die Verzögerungszeiten, welche letztendlich für die Ausführung des Burst-Modus relevant sind, auszutesten und die maximale Paketgröße für den Datenaustausch zwischen dem Client und dem Server festzulegen.

Allgemeine NCP-Anforderungen

NCP-Anforderung

Bei dem NCP wird grundsätzlich zwischen einer allgemeinen Anforderung und einer Anforderung im Burst-Modus unterschieden. Die allgemeinen Anforderungen werden durch den Wert 0x2222 im Mitteilungsfeld des NCP-Headers gekennzeichnet. Ein großer Teil der NCP-Kommunikation wird in der Form der Standard-NCP-Anforderungen und -NCP-Antworten realisiert.

Die eigentliche NCP-Anforderung oder der Befehl wird durch die NCP-Funktions- und Unterfunktionscodes des NCP-Headers gekennzeichnet, von denen Sie Beispiele aus der folgenden Tabelle entnehmen können.

Tab. 12-6 *Auswahl möglicher NCP-Funktions- und Unterfunktionscodes*

Service		Request Type	Function Code	Subfunction Code
Account	Gib aktuellen Account-Status zurück	0x2222	23	150
Verbindung	Erstelle eine Serviceverbindung	0x1111	-	-
Verbindung	Beende Serviceverbindung	0x5555	-	-
Verzeichnis	Erstelle Verzeichnis	0x2222	22	10
Verzeichnis	Lösche Verzeichnis	0x2222	22	11
Verzeichnis	Erstelle Datei	0x2222	67	-
Verzeichnis	Gib vollständigen Pfadnamen zurück	0x2222	87	28

Tab. 12-6 (Fortsetzung)
Auswahl möglicher NCP-Funktions- und Unterfunktionscodes

Service		Request Type	Function Code	Subfunction Code
Datei	Erstelle neue Datei	0x2222	77	-
Datei	Gib aktuelle Größe der Datei zurück	0x2222	71	-
Datei	Schließe Datei	0x2222	66	-
NDS	Ping für NDS	0x2222	104	01
NDS	Gib Bindary Context zurück	0x2222	104	04
NDS	Zeige die NDS-Verbindung an	0x2222	104	05

Sie geben beispielsweise an, dass ein Lesezugriff auf eine bestimmte Datei erfolgen soll. Je nachdem, was für eine NCP-Funktion ausgeführt wird, folgen hinter dem NCP-Header weitere Parameter, im Falle eines Dateizugriffs beispielsweise der Name der Datei.

Die NCP-Antwort

NCP-Antwort

Die NCP-Antwort einer Standard-NCP-Anforderung wird mit dem Inhalt 0x3333 im Request Type Field des NCP-Headers angezeigt. Wichtige Informationen bietet bei der NCP-Antwort das Sequence Number Field im NCP-Header. Durch die Sequenznummer im NCP-Header kann die NCP-Antwort der entsprechenden NCP-Anforderung eindeutig zugeordnet werden.

Durch den Inhalt des Completion Code Field kann erkannt werden, ob die NCP-Anforderung erfolgreich ausgeführt wurde oder nicht. Die erfolgreiche Beantwortung der NCP-Anforderung wird durch 0x00 im Completion Code Field angezeigt. Steht hier ein anderer Wert als 0x00, so entspricht dieser einer erfolglosen Beantwortung, deren Ursache durch einen NCP-Fehlercode genauer angegeben wird.

Der NCP-Verbindungsabbau

NCP-Verbindungsabbau

Wenn ein Client eine Verbindung zum Server abbauen möchte, so gibt er dies mit dem NCP-Mitteilungstyp Verbindungsabbau, der den Inhalt 0x5555 im Request Type Field hat, bekannt. Der NCP-Header für die Aufforderung eines Verbindungsabbaus beinhaltet nur die ersten drei Felder des Standard-NCP-Headers und weicht somit im Aufbau von den üblichen NCP-Headern ab. Erhält ein Server von einem Client eine Aufforderung für den Abbau der NCP-Verbindung, so antwortet der Server mit einer NCP-Antwort vom Typ 0x3333, in der der Inhalt des Completion Code Field auf 0x00 gesetzt ist, wodurch der erfolgreiche Verbindungsabbau bestätigt wird.

Das NCP-Warteverhalten

NCP Max Timeout und Net Status Busy Timeout

Sobald ein Client eine NCP-Anforderung an den Server verschickt hat, erwartet er eine entsprechende NCP-Antwort auf seine Anforderung. Für die Festlegung der Wartezeiten sind bestimmte Time-Out-Mechanismen, die sich am Novell-Client mit den Parametern NCP Max Timeout beziehungsweise Net Status Busy Timeout einstellen lassen, vorgesehen. Werden die festgelegten Wartezeiten überschritten, so erhält der Anwender eine Information, dass seine angeforderte Ressource oder ein Dienst im Netzwerk zurzeit nicht verfügbar ist.

Request Type Field

Ist der Server ausgelastet und nicht in der Lage, direkt auf die NCP-Anforderung zu antworten, so wird der Client nach dem Ablauf einer gewissen Wartezeit erneut dieselbe NCP-Anforderung an den Server verschicken. Der Server wiederum sendet auf die wiederholte NCP-Anforderung ein sogenanntes Request-Being-Processed-Paket, das durch den Wert 0x9999 im *Request Type Field* des NCP-Headers gekennzeichnet ist. Der Client weiß anhand dieses Request-Being-Processed-Pakets, dass seine NCP-Anforderungen vom Server empfangen worden sind, der aber zurzeit nicht in der Lage ist, direkt zu antworten. In diesem Fall werden die verantwortlichen Zähler für die Bestimmung der Wartezeiten zurückgesetzt. Über diesen Mechanismus wird eine Anhäufung von wiederholten NCP-Anforderungen an einen ausgelasteten Server vermieden und gleichzeitig verhindert, dass ein Client die NCP-Verbindung zu einem Server vorzeitig verliert beziehungsweise abbricht.

Task Number Fields

Welche NCP-Anforderung nicht direkt bearbeitet werden konnte, geht in diesem Fall aus dem Inhalt des *Task Number Field* und des *Sequence Number Field* hervor, die im NCP-Header des Request-Being-Processed-Pakets beinhaltet sind. Sollten die Request-Being-Processed-Pakete vermehrt von einem Server aus im Netzwerk auftreten, so ist dies ein eindeutiges Indiz für einen überlasteten Server, dessen Ursache ausfindig gemacht und beseitigt werden sollte.

Der NCP Burst Mode

NCP Burst Modus

Die normale NCP-Client-Server-Kommunikation sieht vor, dass auf jede NCP-Anforderung eine entsprechende NCP-Antwort erfolgt, also ein ständiger Wechsel der Kommunikationsrichtung vorhanden ist. Bedingt durch diesen ständigen Wechsel würden bei der Übertragung großer Datenmengen eine unnötige Zeitverzögerung und ein verhältnismäßig hoher Protokoll-Overhead erzeugt werden. Durch die Möglichkeit, einen NCP-Burst-Modus zu nutzen, werden diese Zeitverzögerung und der Protokoll-Overhead vermieden, da im Burst-Modus die Anforderung von Daten mit einer Größe von bis zu 64 KByte über eine einzige NCP-Anforderung ermöglicht wird. Dies führt zu einer deutlichen Steigerung in der Performance für die Übertragung großer Datenmengen innerhalb eines Novell-Server-basierten Netzwerks. Seit der Einführung der NetWare 4.x ist die mögliche Verwendung des Burst-Modus am Server und am Client standardmäßig aktiviert.

Type Field

Die NCPs für den Burst-Modus sind über den Inhalt 0x7777 im *Type Field* des NCP-Headers erkennbar. Der NCP-Header für den Burst-Modus hat in der Grundversion 13 Felder und eine Länge von 36 Byte, wodurch der Aufbau des NCP-Headers für den Burst-Modus damit deutlich von den Standard-NCP-Headern abweicht.

Bei einem Lesezugriff im Burst-Modus oder bei der ersten NCP-Antwort auf einen Lesezugriff sind noch zusätzliche Felder im NCP-Header enthalten. Die Informationen der im Burst-Header vorhandenen Felder steuern den Datentransport im Burst-Modus.

Abb. 12–8
Der Standard-NCP-Burst-Header

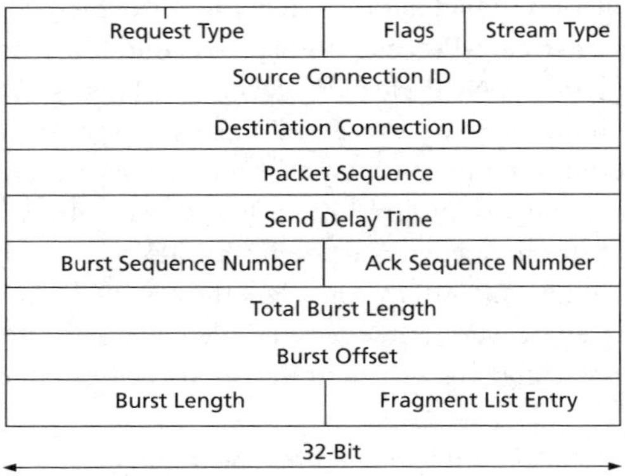

Grundaufbau eines NCP-Burst Paketes

Request Type Field

Grundsätzlich ist das erste Feld des Burst Headers das 2 Byte lange *Request Type Field* mit dem Inhalt 0x7777, das letztendlich dem Request-Type-Feld im Standard-NCP-Header entspricht.

Flag Field

Gefolgt wird dieses Feld von einem 1 Byte langen Flag Field mit Conncetion Control Bits. Durch diese Connection Control Bits können bestimmte Informationen für den Verlauf des Datenaustauschs im Burst-Modus, zum Beispiel, dass ein Paket keine weiteren Nutzdaten enthält, übermittelt werden (siehe folgende Tabelle).

Tab. 12–7
Bedeutung der verschiedenen Connection Control Bits

Bedeutung	Beschreibung
SYS	Systempaket, enthält keine weiteren Nutzdaten
SAK	Der Sender fordert eine Liste mit vermissten Fragmenten an
EOB	Letztes Segment des Burst
BSY	Anzeige, dass der Server zurzeit ausgelastet ist
ABT	Anzeige, dass eine Session nicht mehr gültig ist

Stream Type Field

Das 1 Byte lange Stream Type Field im NCP-Burst-Header definiert den Typ des Burst; dieses Feld wird nur vom Server verwendet und der Inhalt ist immer auf 0x02 festgelegt und zeigt somit einen sogenannten Big Send Burst an.

Source und Destination Connection ID Field

Das folgende 4 Byte lange *Source Connection ID Field* und das 4 Byte lange *Destination Connection ID Field* des NCP-Headers enthalten jeweils eine eindeutige Nummer des Senders beziehungsweise des Empfängers. Die beiden IDs dieser Felder werden über einen Mechanismus für die Ermittlung einer Zufallszahl generiert, in die bei der Erstellung das aktuelle Datum und die aktuelle Uhrzeit mit einfließen.

Packet Sequence Number Field

Der Inhalt des 4 Byte langen *Packet Sequence Number Field* wird bei jedem NCP-Paket, das innerhalb der Burst-Transaktion versendet wird, um eins erhöht. Dieser Wert stellt letztendlich die Anzahl aller gesendeten NCP-Pakete dar, die während des Burst ausgetauscht wurden.

Send Delay Time Field

Durch das 4 Byte lange *Send Delay Time Field* wird die Verzögerungszeit zwischen den einzelnen NCP-Paketen in Einheiten von jeweils 100 µs angezeigt. Dieser Wert ist stark von der verwendeten Netzwerktechnologie abhängig, beispielsweise hat das 10-MBit-Ethernet eine laut IEEE-802.3-Standard festgelegte Mindestabstandszeit von 9,6 µs zwischen den einzelnen Frames.

Burst Sequence Number Field

Mit dem Inhalt des *Burst Sequence Number Field* wird die Sequenznummer des NCP-Pakets innerhalb des zurzeit aktuellen Burst angegeben und stellt somit eine Zuordnung der NCP-Pakete zum Burst dar. Alle NCP-Antworten, die zu einer Burst-Anfrage gehören, werden als Burst-Set bezeichnet, die NCP-Pakete, die zu diesem Burst-Set gehören, können also anhand des Inhalts des Burst Sequence Number Field zugeordnet werden.

ACK Sequence Number Field

Durch den Inhalt des *ACK Sequence Number Field* wird angegeben, welche Sequenznummer als Nächstes erwartet wird. Über dieses Feld kann erkannt werden, ob Pakete in der richtigen Reihenfolge übertragen werden oder nicht.

Total Burst Length Field

Mit dem *Total Burst Length Field* wird die gesamte Datenlänge angezeigt, die über den gesamten Burst-Set empfangen werden soll.

Burst Offset Field

Der Inhalt des *Burst Offset Field* gibt den Offset-Wert für die Daten in Byte, bezogen auf den gesamten Datenblock, an. Über diesen Wert lassen sich die einzelnen Teilstücke der Daten auf der Empfangsseite wieder zu einem Datenblock zusammensetzen.

Burst Length Field

Das *Burst Length Field* gibt an, wie viele Byte an Daten in dem jeweiligen NCP-Paket vorhanden sind. Ist das SYS-Bit innerhalb der Conncetion Control Bits gesetzt, so beinhaltet das *Fragment List Entries Field* die Nummer des vermissten Fragments innerhalb des Burst.

Weitere Features

Für die Durchführung der NCP-Kommunikation im Burst-Modus gibt es fünf verschiedene Burst-Modus-NCP-Pakete:

- Burst-Leseanforderung
- Burst-Leseantwort
- Burst-Schreibanforderung
- Burst-Schreibantwort
- Burst-System-Paket

Je nach Art des Burst-Modus-NCP-Pakets müssen zu den bereits genannten Informationen, welche innerhalb der ersten 36 Bytes des NCP-Burst-Headers verpackt sind, noch weitere Informationen zwischen den Kommunikationspartnern ausgetauscht werden. Dies wird durch zusätzliche Felder im NCP-Header realisiert, welche direkt hinter dem Fragment List Entries Field folgen.

Function Field

Für die erste NCP-Anforderung im Burst-Modus sind vier weitere Felder mit einer zusätzlichen Länge von 16 Byte notwendig. Durch den Inhalt des ersten 4 Byte langen *Function Field* wird festgelegt, ob es sich um eine Leseanforderung (0x01-00-00-00) oder um eine Schreibanforderung (0x02-00-00-00) handelt.

File Handle Field

Über das 4 Byte lange *File Handle Field* wird der Zugriff auf die Datei festgelegt, mit dem 4 Byte langen *Starting Offset Field* wird der Offset innerhalb dieser Datei angegeben.

Bytes to Read Field

Das 4 Byte lange *Bytes to Read Field* gibt noch einmal die gesamte Datenlänge in Bytes an, die während der Burst-Transaktion gelesen werden soll.

Abb. 12–9
NCP-Header für eine Burst-Mode-Leseanforderung

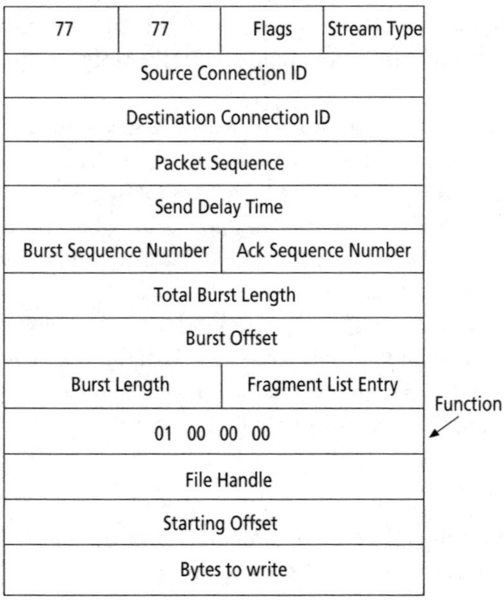

Read Reply Code Field

Auf die NCP-Burst-Leseanforderung folgt die entsprechende NCP-Burst-Leseantwort. Innerhalb des ersten NCP-Pakets sind zwei zusätzliche Felder mit einer Länge von jeweils 4 Byte vorhanden. Zum einen ist dies das *Read Reply Code Field*, welches Statusinformationen über den Lesezugriff auf die Datei zurückliefert, und zum anderen ist das das *Bytes Read Field,* das mit seinem Inhalt die Anzahl der bereits gelesenen Bytes anzeigt.

77	77	Flags	Stream Type
Source Connection ID			
Destination Connection ID			
Packet Sequence			
Send Delay Time			
Burst Sequence Number		Ack Sequence Number	
Total Burst Length			
Burst Offset			
Burst Length		Fragment List Entry	
Read Reply Code			
Bytes read			

Abb. 12–10
NCP-Header für die erste Burst-Mode-Antwort

Burst-Schreib-Modus

Möchte ein Client eine größere Datei auf einem Server ablegen, so generiert der Client eine Burst-Mode-Schreibanforderung. Der Aufbau des NCP-Pakets ist gegenüber der NCP-Leseanforderung derselbe, mit Ausnahme des Inhalts im Function Field, das den Wert 0x02 beinhaltet und somit die NCP-Schreibanforderung im Burst Mode kennzeichnet.

Write Reply Code Field

Das zur der Schreibanforderung gehörende Burst-Schreibantwort-Paket, das vom Server nach dem letzten empfangenen Paket an den Client gesendet wird, hat hinter dem Fragment List Entries Field ein 4 Byte langes *Write Reply Code Field*. Mit dem Write Reply Code Field wird der Status der Schreibaktion angezeigt. Der Wert 0x00-00-00-00 kennzeichnet dabei eine erfolgreiche Schreibaktion, und der Wert 0x04-00-00-00 gibt einen Schreibfehler an.

Flag Field

Sollte in einem Schreibantwort-Paket der Inhalt des *Flag Field* auf 0x10 gesetzt sein, so wird darüber der sogenannte End of Burst anzeigt. Ist bei einem End-of-Burst-Paket der Inhalt im Reply Code Field auf 0x00 gesetzt, so ist das Schreiben der Datei auf dem Server während des gesamten Burst-Modus erfolgreich verlaufen.

Abb. 12-11
Aufbau eines Burst-Mode-Schreibantwort-Pakets

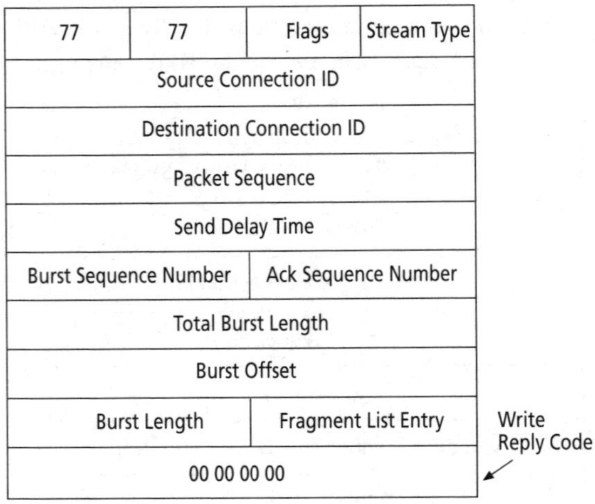

Der Ablauf des NCP Burst

Der Ablauf für den Lesevorgang im Burst-Modus erfolgt grundsätzlich in drei Schritten, wobei die zuvor genannten NCP-Burst-Pakete verwendet werden. Als Erstes wird vom Client ein Lesevorgang mithilfe einer Burst-Modus-NCP-Leseanforderung auf dem Server initiiert. Der Server sendet daraufhin eine Serie von Burst-Leseantwort-Paketen. Bei der Versendung des letzten Pakets setzt der Server das EOB Flag im Flag Field des NCP-Headers und zeigt somit das Ende des Burst an. Eine Bestätigung durch den Client, die dem Server anzeigt, ob der Lesevorgang im Burst-Modus vollständig und somit erfolgreich war, erfolgt nicht.

Die NCP-Schreib-Operation im Burst-Modus wird letztendlich ebenfalls in drei Schritten ausgeführt. Als Erstes erfolgt die Initiierung durch den Client in Form einer NCP-Burst-Schreibanforderung. Nachdem alle Daten übertragen sind, wird im letzten NCP-Paket das EOB Flag wieder auf eins gesetzt, was das Ende des Burst anzeigt. Der Schreibvorgang wird vom Server mit einer Burst-Schreibantwort und einer Statusmeldung bestätigt.

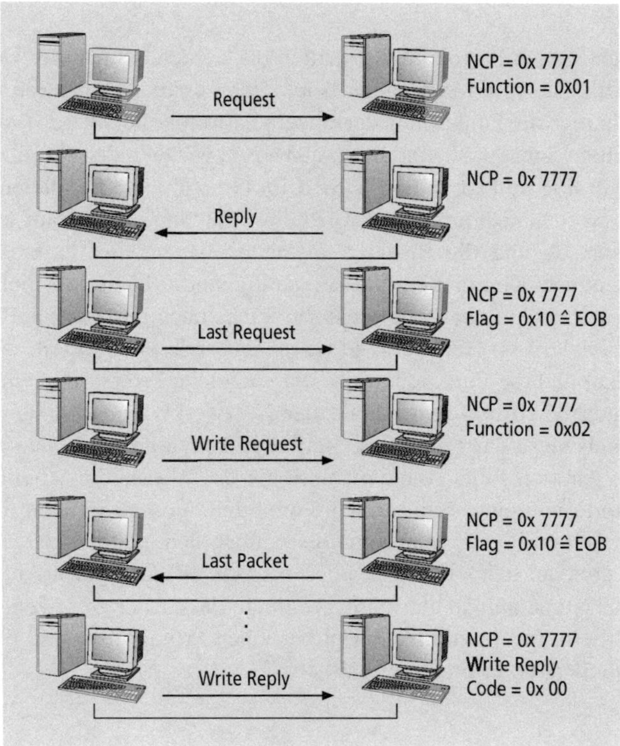

Abb. 12–12
Grundsätzlicher Verlauf einer Lese- und Schreiboperation im Burst-Modus

Ob eine NCP Burst Sequence vollständig und in der richtigen Reihenfolge übertragen wurde, lässt sich anhand der Burst Sequence Number, der Packet Sequence Number, des Burst Offset und der Burst Length ermitteln. Bei diesen Parametern müssen die Packet Sequence Number und der Burst Offset steigend verlaufen, wie es in der folgenden Tabelle zu sehen ist.

Tab. 12–8
Beispiel der richtigen Reihenfolge der Burst-Pakete, wie sie in einer fehlerfreien NCP-Kommunikation zu finden sein muss

Burst Sequence Number	Packet Sequence Number	Burst Offset	Burst Length
126	119	0	1424
126	120	1424	1424
126	121	2848	1256
126	122	4104	544

Wird über den Inhalt des Packet Sequence Number Field eines Burst Set ein fehlendes NCP-Paket erkannt, so wird dies durch eine neue Anforderung mit gesetztem SYS-Bit innerhalb des Flag Field angezeigt und das fehlende Fragment neu angefordert. Die Nummer des vermissten Fragments wird bei der Anforderung durch die Angabe im Fragment List Entries Field angezeigt.

Fazit

Die verschiedenen Protokolle der dritten bis siebten Schicht des OSI-Referenzmodells haben auf den ersten Blick einen unüberschaubaren Umfang. Vergleicht man die Funktionen der einzelnen Protokolle mit den Protokollen auf derselben Schicht, so sind beispielsweise zwischen den Protokollen der TCP/IP-Familie und Novells IPX/SPX im Grunde viele Parallelen erkennbar. Dies bezieht sich auf den Aufbau einer Sitzung, den darauf folgenden Datenaustausch und die Bestätigungsmechanismen, die für eine verbindungsorientierte Kommunikation notwendig sind. Macht man sich mit der Hilfe eines Protokollanalysators auf die Suche nach bestimmten Phänomenen oder Fehlern im Netzwerk, so ist es sicherlich von Vorteil, wenn man den Aufbau und die Funktionsweise der einzelnen Protokolle kennt. Wenn man grundsätzlich mit dem Ablauf der Netzwerkkommunikation vertraut ist, beispielsweise das Ping-Pong-Verhalten kennt, dass auf jede Anforderung eine Antwort folgt, so hat man mit diesem Wissen die Möglichkeiten, eine gestörte von einer fehlerfreien Kommunikation zu trennen und deren Ursache zu beseitigen. Die Kenntnisse über den Aufbau der einzelnen Pakete bieten auf jeden Fall eine Basis für eine effiziente Protokollanalyse, denn nur dann ist man in der Lage, geeignete Paketfilter zu setzen.

Detaillierte Informationen zur praxisnahen Protokollanalyse finden Sie im abschließenden Kapitel dieses Buchs.

13 Fehleranalyse im Netzwerk

Fehleranalyse

Kein Netzwerk ohne Fehler. Wer jetzt allerdings an Kollisionen denkt, liegt falsch: Wie in den vorherigen Kapiteln erklärt, handelt es sich bei Kollisionen im Ethernet nicht im eigentlichen Sinne um Fehler, sondern um Mechanismen, die erst das Funktionieren des Ethernet ermöglichen. Fehler im LAN bestehen immer in Datenverlusten, in der Nicht-Erreichbarkeit von Rechnern beziehungsweise Nodes oder in einem kompletten Ausfall des LAN. Es gibt aber wohl kaum ein Netzwerk, in dem solche Fehler nicht hin und wieder vorkommen – wobei die Nicht-Erreichbarkeit eines Node oft noch der einfachste und zugleich unkritischste Fall ist. Im abschließenden Kapitel dieses Buches möchten wir Ihnen jedenfalls einige Grundsätze für die Fehleranalyse im Netzwerk mit auf den Weg geben – immer in der Hoffnung, dass Ihnen Datenverluste erspart bleiben. Dieses Kapitel ist jedoch nur als Ergänzung zu den vorangegangenen Kapiteln anzusehen beziehungsweise setzt voraus, dass der Inhalt dieser Kapitel als Basiswissen vorhanden ist.

Zum Thema Fehleranalyse möchten wir einige Gedankenmodelle liefern, über die sich eventuell auftretende Fehler erkennen, analysieren und beseitigen lassen. Des Weiteren möchten wir aufzeigen, wie man mithilfe von Protokollanalysatoren und deren korrektem Einsatz ein Netzwerk aufs Bit genau analysieren kann.

Fehlerquellen

Betrachtet man das Netzwerk, das sich in der Regel aus einer Vielzahl von Komponenten zusammensetzt, die von den unterschiedlichsten Herstellern stammen, so ist es manchmal schon verwunderlich, dass es überhaupt problemlos laufen kann und ein reibungsloser Datenaustausch möglich ist. Hierfür ist es auf jeden Fall wichtig, dass alle verwendeten Komponenten mit dem Ethernet-Standard 100%ig konform sind und dass der Anwender diese Komponenten richtig betreibt und einsetzt. Wie stabil und zuverlässig ein Netzwerk letztendlich läuft, hängt zum großen Teil auch von der Konzeption und Planung eines Netzwerks ab, wobei es in der Planungsphase bereits vorwiegend darum geht, systematische Fehler zu vermeiden. Die systematischen Fehlersituationen sind in der Regel auf folgende Ursachen zurückzuführen:

- Unverträglichkeit der eingesetzten Komponenten
- Die Verwendung unzulässiger Komponenten
- Netzwerke, deren Konfiguration außerhalb der zulässigen Grenzen liegt

Prinzipiell kann man davon ausgehen, dass die Komponenten, die von den verschiedenen Herstellern als Ethernet-Produkte angeboten werden, auch mit dem Ethernet-Standard konform sind. Jedoch kommt es im heutzutage hart umkämpften Markt und dem damit verbundenen Preiskrieg immer wieder vor, dass die Hersteller Produkte auf den Markt bringen, die leichte Abweichungen zum Standard zeigen oder in der Detailbetrachtung einige Schwächen in Hochlastsituationen haben. Sehr oft sind die Treiber, die mit den Produkten geliefert werden, leider nicht ausreichend getestet und ausgereift. Man ist hier auf die Sorgfalt des Herstellers angewiesen, darauf, wie gut und intensiv er seine Komponenten testet, bevor er sie auf den Markt bringt. Als Käufer kann man sich diesbezüglich nur auf den Ruf der Hersteller oder auf eigene Erfahrungen stützen. Viele Fachzeitschriften veröffentlichen immer wieder Testberichte, in denen vergleichbare Produkte getestet und deren Leistungen gegenübergestellt werden. Diese Testberichte kann man als Orientierungshilfe für eine Kaufentscheidung heranziehen. Aber hierbei sei auch erwähnt, dass viele veröffentlichte Testberichte, fachlich betrachtet nicht fundiert sind, dass die Testszenarien nicht praxisorientiert sind und den potenziellen Käufer eher verunsichern als ihm einen tatsächlichen Nutzen zu bringen.

Einhaltung der Grenzen

Bei der Installation der Komponenten wird von den Anwendern leider zu oft unterschätzt, dass die Komponenten nur innerhalb bestimmter maximaler Grenzen betrieben werden dürfen. Zum Beispiel sollte die festgelegte maximale Segmentlänge von 100 m für eine TP-Verbindung nicht überschritten werden. Zwar zeigen Tests in der Praxis, dass die Komponenten Daten auch gut und gerne einmal über Distanzen von 120 m bis 140 m übertragen können, jedoch begibt man sich in diesem Fall in seichte Gewässer und geht in Bezug auf die Zuverlässigkeit in der Datenübertragung ein Risiko ein. Auch wenn einzelne Tests den Eindruck erwecken, dass der Einsatz über die zulässige Grenze möglich wäre, so heißt das noch lange nicht, dass die Komponenten auch beim endgültigen Einsatz im Gesamtnetzwerk noch zuverlässig arbeiten. Sehr oft schleicht sich irgendeine Fehlerquelle ein, die beim Einzeltest der Komponenten nicht direkt ersichtlich war. Ein klassisches Beispiel für eine mögliche Fehlerquelle wäre die Überschreitung der maximal zulässigen Ausdehnung der Kollisionsdomäne, die sich erst im Betrieb des gesamten Netzwerks äußert und im Einzeltest verborgen bleibt.

Neben den systematischen Fehlern ist es natürlich auch möglich, dass eine Komponente durch den natürlich bedingten Alterungsprozess irgendwann einmal den Geist aufgibt und nicht mehr zuverlässig arbeitet. Häufig werden jedoch auch Komponenten über die zulässigen Grenzen hinaus betrieben und altern beispielsweise durch eine andauernd erhöhte Betriebstemperatur vorzeitig.

Einkreisen von Fehlerquellen

Sollte es im Netzwerk einmal klemmen, ein fehlerfreier und schneller Datenaustausch schier unmöglich sein, so gilt es, den Fehler sachlich zu analysieren, die Fehlerquelle einzukreisen und zu beseitigen. Der erste Schritt zur Fehleranalyse ist oft einfacher als man tatsächlich denkt, und bezieht sich auf die richtige Identifizierung des Fehlers. Denn allein mit den oft haarsträubenden Fehlermeldungen der Anwender kann in den seltensten Fällen eine sinnvolle Fehleranalyse durchgeführt werden. In der Regel hilft es dann, den vom Anwender geschilderten Sachverhalt genauestens zu überprüfen, zu beobachten, wie sich der Fehler tatsächlich äußert und die Fehlersuche nach einem festen Schema durchzuführen. Dabei kommt es unter anderem auf eine gezielte Fragetechnik an, die inhaltlich folgende Punkte enthalten sollte:

- Wie oft tritt der Fehler auf ?
- Tritt der Fehler zu bestimmten Tageszeiten auf, z. B. während der Einloggphase aller Mitarbeiter zum Beginn der Arbeitszeit?
- Wann trat der Fehler zum ersten Mal auf?
- Wann trat der Fehler zum letzten Mal auf?
- Wurden in der letzten Zeit irgendwelche Änderungen am Netzwerk oder an dem PC vorgenommen?
- Wird beim Auftreten des Fehlers eine Fehlermeldung angezeigt und wenn ja, welche?
- Welche Anwendungen, Stationen oder Server sind an dem Problem beteiligt, d. h., auf welche Ressourcen erfolgen kurz vor dem Auftreten Zugriffe?
- Lässt sich der Fehler reproduzieren?

Die Anworten auf die gestellten Fragen können bei der Fehlererkennung äußerst hilfreich sein. Tritt ein Fehler sehr häufig auf, so kann man davon ausgehen, dass tatsächlich ein Fehler vorliegt, der beseitigt werden sollte. Einem einmalig aufgetretenen Fehler sollte zwar ebenfalls Aufmerksamkeit gewidmet werden, jedoch kann es sich hierbei um eine Kombination unglücklicher Ereignisse handeln, die zum einmaligen Auftreten des Fehlers geführt haben. Tritt ein Fehler häufiger auf, so gilt es zu versuchen, den Fehler anhand des obigen Schemas festzumachen. Es sollte also als Erstes versucht werden, das Auftreten des Fehlers zeitlich einzuordnen. Bei einem Fehler, der immer nur zu einer bestimmten Tageszeit auftritt, lassen sich unter Umständen Parallelen zu einer bestimmten Lastsituation im Netzwerk erkennen. Während der Einloggphase kann beispielsweise ein bestimmter Server, der für die Authentifizierung der Anwender verantwortlich ist, überdurchschnittlich belastet sein. Tritt der Fehler zu dieser Zeit auf, so kann der Server selbst oder die Verbindung zu diesem Server für das Auftreten des Fehlers verantwortlich sein. Auch die Antwort auf die Frage, wann der Fehler zum ersten Mal aufgetreten ist, kann interessant sein. Denn unter Umständen ist der Fehler das erste Mal nach einer vorgenommenen Veränderung aufgetreten. In diesem Fall kann davon ausgegangen werden, dass die vorgenommene Veränderung im Netzwerk für den Fehler verantwortlich ist, und man sollte herausfinden, welche Änderungen vorgenommen worden sind. Weiterhin kann es auch hilfreich sein, wenn man herausbekommen kann, welche Ressourcen oder Komponenten beim Auftreten des Fehlers beteiligt waren beziehungsweise welche beim Auftreten des Fehlers gerade benutzt worden sind. Unter Umständen kann es sein, dass ein Fehler auftritt, wenn auf einen bestimmten Dienst eines Servers zugegriffen wird. Sollten alle übrigen Zugriffe auf den Server ohne Probleme möglich sein, so kann man davon ausgehen, dass einer der bestimmten Dienste für den Auftritt des Fehlers verantwortlich ist. Ergänzend können die angezeigten Fehlermeldungen herangezogen werden, wobei diese jedoch gewöhnlich sehr oberflächlich beziehungsweise sehr global gehalten sind und ihr Informationsgehalt daher eher gering ist. Wichtig ist zweifellos auch die Frage, ob sich der Fehler reproduzieren lässt. Denn in diesem Fall kann man den Fehler am einfachsten einkreisen oder zu einem Zeitpunkt auftreten lassen, zu dem entsprechende Messeinrichtungen im Netzwerk platziert sind, die Aufschluss über das Auftreten des Fehlers liefern könnten.

Lässt sich der Fehler anhand der Antworten festmachen, so kann man zur eigentlichen Fehlersuche übergehen. Bei der Fehlersuche selbst gibt es viele Möglichkeiten, angefangen mit der einfachen Überprüfung der Verkabelung, dem Prüfen der aktiven Komponenten, dem Auswerten der Netzwerkstatistiken bis hin zur umfangreichen Protokollanalyse. Dabei sollte allgemein mit dem einfachsten Schritt begonnen werden.

13.1 Überprüfung der Verkabelung

Überprüfung der Netzwerkverkabelung

Die Praxis zeigt, dass der größte Teil der Fehlerursachen tatsächlich auf die Netzwerkverkabelung zurückzuführen ist. Ist es beispielsweise nicht mehr möglich, mit einer Arbeitsstation auf das Netzwerk zuzugreifen, so sollte man als Allererstes die Netzwerkverbindung überprüfen. Hierbei hilft in der Regel die Link-LED der Netzwerkkarte, die nach dem Laden des Netzwerktreibers leuchten sollte. Leuchtet die Link-LED nicht, so gilt es, den Weg zur nächsten aktiven Komponente, also die Verkabelung, zu überprüfen. Dies hört sich vielleicht einfacher an als es in der Praxis tatsächlich ist. Denn betrachtet man ein Netzwerk mit mehreren hundert Arbeitsstationen, so verliert man in der Verkabelung schnell den Überblick. Eine ordentliche und umfangreiche Dokumentation der Verkabelung ist dabei auf jeden Fall sehr hilfreich, jedoch in der Praxis oft leider nur ein Wunschgedanke. Sehr oft ist die Dokumentation der Verkabelung nicht mehr auf dem aktuellsten Stand, da Änderungen in den seltensten Fällen in der Dokumentation nachgetragen werden. In der Regel wachsen die Netzwerke an, d. h., zusätzliche Netzwerkkabel werden verlegt oder bestehende Verbindungen werden umgepatcht, ohne dass diese Änderungen dokumentiert werden.

Problemstellen Koaxialkabel

Bei einer Verkabelung auf Basis eines Koaxial-Bus gibt es viele mögliche Fehlerquellen. Hierbei gilt es, den Schwerpunkt auf die Kontrolle der vielen Verbindungsstücke, die bei einer 10BASE2-Verkabelung als T-Stücke ausgeführt sind, und die Abschlusswiderstände zu legen. Oft hilft schon die optische Sichtprüfung, bei der man prüft, ob noch alle Verbindungen an den T-Stücken richtig sitzen und verschraubt sind. Es ist schon oft genug vorgekommen, dass die Reinmachefrau versehentlich beim Staubsaugen gegen die Verkabelung gekommen ist und den Bus dadurch aufgetrennt hat. Neben der optischen Prüfung kann man auch eine Messung mit einem Ohmmeter vornehmen. Dies setzt allerdings voraus, dass alle Stationen am Koxial-Bus abgeschaltet sind. Misst man den Ohmschen Widerstand zwischen der Seele und dem Außenleiter des Koaxialkabels, so sollte sich an jeder beliebigen Stelle ein Wert von zirka 25 Ohm ergeben. Die 25 Ohm ergeben sich in diesem Fall aus der Parallelschaltung der beiden Abschlusswiderstände. Liegt der gemessene Wert bei ungefähr 50 Ohm, so kann man davon ausgehen, dass entweder einer der beiden Abschlusswiderstände defekt ist oder nicht mehr richtig am Bus-Ende sitzt. Weiterhin besteht die Möglichkeit, dass der Bus an irgendeiner Stelle aufgetrennt ist.

Überprüfung Sternverkabelung

Die Überprüfung einer sternförmigen Kupfer- oder Glasfaserverkabelung ist im Allgemeinen einfacher als die Überprüfung eines Koaxial-Bus. Hier wird man bei der Verbindungsüberprüfung zwischen zwei aktiven Komponenten oft feststellen, dass lediglich ein Patch- oder Anschlusskabel bewusst oder unbewusst herausgezogen wurde. Natürlich sind Kabelbrüche an den Verbindungsstellen ebenfalls eine mögliche Fehlerquelle. Die Stelle eines Kabelbruchs lässt sich mithilfe einer TDR-Messung (Time Domain Reflectometry) als Entfernungsangabe ausfindig machen. Die gewonnene Entfernungsangabe lässt in etwa die Lokalisierung der Fehlerstelle zu und vermeidet, dass die gesamte Kabelstrecke ausgetauscht werden muss. Eine präzise Überprüfung der Kabelstrecken lässt sich auch durch eine erneute Abnahmemessung und den Vergleich mit dem ersten Abnahmeprotokoll durchführen. Dadurch lassen sich Parameter ermitteln, die sich durch den Alterungsprozess verschlechtert haben. Je nachdem, welcher Parameter sich verschlechtert und wie weit sich dieser Parameter verschlechtert hat und außerhalb der zulässigen Grenze liegt, kann ein Rückschluss auf eine mögliche Fehlerquelle gezogen werden. Unter Umständen ergibt sich aus der Nachmessung, dass die ein oder andere Kabelstrecke nicht mehr den Anforderungen für eine Datenübertragung mit 100 MBit oder 1000 MBit gerecht wird. Es kann jedoch sein, dass eine Datenübertragung mit 10 MBit noch gewährleistet ist. Man muss dann nicht sofort die Verkabelung erneuern, sondern kann auf der schlechteren Kabelstrecke vorübergehend mit einer geringeren Datenrate fehlerfrei arbeiten. Der Austausch der Kabelstrecke kann so unter Umständen bis zur nächsten größeren Umbaumaßnahme aufgeschoben werden.

Problemstellen Glasfaserverkabelung

Im Bereich der Glasfaserverkabelung sollte man auch auf Problemstellen achten, die durch eine Überschreitung der zulässigen Biegeradien zu einem Bruch der Glasfaser geführt haben könnten. Diese Stellen lassen sich über die im Kapitel 5 bereits beschriebene OTDR-Messung (Optical Time Domain Reflectometry) ermitteln (siehe Kapitel 6). Weiterhin besteht die Möglichkeit, dass falsch oder schlecht konfektionierte Steckersysteme als Ursache für eine zu hohe Dämpfung oder für eine Undurchlässigkeit für die Lichtinformationen verantwortlich sind. Auch eine einfache Vertauschung der Sende- und Empfangskanäle kann schon eine Ursache für ein Scheitern des Verbindungsaufbaus sein. Dies ist besonders bei den ST-Verbindungen oft der Fall, bei denen es keinerlei Verpolungsschutz gibt und bei denen man beim Umpatchen schnell die Sende- und Empfangsseite vertauschen kann. Verschmutzungen der Faserenden innerhalb der Stecksysteme können zu einer erhöhten Dämpfung führen und einen fehlerfreien Datenaustausch unmöglich machen. Man sollte deshalb die Verbindungsstellen bei Kommunikationsproblemen auf Verschmutzung überprüfen und gegebenenfalls reinigen. Dies ist besonders bei Verbindungskabeln notwendig, die oft umgepatcht werden oder die längere Zeit nicht genutzt worden sind und deshalb offen waren und einer erhöhten Gefahr der Verschmutzung oder Verstaubung ausgesetzt waren.

13.2 Überprüfung der aktiven Komponenten

Überprüfung aktiver Komponenten

Neben der Verkabelung können natürlich auch die aktiven Komponenten Probleme verursachen, die einen Datenaustausch unmöglich machen oder nur mit geringer Geschwindigkeit zulassen. Lässt sich die Verkabelung als Fehlerursache ausschließen, so sollte das Augenmerk auf die aktiven Komponenten gerichtet werden. Es gilt dabei, die Funktionsweise der Komponenten zu beobachten und zu analysieren. Bei der Überprüfung der aktiven Komponenten können die mitgelieferten Handbücher von Nutzen sein. Es ist deshalb sinnvoll, generell die Handbücher nach der Installation der aktiven Komponenten zu archivieren.

LED-Anzeige

Die ersten Hinweise auf die Funktion der aktiven Komponenten bieten die LEDs, die für den jeweiligen Anschluss diverse Statusinformationen anzeigen. Vier LEDs, die Link-LED, die Traffic-LED, die LED für die verwendete Datenrate und die LED für den Verbindungsmodus sind hier von größter Wichtigkeit. Ob diese LEDs beim Anschluss einzeln oder in Kombination vorhanden sind, erklärt sich durch die Beschriftung der LEDs oder aus der Dokumentation der aktiven Netzwerkkomponente.

Über die Link-LED wird angezeigt, ob eine aktive Verbindung zur gegenüberliegenden Komponente aufgebaut wurde beziehungsweise vorhanden ist. Ist diese Anzeige im 100-MBit- oder 1000-MBit-Bereich sehr zuverlässig, so muss man im 10-MBit-Bereich berücksichtigen, dass die Link-

Anzeige nur mit Einschränkung eine zuverlässige Auskunft über die aktive Verbindung gibt. Denn betrachtet man die Tatsache, dass der Link-Puls für den Verbindungstest mit einer weitaus geringeren Frequenz als die eigentliche Datenübertragung arbeitet, so kann es sein, dass die Verbindungsstrecke zwar den Link-Puls problemlos durchlässt, eine Datenübertragung aber dennoch unmöglich ist.

Die Traffic-LED zeigt an, ob ein Datenaustausch über den jeweiligen Anschluss durchgeführt wird. Je nach Ausführung der aktiven Komponente ist die Traffic-LED kombiniert für das Senden und Empfangen ausgeführt oder getrennt durch zwei LEDs. Die Traffic-LED kann allgemein nur als Hinweis einer aktiven Datenübertragung herangezogen werden. Denn betrachtet man die Leuchtdauer der Traffic-LED, so liegt diese wegen der Wahrnehmungsfähigkeit des menschlichen Auges um einiges höher als die Dauer der Datenübertragung, die für die Übertragung eines Ethernet-Frames tatsächlich notwendig ist. Demnach kann weder die Anzahl der übertragenen Ethernet-Frames noch eine präzise Aussage über die Auslastung des jeweiligen Anschlusses über die Traffic-LED vorgenommen werden.

Über die LED, die die verwendete Datenrate anzeigt, kann die eingestellte Übertragungsrate abgelesen werden. Hierüber lässt sich unter Umständen ein falsch konfigurierter Anschluss einer Komponente ausfindig machen, oder es lassen sich Rückschlüsse über die Ausführung der Auto-Negotiation-Funktion ziehen.

Von großer Wichtigkeit kann die LED sein, die den Verbindungsmodus des Anschlusses anzeigt. An ihr lässt sich erkennen, ob ein Anschluss im Halb- oder Vollduplexmodus arbeitet. Es muss generell sichergestellt sein, dass die gegenüber liegenden und über die Verbindungsstrecke miteinander verbundenen Anschlüsse im selben Übertragungsmodus arbeiten.

Arbeiten die Komponenten im Halbduplexmodus, so kann eine LED, die das Auftreten von Kollisionen anzeigt, ein Indiz für einen Fehler liefern. Tritt bei jedem Sendeversuch eine Kollision auf, so sollten der eingestellte Übertragungsmodus an der gegenüberliegenden Komponente und die Einhaltung der Längenrestriktionen überprüft werden. Im 10-MBit-Bereich ist zu berücksichtigen, dass es vorkommen kann, dass die fälschlicherweise aktivierte SQE-Testfunktion an einem Transceiver, der an einem Hub angeschlossen ist, die ständige Anzeige von angeblich aufgetretenen Kollisionen verursachen kann.

Neben den LEDs bieten einige Komponenten auch Softwaretools, über die der Status der Komponente angezeigt werden kann oder mit denen die Komponente auf Funktion getestet werden kann. Diese Softwaretools sind heutzutage vorwiegend für die Netzwerkkarten erhältlich beziehungsweise Bestandteil des Lieferumfangs. Als Softwaretools werden entweder reine Diagnosetools mitgeliefert, die teilweise noch ausschließlich unter DOS betrieben werden können oder umfangreiche Softwaretools, die neben der

Diagnose auch das Auslesen von Statistiken ermöglichen und auf die gängigen Betriebssysteme aufsetzen.

Die reinen Diagnosetools greifen direkt auf die Hardware der Netzwerkkarte zu und ermöglichen Diagnosetests wie einen Schreib-Lese-Test, mit dem die Schreib-/Lesespeicher auf der Netzwerkkarte getestet werden können. Technisch umfangreicher und adäquater sind Softwaretools, die auf den gängigen Betriebssystemen aufsetzen. Diese Softwaretools liefern zu der genannten Diagnosefunktion auch genauere Statistik- und Statusinformationen mithilfe derer beispielsweise die Anzahl der aufgetretenen Kollisionen, die Anzahl der Verbindungsaufbauten oder die Anzahl der gesendeten (Carrier Lost) und empfangenen Frames genau ermittelt werden können. Detaillierte Informationen bieten zudem die Statistiken wie Late Collisions, Runts, CRC-Fehler, Alignment Error, Frame Short, Frame Long, die je nach Umfang des Tools zusätzlich bereitgestellt werden.

13.2.1 Ping

Fehlersuche mit Ping

Für die Überprüfung der aktiven Komponenten und der dazwischenliegenden Verkabelungsstrecke kann man sich in einem TCP/IP-basierten Netzwerk ein nützliches Tool namens *Ping* zunutze machen. Bei Ping handelt es sich um ein Diagnosetool, mit dem eine IP-Verbindung zu einer entfernten Station überprüft werden kann. Der Ping-Befehl prüft die Verbindung, indem ein spezielles ICMP-Echo-Paket zur entfernten Station geschickt wird. Über dieses ICMP-Echo-Paket wird die entfernte Station aufgefordert, eine bestimmte Anzahl von entsprechenden ICMP-Antwort-Paketen zurückzuschicken. Durch den Erhalt der ICMP-Antworten wird letztendlich die Aussage getroffen, dass die Verbindung zur entfernten Station in Ordnung ist. Erhält jedoch die Station kein ICMP-Antwort-Paket, so werden Timeout-Fehlermeldungen generiert. Der Ping-Befehl ist heutzutage auf jeder Betriebssystemplattform zu finden und verfügbar, nachdem der TCP/IP-Stack durch die Installation des TCP/IP-Protokolls mitinstalliert worden ist.

Möchte man eine Verbindung zu einer entfernten Station überprüfen, so muss man beispielsweise auf einem Windows-Rechner ein Kommandozeilen-Eingabefenster öffnen und den Befehl `ping [IP-Adresse der entfernten Station]` eingeben. Voraussetzung dafür ist natürlich, dass Sie die IP-Adresse der entfernten Station kennen und dass auf Ihrer Station und der entfernten Station die TCP/IP-Protokollsuite installiert ist. Ist dies der Fall und eine Verbindung zur entfernten Station vorhanden, so sollten Sie als Antwort auf den Ping-Befehl drei Mal die Meldung `Reply from [IP-Adresse] bytes=32 time= ...ms` erhalten.

Der Vorteil bei Ping liegt darin, dass man nicht nur die Verbindung selbst, sondern zwischen den Stationen alle Instanzen hoch bis zur dritten Ebene testet. Man kann demnach mittels Ping eine Aussage darüber treffen, ob die Verbindung selbst, der Treiber der Netzwerkkarte und das IP-Protokoll auf der dritten Ebene richtig arbeiten. Dazu gehören natürlich alle zwischengeschalteten Router und Switches, die richtig arbeiten müssen, um die Datenpakete zielgerichtet weiterleiten zu können.

Per Default werden durch den Ping-Befehl Daten der Größe 32 Byte zwischen den Stationen ausgetauscht. Die Länge der Daten lässt sich allerdings beim Ping-Befehl über einen optionalen Parameter vergrößern, so dass man die Verbindungen und die Stationen auch auf das Verhalten mit größeren Datenmengen hin überprüfen kann. Eine ausführliche Beschreibung der Ping-Optionen erhält man, indem man auf der Kommandoebene einfach `ping` eingibt.

Neben dem einfachen Ping-Befehl, der in der Regel Bestandteil der Betriebssystemplattform ist, gibt es noch weitere, komfortablere Ausführungen des Diagnosetools, die beispielsweise als Shareware verfügbar sind. Diese Diagnosetools bieten eine für Betriebssysteme übliche Benutzeroberfläche, die einfach durch Mausklick konfiguriert und bedient werden kann.

13.3 Überprüfung der Netzwerkstatistiken

Netzwerkstatistiken

Größere Netzwerke, bei denen mehrere hundert Arbeitsstationen vorhanden sind, können nur noch über zentrale Managementeinheiten verwaltet und überwacht werden. Aufgabe der zentralen Managementeinheit ist es, Netzwerkstatistiken zu sammeln und darzustellen, die sich von den aktiven Netzwerkkomponenten oder speziell platzierten Agenten abfragen lassen. Dabei spielen in TCP/IP-basierten Netzwerken zwei Standards, das Simple Network Management Protocol, kurz SNMP, und das Remote Network Monitoring, kurz RMON, eine große Rolle. Beide Lösungen dienen letztendlich dazu, Netzwerkstatistiken zu sammeln, zu zentralisieren und auf einer Managementeinheit darzustellen. Weiterhin bietet heutzutage eine Vielzahl der aktiven Verteiler Komponenten wie beispielsweise Switches HTML-basierte Oberflächen, die mit einem Webbrowser dargestellt werden können und auf denen Statistiken abgefragt werden können.

Als vorbeugende Maßnahme sollte man während des normalen und fehlerfreien Netzwerkbetriebs typische Netzwerkstatistiken sammeln, um diese später als Grundlage für eine Fehlererkennung heranziehen zu können. Dadurch wird man in die Lage versetzt, generell Veränderungen und Anomalien im Netzwerk zu erkennen. Die Auswertungen der Netzwerkstatistiken verschmelzen eng mit den Auswertungen der Ethernet-Parameter, die bereits in Kapitel 9 ausführlich beschrieben wurden. Bei der Fehleranalyse sind primär die Parameter für die aufgetretenen Kollisionen und die Anzahl der Verbindungsaufbauten beziehungsweise Verbindungsverluste zu betrachten.

13.4 Protokollanalyse

Protokollanalyse

Eine weitere und wohl die aufschlussreichste Möglichkeit der Fehleranalyse stellt die Protokollanalyse dar, mit deren Hilfe man buchstäblich durch den Draht schauen kann, so dass sich der Datenverkehr aufs Bit genau darstellen und analysieren lässt. Kein Mensch aber kann mit der Aufschlüsselung des Datenverkehrs auf dem Kabel Bit für Bit etwas anfangen – selbst die einzelne Darstellung der Frame-Inhalte überfordert die meisten Netzwerkadministratoren. Eine Protokollanalyse wird daher mithilfe sogenannter Protokollanalysatoren durchgeführt, mit denen sich Statistikinformationen sammeln, Datenpakete aufzeichnen und deren Inhalte darstellen lassen. Die mit einem Protokollanalysator gewonnenen Messdaten bieten in den meisten Fällen tief greifende Informationen, über die detaillierte Rückschlüsse über den Zustand des Netzwerks gemacht werden können. In der Regel bieten große kommerzielle Protokollanalysatoren Trend- und Statusanalysen aufgrund der aufgefangenen Datenframes; Firmen wie Fluke bieten sogar externe Analysatoren an, die weitgehend ohne Beeinflussung des Netzwerks und unabhängig von einer Netzwerkstation den Datenfluss analysieren.

Über das Thema Protokollanalyse wird in der Netzwerkwelt häufig diskutiert, und der Protokollanalyse haftet oft der Mythos eines großen Geheimnisses an. Denn sehr oft sträuben sich die Verantwortlichen eines Netzwerks gegen den vermeintlich hohen Einarbeitungsaufwand, der für den richtigen und effizienten Einsatz eines Protokollanalysators notwendig ist. Sicherlich sind Kenntnisse über die vorhandene Netzwerktechnologie, die unterschiedlichen Frametypen und die Vielzahl von Protokollen der dritten und vierten Ebene des OSI-Referenz-Modells notwendig. Außerdem ist ein Verständnis für die richtige Platzierung des Protokollanalysators innerhalb des Netzwerks unerlässlich, damit überhaupt die Aufzeichnung des Datenstroms zur Fehleranalyse herangezogen werden kann. Ist man aber bereit, sich genauer mit der Thematik zu befassen, so wird man feststellen, dass mithilfe eines Protokollanalysators und etwas Erfahrung Engpässe und Fehlerquellen innerhalb des Netzwerks schnell ausfindig gemacht werden können.

Bei der Protokollanalyse geht es zum einen darum, den Datenstrom auf der Ethernet-Ebene und zum anderen auf der dritten und vierten Protokoll-Ebene zu analysieren. Auf welche Ebene man sich letztendlich konzentrieren soll, hängt vom Fehler ab, der ausfindig gemacht werden soll. Bei der Protokollanalyse ist allgemein eine systematische Vorgehensweise notwendig, die dazu führen soll, dass die Fehlerursache möglichst schnell eingekreist und beseitigt werden kann. Dabei geht es allgemein erst einmal darum, die Fehlerquelle örtlich einzugrenzen. Über die Protokollanalyse kann man sich dazu den Datenverkehr bis ins Detail genau ansehen, dabei die Kommunikation der verschiedenen Protokolle überprüfen und deren Frage-Antwort-Verhalten beobachten. Dabei ist es allgemein hilfreich, wenn man in einem funktionierenden Netzwerk Erfahrungen sammelt, indem man den

Datenverkehr in einem fehlerfreien Betrieb beobachtet. Diese Erfahrungen können später nützlich sein, um ein anomales Verhalten in der Kommunikation zu erkennen und ausfindig zu machen. Denn generell hat man bei der Protokollanalyse mit dem Problem zu kämpfen, dass die Analysatoren zwar die Daten anzeigen, die über das Netzwerk übertragen wurden, dass sie jedoch nicht beziehungsweise nur sehr beschränkt anzeigen, wie man diese Daten zu interpretieren hat. Es bleibt demnach den Kenntnissen und dem Sachverstand des Administrators überlassen, ob etwas falsch oder richtig ist beziehungsweise was man denn zwecks Fehlerbehebung zu tun hätte. Um diesbezüglich allgemein sinnvolle Entscheidungen treffen zu können, sollte man den Aufbau der gängigen Protokolle und deren Kommunikationsverhalten kennen, wie sie in Kapitel 10 bis 12 beschrieben sind. Hilfreich bei dieser Betrachtung können auch sogenannte Protokolldatenbanken sein wie beispielsweise der BANalyser, der die Protokolle bis ins kleinste Detail ausführlich beschreibt.

13.4.1 Die Durchführung der Protokollanalyse

Durchführung der Protokollanalyse

Im ersten Schritt sollte ein geeigneter Messplatz für den Protokollanalysator ausfindig gemacht werden. Hierbei sind die Funktionsweisen der aktiven Verteilerkomponenten wie Switches, Bridges und Router besonders zu berücksichtigen. Weiterhin ist es notwendig, dass man sich ein Bild über den gesamten Aufbau des Netzwerks verschafft und feststellt, welche aktiven Komponenten sich im vorhandenen Netzwerk befinden. Dazu kann ein kurzer Mitschnitt der Datenkommunikation ausreichend sein, denn in der Regel geben alle aktiven Komponenten innerhalb von 60 Sekunden ein Lebenszeichen in Form eines Broadcast oder Multicast von sich. Innerhalb eines TCP/IP-basierten Netzwerks sollte man sich noch einen Überblick über die Zuordnung der IP-Adressen und MAC-Adressen beschaffen.

Platzierung des Protokollanalysators

Tritt der Fehler an einem bestimmten Server oder Client auf, so sollte man bei der folgenden Analyse des Datenverkehrs die Platzierung des Protokollanalysators unmittelbar in der Nähe dieser aktiven Komponente vornehmen. Gegebenenfalls ist es hierbei auch sinnvoll, mit zwei Analysatoren zu arbeiten, wobei einer direkt am Client und der andere am Server platziert wird. Lässt sich der Fehler reproduzieren, so sollte sich der Fehler mit dem aufgebauten Messszenarium schnell einkreisen lassen.

Bei der Analyse sollte man im ersten Schritt auf Kommunikationsbeziehungen achten, in denen Fehler auftreten, beziehungsweise darauf, ob die gesamte Kommunikation auf den ersten Blick fehlerfrei ist. Die meisten Protokollanalysatoren bieten in der Regel dafür eine tabellarische Auflistung des gesamten Datenverkehrs, in der zeilenweise eine Kommunikationsbeziehung mit bestimmter Richtung dargestellt ist. Zum Beispiel ist eine Zeile vorhanden, die die Kommunikation von Server 1 zu Client 3 darstellt und eine weitere Zeile, welche die Kommunikation in umgekehrter Richtung darstellt. Werden beispielsweise in der Zeile Server 1 zu Client 3 Fehler hochgezählt, so kann man von einem Sendeproblem an der Netzwerkkarte des Servers oder von einer der zwischengeschalteten aktiven Komponenten ausgehen. Weiterhin ist es auch wichtig, darauf zu achten, welche Art von Datenpaketen ausgesendet werden. Auf diese Weise lassen sich unter Umständen große Broadcast-Belastungen schnell ausfindig machen und an einer aktiven Komponente festmachen.

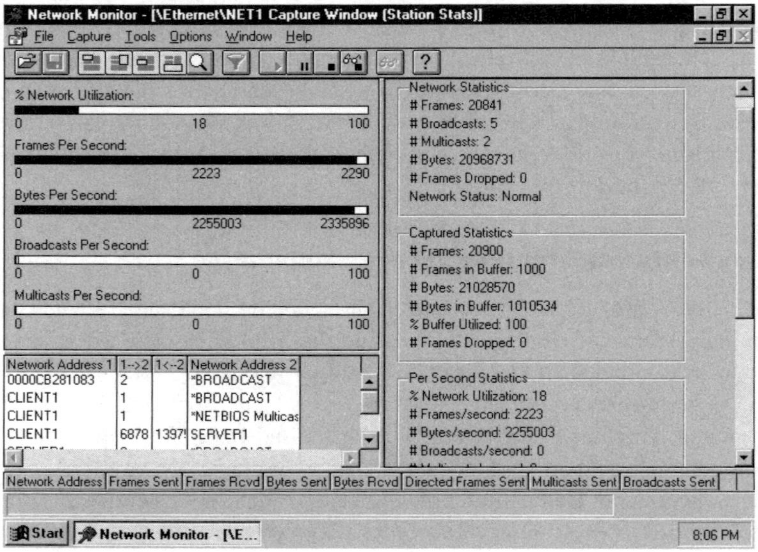

Abb. 13–1 *Über die tabellarische Auflistung der Datenkommunikation lassen sich bereits Fehlerquellen ausfindig machen.*

Lassen sich an der tabellarischen Auflistung des Datenverkehrs die Fehlerursachen nicht ausmachen, so muss man einen Schritt tiefer gehen und die aufgezeichneten Daten genauer analysieren. Ist eine Kommunikation zwischen zwei aktiven Komponenten nicht möglich, so sollte man die Verwendung der Ethernet-Frametypen überprüfen. Sehr oft ist es schon vorgekommen, dass unterschiedliche Frametypen verwendet wurden, die eine Kommunikation unmöglich machten.

Frage-Antwortverhalten der Protokolle

Weitere Ursachen sind unter Umständen im Frage-Antwort-Verhalten der Protokolle der dritten und vierten Ebene zu finden. Beim Frage-Antwort-Verhalten kommt es darauf an, dass innerhalb einer gewissen Zeitgrenze eine Antwort auf die Anforderung erfolgt. Bleibt nach einer vorgegebenen Zeitspanne die Antwort aus, so interpretieren die Protokolle dies als Fehler und bauen nach ein bis zwei erneuten Anforderungsversuchen die Verbindung ab. In der Regel sind Ursachen für Verzögerungen und lange Antwortzeiten an den Endgeräten zu suchen. In den seltensten Fällen sind die aktiven Verteilerkomponenten wie Switches oder Repeater für Verzögerungen verantwortlich. Die wiederholten Anforderungen und das Ausbleiben der Antworten beziehungsweise deutlich verzögerte Antworten lassen sich in der Regel bei einer aufgezeichneten Kommunikation erkennen.

Als Ursache für die Verzögerungen kommen auf den Endgeräten wie Server und Clients viele Faktoren in Frage, die zu einer unzulässigen Verzögerung führen können. Zum einen ist das eine dauerhafte Überlastung, die durch eine stetig ansteigende Anzahl von Anwendern erfolgen kann, oder aber ein tatsächlicher Fehler, der sich wie auch immer eingeschlichen hat. Als Fehler kommen Anwendungen in Frage, die auf den Servern installiert wurden und zu einer dauerhaften oder übermäßigen Belastung des Servers führen. Selbst die Routingfehler lassen sich sehr häufig an falsch eingestellten IP-Adressen oder Subnetzmasken auf den Endgeräten festmachen. Weiterhin besteht die Möglichkeit, dass durch eine übermäßig hohe Auslastung des Netzwerks die, wie bereits erwähnt, durch eine hohe Anzahl von Broadcasts verursacht werden kann, eine rechtzeitige Antwort unmöglich ist. Wiederum muss die Quelle der hohen Broadcast-Belastung ausfindig gemacht werden.

Betrachtung ICMP

Geht es um weitere Analysen, so kann man sich in einem TCP/IP-basierten Netzwerk während der Protokollanalyse das ICMP (Internet Control Message Protocol) zunutze machen. Das ICMP ist, wie bereits in Kapitel 10 ausführlich beschrieben, als Sprachrohr des IP-Netzwerks zu betrachten. Das IP-Netzwerk diagnostiziert sich quasi selbst und tauscht dazu ICMP-Meldungen aus. Man kann demnach die Protokollanalyse deutlich vereinfachen, wenn man ein Augenmerk auf die ICMP-Pakete richtet, wobei man entsprechende Filter setzen kann. Hierbei können ICMP-Meldungen wie Don't Fragment, Network Unreachable, Host Unreachable, Protocol Unreachable oder TTL decreased to Zero aufschlussreiche Informationen über die Fehlerursache liefern.

Des Weiteren lassen sich mithilfe eines Protokollanalysators auch problemlos die Vergabe und Nutzung der IP-Adressen überprüfen. Die doppelte Vergabe von IP-Adressen oder die Verwendung falscher Subnetzmasken kommen zu Zeiten von DHCP immer seltener vor, jedoch lässt es sich nie ausschließen, dass ein Anwender im Netzwerk eigenständige Adresseinstellungen vornimmt. Ist eine IP-Adresse doppelt vergeben, so kommt es generell zu schweren Fehlern in der Datenkommunikation. Durch die Protokollanalyse können diese jedoch schnell erkannt und beseitigt werden. Dasselbe gilt für die Verwendung einer falschen Subnetzmaske, weswegen fälschlicherweise versucht wird, ein IP-Paket in ein anderes Subnetz erfolglos weiterzuleiten. Dieses Verhalten lässt sich durch eine Aufzeichnung des Datenverkehrs ebenfalls ermitteln.

13.4.2 Header-Informationen

Header-Informationen

Die eigentlichen Nutzdaten, die über das Netzwerk verschickt werden sollen, werden für die Übertragung in zusätzliche Informationen verpackt, die ihren Transport innerhalb des Netzwerks regeln. Bezieht man sich auf die Schichten des OSI-Referenz-Modells, so werden die Daten beim Senden für den Transport von oben nach unten gereicht und erhalten auf jeder Schicht zusätzliche Informationen, die als Header bezeichnet werden. Auf der Empfangsseite werden die Daten von unten nach oben gereicht, wobei die zusätzlichen Informationen schichtweise wieder entfernt werden, so dass nur noch die eigentlichen Nutzdaten übrig bleiben. Die Informationen, die sich innerhalb der hinzugefügten Header befinden, stellen bei der Protokollanalyse die wichtigsten Informationen dar. Primär sind für den Datentransport im Netzwerk und somit auch für die Protokollanalyse die Informationen interessant, die auf der zweiten bis vierten Ebene ergänzt werden.

Mit den gängigen Protokollanalysatoren lässt sich neben diversen Statistikinformationen der Datenstrom eines Netzwerks aufs Bit genau aufzeichnen und in lesbarer Form darstellen. Letzteres geschieht in der Form, dass die einzelnen Bits in die verschiedenen Protokollschichten unterteilt und byteweise hexadezimal dargestellt werden. Damit man bei den umfangreichen Frame- und Protokollinformationen nicht Gefahr läuft, die Übersicht zu verlieren, werden in der Regel alle dem Protokollanalysator bekannten Informationen direkt decodiert und als verständliche Information wie Source Address 00 00 CB 78 5B 19 oder Ethernet Type :0x0806 (ARP: Adress Resolution Protocol) dargestellt. Und auch der eigentliche Daten- oder Informationsinhalt erscheint, neben der hexadezimalen Form, in einem lesbaren Format (siehe Abbildung 13-2).

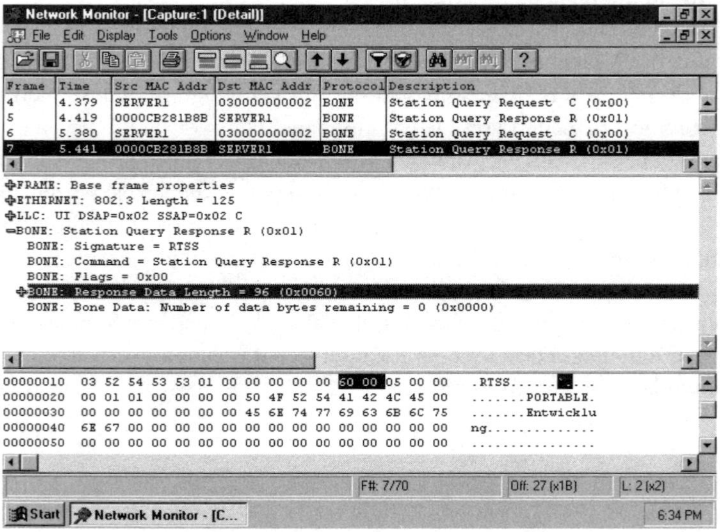

Abb. 13–2 *Darstellung des Datenstroms mit einem Protokollanalysator*

Somit werden die für den Transport der Daten zusätzlich angehängten und eigentlich unsichtbaren Informationen für den Administrator mithilfe eines Protokollanalysators übersichtlich dargestellt und sichtbar gemacht.

13.4.3 Richtige Platzierung der Protokollanalysatoren

Platzierung der Protokollanalysatoren

Möchte man mithilfe eines Protokollanalysators ein Netzwerk analysieren oder auf Fehlersuche gehen, so hat man in heutigen Netzwerken mit einem Problem zu kämpfen. Denn bedingt durch die heutzutage große Verbreitung von Bridges, Routern und besonders von Switches wird eine lückenlose Analyse des Netzwerks immer schwieriger. Oft sind die Protokollanalysatoren nur noch in der Lage, einzelne Segmente und damit einen Bruchteil des gesamten Datenaufkommens im Netzwerk darzustellen und zu analysieren. Es ist daher wichtig, dass man die Funktionsprinzipien und Leistungsmerkmale der aktiven Komponenten wie Bridges, Router und Switches genauestens kennt, damit man überhaupt in der Lage ist, den Protokollanalysator an der geeigneten Stelle im Netzwerk zu platzieren, nämlich die, an der man möglichst viel des gesamten beziehungsweise des für die Analyse relevanten Datenverkehrs mitschneiden kann. Hierzu kann beispielsweise der Backbone dienen, an dem alle Server angeschlossen sind und über den mehr oder weniger der gesamte Datenstrom läuft. Um überhaupt die geeignete Stelle im Netzwerk ausfindig machen zu können, muss man sich vor der eigentlichen Protokollanalyse ein genaues Bild über den Aufbau und die Struktur des vorhandenen Netzwerks machen. Durch die Berücksichtigung der Funktionsweise der einzelnen zwischengeschalteten Komponenten beziehungsweise aktiven Verteiler lässt sich eine geeignete Messstelle auswählen. Denn erst durch die richtige Auswahl der geeigneten Messstelle ist man wirklich in der Lage, die gewonnenen Messdaten zur richtigen Fehleranalyse heranzuziehen.

Bridges

Analyse im Bridge-Umfeld

Wie sind die verschiedenen aktiven Komponenten bei der Auswahl der Messstelle zu betrachten? Bridges arbeiten auf der zweiten Schicht des OSI-Referenz-Modells und verbinden beispielsweise Netze unterschiedlicher Netzwerktechnologien oder begrenzen innerhalb eines reinen Ethernet-Netzwerks eine Kollisionsdomäne. Unabhängig vom Einsatzgebiet einer Bridge wird der lokale Datenverkehr, der an eine Station des lokalen Segments adressiert ist, nicht auf das andere Segment an der anderen Seite der Bridge weitergeleitet. Eine Bridge leitet also im Gegensatz zu einem Repeater nicht alle Unicast-Pakete weiter, sondern nur die Datenpakete, die für ein anderes Segment bestimmt sind. Der Entscheidungsprozess wird mithilfe von Adresstabellen und der Zieladresse innerhalb des Frameheaders vorgenommen. Broadcast-adressierte Pakete werden hingegen ungehindert weitergeleitet.

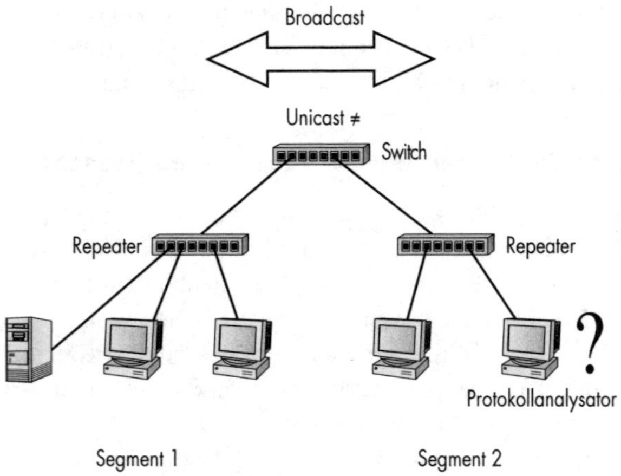

Abb. 13–3 Beim Einsatz einer Bridge muss man während der Protokollanalyse beachten, dass die Datenpakete nur gezielt über die Bridge weitergeleitet werden, also der Datenverkehr auf den Segmenten ungleich ist.

Switches

Analyse im Switch-Umfeld

Die größte Herausforderung bei der Protokollanalyse stellen komplexe Switch-Umgebungen dar. Switches arbeiten auf der zweiten und gegebenenfalls zusätzlich auf den höheren Schichten des OSI-Referenz-Modells. Switches haben mehrere Anschlüsse und verhalten sich ähnlich wie Bridges, indem sie direkt adressierte Daten nur gezielt an einzelne Ports oder Broadcast-adressierte Daten an alle Ports weiterleiten. Da die Funktionsweise eines Switch mit dem einer Bridge vergleichbar ist, ein Switch jedoch über mehr als zwei Ports verfügt, spricht man bei einem Switch auch sehr oft von einer Multiport Bridge. Ist der Protokollanalysator an einen Port eines Switch angeschlossen, so muss man bei der Protokollanalyse berücksichtigen, dass ein großer Teil des eigentlichen Datenstroms am Analysator vorbei geswitcht wird. In diesem Fall werden nur Unicast-Frames, die an den Port weitergeleitet wurden, sowie Multicast- und Broadcast-Frames vom Protokollanalysator aufgezeichnet. Der eigentliche, direkt adressierte Datenverkehr, den der Switch an die anderen Ports weiterleitet, wird am Protokollanalysator vorbeigeswitcht und bleibt ihm deshalb verborgen. Dies führt unter Umständen während der Protokollanalyse zu einer deutlichen Fehlinterpretation.

Monitor-Ports

Monitor-Port

Um bei Switches doch noch einen sinnvollen Einsatz eines Protokollanalysators zu gewährleisten, haben einige Hersteller in den Switches die Funktion vorgesehen, einen Anschluss des Switch als Monitor-Port zu konfigurieren. An einem Port, der als Monitor-Port konfiguriert ist, werden die Daten aller anderen Ports gespiegelt. Man ist somit wieder in der Lage, den gesamten Datenstrom, der den Switch passiert, zu analysieren. Diese Methode hat jedoch den Nachteil, dass der Port des Switch, welcher als Monitor-Port konfiguriert wurde, für den normalen Gebrauch nicht mehr oder nur noch bedingt zu verwenden ist, da an diesem Port alle Pakete weitergeleitet werden, was letztendlich gegen die Funktionsprinzipien eines Switch spricht. Die Monitor-Ports stellen oft einen Engpass in der Performance dar, da sie sehr oft nicht in der Lage sind, den gesamten Datenstrom des Switch weiterzuleiten, womit sie zwangsläufig die Performance des gesamten Switch bremsen.

Router

Analyse im Router-Umfeld

Router arbeiten auf dem dritten und gegebenenfalls auf höheren Layern des OSI-Referenz-Modells und leiten die Daten nur weiter, wenn die Wegfindung zwischen der Quellstation und der Zielstation den Weg über den Router bestimmt. Broadcast-adressierte Daten werden in der Regel nicht über Router weitergeleitet. Dieses Phänomen führt bei vielen Diensten im Netzwerk schon zu Problemen, da viele der Dienste (wie beispielsweise der Browserdienst und WINs) Broadcast-basiert sind. Beim Einsatz eines Routers muss für die Protokollanalyse beachtet werden, dass Broadcast-adressierte Datenpakete nicht weitergeleitet werden und direkt adressierte Datenpakete nur gezielt über den Router weitergeleitet werden.

Probes

Probes

Um komplexe Netzwerke über die Grenzen eines Segments betrachten zu können, bieten die meisten Protokollanalysatoren die Möglichkeit, Remote Probes oder Monitor-Agenten an beliebigen Stellen im Netzwerk zu platzieren. Diese kleinen Helfer sammeln den für sie sichtbaren Datenverkehr ihres Segments und senden diese Messdaten in komprimierter Form an die Monitorstation weiter. Highend-Analysatoren sind sogar in der Lage, mehrere Probes zu unterstützen und diese zur selben Zeit beziehungsweise parallel abzufragen. Die Daten werden in diesem Fall mit einem Timestamp versehen und angezeigt. Durch den Einsatz von Probes ist man in der Lage, die zwecks Optimierung geschaffenen Barrieren im Netzwerk zur Analyse zu übergehen. Somit lassen sich beispielsweise aktive Verteiler auf deren Funktion überprüfen, indem man den Daten-Input mit dem Daten-Output vergleicht.

13.4.4 Analysesysteme

Analysesysteme

Die heutigen Highspeed-LANs wie Fast Ethernet oder Gigabit-Ethernet fordern immer schnellere Analysesysteme, damit der auftretende Datenverkehr überhaupt noch vollständig aufgezeichnet und analysiert werden kann. Für die Analysesysteme ist es wichtig, dass sie den eingehenden Datenstrom verzögerungsfrei und ohne Datenverlust verarbeiten können. Deshalb ist die Performance der Analysesysteme ein entscheidendes Gütemerkmal. Bei den

Protokollanalysatoren wird grundsätzlich zwischen Hardware- und Software-Analysatoren unterschieden.

Hardware-Analysatoren

Die Hardware-Analysatoren basieren auf einem speziellen Betriebssystem und verfügen über intelligente Netzwerkkarten, auf denen entweder eigene Prozessoren oder ASICs vorhanden sind, die den Hauptprozessor des Analysesystems dadurch entlasten, dass sie die eigentliche Verarbeitung der Messdaten übernehmen. Dadurch sind Hardware-Analysatoren grundsätzlich schneller als Software-Analysatoren und in der Lage, die Messdaten direkt nach ihrem Eingang, also in Echtzeit, zu verarbeiten und zu decodieren. Hochleistungs-Hardware-Analysatoren sind jedoch in der Anschaffung sehr teuer. Der Anschaffungspreis liegt schnell bei der Einstiegsgrenze von 7.500 Euro und höher, weswegen sich der Kauf dieser Analysatoren nur für Firmen lohnt, die sich auf den Bereich Protokollanalyse als Dienstleistung spezialisiert haben.

13.4.5 Software-Analysatoren

Software-Analysatoren

Eine Alternative zu den kostspieligen Hardware-Analysatoren stellen die Software-Analysatoren dar. Software-Analysatoren sind Softwarepakete, die auf Standard-Betriebssystemen wie beispielsweise Windows XP oder Windows Vista installiert werden können. Um den Anforderungen in Bezug auf Performance gerecht zu werden und Engpässe zu vermeiden, sollte man die Software-Analysatoren nur auf Rechnerplattformen installieren, die sich durch eine hohe CPU-Leistung, einen großen Arbeitsspeicher und große Bus-Bandbreite auszeichnen.

In der Regel arbeiten die Software-Analysatoren mit Standardnetzwerkkarten, die entweder auf einem NDIS- (Network Driver Interface Specification, Treiber-Architektur von Microsoft) oder einem ODI-Treiber (Open Datalink Interface, Treiber-Architektur von Novell) aufsetzen. Es gibt allerdings auch Software-Analysatoren, die direkt auf die Hardware einer Netzwerkkarte zugreifen, die mit dem Software-Analysator mitgeliefert wird. Diese Variante des Software-Analysators verspricht zum einem einen höheren Datendurchsatz und zum anderen die Möglichkeit, zerstörte Pakete anzuzeigen, die normalerweise von einem NDIS- oder ODI-Treiber wegen des Fehlers verworfen und nicht nach oben gereicht werden. Generell arbeiten die Software-Analysatoren nicht als Echtzeit-Analysator, sie sammeln (capturen) zuerst die Daten und decodieren diese, nachdem der Capture-Prozess beendet ist.

13.4.6 Aufbau eines Software-Analysators

Aufbau Software-Analysator

Entscheidet man sich für den Einsatz eines Software-Analysators, so gilt es, den Analysator auf die geeignete Hardware zu installieren. Neben der Überlegung, ob man das System transportabel oder stationär einsetzen möchte, muss man berücksichtigen, dass sich nicht jeder PC oder jeder Laptop gleichermaßen für den Aufbau eines Protokollanalysators eignet. Enthusiasten, die sich schnell einen alten PC aus ausrangierten Komponenten zusammenschrauben und auf ihm ein Betriebssystem und den Software-Analysator installieren, werden mit großer Gewissheit schnell die Freude an der Protokollanalyse verlieren. Denn bei den heutigen hoch performanten Netzwerken mit hohem Datenaufkommen entstehen bei langsamen Systemen leicht Engpässe beim Durchsatz des Netzwerkadapters, der Prozessorleistung oder der Größe des Arbeitsspeichers. Sind Engpässe vorhanden, so kann es zu einer unvollständigen Aufzeichnung des Datenstroms kommen, die somit unweigerlich zu Fehlinterpretationen der aufgezeichneten Daten führt. Beim Aufbau eines Software-Protokollanalysators gilt ganz klar: je performanter, desto besser. Eine Plattform mit schnellem Prozessor und einem großen Arbeitsspeicher ist hier also eindeutig im Vorteil.

Bei der Auswahl der einzelnen Komponenten sollten einige Grundsätze beachtet werden. Für die eingesetzte Netzwerkkarte ist es wichtig, dass sie alle Datenpakete ohne Verluste in den Arbeitsspeicher übertragen kann. Engpässe in der Größe des Receive-Buffers beziehungsweise in der Tiefe der Receive FIFO einer Netzwerkkarte könnten dazu führen, dass einzelne Pakete verloren gehen können. Für den Bus-Typ der Netzwerkkarte und des PC ist ein 32-Bit- oder besser ein 64-Bit-PCI-Bus für ein Analysesystem heutzutage ein klares Muss. Bei Laptops sollte man aufgrund der höheren Datentransferrate einer PCI-Express-Mini-Netzwerkkarte gegenüber einer Cardbus-Karte den Vorzug geben. Wichtig ist es zu berücksichtigen, dass die eingesetzten Netzwerkadapter und die dazugehörigen Treiber den sogenannten Promiscuous Mode unterstützen müssen. Der Promiscuous Mode ist ein speziell für die Netzwerkanalyse geschaffener Modus, bei dem alle Pakete, unabhängig von ihrer Adressierung, an die höheren Protokollschichten weitergereicht werden. Allein durch den Promiscuous Mode wird ein Analysesystem in die Lage versetzt, alle Datenpakete unabhängig von ihrer Zieladressierung aufzuzeichnen.

13.5 Der Microsoft-Netzwerkmonitor

Microsoft-Netzwerkmonitor

Für die Netz- und Protokollanalyse bietet beispielsweise Microsoft eine entsprechende Softwarelösung an, die dem Netzwerkadministrator die Fehleranalyse im Netzwerk ermöglicht. Hierbei handelt es sich um den sogenannten Netzwerkmonitor, den wir im Folgenden anhand einiger Praxisbeispiele beschreiben möchten.

Der Netzwerkmonitor kann auf jede Promiscuous-Mode-fähige Netzwerkkarte mit NDIS-Treiber aufgesetzt werden, wobei für Windows 2003 und XP ein Netzwerktreiber der NDIS-Version 5.x vorausgesetzt wird und bei Windows Vista NDIS 6.0. Der Netzwerkmonitor ist beispielsweise – neben einer Menge anderer nützlicher Programme zur Überwachung und Steuerung von Netzwerkressourcen – Bestandteil des Microsoft Systems

Management Servers 2003 (SMS) und kann als Extra von der Produkt-CD aus dem Ordner \NETMON\I386 über die Datei NetmonSetup.exe installiert werden. Außerdem ist eine aktuelle Version des Netzwerkmonitors auf der Homepage von Microsoft im Download-Bereich erhältlich. Zum Zeitpunkt der Buchdrucklegung war die Version 3.1 aktuell, die auf den Betriebsystemen Windows Server 2003, Windows Server 2003 x64, Windows Vista, Windows XP und Windows XP 64-Bit installiert werden kann.

Der Netzwerkmonitor ermöglicht dem Anwender nicht nur die Fehleranalyse auf einem Ethernet-Netzwerk, sondern zusätzlich auf einem Token-Ring- und einem FDDI-Netzwerk sowie dem Remote Access Service, also den RAS-Verbindungen. Er lässt sich auf allen gängigen Windows-Betriebssystemen installieren. Der Netzwerkmonitor unterstützt eine Vielzahl von Protokollen der zweiten bis vierten Ebene wie zum Beispiel TCP, IP, IPX, PPP, NBFCP, NBIPX, NBT, DHCP, FTP, ICMP NFS, OSPF und lässt sich somit nicht nur in einem reinen Microsoft-Netzwerk einsetzen, sondern stellt einen universellen und leistungsfähigen Protokollanalysator dar.

13.5.1 Die Installation des Microsoft-Netzwerkmonitors

Auf einem Windows 2003-Server lässt sich der Microsoft-Netzwerkmonitor unter der Systemsteuerung in den Netzwerkeigenschaften und deren Dienste durch das Hinzufügen des Network Monitor Tools and Agent installieren. Für die Installation muss man auf dem System als Administrator angemeldet sein. Am Ende der Installation wird man nach zwei Kennwörtern gefragt. Zum einen muss man das sogenannte Display-Kennwort und zum anderen das sogenannte Capture-Kennwort eingeben. Über das Display-Kennwort wird man ausschließlich in die Lage versetzt, aufgezeichnete Messdaten im Netzwerkmonitor anzuzeigen. Mit dem Capture-Kennwort ist man hingegen berechtigt, Daten auf dem Netzwerk aufzuzeichnen. Die Unterscheidung dieser Privilegien ist aus datenschutzrechtlichen Gründen notwendig, da über das Capture-Privileg alle Daten im Netzwerk problemlos sichtbar gemacht werden können. Ein Administrator, der einen Protokollanalysator zur Verfügung hat, taucht somit in einen sehr sensiblen Bereich ein. Denn es ist für ihn problemlos möglich, mit einem Protokollanalysator E-Mails oder andere Informationen eines anderen Benutzers aufzuzeichnen und sichtbar zu machen, ohne dass der Eigentümer dieser Informationen darüber etwas erfährt.

13.5.2 Netzwerkmonitor-Agenten

Netzwerkmonitor-Agenten

Im Anschluss der Netzwerkmonitor-Installation ist es notwendig, einen sogenannten Netzwerkmonitor-Agenten zu installieren. Denn der Netzwerkmonitor selbst ist eigentlich nur eine Benutzeroberfläche, mit der man die Datenaufzeichnung steuern und die aufgezeichneten Daten anzeigen kann. Für die Aufzeichnung des lokalen Datenstroms bedient sich der Netzwerkmonitor des sogenannten Netzwerkmonitor-Agenten. Die Agenten müssen auf allen Stationen installiert werden, auf denen der Datenstrom oder die Netzwerkstatistiken aufgezeichnet werden sollen. Es ist also sogar möglich, die Agenten auf eine andere Station als die, auf der der Netzwerkmonitor selbst installiert ist, zu installieren. Somit kann der Administrator einen oder mehrere Agenten an eine gewünschte Stelle innerhalb eines Netzwerks platzieren. Durch die gezielte Platzierung der Agenten kann der jeweils reale und lokale Datenstrom eines Segments oder Subnetzes aufgezeichnet werden. Dadurch ist es möglich, die für die Protokollanalyse problematischen Einflüsse der zwischengeschalteten aktiven Komponenten wie Bridges, Router oder Switches zu umgehen. Obwohl die Agenten des Netzwerkmonitors nicht mit der Funktionsweise der RMON-Probes (Remote Network Monitoring) nach RFC 1513 und RFC 1757 zu vergleichen sind, umgehen sie für die Netzwerkanalyse gleichermaßen die künstlich geschaffenen Grenzen eines Netzwerks. Wird ein Agent auf einer anderen Station als der Netzwerkmonitor selbst installiert, so wird dieser Agent als sogenannter Remote-Agent bezeichnet. Aufgabe eines Remote-Agenten ist es, den jeweils von ihm gesehenen lokalen Datenstrom aufzuzeichnen und in zusammengefasster Form an den Netzwerkmonitor über eine DCOM-Verbindung weiterzuleiten. Der Netzwerkmonitor-Agent stellt einen Service dar, der bei allen gängigen Windows-Betriebssystemen mitgeliefert wird und unter den Netzwerkeigenschaften installiert werden kann. Entweder steht der Netzwerkmonitor-Agent-Service bereits in der Auswahlliste zur Verfügung oder muss zusätzlich von der Installations-CD installiert werden.

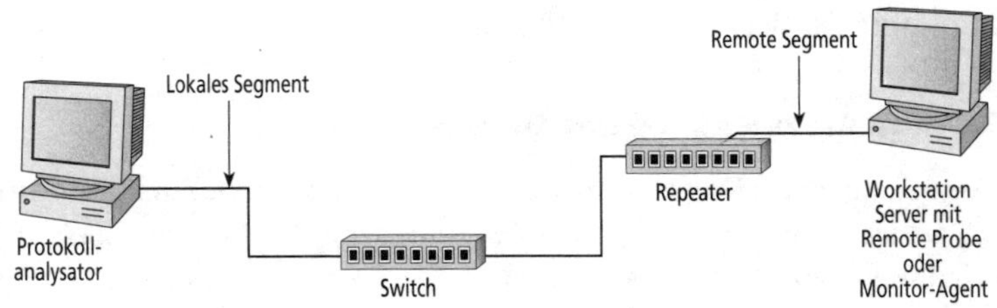

Abb. 13-4 Die Überwachung eines entfernten Segments erfolgt beim Netzwerkmonitor durch dessen Netzwerkmonitor-Agenten.

13.5.3 Der Netzwerkmonitor in der Praxis

Nachdem der Netzwerkmonitor und dessen Agent(en) installiert wurden, steht das System zur Protokollanalyse zur Verfügung. Startet man jetzt den Netzwerkmonitor, wird man zur Eingabe der Kennwörter aufgefordert. Sind die Kennwörter eingegeben, gelangt man in das sogenannte Capture Window. Auf dieser Oberfläche werden dem Administrator während der Aufzeichnung des Datenstroms (das sog. Capturen) bereits wertvolle Statistikinformationen geliefert. Diese Oberfläche ist in vier Teile aufgeteilt: die Statistik Balkenanzeige, die Session-Statistik, die Gesamtstatistik und die Stations-Statistik.

Abb. 13-5
Das Capture Window ist optisch und funktionell in vier Teile aufgeteilt.

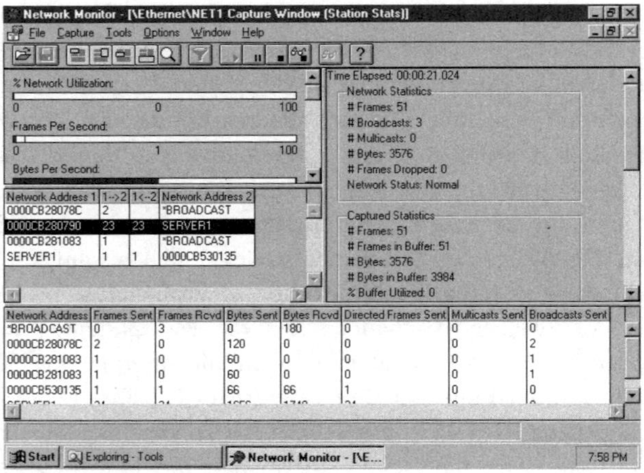

Bevor mit der Protokollanalyse begonnen werden kann, muss, falls mehrere Netzwerkkarten auf dem System installiert sind oder wenn mit einem Remote-Agenten gearbeitet werden soll, die gewünschte Netzwerkkarte oder ein Agent unter dem Menü *Capture* im Untermenü *Networks* ausgewählt werden. Möchte man mit einem Remote-Agenten arbeiten, so muss vor der Auswahl des Agenten der Netzwerkmonitor-Agent-Service auf der entsprechenden Station der Netzwerkmonitor-Agent-Service-Dienst gestartet werden. Per Default steht der Netzwerkmonitor-Agent-Service nach der Installation auf der Startart „Manuell". Möchte man sicherstellen, dass der Netzwerkmonitor-Agent-Service nach jedem Neustart automatisch gestartet wird, so sollte der Service auf die Startart „Auto" umgestellt werden.

13.5.4 Die Aufzeichnung des Datenstroms

Capturen

Das Aufzeichnen des Datenstroms (Capturen) und die Erstellung der Statistiken lässt sich unter dem Capture-Menü oder mit der Funktionstaste F10 (Start) starten beziehungsweise mit F11 (Stop) wieder anhalten. Bereits nach dem Start der Aufzeichnung liefern die Statistikinformationen verschiedene Parameter des Netzwerks, die bereits der Optimierung oder Problemanalyse dienen können. Folgende Statistikinformationen liefert der Netzwerkmonitor:

- Netzwerkauslastung in Prozent
- Anzahl der Frames/Sekunde
- Anzahl der Bytes/Sekunde
- Anzahl der Broadcasts/Sekunde
- Anzahl der Multicasts/Sekunde

Diese Statistikinformationen können dem Administrator bereits sehr hilfreich sein. Beispielsweise lassen sich in diesem Fenster Stationen mit einer hohen Bandbreitennutzung ermitteln oder Engpässe im Netzwerk ausfindig machen. Ist die Anzahl der Broadcast- oder Multicast-Datenpakete bezogen auf die gesamte Netzwerkauslastung sehr hoch, so muss die Station ausfindig gemacht werden, die diese Belastung verursacht. Nicht selten ist eine Ressource im Netzwerk wegen einer fehlerhaften Implementierung eines Dienstes für die Aussendung unnötiger Broadcast- oder Multicast-Pakete verantwortlich. Eine solche Belastung kann unnötig die Performance eines Netzwerks bremsen und im Extremfall auch so weit führen, dass jegliche Zugriffe über das Netzwerk unmöglich werden. Dies stellt einen klassischen Fall dar, in dem bereits die Statistikinformationen des Capture Window ausreichen, um die Störquelle im Netzwerk ausfindig zu machen und somit der Ursache auf den Grund zu gehen und diese beseitigen zu können.

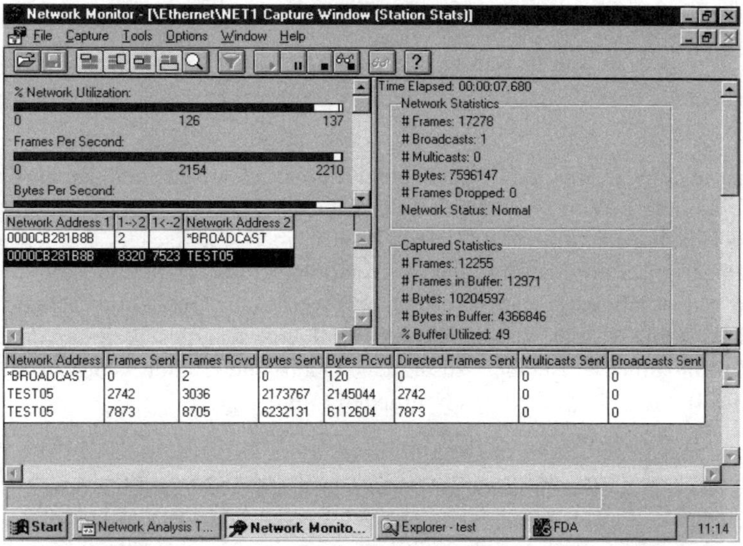

Abb. 13-6 Die verschiedenen Bereiche im Capture Window bieten bereits wertvolle Statistikinformationen des Netzwerks.

13.5.5 Das Capture Summary Window

Capture Summary Window

Die Hauptfunktion eines Protokollanalysators ist die genaue Analyse des Datenstroms. Der Microsoft-Netzwerkmonitor bietet diese Möglichkeit auf einem weiteren Fenster, dem sogenannten Capture Summary Window. Um in dieses Fenster gelangen zu können, muss man erst den Aufzeichnungsvorgang mit F9 unterbrechen oder mit F11 beenden. Über die F12-Taste oder indem man das Capture-Data-Menü unter dem Display-Menü anklickt, gelangt man in das Capture Summary Window. In diesem Fenster wird dann der Inhalt des Aufzeichnungspuffers, also die Datenpakete angezeigt, die während des Aufzeichnungsvorgangs aufgezeichnet wurden.

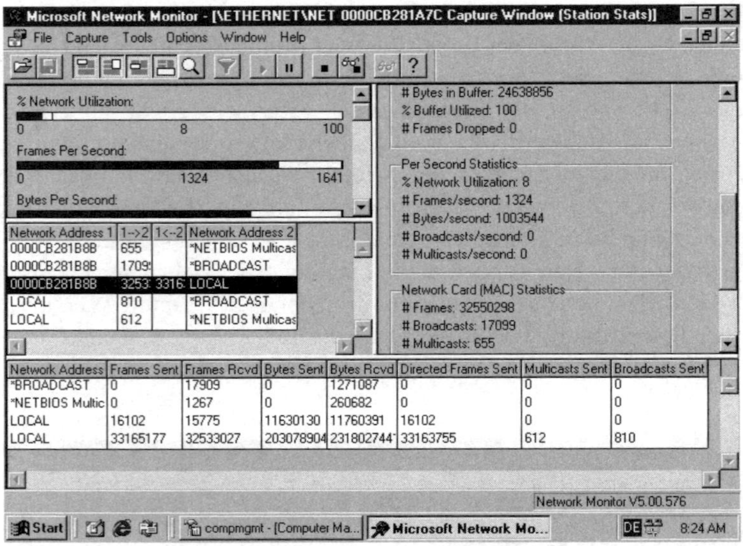

Abb. 13–7
Die Stationsstatistik listet alle Datenpakete nach Typen auf, die von einer Station gesendet bzw. empfangen werden.

Um die aufgezeichneten Daten benutzerfreundlich anzuzeigen, ist das Capture Summary Window in die drei Bereiche Übersichtsfenster, Detailfenster und Hex-Fenster unterteilt. Innerhalb des Übersichtsfensters werden alle Frames in der Reihenfolge der Aufzeichnung mit fortlaufender Nummer und einer relativen Zeit aufgelistet. Dabei werden die Quell- und Zieladresse (MAC-Adresse), das verwendete Protokoll, eine Kurzbeschreibung des Inhalts und, unter Umständen, zusätzliche Quell- und Zieladressen (beispielsweise IP oder IPX) tabellarisch für jeden Frame angezeigt.

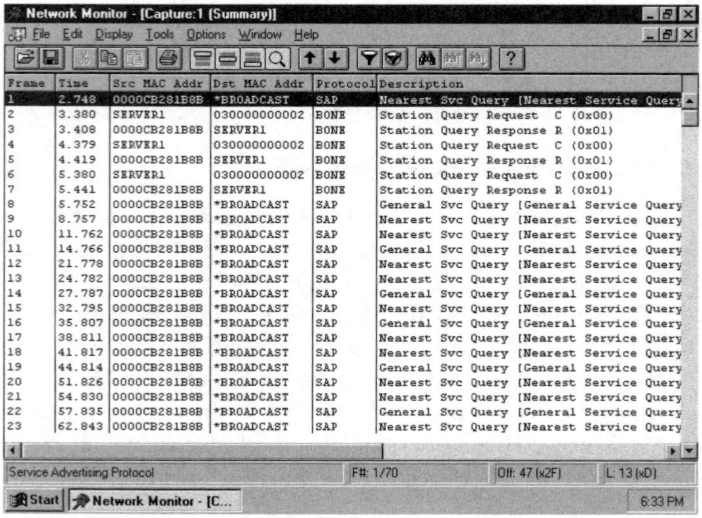

Abb. 13–8
Innerhalb des Capture Summary Window werden alle Pakete der Reihe nach angezeigt.

13.5.6 Detailinformationen

Detailfenster

Um den Inhalt eines Frames genauer anzusehen, muss man einen Doppelklick auf den entsprechenden Frame ausführen. Dadurch wird der Frame quasi geöffnet und der Inhalt des Frames im Detailfenster und Hex-Fenster angezeigt. Innerhalb des Detailfensters wird der Inhalt des Frames auf den unterschiedlichen Protokollebenen unterteilt und dargestellt. Befindet sich vor einer Ebene ein Pluszeichen, so deutet dies darauf hin, dass auf dieser Ebene zusätzliche Protokollinformationen vorhanden sind und durch einen Doppelklick angezeigt werden können. So weit dem Netzwerkmonitor die Protokollinformationen bekannt sind, werden diese in verständlicher Form decodiert und dargestellt. Zusätzlich wird der Frame-Inhalt im Hex-Fenster in hexadezimaler und in verständlicher Form dargestellt.

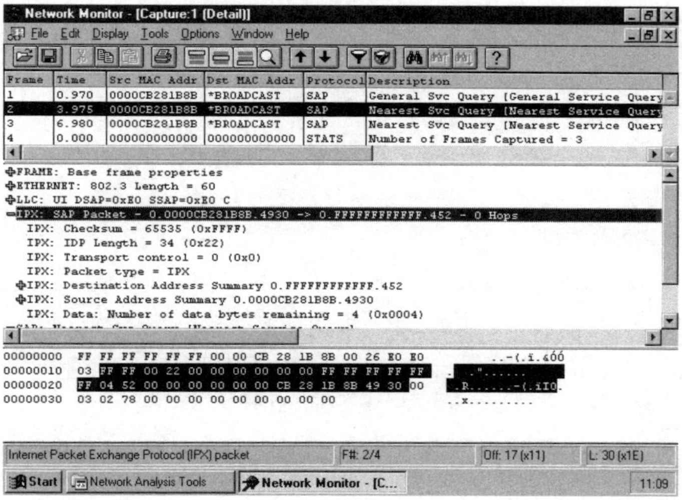

Abb. 13–9
Das Capture Summary Window zeigt den Inhalt der Frames mit decodierten Protokollinformationen detailliert an.

13.5.7 Beeinflussung der aufgezeichneten Datenmenge

Bei der Protokollanalyse ist es wichtig, dass man berücksichtigt, dass während des realen Betriebszustands des Netzwerks eine große Anzahl von Datenpaketen übertragen wird. Somit kann während der Protokollanalyse eine große Datenmenge anfallen, die der Protokollanalysator verarbeiten können muss. Diese Anforderung bezieht sich zum einen auf die Größe des verfügbaren Aufzeichnungspuffers und zum anderen auf die Problematik, dass wegen der großen Datenmenge die Übersichtlichkeit schnell verloren gehen kann. Per Default ist beim Microsoft-Netzwerkmonitor die Größe des Aufzeichnungspuffers, also die Größe, die im Arbeitsspeicher für die Speicherung der gesammelten Datenpakete verwendet wird, auf nur 1 MByte festgelegt. Diese von Microsoft festgelegte Standardgröße des Aufzeichnungspuffers ist jedoch in den heutigen Netzen mit hohem Datenaufkommen oder hohen Übertragungsraten in der Regel zu knapp dimensioniert. Ist der vorhandene Aufzeichnungspuffer belegt, werden Teile des Aufzeichnungspuffer in die Auslagerungsdatei ausgelagert. Die dadurch entstehende Verzögerung kann dazu führen, dass einzelne Datenpakete während des Aufzeichnens verloren gehen, was letztendlich zu einer Fehlinterpretation führen kann. Deshalb ist es wichtig, die Belegung des vorhandenen Aufzeichnungspuffers während der Protokollanalyse zu beobachten. Hierzu dienen die Angaben des Parameters % Buffer Utilized, der die prozentuale Auslastung des Aufzeichnungspuffers angibt und der unter der Gesamtstatistik im Capture Window abgelesen werden kann.

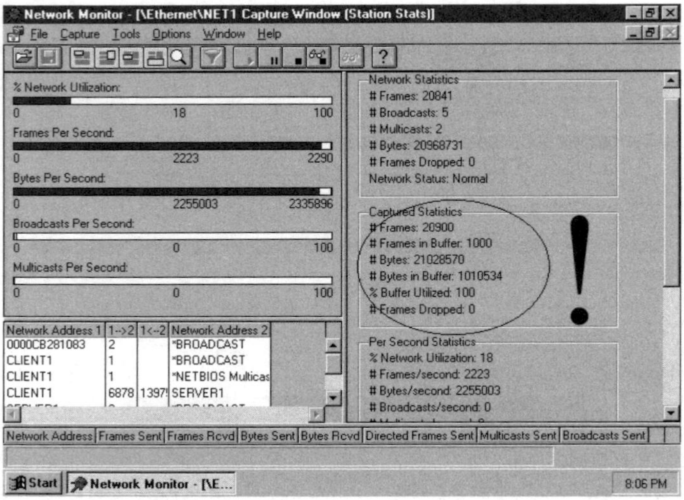

Abb. 13–10 *Die Auslastung des Aufzeichnungspuffers sollte über den Parameter % Buffer Utilized beobachtet werden.*

Um mögliche Engpässe mit der Größe des Aufzeichnungspuffers von vornherein zu vermeiden, sollte die dafür reservierte Größe im Arbeitsspeicher grundsätzlich unter dem Menü *Capture Buffersize* (möglicher Bereich 0,5 MByte bis 56 MByte) angepasst werden. Des Weiteren ist es in diesem Menü möglich, die Aufzeichnungslänge der Frames einzuschränken, um die Auslastung des Aufzeichnungspuffers zu optimieren. Denn in den meisten Fällen ist es ausreichend, den Anfang der Datenpakete aufzuzeichnen, in denen die Header der verschiedenen Protokolle enthalten sind, da dort in der Regel die für die Protokollanalyse wichtigen Informationen enthalten sind.

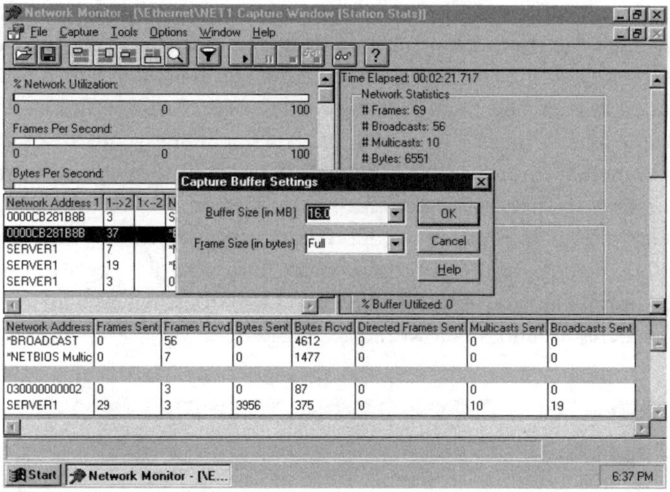

Abb. 13–11
Die Größe des Aufzeichnungspuffers lässt sich im Menü Capture Buffersize *einstellen.*

Neben der *Buffer Utilized*-Anzeige geben die Parameter *Frames Dropped* oder *Frames Dropped Receiver Buffer* aufschlussreiche Informationen über das mögliche Verwerfen von Datenpaketen. Der Frames Dropped Counter zeigt an, dass Datenpakete wegen eines Checksummenfehlers nicht angezeigt werden. Über den Frames Dropped Receiver Buffer wird angezeigt, dass Datenpakete wegen Systemengpässen verworfen wurden. Zählt einer der genannten Counter hoch, so weist dies darauf hin, dass die Aufzeichnung des Datenstroms unvollständig ist.

13.5.8 Anzeigefilter für die Übersichtlichkeit

Anzeigefilter

Um auf der einen Seite die Auslastung des vorhandenen Aufzeichnungspuffers zu minimieren und auf der anderen Seite die Übersichtlichkeit nicht zu verlieren, bietet der Microsoft-Netzwerkmonitor eine Vielzahl vordefinierter Protokollfilter an. Über die Protokollfilter können bestimmte Teile des Datenstroms beim Aufzeichnen durch den Protokollanalysator ausgeschlossen werden beziehungsweise auf einen bestimmten Teil beschränkt werden. Da unter Umständen ein großer Teil der übertragenen Daten von vornherein als Ursache ausgeschlossen werden und somit zur Fehleranalyse nicht beitragen kann, ist es sinnvoll, diese Daten vor Beginn der Aufzeichnung durch Filter auszuschließen beziehungsweise nur bestimmte Daten aufzuzeichnen. Bei der Filterung wird beim Microsoft-Netzwerkmonitor zwischen Vor- und Nachfilterung unterschieden. Die Vorfilterung wird mit sogenannten Capture-Filtern vorgenommen. Diese Filter greifen bereits während der Aufzeichnung des Datenstroms und sorgen dafür, dass nur ein bestimmter Teil der Daten in den Aufzeichnungspuffer geschrieben wird.

Trägt die Vorfilterung neben der Steigerung der Übersichtlichkeit zusätzlich auch zur Entlastung des Aufzeichnungspuffers bei, so hilft die Nachfilterung nur, die Übersichtlichkeit zu steigern und den Fehler systematisch einzugrenzen. Die Nachfilterung wird mit den Anzeigefiltern durchgeführt. Die Anzeigefilter können nach der Aufzeichnung genutzt werden, um die gesammelten Informationen übersichtlicher darzustellen und somit den Fehler Schritt für Schritt einzugrenzen. Der Vorteil der Nachfilterung liegt darin, dass die Filterung auch wieder rückgängig gemacht werden kann und bei Bedarf wieder auf die aufgezeichneten Daten zurückgegriffen werden kann. Dadurch kann das Eingrenzen der Fehler versuchsweise auf verschiedenen Wegen vorgenommen werden.

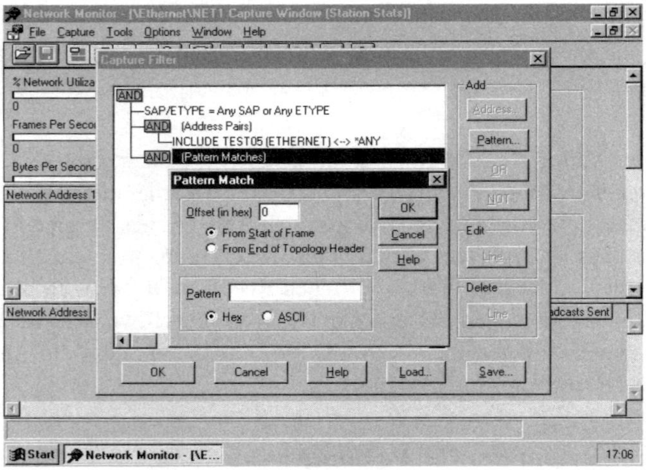

Abb. 13–12
Vor der Protokollanalyse können gezielt Capture-Filter gesetzt werden, damit nur die für die Fehleranalyse wichtigen Daten aus dem gesamten Datenstrom aufgezeichnet werden.

13.5.9 Das Setzen von Filtern

Capture-Filter

Um für die Aufzeichnung einen Capture-Filter zu setzen, muss man unter dem *Capture*-Menü das *Filter*-Menü anklicken. Daraufhin gelangt man in ein neues Fenster, in dem man einen logischen Baumstrukturfilter setzen kann. Dabei können beispielsweise unter den Address Pairs Filterungen der Adressen vorgenommen werden, indem man einzelne Adressen im Fenster *Address Expression* ausschließt. Hierbei lässt sich festlegen, dass nur Frames aufgezeichnet werden, die von oder an Stationen oder in beide Richtungen mit einer bestimmten Adresse auf MAC- oder Protokoll-Ebene gesendet werden. Weiterhin lassen sich für die Aufzeichnung Filter für bestimmte Protokolle setzen. Des Weiteren können sogenannte Pattern-Matches-Filter gesetzt werden, die an einer bestimmten Stelle im Datenpaket (Offset) auf eine bestimmte ASCII-Zeichenfolge ansprechen. Die Pattern-Matches-Filter können dafür sorgen, dass nur die Datenpakete aufgezeichnet werden, in denen an einer bestimmten Stelle die angegebene ASCII-Zeichenfolge vorkommt. Für das Setzen der Capture-Filter muss allerdings beachtet werden, dass diese nur vor der Aufzeichnung verändert beziehungsweise gesetzt werden können und nicht während oder in einer Pause der Aufzeichnung.

Als Anzeigefilter stehen im Microsoft-Netzwerkmonitor dieselben Filteroptionen wie bei den Capture-Filtern zur Verfügung. Sie lassen sich im Capture Summary Window unter dem Displaymenü setzen.

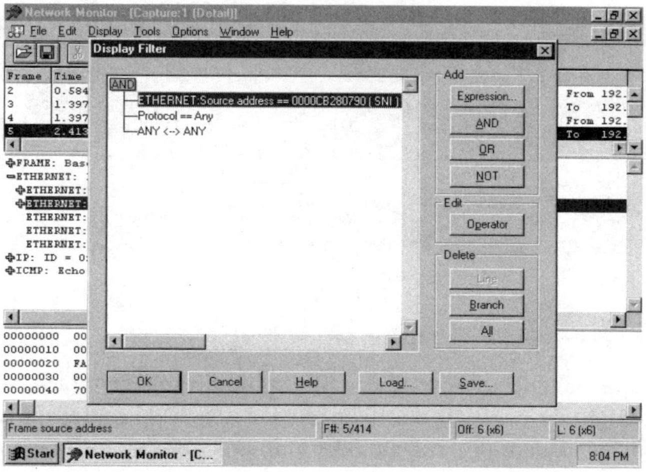

Abb. 13–13
Die Möglichkeit, Anzeigefilter zu setzen, verschafft den notwendigen Überblick und hilft bei der Eingrenzung der Datenpakete.

13.5.10 Adressdatenbank

Um für den Anwender die aufgezeichneten Frames den Stationen im Netzwerk leichter zuzuordnen, verfügt der Netzwerkmonitor über eine Adressdatenbank. Die Adressdatenbank dient dazu, MAC- oder IP-Adressen mit einem realen Stationsnamen zu verbinden und anzuzeigen. Als Stationsnamen kommen beispielsweise die Host- oder NetBIOS-Namen in Frage, die aus einer vorhandenen Adressdatenbankdatei entnommen werden. Existiert ein entsprechender Eintrag in der Adressdatenbankdatei, so wird an der Stelle der MAC- oder IP-Adresse der Name der Station angezeigt. Die Erstellung der Adressdatenbankdatei ist selbstlernend und wird mit der Hilfe einer kurzen Datenstromaufzeichnung vorgenommen, indem man nach einer kurzen Aufzeichnungsphase unter dem Menü *Capture* den Menüpunkt *Find All Names* anklickt. Diese Lernroutine durchsucht dann alle vorhandenen Frames im Aufzeichnungspuffer nach brauchbaren Namensinformationen und den dazugehörigen MAC- oder IP-Adressen und übernimmt diese Zuordnungen der Adressdatenbankdatei. Falls während der Adressermittlungsphase nicht alle Stationen in Betrieb waren oder neue Stationen hinzugekommen sind, lässt sich die Adressdatenbank später unter dem Menü *Capture Addresses* manuell erweitern.

Abb. 13–14 Die Adressdatenbank lässt sich nach Bedarf manuell erweitern.

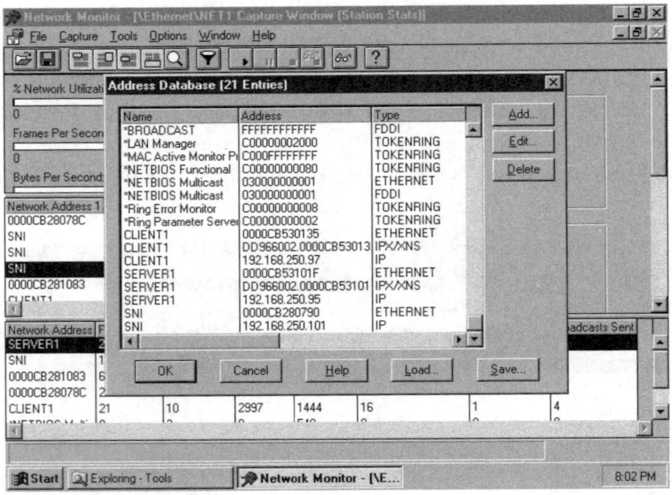

13.5.11 Die Trigger-Funktion

Trigger-Funktion

Ein weiteres nützliches Feature des Microsoft-Netzwerkmonitors stellt die Trigger-Funktion dar. Mit der Trigger-Funktion lassen sich auf Wunsch Kommandos, andere Programme oder eine Batch-Datei ausführen und die Aufzeichnung der Frames beenden. Die Trigger-Auslösung kann, wie bei den Filterfunktionen, an einer bestimmten Stelle im Datenpaket (Offset) auf eine ausgewählte ASCII-Zeichenfolge oder bei Erreichen einer Grenze in der Nutzung des Aufzeichnungspuffers erfolgen. Die Trigger-Einstellung kann unter dem Untermenü *Trigger* des *Capture*-Menüs vorgenommen werden. Vorstellbar ist es, den Netzwerkadministrator auf ein bestimmtes Ereignis im Netzwerk über das Ausführen einer entsprechenden Anwendung zu informieren, damit er über die Situation informiert ist und gegebenenfalls auf die Situation eingreifen kann.

13.5.12 Anzeige der Netzwerkstatistiken

Netzwerkstatistiken

Die Möglichkeit, Netzwerkstatistiken grafisch in einem Diagramm darzustellen, wird beim Microsoft-Netzwerkmonitor unter Windows XP und Windows Vista über den auf dem Betriebssystem vorhandenen Performance-Monitor realisiert.

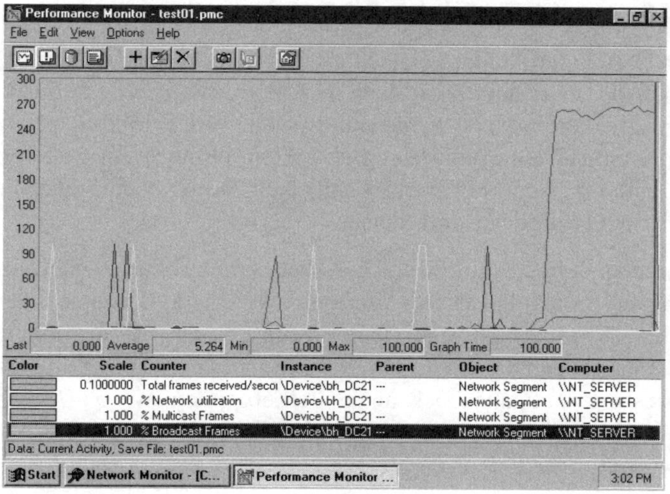

Abb. 13–15
Mit der Hilfe des Performance- oder Systemmonitors lassen sich die Netzwerkstatistiken grafisch in Diagrammen darstellen.

13.5.13 Der Dedicate Capture Mode

Dedicate Capture Mode

Stellt man während der Protokollanalyse in einem performaten Netzwerk fest, dass die Frame Drop Counter hochzählen, was darauf hinweist, dass mehrere Datenpakete wegen Systemengpässen nicht aufgezeichnet werden können, so bietet sich der Einsatz des sogenannten Dedicate Capture Mode an. Bei dem Dedicate Capture Mode handelt es sich um einen speziellen Modus, in dem nur die Datenpakete aufgezeichnet werden, ohne dass die Statistiken im Capture Window aktualisiert werden. Durch diesen Modus werden Systemressourcen eingespart und mögliche Systemengpässe vermieden, wodurch das Auftreten von Paketverlusten reduziert wird.

13.5.14 Der Protokoll-Parser

Protokoll-Parser

In der Fähigkeit, die Protokollinformationen direkt zu interpretieren und diese in einer für den Anwender verständlichen Form darzustellen, unterscheiden sich auch die einzelnen Protokollanalysatoren. Der Microsoft-Netzwerkmonitor macht sich für die benutzerfreundliche Übersetzung und Anzeige der Protokollinformationen den sogenannten Protokoll-Parser zunutze. In den Protokoll-Parsern werden Protokollinformationen in eine für den Benutzer verständliche Information zugeordnet, die wiederum bei der Anzeige im Capture Summary Window ergänzt wird. Reicht dem Anwender der Umfang der vom Netzwerkmonitor unterstützten Protokoll-Parser nicht aus, so bietet sich die Möglichkeit, diese zu ergänzen, um die automatische Übersetzung der Protokollinformationen zu erweitern. Microsoft bietet dazu eine umfangreiche Dokumentation in der MSDN.

13.5.15 Anzeige der vorhandenen Netzwerkmonitore

Möchte man kontrollieren, ob noch ein Netzwerkmonitor in Betrieb ist, so lässt sich dies unter dem *Tool*-Menü im Untermenü *Identify Network Users* anzeigen. In diesem Menü werden alle im Netzwerk betriebenen Netzwerkmonitore aufgelistet. Somit lässt sich prüfen, ob noch ein weiterer Netzwerkmonitor im Netzwerk aktiv ist und ob ein Dritter, vielleicht auch unautorisiert, den Datenstrom aufzeichnet.

⇨ Unter der Adresse http://www.wireshark.org/ kann man einen leistungsfähigen Protokollanalsyser, genannt Wireshark, kostenlos herunterladen. Wireshark ist eine Open-Source-Lösung, die ursprünglich als Ethereal bezeichnet wurde. Die Namensänderung erfolgte im Mai 2006. Wireshark läuft allen bekannten Betriebssystemen wie Unix, Linux, Solaris, Mac OS X, Windows und diversen BSD-Versionen.

Anhang A – Abkürzungen

ACK	Acknowledegment
ANSI	American National Standards Institute
AP	Access Point
ARP	Address Resolution Protocol
ATIM	Announcement Traffic Indication Message
AUI	Attachment Unit Interface
BER	Bit Error Ratio
BPSK	Binary Phase Shift Keying
BR	Bit Rate
BT	Bit Time
CMOS	Complementary Metal Oxide Semiconductor
CRC	Cyclic Redundancy Check
CS	Carrier Sense
CTS	Clear to Send
DA	Destination Address
DBPSK	Differential Binary Phase Shift Keying
DFE	Decision Feedback Equalizer
DLL	Data Link Layer
DNS	Domain Name System
DoD	Department of Defense
DQPSK	Differential Quadrature Phase Shift Keying
DSL	Digital Subscriber Line
DTE	Data Terminal Equipment
EFM	Ethernet in the First Mile
EIA	Electronic Industries Association
ELFEXT	Equal-Level Far-End Crosstalk
EMI	Electromagnetic Interference
EPD	End of Packet Delimiter
FCS	Frame Check Sequence
FDDI	Fibre Distributed Data Interface
FEC	Forward Error Correction
FER	Frame Error Ratio
FEXT	Far End Crosstalk
FIFO	First In, First Out

FLP	Fast Link Pulse
FOIRL	Fiber Optic Inter Repeater Link
FTP	File Transfer Protocol
GFSK	Gaussian Frequency Shift Keying
GMII	Gigabit Media Independent Interface
ICMP	Internet Control Message Protocol
IEC	International Electrotechnical Commission
IEEE	Institute of Electrical and Electronical Engineers
IP	Internet Protocol
IPG	Inter Packet Gap
IPX	Internetwork Packet Exchange
IR	Infrared
IRL	Inter Repeater Link
ISM	Industrial, Scientific and Medical
ISO	International Organization for Standardization
LACP	Link Aggregation Control Protocol
LACPDU	Link Aggregation Control Protocol Data Unit
LAGID	Link Aggregation Group Identifer
LAN	Local Area Network
LLC	Logical Link Control
LSB	Least Significant Bit
LSDV	Link Segment Delay Value
LVDS	Low Voltage Differential Signals
MAC	Medium Access Control
MAN	Metropolitan Area Network
MAU	Medium Attachment Unit
MDI	Medium Dependent Interface
MIB	Management Information Base
MII	Media Independent Interface
MMF	Multimode Fiber
MP	Message Page
MPDU	MAC Protocol Data Unit
MSB	Most Significant Bit
MSDU	MAC Service Data Unit
Mux	Multiplexer
NCP	Netware Core Protocol
NEXT	Near End Crosstalk
NLP	Normal Link Pulse
NNTP	Network News Transfer Protocol
NPA	Next Page Algorithm
NRZI	Non Return to Zero and Invert on Ones
OFL	Overfilled Launch

PAM	Pulse Amplitude Modulation
PCB	Printed Circuit Board
PCS	Physical Coding Sublayer
PCVD	Plasma Chemical Vapour Deposition
PD	Powered Device
PDH	Plesiochronous Digital Hierarchy
PDU	Protocol Data Unit
PDV	Path Delay Value
PHY	Physical Layer Entity Sublayer
PING	Paket Internet Gopher
PLCP	Physical Layer Convergence Protocol
PLL	Phase Locked Loop
PLM	Path Label Mismatch
PLME	Physical Layer Management Entity
PLS	Physical Signaling Sublayer
PMA	Physical Medium Attachment
PMD	Physical Medium Dependent
PMI	Physical Medium Independent
PN	Pseudo-Noise (Code Sequence)
PPM	Pulse Position Modulation
PRBS	Pseudo Random Bit Sequence
PRNG	Pseudo Random Number Generator
PSD	Power Spectral Density
PSE	Power Sourcing Equipment
RFC	Request for Comment
RFI	Radio Frequency Interference
RIP	Routing Information Protocol
RMON	Remote Network Monitoring
RS	Reconciliation Sublayer
RSOH	Regenerator Section Overhead
RTS	Request to Send
RX	Receive oder Receiver
SA	Source Address
SAP	Service Advertising Protocol
SDH	Synchronous Digital Hierarchy
SDU	Service Data Unit
SDV	Segment Delay Value
SFD	Start of Frame Delimiter
SMB	Server Message Block
SMF	Single Mode Fiber
SMT	Station Management
SMTP	Simpel Mail Transfer Protocol

SNMP	Simpel Network Management Protocol
SNR	Signal to Noise Ratio
SONET	Synchronous Optical Network
SPX	Sequenced Packet Exchange
SQ	Signal Quality (PN Code Correlation Strength)
SR	Symbol Rate
SSD	Start of Stream Delimiter
STP	Shielded Twisted Pair
TA	Transmitter Address
TBI	Ten Bit Interface
TCM	Trellis Coded Modulation
TDR	Time Domain Reflectometry
TIA	Telecommunications Industry Association
TX	Transmit oder Transmitter
UDP	User Datagram Protocol
UP	Unformatted Page
UTP	Unshielded Twisted Pair
VC	Virtual Container
VCSEL	Vertical Cavity Surface Emitting Lasers
VLAN	Virtual Bridged Local Area Network
WAN	Wide Area Network
WIS	WAN Interface Sublayer
WWDM	Wide Wavelength Division Multiplexing
XAUI	10 Gigabit Attachment Unit Interface
XGMII	10 Gigabit Media Independent Interface
XGXS	XGMII Extender Sublayer
XS	Extender Sublayer

Anhang B – Literatur

Block, K., Einführung in die Elektronik, Kontaktlose Signal-Verarbeitung, Stam-Verlag, Köln, 1997.

Chappel, L. A., Novell's Guide to LAN/WAN Analysis: IPX/SPX, Novell Press, San José, USA, 1998.

Hein, M., Kemmler, W., FDDI, Standards Komponenten Realisierung, International Thomson Publishing, Bonn, 1995.

Jamsa, K., Cope, K., Internet-Programmierung unter Windows, O'Reilly/ International Thomson Verlag, Köln, 1996.

Kauffels, F.-J., Lokale Netze, 15. Auflage, mitp, Bonn, 2003.

Kiefer, R., Optische Netze, in: H.Rössel (Hrsg.), Jahrbuch 2002 der Kommunikationsnetze, Addison-Wesley, München, 2002.

Kuppinger, M., Microsoft Windows NT 4 im Netzwerk, Micosoft Press, Unterschleißheim, 1998.

Kuppinger, M., Microsoft Windows 98 im Netzwerk, Micosoft Press, Unterschleißheim, 1999.

Meinke, H. H., Gundlach, F.W., Hrsg.: Lange, K., und Löcherer, K.-H., Taschenbuch der Hochfrequenztechnik, Band 2, Komponenten, Springer-Verlag, Berlin, Heidelberg, New York, 1992.

Schwab, A. J., W. Kürner, Elektromagnetische Verträglichkeit, Springer-Verlag, Berlin, Heidelberg, New York, 5. Aufl., 2007.

Siyan, K., Inside TCP/IP, Third Edition, New Riders Publishing, USA, 1997.

Stevens, W. R., TCP/IP, Illustrated Volume 1, The Protocols, Addison-Wesley, Reading, MA, USA, 1998.

Normen und Spezifikationen:

Anwendungsneutrale Verkabelungssysteme, Deutsche Fassung DIN EN 50173, Brüssel, 1998.

ANSI/IEEE Std 802.1D, Part 3: Media Access Control (MAC) Bridges, Institute of Electrical and Electronics Engineers, Inc., New York, USA, 1998.

IEEE Std 802.1Q, IEEE Standards for Local and Metropolitan Area Networks: Virtual Bridged Local Area Networks, Institute of Electrical and Electronics Engineers, Inc., New York, USA, 1998.

IEEE Std 802.3, Part 3: Carrier sense multiple access with collision detection (CSMA/CD) access method and physical layer specifications, Institute of Electrical and Electronics Engineers, Inc., New York, USA, 2000.

Media Access Control (MAC) Parameters, Physical Layer, and Management Parameters for 10 Gb/s Operation, IEEE Draft P802.3ae/D3.2, Institute of Electrical and Electronics Engineers, Inc., New York, USA, 2001.

ODI Specification v1.11, Novell, Utha USA, 1998.

Sonstige Veröffentlichungen

10 Gigabit Ethernet Technology Overview, White Paper, Revision 1.0, 10 Gigabit Ethernet Alliance, USA, 2001.

Advanced Configuration and Power Interface Specification, Revision 1.0b, Intel, Microsoft, Toshiba, USA, 1999.

Boggs, D. R., Mogul, J. C. und Kent, C. A., Measured Capacity of an Ethernet: Mythos and Reality, ACM SIGCOMM 88, Symposium on Communications Architectures & Protocols, California 94301, USA, 1988.

Codes zur Fehlererkennung und Fehlerkorrektur, Fern-Universität – Gesamthochschule Hagen, http://www.et-online.fernuni-hagen.de/lehre/k02551.ss/ke/ke08/node4.html.

c'thema 01, Netzwerke, Stand Februar 1999, Verlag Heinz Heise GmbH & Co KG, Hannover, 1999.

Digital Semiconductor 21143 PCI/CardBus 10/100-Mb/s Ethernet LAN
Controller, Hardware Reference Manual, Digital Semiconductor, USA, 1997.

DP83820 10/100/1000 Mb/s PCI Ethernet Network Interface Controller, National Semiconductor Corporation, USA, 2000.

Indroduction to NDIS 5.0, http://www.microsoft.com/hwdev/devdes/ndis5.html, USA, 1998.

Magic Packet Technology, White Paper, Advanced Micro Devices, Inc., USA, 1998.

Magic Packet Technology Application in Hardware and Software, Application Note, Advanced Micro Devices, Inc., USA, 1996.

Magic Packet Adapter Card Implementation, Application Note, Advanced Micro Devices, Inc., USA, 1997.

Metcalfe, R. M., und Boggs, D. R., Ethernet: Distributed Packet Switching for Local Computer Networks, Association for Computing Machinery, Vol 19/No 7, July 1976.

Microsoft Windows NT Server, Die technische Referenz, Microsoft Press, Unterschleißheim, 1996.

Molle, M.-L., A New Binary Logarithmic Arbitration Method for Ethernet, Technical Report CSRI-298, Toronto, 1994.

Seifert, R., BLAM, Feb. 20, comp.dcom.lans.ethernet newsgroup, 1998.

US4063220: Multipoint data communication system with collision detection, http://www.delphion.com/details?pn=US04063220.

Vendor/Ethernet MAC Address Lookup, http://www.iana.org/assignments/ethernet-numbers.

Index

J

K

N

Q

R